教育部高等学校食品科学与工程类专业教学指导委员会审定教材

“十二五”普通高等教育本科国家级规划教材

普通高等教育“十四五”规划教材

面向21世纪课程教材
Textbook Series for 21st Century

食品工程原理

第4版

李云飞　葛克山　主编

中国农业大学出版社
·北京·

内 容 简 介

根据食品加工中的操作单元和所涉及的基础理论，本教材共分 12 章。其中前半部分重点论述了流体力学、传热学和热力学等基础理论，介绍了与之相关的食品加工工程原理；后半部分在论述传质学理论基础上，重点介绍了食品加工中的吸收、分离等与质量传递有关的工程原理。书中设置了大量的例题、思考题和习题等环节，并辅以二维码信息，有利于读者对各单元操作原理的理解和掌握。

本书除可作为食品科学与工程专业的教学教材或参考书外，也适于相关企业的工程技术人员阅读。

图书在版编目(CIP)数据

食品工程原理/李云飞，葛克山主编. —4 版. —北京：中国农业大学出版社，2018. 8 (2024. 10 重印)

ISBN 978-7-5655-2028-0

Ⅰ. ①食… Ⅱ. ①李…②葛… Ⅲ. 食品工程学-教材 Ⅳ. TS201. 1

中国版本图书馆 CIP 数据核字(2018)第 104570 号

教育部高等学校食品科学与工程类专业教学指导委员会审定教材

书　　名　食品工程原理　第 4 版

作　　者　李云飞　葛克山　主编

策划编辑　宋俊果　刘　军　魏　巍　　**责任编辑**　郑万萍

封面设计　郑　川　李尘工作室

出版发行　中国农业大学出版社

社　　址　北京市海淀区圆明园西路 2 号　　**邮政编码**　100193

电　　话　发行部 010-62818525，8625　　读者服务部 010-62732336

　　　　　　编辑部 010-62732617，2618　　出　版　部 010-62733440

网　　址　http://www. caupress. cn　　**E-mail** cbsszs@cau. edu. cn

经　　销　新华书店

印　　刷　天津鑫丰华印务有限公司

版　　次　2018 年 8 月第 4 版　　2024 年 10 月第 6 次印刷

规　　格　787×1 092　16 开本　25 印张　620 千字

定　　价　68. 00 元

本书中二维码 10-2，10-3，10-4，10-5，10-6，10-7 由北京东方仿真软件技术有限公司提供。

普通高等学校食品类专业系列教材

编审指导委员会委员

（按姓氏拼音排序）

第4版编审人员

主　编　李云飞（上海交通大学）

葛克山（中国农业大学）

副主编　张　青（上海交通大学）

伍　军（北京农学院）

黄阿根（扬州大学）

编写者　（按姓氏拼音排序）

葛克山（中国农业大学）

黄阿根（扬州大学）

蒋玉梅（甘肃农业大学）

李　雁（华南农业大学）

李云飞（上海交通大学）

林德荣（四川农业大学）

刘天一（东北农业大学）

齐治国（甘肃农业大学）

宋立华（上海交通大学）

伍　军（北京农学院）

于殿宇（东北农业大学）

张　青（上海交通大学）

张佰清（沈阳农业大学）

周颖越（上海海洋大学）

主　审　徐文达（上海海洋大学）

第3版编审人员

主　编　李云飞（上海交通大学）

　　　　　葛克山（中国农业大学）

副主编　张　青（上海交通大学）

　　　　　伍　军（北京农学院）

　　　　　黄阿根（扬州大学）

参编者　（按姓氏拼音排序）

　　　　　蒋玉梅（甘肃农业大学）

　　　　　李　雁（华南农业大学）

　　　　　齐治国（甘肃农业大学）

　　　　　宋立华（上海交通大学）

　　　　　于殿宇（东北农业大学）

　　　　　张佰清（沈阳农业大学）

　　　　　周颖越（上海海洋大学）

主　审　徐文达（上海海洋大学）

第 2 版编审人员

主　编　李云飞（上海交通大学）

　　　　　葛克山（中国农业大学）

副主编　张　青（上海交通大学）

　　　　　伍　军（北京农学院）

　　　　　黄阿根（扬州大学）

参编者　（按姓氏拼音排序）

　　　　　蒋玉梅（甘肃农业大学）

　　　　　李　雁（华南农业大学）

　　　　　齐治国（甘肃农业大学）

　　　　　宋立华（上海交通大学）

　　　　　于殿宇（东北农业大学）

　　　　　张佰清（沈阳农业大学）

　　　　　周颖越（上海海洋大学）

主　审　徐文达（上海海洋大学）

第 1 版编审人员

主　编　李云飞　上海交通大学
　　　　　葛克山　中国农业大学
副主编　张　青　上海交通大学
　　　　　伍　军　北京农学院
　　　　　黄阿根　扬州大学
参编者　（按姓氏拼音排序）
　　　　　胡　萍　天津商学院
　　　　　蒋玉梅　甘肃农业大学
　　　　　李喜载　福建农林大学
　　　　　李　雁　华南农业大学
　　　　　宋立华　上海交通大学
　　　　　张佰清　沈阳农业大学
　　　　　周颖越　上海水产大学
主　审　徐文达

出版说明
（代总序）

时光荏苒，食品科学与工程系列教材第1版发行距今，已有14年。总计120余万册的发行量，已经表明了这套教材受欢迎的程度，应该说它是全国食品类专业教育使用最多的系列教材。

这套教材已成为经典，作为总策划的我，在再再版的今天，重新翻阅这套教材的每一科目、每一章节，在感慨流年如水的同时，更有许多思考和感激。这里，借写出版说明（代总序）的机会，再一次总结本套教材的编撰理念和特点特色，也和我挚爱的同行们分享我的感悟和喜乐。

第一，优秀的教材一定是心血凝成的精品，杜绝任何形式的粗制滥造。

14年前，全国40余所大专院校、科研院所，300多位一线专家教授，涵盖生物、工程、医学、农学等领域，齐心协力组建出一支代表国内食品科学最高水平的教材撰写队伍。著作者们呕心沥血，在教材中倾注平生所学，那字里行间，既有学术思想的精粹凝结，也不乏治学精神的光华闪现，诚所谓学问人生，经年积成，食品世界，大家风范。这精心的创作，和彼敷衍的粘贴，其间距离，岂止云泥！

第二，优秀的教材必以学生为本，不是居高临下的自说自话。

注重以学生为本，就是彻底摒弃传统填鸭式的教学方法。著作者们谨记“授人以鱼不如授人以渔”，在传授食品科学知识的同时，更启发食品科学人才获取知识和创造知识的思维与灵感。润物细无声中，尽显自由思想，彰耀独立精神。在写作风格上，也注重学生的参与性与互动性，接地气，说实话，深入浅出，有料有趣。

第三，优秀教材与时俱进、推陈出新，绝不墨守成规、原地不动。

首版再版再再版，均是在充分收集和尊重一线任课教师和学生意见的基础上，对新增教材进行科学论证和整体策划。每一次工作量都不小，几乎覆盖食品学科专业的所有骨干课程和主要选修课程，但每一次都不敢有丝毫懈怠，内容的新颖性，教学的有效性，齐头并进，一样都不能少。具体而言，此次再再版，不仅增添了食品科学与工程最新理论发展，又以相当篇幅强调了食品工艺的具体实践。每本教材，既相对独立又相互衔接互为补充，构建起系统、完整、实用的课程体系。

第四，优秀教材离不开出版社编辑人员的心血倾注。

同为他人作嫁衣裳，教材的著作者和编辑，都一样的忙忙碌碌，飞针走线。这套系列教材的编辑们站在出版前沿，以其炉火纯青的专业技能，辅以最新最好的出版传播方式，保证了这套教材的出版质量和形式上的生动活泼。编辑们的高超水准和辛勤努力，赋予了此套教材蓬勃旺盛的生命力。

这里，我也想和同行们分享以下数字，以表达我发自内心的喜悦：

第1版食品科学与工程系列教材出版于2002年，涵盖食品学科15个科目，全部入选"面向21世纪课程教材"。

第2版(再版)食品科学与工程系列教材出版于2009年，涵盖食品学科29个科目。

第3版(再再版)食品科学与工程系列教材将于2016年暑期出版(其中《食品工程原理》为第4版)，涵盖食品学科36个科目，增加了《食品工厂设计》《食品分析》《食品感官评价》《葡萄酒工艺学》《生物技术安全与检测》等9个科目，调整或更名了部分科目。

需要特别指出的是，这其中，《食品生物技术导论》《食品安全导论》《食品营养学》《食品工程原理》4个科目为"十二五"普通高等教育本科国家级规划教材；《食品化学》《食品化学综合实验》《食品工艺学导论》《粮油加工学》《粮油加工学实验技术》《食品酶学与工程》6个科目为普通高等教育农业部"十二五"规划教材；《食品生物技术导论》《食品营养学》《食品工程原理》《粮油加工学》《食品试验设计与统计分析》为"十五"或"十一五"国家级规划教材。

本套食品科学与工程系列教材出版至今已累计发行超过126万册，使用教材的院校140余所。

第3版有500余人次参与编写，参与编写的院所近80家。

本次出版在纸质基础上引入了数字化元素，增加了二维码，内容涉及推荐阅读文字，直观的图片展示，以及生动形象的短小视频等，使教材的内容更加丰富、信息量更大，形式更加活泼，使用更加便捷，与学生的阅读和学习习惯更加贴近。

虽然我的确有敝帚自珍的天性，但我也深深地知道，世上的事没有百分百的完美。我还要真心地感谢在此套教材中肯定存在的那些不完美，因为正是她们给了我们继续向前的动力。这里，我真诚地期待大家提出宝贵意见，让我们与这套教材一起共同成长，更加进步。

罗云波

2016年5月5日 于马连洼

第 4 版前言

本教材《食品工程原理》从第 1 版(2002 年)出版至今已面向读者近 20 年,在这个过程中编写组得到了广大使用单位的教师和学生的反馈意见,也得到了中国农业大学出版社的大力支持,在此编写组向广大读者和出版社表示诚挚的谢意。根据国家高等教育发展方向和人才培养模式的调整,编写组在第 3 版(2014 年)基础上,重点细化了各章节内容的表述,增加了部分二维码信息,使全书内容在文字、图表、公式符号等方面更趋完善,单元结构更趋合理。通过本书的学习,使同学们具备面向世界科技前沿、面向经济主战场、面向国家重大需求、面向人民生命健康的技术能力,学习掌握加快实现高水平科技自立自强的真本领。

本教材共 12 章,由李云飞、葛克山主编,负责组织与全书修正工作。张青、伍军和黄阿根为副主编,协助修正工作。上海海洋大学徐文达教授担任主审。编写分工如下:

第 1 章　流体力学基础、绪论和附录等	李云飞	上海交通大学
第 2 章　传热	葛克山	中国农业大学
第 3 章　制冷与食品冷冻	宋立华	上海交通大学
第 4 章　颗粒与流体之间的相对流动	李　雁	华南农业大学
第 5 章　液体搅拌	张佰清	沈阳农业大学
第 6 章　粉碎与筛分	齐治国	甘肃农业大学
第 7 章　吸收与蒸馏	黄阿根	扬州大学
第 8 章　液体吸附与离子交换	蒋玉梅	甘肃农业大学
第 9 章　浸出与萃取	周颖越	上海海洋大学
第 10 章　膜分离	伍　军	北京农学院
第 11 章　溶液浓缩	于殿宇,刘天一	东北农业大学
第 12 章　食品干燥	张　青	上海交通大学
	林德荣	四川农业大学

由于编者水平有限,书中仍难免有许多不足之处,望读者提出宝贵意见和建议,以便编写组及时补充与修正。

本次重印,在前言、绪论、章后思考题等处融了“加快实现高水平科技自立自强,加快建设科技强国”“推动绿色发展,促进人与自然和谐共生”等党的二十大精神。

编　者

2023 年 5 月

第3版前言

本教材《食品工程原理》从第1版(2002年)出版至今已面向读者10余年，在这个过程中编写组得到了广大使用单位的教师和学生的反馈意见，也得到了中国农业大学出版社的大力支持，在此编写组向广大读者和出版社表示诚挚的谢意。根据国家高等教育发展方向和人才培养模式的调整，编写组在第2版(2009年)基础上，重点细化了各章节内容的表述，使全书内容在文字、图表、公式符号等方面更趋完善，单元结构更趋合理。

本教材共12章，由李云飞、葛克山主编，负责组织与全书修正工作。张青、伍军和黄阿根为副主编，协助修正工作。上海海洋大学徐文达教授担任主审。编写分工如下：

第1章　流体力学基础、绪论和附录等	李云飞	上海交通大学
第2章　传热	葛克山	中国农业大学
第3章　制冷与食品冷冻	宋立华	上海交通大学
第4章　颗粒与流体之间的相对流动	李　雁	华南农业大学
第5章　液体搅拌	张佰清	沈阳农业大学
第6章　粉碎与筛分	齐治国	甘肃农业大学
第7章　吸收与蒸馏	黄阿根	扬州大学
第8章　液体吸附与离子交换	蒋玉梅	甘肃农业大学
第9章　浸出与萃取	周颖越	上海海洋大学
第10章　膜分离	伍　军	北京农学院
第11章　溶液浓缩	于殿宇	东北农业大学
第12章　食品干燥	张　青	上海交通大学

由于编者水平有限，书中仍难免有许多不足之处，望读者提出宝贵意见和建议，以便编写组及时补充与修正。

编　者

2014年6月

第2版前言

为进一步适应各高校“食品工程原理”课程的开课情况，根据原教材(中国农业大学出版社，2002年版)使用单位教师和学生的反馈意见，《食品工程原理》教材编写组在保留原框架基础上进行了较大的改动。其中重点压缩或者删减了部分公式推导和单元操作装置等内容，突出基本原理和新型技术原理。

本教材共12章，由李云飞、葛克山主编，负责组织编写与全书统稿工作。张青、伍军和黄阿根为副主编，协助统稿工作。上海海洋大学徐文达教授担任主审。编写分工如下：

第1章	流体力学基础、绪论和附录	李云飞	上海交通大学
第2章	传热	葛克山	中国农业大学
第3章	制冷与食品冷冻	宋立华	上海交通大学
第4章	颗粒与流体之间的相对流动	李　雁	华南农业大学
第5章	液体搅拌	张佰清	沈阳农业大学
第6章	粉碎与筛分	齐治国	甘肃农业大学
第7章	吸收与蒸馏	黄阿根	扬州大学
第8章	液体吸附与离子交换	蒋玉梅	甘肃农业大学
第9章	浸出与萃取	周颖越	上海海洋大学
第10章	膜分离	伍　军	北京农学院
第11章	溶液浓缩	于殿宇	东北农业大学
第12章	食品干燥	张　青	上海交通大学

由于主讲课程变动等原因，福建农林大学李喜载老师和天津商学院胡萍老师未能继续参加本次编写。他们在原教材(中国农业大学出版社，2002年版)编写中做了大量的工作，对本次编写有很大的帮助，对此，编写组深表谢意。

由于编者水平有限，书中难免有许多不足之处，望读者提出宝贵意见，以便再版时补充修正。

编　者

2009年1月

第 1 版前言

为进一步具体落实教育部的教改精神，全面、系统地更新食品专业的教材内容，2001 年 2 月，在中国农业大学出版社的组织下，“全国高等农业院校食品专业系列教材研讨会”在北京召开。全国近 30 所农业院校的近 100 名教师参加了此次研讨会，并确定了 16 种涵盖食品科学与工程专业的教材编写任务，《食品工程原理》即是其中一种。本书是高等教育面向 21 世纪教学内容和课程体系改革项目(04－18)研究成果。

本教材共 12 章，由李云飞、葛克山任主编，张青、伍军和黄阿根任副主编，上海水产大学徐文达教授担任主审。编写分工如下：

第 1 章	流体力学基础、绪论和附录	李云飞	上海交通大学
第 2 章	传热	葛克山	中国农业大学
第 3 章	食品冷冻技术	宋立华	上海交通大学
第 4 章	颗粒与流体之间的相对流动	李　雁	华南农业大学
第 5 章	液体搅拌与气液混合	张佰清	沈阳农业大学
第 6 章	粉碎与筛分	李喜载	福建农林大学
第 7 章	吸收与蒸馏	黄阿根	扬州大学
第 8 章	液体吸附与离子交换	蒋玉梅	甘肃农业大学
第 9 章	浸出和萃取	周颖越	上海水产大学
第 10 章	膜分离	伍　军	北京农学院
第 11 章	溶液浓缩	胡　萍	天津商学院
第 12 章	食品干燥原理	张　青	上海交通大学

在编写过程中，我们侧重论述食品工程中的基础理论和基本原理，尽可能编入近年来在食品工程中应用的新技术。希望学生通过大量的例题、思考题和习题等内容的学习，能加深对教材内容的理解和便于课后自学。

由于本教材涉及的领域很广，编者水平有限，书中难免有许多不足之处，望读者提出宝贵意见，以便再版时补充修正。

编　者

2002 年 4 月

目　　录

绪　论

1. 本课程的目的和特点

食品工程原理是一门以力学、动力学、热力学、传热学和传质学为理论基础的学科基础课程，该课程主要回答食品原料在加工过程中，进出各加工单元的相互关系，如质量平衡关系和能量平衡关系，以及影响它们相互关系的因素。它是食品机械设计制造、选型配套以及维修操作的基础，也是保证食品工艺准确实施的必备知识，是食品科学与工程专业的主干课程之一。

食品工程原理在国外的名称并不统一，根据所论述的内容可知，下列教材或参考书均属于食品工程原理内容，如 *Unit Operations in Food Processing*、*Food Process Engineering*、*Food Engineering Operations*、*Elements of Food Engineering*、*Principles of Food Engineering* 等。

食品工程是在化学工程基础上发展起来的一个新领域，因此，二者有相同的理论基础和相似的单元操作，如搅拌、过滤、蒸发、吸收、精馏、萃取、干燥等主要单元操作完全一致。但由于食品原料和化学原料不同，有些单元操作在食品工程中应用较少，而有些单元操作在化学工程中很少或没有。如制冷低温原理、真空技术原理、均质乳化、粉碎筛分等在食品加工中应用较多。因此，在教学中如开设的是化学工程原理，应该根据实际情况做适当的增补和调整。

从以往教学中体会到，学生感到此门课程较难。主要原因是涉及的领域太宽，而且，章与章之间内容的系统连贯性较小，在单元操作上几乎各成体系，在基础理论上又是多学科的综合，如蒸发单元，既有热力学问题，又有传热学和流体力学等问题。学生通过一门课程很难掌握这么多内容，尤其是农业院校食品专业的学生，在教学计划中工程课程相对薄弱，学好这门课程更困难一些。在此编者建议：①加强本教材基础理论方面的内容，使学生能够掌握流体力学、传热学、热力学、传质学等基础理论，为学好各单元操作原理和自学相关内容奠定基础；②尽量采用多媒体或结合生产实况讲解单元操作原理；③各院校根据实际情况，可侧重某些单元，其余单元可留给学生自学。

2. 本课程的主要框架

根据教材内容，本课程可以概括为三部分。

第一部分：基础理论，主要包括流体力学、传热学、热力学和传质学；

第二部分：混合操作，主要包括搅拌、均质、乳化；

第三部分：分离操作，主要包括沉降、过滤、压榨、粉碎与筛分、蒸发、结晶、蒸馏、吸收、吸附、萃取、浸出、膜分离、干燥等。

3. 本课程各单元操作间的关系

如前所述，本课程内容虽然面广、零散，但它们之间并不是绝对没有联系的。其中，联系的纽带之一是产品的工艺要求。不同的产品和不同的工艺要求将涉及不同的单元操作。例如，果蔬饮料产品，从原料到销售将经过原料的清洗、挑选→榨汁和浸提→澄清和过滤→均质和脱气→浓缩→杀菌和灌装等。这里每一道加工环节几乎都是食品工程原理中的一个单元操作，由这些单元操作组成了饮料工业生产流水线。环节与环节之间用泵输送着清洗和杀菌所用的水或蒸气以及饮料，这是食品工程原理中的流体力学问题；浓缩、杀菌主要是传热学问题；均质是以流体力学为基础的混合问题；澄清和过滤是颗粒与流体相对运动问题。原料和加工介质进出每一环节的动力学、传热学、传质学和热力学等问题都关系到下一环节的状态，毫无疑问，也关系到产品的质量和成本。因此，本课程单元操作虽是相对独立的，但应该作为一个整体来学习和研究。

4. 食品工程发展现状与趋势

食品工程是在机械工程、动力工程和化学工程基础上发展起来的新兴学科。党的二十大报告强调，坚持创新在我国现代化建设全局中的核心地位，加快实现高水平科技自立自强，加快建设科技强国。将先进的工业技术应用于食品加工业，使食品工业从以手工操作为主发展到以机械操作为主，各道工艺从零散发展到连续化、自动化或半自动化。随着生物技术与电子信息技术的发展，一些生物技术和光电技术在食品工程原理中将不断出现，如目前的酶萃取、电渗析等分离提纯技术，食品感官质量计算机图像识别技术等。以往由于技术和经济水平的限制，有些技术在食品工程中还没有得到较大的应用，如超高压（200～700 MPa）加工技术、工业化微波杀菌技术、欧姆电加工技术和超微结构重组技术等，但随着高新技术的不断成熟，今后这些技术的原理将不断更新和补充本教材内容。

二维码 0-1　实现高水平科技自立自强
助力国家强盛和民族复兴

第1章

流体力学基础

本章学习目的与要求

学习本章内容，学生能够完成食品工厂中输送水、气和稀溶液等牛顿流体的简单管道设计与计算工作，以及泵的选型配套工作。要求学生掌握实际流体与理想流体的区别和流体流动中各能量平衡方程的区别，并能熟练运用这些方程解决问题。

食品加工中，我们会遇到很多种流体，如清洗和漂烫时所用的水，高温杀菌时所用的蒸汽，干燥和速冻时所用的空气，以及牛奶、各种饮料、油、稀糖浆、蜂蜜、苹果酱等食品材料。这些流体在加工过程中的流动特性差异较大，本章主要讨论其速度、压力和流量、功率等问题，为管路设计和其他单元操作奠定基础。

1.1 牛顿流体及其黏度

流体在静止平衡时不能抵抗剪切变形，因而在平衡流体内部不存在切应力，可是当流体运动时情况就完全不同了。如图 1-1 所示，在相互平行且间隙 δ 很小的两平板之间充满液体，下板固定，上板受 F 力作用并以匀速 u 沿 x 方向运动。由于流体与固体分子间的附着力，紧贴上板附近的一滞流体黏附在上板并一起以速度 u 运动，紧贴下板附近的一滞流体与下板一样固定不动。在流体内部由于液体分子间的内聚力，上滞流体必然带动下滞流体流动，而下滞流体也必然阻止上滞流体的流动，这样在流体内部层与层之间就产生了如图 1-1 所示的速度分布。层与层之间也随之产生了内摩擦力或切应力 τ，流体的这种性质称为黏性。

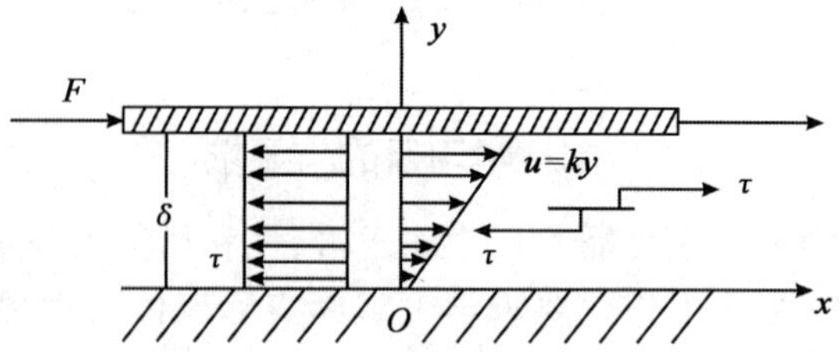

图 1-1 流体的黏性

1.1.1 牛顿内摩擦定律

牛顿对图 1-1 所示的流动现象进行了实验研究，发现推动上板的外力 F 与上板运动速度 u 及摩擦面积 A 成正比，与两板之间的距离 δ 成反比，比例常数 μ 与两板之间的流体种类及其温度、压强有关，而与上板的正压力无关。由此得出流体对上板的摩擦力为

$$F=\mu\frac{u}{\delta}A \tag{1-1}$$

流体中的切应力为

$$\tau=\frac{F}{A}=\mu\frac{u}{\delta} \tag{1-2}$$

式中：$\frac{u}{\delta}$表示沿与速度垂直方向每单位长度上的速度变化率，称为速度梯度。即流体中的切应力与速度梯度成正比，如果两平板间的速度分布 $u=u(y)$为直线规律，流体各横截面上各点的速度梯度是一个常数，沿流体截面的切应力分布如图 1-1 所示。如果速度分布 $u=u(y)$不是直线规律，如图 1-2 所示，流体截面上一点的速度梯度 $\frac{\mathrm{d}u}{\mathrm{d}y}$ 是 y 坐标的函数，其值为

$$\tau = \pm \mu \frac{du}{dy} \tag{1-3}$$

式(1-3)称为牛顿内摩擦定律，适用于空气和水、大多数油、牛奶等稀溶液流体，在切应力 τ 与速度梯度 $\frac{du}{dy}$ 的直角坐标系中，此种流体是通过坐标原点的一条直线，在流体力学中称此流体为牛顿流体。

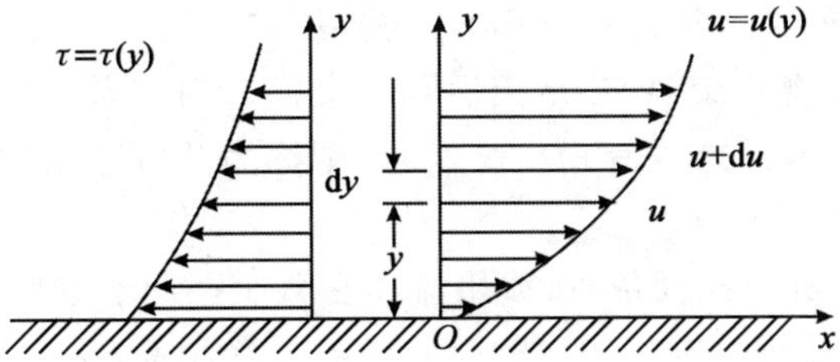

图 1-2　速度非线性时的切应力

1.1.2　流体黏度的定义及单位

对于牛顿流体，切应力 τ 与速度梯度 $\frac{du}{dy}$ 成正比，比例常数 μ 则与流体的种类有关。从牛顿内摩擦定律可知，μ 代表单位速度梯度下的切应力，μ 不同，其切应力不同，黏性也就不同。μ 称为流体的动力黏度，单位为 Pa·s(表 1-1)。

表 1-1　部分流体(20℃)的黏度(Lewis,1987)　　Pa·s

流体	黏度	流体	黏度
空气	1.83×10^{-5}	蔗糖(20%干物质)	2×10^{-3}
二氧化碳	1.48×10^{-5}	蔗糖(40%干物质)	6.2×10^{-3}
水	1.002×10^{-3}	蔗糖(60%干物质)	58.9×10^{-3}
橄榄油	84×10^{-3}	蜂蜜(25℃)	$6\,000\times10^{-3}$
蓖麻油	986×10^{-3}	牛奶	2×10^{-3}
甘油	$1\,490\times10^{-3}$	酒精	1.2×10^{-3}

在工程流体力学中，常常采用 μ 与流体密度 ρ 的比值来表示流体的运动黏度，即

$$\nu = \frac{\mu}{\rho} \tag{1-4}$$

式中：ν 称为流体的运动黏度，m^2/s。

1.1.3　理想流体

理想流体是一种黏性不存在的假想流体，其黏度 $\mu=\nu=0$。这种流体在流动中不但内部不存在摩擦力，而且流体与固体边界接触面上也不存在摩擦力。理想流体虽然事实上并不存在，但却有重要的理论意义和实际意义。

1.2 流体流动能量平衡

1.2.1 稳定流动热力体系的概念

热力体系是指某一由周围边界所限定的空间内的所有物质。边界可以是真实的(如管道壁面),也可以是虚拟的(如管道进出口截面)。边界所限定空间的外部称为外界。

体系与外界可能进行物质交换、热量交换和功交换。当体系与外界无物质交换时,称这种体系为封闭体系。当体系与其外界有物质交换时,则称为开口体系,此时物质将经过边界流入或流出体系。

当流体流过如图 1-3 所示的设备时,如果流体在各个截面上的状态对外热量交换、功交换都不随时间改变,并且同时期内流过任何截面上的流量均相等,称这种流动为稳定流动。

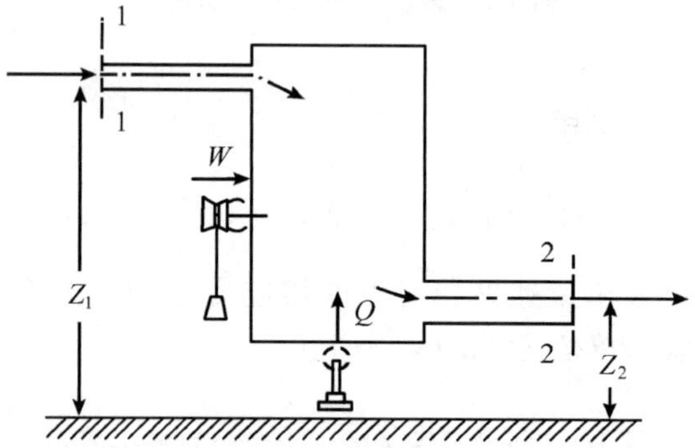

图 1-3 稳定流动

1.2.2 稳定流动体系的能量平衡

对于稳定流动的热力体系(图 1-3),设在一定时间内进出体系的流体质量为 m,若忽略电能和化学能,则输入和输出体系的能量有:

(1)位能:流体由于在地球引力场中的位置而产生的能量。若任选一基准水平面作为位能的零点,则离基准垂直距离为 Z 的流体所具有的位能为 mgZ。

(2)动能:流体由于运动而产生的能量。若流体以均匀速度 u 流动,则其动能为 $mu^2/2$。若流动截面上流速分布不均,可近似按平均流速进行计算或乘以动能校正系数。

(3)内能:流体分子内部具有的能量。对于不可压缩流体,其内能主要是流体的分子动能。对于可压缩流体,其内能既有分子动能,也有分子位能。如果单位质量流体所含的内能为 e,则质量为 m 的流体所具有的内能 $E=me$。在热力计算时,我们对某一状态下的内能并不感兴趣,我们关心的是流体从一种状态变化到另一种状态时,内能的变化值。

(4)流动功:也称为压力能,是流动体系中在不改变流体体积情况下,引导流体经过界面进入或流出所必须做的功,其值等于 mpv 或 mp/ρ。

(5)外功:如果设备中还有压缩机或泵等动力机械,则外界通过这类机械将对体系做功,是为功的输入。相反也有体系对外做功的情形,是为功的输出。可以人为规定,外界对体系做功为正,体系对外界做功为负。设对应于单位质量流体的功为 w,则对质量 m 流体的功为 $W=mw$。

(6)热量:体系通过换热器与外界进行交换的热量。同样可以人为规定,外界对体系加热为正,体系对外界加热为负,且 $Q=mq$。

将热力学第一定律应用于此稳定流动体系,得质量为 m 的流体的能量平衡式

$$E_1+p_1V_1+mgZ_1+m\frac{u_1^2}{2}+Q+W=E_2+p_2V_2+mgZ_2+m\frac{u_2^2}{2}\quad(\text{J})\tag{1-5}$$

或单位质量流体的能量平衡式

$$e_1+p_1v_1+gZ_1+\frac{u_1^2}{2}+q+w=e_2+p_2v_2+gZ_2+\frac{u_2^2}{2}\quad(\text{J/kg})\tag{1-5a}$$

$$h_1+gZ_1+\frac{u_1^2}{2}+q+w=h_2+gZ_2+\frac{u_2^2}{2}\quad(\text{J/kg})\tag{1-5b}$$

$$q+w=\Delta h+g\Delta Z+\Delta\frac{u^2}{2}\quad(\text{J/kg})\tag{1-5c}$$

上式称为稳定流动总能量方程式。

式中:m 为流体质量,kg;Z 为某一液面距基准面的高度,m;u 为管道截面流体的平均速度,m/s;e 为单位质量的流体所具有的内能,J/kg;p 为流体绝对压力,Pa;v 为流体的比体积,m^3/kg;ρ 为流体密度,kg/m^3;w 为单位质量的流体所具有的功,J/kg;q 为单位质量的流体所具有的热量,J/kg;h 为单位质量的流体所具有的焓,J/kg。

式中以下标 1 表示的项为体系进口截面上流体的能量,以下标 2 表示的项为体系出口截面上流体的能量。

稳定流动总能量平衡方程表明,外界加给体系的热量和功全部用于流体焓、位能和动能的增加。

现以常见的换热器、喷嘴、节流阀和压缩机内的流体流动说明稳定流动总能量方程的应用,见图 1-4。

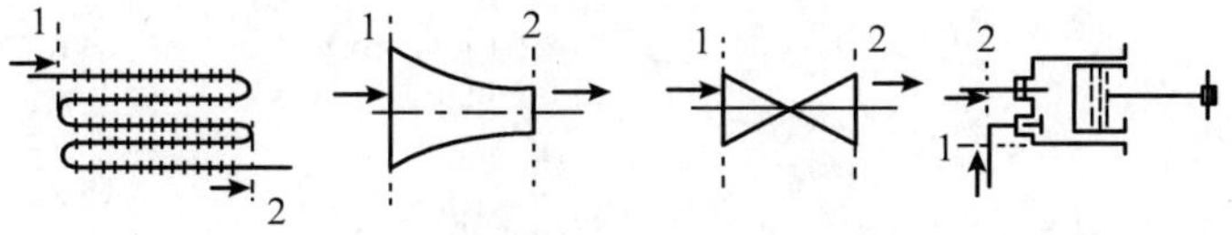

图 1-4　几种常见的流体流动

(1)通过换热器的流动:此时,外界对体系的机械功 $w=0$,设流体从进口至出口的位能和动能的变化可以忽略,即 $g\Delta Z=0$,$\Delta\frac{u^2}{2}=0$,式(1-5c)简化为

$$q=\Delta h=h_2-h_1\quad(\text{J/kg})\tag{1-6}$$

此式表明,流体流过换热器时,外界对体系的加热量等于流体焓值的增量。反之,体系对外界的放热量等于焓值的减少量。食品加工中,对牛奶、饮料的加热杀菌和冷却就属于此类流动状况。

(2)通过喷嘴的流动:由于时间短,流体通过喷嘴时可视为与外界无热量交换,即 $q=0$,同时也无功交换,故 $w=0$,若忽略位能变化,则式(1-5c)简化为

$$\Delta h+\Delta\frac{u^2}{2}=0 \text{ 或 } h_1-h_2=\frac{u_2^2-u_1^2}{2}$$

由于是收缩喷嘴,$u_1 \ll u_2$,假设 $u_1\approx 0$,可近似求得喷嘴截面上的流体速度

$$u_2\approx\sqrt{2(h_1-h_2)} \qquad (\text{m/s}) \tag{1-7}$$

该式表明,流体流过收缩喷嘴时获得的动能等于流体焓值的减少量。

(3)通过节流阀的流动:对外的功交换和热交换都为零,设节流阀的进出口截面积相等,则流体进出节流阀时的速度也相等,式(1-5c)简化为

$$\Delta h=0 \text{ 或 } h_1=h_2 \qquad (\text{J/kg}) \tag{1-8}$$

该式表明,流体节流前后其焓值不变。

(4)通过压缩机的流动:设此时体系与外界无热量交换,且位能和动能的变化可以忽略,则式(1-5c)简化为

$$w=\Delta h=h_2-h_1 \qquad (\text{J/kg}) \tag{1-9}$$

这就是理论上压缩机所耗的功,它等于压缩前后气体焓值的增量。

【例 1-1】 某小型奶粉喷雾干燥设备,每小时需要的空气量为 2 000 kg,空气流过加热器时可认为是在恒压下从初始温度 25℃加热至 200℃,试计算所需要配备的加热器功率。

解:由式(1-6)可知,单位质量流体所需要的加热量等于流体焓的增量。

根据焓的计算式

$$h=c_p\Delta T$$

设空气的定压比热容为 1 000 J/(kg·K)

$$h_1=1\,000\times 200=200(\text{kJ/kg})$$

$$h_2=1\,000\times 25=25(\text{kJ/kg})$$

所需要的热量为

$$Q=mq=m(h_2-h_1)=2\,000\times(200-25)$$
$$=350\,000(\text{kJ/h})$$

所需加热器的功率为

$$P=\frac{350\,000}{3\,600}=97.2(\text{kW})$$

1.2.3 不可压缩理想流体的稳定流动与柏努利(Bernoulli)方程

稳定流动总能量方程式是一个较普遍的方程式,它不但适用于不可压缩的理想流体,也适用于可压缩的实际流体的流动,且在流动过程中体系还有对外的热交换和功交换。因此,这一方程可被用于解决工程上范围相当广泛的问题。但是,对于单纯的流体输送问题,体系与外界

往往可以忽略功、热等交换，且在压力变化范围不大的情况下，气体也可同液体一样，视为不可压缩流体。

此外，虽然在输送中的流体都是黏性的流体，即实际流体，但如果从理想流体入手，往往可以抓住事物的本质，使分析问题得以简化。

对于单纯的流动问题，体系对外界无功交换和热交换，即 $w=0$，$q=0$，且由于不可压缩和理想流体的假设，即 $v_1=v_2=v$ 或 $\rho_1=\rho_2=\rho$ 和 $e_1=e_2=e$，稳定流动总能量方程式简化为

$$gZ_1+p_1v+\frac{u_1^2}{2}=gZ_2+p_2v+\frac{u_2^2}{2}\qquad (\mathrm{J/kg})\qquad (1\text{-}10)$$

或

$$gZ_1+\frac{p_1}{\rho}+\frac{u_1^2}{2}=gZ_2+\frac{p_2}{\rho}+\frac{u_2^2}{2}\qquad (\mathrm{J/kg})\qquad (1\text{-}10a)$$

$$Z_1+\frac{p_1}{\rho g}+\frac{u_1^2}{2g}=Z_2+\frac{p_2}{\rho g}+\frac{u_2^2}{2g}\qquad (\mathrm{m})\qquad (1\text{-}10b)$$

$$\rho gZ_1+p_1+\frac{\rho u_1^2}{2}=\rho gZ_2+p_2+\frac{\rho u_2^2}{2}\qquad (\mathrm{N/m^2})\qquad (1\text{-}10c)$$

式(1-10a)、式(1-10b)和式(1-10c)为不可压缩理想流体稳定流动能量方程的三种表达式，称为柏努利方程式。式中各项代表单位数量的流体所具有的位能、压力能和动能，式(1-10a)以 1 kg 质量的流体所具有的能量来表示；式(1-10b)以 1 N 重量的流体所具有的能量来表示；式(1-10c)以 1 $\mathrm{m^3}$ 体积的流体所具有的能量来表示。其中，式(1-10b)各项具有长度单位(m)，在使用中将这三项分别称为位压头、静压头和动压头。

【例 1-2】 如例 1-2 附图所示的开口水箱，其下部装有水龙头，设水箱上方有维持水位恒定的装置，液面与出水口的高度差为 10 m，试求水龙头开启后，水流达到稳定时水的流量，已知管内径为 12 mm。

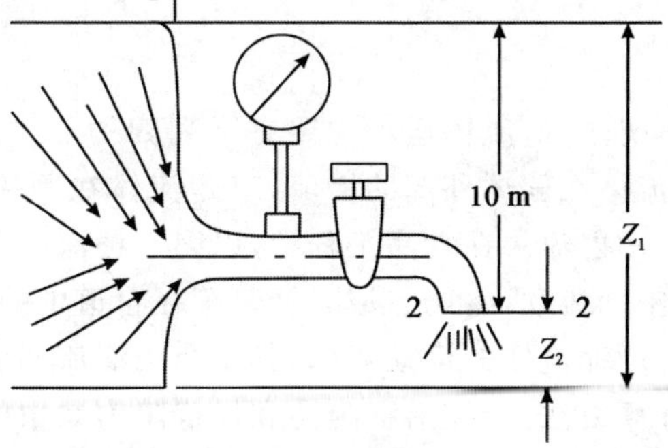

例 1-2 附图

解：用伯努利方程进行近似计算，取水箱液面为第一截面，水龙头出口为第二截面。由于第一截面面积远大于水龙头出口，故其速度 u_1 可以忽略

$$\frac{u_2^2}{2g}=Z_1-Z_2+\frac{p_1-p_2}{\rho g}$$

又因两截面均为大气压，故截面上流体压力相等，从而上式简化为

$$u_2=\sqrt{2g(Z_1-Z_2)}=\sqrt{2\times 9.81\times 10}=14.0(\mathrm{m/s})$$

水的流量为

$$Q=\frac{\pi}{4}d^2u_2=0.785\times 0.012^2\times 14=1.58\times 10^{-3}(\mathrm{m^3/s})$$

1.2.4 不可压缩实际流体的稳定流动

在流体输送中，分子之间的摩擦力将不可避免地造成机械能损失。根据能量守恒原理，损失的机械能转变为分子的内能。在流体流动计算中，我们称这部分内能为摩擦损失或水头损失。在体系与外界无热量交换情况下，不可压缩实际流体的稳定流动能量平衡方程为

$$gZ_1+\frac{p_1}{\rho}+\frac{u_1^2}{2}+w=gZ_2+\frac{p_2}{\rho}+\frac{u_2^2}{2}+(e_2-e_1)\quad (\mathrm{J/kg})\tag{1-11a}$$

$$Z_1+\frac{p_1}{\rho g}+\frac{u_1^2}{2g}+H=Z_2+\frac{p_2}{\rho g}+\frac{u_2^2}{2g}+\frac{(e_2-e_1)}{g}\quad (\mathrm{m})\tag{1-11b}$$

或

$$gz_1+\frac{p_1}{\rho}+\frac{u_1^2}{2}+w=gz_2+\frac{p_2}{\rho}+\frac{u_2^2}{2}+\sum l_f\quad (\mathrm{J/kg})\tag{1-11c}$$

$$z_1+\frac{p_1}{\rho g}+\frac{u_1^2}{2g}+H=Z_2+\frac{p_2}{\rho g}+\frac{u_2^2}{2g}+\sum h_f\quad (\mathrm{m})\tag{1-11d}$$

式中：$\sum l_f$ 和 $\sum h_f$ 分别称为单位质量和单位重量流体流动过程中的摩擦损失或水头损失，关于该项的求解将是我们下面重点讨论内容之一。H 为输送设备的压头或扬程。

1.3 管中流动

按流体与固体的接触情况来分，流体运动主要有下列四种形式。一是流体在固体内部的管中流动和缝隙流动，二是流体在固体外部的绕流，三是流体在固体一侧的表面流动，四是流体与固体不接触的孔口出流和射流。在食品工程中，以第一种流动形式最普遍，如空气和蒸气在管道中的流动，水在管道中的流动，牛奶、果汁、糖浆等在管道中的流动等。

本节主要讨论管中不可压缩流体的运动规律，其中介绍滞流和湍流的概念，讨论滞流和湍流能量损失的形成原因和计算方法，介绍沿程阻力和局部阻力系数的计算公式及其图表。

1.3.1 管中稳定流动连续性方程

稳定流动情况下，单位时间内流进体系的流体质量等于流出体系的流体质量，即

$$\rho_1u_1A_1=\rho_2u_2A_2\tag{1-12}$$

式中：ρ_1，ρ_2 为管段两端面处的流体密度，kg/m^3；u_1，u_2 为管段两端面处的平均流速，m/s；

A_1，A_2 为管段两端的横截面面积，m^2。

式(1-12)称为流体在管中稳定流动时的连续性方程。对于不可压缩流体，由于 $\rho_1=\rho_2$，式(1-12)改为

$$u_1A_1=u_2A_2 \tag{1-13}$$

该式表明，不可压缩流体的平均流速，其数值只随管道截面面积变化，流速与管径平方成反比。

1.3.2　雷诺实验与雷诺数

雷诺数代表惯性力和黏性力之比。雷诺数不同，这两种力的比值也不同，由此产生内部结构和运动性质完全不同的两种流动状态。这种现象用图 1-5 所示的雷诺实验装置可以清楚地观测出来。

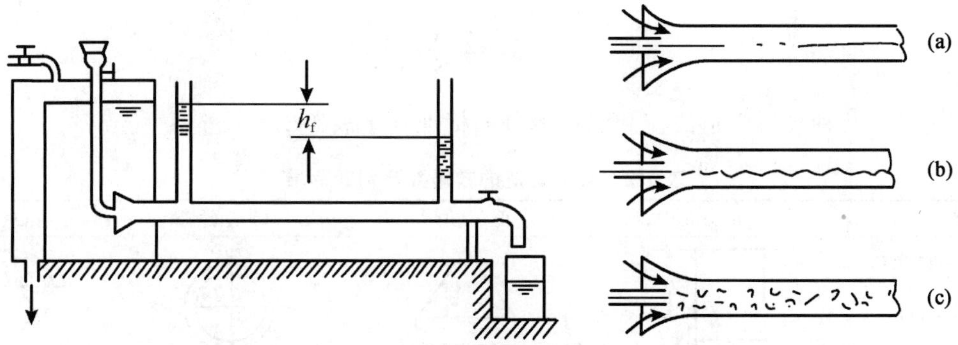

图 1-5　雷诺实验装置

当流速较小时，可以看到颜色水在玻璃管中呈明显的直线形状，如图 1-5(a)所示。不论颜色水出口摆在玻璃管口任何部位，颜色水的直线形状都很稳定，这说明此时整个管中的水都是沿轴向流动，流体质点没有径向运动，不相互混杂，这种流动状态称为滞流。

将节流阀逐渐开大，颜色水开始抖动，直线形状破坏，如图 1-5(b)所示，这是一种过渡状态。节流阀开大到一定程度，也就是管中流速增大到一定程度，则颜色水不再保持完整形状，而是破裂成如图 1-5(c)所示那样杂乱无章、瞬息变化的状态。这说明此时管中流体质点有剧烈的互相混杂，质点运动速度不仅在轴向而且在径向均有不规则的脉动现象，这种流动状态称为湍流。

从玻璃管看到颜色水的这两种流动状态——滞流和湍流，实际上是一切流体运动普遍存在的物理现象。如何区分这两种流动状态，由无量纲准数——雷诺数 Re 来判断。雷诺数 Re 的表达式

$$Re=\frac{du\rho}{\mu} \tag{1-14}$$

式中：d 为管子直径，m；u 为流体平均速度，m/s；ρ 为流体密度，kg/m^3；μ 为流体动力黏度，Pa·s。

流态稳定性的判断标准为：

$Re>4\ 000$ 时，管中流动状态一般都为湍流；

$Re\leqslant 2\ 000$ 时，管中流动状态都为滞流；

$2\ 000<Re\leqslant 4\ 000$ 时，管中流动状态可能为滞流，也可能为湍流，但湍流的可能性更大。

在雷诺数较高时滞流极不稳定，遇到外界振动干扰就容易变为湍流。因此，滞流与湍流的判断标准有时简化为：

$Re\leqslant 2\ 000$ 时，管中流动状态为滞流；

$Re>2\ 000$ 时，管中流动状态为湍流。

1.3.3 水力直径

实际情况下，管道的截面形状各式各样。对于这样非圆形的异形管道，可用水力直径(也称当量直径)d_H 来代替雷诺数中的圆管直径 d。

水力直径 d_H 定义为 4 倍的流体流通截面积 A 与固体接触周长(润湿周边长)S 之比，即

$$d_H=4\frac{A}{S} \tag{1-15}$$

根据实验，几种异形管道滞流和湍流的判断标准列于表 1-2。

表 1-2 异形管道的雷诺数及判断标准

项目	正方形	正三角形	圆心缝隙	偏心缝隙
管道断面形状	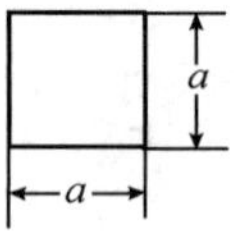	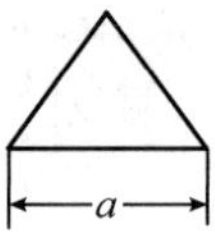	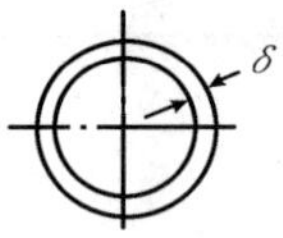	
$Re=\frac{u}{\nu}d_H$	$\frac{u}{\nu}a$	$\frac{u}{\nu}\frac{a}{\sqrt{3}}$	$\frac{u}{\nu}2\delta$	$\frac{u}{\nu}(D-d)$
滞流 $Re_c<$	2 070	1 930	1 100	1 000

1.3.4 圆管中的滞流

1.3.4.1 速度分布与流量

如图 1-6 所示，取半径为 r，长度为 l 的一个圆柱体，在稳定流动中这个圆柱体处于平衡状态，因而作用在圆柱体上的外力在 x 方向的投影和为零。此种外力有二：一为两端面上的压力$(p_1-p_2)\pi r^2$，一为圆柱面上的摩擦力 $\tau(2\pi rl)$。于是由 $\sum F_x=0$，可得

$$(p_1-p_2)\pi r^2-\tau(2\pi rl)=0$$

简化并引用牛顿内摩擦定律 $\tau=-\mu\frac{\mathrm{d}u}{\mathrm{d}r}$，可得

$$\frac{\mathrm{d}u}{\mathrm{d}r}=-\frac{p_1-p_2}{2\mu l}r=\frac{\Delta p}{2\mu l}r \tag{1-16}$$

很明显，上式仅适用于稳定、单向、轴对称、等径均匀的流体流动情况。对上式进行积分

$$\int_u^0\mathrm{d}u=\int_r^R\frac{\Delta p}{2\mu l}r\,\mathrm{d}r$$

$$u=\frac{-\Delta p}{4\mu l}(R^2-r^2) \tag{1-17}$$

这就是圆管滞流的速度分布规律，公式说明过流断面上的速度 u 与半径 r 呈二次旋转抛物面关系，如图 1-6 所示。

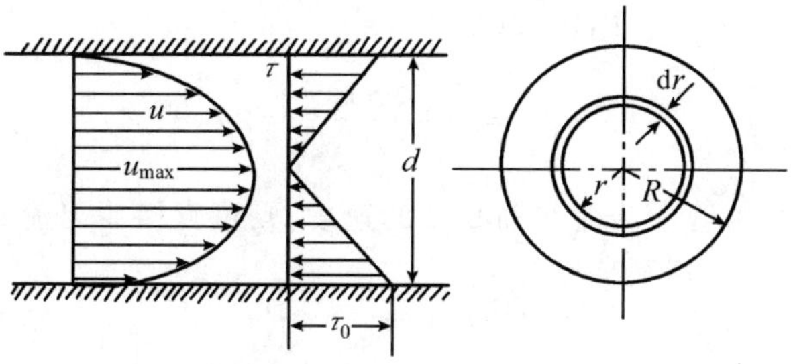

图 1-6　圆管滞流的速度分布与切应力分布

取半径 r 处宽度为 $\mathrm{d}r$ 的微小环形面积，则可得流量为

$$Q=\int_A u\,\mathrm{d}A=\int_0^R \frac{-\Delta p}{4\mu l}(R^2-r^2)2\pi r\,\mathrm{d}r$$
$$=\frac{\pi(-\Delta p)R^4}{8\mu l}=\frac{\pi(-\Delta p)d^4}{128\mu l} \tag{1-18}$$

此式称为哈根-泊肃叶(Hagen-Poiseulle)定律，它与精密实验的测定结果完全一致。哈根-泊肃叶定律也是测定液体黏度的依据。从式(1-18)解出

$$\mu=\frac{\pi(-\Delta p)d^4}{128lQ}=\frac{\pi(-\Delta p)d^4 t}{128lV}$$

如图 1-7(1)所示，在固定内径 d、长度 l 的细管两端测出压差 $-\Delta p=p_1-p_2$ 及流出一定体积 V 的时间 t，按上式即可得出流体的动力黏度 μ。

如果细管一端接大气，一端连接固定液面高度 h 的容器，如图 1-7(2)所示，则以 $-\Delta p=\rho gh$ 代入式(1-18)，得

$$\nu=\frac{\pi ghd^4 t}{128lV}=kt \tag{1-19}$$

在仪器上 d、l、h、V 均为一定，k 为仪器常数，因而只要测出时间 t 即可算出流体的运动黏度 ν。这就是工业用黏度计的理论依据。

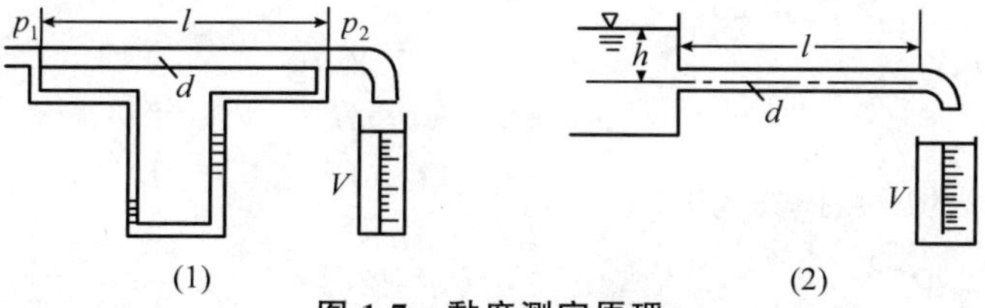

图 1-7　黏度测定原理

1.3.4.2 平均速度和最大速度

管中平均速度可由式(1-18)求得

$$u=\frac{Q}{A}=\frac{\pi(-\Delta p)R^4}{8\mu l\pi R^2}=\frac{(-\Delta p)}{8\mu l}R^2 \tag{1-20}$$

管中最大速度在轴心 $r=0$ 处,由式(1-17)得

$$u_{\max}=\frac{(-\Delta p)R^2}{4\mu l}=2u \tag{1-21}$$

由此可见,如果能测出管中滞流在轴心处的速度,则可直接算出流量

$$Q=uA=\frac{u_{\max}}{2}\pi R^2$$

1.3.4.3 切应力分布

根据牛顿内摩擦定律,在圆管中可得

$$\tau=-\mu\frac{\mathrm{d}u}{\mathrm{d}r}=\frac{(-\Delta p)r}{2l} \tag{1-22}$$

此式说明在滞流的过流断面上,切应力与半径成正比,$\tau=\tau(r)$的分布规律,如图 1-6 所示,称为切应力的 K 字形分布。图中箭头表示慢速流层作用在快速流层上的切应力的方向。

当 $r=R$ 时,可得管壁处的切应力为

$$\tau_0=\frac{(-\Delta p)R}{2l} \tag{1-23}$$

流体作用在管壁上的总摩擦力为

$$\begin{aligned}F&=\tau_0 2\pi Rl=\frac{(-\Delta p)R}{2l}2\pi Rl=(-\Delta p)\pi R^2\\&=\frac{8\mu lu}{R^2}\pi R^2=8\pi\mu lu\end{aligned} \tag{1-24}$$

式中的 $F=(-\Delta p)\pi R^2$ 也不限于滞流。处于平衡状态的管流两端面上的压力差与作用在管壁上的摩擦力相平衡,这一原则对于湍流也同样是适用的。

1.3.4.4 沿程损失

在等径管路中,由于流体与管壁以及流体本身的内部摩擦,使得流体能量沿流动方向逐渐降低,这种引起能量损失的力称为沿程阻力。沿程能量损失可以用压强损失和水头损失表示。

(1)压强损失。由哈根-泊肃叶定律可得用流量计算的压强损失为

$$-\Delta p=\frac{8\mu lQ}{\pi R^4}=\frac{128\mu lQ}{\pi d^4} \tag{1-25}$$

用平均速度计算的压强损失为

$$-\Delta p=\frac{8\mu lu}{R^2}=\frac{32\mu lu}{d^2} \tag{1-26}$$

(2)水头损失。根据能量方程式知道,等径管路的水头损失就是管路两端压强之差,即

$$h_f=\frac{-\Delta p}{\rho g}=\frac{128\mu lQ}{\pi\rho g d^4} \tag{1-27}$$

或

$$h_f=\frac{32\mu lu}{\rho g d^2} \tag{1-28}$$

根据达西公式,不论滞流还是湍流,圆管中的沿程水头损失一概表示为

$$h_f=\lambda\frac{l}{d}\frac{u^2}{2g} \tag{1-29}$$

与式(1-28)比较,可得滞流的沿程阻力系数

$$\lambda=\frac{64\mu}{\rho ud}=\frac{64}{Re} \tag{1-30}$$

于是,滞流时沿程水头损失可表示为

$$h_f=\frac{64}{Re}\frac{l}{d}\frac{u^2}{2g} \tag{1-31}$$

1.3.5 圆管中的湍流

1.3.5.1 黏性底层、水力光滑管与水力粗糙管

由于管壁的摩擦以及分子附着力的作用,管壁上有流体黏附,此处流体运动速度为零。这种黏性作用必然影响壁面附近的流动,使湍流的脉动与质点的混杂在靠近管壁处受到抑制。由于管壁凹凸不平,这里有时是漩涡和脉动的发源地,但由于黏性影响较大,湍流现象受到限制。此处产生的旋涡在离开管壁适当距离处才可能发展,而在靠近管壁的一定范围内大都以滞流为主,这种靠近壁面处的滞流层也称为黏性底层。

黏性底层的厚度 δ 并不是固定的,它与流体的黏度 ν 成正比、与流体运动速度 u 成反比,还与反映壁面凹凸不平及摩擦应力大小的沿程阻力系数 λ 有关,通过理论与实验计算,得到一个近似公式

$$\delta=\frac{32.8d}{Re\sqrt{\lambda}} \tag{1-32}$$

按此黏性底层厚度的近似公式估算,通常条件下的 δ 值并不大,多数不足 1 mm。黏性影响在远离管壁的地方逐渐减弱,管中大部分区域是湍流的活动区,这里称为湍流核心,在黏性底层与湍流核心之间有一个界限不很分明的过渡层,有时也可将它算在湍流核心的范围内,管中湍流实质上包括如图 1-8 所示的三层结构。

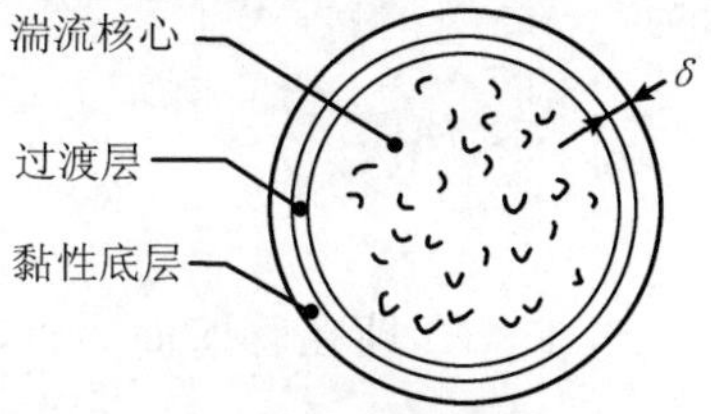

图 1-8　湍流结构

尽管黏性底层的厚度较小,但是它在湍流中的作用却是不可忽视的。由于管子的材料、加工方法、使用条件以及使用年限等多种因素,使得管壁会出现各种不同程度的凹凸现象,它们的平均尺寸 Δ 称为绝对粗糙度,如图 1-9 所示。

当 $\delta>\Delta$ 时,管壁的凹凸不平部分完全被黏性底层覆盖,

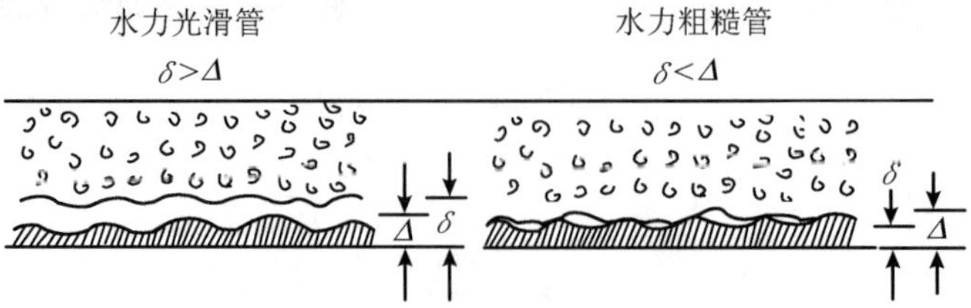

图 1-9　水力光滑管与水力粗糙管

粗糙度对湍流核心几乎没有影响,这种情况称为水力光滑管。

当 $\delta<\Delta$ 时,管壁的凹凸不平部分暴露在黏性底层之外,湍流核心运动的流体冲击在凸起部分,不断产生新的旋涡、加剧紊乱程度、增大能量损失。粗糙度的大小对湍流特性产生直接影响,这种情况称为水力粗糙管。

当 δ 与 Δ 近似相等时,凹凸不平部分开始显露影响,但还未对湍流性质产生决定性的作用。这是介于上述两种情况之间的过渡状态,有时也把它归入水力粗糙管的范围。

水力光滑与水力粗糙同几何上的光滑与粗糙有联系,但并不能等同。几何光滑管出现水力光滑的可能性大些,几何粗糙管出现水力粗糙的可能性大些,几何光滑与粗糙是相对固定的,而水力光滑与水力粗糙却是多变的。例如,一定的管路,当 Re 较小时是水力光滑的,但当 Re 增大时可能是水力粗糙的。一定的管路初用时是水力光滑的,但用旧时却可能是水力粗糙的。总之,决定水力光滑和水力粗糙的两个因素 δ 与 Δ 都是变化的数值,特别是黏性底层厚度 δ 随 Re 的变化更是明显。

1.3.5.2　切应力分布

我们知道当管中出现湍流时,并非管中所有流体都处于湍流状态,而是由黏性底层和湍流核心两部分组成,因此湍流中的切应力也应该包括两部分,即黏性切应力 τ_1 与脉动切应力 τ_2。

在黏性底层中,脉动切应力很小,切应力的主要成分是黏性切应力

$$\tau_1=-\mu\frac{\mathrm{d}u}{\mathrm{d}y}=-\mu\frac{\mathrm{d}u}{\mathrm{d}r} \tag{1-33}$$

在湍流核心中由于速度分布比较均匀,速度梯度很小,而脉动剧烈,因而它的切应力主要成分是脉动切应力

$$\tau_2=\rho L^2\left(\frac{\mathrm{d}u}{\mathrm{d}r}\right)^2 \tag{1-34}$$

式中:ρ 为流体密度;L 为混合长度,m。

根据卡门实验,混合长度的分布规律如图 1-10 所示。L 与 y 或 r 的函数关系可以近似表示为

$$L=ky\sqrt{1-\frac{y}{R}} \tag{1-35}$$

当 $y\ll R$,即在管壁面附近时

$$L=ky \tag{1-36}$$

式中：k 为混合长度系数。由实验测得 $k=0.4$。

由式(1-17)可知，在管路轴心处速度最大，速度梯度为零，因而黏性切应力 τ_1 和脉动切应力 τ_2 均为零。

根据对光滑管湍流脉动速度的测定，从而得出脉动切应力的分布如图 1-11 的 $abcd$ 所示，K 字形的其余部分 $abce$ 则为黏性切应力。大约在 $r<0.7R$ 的范围之内，黏性切应力几乎不起作用，这就是以脉动为主的湍流核心。大约在 $r=0.95R$ 时，脉动切应力最大。再接近管壁则脉动切应力迅速降为零，这就是以黏性切应力为主的黏性底层了。在过渡层中两种切应力都存在，它们的比例在不断变化。此处既有一定的混合长度又有较大的速度梯度，因此脉动切应力的最大值一般是出现在湍流核心的边缘地带，而不是靠近管路轴心。

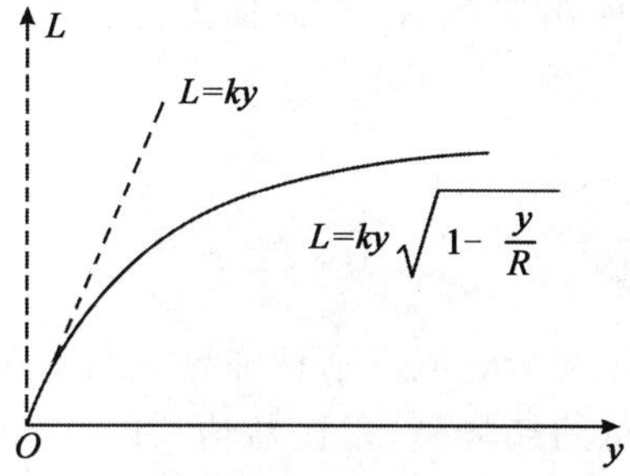

图 1-10　混合长度分布

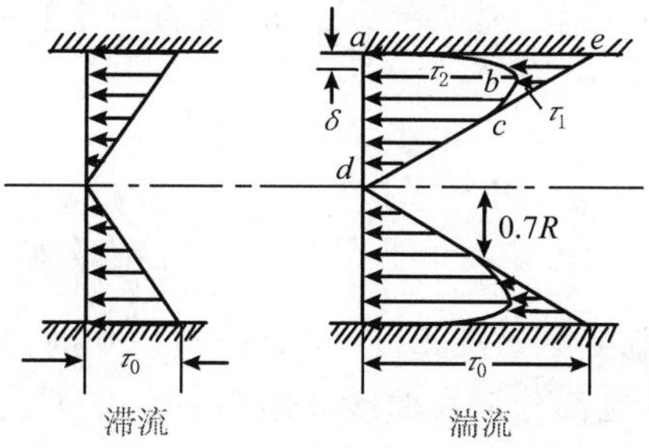

图 1-11　滞流与湍流的切应力分布

1.3.5.3　速度分布

与切应力分布类似，湍流速度分布也由黏性底层中速度分布和湍流核心中速度分布组成。在黏性底层中速度分布是直线，而在湍流核心中速度分布 u 与 r 呈对数关系。设光滑管湍流核心的边界与黏性底层边界重合，则速度分布

$$u=\sqrt{\frac{\tau_0}{\rho}}\frac{1}{k}\ln\frac{r}{\delta}+\frac{\tau_0}{\mu}\delta \tag{1-37}$$

式中：黏性底层厚度 δ 及管壁面上的切应力 τ_0 分别由式(1-32)和式(1-23)确定，即

$$\delta=\frac{32.8d}{Re\sqrt{\lambda}}=\frac{32.8\mu}{\rho u\sqrt{\lambda}}$$

$$\tau_0=-\frac{\Delta pd}{4l}=-\frac{\Delta p}{\gamma}\frac{\rho gd}{4l}=\lambda\frac{l}{d}\frac{u^2}{2g}\frac{\rho gd}{4l}=\frac{\lambda}{8}\rho u^2$$

1.3.6　管路中的沿程阻力

沿程阻力是造成沿程水头损失的原因，计算沿程损失的公式是达西公式，但式中的沿程阻力系数 $\lambda=f\left(Re,\frac{\Delta}{d}\right)$ 的规律有待深入探讨。

1.3.6.1　尼古拉兹实验

1933 年发表的尼古拉兹实验对管中沿程阻力做了全面研究。将沙粒筛分后用漆涂于管道的内壁，一共造成六种 $\frac{\Delta}{d}$ 相对粗糙度不同的管路，对每种管路皆从最低的雷诺数开始，一直实验进行到

二维码 1-1 尼古拉兹实验曲线

$Re=10^6$ 为止。以 $Re=\frac{d\rho u}{\mu}$ 为横坐标，以 $\lambda=\frac{h_f}{\frac{l}{d}\frac{u^2}{2g}}=\frac{2(-\Delta p)d}{\rho l u^2}$ 为纵坐标，将实验点标在双对数坐标纸上，即为尼古拉兹实验曲线(二维码 1-1)。

尼古拉兹实验曲线可以分为五个阻力区域，每个阻力区域的范围、特点和计算 λ 的经验和半经验公式如下。

(1)滞流区。当 $Re\leqslant 2\ 000$ 时，不论相对粗糙度多少，其实验点均集中分布在直线Ⅰ上，这条直线的方程即是 $\lambda=\frac{64}{Re}$。滞流的一个特征是粗糙度不影响 λ，水头损失正比于速度的一次方。

$$h_f=\lambda\frac{l}{d}\frac{u^2}{2g}=\frac{64}{Re}\frac{l}{d}\frac{u^2}{2g}=\frac{32\mu l}{d^2\rho g}u$$

(2)临界区。当 $2\ 000<Re\leqslant 4\ 000$ 时，滞流开始转变为湍流。这种临界状态不甚稳定，实验点虽然也都分散在曲线Ⅱ附近，但上、下波动较大，总的趋势是，雷诺数增大时 λ 也增大，此区有一个经验公式可供参考

$$\lambda=0.002\ 5Re^{\frac{1}{3}} \tag{1-38}$$

(3)光滑管湍流区。当 $Re>4\ 000$ 以后，相对粗糙度 $\frac{\Delta}{d}$ 较小的几种管道的实验点都分布在直线Ⅲ上，只不过 $\frac{\Delta}{d}$ 稍大者离开直线时的 Re 稍小，而 $\frac{\Delta}{d}$ 越小，离开直线时的 Re 越大，$\frac{\Delta}{d}$ 很小的管道，当 Re 较大时，直线稍有弯曲。

这条直线Ⅲ的方程式称为布拉休斯公式

$$\lambda=\frac{0.316\ 4}{Re^{0.25}} \tag{1-39}$$

式中不包含粗糙度 Δ，也就是说沿程损失与管路的粗糙度无关，显然只有黏性底层的厚度 δ 远大于绝对粗糙度 Δ 时才有这种可能。这条直线称为光滑管湍流区。这一阻力区的特点是水头损失正比于速度的 1.75 次方，在 $4\ 000<Re<10^5$ 范围内比较准确。

(4)过渡区。$Re>22.2\left(\frac{d}{\Delta}\right)^{\frac{8}{7}}$ 后，各种不同 $\frac{\Delta}{d}$ 的管道的实验点均脱离直线Ⅲ。随着 Re 增大，各种管道的实验点构成不同的曲线，在各条曲线未变成平直以前，在直线Ⅲ与虚线之间形成一个过渡阻力区Ⅳ。在此区中，粗糙度已经对阻力产生影响。即使在同样的 Re 下，不同 $\frac{\Delta}{d}$ 值的 λ 也完全不同，这正是黏性底层厚度 δ 与绝对粗糙度 Δ 近似相等时的情况。开始时 δ 还稍大于 Δ，曲线均稍有下降。后来 Δ 又稍大于 δ，于是曲线上升并各自散开。到达虚线以后，δ 远小于 Δ，黏性底层不起作用，流动特征完全受粗糙度的大小来支配，进入粗糙管湍流区。

$$\lambda = 0.11\left(\frac{\Delta}{d} + \frac{68}{Re}\right)^{0.25} \tag{1-40}$$

过渡区的下限和上限均与 $\frac{\Delta}{d}$ 有关，它的范围是：

$$22.2\left(\frac{d}{\Delta}\right)^{\frac{8}{7}} < Re < 597\left(\frac{d}{\Delta}\right)^{\frac{9}{8}} \tag{1-41}$$

(5)粗糙管湍流区。Re 超过图中虚线界限以后，进入粗糙湍流区Ⅴ，此时 $\frac{\Delta}{d}$ 不仅对 λ 有直接影响，而且是决定 λ 值的唯一因素。因为 Re 较高，Δ 远大于 δ，黏性底层已经不起多大作用，湍流特征几乎遍及全管。

这一区中每种 $\frac{\Delta}{d}$ 的实验点都整齐地分布在水平直线上，改变雷诺数并不影响 λ 值，因而雷诺数对流动特征、力学性能均失去影响。处于此种状态下的湍流如果进行模型实验，可以不必考虑其雷诺数相等的条件，此时无论实物与模型的雷诺数是否相等，它们的黏性力都会自动保持力学相似，因此粗糙管湍流区也称为自动模型区。

因为 λ 与 Re 无关，水头损失将正比于速度的二次方，于是此区又称为平方阻力区。这一区的沿程阻力系数计算公式

$$\lambda = 0.11\left(\frac{\Delta}{d}\right)^{0.25} \tag{1-42}$$

公式适用范围只限于粗糙管湍流区，即

$$Re > 597\left(\frac{d}{\Delta}\right)^{\frac{9}{8}} \tag{1-43}$$

1.3.6.2　莫迪图

莫迪图(Moody)是由雷诺数 Re、相对粗糙度 $\frac{\Delta}{d}$ 和阻力系数 λ 的对数坐标组成的。它与尼古拉兹实验曲线图不同点是，莫迪图(图 1-12)采用的相对粗糙度 $\frac{\Delta}{d}$ 接近于管道的真实状况，如表 1-3 所示，而不是沙粒。

表 1-3　管材的绝对粗糙度 Δ(供参考用)　　mm

管材	Δ	管材	Δ
铜、铝管	0.001 5	新铸铁管	0.25
玻璃、塑料管	0.001	普通铸铁管	0.5
橡胶软管	0.01～0.03	旧铸铁管	1～3
无缝钢管	0.04～0.17	沥青铁管	0.12
新钢管	0.12	镀锌铁管	0.15
普通钢管	0.2	混凝土管	0.33
旧钢管	0.5～1	木材管	0.25～1.25

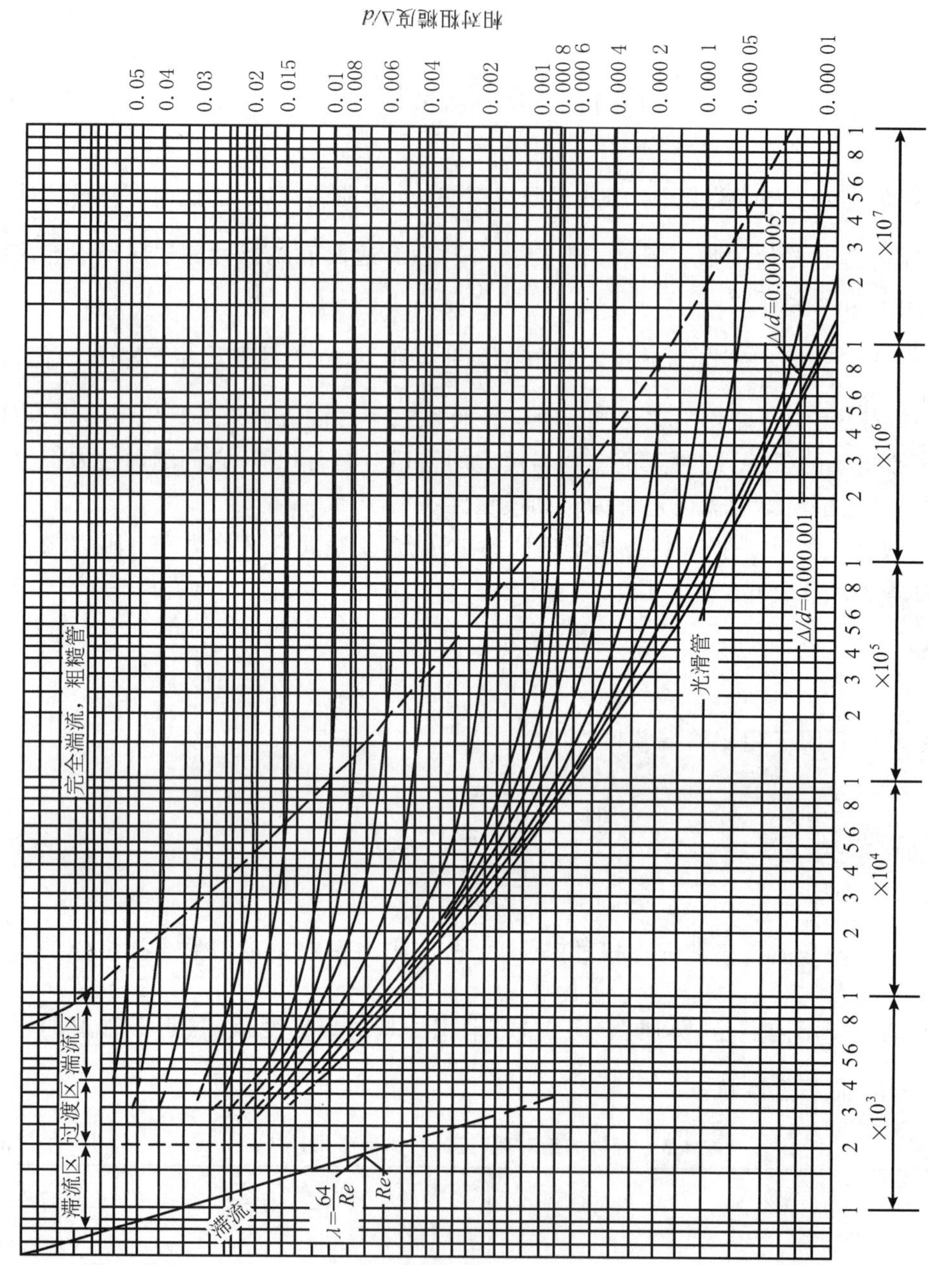
相对粗糙度Δ/d
摩擦系数λ
Re
完全湍流，粗糙管
滞流区
过渡区
湍流区
滞流
光滑管
λ=64/Re
Δ/d=0.000 005
Δ/d=0.000 001

图1-12 莫迪图

1.3.7　管路中的局部阻力

为了保证流体输送中经常遇到的转向、调节、加速、升压、过滤、测量等需要，在管路上需要种种管路附件。流体经过这些附件时，受到扰动并产生不规则的旋转、碰撞、回流等现象，由此引起的阻力称为局部阻力，相应的能量损失称为局部损失。

局部阻力损失有两种表示法：阻力系数法和当量长度法。

(1)阻力系数法。阻力系数法是将局部阻力损失折合成管路中动压头的若干倍。

$$h_f = \zeta \frac{u^2}{2g} \tag{1-44}$$

式中：ζ 为局部阻力系数，即折合成的倍数。对于突扩和突缩管件，速度 u 取小管径处的速度。常用管件局部阻力系数列于表 1-4。

表 1-4　局部阻力系数 ζ 值

局部阻力名称	局部阻力系数 ζ 值						
突扩	A_1/A_2	0	0.2	0.4	0.6	0.8	1.0
	ζ	1	0.64	0.36	0.16	0.04	0
突缩	A_1/A_2	0	0.2	0.4	0.6	0.8	1.0
	ζ	0.5	0.45	0.34	0.25	0.15	0
肘管	α	90	120	135	150	180	360
	ζ	1.1	0.55	0.35	0.2	0	2.2
弯管	ϕ	30	45	60	75	90	120
	R/d						
	1.5	0.08	0.11	0.14	0.16	0.175	0.20
	2.0	0.07	0.10	0.12	0.14	0.15	0.17
蝶阀	α	5	10	15	20	40	60
	ζ	0.24	0.52	0.9	1.54	10.8	11.8
旋塞	θ	5	10	15	20	40	60
	ζ	0.05	0.29	0.93	1.56	17.3	20.6
带滤水网底阀	d/mm	40	50	70	100	150	200
	ζ	12	10	8.5	7	6	5.2
闸阀	开度	全开	3/4 开	1/2 开	1/4 开		
	ζ	0.17	0.9	4.5	24		
隔膜阀	开度	全开	3/4 开	1/2 开	1/4 开		
	ζ	2.3	2.6	4.3	21		
标准三通	流向						
	ζ	0.4	1.3	1.5	1.0		
截止阀	开度	全开	1/2 开				
	ζ	6.4	9.5				
止回阀	形式	摇板式	球形式				
	ζ	2	70				
角阀	1.5						
水表	7						
活管接	0.4						
出管口	1						
进管口	锐口：0.5；钝口：0.25～0.1；圆滑口：0.06～0.05						

(2)当量长度法。当量长度法是将局部阻力损失折合成具有相同直径、长度为 l_e 的沿程阻力损失。

$$h_f = \lambda \frac{l_e}{d} \frac{u^2}{2g} \tag{1-45}$$

在湍流流动情况下,某些管件与阀门的当量长度可由图 1-13 的共线图查得。

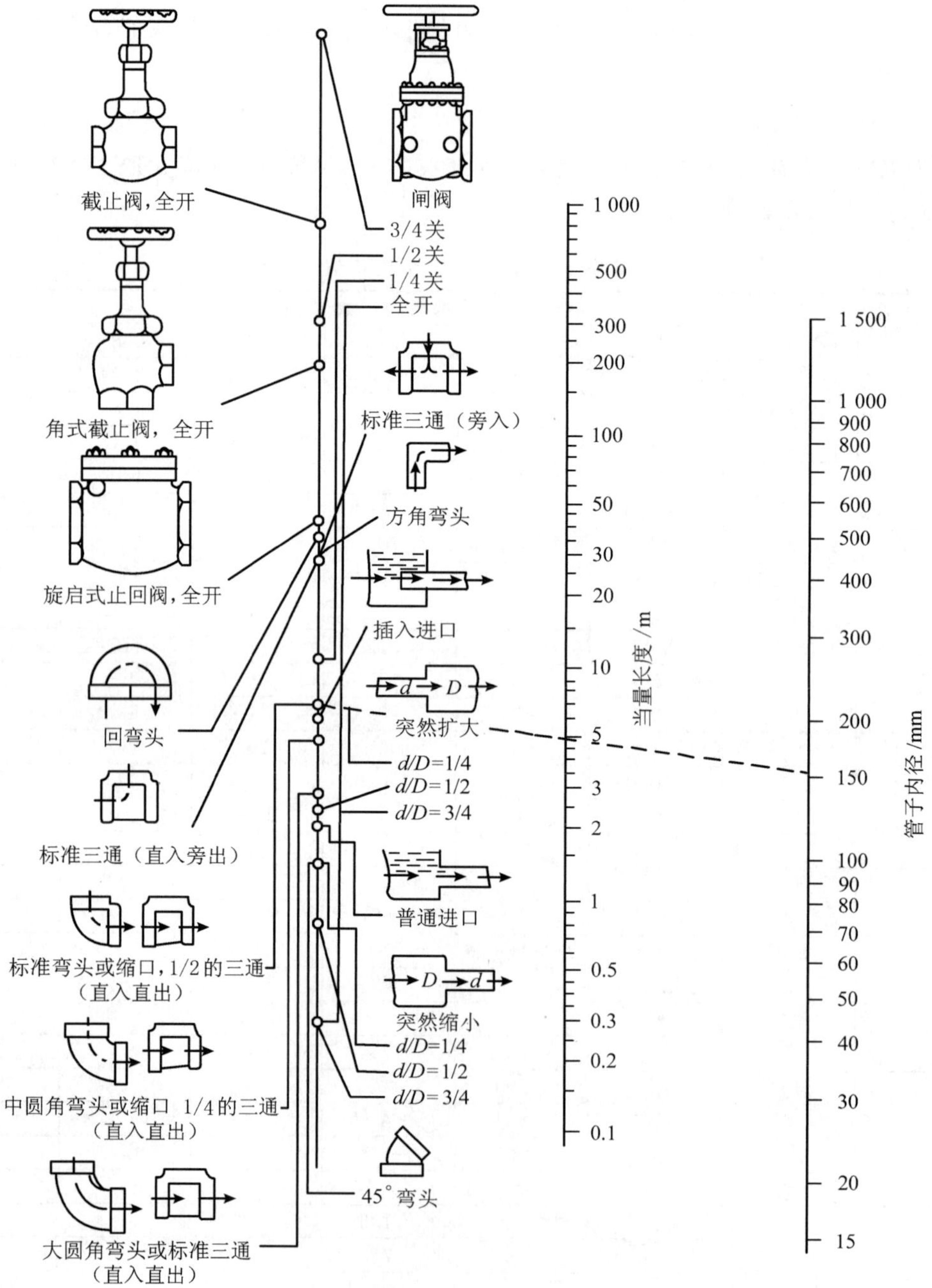

图 1-13 管件与阀门的当量长度共线图

流体在管路流动中，总压头损失等于沿程损失与局部损失之和，即

$$\sum h_f = \lambda \frac{(l + \sum l_e)}{d} \frac{u^2}{2g} \tag{1-46}$$

或

$$\sum h_f = \left(\lambda \frac{l}{d} + \sum \zeta\right) \frac{u^2}{2g} \tag{1-47}$$

对于某些管件和阀门，若不能查得其当量长度，但可查得阻力系数，这时可将阻力系数法和当量长度法联合使用。

$$\sum h_f = \left[\lambda \frac{(l + \sum l_e)}{d} + \sum \zeta\right] \frac{u^2}{2g} \tag{1-48}$$

或

$$\sum l_f = \left[\lambda \frac{(l + \sum l_e)}{d} + \sum \zeta\right] \frac{u^2}{2} \tag{1-48a}$$

1.4　液体输送设备

1.4.1　泵的类型

泵按其工作原理和结构特征可分为以下一些基本类型。

(1)叶片式泵。叶片式泵包括所有依靠高速旋转叶轮对被输送液体做功的机械。属于这种类型的泵有各种形式的离心泵、轴流泵和旋涡泵等(图 1-14)。

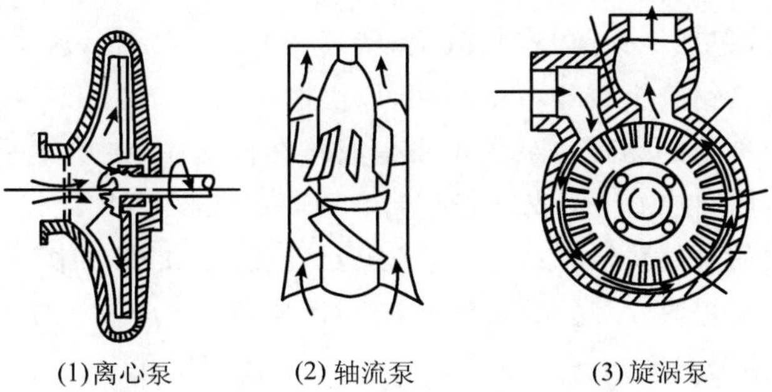

(1)离心泵　　(2) 轴流泵　　(3) 旋涡泵

图 1-14　离心泵、轴流泵和旋涡泵结构示意图

(2)往复式泵。往复式泵是依靠做往复运动的活塞的推挤而对液体做功的机械。属于这种类型的有各种形式的活塞泵、柱塞泵和隔膜泵等(图 1-15)。

(3)旋转式泵。旋转式泵是依靠作旋转运动的部件的推挤而对液体做功的机械。属于这种类型的有齿轮泵、螺杆泵、转子泵、滑片泵等(图 1-16)。

后两类泵的工作原理是相同的，即均以运动件的强制推挤作用达到液体输送的目的，统称为正位移式泵或容积式泵。

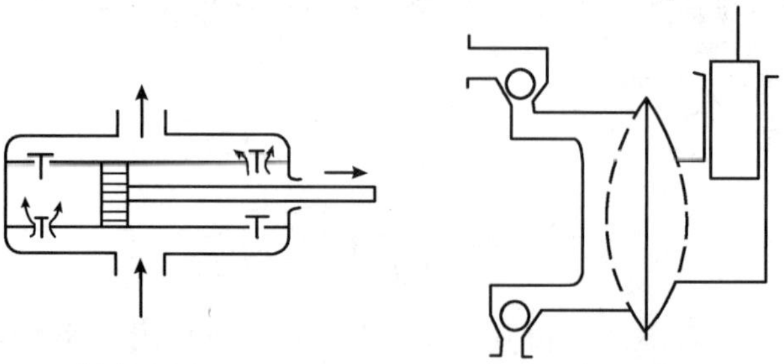

(1)活塞泵　　(2)隔膜泵

图 1-15　活塞泵和隔膜泵结构示意图

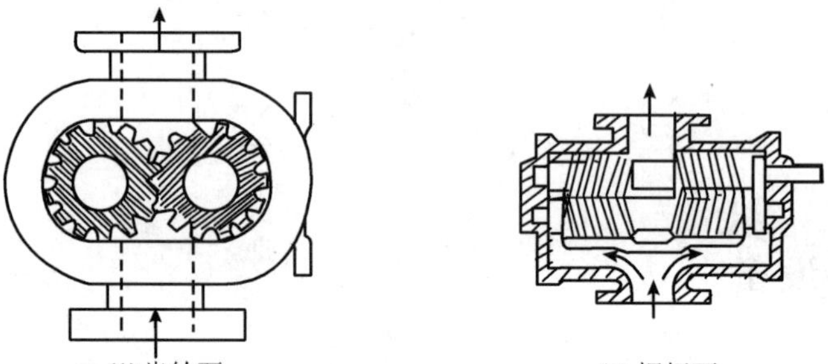

(1)齿轮泵　　(2)螺杆泵

图 1-16　齿轮泵和螺杆泵结构示意图

1.4.2　叶片泵的主要性能和特性

1.4.2.1　离心泵的主要性能参数

泵的主要性能参数包括压头(扬程)、流量、转速、功率和效率。这些性能参数是表示该泵特性的指标,通常在泵的铭牌上或样本中写明,以供选用。

(1)泵的压头。或称泵的扬程。泵的压头是液体在输送中,泵所给予单位重量(1 N)液体的能量(N·m 或 J),其单位为 J/N 或 m,通常泵的压头用符号 H 表示。

泵的压头,在一定的管路输送系统中,是一定要表现出来的。如图 1-17 所示,泵的压头表现为:①将液体的位压头提高 ΔZ。②将液体的静压头提高$(p_D - p_a)/\rho g$。③抵偿了吸入管

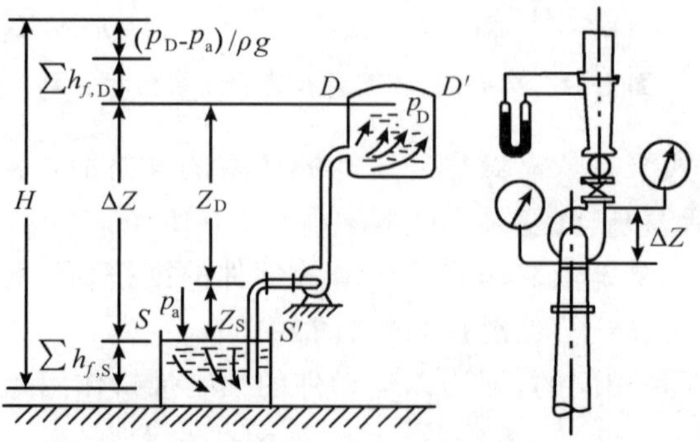

(1)压头的意义　　(2)压头的测定

图 1-17　泵的压头意义和测定

路的压头损失 $\sum h_{f,\mathrm{S}}$ 和排出管路的压头损失 $\sum h_{f,\mathrm{D}}$ 。当然在一般情况下，还应包括液体动压头的提高 $\Delta(u^2/2g)$，但在图1-17所示情况下可忽略。

若以 S-S' 为第一截面，D-D' 为第二截面，列出其间流动的能量平衡方程，则上述关系就显而易见。由此可得泵的压头

$$H=\Delta Z+\frac{p_{\mathrm{D}}-p_{\mathrm{a}}}{\rho g}+\left(\sum h_{f,\mathrm{D}}+\sum h_{f,\mathrm{s}}\right)\qquad(\mathrm{m})\tag{1-49}$$

这里略去了动压头。式中，ΔZ 称为升举高度，它等于吸上高度 Z_{S} 与排出高度 Z_{D} 之和。必须指出，泵的扬程不仅在概念上而且在数值上均不等于泵的升举高度。升举高度只是泵扬程的一部分。

测定泵的压头可用简单的办法完成，见图1-17(2)。在泵的进口、出口附近取两截面，分别装设真空表和压力表以测定其压力，在管路上装孔板流量计以测量流量。由于所选两截面间的管路很短，其间管路压头损失可略去不计。同时，根据进口和出口管径以及测定的流量，可计算出两截面上的平均流速。由此即可计算泵的压头。

$$H=\Delta Z+\frac{\Delta p}{\rho g}+\Delta\frac{u^2}{2g}\qquad(\mathrm{m})\tag{1-50}$$

(2)泵的流量。泵的流量是指泵在单位时间内排出的液体体积，也称之为送液能力，用符号 Q 表示。其单位为 $\mathrm{m^3/s}$。习惯上多以 $\mathrm{m^3/h}$ 或 L/min 表示。

(3)泵的功率和效率。单位时间内液体流经泵后实际所得到的功称为有效功率，以符号 P_{e} 表示，即

$$P_{\mathrm{e}}=\frac{HQ\rho g}{1\,000}\qquad(\mathrm{kW})\tag{1-51}$$

实际上，泵如果达到这一输送任务，电动机输入到泵轴上的功率必须大于此有效功率。泵轴从电动机得到的实际功率称为泵的轴功率，通常所称泵的功率即指此轴功率，以符号 P 表示。

泵的有效功率与轴功率之比，称为泵的效率，以符号 η 表示。η 与 P_{e}、P 的关系如下：

$$\eta=\frac{P_{\mathrm{e}}}{P}=\frac{HQ\rho g}{1\,000P}\tag{1-52}$$

η 是小于1的一个数，造成有效功率小于轴功率的原因有：

①机械损失。泵运转时，由于泵轴与轴承、填料函，活塞与泵缸等处的摩擦而引起的机械能损失，称为机械损失。

②水力损失。液体流过泵体内时，其流速大小和方向都要改变，并发生冲击，从而又一次将传递过来的机械能损失掉一部分，称为水力损失。

③容积损失。即泄漏造成的损失。由于动件与泵壳之间的间隙以及阀门关闭不严等原因，造成泵内排液侧的液体反渗到进液口侧，这种泄漏引起的损失称为容积损失。

(4)泵的转速。泵的转速 n 是指离心泵、旋转泵的泵轴的转速或往复泵曲轴的转速，通常以 r/min 为单位。

1.4.2.2 正位移泵的主要性能参数

以往复泵为例,正位移泵的主要性能参数有:流量、功率与效率、压头。

(1)流量。往复泵的流量由泵缸尺寸、活塞冲程及往复频率所决定,理论平均流量可按下式计算,单作用式泵:

$$Q_T = ASn \tag{1-53}$$

式中:Q_T 为往复泵的理论流量,m^3/s;A 为活塞的截面积,m^2;S 为活塞冲程,m;n 为活塞每秒钟往复次数,1/s。

对于双作用式泵:

$$Q_T = (2A - a)Sn \tag{1-54}$$

式中:a 为活塞杆的截面积,m^2。

实际工作中,往复泵的实际流量等于理论流量与容积效率的乘积,即

$$Q = \eta_V Q_T \tag{1-55}$$

式中:η_V 为往复泵的容积效率,其值为 0.85～0.99。

(2)压头。往复泵的压头与泵本身的几何尺寸和流量无关,只决定于管路情况,参考图 1-19 的特性曲线。

(3)功率与效率。往复泵的功率计算与离心泵相同,即

$$P = \frac{HQ\rho g}{1\,000\eta} \quad (\mathrm{kW}) \tag{1-56}$$

式中:η 为往复泵的总效率,其值为 0.65～0.85。

1.4.2.3 泵的特性曲线

上述泵的各性能参数 H、Q、n、η 以及 P 之间并不是孤立的,而是相互联系,相互制约的。泵的铭牌上所列的数值均指该泵在效率最高点时的性能,还不能全面反映它的性能。要全面反映泵的性能,必须找出这些性能参数之间的关系。

泵的性能参数之间的关系因泵的种类不同而不同。大体上,可分为特性截然不同的两类泵,即叶片式泵和正位移式泵。

所谓泵的特性曲线,是表明泵在一定的转速下,压头、功率、效率与流量之间的关系曲线。上述两类泵的特性曲线形状是截然不同的。

1. 叶片式泵的特性

叶片式泵的特性曲线一般由 H-Q、P-Q 和 η-Q 三条曲线所组成。它是在一定的转速下,用实验方法测出各个不同流量下所对应的压头和功率,而后计算出对应的效率,最后在坐标纸上绘制而成的。图 1-18 是叶片式泵的典型泵——离心泵和轴流泵的特性曲线。

(1)离心泵有如下的性能特点。

①当流量为零时,离心泵的压头不超出某一有限值,并且压头随流量增加而缓慢降低。因此有可能利用在排出管路上安装调节阀的方法来调节离心泵的流量。

②功率随流量增加而平稳上升,且流量为零时功率最小,所以离心泵启动时都将出口调节阀关闭,以降低启动功率。

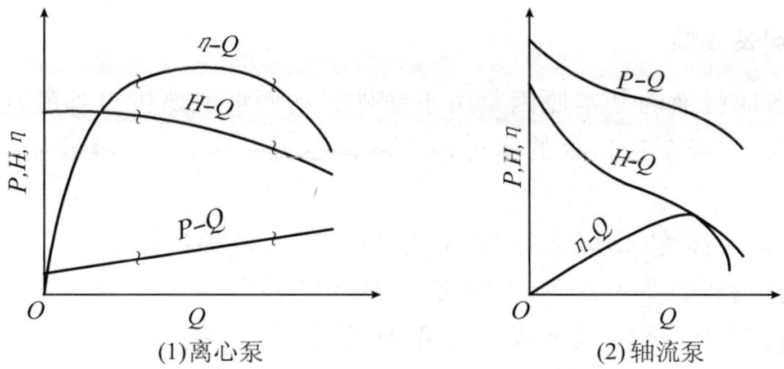

图 1-18　离心泵和轴流泵的特性曲线

③一般离心泵的效率为 0.6～0.85，大型泵可达 0.9。离心泵效率在最高点附近下降较缓慢，所以泵的有效工作范围较宽。

(2)轴流泵有如下性能特点。

①压头随流量的增加而急剧降低。流量为零时，压头达最大值，最大压头可达到效率最高时压头的 1.5～2 倍。

②功率随流量减小而急剧增加。流量为零时，功率可能超过最高效率时的 20%～40%。所以轴流泵在启动时不要将出口阀关闭，否则将引起电动机的过载。

③轴流泵的效率虽高，可达 90%，但在最高效率点左右效率降低很快。因此，采用调节阀调节流量是很不经济的。若流量过大，可采用支路阀将液体放掉。

2. 正位移泵的特性

往复泵、齿轮泵、罗茨泵、螺杆泵和滑片泵等的工作原理都是以其运动元件的位移造成一定的工作容积，并封闭液体后加压将液体送往泵的排液侧。不论动件的运动形式是往复式或旋转式，其正位移特性是共同的。

由此可见，正位移泵的一个极重要特性是，在一定的转速下，泵的理论流量为常数，而与压头没有直接的关系(图 1-19)。泵所发出的压头大小取决于泵外系统的需要，而泵所能供给的最大压头则取决于泵的机械强度和原动机的动力。从这一基本特点出发，正位移泵具有如下特性。

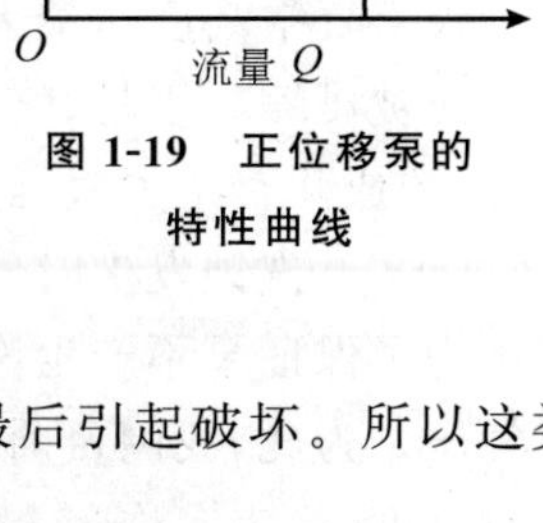

图 1-19　正位移泵的特性曲线

①流量的特性。各种正位移泵的瞬时流量都存在一定的不均匀性，但就平均而言，流量基本是恒定的。正位移泵的实际流量低于理论流量，且随着泵压头的升高，实际流量低于理论流量愈明显。

②流量调节的特点。因为流量基本恒定不变，如果采用出口阀门来调节流量，则在阀门关小的同时，压头随之升高，液体排出压力足以升至泵的结构强度和原动机功率所不能允许的程度，以致最后引起破坏。所以这类泵一般多采用安装支路阀来调节流量。

③压头的特性。压头既然随系统的需要而变化，就带来泵工作的安全问题。为此，生产厂根据泵的结构强度和功率大小，规定了额定的压头值(通常正位移泵多以排出压力来表示)，它表示此泵使用时最适宜的压头值。

1.4.3 泵的安装高度

不论何种泵，造成吸液的基本原因是由于动件运动而形成泵进口处的真空，从而靠贮液槽液面（通常开口通大气）与泵进口处的压力差将液体压入泵内，所以吸液实际上也就是压液的作用。

所谓泵的几何安装高度（即吸入高度）是指泵的吸入口轴线与贮液槽液面间的垂直距离，如图1-20所示的Z_s。泵的安装高度直接影响到泵的吸液性能。因此，要使泵能安全可靠地运行，就必须正确选定泵的安装高度。

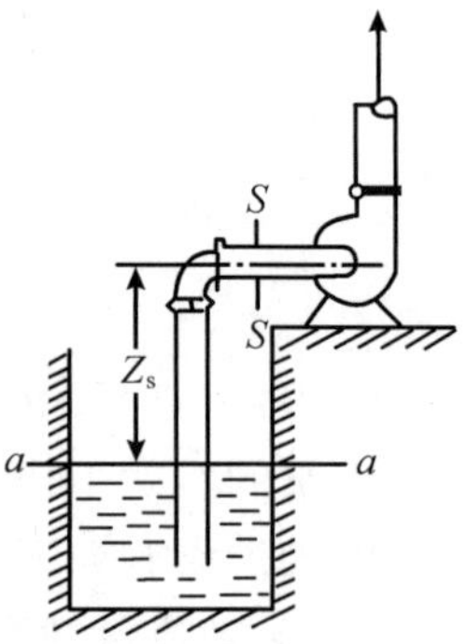

图1-20　泵的安装高度

对于叶片式泵，如列出贮液槽液面和泵吸入口处截面间的能量方程，则可将吸入高度表示为

$$Z_s=\frac{p_a-p_s}{\rho g}-\frac{u_s^2}{2g}-\sum h_{f,s} \tag{1-57}$$

由此可见，如果作用在贮液槽液面的压力为大气压，则泵的几何安装高度必以此大气压相当的水柱高度为其最大高度。换言之，泵的几何安装高度与当地当时的大气压有关。在标准大气压下，最大吸入高度也不超过10.33 m。

其次，在贮液槽液面上的压力p_a、吸入管中流速u_s和吸入管中压头损失$\sum h_{fs}$的变化都不大的情况下，泵的安装高度还与泵的吸入口处的绝对压力p_s有关。p_s愈低，吸入压差(p_a-p_s)愈大，则泵的安装高度Z_s也愈高。所以，要提高Z_s，势必要降低p_s。吸入压差若表示为水柱高度H_s，则称为吸上真空高度，即

$$H_s=\frac{p_a-p_s}{\rho g}\quad (\mathrm{m})$$

然而，p_s的降低是有限度的，当p_s降低到与被输送液体在输送温度下的饱和蒸气压p_v相等时，吸上真空高度就达到最大的临界值$H_{s,max}$，称为最大吸上真空高度，即

$$H_{s,max}=\frac{p_a-p_v}{\rho g}\quad (\mathrm{m})$$

吸上真空高度达最大值时，液体就要沸腾汽化，产生大量气泡，气泡随液流进入叶轮的高压区而被压缩。于是，气泡又迅速凝成液体，体积急剧变小，周围液体就以极高速度冲向凝聚中心，造成几百个大气压甚至几千个大气压的局部应力，致使叶片受到严重损伤。这种现象称为“汽蚀”。汽蚀发生时，泵的性能显著下降，严重时泵不能正常运转。

为了保证泵不产生汽蚀现象，必须使泵内最低压力处的压力大于液体在该温度下的饱和蒸气压。为此，我国目前生产的离心泵，规定在吸上真空高度上留有一定的余量，所得的吸上真空高度，称为允许吸上真空高度$H_{s,p}$。

$$H_{s,p}<H_{s,max}\quad (\mathrm{m})$$

安装泵时，应根据此值来计算它的几何安装高度，这就是泵的允许安装高度$Z_{s,p}$，即

$$Z_{s,p}=H_{s,p}-\frac{u_s^2}{2g}-\sum h_{f,s} \quad (m) \tag{1-58}$$

允许吸上真空高度 $H_{s,p}$，在泵的流量范围内，一般随流量的增加而下降。通常在泵样本中查得的 $H_{s,p}$ 是根据大气压 $p_a=10\ mH_2O$，水温为20℃时得出的数值。若操作条件和上述不符，则 $H_{s,p}$ 必须按下式进行校正。

$$H'_{s,p}=H_{s,p}-10+H_a+\frac{p_v-p'_v}{\rho g} \quad (m) \tag{1-59}$$

式中：H_a 为泵工作点的大气压，mH_2O；p_v 为20℃下水的饱和蒸汽压，Pa；p'_v 为输送温度下水的饱和蒸汽压，Pa。

泵的安装高度除根据上述泵的允许吸上真空高度来计算外，还有用汽蚀余量的方法。实际上，泵入口处绝对压力尚未低至 p_v 时，汽蚀现象也可能发生。这是因为泵入口处并不是泵内压力最低的地方。液体进入叶轮后，由于流道改变和流速变化，压力将进一步降低，同时，在低压下液体虽然尚未汽化，但其中溶解的气体将分离逸出，促使叶轮和泵壳加快侵蚀。为了保证运转时不发生汽蚀，必须使单位液体在入口处所具有的能量有充分的余量，足以克服液体流到泵内压力最低处的能量损失。从这个意义上表示汽蚀性能的参数，称为汽蚀余量 Δh。

汽蚀余量是指泵吸入口处单位液体所具有的超过汽化压力能的富余能量，即

$$\Delta h=\frac{p_s-p_v}{\rho g}+\frac{u_s^2}{2g} \quad (m) \tag{1-60}$$

将此式代入式(1-57)，可得以汽蚀余量表示的几何安装高度：

$$Z_s=H_{s,max}-\Delta h-\sum h_{f,s} \quad (m) \tag{1-61}$$

泵的允许安装高度可用泵样本中的允许汽蚀余量 Δh_p 表示：

$$Z_{sp}=H_{s,max}-\Delta h_p-\sum h_{f,s} \quad (m) \tag{1-62}$$

为了安全起见，泵的实际安装高度还应比上述两种方法计算的允许值小0.5～1.0 m。

1.4.4　管路特性

管路特性曲线是指当管路条件(即系统进出口压力、升扬高度、管长、管径、管件类型、大小、个数、阀门开启度等)一定的情况下，管路系统中被输送液体的流量与流过这一流量所必需的外加能量的关系。如图1-21所示，若液体低位槽和高位槽的液面保持恒定，输送管路的直径不变，列1-1′和2-2′两截面处的能量平衡方程式，得

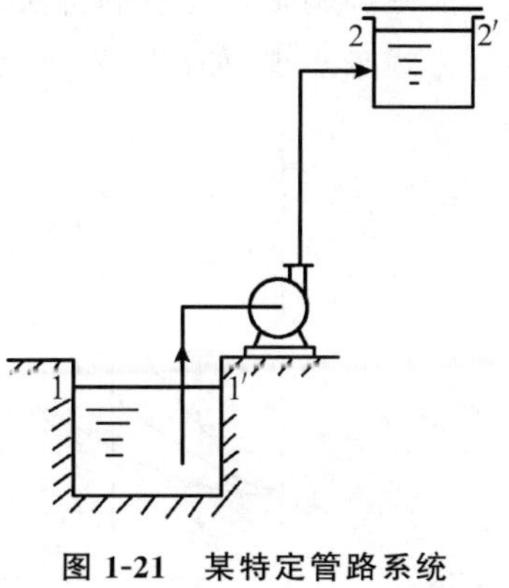

图1-21　某特定管路系统

$$H=\Delta Z+\frac{\Delta p}{\rho g}+\sum h_f \tag{1-63}$$

式中：$\sum h_f=\lambda\left[\frac{l+\sum l_e}{d}\right]\left(\frac{u^2}{2g}\right)=\left(\frac{8\lambda}{\pi^2 g}\right)$

$$\left[\frac{l+\sum l_e}{d^5}\right]Q^2 \tag{1-64}$$

在特定的管路中，式(1-64)中除了 λ 和 Q 之外，其余均为固定值。而且 $\lambda=f(Re)=f(Q)$，整理得

$$H=\Delta Z+\frac{\Delta p}{\rho g}+f(Q) \tag{1-65}$$

式(1-65)即是某特定管路的特性曲线方程。

1.4.5 泵的工作点

前已述及，泵的特性曲线是泵本身所固有的性能关系曲线，它与外部的管路系统无关。但是，当泵与一定的管路系统相连接并运转时，它工作的性能参数值(如 H、Q)就不仅要符合泵本身的特性曲线(泵的 H-Q 曲线)，而且还要满足管路系统的特性曲线。

如果已知泵的特性曲线和管路特性曲线，则可以通过方程联立求解，得出的流量和压头即是泵的工作点。

如图 1-22 所示，Ⅰ曲线是泵的特性曲线，Ⅱ曲线是某特定管路的特性曲线，两线交点 M 即是泵的工作点。M 点所对应的流量 Q_e 和压头 H_e，既满足泵的性能要求，又满足管路特性要求。实际上，泵就是在这一流量和压头下稳定运转的。

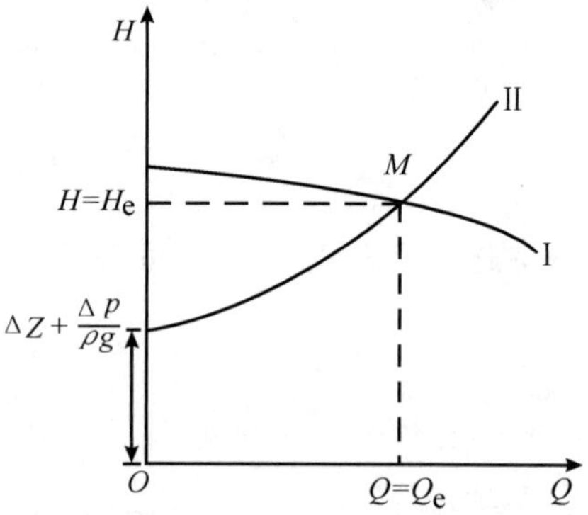

图 1-22 泵的工作点

通过改变管路特性来调整泵的工作点是一种常用的方法。离心泵的出口管路上通常装有调节阀，改变阀门开度，即改变了 $f(Q)$ 项，使管路特性曲线变缓或变陡，如图 1-23 中的 M_1 和 M_2 所示。当出口阀门关小时，流量随之减小，工作点由 M 变为 M_1；反之，工作点变为 M_2。

另一种调整工作点的方法是通过改变泵的自身特性，如改变泵的转速或泵的叶轮直径大小等方式来实现，如图 1-24 所示。

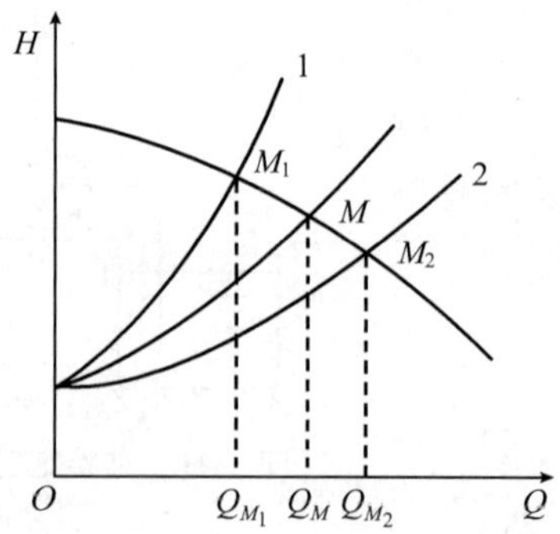

图 1-23 阀门开度对工作点的影响

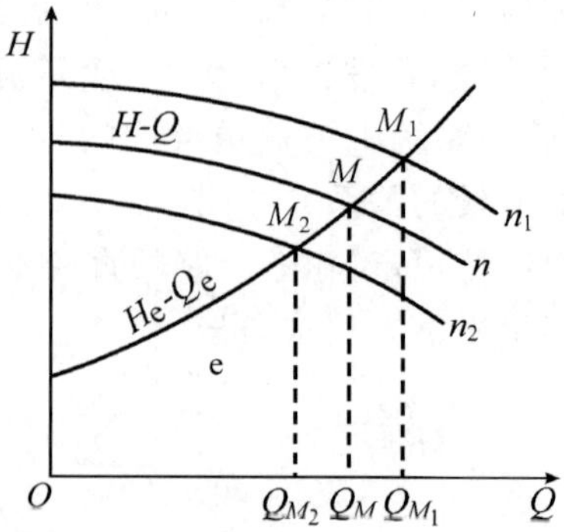

图 1-24 泵转速对工作点的影响

1.5　简单管路计算

简单管路可以是等径或异径串联管路。简单管路计算的主要内容如下。

(1)已知管径、管长、管件和阀门,欲将已知量的流体从一处输送至另一处所需的功率。

(2)已知管径、管长、管件和阀门,欲在允许的能量损失下,求管路的输送量。

(3)已知管长、管件和阀门,在要求的流体输送量和能量损失下,求输送管路的直径。

上述三个内容中,第(2)和第(3)计算略复杂一些。在流速 u 或管径 d 为未知量情况下,无法计算 Re,因此也就无法判断流态和确定摩擦系数 λ。这种情况下,往往采用试差法求解。由于摩擦系数 λ 变化范围较小,通常将其作为迭代变量。下面通过例题说明管路计算方法。

【例 1-3】 将 5℃的鲜牛奶以 5 000 kg/h 的流量从贮奶罐输送至杀菌器进行杀菌。这条管路系统所用的管道为外径 38 mm,内径 35 mm 的不锈钢管(设为光滑管),管道长度 12 m,中间有一个摇板式单向阀,三只 90°弯头,试计算管路进口至出口的压头损失。已知鲜奶 5℃时的黏度为 3.0×10^{-3} Pa·s,密度为 1 040 kg/m^3。

解:(1)计算流速。

$$u=\frac{Q}{A}=\frac{5\ 000}{\frac{\pi}{4}\times0.035^2\times1\ 040\times3\ 600}=1.39(\text{m/s})$$

(2)计算雷诺数。

$$Re=\frac{du\rho}{\mu}=\frac{0.035\times1.39\times1\ 040}{3.0\times10^{-3}}=1.69\times10^4$$

由式(1-39),得

$$\lambda=\frac{0.316\ 4}{Re^{0.25}}=\frac{0.316\ 4}{(1.69\times10^4)^{0.25}}=0.027\ 8$$

由图 1-12 和表 1-3 确定 λ。取铜、铝管的绝对粗糙度近似为不锈钢管的绝对粗糙度,$\Delta=0.001\ 5$,相对粗糙度 $\frac{\Delta}{d}=\frac{0.001\ 5}{35}=0.000\ 04$,由图 1-12 得 $\lambda=0.028$。

(3)计算局部阻力系数 ζ。

1 只摇板式单向阀　　$\zeta_1=2.0$

3 只 90°弯头　　$\zeta_2=3\times1.1$

管道入口　　$\zeta_3=0.5$

管道出口　　$\zeta_4=1.0$

$$\sum\zeta=6.8$$

(4)计算水头损失。

$$\begin{aligned}\sum h_f&=\lambda\frac{l}{d}\frac{u^2}{2g}+\sum\zeta\frac{u^2}{2g}\\&=0.028\times\frac{12}{0.035}\times\frac{1.39^2}{2\times9.81}+6.8\times\frac{1.39^2}{2\times9.81}\\&=1.615(\text{m})\end{aligned}$$

【例 1-4】 如例图所示，用泵输送某溶液，已知该溶液的密度 $\rho=867\ kg/m^3$，黏度 $\mu=0.675\times10^{-3}\ Pa\cdot s$，输送流量为 $5\times10^{-3}\ m^3/s$。高位槽液面高出低位槽液面 10 m。泵吸入管用 $\phi89\ mm\times4\ mm$ 的无缝钢管，其直管部分总长为 10 m，管路上装有 1 个底阀(可按旋启式止回阀全开计)，1 个标准弯头。泵排出管用 $\phi57\ mm\times3.5\ mm$ 的无缝钢管，其直管部分总长为 20 m，管路上装有 1 个全开的闸阀，1 个全开的截止阀和 3 个标准弯头。高位槽和低位槽液面均为大气压，且低位槽液面恒定。求泵的轴功率和离心泵型号(参考二维码 1-2)，设泵的效率为 70%。

二维码 1-2 离心泵性能曲线

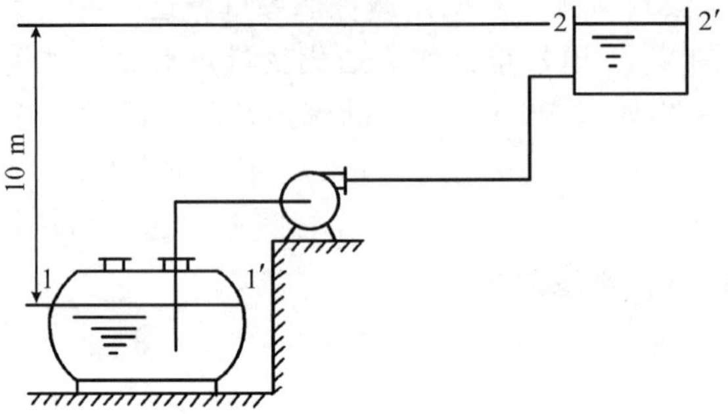

例 1-4 附图

解：根据式(1-11c)，列出高位槽和低位槽液面间的能量平衡方程：

$$gZ_1+\frac{p_1}{\rho}+\frac{u_1^2}{2}+w=gZ_2+\frac{p_2}{\rho}+\frac{u_2^2}{2}+\sum l_f \quad (1)$$

由于两槽液面远大于管道截面，故 $u_1=0, u_2=0$。式(1)变为

$$w=10\ g+\sum l_f=98.1+\sum l_f \quad (2)$$

吸入管与排出管直径不同，应该分别计算。

(1)吸入管能量损失。

$$\sum l_{f,s}=\left[\lambda\frac{(l+\sum l_e)}{d}+\sum\zeta\right]\frac{u^2}{2}$$

式中：$d=89-2\times4=81(mm)=0.081(m)$

由图 1-13 可查出相应管件的当量长度为：

底阀：$l_e=6.3\ m$

标准弯头：$l_e=2.7\ m$

$$\sum l_e=6.3+2.7=9(m)$$

管进口局部阻力系数：0.5

吸入管流速：

$$u=\frac{5\times10^{-3}}{\frac{1}{4}\pi\times0.081^2}=0.97(m/s)$$

吸入管内流体的流态：

$$Re=\frac{0.081\times 0.97\times 867}{0.675\times 10^{-3}}=1.01\times 10^{5}\qquad \text{为湍流}$$

取管壁的绝对粗糙度 $\Delta=0.04$ mm，则 $\Delta/d=0.04/81=0.0005$。由图 1-12 可知 $\lambda=0.02$。于是

$$\sum l_{f,\mathrm{S}}=\left(0.02\times\frac{10+9}{0.081}+0.5\right)\times\frac{0.97^{2}}{2}=2.44(\mathrm{J/kg})$$

(2)排出管能量损失。

$$\sum l_{f,\mathrm{D}}=\left[\lambda\,\frac{(l+\sum l_{\mathrm{e}})}{d}+\sum\zeta\right]\frac{u^{2}}{2}$$

式中：$d=57-2\times 3.5=50(\mathrm{mm})=0.05(\mathrm{m})$。

由图 1-13 可知相应管件的当量长度：

闸阀全开：$l_{\mathrm{e}}=0.33$ m

截止阀全开：$l_{\mathrm{e}}=17$ m

三个标准弯头：$l_{\mathrm{e}}=3\times 1.6=4.8(\mathrm{m})$

$$\sum l_{\mathrm{e}}=0.33+17+4.8=22.13(\mathrm{m})$$

管出口局部阻力系数：1.0

排出管流速：

$$u=\frac{5\times 10^{-3}}{\frac{1}{4}\pi\times 0.05^{2}}=2.55(\mathrm{m/s})$$

排出管内流体的流态：

$$Re=\frac{0.05\times 2.55\times 867}{0.675\times 10^{-3}}=1.64\times 10^{5}\qquad \text{为湍流}$$

$\Delta/d=0.04/50=0.0008$，由图 1-12 可知 $\lambda=0.022$。于是

$$\sum l_{f,\mathrm{D}}=\left(0.022\times\frac{20+22.13}{0.05}+1.0\right)\times\frac{2.55^{2}}{2}=63.52(\mathrm{J/kg})$$

(3)管路总能量损失。

$$\sum l_{f}=2.44+63.52=65.96(\mathrm{J/kg})$$

于是

$$w=98.1+65.96=164.1(\mathrm{J/kg})$$

$$P_{\mathrm{e}}=\frac{wQ\rho}{1\,000}=\frac{164.1\times 0.005\times 867}{1\,000}=0.71(\mathrm{kW})$$

轴功率：

$$P=\frac{P_e}{\eta}=\frac{0.71}{0.7}=1.01(\mathrm{kW})$$

【例 1-5】 如例 1-5 附图所示，水塔将水送至车间，输送管路采用 $\phi114\ \mathrm{mm}\times4\ \mathrm{mm}$ 的钢管，管路总长为 190 m(包括管件、阀门及三个弯头的当量长度，但不包括进出口损失)。水塔内水面维持恒定，并高于出水口 15 m。设水温为 12℃，求管路的输水量($\mathrm{m^3/h}$)。

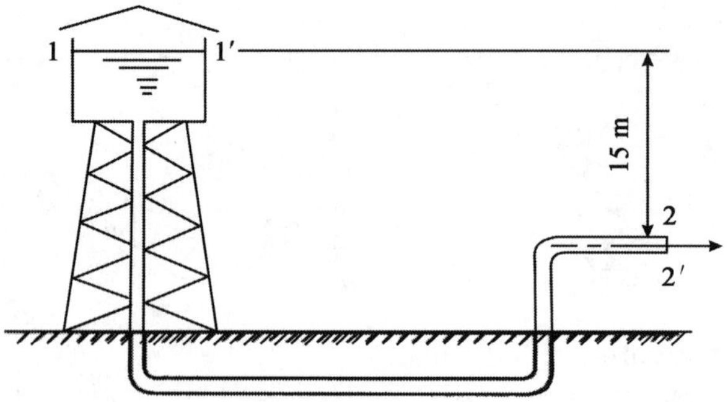

例 1-5 附图

解:列出塔内水面与出水口中心的能量平衡方程

$$gZ_1+\frac{p_1}{\rho}+\frac{u_1^2}{2}=gZ_2+\frac{p_2}{\rho}+\frac{u_2^2}{2}+\sum l_f \tag{1}$$

其中，$z_1=15$ m，$z_2=0$，$u_1=0$，$u_2=u$(未知)，$p_1=p_2$

$$\sum l_f=\left[\lambda\frac{(1+\sum l_e)}{d}+\sum\xi\right]\frac{u^2}{2}=\left(\lambda\frac{190}{0.106}+1.5\right)\frac{u^2}{2}$$

将以上数值代入式(1)中，整理得

$$u=\sqrt{\frac{2\times9.81\times15}{\frac{190\lambda}{0.106}+1.5}}=\sqrt{\frac{294.3}{1\ 792\lambda+1.5}} \tag{2}$$

式中
$$\lambda=f\left(\frac{d\rho u}{u},\frac{\Delta}{d}\right) \tag{3}$$

式中含有两个未知数 λ 和 u。由于 λ 的求解依赖于雷诺数，而雷诺数又是 u 的函数，故需采用试差法求解，其步骤为

①设定一个 λ 的初始值 λ_0；

②根据式(2)求 u；

③根据此 u 值求雷诺数；

④用求出的雷诺数及 Δ/d 值从摩擦系数图中查出新的 λ_1；

⑤比较 λ_0 与 λ_1，若二者接近或相等，u 即为所求，并据此计算输水量；否则，以当前的 λ_1 值代入式(2)，按上述步骤重新计算直至二者接近或相符为止。

本例题中，取管壁的绝对粗糙度 $\Delta=0.2$ mm，则 $\Delta/d=0.2/106=0.001\ 889$。

水温 12℃时，其密度 $\rho=1\ 000\ \mathrm{kg/m^3}$，黏度 $u=1.236\times10^{-3}\ \mathrm{Pa\cdot s}$，于是，根据上述步骤

计算的结果为：

次数	λ_0	u	Re	Δ/d	λ_1
第 1 次	0.02	2.81	2.4×10^5	1.89×10^{-3}	0.024
第 2 次	0.024	2.58	2.2×10^5	1.89×10^{-3}	0.024 1

由于两次计算的 λ 值基本相符，故 $u=2.58$ m/s，于是输水量为

$$Q=3\ 600\times\frac{\pi}{4}d^2u=3\ 600\times\frac{\pi}{4}\times0.106^2\times2.58=81.96(\text{m}^3/\text{h})$$

习　题

1. 椰子油流过一内径为 20 mm 的水平管道，其上装有一收缩管，将管径逐渐收缩至 12 mm，如果从未收缩管段和收缩至最小处之间测得的压力差为 800 Pa，试求椰子油的流量。

2. 牛奶以 $2\times10^{-3}\ \text{m}^3/\text{s}$ 的流量流过内径等于 27 mm 的不锈钢管，牛奶的黏度为 2.12×10^{-3} Pa·s，密度为 1 030 kg/m^3，试确定管内流动是滞流还是湍流。

3. 用泵输送大豆油，流量为 $1.5\times10^{-4}\ \text{m}^3/\text{s}$，管道内径为 10 mm，已知大豆油的黏度为 40×10^{-3} Pa·s，密度为 940 kg/m^3。试求从管道一端至相距 27 m 的另一端之间的压力降。

4. 试求稀奶油以 6 m/s 的速度流过管道时，因摩擦而引起的压力降。管道直径 ϕ38 mm×2.5 mm，长 100 m，为水力光滑的不锈钢管。已知稀奶油的密度为 1 000 kg/m^3，黏度为 12×10^{-3} Pa·s。

5. 液体在圆形直管内作滞流流动，若流量、管长和液体的物性参数保持不变，而将管径减至原有的 1/2，问因流动阻力而产生的能量损失为原来的多少倍？

6. 液体在光滑圆形直管内作湍流流动，若管长和管径均不变，而流量增为原来的两倍，问因流动阻力而产生的能量损失为原来的多少倍？摩擦系数可用布拉休斯公式计算。

7. 某离心泵安装在高于井内水面 5.5 m 的地面上，吸水量为 40 m^3/h。吸水管尺寸为 ϕ114 mm×4 mm，包括管路入口阻力的吸水管路上的总能量损失为 4.5 J/kg。试求泵入口处的真空度。(当地大气压为 $1.013\ 3\times10^5$ Pa)

8. 用离心泵将密度为 1 200 kg/m^3 的水溶液由敞开贮槽 A 送至高位槽 B。已知离心泵吸入管路上各种流动阻力之和 $\sum l_{f,\text{S}}=10$ J/kg、压出管路的 $\sum l_{f,\text{D}}=30$ J/kg。两槽液面维持恒定，其间垂直距离为 20 m。每小时溶液的输送量为 30 m^3。若离心泵效率为 0.65，求泵的轴功率。

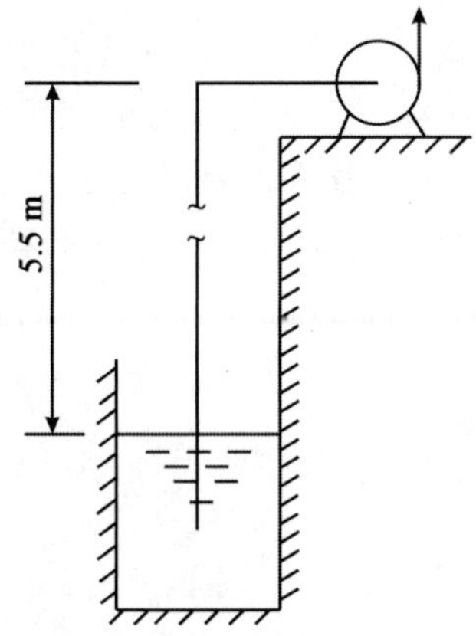

习题 7 附图

9. 每小时将 10 m^3 常温的水用泵从开口贮槽送至开口高位槽。管路直径为 ϕ57 mm×3 mm，全系统直管长度为 100 m，其上装有 1 个全开闸阀、1 个全开截止阀、3 个标准弯头、2 个阻力可以不计的活接头。两槽液面恒定，其间垂直距离为 20 m。取管壁粗糙度为 0.25 mm、水的密度为 1 000 kg/m^3、黏度为 1×10^{-3} Pa·s。试求泵的效率为 70%时的轴功率。

10. 用泵将开口贮槽内密度为 1 060 kg/m^3、黏度为 1.1×10^{-3} Pa·s 的溶液在稳定流动状态下送到蒸发器内，蒸发空间真空表读数为 40 kPa。溶液输送量为 18 m^3/h。进蒸发器水平管中心线高于贮槽液面 20 m，管路直径 ϕ57 mm×3 mm，不包括管路进、出口的能量损失，直管和管件当量长度之和为 50 m。取管壁粗糙度为 0.02 mm。试求泵的轴功率(泵的效率为 65%)。

11. 将温度为 263 K 的冷冻盐水(25% $CaCl_2$ 溶液，密度为 1 240 kg/m^3，黏度为 7×10^{-3} Pa·s)从开口贮槽送入冷却设备。已知贮槽盐水液面低于管路出口 2 m。整个输送管道直径 ϕ25.4 mm，长 50 m，其中有 6 个标准弯头，1 个截止阀，2 个闸阀，均为全开。如果要求流量为 6 m^3/h，试求所需泵的扬程。

12. 某罐头厂需用泵将水池中的 20℃ 清水泵送到距水池 20 m 远、高 4 m 的设备上去喷淋洗涤原料。水量要求为 20 m^3/h。估计管件有：90°弯头 4 只，带滤水网的底阀 1 只，标准截止阀 2 只，闸阀 1 只，试选择合适的离心泵。

13. 拟用一台 3B57 型离心泵以 60 m^3/h 的流量输送常温的清水，已查得在此流量下的允许吸上真空 $H_s=5.6$ m，已知吸入管内径为 75 mm，吸入管段的压头损失估计为 0.5 m。试求：

(1)若泵的安装高度为 5.0 m，该泵能否正常工作？(该地区大气压为 9.81×10^4 Pa)；

(2)若该泵在海拔高度 1 000 m 的地区输送 40℃ 的清水，允许的几何安装高度为多少米？(当地大气压为 9.02×10^4 Pa。)

思考题

1. 黏性流体在静止时有无剪应力，理想流体在运动时有无剪应力？若流体在静止时无剪应力，是否意味着它们没有黏性？

2. 黏性的物理本质是什么？为什么温度升高，气体黏度上升，而液体黏度下降？

3. 雷诺数的物理意义是什么？

4. 什么是水力光滑管？

5. 是否在任何管路中，流量增大则阻力损失就增大；流量减小则阻力损失就减小？为什么？

6. 刚安装好的一台离心泵，启动后出口阀门已经开至最大，但不见水流出，试分析原因并采取措施使泵正常运行。

7. 广袤的深海蕴藏着神秘的生物资源、矿物资源和许多不为人知的信息资源，是许多国家的战略目标。我国深海探索虽然起步较晚，但是在科学家的共同努力下，“蛟龙号”于 2012 年 6 月在马里亚纳海沟海试下潜 7 062 m，创下了世界同类作业型潜水器最大下潜深度记录，自此，中国载人深潜跃升世界前列。1)结合柏努利方程估算蛟龙号所承受的压力；2)从流体力学角度讨论蛟龙号载人潜水器的技术挑战性。

二维码 1-3　例题 1-7 参考答案

第2章

传　热

本章学习目的与要求

了解传热的基本概念、3种基本传热方式及其传热机理；了解和掌握换热器的类型、特点以及设计计算方法；掌握导热、对流传热和辐射传热的基本计算及应用；能够在使用条件和范围内选用对流传热系数关联式计算对流传热系数；掌握非稳定传热的一般解决方法和简化计算方法及适用条件；重点掌握稳定传热过程的计算与应用。

传热是由于温度差而引起的能量转移，又称热量传递。热量总是自动地由高温区传递到低温区。热量传递是自然界中普遍存在的物理现象，在工程技术、工业生产以及日常生活中都有着广泛的应用。

食品工业与传热有着密切的关系。因为在许多食品生产或加工过程中，都有热量的引入或导出，即加热或冷却。与传热有关的典型的单元操作有食品的杀菌和冷冻保藏、蒸发和冷冻浓缩、干燥、蒸煮、焙烤、酒的蒸馏等。传热是食品工程中重要的基础学科，是食品工业中重要的单元操作之一。

食品生产过程对传热的要求有两种情况：一种是强化传热，如在传热设备中加热或冷却物料，要求热量以较快的速率进行传递，使其达到指定温度；另一种是削弱传热，如对设备和管道的保温，以减少热损失。

传热是一门内容广泛的学科，在本章中仅讨论传热的基本原理及其在食品工程中的应用。

2.1 热传导

热传导通过微观粒子（分子、原子和电子等）的运动实现能量传递，纯的导热过程没有物质的宏观位移。

2.1.1 傅立叶导热定律与热导率

傅立叶定律是热传导的基本定律，其表达式为：

$$q=-\lambda\frac{\partial T}{\partial n}\tag{2-1}$$

式中：q 为热流密度，W/m^2；λ 为比例系数，称为热导率，$W/(m\cdot K)$；$\frac{\partial T}{\partial n}$ 为温度梯度，K/m（或℃/m）。

很容易看出，傅立叶定律与牛顿黏性定律有明显的类似性。傅立叶定律指出，热流密度与温度梯度成正比，式中负号表示热流方向与温度梯度方向相反，即热量从高温传向低温。

从式(2-1)可得热导率的定义式：

$$\lambda=-\frac{q}{\partial T/\partial n}\tag{2-1a}$$

由式(2-1a)可知，热导率在数值上等于单位温度梯度下的热通量。因此，热导率表征物质导热能力的大小，是物质的物理性质之一。热导率的数值与物质的组成、结构、温度和压强有关。

各种物质的热导率通常用实验的方法测定。热导率的数值差别很大，一般而言，金属的热导率最大，非金属固体次之，液体的较小，气体最小。

各类物质热导率 [$W/(m\cdot K)$] 的数量级大致范围为：金属 $10^1\sim10^2$，建筑材料 $10^{-1}\sim10^0$，绝热材料 $10^{-2}\sim10^{-1}$，液体、气体 $10^{-2}\sim10^{-1}$。

大多数食品物料热导率 [$W/(m\cdot K)$] 的数量级为 10^{-1}。

工程中常见物质的热导率可从有关手册中查得。下面对固体、液体和气体的热导率分别进行讨论。

(1)固体的热导率。纯金属的热导率一般随温度升高而降低。金属的纯度对热导率影响很大，合金的热导率一般比纯金属低。

非金属材料或绝热材料的热导率与物质的组成、结构的致密程度及温度有关，通常随密度的增大而增大，随温度的升高而增大。

对大多数的固体物质，其热导率在一定的温度范围内与温度呈线性关系。

(2)液体的热导率。非金属液体以水的热导率最大。除水和甘油外，液体的热导率随着温度的升高而降低。一般而言，纯液体的热导率比其溶液的要大。

(3)气体的热导率。气体的热导率随着温度的升高而增大。在相当大的压强范围内，气体的热导率随压强变化极小，可忽略不计。只有当压强过高(高于 200 MPa)或过低(低于 2 700 Pa)时，才考虑压强的影响，此时热导率随压强的增高而增大。

气体的热导率很小，对导热不利，但有利于绝热、保温。工业上所用的保温材料，如玻璃棉等就是因其空隙中有气体，所以其热导率低，适用于保温隔热。

应予指出，在热传导过程中，物质内不同位置的温度可能不同，因而热导率也会不同。在工程计算中一般取为两传热温度下的平均值。

2.1.2　通过单层壁的稳定热传导

2.1.2.1　单层平壁的稳定热传导

单层平壁的热传导，如图 2-1 所示。平壁的厚度为 b，材料均匀，平壁的两表面维持恒定的温度 T_1 和 T_2，$T_1>T_2$，等温面垂直 x 轴，即导热为一维热传导。热传导速率为常量。

式(2-1)可简化为：

$$q=-\lambda \mathrm{d}T/\mathrm{d}x$$

若材料的热导率为常量(或取平均热导率)，积分上式可得：

$$q=\frac{\lambda(T_1-T_2)}{b}=\frac{T_1-T_2}{\frac{b}{\lambda}}=\frac{\Delta T}{R} \tag{2-2}$$

或

$$Q=\lambda S\,\frac{T_1-T_2}{b} \tag{2-2a}$$

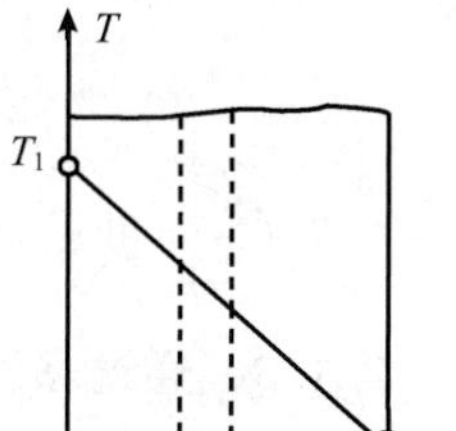

图 2-1　单层平壁的热传导

式中：Q 为传热速率(又称热流量)，W(或 J/s)；$R=b/\lambda$，导热热阻，$\mathrm{m^2\cdot ℃/W}$；S 为传热面积，$\mathrm{m^2}$；$q=Q/S$。

式(2-2)表明热流密度与导热推动力成正比，与导热热阻成反比。与电学中的欧姆定律相比较，两者形式完全相似。事实上，对于传热问题，完全可以用电路模拟的方法来解决。

若 λ 随温度变化，可将 λ 与 T 的关系代入傅立叶定律进行积分。可以证明，若热导率与温度呈线性关系，则所计算出的热流量与平均温度下热导率为常数时的热流量相等，但温度分布不同。

当 λ 为常量时，由于：

$$q=\lambda(T_1-T_2)/b=\lambda(T_1-T)/x$$

故平壁内任一等温面的温度为

$$T = T_1 - (T_1 - T_2)x/b \tag{2-3}$$

式(2-3)表明 λ 为常量时，单层平壁内的温度分布为直线。当 λ 随温度变化时，平壁内温度分布为曲线。

2.1.2.2 单层圆筒壁的热传导

单层圆筒壁的热传导如图 2-2 所示。圆筒壁的内、外半径分别为 r_1 和 r_2，内、外表面的温度分别为 T_1 和 T_2，长度为 L。导热为一维热传导，温度仅仅沿半径方向变化。它与平壁热传导的不同之处在于圆筒壁的传热面积不是常量，随半径而变。这时，热流量是常数，但热流密度不是常数。

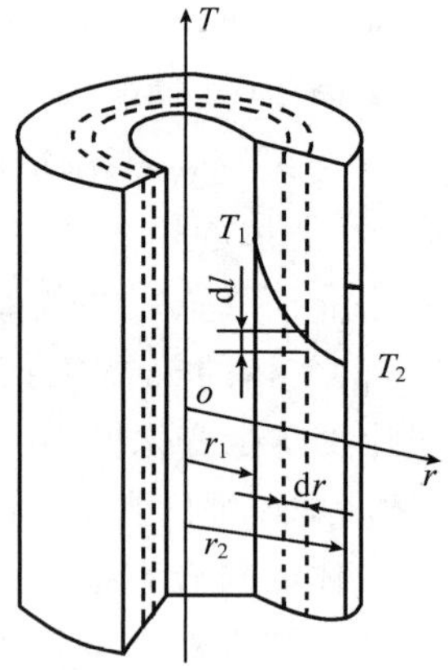

图 2-2 单层圆筒壁的热传导

对于半径为 r 的等温圆柱面，由傅立叶定律可得出：

$$Q = -\lambda S\mathrm{d}T/\mathrm{d}r = -\lambda(2\pi rL)\mathrm{d}T/\mathrm{d}r$$

若 λ 为常量，将上式分离变量积分并整理得：

$$Q = \frac{2\pi\lambda L(T_1 - T_2)}{\ln\dfrac{r_2}{r_1}} \tag{2-4}$$

当 λ 为常量时，圆筒壁内的温度分布为：

$$T = T_1 - (T_1 - T_2)\frac{\ln\dfrac{r}{r_1}}{\ln\dfrac{r_2}{r_1}} \tag{2-5}$$

由式(2-5)可见，圆筒壁内的温度分布不是直线，而是按对数规律分布的。

2.1.3 通过多层壁的稳定热传导

2.1.3.1 多层平壁的稳定热传导

以三层平壁为例，如图 2-3 所示。各层的壁厚分别为 b_1、b_2 和 b_3，热导率分别为 λ_1、λ_2 和 λ_3。假设层与层之间接触良好，即相接触的两表面温度相同。各表面的温度分别为 T_1、T_2、T_3 和 T_4，且 $T_1 > T_2 > T_3 > T_4$。

在稳定导热时，通过各层的热流密度必然相等，故：

$$q = \frac{T_1 - T_2}{\dfrac{b_1}{\lambda_1}} = \frac{T_2 - T_3}{\dfrac{b_2}{\lambda_2}} = \frac{T_3 - T_4}{\dfrac{b_3}{\lambda_3}}$$

将数学上的加比定律应用于上式，可得：

$$q = \frac{(T_1 - T_2) + (T_2 - T_3) + (T_3 - T_4)}{\dfrac{b_1}{\lambda_1} + \dfrac{b_2}{\lambda_2} + \dfrac{b_3}{\lambda_3}} = \frac{T_1 - T_4}{\dfrac{b_1}{\lambda_1} + \dfrac{b_2}{\lambda_2} + \dfrac{b_3}{\lambda_3}}$$

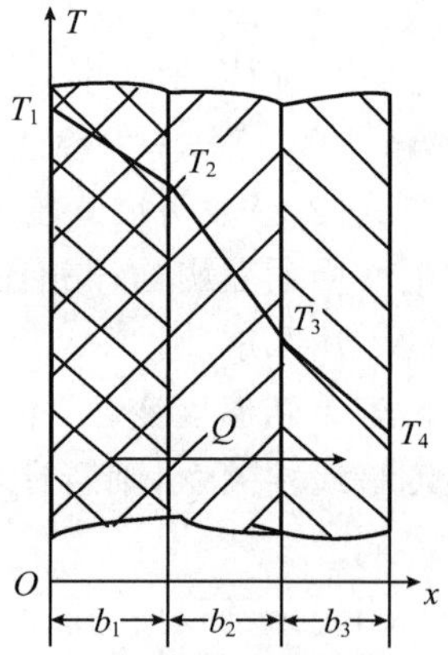

图 2-3 多层平壁的热传导

推广到 n 层平壁，有：

$$q=\frac{T_1-T_{n+1}}{\sum_{i=1}^{n}\frac{b_i}{\lambda_i}} \tag{2-6}$$

由式(2-6)可见，多层平壁热传导的总推动力(总温度差)为各层温度差之和，总热阻为各层热阻之和。

2.1.3.2　多层圆筒壁的稳定热传导

以三层圆筒壁为例，如图 2-4 所示。假设层与层之间接触良好，由内向外各层的热导率分别为 λ_1、λ_2 和 λ_3，根据串联叠加原理，仿照多层平壁的导热，可得三层圆筒壁的导热速率方程式为：

$$Q=\frac{2\pi L(T_1-T_4)}{\frac{1}{\lambda_1}\ln\frac{r_2}{r_1}+\frac{1}{\lambda_2}\ln\frac{r_3}{r_2}+\frac{1}{\lambda_3}\ln\frac{r_4}{r_3}}$$

对多层(n 层)圆筒壁，有：

$$Q=\frac{2\pi L(T_1-T_{n+1})}{\sum_{i=1}^{n}\frac{1}{\lambda_i}\ln\frac{r_{i+1}}{r_i}} \tag{2-7}$$

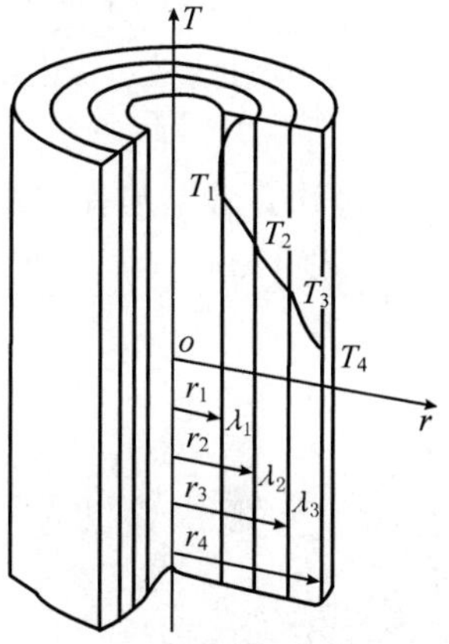

图 2-4　多层圆筒壁的热传导

【例 2-1】　某冷库壁面由 0.076 m 厚的混凝土外层，0.100 m 厚的软木中间层及 0.013 m 厚的松木内层所组成。其相应的热导率为：混凝土 0.762 W/(m·K)；软木 0.043 3 W/(m·K)；松木 0.151 W/(m·K)。冷库内壁面温度为−18℃，外壁面温度为 24℃。求进入冷库的热流密度以及松木与软木交界面的温度。

解：由题意为三层平壁的导热，$T_1=24℃$，$T_4=-18℃$；$b_1=0.076$ m，$b_2=0.100$ m，$b_3=0.013$ m；$\lambda_1=0.762$ W/(m·K)，$\lambda_2=0.043\,3$ W/(m·K)，$\lambda_3=0.151$ W/(m·K)。

(1)计算热流密度 q。

由式(2-6)，得：

$$q=\frac{T_1-T_4}{\frac{b_1}{\lambda_1}+\frac{b_2}{\lambda_2}+\frac{b_3}{\lambda_3}}=\frac{24-(-18)}{\frac{0.076}{0.762}+\frac{0.100}{0.043\,3}+\frac{0.013}{0.151}}=16.8(\text{W/m}^2)$$

(2)计算松木与软木交界面的温度 T_3。

由 $q=\lambda_3(T_3-T_4)/b_3$ 得：

$$T_3=T_4+qb_3/\lambda_3$$
$$=-18+16.8\times0.013/0.151=-16.6(℃)$$

【例 2-2】　内径为 25.4 mm，外径为 50.8 mm 的不锈钢管，其热导率为 21.63 W/(m·K)。外包厚度为 25.4 mm 的石棉保温层，其热导率为 0.242 3 W/(m·K)。管的内壁面温度为 538℃，保温层的外表面温度为 37.8℃，计算钢管单位长度的热损失及管壁与保温层分界面的温度。

解:由题意为两层圆筒壁的导热,$T_1=538℃$,$T_3=37.8℃$;$r_1=0.025\ 4/2=0.012\ 7$ m,$r_2=0.050\ 8/2=0.025\ 4$ m,$r_3=r_2+b=0.025\ 4+0.025\ 4=0.050\ 8$ m;$\lambda_1=21.63$ W/(m·K),$\lambda_2=0.242\ 3$ W/(m·K)。

(1)单位管长的热损失 Q/L。

由式(2-7),得:

$$\frac{Q}{L}=\frac{2\pi(T_1-T_3)}{\frac{1}{\lambda_1}\ln\frac{r_2}{r_1}+\frac{1}{\lambda_2}\ln\frac{r_3}{r_2}}=\frac{2\pi(538-37.8)}{\frac{1}{21.63}\ln\frac{0.025\ 4}{0.012\ 7}+\frac{1}{0.242\ 3}\ln\frac{0.050\ 8}{0.025\ 4}}=1\ 086(\text{W/m})$$

(2)计算管壁与保温层分界面的温度 T_2。

由 $\frac{Q}{L}=\frac{2\pi\lambda_1(T_1-T_2)}{\ln\frac{r_2}{r_1}}$ 得

$$T_2=T_1-\left(\frac{Q}{L}\right)\ln\frac{r_2}{r_1}\frac{1}{2\pi\lambda_1}=538-1\ 086\times\ln\frac{0.025\ 4}{0.012\ 7}\times\frac{1}{2\pi\times 21.63}=532.5(℃)$$

2.2 对流传热

热对流是指流体质点间发生相对位移而引起的热量传递过程。热对流仅发生在流体中。

2.2.1 牛顿冷却定律与对流传热系数

对流传热是指流体与固体壁面之间的传热,其传热速率由牛顿冷却定律给出:

$$Q=\alpha S\Delta T \tag{2-8}$$

式中:α 为对流传热系数,W/(m^2·K);S 为总传热面积,m^2;ΔT 为流体与壁面(或反之)间温度差的平均值,K(或℃)。

牛顿冷却定律将复杂的对流传热问题用一个简单的关系式来表达,实质上是将矛盾集中到对流传热系数上,因此研究各种对流传热情况下对流传热系数的大小,影响因素及其计算方法,成为研究对流传热的中心问题。

由牛顿冷却定律可得对流传热系数的定义式,即

$$\alpha=\frac{Q}{S\Delta T} \tag{2-8a}$$

因此,对流传热系数在数值上等于单位温度差下热通量,它反映了对流传热的快慢,α 愈大表示对流传热愈快。

对流传热系数与热导率不同,它不是流体的物理性质,而是受诸多因素影响的一个系数。表 2-1 给出了几种对流传热情况下的 α 值范围,这些经验值可以作为传热计算的参考。

表 2-1　**α** 值的范围　　W/(m² · K)

换热方式	空气自然对流	气体强制对流	水自然对流	水强制对流
α	5～25	20～100	200～1 000	1 000～15 000
换热方式	水蒸气冷凝	有机蒸气冷凝	水沸腾	
α	5 000～15 000	500～2 000	2 500～25 000	

下面就流体的流动状态对 α 的影响进行简单的分析。参见图 2-5，当流体流过固体壁面时，由于流体黏性的作用，使壁面附近的流体减速而形成流动边界层。根据不同的情况，边界层可以是湍流边界层或层流边界层。但即使是湍流边界层，在靠近壁面处仍有一薄层(滞流内层)存在，在此薄层内流体呈滞流流动。由于滞流内层中流体分层流动，相邻层间没有流体的宏观运动，因此在垂直于流体流动方向上，热量的传递通过导热进行(在实际传热过程中，由于流体内存在温度梯度而产生自然对流的干扰，使得在垂直于流动方向上存在一定程度的对流而使传热增强)。

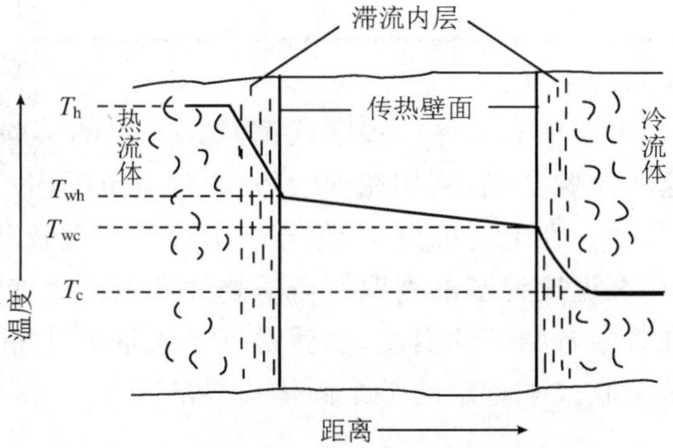

图 2-5　流动边界层对对流传热的影响

由于流体的热导率较小，故滞流内层内的导热热阻较大，因此，该层中温度梯度较大。在湍流主体中，由于流体质点的剧烈混合并充满旋涡，因此，湍流主体中温度梯度极小，各处温度基本相同，热量传递主要靠对流进行。

由以上分析可知：对流传热的热阻主要集中在滞流内层，因此，减薄滞流内层的厚度是强化对流传热的主要途径。

2.2.2　对流传热系数关联式的建立方法

目前求取对流传热系数关联式的方法有理论方法与实验方法两种。

理论方法是通过对各种对流传热现象进行理论分析，建立描述对流传热现象的微分方程组，然后用数学分析求解。由于对流传热的复杂性，目前只能对一些较为简单的对流传热现象用数学方法求解。

实验方法是用量纲分析的方法将影响传热的因素无量纲化，然后通过实验确定无量纲准数之间的关系。对于工程上绝大多数的对流传热问题仍依赖于实验方法。

影响对流传热系数的因素很多，主要有：流体的物性与种类，流体流动的原因，流体流动的状态，传热面的形状、位置与大小等。因此，要建立一个通式来求各种条件下的 α 是很困难的。但可通过实验方法得到各种具体情况下求取 α 的关联式。

根据理论分析及有关实验研究，无相变对流传热过程的准数关系式为：

$$Nu = ARe^{m} Pr^{n} Gr^{S} \tag{2-9}$$

式中：A、m、n、s 都为常数，其值由实验确定。

式(2-9)中准数的名称、符号及意义列于表 2-2 中。特别要指出的是，准数中每个物理量的单位必须是国际单位制(SI)中的单位。

表 2-2　准数的符号与意义

准数名称	符号	准数式	意义
努塞尔(Nusselt)数	Nu	$\frac{\alpha L}{\lambda}$	表示对流传热系数的准数
雷诺(Reynolds)数	Re	$\frac{Lu\rho}{\mu}$	表示流动状态的准数
普兰特(Prandtl)数	Pr	$\frac{c_p\mu}{\lambda}$	表示物性影响的准数
格拉斯霍夫(Grashof)数	Gr	$\frac{\beta g \Delta T L^3 \rho^2}{\mu^2}$	表示自然对流影响的准数

应用准数关联式应注意的事项：

(1)公式的应用条件。由于所有具体的关联式都是在一定的实验条件下确定的，因此，要在应用条件范围内使用这些经验公式，例如在 Re、Pr 的数值范围内。

(2)定性温度与定性尺寸。在上述准数中，包含有流体的物性及几何尺寸，因此，在计算这些准数时，就存在一个以什么温度为基准查取所需的物性数据以及如何确定几何尺寸的问题。定性温度是指用于决定准数中各物性的温度，也就是准数关联式中指定的用来查取物性的温度。定性尺寸是指在准数关联式中指定的某个固体边界的尺寸。

2.2.3 流体在管内作强制对流

2.2.3.1 流体在圆形直管内作强制湍流

对于气体或低黏度(<2 倍常温水的黏度)液体，采用如下关联式：

$$Nu = 0.023 Re^{0.8} Pr^{n} \tag{2-10}$$

或

$$\alpha = 0.023\left(\frac{\lambda}{d_i}\right)\left(\frac{d_i u\rho}{\mu}\right)^{0.8}\left(\frac{c_p\mu}{\lambda}\right)^{n} \tag{2-10a}$$

式中：n 值与热流方向有关。当流体被加热时，$n=0.4$；当流体被冷却时，$n=0.3$。

应用条件：$Re>10^4$，$0.7<Pr<120$，管长与管内径之比 $L/d_i \geqslant 60$。当 $L/d_i<60$ 时，用由式(2-10)计算出的 α 乘以 $\left[1+\left(\frac{d_i}{L}\right)^{0.7}\right]$ 进行校正。

定性温度：流体进、出口温度的算术平均值。

定性尺寸：管内径 d_i。

对于高黏度的液体，采用如下关联式：

$$Nu = 0.027 Re^{0.8} Pr^{1/3} (\mu/\mu_w)^{0.14} \tag{2-11}$$

应用条件：$Re>10^4$，$0.7<Pr<16\,700$，管长与管内径之比 $L/d_i \geqslant 60$。

定性温度：除 μ_w 取壁温外，均取流体进、出口温度的算术平均值。

定性尺寸：管内径 d_i。

当壁面温度未知时，黏度修正项 $(\mu/\mu_w)^{0.14}$ 可取下列数值：

液体被加热时，取 $(\mu/\mu_w)^{0.14}=1.05$；

液体被冷却时，取 $(\mu/\mu_w)^{0.14}=0.95$。

2.2.3.2　流体在圆形直管内作强制滞流

管内滞流换热情况比较复杂，因为附加的自然对流换热常常会有影响，只有在小管径，并且流体和壁面的温度差不大的情况下，自然对流的影响才能忽略。这种情况下可采用如下关联式：

$$Nu=1.86\left(\frac{RePrd_i}{L}\right)^{1/3}\left(\frac{\mu}{\mu_w}\right)^{0.14} \tag{2-12}$$

应用条件：$Re<2\,300$，$0.6<Pr<6\,700$，$(RePrd_i/L)>100$。

定性温度：除 μ_w 取壁温外，均取流体进、出口温度的算术平均值。

定性尺寸：管内径 d_i。

2.2.3.3　流体在圆形直管内呈过渡流

当 $Re=2\,300\sim10\,000$ 时，对流传热系数可先用湍流时的公式计算，然后再将计算出的结果乘以校正系数 ϕ，这样即得到过渡流时的对流传热系数。

$$\phi=1-\frac{6\times10^5}{Re^{1.8}} \tag{2-13}$$

2.2.3.4　流体在圆形弯管内作强制对流

流体在弯管内流动时，对流传热系数可先用直管时的公式计算，然后再将计算出的结果乘以校正系数 f，这样即得流体在弯管内流动时的对流传热系数。

$$f=1+\frac{1.77d_i}{r'} \tag{2-14}$$

式中：r' 为弯管中心线的曲率半径。

2.2.3.5　流体在非圆形管内作强制对流

此时，仍可采用上述各关联式，只要将管内径改为当量直径即可，但计算结果有较大误差。因此，对一些常用的非圆形管道，宜采用根据实验得到的关联式。例如，套管环隙内流体的对流传热系数关联式为：

$$\alpha=0.02\left(\frac{\lambda}{d_e}\right)\left(\frac{d_2}{d_1}\right)^{0.53}(Re)^{0.8}(Pr)^{1/3} \tag{2-15}$$

式中：d_1 为套管的内管外径，m；d_2 为套管的外管内径，m。

应用条件：$Re=12\,000\sim220\,000$，$d_2/d_1=1.65\sim17.0$。

定性温度：流体进、出口温度的算术平均值。

定性尺寸：环隙的当量直径 d_e。

【例 2-3】　水以 1 m/s 的流速从 ϕ25 mm×2.5 mm 的管内流过，由 20℃加热到 40℃，管长 3 m。求水与管壁之间的对流传热系数。

解：由题意为管内强制流动。

(1)确定定性温度与定性尺寸。

定性温度：$T=\frac{20+40}{2}=30(℃)$

定性尺寸：管内径 $d_i=0.02$ m

(2)查取定性温度下的物性。

于附录中查得 30℃下水的物性如下：

$$\rho=995.7\ \mathrm{kg/m^3},\mu=80.12\times10^{-5}\ \mathrm{Pa\cdot s}$$
$$c_p=4.174\ \mathrm{kJ/(kg\cdot K)},\lambda=0.6171\ \mathrm{W/(m\cdot K)}$$

(3)计算水的对流传热系数。

$$\frac{L}{d_i}=\frac{3}{0.02}=150>60$$

$$Re=\frac{d_i u\rho}{\mu}=\frac{0.02\times1\times995.7}{80.12\times10^{-5}}=2.49\times10^4>1\times10^4$$

$$Pr=\frac{c_p\mu}{\lambda}=\frac{4.174\times10^3\times80.12\times10^{-5}}{0.6171}=5.42$$

$Re>1\times10^4$ 为湍流，选用式(2-10)，水被加热，$n=0.4$。

所以 $\alpha=0.023\frac{\lambda}{d_i}Re^{0.8}Pr^{0.4}=0.023\times\frac{0.6171}{0.02}\times(2.49\times10^4)^{0.8}\times(5.42)^{0.4}=4588$[W/(m^2·K)]

2.2.4 流体外绕壁面强制对流

在许多情况下，流体与平板、球体、管道等的外表面进行对流传热，其中许多在工业生产中具有实际意义。

当流体流过固体外表面时，沿整个物体表面的对流传热系数是变化的。下面介绍不同情况下平均对流传热系数的关联式。

2.2.4.1 流体平行流过平板

当 $Re<3\times10^5$(滞流)时：

$$Nu=0.664Re^{0.5}Pr^{1/3} \tag{2-16}$$

当 $Re>3\times10^5$(湍流)时：

$$Nu=0.037Re^{0.8}Pr^{1/3} \tag{2-17}$$

式中：$Re=Lu\rho/\mu$。

应用条件：$Pr>0.6$。

定性温度：固体的壁面温度与流体的平均温度的算术平均值。

定性尺寸：L 为沿流动方向上的平板长度。

【例 2-4】 某管道上有一个边长为 0.051 m×0.040 m 的长方形铜片，它的温度均匀地保持在 82.2℃。当 101.3 kPa、7.8℃的冷空气以 12.2 m/s 的速度沿长边平行流过此铜片时，试计算对流传热系数。

解：定性温度：$T=\dfrac{82.2+7.8}{2}=45(℃)$

定性尺寸：$L=0.051\ \text{m}$

在附录中查得45℃、101.3 kPa下空气物性如下：

$$\mu=1.935\times10^{-5}\ \text{Pa}\cdot\text{s},\lambda=2.791\times10^{-2}\ \text{W/(m}\cdot\text{K)}$$

$$\rho=1.111\ \text{kg/m}^3,Pr=0.6985$$

$$Re=\frac{Lu\rho}{\mu}=\frac{0.051\times12.2\times1.111}{1.935\times10^{-5}}=3.572\times10^4<3\times10^5(\text{滞流})$$

$$Pr=0.6985>0.6$$

选用公式(2-16)计算 α

$$Nu=0.664Re^{0.5}Pr^{1/3}$$

$$\alpha=0.664\frac{\lambda}{L}Re^{0.5}Pr^{1/3}=0.664\times\frac{2.791\times10^{-2}}{0.051}\times(3.572\times10^4)^{0.5}\times0.6985^{1/3}$$

$$=60.9[\text{W/(m}\cdot\text{K)}]$$

2.2.4.2　流体流过单个球体的表面

$$Nu=2.0+0.6Re^{0.5}Pr^{1/3}\qquad(2\text{-}18)$$

应用条件：$Re=1\sim70\ 000,Pr=0.6\sim400$。

定性温度：固体的壁面温度与流体的平均温度的算术平均值。

定性尺寸：球体的直径 D。

2.2.4.3　流体垂直流过圆柱体

$$Nu=CRe^mPr^{1/3}\qquad(2\text{-}19)$$

式中：C、m 的数值见表2-3。

应用条件：$Pr>0.6$。

定性温度：固体的壁面温度与流体的平均温度的算术平均值。

定性尺寸：圆柱体的直径 D。

表2-3　式(2-19)中的 C、m 值

Re	m	C	Re	m	C
1～4	0.330	0.989	$4\times10^3\sim4\times10^4$	0.618	0.193
4～40	0.385	0.911	$4\times10^4\sim2.5\times10^5$	0.805	0.0266
$40\sim4\times10^3$	0.466	0.683			

2.2.5　流体在搅拌槽内强制对流

典型的搅拌槽由圆筒形容器和搅拌器所组成。搅拌槽中的液体常常需要加热或冷却，传热面可以是容器壁上的加热或冷却夹套，也可以是浸没在液体中的蛇管。

流体在搅拌槽内的对流传热系数关联式如下：

$$Nu=CRe^mPr^{1/3}\left(\frac{\mu}{\mu_W}\right)^{0.14}\qquad(2\text{-}20)$$

或

$$\alpha = C\left(\frac{\lambda}{D}\right)\left(\frac{d^2 n\rho}{\mu}\right)^m\left(\frac{c_p\mu}{\lambda}\right)^{1/3}\left(\frac{\mu}{\mu_W}\right)^{0.14} \tag{2-20a}$$

式中：D 为搅拌槽直径，m；d 为搅拌器直径，m；n 为搅拌器转速，r/s。

常数 C、m 值与搅拌器的形式及传热面的形式有关，参见表 2-4。

表 2-4　式(2-20)中的 C、m 值

传热壁面	m	C		
		涡轮式搅拌器	平桨式搅拌器	推进式搅拌器
容器夹套内壁	$\frac{2}{3}$	0.62	0.36	0.54
蛇管外壁	0.62	1.01	0.87	0.83

应用条件：$Re=200\sim10^6$，$d/D=0.25\sim0.6$。

定性温度：流体的平均温度。

2.2.6　大空间自然对流传热

大空间自然对流传热是指在热表面或冷表面和四周没有其他阻碍自然对流的物体存在，例如管道或换热设备的表面与周围大气之间的对流传热就属于这种情况。此种情况时的对流传热系数准数关联式为

$$Nu = C(GrPr)^n \tag{2-21}$$

式中：常数 C、n 的值列于表 2-5 中。

定性温度：壁面温度与流体平均温度的算术平均值。

表 2-5　式(2-21)中的 C、n 值

加热表面形状	定性尺寸	$(GrPr)$范围	C	n
水平圆管	外径 d_o	$10^4\sim10^9$	0.53	$\frac{1}{4}$
		$10^9\sim10^{12}$	0.13	$\frac{1}{3}$
垂直壁面	高度 L	$10^4\sim10^9$	0.59	$\frac{1}{4}$
		$10^9\sim10^{12}$	0.1	$\frac{1}{3}$

2.2.7　蒸气冷凝放热

2.2.7.1　冷凝传热过程分析

当饱和蒸气与低于其温度的冷壁面相接触时，蒸气将放出潜热，在壁面上凝结成液体。蒸气冷凝有膜状冷凝和滴状冷凝两种方式。膜状冷凝是指冷凝液能够润湿冷壁面，在壁面上形成一层液膜。滴状冷凝是指冷凝液不能够润湿冷壁面，而在壁面上形成液滴。

膜状冷凝时，蒸气的冷凝只能在液膜的表面进行，即蒸气冷凝放出的潜热必须通过液膜后才能传给冷壁面。由于蒸气冷凝时有相的变化，热阻很小，因此这层液膜就成了冷凝过程的主要热阻。冷凝液膜在重力作用下会沿壁面向下流动，所形成的液膜愈向下愈厚，所以壁面愈高或水平放置的管径愈大，整个壁面的平均对流传热系数就愈小。

滴状冷凝时，冷壁面有一部分面积暴露在蒸气中，蒸气可以直接在壁面冷凝。由于这部分没有液膜热阻，因此滴状冷凝传热系数比膜状冷凝的高。但是暴露在蒸气中的壁面经过一段时间后，一般又变成可润湿表面，很难持久保持滴状冷凝的工作条件，所以工业冷凝器的设计都按膜状冷凝处理。

以下讨论单组分饱和蒸气的膜状冷凝。

2.2.7.2 膜状冷凝传热系数的关联式

(1)蒸气在垂直壁面上的冷凝。

当冷凝液膜流动为滞流($Re<1\ 800$)时：

$$\alpha=1.13\left[\frac{gr\rho^2\lambda^3}{\mu L\Delta T}\right]^{1/4} \tag{2-22}$$

当冷凝液膜流动为湍流($Re>1\ 800$)时：

$$\alpha=0.007\ 7\left(\frac{g\rho^2\lambda^3}{\mu^2}\right)^{1/3}Re^{0.4} \tag{2-23}$$

式中：L 为垂直壁面的高度，m；μ 为冷凝液的黏度，Pa·s；ρ 为冷凝液的密度，kg/m^3；λ 为冷凝液的热导率，W/(m·K)；r 为蒸气的冷凝潜热，J/kg；ΔT 为蒸气的饱和温度与冷壁面温度之差，K(或℃)。其中 $Re=4M/\mu=\dfrac{4\alpha L\Delta T}{\mu r}$，$M$ 为单位长度润湿周边上冷凝液的质量流量。

定性温度：除冷凝潜热 r 取蒸气饱和温度外，其余取蒸气饱和温度与壁面温度的算术平均值。

定性尺寸：垂直壁面的高度。

(2)蒸气在水平管外的冷凝。

$$\alpha=0.725\left[\frac{gr\rho^2\lambda^3}{\mu d_o N\Delta T}\right]^{1/4} \tag{2-24}$$

式中：N 为管束在同一垂直面上的管子数，对单根管，$N=1$；d_o 为管子外径，m。

其余各项均与式(2-22)相同。

【例 2-5】 100℃的饱和水蒸气在外径为 0.05 m、长度为 2 m 的单根垂直圆管外冷凝，管外壁温度为 80℃。试求单位时间的蒸汽冷凝量。如果管子改为水平放置，问蒸汽冷凝量为多少？

解：蒸汽的冷凝潜热取 100℃下的值，由附录查得：$r=2\ 258.4$ kJ/kg

定性温度 $T=(100+80)/2=90$(℃)，$\Delta T=100-80=20$(℃)

由附录查得 90℃下水的物性为

$$\lambda=0.680\ 4\ \text{W/(m·K)},\ \rho=965.3\ \text{kg/m}^3,\ \mu=31.65\times10^{-5}\ \text{Pa·s}$$

(1)单根垂直圆管外冷凝。先假设为滞流，则选用式(2-22)。

$$\alpha=1.13\left[\frac{gr\rho^2\lambda^3}{\mu L\Delta T}\right]^{1/4}=1.13\left(\frac{9.81\times2\ 258.4\times10^3\times965.3^2\times0.680\ 4^3}{31.65\times10^{-5}\times2\times20}\right)^{1/4}$$
$$=5\ 380[\text{W/(m}^2\cdot\text{K)}]$$

校核流型：

$$Re=\frac{4\alpha L\Delta T}{\mu r}=\frac{4\times 5\ 380\times 2\times 20}{2\ 258.4\times 10^{3}\times 31.65\times 10^{-5}}=1\ 204<1\ 800$$

假设正确。

由牛顿冷却定律，得

$$Q=\alpha S\Delta T=5\ 380\times\pi\times 0.05\times 2\times 20=3.380\times 10^{4}(\mathrm{W})$$

蒸汽冷凝量为

$$W_{S}=Q/r=3.380\times 10^{4}/(2\ 258.4\times 10^{3})=0.015\ 0(\mathrm{kg/s})$$

(2)单根水平管外冷凝。以 α_V 和 α_H 分别表示管垂直和水平放置时的冷凝传热系数，用式(2-24)除以式(2-22)，并注意到 $N=1$，得

$$\alpha_H/\alpha_V=(0.725/1.13)(L/d_o)^{1/4}=(0.725/1.13)(2/0.05)^{1/4}=1.61$$

所以

$$\alpha_H=1.61\alpha_V=1.61\times 5\ 380=8\ 662[\mathrm{W/(m^2\cdot K)}]$$

$$W_S=1.61\times 0.015=0.024\ 2(\mathrm{kg/s})$$

2.2.7.3 影响冷凝传热的因素及冷凝过程的强化

前已述及，单一组分饱和蒸气冷凝时，热阻集中在冷凝液膜内，对一定的组分，液膜厚度及流动状况是影响冷凝传热的关键。凡是影响液膜状况的因素都会影响冷凝传热。

(1)流体的物性及液膜两侧的温差。冷凝液的密度越大，黏度越小，则液膜的厚度越小，因而冷凝传热系数越大。热导率大也有利于传热。冷凝潜热大，则在同样的热流量下冷凝液少，液膜就薄，故 α 就大。当液膜呈层流流动时，液膜两侧的温差加大，则蒸气冷凝速率增加，因而液膜增厚，使得 α 下降。

(2)蒸气流速及流向。蒸气流速对冷凝传热影响很大，前面介绍的计算式只适用于蒸气静止或流速很小的情况。当蒸气流速较大时，蒸气与液膜之间的摩擦力不能忽略。若蒸气和液膜流动方向相同，摩擦力的作用将使液膜减薄，并促使液膜产生一定的波动，因而使 α 增大。若两者逆向流动，则 α 减小。但是当这种力的作用超过重力时，液膜会被蒸气吹离壁面，而使 α 急剧增大。蒸气流速对 α 的影响与其压强有关，随着压强的增大，影响加剧。

(3)不凝气体的影响。若蒸气中含有空气等不凝气体，当蒸气冷凝时，它们会在液膜表面形成一层富集的气膜层。这样，可凝蒸气在抵达液膜表面进行冷凝之前，必须以扩散方式通过这层气膜。扩散过程的阻力引起蒸气分压和相应的饱和温度下降，使液膜表面的温度低于蒸气主体温度。这相当于附加一额外热阻，使蒸气冷凝传热系数大大降低。

为了降低不凝气的不良影响，在冷凝器的设计中要设有不凝气排气口，在操作过程中要定期排放不凝气。

(4)蒸气过热的影响。蒸气温度高于操作压强下的饱和温度为过热蒸气。过热蒸气与低于蒸气饱和温度的冷壁面相接触时的传热由两个串联环节组成，即过热的消除和蒸气的冷凝。在壁面附近，过热蒸气首先在气相下冷却到饱和温度，然后在液膜表面继续冷凝，在汽、液界面处的温度仍为饱和温度。因此，对于液膜传热，其温差与蒸气不过热时相同。实验表明，蒸气过热对冷凝传热系数的影响很小，可以忽略不计。通常可把过热蒸气按饱和蒸气处理，前面给

出的 α 计算式仍然适用。

(5)冷凝传热过程的强化。如上所述，单一组分蒸气的膜状冷凝，传热热阻集中于液膜内，因而设法减小液膜厚度是强化冷凝传热的主要途径。

减小液膜厚度最直接的方法是从冷凝壁的高度、布置方式及结构上入手。对于水平放置的列管式冷凝器，应减少垂直方向上的管子数，或采用斜转排列方式，使冷凝液尽量沿各排管子的切向流过(图 2-6)。此外，还可安装除去冷凝液的挡板；对于垂直放置的壁面，可开若干条纵向凹槽，使冷凝液沿凹槽流下，以减薄壁面上的液膜厚度。还可以在壁面上沿纵向安装金属丝或直翅片，使冷凝液在表面张力作用下，流向金属丝或翅片附近集中，形成一股股小溪向下流动，从而使壁面上液膜减薄。此外，采用高速蒸气喷射壁面，将冷凝液吹成雾状等都是强化冷凝传热的有效措施。

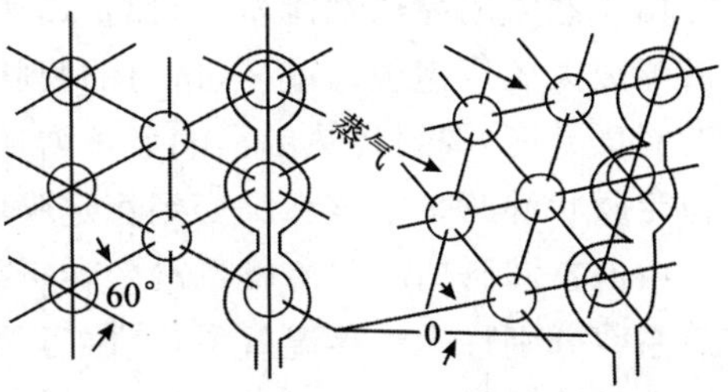

图 2-6　冷凝器中管子的排列

2.2.8　沸腾传热

2.2.8.1　液体沸腾的分类

液体与温度高于其饱和温度的壁面接触被加热汽化、并产生气泡的过程称为液体沸腾或沸腾传热。由于这种传热方式有相变产生，并在加热面上不断经历着气泡的生成、长大和脱离的过程，造成对高温壁面附近流体的剧烈扰动，因此，同种液体沸腾传热时的对流传热系数比无相变时的大。

液体沸腾可有各种分类方法。如果液体的运动仅仅由液体与加热面间的温差所引起，则称为大容器内沸腾(又称池内沸腾)；如果液体被强制流过加热面而沸腾，则称为强制对流沸腾。也可按液体的温度来分类。如果虽然加热面的温度高于相应压强下的饱和温度，但流体的平均温度低于饱和温度，这种沸腾称为过冷沸腾或局部沸腾；如果液体保持为饱和温度，则称为饱和沸腾。以下仅讨论大容器内的饱和沸腾。有关管内强制对流沸腾将在溶液浓缩一章的蒸发一节中讨论。

2.2.8.2　液体沸腾曲线

实验表明，大容器内饱和沸腾随加热面壁温与液体饱和温度之差 $\Delta T=T_W-T_S$ 的变化出现不同类型的沸腾状(三个阶段)，如图 2-7 所示。

当温差较小时($\Delta T\leqslant 5$℃)，加热表面上的液体轻微过热，使液体内部产生自然对流，但没有气泡逸出液面，只在液体表面发生蒸发。这一阶段纯属自然对流，α 较小，且随温差升高较慢。

当 ΔT 逐渐升高($\Delta T=5\sim25$℃)时，气泡开始在加热面个别地点产生(称为汽化核心)。随着 ΔT 的增大，汽化核心数增多，气泡长大速率也较快，使液体受到强烈的扰动，α 急剧增大。在此阶段由汽化核心产生的气泡对传热起着主导作用，故称为泡核沸腾或核状沸腾。

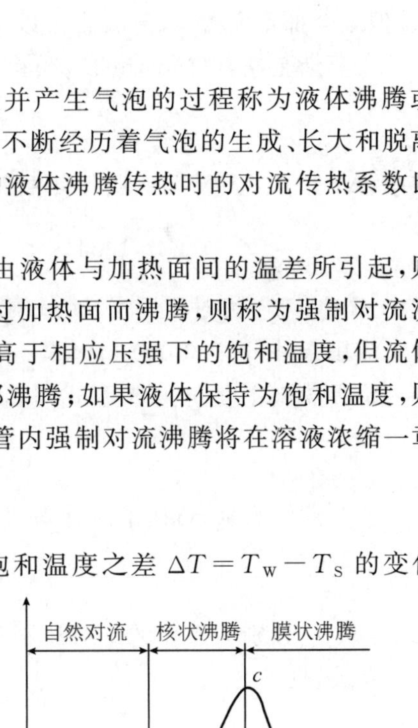

图 2-7　池内沸腾曲线

随着 ΔT 的进一步增大($\Delta T>25℃$),加热面的汽化核心数进一步增多,气泡产生的速度大于脱离加热表面的速度,使得气泡在脱离壁面前就连接起来,形成一层蒸气膜,而这层蒸气膜使液体无法再与加热表面接触。

由于蒸气的导热性能差,而使 α 迅速下降。蒸气膜在开始形成时是不稳定的,随时可能被撕破形成大的气泡脱离壁面,这时的膜状沸腾为不稳定膜状沸腾。当温度差再增大,由于加热面的温度升高,辐射传热的影响显著增加,故 α 又随之增大。这一阶段称为稳定的膜状沸腾。不稳定膜状沸腾是泡核沸腾变到稳定膜状沸腾的过渡区。

由泡核沸腾向膜状沸腾过渡的转折点 c 称为临界点。临界点上的温差、热流密度和对流传热系数分别称为临界温差 ΔT_c、临界热流密度 q_c 和临界对流传热系数 α_c。不同的液体在不同压强下的沸腾曲线的形状类似,但临界点的数值不同。

临界点的数值对有沸腾传热的蒸发器的设计或操作是很重要的参数。由于泡核沸腾的传热系数比膜状的大,故一般都设法控制蒸发器在泡核状态下工作。此外,临界点的数值对加热壁面温度的控制也具有重要的实际意义。

2.2.8.3 沸腾传热系数的计算式

由于沸腾传热的复杂性,许多人对其机理提出了不同的理论解释,同时也提出各种计算式,但至今都不完善,误差较大。以下介绍两个经验式。

①莫斯金斯基(Mostinski)经验式:

$$\alpha=1.163Z(\Delta T)^{2.33} \tag{2-25}$$

式中:$\Delta T=T_W-T_S$ 为沸腾传热温差;Z 为与操作压强及沸腾液体的临界压强有关的参数。

$$Z=1.24\times10^{-8}p_c^{2.3}(1.8R^{0.17}+4R^{1.2}+10R^{10})^{3.33} \tag{2-26}$$

式中:$R=p/p_c$ 为对比压强,无量纲;p 为操作压强,kPa;p_c 为临界压强,kPa。

应用条件:$p_c>3\ 000$ kPa,$R=0.01\sim0.9$,$q<q_c$。

临界热流密度 q_c 可按下式计算:

$$q_c=380p_cR^{0.35}(1-R)^{0.9} \tag{2-27}$$

②若液体为水,可用下述计算式:

$$\alpha=C(\Delta T)^n(p/p_a)^{0.4} \tag{2-28}$$

式中:p、p_a 分别为操作的绝对压强和标准大气压强。常数 C、n 值与加热面的设置及热流密度 q 有关,见表 2-6。

表 2-6 式(2-28)中的 C、n 值

加热面位置	$q/(W/m^2)$	C	n
水平面	$q<15\ 800$	1 040	$\frac{1}{3}$
	$15\ 800<q<236\ 000$	5.56	3
竖直面	$q<3\ 150$	539	$\frac{1}{7}$
	$3\ 150<q<63\ 100$	7.95	3

2.3 辐射传热

2.3.1 基本概念

(1)热辐射。物体由于热的原因以电磁波的形式向外发射能量的过程称为热辐射。从理论上讲,物体热辐射的电磁波波长可以从零到无穷大,而在工程上常见的温度范围内,有实际意义的热辐射波长在 0.1～100 μm,通常就把这一范围内的射线称为热射线。在热射线中,大部分能量位于红外线区段(0.76～20 μm)。

热射线和可见光线一样,也服从反射和折射定律,能在均一介质中直线传播。在真空和大多数气体(如惰性气体和分子结构对称的双原子气体)中,热射线可完全透过,但对大多数的固体和液体,热射线不能透过。因此只有彼此看得见的物体才能进行辐射传热。

(2)辐射能的吸收、反射和透过。当辐射能 Q 投射到一个物体表面上时,其中会有一部分能量 Q_A 被吸收,一部分能量 Q_R 被反射,其余能量 Q_D 透过物体,如图 2-8 所示。根据能量守恒定律,可得:

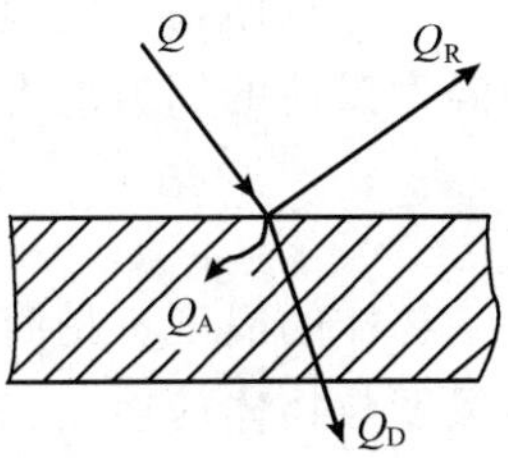

图 2-8 辐射能的吸收、反射和透过

$$Q_A + Q_R + Q_D = Q \tag{2-29}$$

或

$$Q_A/Q + Q_R/Q + Q_D/Q = 1 \tag{2-29a}$$

式中:比值 Q_A/Q、Q_R/Q、Q_D/Q 分别称为该物体对投射辐射的吸收率、反射率和透过率,并依次用符号 A、R 和 D 表示。于是式(2-29a)可写成:

$$A + R + D = 1 \tag{2-29b}$$

若 $A=1$,则表示投射到物体表面上的辐射能全部被该物体吸收,这种物体称为黑体。

若 $R=1$,则表示投射到物体表面上的辐射能全部被该物体反射,这种物体称为镜体或绝对白体。

若 $D=1$,则表示投射到物体表面上的辐射能全部被透过,这种物体称为透热体。

黑体和镜体都是理想物体,实际上并不存在。实际物体只能或多或少地接近这种理想物体,如没有光泽的黑漆表面的吸收率可达到 0.96～0.98,接近黑体;磨光的铜表面的反射率约为 0.97,接近镜体;单原子和对称的双原子气体可视为透热体。引入黑体等概念,只是作为实际物体的比较标准,以简化辐射传热的计算。

物体的吸收率 A、反射率 R 和透过率 D 的大小与物体的性质、表面状况、温度和投射辐射的波长有关。一般固体和液体都是不透热体,即 $D=0$。气体则不存在反射,即 $R=0$。为简化辐射的计算,提出了灰体的概念,所谓灰体是指能以相同的吸收率且部分地吸收所有波长范围的辐射能的物体。灰体有以下特点。

①灰体的吸收率与投射辐射的波长无关。

②灰体是不透热体,即 $A+R=1$。

灰体也是理想物体,但在工业高温条件下,大多数工程材料的热辐射主要处于红外线范围内,在该范围内材料的吸收率 A 随投射辐射的波长变化很小,因此可以把工程材料作为灰体处理。

2.3.2 物体的辐射能力

(1)斯蒂芬-波尔兹曼定律。物体的辐射能力是指物体在一定温度下,单位表面积、单位时间内所发射的全部波长的总能量,记作 E,单位是 W/m^2。辐射能力表征物体发射辐射能的本领。黑体的辐射能力记作 E_b。

理论研究表明,黑体的辐射能力服从下列斯蒂芬-波尔兹曼定律

$$E_b = \sigma_0 T^4 \tag{2-30}$$

式中:σ_0 为黑体的辐射常数,其值为 $5.67 \times 10^{-8}\ W/(m^2 \cdot K^4)$;$T$ 为黑体表面的绝对温度,K。

斯蒂芬-波尔兹曼定律表明黑体的辐射能力与绝对温度的四次方成正比,故也称四次方定律。显然,热辐射与热对流或热传导遵循完全不同的规律。该定律表明辐射传热对温度异常敏感:低温时热辐射往往可以忽略,而高温时则往往成为主要的传热方式。

实际物体在一定温度下的辐射能力恒小于同温度下黑体的辐射能力。通常将实际物体与同温度黑体的辐射能力的比值称为该物体的黑度(又称发射率),以 ε 表示,即:

$$\varepsilon = E/E_b \tag{2-31}$$

物体的黑度不是简单的颜色的概念,它表明物体的辐射能力接近黑体的程度。物体表面的黑度与物体的性质、表面温度以及表面状况有关,是物质本身的特性,与外界情况无关。一般由实验测定。常用工业材料的黑度列于表 2-7 中。

表 2-7 某些工业材料的黑度

材料	温度/℃	黑度
红砖	20	0.88~0.93
耐火砖	—	0.8~0.9
钢板(氧化的)	200~600	0.8
钢板(磨光的)	940~1 100	0.55~0.61
铝(氧化的)	200~600	0.11~0.19
铝(磨光的)	225~575	0.039~0.057
铜(氧化的)	200~600	0.57~0.87
铜(磨光的)	—	0.03
铸铁(氧化的)	200~600	0.64~0.78
铸铁(磨光的)	330~910	0.6~0.7

(2)克希霍夫定律。克希霍夫定律揭示了物体的辐射能力 E 与吸收率 A 之间的关系。表示为:

$$E/A = E_b \tag{2-32}$$

式(2-32)与式(2-31)比较可得

$$A = \varepsilon \tag{2-33}$$

式(2-33)是克希霍夫定律的另一种表达式。它表明灰体的吸收率在数值上等于同温度下该灰体的黑度。

由克希霍夫定律可以看出,物体的吸收率愈大,其辐射能力也愈强,也就是说,善于吸收的物体必善于辐射。

2.3.3　两固体表面间的辐射传热

2.3.3.1　有效辐射与角系数

食品工业中经常遇到两固体表面之间的辐射传热,由于大多数工程材料可视为灰体,故以下讨论两个灰体之间的辐射传热。

对于一个黑度为 ε、表面积为 S 的灰体的辐射,其表面所发射出去的能量可能既包含本身辐射的能量,同时也包含该物体表面对周围其他物体的投射辐射能量的反射。为此,给出有效辐射的概念。有效辐射 J 是指单位时间内由灰体的表面所射离的总能量,它是在灰体表面 S 外用测试仪表能测量到的能量,实际上就是本身辐射和反射辐射之和,即

$$J = E + RG = \varepsilon E_b + RG \tag{2-34}$$

式中:G 为外来的投射辐射,W/m^2。

图 2-9 为上述诸量之间关系的示意图。为建立能量平衡,从灰体表面 S 向外观察,有

$$q = J - G$$

式中:q 为该灰体单位表面与外界的换热量。若从灰体表面向内观察,则有

$$q = E - AG$$

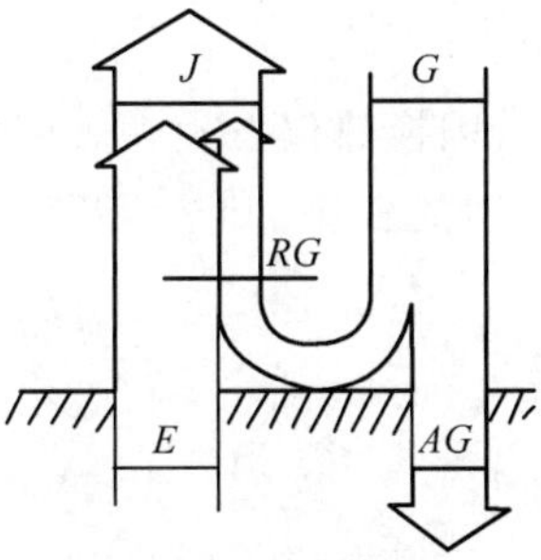

图 2-9　G、J、AG 和 RG 间的关系

由以上二式消去 G,得

$$J = E_b - \left(\frac{1}{\varepsilon} - 1\right) q \tag{2-35}$$

辐射传热时,从一个有限表面所发射的能量被另一个有限表面所截获的份额显然与两灰体表面的形状、大小以及两表面的相对位置有关。为此引入角系数 F 的概念。角系数 F_{12} 定义为从物体 1 的表面所发射的能量被另一物体 2 所截获的分数,F_{12} 称为物体 1 对物体 2 的角系数。角系数之间存在下列关系:

$$S_1 F_{12} = S_2 F_{21} \tag{2-36}$$

式中:S_1、S_2 分别为物体 1 和物体 2 的表面积,m^2;F_{12}、F_{21} 分别为物体 1 对物体 2 的角系数和物体 2 对物体 1 的角系数。

容易看出,对于很大的物体 2 包住小物体 1(为凸表面)所构成的封闭空间,则有 $F_{12}=1$。

2.3.3.2　辐射传热的计算

(1)两个灰体表面构成的封闭空间。由物体 1 和物体 2 的表面构成的封闭空间,如图 2-10 所示。

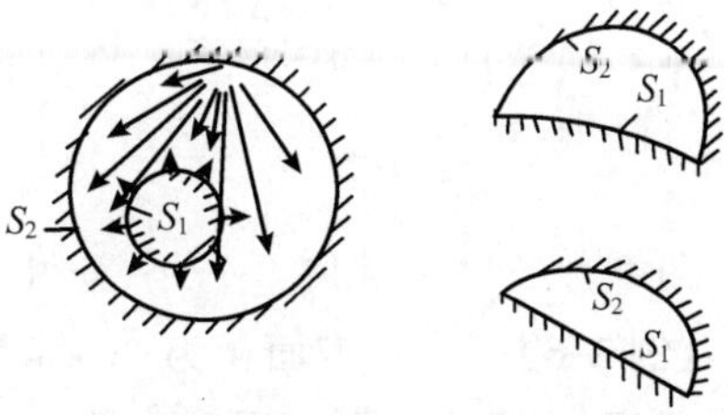

图 2-10　两灰体构成的封闭空间

设 $T_1 > T_2$,则两表面的换热量为:

$$Q_{12}=J_1S_1F_{12}-J_2S_2F_{21} \tag{2-37}$$

将式(2-36)代入式(2-37)，可得：

$$Q_{12}=S_1F_{12}(J_1-J_2)=S_2F_{21}(J_1-J_2) \tag{2-38}$$

或

$$Q_{12}=\frac{J_1-J_2}{\frac{1}{S_1F_{12}}}=\frac{J_1-J_2}{\frac{1}{S_2F_{21}}} \tag{2-38a}$$

由式(2-35)可得表面 S_1 失去的能量为：

$$Q_1=\frac{E_{b1}-J_1}{\frac{1-\varepsilon_1}{S_1\varepsilon_1}} \tag{2-35a}$$

表面 S_2 得到的能量为：

$$Q_2=\frac{J_2-E_{b2}}{\frac{1-\varepsilon_2}{S_2\varepsilon_2}} \tag{2-35b}$$

因换热仅发生在 S_1 和 S_2 之间，故 $Q_{12}=Q_1=-Q_2$。联立式(2-38a)、式(2-35a)及式(2-35b)，消去 J_1 和 J_2，若 $F_{12}=1$，可得 S_1 和 S_2 间的辐射换热量为：

$$Q_{12}=\frac{\sigma_0S_1(T_1^4-T_2^4)}{\frac{1}{\varepsilon_1}+\left(\frac{S_1}{S_2}\right)\left(\frac{1}{\varepsilon_2}-1\right)} \tag{2-39}$$

注意在应用上式时，S_1 为被围住的小物体 1 的凸表面积，带有下标“1”的参数均指小物体 1 的相关参数。下面对式(2-39)在具体场合的应用做一下简化。

若两灰体表面构成两无限大平行平面，则 $S_1=S_2$，有

$$Q_{12}=\frac{\sigma_0S_1(T_1^4-T_2^4)}{\frac{1}{\varepsilon_1}+\frac{1}{\varepsilon_2}-1} \tag{2-40}$$

又若 $S_1\ll S_2$，即 $S_1/S_2\approx 0$(例如在一个大房间内放置一个电炉)，则有

$$Q_{12}=\sigma_0S_1\varepsilon_1(T_1^4-T_2^4) \tag{2-41}$$

式(2-41)表明大表面 2 的黑度对传热量没有影响。

(2)平行放置的两有限表面。

平行放置的两有限表面间的辐射传热可用下式计算：

$$Q_{12}=\varepsilon_1\varepsilon_2\sigma_0S_1F_{12}(T_1^4-T_2^4) \tag{2-42}$$

式中角系数 F_{12} 可从图 2-11 中查得。

【例 2-6】 有一表面积为 0.1 m^2 的面包块在烤炉内烘烤，炉内壁辐射换热面积为 1 m^2，壁面温度为 250℃，面包温度为 100℃。假设炉壁和面包之间为封闭空间，求面包得到的辐射热量。面包表面的黑度取为 0.5，炉壁面的黑度取 0.8。

解:本题属于两表面构成的封闭空间的辐射传热,应用式(2-39),有

$$Q_{12}=\frac{\sigma_0 S_1(T_1^4-T_2^4)}{\frac{1}{\varepsilon_1}+\left(\frac{S_1}{S_2}\right)\left(\frac{1}{\varepsilon_2}-1\right)}$$

式中:$S_1=0.1\ \mathrm{m}^2$,$\varepsilon_1=0.5$,$T_1=100+273=373(\mathrm{K})$,$S_2=1\ \mathrm{m}^2$,$\varepsilon_2=0.8$,$T_2=250+273=523(\mathrm{K})$。

代入可得:

$$Q=\frac{5.67\times10^{-8}\times0.1\times(373^4-523^4)}{\frac{1}{0.5}+\left(\frac{0.1}{1}\right)\left(\frac{1}{0.8}-1\right)}=-155.3(\mathrm{W})$$

负号表示热量由大表面 2(炉壁)传给小表面 1(面包)。

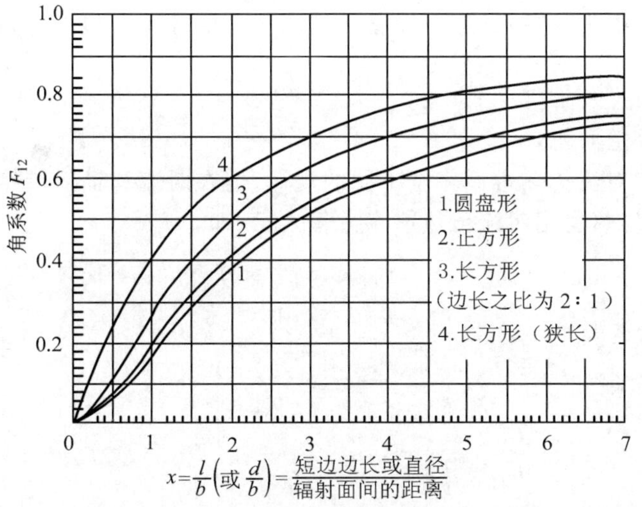

图 2-11　平行面间辐射传热的角系数

【例 2-7】　热空气在内径为 408 mm 的钢管中流过,在钢管的中部装置一热电偶以测量空气的温度,热电偶的温度读数为 220℃,钢管内壁面温度为 110℃。求因热电偶的热接头向管壁的辐射传热而引起的热电偶读数误差。已知热电偶接头的黑度为 0.8,空气向热电偶热接头的对流传热系数为 52 W/(m^2·K)。

解:设热电偶接头的表面积为 S_1,管道内表面积为 S_2,显然,$S_1 \ll S_2$。应用式(2-41),有

$$Q_{12}=\sigma_0 S_1\varepsilon_1(T_1^4-T_2^4)$$

或

$$q_{12}=Q_{12}/S_1=\sigma_0\varepsilon_1(T_1^4-T_2^4)$$

式中:$\varepsilon_1=0.8$,$T_1=220+273=493(\mathrm{K})$,$T_2=110+273=383(\mathrm{K})$。

代入可得:

$$q_{12}=5.67\times10^{-8}\times0.8\times(493^4-383^4)=1\ 704(\mathrm{W/m^2})$$

在稳定传热过程中,热电偶接头向管壁辐射传递的热量等于空气由对流传热传递给热电偶接头的热量,即

$$q_{12}=q=\alpha(T_{\mathrm{a}}-T_1)$$

$$1\ 704 = 52 \times (T_a - 493)$$

解得
$$T_a = 525.8\ \text{K} = 252.8℃$$

热电偶的读数误差=[(220−252.8)/252.8]×100%=−13%。

2.3.4 对流与辐射的综合传热

在食品工业中,许多设备的外壁温度 T_w 常常高于周围环境(大气)的温度 T_a,因此热量将由壁面散失到周围环境之中。这种热量的散失由两部分组成:一部分是由对流传热造成;另一部分是由辐射传热造成。因此,设备的热损失为对流传热和辐射传热之和。

由于对流传热而损失的热量为:

$$Q_c = \alpha_c S_w (T_w - T_a)$$

由于辐射传热而损失的热量(假定设备被周围很大的环境所包围)为:

$$Q_R = \varepsilon_w \sigma_0 S_w (T_w^{\ 4} - T_a^{\ 4})$$

式中:S_w 为设备的外壁面积,m^2。

虽然辐射传热和对流传热遵循完全不同的规律,但在对流和辐射传热同时存在的场合,为计算方便,常将辐射传热也用对流传热速率方程表示,即:

$$Q_R = \alpha_R S_w (T_w - T_a)$$

式中:α_R 为辐射传热系数。

显然,有

$$\alpha_R = \varepsilon_w \sigma_0 \frac{T_w^4 - T_a^4}{T_w - T_a} = \varepsilon_w \sigma_0 (T_w^3 + T_w^2 T_a + T_w T_a^2 + T_a^3) \tag{2-43}$$

若设备外壁面的黑度已知,则很容易计算出 α_R。

设备的总热损失为:

$$Q = Q_c + Q_R = (\alpha_c + \alpha_R) S_w (T_w - T_a) \tag{2-44}$$

或
$$Q = \alpha_T S_w (T_w - T_a) \tag{2-44a}$$

式中:$\alpha_T = \alpha_c + \alpha_R$ 称为对流-辐射综合传热系数,其单位为 $W/(m^2 \cdot K)$。

对于有保温层的设备、管道等,其外壁面对周围环境的综合传热系数 α_T 可用下列各式进行估算:

(1)空气自然对流。

在平壁保温层外:
$$\alpha_T = 9.8 + 0.07(T_w - T_a) \tag{2-45}$$

在圆筒形壁保温层外:
$$\alpha_T = 9.4 + 0.052(T_w - T_a) \tag{2-46}$$

以上两式适用于 T_w<150℃的场合。

(2)空气沿粗糙壁面强制对流。

当空气流速 $u \leqslant 5$ m/s 时:
$$\alpha_T = 6.4 + 4.2u \tag{2-47}$$

当空气流速 $u > 5$ m/s 时:
$$\alpha_T = 7.8u^{0.78} \tag{2-48}$$

【例 2-8】 外径为194 mm的蒸气管道，外包一层热导率为0.09 W/(m·K)的保温材料。管道的外壁面温度为133℃，保温层外表面温度要求不超过40℃，周围环境温度为20℃，求保温层的厚度应为多少？

解：由题给条件，可选用式(2-46)计算 α_T。

$$\alpha_T = 9.4 + 0.052(T_w - T_a) = 9.4 + 0.052 \times (40 - 20) = 10.4[\mathrm{W/(m^2 \cdot K)}]$$

设加了保温层以后的管道外径为 d_o，则单位管长的热损失为：

$$Q_L/L = \alpha_T \pi d_o (T_w - T_a) = 10.4 \times \pi d_o \times (40 - 20) = 653 d_o$$

在稳定传热过程中，该热损失必等于通过保温层导出的热量，故有：

$$Q_L/L = 2\pi\lambda(T - T_w)/\ln(d_o/d) = 2\pi \times 0.09 \times (133 - 40)/\ln(d_o/0.194) = 653 d_o$$

解得 $d_o = 0.264$ m

保温层的厚度为

$$b = (d_o - d)/2 = (0.264 - 0.194)/2 = 0.035(\mathrm{m}) = 35(\mathrm{mm})$$

2.4 稳定传热过程计算

工程上传热过程的计算主要有两类：一类是设计计算，即根据生产任务的要求(热负荷)，确定换热器的传热面积及换热器的其他有关尺寸，以便设计或选用换热器；另一类是校核计算，即判断一个给定换热器是否能满足生产任务的要求或预测生产过程中的某些参数(如流体的流量、初温)的变化对换热器的传热能力的影响。校核计算有时也称作操作型计算。两者都是以热量衡算和总传热速率方程为计算的基础。

2.4.1 热量衡算

热量衡算式反映做热交换的两流体在换热过程中温度变化的相互关系。其根据是能量守恒原理。

当换热器中两流体均无相变化时，热量衡算关系为

$$Q = W_h c_{p,h}(T_{h1} - T_{h2}) = W_c c_{p,c}(T_{c2} - T_{c1}) + Q_L \tag{2-49}$$

式中：Q 为换热器的热负荷，W；Q_L 为换热器的热损失，W；c_p 为流体的平均定压比热容，J/(kg·K)；W 为流体的质量流量，kg/s；T 为流体的温度，℃。下标c和h分别表示冷流体和热流体，下标1和2分别表示换热器的进口和出口。

若换热器中热流体有相变，则

$$Q = W_h[r + c_{p,h}(T_s - T_{h2})] = W_c c_{p,c}(T_{c2} - T_{c1}) + Q_L \tag{2-50}$$

式中：$c_{p,h}$ 为冷凝液的比热容，J/(kg·K)；T_s 为冷凝液的饱和温度，℃；r 为饱和蒸气的冷凝潜热，J/kg。

当冷凝液在饱和温度下排出时，$T_{h2} = T_s$。此时，有

$$Q = W_h r = W_c c_{p,c}(T_{c2} - T_{c1}) + Q_L \tag{2-50a}$$

2.4.2 总传热速率方程

前面已分别阐述了通过固体壁的导热及流体与固体壁面间的对流传热的计算。但不论是通过壁面的导热还是流体与壁面间的对流传热的计算都必须知道壁面温度，而壁面温度常常是未知的。故引出间壁两侧流体进行换热的总传热速率方程。

对于间壁式换热器，冷、热流体换热的总传热速率方程可写成

$$Q = KS\Delta T_m \tag{2-51}$$

式中：K 为换热器的平均传热系数，简称为总传热系数，$W/(m^2 \cdot K)$；ΔT_m 为换热器间壁两侧流体的平均温差，K(或℃)；S 为换热器的总传热面积，m^2。

应指出的是，总传热系数必须和所选的传热面积相对应，选择的传热面不同，总传热系数的数值也不同，例如管子内、外流体的换热，换热面积就有内表面(S_i)、外表面(S_o)之分。但由于 Q 和 ΔT_m 与选择的基准面无关，故可得

$$K_o S_o = K_i S_i \tag{2-52}$$

$$K_o / K_i = d_i / d_o \tag{2-52a}$$

式中：d_i、d_o 分别为管内径和管外径，m。

工程上大多以外表面积作为基准，因此在后面的讨论中，若无另外说明，K 都是指基于换热面外表面积的总传热系数。

2.4.3 总传热系数

总传热系数 K 的数值主要取决于流体的物性、传热过程的操作条件和换热器的类型等。通常 K 值的来源有 3 个方面：

①生产实际的经验数据。在有关手册中，列有某些情况下 K 的经验值，可供设计时参考。但要注意选用工艺条件相仿，设备类似状态下的 K 值。表 2-8 给出了在列管式换热器中的传热系数 K 的经验值。

表 2-8 列管式换热器中的总传热系数

冷流体	热流体	总传热系数 $K/[W/(m^2 \cdot K)]$
水	水	850～1 700
水	气体	17～280
水	有机溶剂	280～850
水	轻油	340～910
水	重油	60～280
有机溶剂	有机溶剂	115～340
水	水蒸气冷凝	1 420～4 250
气体	水蒸气冷凝	30～300
水	低沸点烃类冷凝	450～1 140
水沸腾	水蒸气冷凝	2 000～4 250
轻油沸腾	水蒸气冷凝	450～1 020

②实验测定。对现有的换热器，通过实验测定有关的数据，如设备的尺寸、流体的流量和温度等，再用总传热速率方程式计算 K 值。

③直接计算。先利用前面介绍过的方法计算流体的对流传热系数等，然后再用下面的方法计算 K 值。

2.4.3.1 总传热系数的计算

如前所述，两流体通过管壁的传热包括 3 个步骤，即管壁内侧的对流传热、通过管壁的导热和管壁外侧的对流传热。为说明 K 的计算方法，假定换热面两侧为恒温差传热(两侧流体均发生相变)。

稳定传热时，通过各分步的传热速率(热量)相等，即

$$Q=Q_i=Q_{cond}=Q_o$$

或 $Q=\alpha_i(2\pi r_i L)(T_h-T_{w,h})=(2\pi\lambda L)(T_{w,h}-T_{w,c})/\ln(r_o/r_i)=\alpha_o(2\pi r_o L)(T_{w,c}-T_c)$

或 $Q=\dfrac{2\pi L(T_h-T_{w,h})}{\dfrac{1}{\alpha_i r_i}}=\dfrac{2\pi L(T_{w,h}-T_{w,c})}{\dfrac{1}{\lambda}\ln\dfrac{r_o}{r_i}}=\dfrac{2\pi L(T_{w,c}-T_c)}{\dfrac{1}{\alpha_o r_o}}$

应用数学上的加比定律于上式，得

$$Q=\frac{2\pi L(T_h-T_c)}{\dfrac{1}{\alpha_i r_i}+\dfrac{1}{\lambda}\ln\dfrac{r_o}{r_i}+\dfrac{1}{\alpha_o r_o}} \tag{2-53}$$

比较式(2-51)与式(2-53)，可得

$$K_o=\frac{1}{\dfrac{r_o}{\alpha_i r_i}+\dfrac{r_o}{\lambda}\ln\dfrac{r_o}{r_i}+\dfrac{1}{\alpha_o}} \tag{2-54}$$

$$K_i=\frac{1}{\dfrac{1}{\alpha_i}+\dfrac{r_i}{\lambda}\ln\dfrac{r_o}{r_i}+\dfrac{r_i}{\alpha_o r_o}} \tag{2-54a}$$

对于平壁，式(2-54)可简化为

$$K=\frac{1}{\dfrac{1}{\alpha_i}+\dfrac{b}{\lambda}+\dfrac{1}{\alpha_o}} \tag{2-54b}$$

式(2-54)、式(2-54a)及式(2-54b)即为总传热系数的计算式。总传热系数的倒数即为总热阻，由式(2-54)得：

$$R_o=\frac{1}{K_o}=\frac{r_o}{\alpha_i r_i}+\frac{r_o}{\lambda}\ln\frac{r_o}{r_i}+\frac{1}{\alpha_o} \tag{2-55}$$

2.4.3.2 污垢热阻

换热器在运行一段时间后，传热壁面上常常积存一层污垢，对传热产生附加热阻，称为污垢热阻，使传热系数降低。在计算 K 值时一般不能忽略污垢热阻，由于污垢层的厚度及其热导率难以准确地测定，因此通常选用污垢热阻的经验值作为参考来计算 K 值。某些常见流体

的污垢热阻值列于附录中。

若管壁内、外表面上的污垢热阻分别用 $R_{s,i}$ 和 $R_{s,o}$ 表示，则式(2-54)变为：

$$K_o=\frac{1}{\frac{r_o}{\alpha_i r_i}+R_{s,i}\frac{r_o}{r_i}+\frac{r_o}{\lambda}\ln\frac{r_o}{r_i}+\frac{1}{\alpha_o}+R_{s,o}} \tag{2-56}$$

式中：$R_{s,i}$，$R_{s,o}$ 分别为管内和管外的污垢热阻，$m^2\cdot K/W$。污垢热阻可按下式计算：

$$R_s=b_s/\lambda_s$$

式中：b_s 为污垢厚度，m；λ_s 为污垢的热导率，$W/(m\cdot K)$。

对于平壁，式(2-56)可简化为：

$$K=\frac{1}{\frac{1}{\alpha_i}+R_{s,i}+\frac{b}{\lambda}+\frac{1}{\alpha_o}+R_{s,o}} \tag{2-56a}$$

式(2-56)表明，传热过程的总热阻为串联传热过程各步的热阻之和。

污垢热阻对换热器的操作有很大影响。在换热器使用中，污垢热阻将随着运行时间的延长而增大。因此换热器要根据具体情况，注意定期清洗或采取其他措施以防止污垢的产生和积累。

各分步热阻的大小直接影响着传热面(如管壁)的温度。利用串联传热过程总热阻为各步热阻之和及各步的温度差与其热阻成正比的关系可进行壁温的估算。

【例 2-9】 某一蒸发器，管内通 90℃热流体加热，对流传热系数 α_i 为 1 160 $W/(m^2\cdot K)$。管外有某种流体沸腾，沸点为 50℃，对流传热系数 α_o 为 5 800 $W/(m^2\cdot K)$。求以下两种情况下的壁温：

①管壁清洁无垢；

②外侧有污垢产生，污垢热阻为 0.005 $m^2\cdot K/W$。

解：在传热过程中，金属壁的热阻很小，通常可以忽略不计。根据串联传热过程温度差与热阻成正比的关系，可知金属壁两侧的温度差很小。也就是说两侧的温度基本相等。设壁温为 T_w，管内流体温度以 T_h 表示，管外流体温度以 T_c 表示，则有

$$q=\frac{T_h-T_w}{\frac{1}{\alpha_i}+R_{s,i}}=\frac{T_w-T_c}{\frac{1}{\alpha_o}+R_{s,o}}$$

或

$$\frac{T_h-T_w}{T_w-T_c}=\frac{\frac{1}{\alpha_i}+R_{s,i}}{\frac{1}{\alpha_o}+R_{s,o}} \tag{a}$$

若 $1/\alpha_i+R_{s,i}\ll 1/\alpha_o+R_{s,o}$，则可得：

$$T_w\approx T_h$$

若 $1/\alpha_i+R_{s,i}\gg 1/\alpha_o+R_{s,o}$，则可得：

$$T_w\approx T_c$$

显然，壁温 T_w 更接近热阻较小一侧的流体温度。

(1)管壁无污垢时的壁温 T_w。

将有关数据代入式(a)，有：

$$\frac{90-T_w}{T_w-50}=\frac{\dfrac{1}{1\ 160}+0}{\dfrac{1}{5\ 800}+0}$$

解得　$T_w=56.8℃$。

(2)管壁外侧有污垢时的壁温 T_w。

将有关数据代入式(a)，有：

$$\frac{90-T_w}{T_w-50}=\frac{\dfrac{1}{1\ 160}+0}{\dfrac{1}{5\ 800}+0.005}$$

解得　$T_w=84.4℃$。

在第一种情况下，管内侧的热阻大于管外侧的热阻，故壁温更接近管外流体的温度；第二种情况则相反，故壁温更接近管内流体温度。

2.4.4　传热的平均温度差

间壁两侧流体传热温度差的大小和计算方法与换热器中两流体的温度变化及两流体的相互流动方向有关，因此计算方法也有所不同。

2.4.4.1　恒温传热时的平均温度差

换热器中间壁两侧的流体均有相变化，两流体温度均保持不变，这种传热称为恒温传热。例如蒸发器中，饱和蒸气冷凝和沸腾液体间的传热，它们之间的传热温度差不随位置而变化，此即恒温传热。这时的平均温度差为热流体的温度 T_h 与冷流体的温度 T_c 之差，即：

$$\Delta T_m=T_h-T_c \tag{2-57}$$

2.4.4.2　变温传热时的平均温度差

变温传热时，其平均温度差的计算方法与两流体的相互流向有关。

(1)逆流和并流时的平均温度差。冷、热流体的流动方向相同时，称为并(或顺)流流动；反之，则称为逆流流动。参见图 2-12，平均温度差 ΔT_m 等于换热器两端处温度差的对数平均值，即：

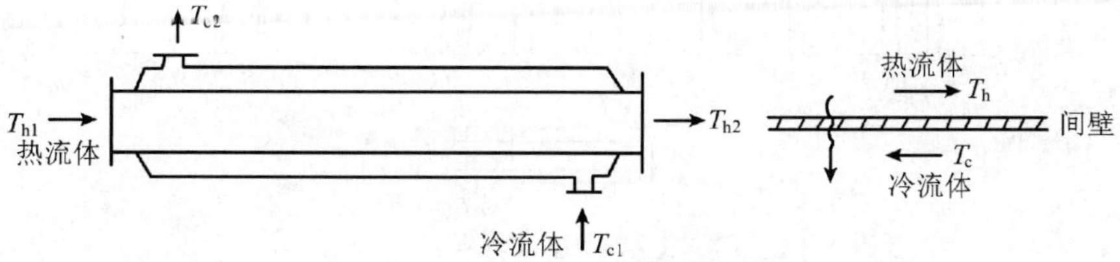

图 2-12　套管换热器中的逆流换热

$$\Delta T_{m}=\frac{\Delta T_{2}-\Delta T_{1}}{\ln\frac{\Delta T_{2}}{\Delta T_{1}}} \tag{2-58}$$

式中：$\Delta T_2=T_{h1}-T_{c2}$，$\Delta T_1=T_{h2}-T_{c1}$，K（或℃）。在工程计算中，当 $1/2\leqslant\Delta T_2/\Delta T_1\leqslant 2$ 时，可用算术平均温度差 $(\Delta T_2+\Delta T_1)/2$ 代替对数平均温度差，其误差小于4%。

（2）错流和折流时的平均温度差。在大多数列管式换热器中，两流体并不是做简单的并流或逆流，而是做比较复杂的流动，例如错流和折流。若冷、热流体的流动方向互相垂直，称为错流；若冷、热流体的流动方向既有并流又有逆流，则称为折流。对于折流的情况，通常至少有一种流体要在换热器中多次地从一端流向另一端。流体从一端流向另一端一次，就称为一程，如果流体在换热管内流动，称为管程；若流体在换热管外和壳间的环隙中流动，称为壳程。

对于错流和折流时的平均温度差可按下法求取：先按逆流的情况计算对数平均温度差 $\Delta T'_m$，再乘以修正系数 ε 而得平均温度差，即：

$$\Delta T_m=\varepsilon\Delta T'_m \tag{2-59}$$

修正系数 ε 与冷、热流体的温度变化有关，是如下两参数 P 和 R 的函数，即：

$$\varepsilon=f(P,R)$$

其中　$P=(T_{c2}-T_{c1})/(T_{h1}-T_{c1})$=冷流体的温升/两流体的最初温差

$R=(T_{h1}-T_{h2})/(T_{c2}-T_{c1})$=热流体的温降/冷流体的温升

温度差修正系数 ε 值可根据换热器的形式，由图2-13查取。图2-13中(a)、(b)、(c)及(d)分别适用于壳程为1、2、3和4程，每个壳程内的管程可以是2、4、6或8程。图2-14适用于错流形式的换热器。对于其他流动形式的换热器的 ε 可查手册或其他传热书籍。

若在图中找不到某种 P，R 的组合，说明此种换热器达不到规定的传热要求，需要改用其他流向的换热器。

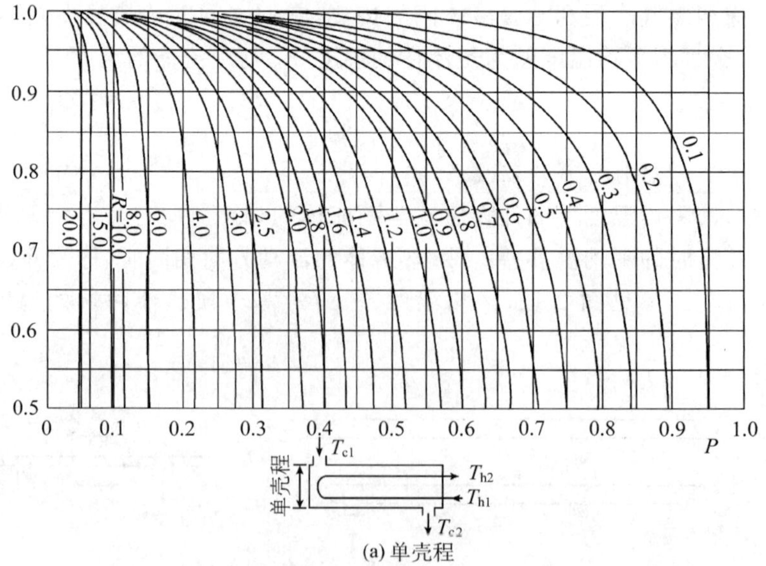

(a) 单壳程

图2-13　对数平均温度差修正系数 ε 值

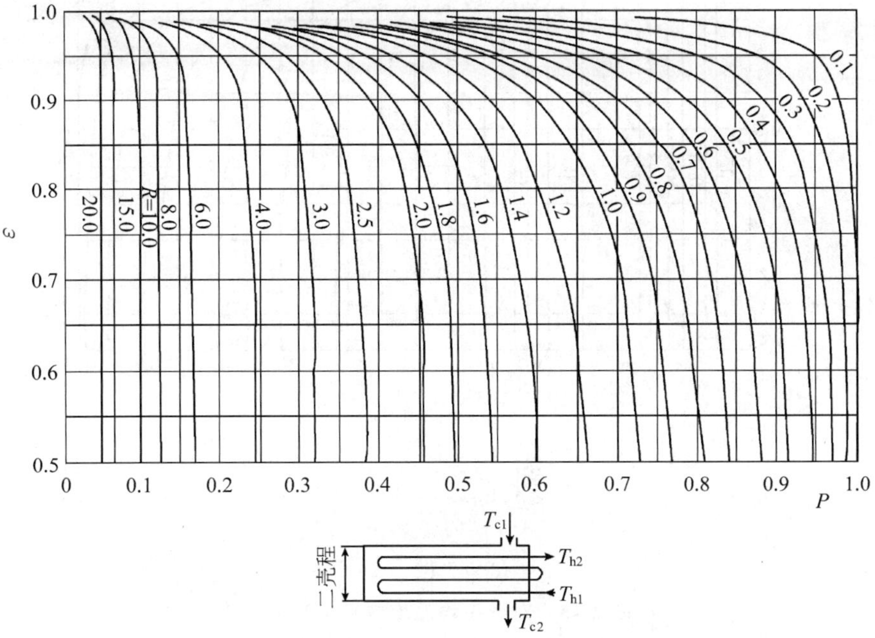

(b) 二壳程

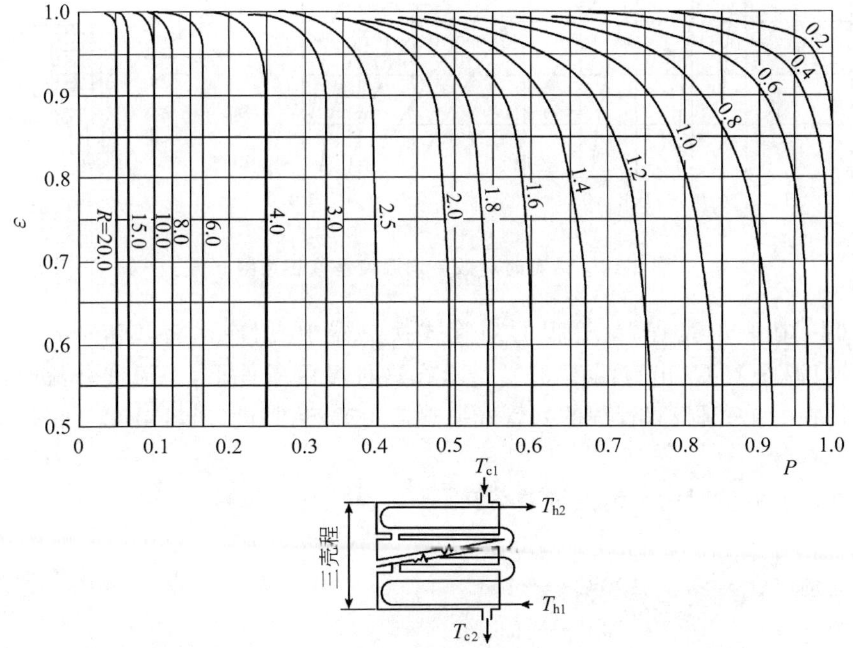

(c) 三壳程

续图 2-13 对数平均温度差修正系数 ε 值

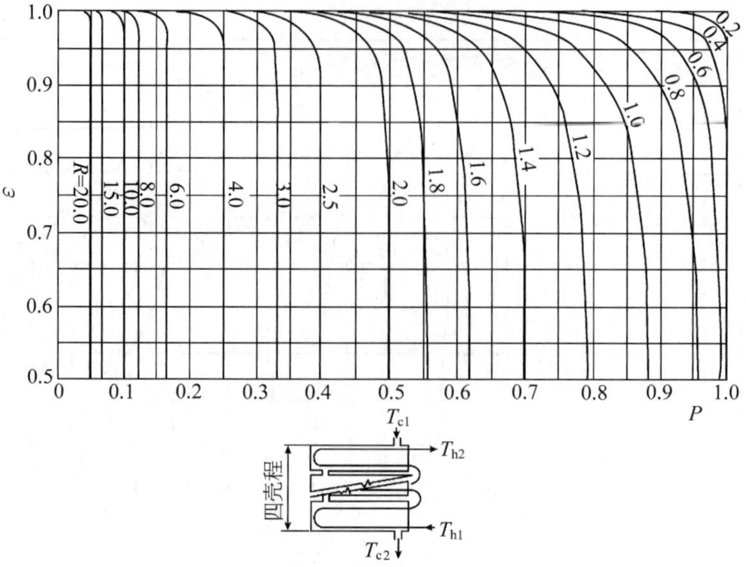

(d)四壳程

续图 2-13 对数平均温度差修正系数 ε 值

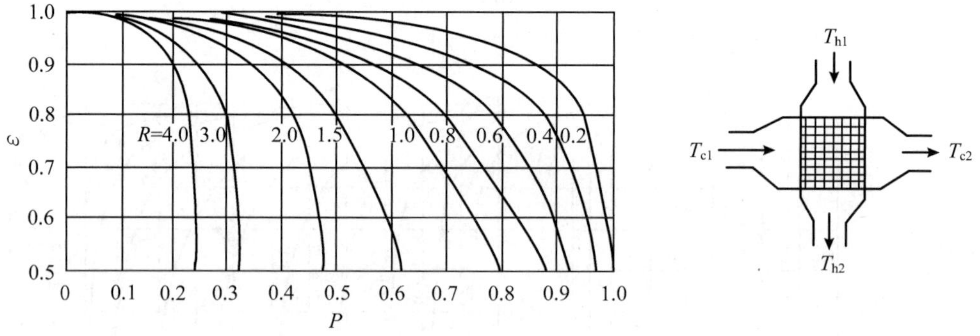

图 2-14 错流时对数平均温度差修正系数 ε 值

【例 2-10】 在一单壳程、单管程的列管式换热器中,用冷水将热流体由 100℃冷却至 40℃,冷水进口温度 15℃,出口温度 30℃。求在这种温度条件下,逆流和并流时的平均温度差。若两流体在一单壳程、双管程的列管式换热器中换热,其进、出口温度均不变,求这时的平均温度差。

解:(1)逆流和并流时的平均温度差 ΔT_m。

逆流时:

热流体 T_h	100℃ ←	40℃
冷流体 T_c	30℃ ←	15℃
ΔT	70℃	25℃

$$\Delta T_m=\frac{\Delta T_2-\Delta T_1}{\ln\dfrac{\Delta T_2}{\Delta T_1}}=\frac{70-25}{\ln\dfrac{70}{25}}=43.5\ (℃)$$

并流时：

热流体 T_h $100℃ \longrightarrow 40℃$

冷流体 T_c $15℃ \longrightarrow 30℃$

ΔT 85℃ 10℃

$$\Delta T_m = \frac{\Delta T_2 - \Delta T_1}{\ln \dfrac{\Delta T_2}{\Delta T_1}} = \frac{85-10}{\ln \dfrac{85}{10}} = 35\ (℃)$$

(2)折流时的平均温度差 ΔT_m。

$\Delta T'_m$ 已求出，$\Delta T'_m = 43.7℃$

现在求 P，R。

$$P = (T_{c2} - T_{c1})/(T_{h1} - T_{c1}) = (30-15)/(100-15) = 0.176$$

$$R = (T_{h1} - T_{h2})/(T_{c2} - T_{c1}) = (100-40)/(30-15) = 4.0$$

由图 2-13(a)查得 $\varepsilon = 0.92$

则 $\Delta T_m = \varepsilon \Delta T'_m = 0.92 \times 43.7 = 40.2(℃)$

(3)不同流动形式的比较。由例题 2-10 可知，两流体均为变温传热时，若两流体的进、出口温度为定值，则逆流时的平均温度差最大，并流时的平均温度差最小，其他形式流动的平均温度差介于逆流和并流之间。因此，就传热推动力而言，逆流优于并流及其他流动形式。当换热器的传热量 Q 及总传热系数 K 一定时，采用逆流操作，所需的传热面积较小。

逆流的另一个优点是可以节约冷却介质或加热介质的用量。因为逆流操作时，热流体的出口温度 T_{h2} 可以降低至接近冷流体的进口温度 T_{c1}，而采用并流时，T_{h2} 只能降低至接近冷流体的出口温度 T_{c2}，即逆流时热流体的温降比并流时的温降大，因此逆流时加热介质用量就少。同理，逆流时冷流体的温升比并流时的温升大，故冷却介质用量可少些。

由以上分析可知，换热器应尽可能采用逆流操作。但是在某些生产工艺中要求冷流体被加热时不得超过某一温度，或热流体被冷却时不得低于某一温度，此时宜采用并流操作。

采用折流或其他流动形式的目的就是为了提高总传热系数，但是平均温度差较逆流时的为低。因此在选择流向时应综合考虑，ε 值不宜过低，一般设计时应取 $\varepsilon > 0.9$，最小不低于 0.8，否则应另选其他流动形式。

2.4.5 传热面积的计算

(1)总传热系数 K 为常数。在工程计算中，若流体的物性随温度变化不大，则总传热系数 K 可视为常数或取为换热器进、出口处传热系数的算数平均值。则传热面积 S 为：

$$S = \frac{Q}{K \Delta T_m} \tag{2-60}$$

(2)总传热系数 K 为变数。若 K 随温度呈线性变化，可用下式计算传热量 Q 或传热面积 S：

$$Q = S \frac{K_1 \Delta T_2 - K_2 \Delta T_1}{\ln \dfrac{K_1 \Delta T_2}{K_2 \Delta T_1}} \tag{2-61}$$

或
$$S=Q\frac{\ln\dfrac{K_1\Delta T_2}{K_2\Delta T_1}}{K_1\Delta T_2-K_2\Delta T_1} \tag{2-61a}$$

式中：K_1、K_2 分别为换热器两端处的传热系数，$W/(m^2 \cdot K)$；ΔT_1、ΔT_2 分别为换热器两端处两流体的温度差，K(或℃)。

2.4.6 传热过程的强化

传热过程的强化就是提高冷、热流体之间的传热速率。由总传热速率方程 $Q=KS\Delta T_m$ 可以看出，增大总传热系数 K、传热面积 S 或平均温度差 ΔT_m 均可提高传热速率。

(1)增大传热面积。增大传热面积，可以提高传热速率。增大传热面积一方面是靠增大换热器的总体尺寸，而更主要的是从设备的结构入手，提高单位体积的传热面积。如采用小直径管，用螺旋管、波纹管代替光滑管，采用翅片式换热器等都是增大传热面积的有效方法。

(2)增大平均温度差。平均温度差的大小主要取决于两流体的温度条件。物料的温度由生产工艺所决定，一般不能随意变动，而加热介质或冷却介质温度由于所选介质不同，可以有很大差异。如食品生产上最常用的加热介质是饱和水蒸气，提高蒸气压强就可以提高蒸气的温度。但提高或降低介质的温度必须考虑到技术上的可能和经济上的合理。当换热器中两流体无相变时，应尽可能从结构上采用逆流或接近逆流的流向以得到较大的传热温差。

(3)增大总传热系数。要增大总传热系数，就要设法减小总热阻，而间壁两侧流体之间传热的总热阻等于两侧流体的对流传热热阻、污垢热阻及管壁导热热阻之和，因此必须逐项分析每项热阻所起的作用。

由式(2-56a)，可得：

$$\frac{1}{K}=\frac{1}{\alpha_i}+R_{s,i}+\frac{b}{\lambda}+R_{s,o}+\frac{1}{\alpha_o}$$

当管壁热阻和污垢热阻均可忽略时，上式可简化为：

$$\frac{1}{K}=\frac{1}{\alpha_i}+\frac{b}{\lambda}+\frac{1}{\alpha_o}$$

若 $\alpha_i \gg \alpha_o$，则 $1/K \approx 1/\alpha_o$，由此可知，总热阻是由热阻大的那一侧的对流传热所控制，即当两个对流传热系数相差很大时，欲要提高 K 值，关键在于提高对流传热系数较小一侧的 α，才能提高 K 值。若污垢热阻为控制因素，则必须设法减慢污垢形成速率或及时清除污垢。

强化传热要权衡利弊，综合考虑。如通过提高流速，增加流体扰动以强化传热的同时，都伴随着流动阻力的增加。因此在采取强化传热措施的时候，要对设备结构、制造费用、动力消耗、检修操作等全面考虑，以得到经济而合理的方案。

【例 2-11】 有一逆流操作的套管换热器，用热空气加热冷水，冷却水走管内，热空气走环隙。两流体均为湍流，热空气的对流传热系数 $\alpha_o=100\ W/(m^2 \cdot K)$，冷却水的对流传热系数 $\alpha_i=2\,000\ W/(m^2 \cdot K)$。已测得冷、热流体进、出口温度为 $T_{c1}=20$℃，$T_{c2}=85$℃，$T_{h1}=100$℃，$T_{h2}=70$℃，内管的管壁很薄，且管壁热阻及污垢热阻均可忽略。试求水流量增加1倍时：

①总传热系数 K'；

②水和空气的出口温度 T'_{c2} 和 T'_{h2}；

③热流量 Q' 比原热流量 Q 增加多少？

解：(1)原操作情况下：

热量衡算式 $$Q=W_h c_{p,h}(T_{h1}-T_{h2})=W_c c_{p,c}(T_{c2}-T_{c1}) \tag{a}$$

或 $$(T_{c2}-T_{c1})/(T_{h1}-T_{h2})=W_h c_{p,h}/W_c c_{p,c} \tag{b}$$

传热速率方程式：

$$Q=KS\Delta T_m=KS\frac{(T_{h1}-T_{c2})-(T_{h2}-T_{c1})}{\ln\dfrac{T_{h1}-T_{c2}}{T_{h2}-T_{c1}}}$$

$$=KS\frac{(T_{h1}-T_{h2})-(T_{c2}-T_{c1})}{\ln\dfrac{T_{h1}-T_{c2}}{T_{h2}-T_{c1}}} \tag{c}$$

式(a)与式(c)联立得：

$$W_h c_{p,h}(T_{h1}-T_{h2})=KS\frac{(T_{h1}-T_{h2})-(T_{c2}-T_{c1})}{\ln\dfrac{T_{h1}-T_{c2}}{T_{h2}-T_{c1}}} \tag{d}$$

将式(b)代入式(d)，得：

$$\ln\frac{T_{h1}-T_{c2}}{T_{h2}-T_{c1}}=\left(\frac{KS}{W_h c_{p,h}}\right)\left(1-\frac{W_h c_{p,h}}{W_c c_{p,c}}\right) \tag{e}$$

式中：$\dfrac{W_h c_{p,h}}{W_c c_{p,c}}=\dfrac{85-20}{100-70}=2.17$

$$K=\frac{1}{\dfrac{1}{\alpha_i}+\dfrac{1}{\alpha_o}}=\frac{1}{\dfrac{1}{2\ 000}+\dfrac{1}{100}}=95.2[\mathrm{W/(m^2\cdot K)}]$$

(2)水流量增加1倍时的情况($W'_c=2W_c$)：

$$K'=\frac{1}{\dfrac{1}{2^{0.8}\alpha_i}+\dfrac{1}{\alpha_o}}=\frac{1}{\dfrac{1}{2^{0.8}\times 2\ 000}+\dfrac{1}{100}}=97.2[\mathrm{W/(m^2\cdot K)}]$$

$$\ln\frac{T_{h1}-T'_{c2}}{T'_{h2}-T_{c1}}=\left(\frac{K'S}{W_h c_{p,h}}\right)\left(1-\frac{W_h c_{p,h}}{W'_c c_{p,c}}\right) \tag{f}$$

式(f)除以式(e)可得：

$$\ln\frac{T_{h1}-T'_{c2}}{T'_{h2}-T_{c1}}=\left(\ln\frac{T_{h1}-T_{c2}}{T_{h2}-T_{c1}}\right)\left(\frac{K'}{K}\right)\frac{\left(1-\dfrac{W_h c_{p,h}}{W'_c c_{p,c}}\right)}{\left(1-\dfrac{W_h c_{p,h}}{W_c c_{p,c}}\right)}$$

或

$$\ln\frac{100-T'_{c2}}{T'_{h2}-20}=\left(\ln\frac{100-85}{70-20}\right)\times\left(\frac{97.2}{95.2}\right)\times\left(\frac{1-\frac{2.17}{2}}{1-2.17}\right)=-0.0946$$

所以 $T'_{h2}=130-1.10T'_{c2}$。 (g)

由式(b),有:

$$\frac{T'_{c2}-20}{100-T'_{h2}}=\frac{2.17}{2}$$

或 $T'_{c2}=129-1.01T'_{h2}$。 (h)

联立式(g)与式(h)解得:

$$T'_{h2}=59.8℃,T'_{c2}=63.8℃$$

$$\frac{Q'}{Q}=\frac{W_h c_{p,h}(T_{h1}-T'_{h2})}{W_h c_{p,h}(T_{h1}-T_{h2})}=\frac{100-59.8}{100-70}=1.34$$

从本题可以看出,气侧的传热为控制因素,增大水的流量总传热系数基本不变,热流量的增加主要是传热平均温度差增大的结果。

【例 2-12】 用一传热面积为 20 m^2 的换热器将流量为 1.4 kg/s 的某种气体从 50℃冷却到 35℃,使用的冷却水初温为 25℃,与气体作逆流流动。换热器的总传热系数为 230 W/(m^2·K)。气体的平均比热容为 1.0 kJ/(kg·K)。求冷却水用量及出口温度。水的比热容取为 4.18 kJ/(kg·K)。

解:热量衡算式 $W_h c_{p,h}(T_{h1}-T_{h2})=W_c c_{p,c}(T_{c2}-T_{c1})$ (a)

传热速率方程式 $W_h c_{p,h}(T_{h1}-T_{h2})=KS\dfrac{(T_{h1}-T_{c2})-(T_{h2}-T_{c1})}{\ln\dfrac{T_{h1}-T_{c2}}{T_{h2}-T_{c1}}}$ (b)

将已知数据代入上两式得:

$$W_c=\frac{1.4\times1.0\times10^3\times(50-35)}{4.18\times10^3\times(T_{c2}-25)}=\frac{21}{4.18\times(T_{c2}-25)} \quad (c)$$

及

$$1.4\times1.0\times10^3\times(50-35)=230\times20\times\frac{(50-T_{c2})-(35-25)}{\ln\dfrac{50-T_{c2}}{35-25}}$$

或

$$4.57\ln\frac{50-T_{c2}}{10}=40-T_{c2} \quad (d)$$

用试差法求解式(d),得冷却水出口温度 $T_{c2}=48.4℃$。再将 T_{c2} 代入式(c),可得

$$W_c=0.215(kg/s)$$

2.5 不稳定传热

不稳定传热是指在传热过程中温度场随时间而变化的传热过程。在工业生产中存在着大量的不稳定传热的问题:工业生产上间歇操作的换热设备和连续生产时换热设备的启动及停

车过程；食品加工中，罐头食品、瓶装牛奶和香肠等在蒸汽中的加热灭菌及浸在冷水中的冷却，鲜肉的冷冻或解冻等。

2.5.1　集总参数分析法

集总参数分析法就是假定在不稳定传热过程中的任意时刻物体内部温度均匀一致，也即固体内部的温度梯度可以忽略不计。其基本方法是通过对固体建立总的能量平衡来确定任意时刻的温度特性。

以高温固体被冷却为例。当 $t=0$ 时，温度为 T_1 的高温固体被突然置于温度保持为 T_f 的冷流体中。假定对流传热系数 α 及固体的比热容 c_p 都是常数。在时间间隔 dt 内对该固体作热量衡算，高温固体传给冷流体的热量必等于固体内能的变化，即：

$$\alpha S(T_f - T)dt = \rho c_p V dT \tag{2-62}$$

式中：S 为固体的表面积，m^2；V 为固体的体积，m^3；T 为冷却时间为 t(s)时的固体温度，K（或℃）。

积分上式，积分限为：

$$t=0, T=T_1; t=t, T=T$$

积分后得：

$$t = -\frac{\rho V c_p}{\alpha S}\ln\frac{T_f - T}{T_f - T_1} \tag{2-63}$$

或

$$\frac{T_f - T}{T_f - T_1} = \exp\left(-\frac{\alpha S}{\rho V c_p}t\right) \tag{2-63a}$$

式(2-63)表达了固体的温度 T 与冷却时间 t 的关系。当低温固体被高温流体加热时，该式仍然适用。

推导式(2-63)的基本前提是假定固体内的热阻可以忽略。分析计算表明，当满足下列条件：

$$Bi = \frac{\left(\frac{L_c}{\lambda}\right)}{\left(\frac{1}{\alpha}\right)} = \frac{\alpha L_c}{\lambda} < 0.1 \tag{2-64}$$

时，此假定合理。式中 Bi 称为毕渥(Biot)数，其物理意义就是在传热过程中固体内的导热热阻与固体表面的对流热阻之比。$L_c=V/S$ 称为定性长度，对于厚度为 $2L$ 的大平板 $L_c=L$（板的 1/2 厚），长圆柱 $L_c=r_0/2$，球体 $L_c=r_0/3$，r_0 为圆柱或球的半径。

【例 2-13】　半径为 2.54 cm、温度为 427℃的钢球被突然置于温度保持为 121.3℃的流体中。已知钢球的 $\lambda=43.3$ W/(m·K)，$\rho=7\ 849$ kg/m^3 及 $c_p=0.460\ 6$ kJ/(kg·K)，假设对流传热系数 $\alpha=11.36$ W/(m^2·K)。试求 1 h 后球的表面温度。

解：计算毕渥数 Bi，由式(2-64)得：

$$Bi = \frac{\alpha L_c}{\lambda} = \frac{11.36 \times 0.025\ 4/3}{43.3} = 2.22 \times 10^{-3} < 0.1$$

故可采用集总参数分析法。

将已知条件代入式(2-63a),得：

$$\frac{121.3-T}{121.3-427}=\exp\left(-\frac{11.36}{7\ 849\times 460.6\times 0.025\ 4/3}\times 3\ 600\right)$$

解得　$T=201.7℃$

2.5.2　不稳定导热的图解法

上面讨论了物体具有很高的热导率而其内部热阻可以忽略的简单情况。对于更为普遍的导热问题,需要用导热微分方程式和相应的定解条件才能解决。

对于物体内不存在内热源的情况,导热微分方程式为

$$\frac{\partial T}{\partial t}=a\left(\frac{\partial^2 T}{\partial x^2}+\frac{\partial^2 T}{\partial y^2}+\frac{\partial^2 T}{\partial z^2}\right) \tag{2-65}$$

式中:$a=\lambda/(\rho c_p)$,称为热扩散率(单位为 m^2/s),它是物质的物性之一。它反映了不稳定导热过程中物质的导热能力(即 λ 值)与物质的储热能力(即 ρc_p 值)之间的关系。a 值大,即 λ 值大或 ρc_p 值小,说明物体的某一部分一旦获得热量,该热量能在整个物体内很快扩散,也即物体内部温度容易趋于一致。反之,将得到相反的结果。

几种典型一维不稳定导热情况下的解用线图如下。除 $m=Bi^{-1}=\lambda/(\alpha L_c)$,图中几个参量定义如下：

$$\theta=\frac{T-T_f}{T_1-T_f},\text{称为过余温度数}$$

$$X=\frac{x}{L}\ \left(\text{或 } X=\frac{r}{r_0}\right),\text{称为几何相似数}$$

$$Fo=\frac{at}{L_c^2},\text{称为傅立叶数}$$

对于大平板解的结果,参见图 2-15 和图 2-16。

图 2-15 用于确定平板中任意点在任意时刻的温度,图中当 $x=0$ 时,表示该点在平板的中心位置。通常平板中心的温度随时间变化的情况很重要,图 2-16 提供了一个更为精确的只用于确定平板中心点在任意时刻的温度图。

对于长圆柱体解的结果,参见图 2-17 和图 2-18。

对于球体解的结果,参见图 2-19 和图 2-20。

不论固体被加热还是被冷却,图 2-15 至图 2-20 均适用。

应该注意的是,在使用图 2-17 至图 2-20 时,毕渥数中的定性长度 L_c 均取圆柱和球体的半径,即 $L_c=r_0$,这与用集总参数分析法时毕渥数中的圆柱用 $r_0/2$,球体用 $r_0/3$ 不同。

图 2-15 至图 2-20 的使用方法：

(1)已知加热或冷却时间,求固体内的温度。

求中心温度 T_0 时可按下述步骤进行：

①根据已知条件算出 $m=Bi^{-1}=\lambda/(\alpha L_c)$、$Fo=\dfrac{at}{L_c^2}$;

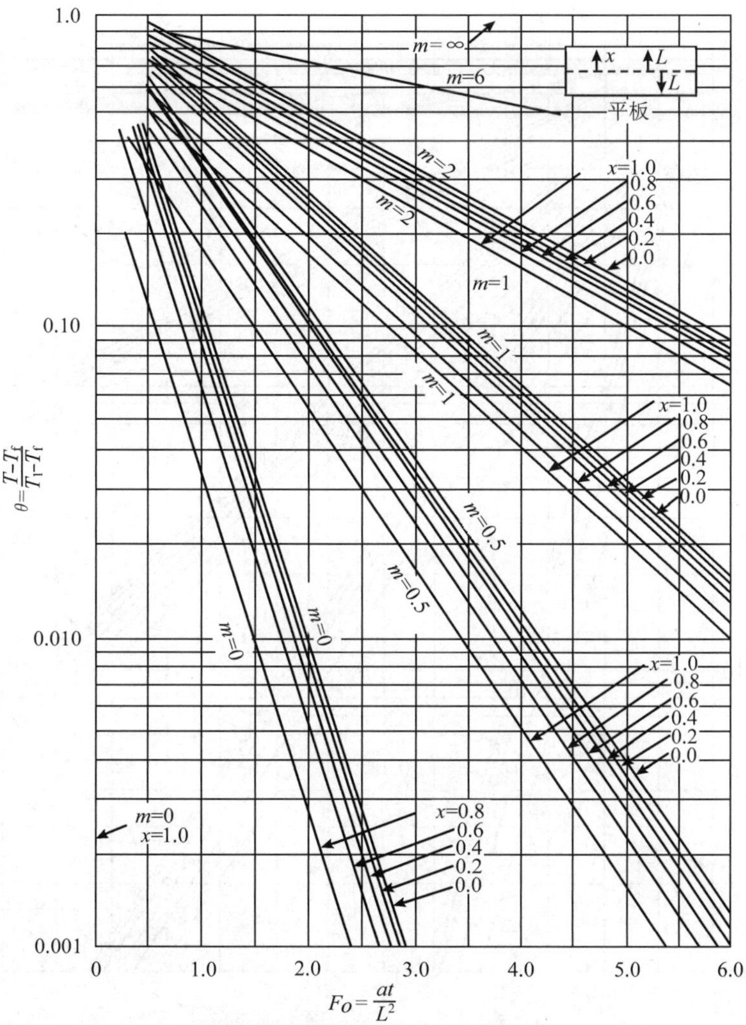

图 2-15　大平板的不稳定导热图

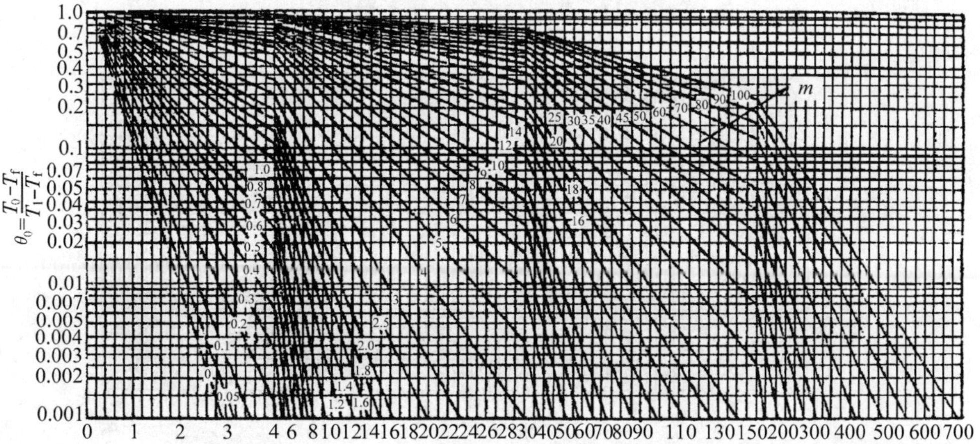

图 2-16　确定大平板不稳定导热的中心温度图

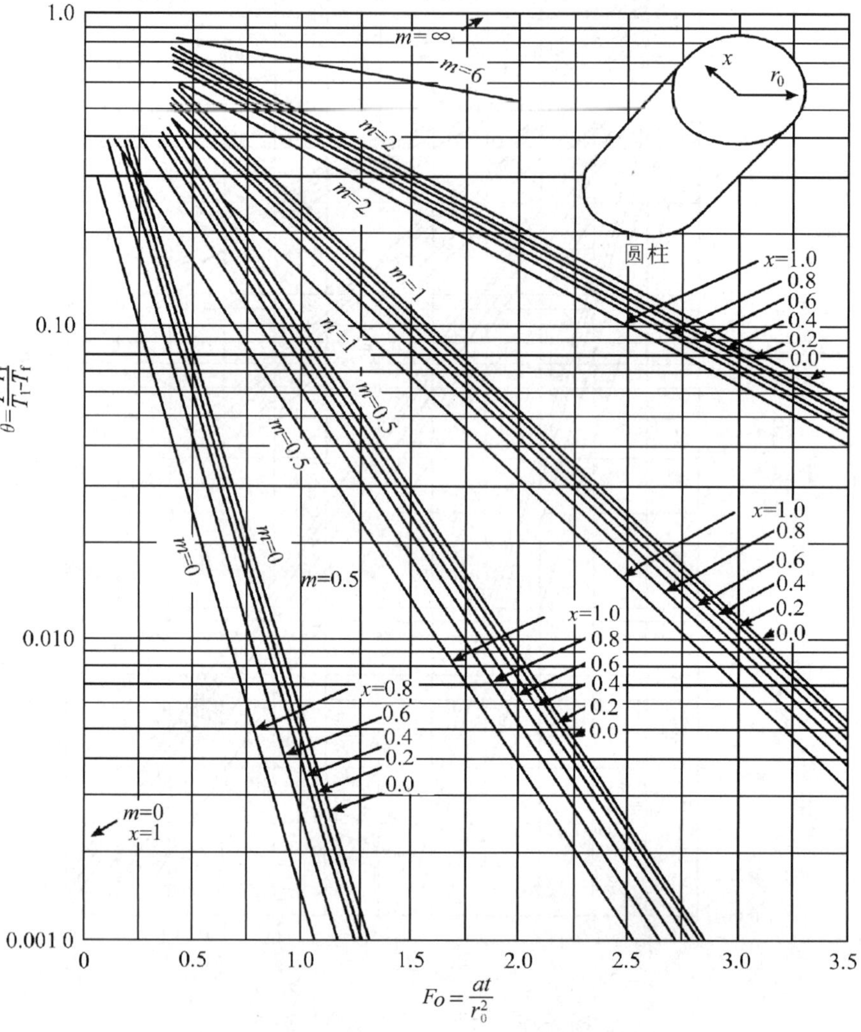

图 2-17 长圆柱体的不稳定导热图

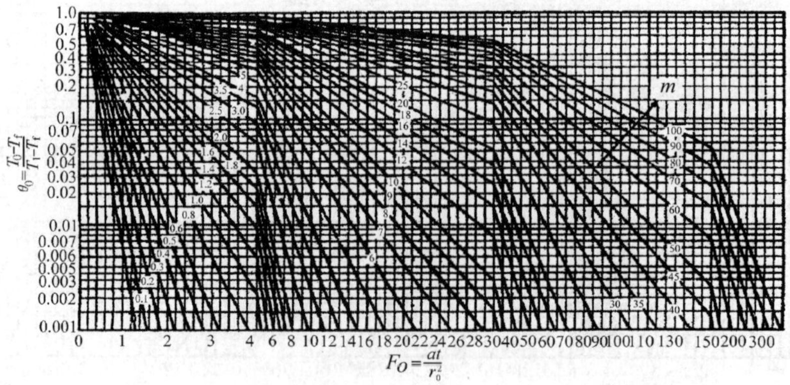

图 2-18 确定长圆柱体不稳定导热的中心温度图

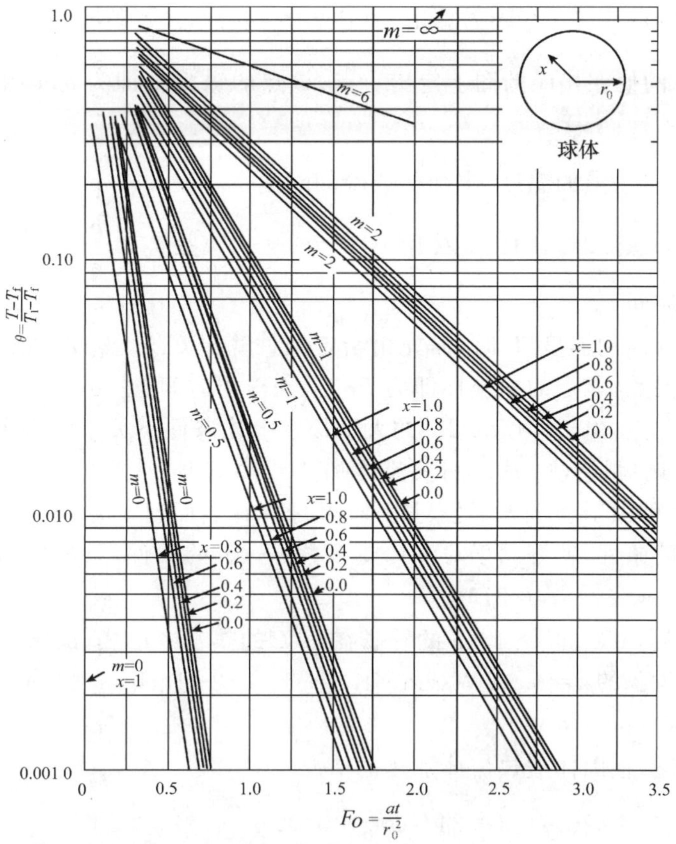

图 2-19 球体的不稳定导热图

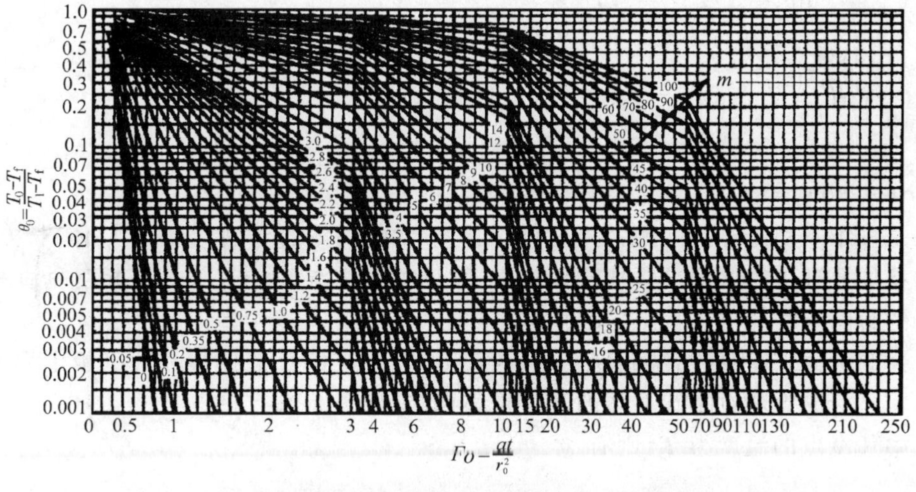

图 2-20 确定球体不稳定导热的中心温度图

②在相应图的横坐标上定出 Fo 值,然后作垂线与由 Bi^{-1} 值确定的直线相交,该交点的纵坐标即为 θ_0 值;

③由 $\theta_0=\dfrac{T_0-T_f}{T_1-T_f}$ 可解出 T_0。

要确定任意点的温度 T 时，除需算出 $m(Bi^{-1})$、Fo 外，还需算出 X。

由 m、X 和 Fo 的值在相应的图上定出一点，该点的纵坐标即为 θ，再由 $\theta=\dfrac{T-T_f}{T_1-T_f}$ 可解出 T。

(2)已知固体内某一点的温度，求加热或冷却时间。

若已知的是中心温度 T_0，则可直接用 $Bi^{-1}=\lambda/(\alpha L_c)$ 及 $\theta_0=\dfrac{T_0-T_f}{T_1-T_f}$ 的值在相应的图上求出 Fo，从而求出时间 t。

当已知的是其他点的温度 T 时，需先由给定条件算出 θ、X 及 m，然后由 X、m 和 θ 的值在相应的图上定出一点，该点的横坐标即为 Fo，从而求出时间 t。

最后需指出的几点：由于厚度为 $2L$ 的大平板在上述条件下关于中心平面对称，故对于厚度为 L 的大平板，当一侧绝热，另一侧被流体加热或冷却时，计算方法与结果完全与上述相同。其次，上述图也可用于确定大平板、长圆柱及球体在表面温度突然变化的条件下固体内温度等特性。对这样的条件，就等同于对流传热系数 $\alpha\to\infty$ 的条件，只需用给定的表面温度 T_w 代替流体温度 T_f，并取 $Bi^{-1}=0$ 即可。

【例 2-14】 初温 20℃、直径 4 cm 的香肠在 90℃的热水中加热，试求加热时间为 5 min 时的中心温度。已知香肠的 $\lambda=0.84$ W/(m·K)，$c_p=2.52$ kJ/(kg·K)，$\rho=1\ 200$ kg/m^3，热水对香肠的 $\alpha=600$ W/(m^2·K)。

解：本题属于长圆柱固体被热流体加热的情况。

$$Bi^{-1}=\lambda/(\alpha L_c)=0.84/(600\times 0.02)=0.07$$

$$a=\lambda/(\rho c_p)=0.84/(1\ 200\times 2\ 520)=2.78\times 10^{-7}(\text{m}^2/\text{s})$$

$$Fo=at/L_c^2=2.78\times 10^{-7}\times 5\times 60/0.02^2=0.209$$

查图 2-18，得 $\theta_0=0.52$

由 $\theta_0=(T_0-T_f)/(T_1-T_f)=(T_0-90)/(20-90)$ 得：

$$T_0=90-70\theta_0$$

故 $T_0=90-70\theta_0=90-70\times 0.52=53.6$(℃)。

如果是多维不稳定导热问题，对于简单几何形状的物体的导热，如短圆柱体、长方体等，可用下述的叠加原理进行处理。叠加原理指出：物体中多维温度场的解等于相互垂直相交的一维温度场的解的乘积。

对于短圆柱体，其中的二维温度场的解等于垂直相交的长圆柱体和大平板中温度场的解的乘积。其坐标原点取在短圆柱体的几何中心点，参见图 2-21。

设其中任意点的温度为 T，则有

$$(T-T_f)/(T_1-T_f)=[(T-T_f)/(T_1-T_f)]_{r_0}[(T-T_f)/(T_1-T_f)]_L \quad (2\text{-}66)$$

或 $$\theta=(\theta)_{r_0}(\theta)_L \quad (2\text{-}66a)$$

式中：$(\theta)_{r_0}$、$(\theta)_L$ 分别为半径等于 r_0 的长圆柱体和厚度等于 $2L$ 的大平板在同样冷却或加热条件下相应点的过余温度数，它们可按前述一维导热的方法求出。

对于长方体，坐标原点取在长方体的几何中心点，可视为厚度各为 $2L_1$、$2L_2$ 和 $2L_3$ 的三

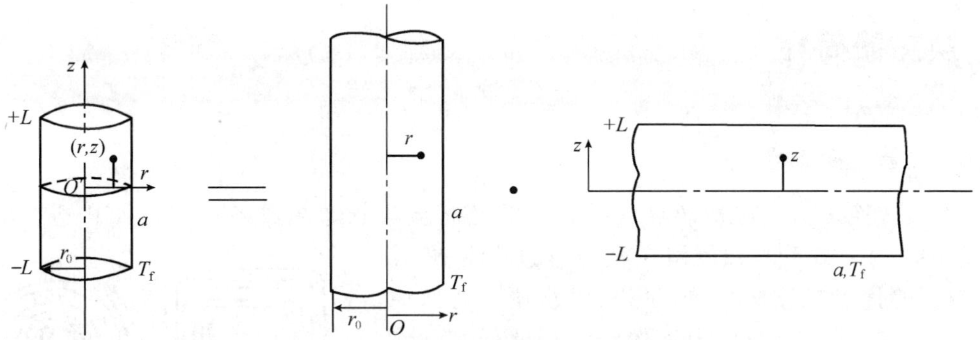

图 2-21　短圆柱体中二维不稳定导热过程乘积解的示意图

块大平板彼此垂直相交而成，故其中任意点的过余温度数为：

$$\theta=(\theta)_{L_1}(\theta)_{L_2}(\theta)_{L_3} \tag{2-67}$$

式中：$(\theta)_{L_1}$、$(\theta)_{L_2}$、$(\theta)_{L_3}$ 分别为厚度各等于 $2L_1$、$2L_2$ 和 $2L_3$ 的大平板在同样冷却或加热条件下相应点的过余温度数。

【例 2-15】 初温 30℃的豌豆浆罐头在 116℃的蒸汽中加热。罐头为半径 3.4 cm、高 10.2 cm 的圆罐，罐头的外表面完全暴露于蒸汽中。求加热 45 min 后罐头中心的温度。已知豌豆浆的 $\lambda=0.83\ \text{W/(m·K)}$，$c_p=3.80\ \text{kJ/(kg·K)}$，$\rho=1\ 090\ \text{kg/m}^3$，蒸汽对罐头的对流传热系数 $\alpha=4\ 542\ \text{W/(m}^2\text{·K)}$。

解：本题属于短圆柱体的不稳定导热问题。因求的是中心温度，故有：

$$\theta_0=(\theta_0)_{r_0}(\theta_0)_L$$

(1)求长圆柱体的$(\theta_0)_{r0}$。

$$Bi^{-1}=\lambda/(\alpha L_c)=0.83/(4\ 542\times 0.034)=0.005\ 4\approx 0$$
$$a=\lambda/(\rho c_p)=0.83/(1\ 090\times 3\ 800)=2.004\times 10^{-7}(\text{m}^2/\text{s})$$
$$Fo=at/L_c^2=2.004\times 10^{-7}\times 60\times 45/0.034^2=0.468$$

由 Bi^{-1} 及 Fo 值，查图 2-18 得$(\theta_0)_{r_0}=0.13$。

(2)求大平板的$(\theta_0)_L$。

$$Bi^{-1}=\lambda/(\alpha L_c)=0.83/(4\ 542\times 0.051)=0.003\ 6\approx 0$$
$$a=\lambda/(\rho c_p)=0.83/(1\ 090\times 3\ 800)=2.004\times 10^{-7}(\text{m}^2/\text{s})$$
$$Fo=at/L_c^2=2.004\times 10^{-7}\times 60\times 45/0.051^2=0.208$$

由 Bi^{-1} 及 Fo 值，查图 2-16 得$(\theta_0)_L=0.80$。

故　$\theta_0=(\theta_0)_{r_0}(\theta_0)_L=0.13\times 0.80=0.104$

即　$(T_0-116)/(30-116)=0.104$

$T_0=107℃$

2.6 换热器简介

2.6.1 管式换热器

(1)沉浸式换热器。这种换热器(图 2-22)是将金属管弯绕成各种与容器相适应的形状(多盘成蛇形,常称蛇管),并沉浸在容器内的液体中。沉浸式换热器的优点是结构简单,价格低廉,便于防腐蚀,能承受高压。其缺点是容器内液体湍流程度低,管外对流传热系数小。为提高总传热系数,可在容器内安装搅拌器。

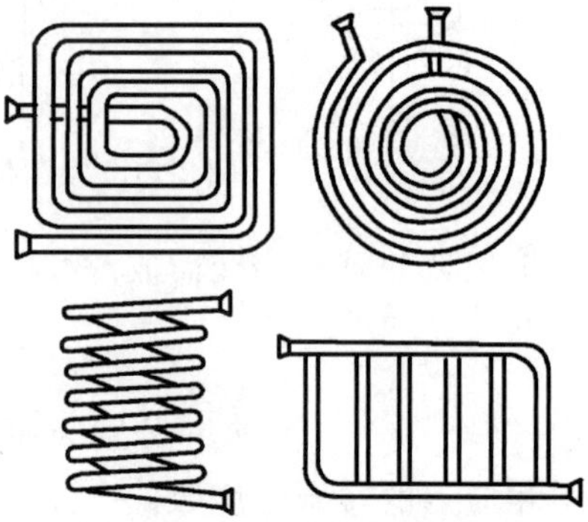

图 2-22 沉浸式换热器

(2)喷淋式换热器。喷淋式换热器也为蛇管式换热器,如图 2-23 所示,多用作冷却器。热流体在管内流动,冷水由最上面的淋水管流下。它和沉浸式换热器相比,具有便于检修和清洗、传热效果好等优点。其缺点是喷淋不易均匀。

(3)套管式换热器。套管式换热器是由直径大小不同的直管制成的同心套管,并由 U 形弯头连接而成,如图 2-24 所示。套管式换热器的优点:构造简单;能耐高压;传热面积可根据需要而增减;适当地选择内、外管的管径,可使两流体皆获得较高的流速;两流体可作严格的逆流,有利于传热。其缺点:管间接头较多,易发生泄漏;单位传热面积消耗的金属量大。因此,它较适用于传热面积不大而压强较高的场合。

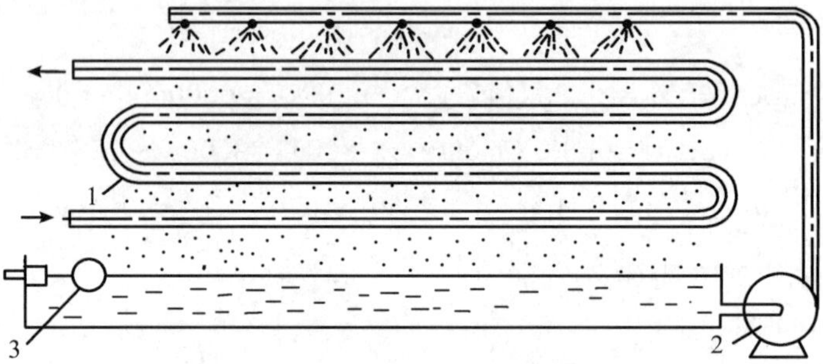

1. 弯管 2. 循环泵 3. 控制阀

图 2-23 喷淋式换热器

(4)列管式换热器。由壳体、管束、管板和封头等部件组成。主要优点是单位体积所具有的传热面积较大,结构紧凑、紧固,能用多种材料制造,适用性较强,操作弹性较大。因此,在高温、高压和大型装置中多采用列管式换热器。

在列管换热器中,由于管内外流体温度不同,管束和壳体的温度也不同,因此它们的热膨胀程度也有差别。若两流体的温差较大(50℃以上)时,就可能由于热应力而引起设备的变形,管子弯曲,甚至破裂或从管板上脱落。因此,必须考虑这种热膨胀的影响。根据热补偿方法的不同,列管式换热器有以下几种主要形式。

①固定管板式。当两流体的温度差较大时,应考虑热补偿。图 2-25 为具有补偿圈(或称

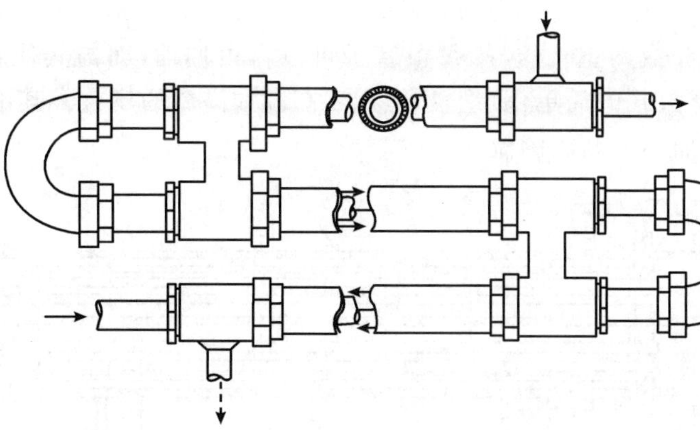

图 2-24 套管式换热器

膨胀节)的固定管板式换热器,即在外壳的适当部位焊上一个补偿圈,当外壳和管束热膨胀不同时,补偿圈发生弹性变形(拉伸或压缩),以适应外壳和管束不同的热膨胀程度。这种补偿方法简单,但不宜用于两流体的温度差过大(不大于 70℃)和壳程流体压强过高(一般不高于 600 kPa)的场合。

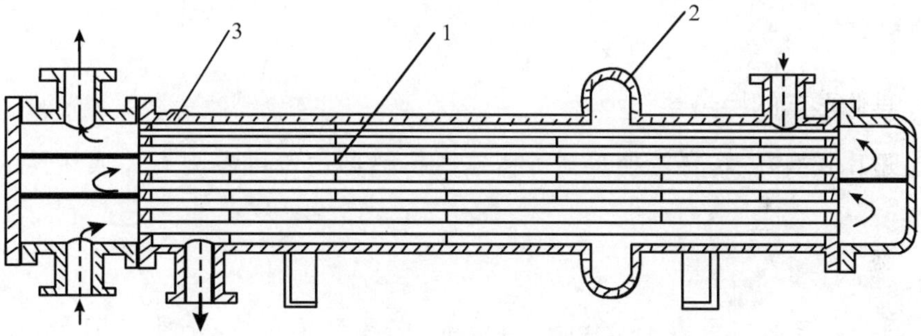

1. 挡板 2. 补偿圈 3. 放气孔

图 2-25 具有补偿圈的固定管板式换热器

②浮头式换热器。浮头式换热器如图 2-26 所示,其特点是有一端管板不与外壳连为一体,可以沿轴向自由移动。这种结构不但完全消除了热应力的影响,且由于固定端的管板以法兰与壳体连接,整个管束可以从壳体中抽出,因此便于清洗和检修。故浮头式换热器应用较为普遍,但它的结构比较复杂,造价较高。

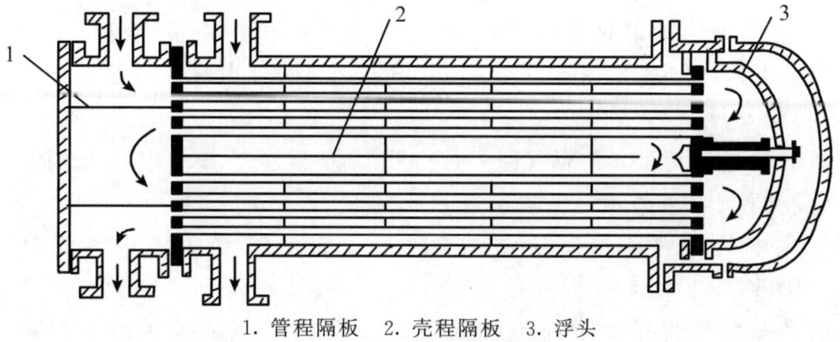

1. 管程隔板 2. 壳程隔板 3. 浮头

图 2-26 浮头式换热器

③U形管式换热器。U形管式换热器如图2-27所示，管子弯成U形，进出口都安装在同一管板上，封头用隔板分成两室。这样，每根管子可以自由伸缩，而与其他管子和壳体无关。这种换热器的结构比浮头式的简单，质量轻，适用于高温和高压的场合。其主要缺点是管程不易清洗，只适用于清洁而不易结垢的流体。

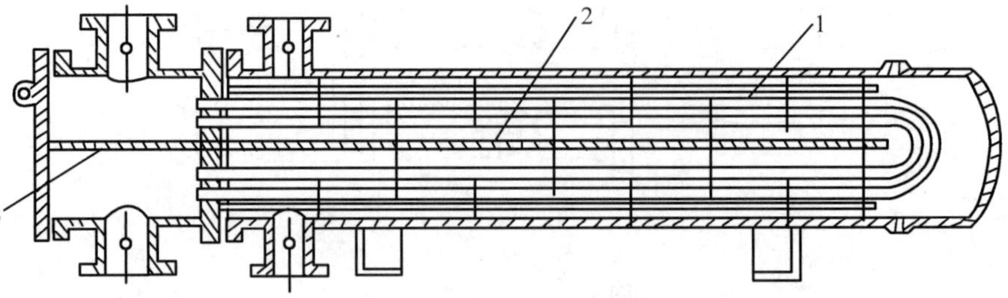

1. U形管　2. 壳程隔板　3. 管程隔板

图2-27　U形管式换热器

以上几种列管式换热器都有系列标准，可供选用。规格型号中通常标明形式、壳体直径、传热面积、能承受的压强和管程数等。例如FB500-65-25-2换热器，FB表示浮头式B型，换热管为ϕ25 mm×2.5 mm，正方形排列，壳体公称直径500 mm，公称传热面积65 m^2，公称压强2.5 MPa，管程数为2。

2.6.2　其他形式的换热器

如板式、翅片式换热器，热管换热器等。这些换热器读者可参阅有关换热器的专著，此处不再赘述。

习　题

1. 一食品冷藏室由内层为19 mm厚的松木，中层为软木层，外层为51 mm厚的混凝土所组成。内壁面温度为−17.8℃，混凝土外壁面温度为29.4℃。松木、软木和混凝土的平均热导率分别为0.151、0.043 3、0.762 W/(m·K)，要求该冷藏室的热损失为15 W/m^2。求所需软木的厚度及松木和软木接触面处的温度。

2. 为减少热损失，在外径为150 mm的饱和蒸气管道外加有保温层。已知保温材料的热导率$\lambda=0.103+0.000\ 198\ T$（式中：$T$单位为℃），蒸气管外壁温度为180℃，要求保温层外壁温度不超过50℃，每米管道由于热损失而造成蒸气冷凝的量控制在1×10^{-4} kg/(m·s)以下，问保温层厚度应为多少？（计算时可假定蒸气在180℃下冷凝）

3. 试推导出中空球壁稳定热传导的关系式。现有一球形液氧储罐，内径为2 m，内装液氧量占储罐容积的80%，储罐外用氧化镁保温，要求在10^4 s内液氧蒸发量不超过1%，问保温层应多厚（忽略内侧及罐壁的热阻）？

已知氧化镁的热导率为0.07 W/(m·K)，液氧的蒸发潜热为215 kJ/kg，液氧的沸点为90 K，液氧的密度为1 140 kg/m^3，保温层外壁面温度为280 K。

4. 将粗碎的番茄通过内径为60 mm的管子从20℃加热到75℃。其流量为1 300 kg/h，管内壁面温度为105℃，求对流传热系数。

已知粗碎的番茄物性数据如下：$\rho=1\ 050\ kg/m^3$；$c_p=3.98$ kJ/(kg·K)；

$\mu=2.15$ mPa·s(47.5℃时)，1.2 mPa·s(105℃时)；$\lambda=0.61$ W/(m·K)。

5. 一带有桨式搅拌器的容器内装有温度为37.8℃的料液。用夹套内的蒸气加热。容器内径为1.22 m，搅拌器直径为0.406 m，转速为2.5 r/s，容器壁温为93.3℃。料液的物性为：$\rho=977\ \mathrm{kg/m^3}$；$c_p=2.72\ \mathrm{kJ/(kg\cdot K)}$；$\mu=100\ \mathrm{mPa\cdot s}$(37.8℃时)，$7.5\ \mathrm{mPa\cdot s}$(93.3℃时)。求料液对容器壁的对流传热系数。

6. 室内水平放置表面温度相同、长度相等的两根圆管，管内通有饱和水蒸气。两管均被空气的自然对流所冷却，假设两管间无相互影响。已知一管直径为另一管的5倍，且两管的$(GrPr)$值在$10^4\sim10^9$，求两管热损失的比值。

7. 表压为0.02 MPa的饱和水蒸气在高1 m的垂直平板上冷凝。求壁面温度为80℃和50℃时的冷凝传热系数各为多少？解释壁面温度对对流传热系数的影响。

8. 烤炉内在烤一块面包。已知炉壁温度为175℃，面包表面的黑度为0.85，表面温度为100℃，表面积为$0.064\,5\ \mathrm{m^2}$，炉壁表面积远远大于面包表面积。求烤炉向这块面包辐射传递的热量。

9. 试证明在稳定传热过程中，在两高、低温的固体平行平面间装置n片很薄的遮热板时，辐射传热量减少到原来未安装遮热板时的$1/(n+1)$倍。设所有平面的表面积、黑度均相等，平板之间的距离很小。

10. 在逆流换热器中，用初温为20℃的水将1.25 kg/s的液体[比热容为$1.9\ \mathrm{kJ/(kg\cdot K)}$、密度为$850\ \mathrm{kg/m^3}$]由80℃冷却到30℃。换热器的列管直径为$\phi25\ \mathrm{mm}\times2.5\ \mathrm{mm}$，水走管内。水侧和液体侧的对流传热系数分别为850和$1\,700\ \mathrm{W/(m^2\cdot K)}$，污垢热阻可忽略。若水的出口温度不能高于50℃，求水的流量和换热器的传热面积。

11. 在一单程列管换热器中用饱和水蒸气加热食用油。温度为160℃的饱和蒸汽在壳程冷凝，冷凝液在饱和温度下排出。食用油在管程流动，并由20℃加热到106℃。列管换热器尺寸为：列管直径为$\phi19\ \mathrm{mm}\times2\ \mathrm{mm}$、管长为4 m，共有25根管子。若换热器的传热量为125 kW，蒸汽冷凝传热系数为$7\,000\ \mathrm{W/(m^2\cdot K)}$，油侧污垢热阻为$0.000\,5\ \mathrm{m^2\cdot K/W}$，管壁热阻和蒸汽侧污垢热阻可忽略，求管内油侧对流传热系数。

又若油的流速增加1倍，此时若换热器的总传热系数为原来的1.75倍，求油的出口温度。假设油的物性不变。

12. 在列管换热器中用冷水冷却油。水在直径为$\phi19\ \mathrm{mm}\times2\ \mathrm{mm}$的列管内流动。已知管内水侧对流传热系数为$3\,490\ \mathrm{W/(m^2\cdot K)}$，管外油侧对流传热系数为$258\ \mathrm{W/(m^2\cdot K)}$。

换热器在使用一段时间后，管壁两侧均有污垢形成，水侧污垢热阻为$0.000\,26\ \mathrm{m^2\cdot K/W}$，油侧污垢热阻为$0.000\,176\ \mathrm{m^2\cdot K/W}$。管壁的热导率为$45\ \mathrm{W/(m\cdot K)}$。求：①基于管外表面积的总传热系数；②产生污垢后热阻增加的百分数。

13. 在套管换热器中采用并流的方式用水冷却油。水的进、出口温度分别为15和40℃，油的进、出口温度分别为150和100℃。现因生产任务要求油的出口温度降至80℃，假设油和水的流量、进口温度及物性均不变，且仍为并流，换热器除管长外，其他尺寸不变，若原换热器的管长为1 m，求现在需要的管长。设换热器的热损失可忽略。

14. 某列管换热器的管程走冷却水，有机蒸气在管外冷凝。在新使用时冷却水的进、出口温度分别为20和30℃。使用一段时间后，在冷却水进口温度与流量相同的条件下，冷却水出口温度降为26℃。已知换热器的传热面积为$16.5\ \mathrm{m^2}$，有机蒸气的冷凝温度为80℃，冷却水流量为2.5 kg/s，求污垢热阻。

15. 某气体混合物(比热容和热导率均未知)以90 kg/h的流量流过套管换热器的内管，气体的温度由 38℃被加热到 138℃。内管内径为 53 mm,外管内径为 78 mm,壁厚均为 2.5 mm,管外为水蒸气冷凝使管内壁温度维持在 150℃。已知混合气体的黏度为 0.027 mPa·s,其普兰特数为 1,求套管换热器的管长。

16. 有一套管换热器,内管为 ϕ19 mm×2 mm,管长为 2 m,管内的水与环隙中的油逆流流动。油的流量为 270 kg/h,进口温度为 100℃,水的流量为 360 kg/h,进口温度为 10℃。若忽略热损失,且知以管外表面积为基准的总传热系数为 374 W/(m^2·K),油的比热容为 1.88 kJ/(kg·K),求油和水的出口温度分别为多少?

17. 直径为 100 mm、高 65 mm 的罐头,内装的食品物性为:比热容 3.75 kJ/(kg·K),密度 1 040 kg/m^3,热导率 1.5 W/(m·K),初温为 70℃,放入 120℃的杀菌锅内加热,蒸气对罐头的对流传热系数为 8 000 W/(m^2·K),忽略罐头包装外皮的热阻,求加热时间分别为 30、60、90 min 时罐头的中心温度。

思考题

1. 在多层壁的热传导中确定层间界面温度具有什么实际意义?

2. 流动对传热的贡献主要表现在哪里?

3. 自然对流中的加热面与冷却面的位置应如何放才有利于充分传热?

4. 热导率、对流传热系数和总传热系数的物理意义是什么?它们之间有什么不同?它们的单位是什么?

5. 蒸气冷凝时为什么要定期排放不凝性气体?

6. 为什么有相变时的对流传热系数大于无相变时的对流传热系数?

7. 若串联传热过程中存在某个控制步骤,其含义是什么?

8. 不稳定导热过程主要出现在什么情况下?一般应如何解决?

9. 在列管换热器设计中为什么要限制温度差修正系数大于 0.8?

10. 在列管换热器中拟用饱和水蒸气加热空气。试问:①传热管的壁温接近哪一种流体的温度?②总传热系数接近哪一种流体的对流传热系数?③如何确定两流体在换热器中的流径?

11. 中国人的骄傲! 中国的航天事业正在高速发展,自"神舟十三号"飞船开始,载人飞船的在轨驻留时间提升到半年以上,因而需要面对的严酷宇宙环境挑战也是前所未有的,在极端高低温的宇宙环境中,"神舟"飞船如何散热和保温?从传热学原理分析"神舟"飞船是如何应对极端冷和热的。

同学们,你们是否也为中国的航天奇迹感到骄傲?希望通过本章的学习运用所学知识,为祖国的发展建设贡献你们的力量。

二维码 2-1　例题 2-11 参考答案

第3章

制冷与食品冷冻

本章学习目的与要求

学习本章内容，学生通过初步掌握制冷技术的基本原理和食品冷冻冷藏相关知识，可进行食品冷冻冷藏工艺的设计和管理工作。要求学生掌握必要的热力学相关基础知识；卡诺循环、逆卡诺循环、制冷量及制冷系数的基本概念；掌握以氨和氟利昂为工质的蒸汽压缩式制冷原理和制冷方法；熟悉食品冷冻加工中的各种技术原理和相关计算方法；熟悉食品冷藏链的构成和冷库冷量的计算方法。

3.1 制冷技术原理

3.1.1 制冷基本概念、原理与方法

(1)卡诺循环及逆卡诺循环。卡诺循环由两个可逆定温过程和两个绝热过程所组成,即定温膨胀过程、定熵膨胀过程、定温压缩过程、定熵压缩过程。卡诺循环是一种理想的可逆循环,在热力学中具有重要的理论意义,为提高各种热力发动机的热效率指明了方向。

逆卡诺循环,又称制冷循环,是制冷技术的物理基础。它也是由两个等温过程和两个绝热过程所组成,但这个循环在压容图或温熵图上的方向与卡诺循环相反。如图 3-1 所示。

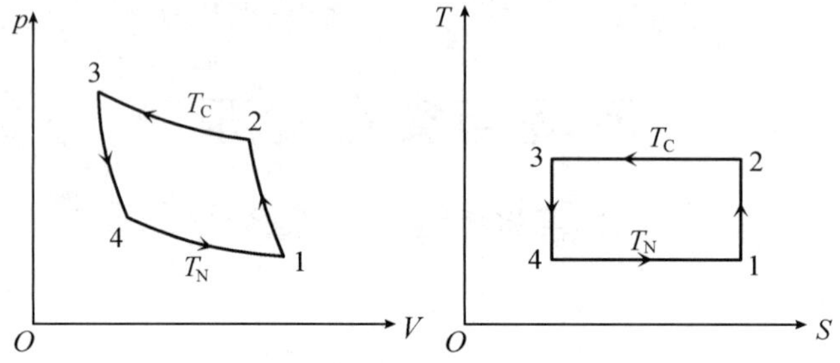

(1)p-V 图　　(2)T-S 图

图 3-1　逆卡诺循环压容图和温熵图

①工质首先沿等熵线作绝热压缩(1-2),此时压力由 p_1 升至 p_2,温度从 T_N 升至 T_C。

②绝热压缩后的工质再沿等温线 2-3 作等温压缩,此时熵值减少,压力再次从 p_2 升至 p_3。

③等温压缩后的工质再沿等熵线 3-4 作绝热膨胀,此时压力下降至 p_4,温度降至绝热压缩前的温度 T_N。

④最后沿等温线 4-1 作等温膨胀,此时,其熵值 2 复增加,压力下降至 p_1,恢复原状,完成一个逆卡诺循环。

这 4 个过程均为可逆,所以它是一个理想的循环,但在工业生产上是不可能实现的。因为在实际的制冷循环中,不仅压缩和膨胀不可能是绝热过程(即不可能实现没有摩擦损失的定熵过程),而且在两个等温过程中,放热侧工质温度必高于热源(冷却介质)的温度,吸热侧的工质温度必低于冷源(被冷却的物体)的温度(实际上无法实现没有温差的等温传热过程)。但理想循环可作为实际制冷循环完善程度的比较标准。

(2)制冷过程。制冷的任务是将被冷却物体中的热量移向周围介质(水或空气),使物体温度降低,且低于周围介质的温度,并能保持一定的温度。通常热量是从高温物体传向低温物体,但制冷过程可使热量从低温物体传向高温物体,这个过程需消耗能量。制冷剂在制冷机中循环,周期性地从被冷却物体中取得热量,并传递给周围介质,同时制冷剂也完成了状态的循环,实现这个循环必须消耗能量。

压缩式制冷机的制冷过程分为压缩、冷凝、膨胀、蒸发 4 个阶段,如图 3-2 所示。

系统中的制冷剂在低温低压液体状态时吸热达到沸点后蒸发成为低温低压蒸气,被压缩

机吸入压缩成为高温高压气体，此高温高压气体在冷凝器内冷凝后成为高压液体，高压液体经过膨胀阀后变成低温低压液体，再度吸热蒸发构成了制冷机的制冷循环，从而使周围介质的温度降低，这就是制冷过程。制冷机主要由蒸发器、压缩机、冷凝器和膨胀阀等构成。压缩机是制冷系统的做功单元。

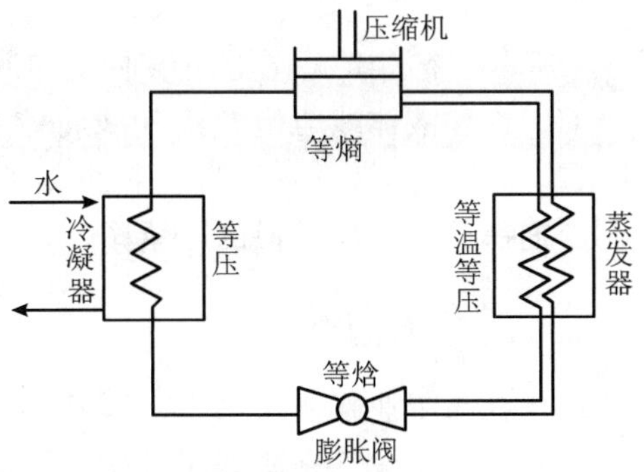

图 3-2　制冷过程简图

(3)制冷量与制冷系数。

①制冷量。制冷量也称制冷能力，是任何制冷系统和制冷机产生的冷效应，即在一定的操作条件(一定的制冷剂蒸发温度，冷凝温度，过冷温度)下，单位时间制冷剂从被冷冻物取出的热量，以 Q 表示之，单位为 W。由于制冷量用 W 作为单位表示时，其数值甚高，故常用 kW 为单位来表示。在国外，制冷量经常用冷冻吨(简称冷吨，refrigeration ton，缩写 R. T.)来表示，1 冷吨相当于 24 h 内将 1 t 0℃的水冷冻成同温度冰所放出的热量，但必须注意其国别，如 1 美国冷吨＝12 660 kJ/h＝3. 52 kW，1 日本冷吨＝13 900 kJ/h＝3. 86 kW。

②制冷系数。制冷系数是评价某具体制冷循环的一项经济性指标。对制冷机而言，它是衡量制冷机工作的重要指标。它表示制冷循环中的制冷量 Q 与该循环所需消耗的功率 P 之比，也就是指加入单位功时能从被冷冻物料取出的热量数。理论推导逆卡诺循环的制冷系数为

$$\varepsilon = \frac{T_N}{T_C - T_N}$$

即制冷系数只取决于高温热源 T_C 和低温热源 T_N 的温度，与工质的性质无关，ε 随热、冷源的温差的减小而提高。

(4)制冷剂的压焓图。在对常用的蒸气压缩式制冷循环进行热力计算时，使用最方便的是压焓图，即 lg$p$-h 图，如图 3-3 所示。

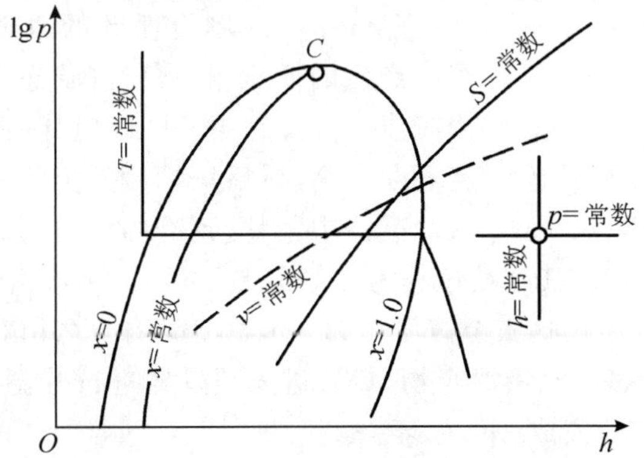

图 3-3　制冷剂 lg$p$-h 图

lg$p$-h 图以制冷剂的焓作为横坐标，以压力为纵坐标，但为了缩小图面，压力采用对数分格(需要注意，从图上读取的仍是压力值，而不是压力的对数值)。图上共绘制出制冷剂的六种

状态参数线簇，即定焓(h)、定压力(p)、定温度(T)、定比容(v)、定熵(S)及定干度(x)线，如图 3-3 所示。在 $\lg p$-h 图上还绘制饱和液体($x=0$)线和干饱和蒸气($x=1$)线，二者汇合于临界点 C。饱和液体线与饱和蒸气线将图面划分成三个区域：下界线($x=0$)以左为过冷液体(或未饱和液体)区，下界线与上界线($x=1$)之间是湿蒸气区，上界线右侧是过热蒸气区。各种制冷剂都可绘制出类似的压焓图。

3.1.2 一般制冷方法

现代食品工业普遍采用人工制冷方法。在人工制冷法中以机械压缩循环制冷法最为常用，此外，低温液化气制冷等非机械压缩制冷法在食品冷冻中也有一定的地位。

(1)机械压缩制冷法。

①空气压缩制冷。这种制冷方法是利用大气中的空气作制冷剂。如图 3-4 所示。空气首先在压缩机中绝热压缩至 0.5～0.6 MPa，然后在等压下用冷水冷却至可能的温度，冷却后的空气于膨胀阀中绝热膨胀，空气温度继续降低；然后温度降低的空气再通过制冷器，在等压下吸取热量，使之回升至原来的温度，再回到压缩机中，进行另一循环。它的制冷循环是以两等压过程代替逆卡诺循环中的两等温过程。其特点是制冷系数较小，故经济性较差；由于在制冷过程中物质不发生相变化，无潜热可利用，故单位制冷量也较小；为了获取足够的制冷量，则需要比较庞大的设备，这必造成动力消耗大、成本高；同时当冷却温度降至 0℃ 时，由于冰霜生成，致使操作困难。故在现代工业中基本上被淘汰了。

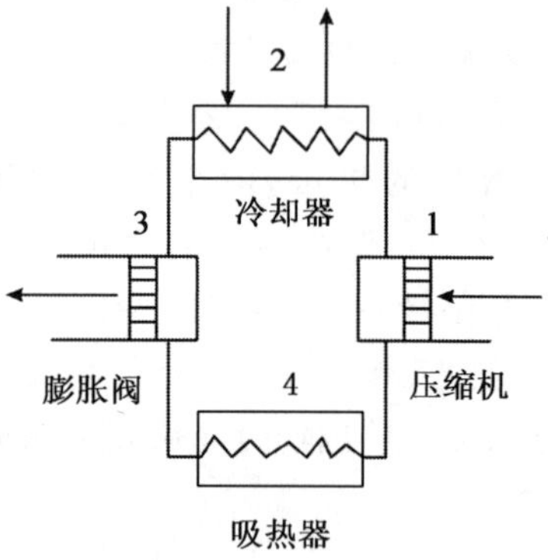

图 3-4 气体压缩制冷

②蒸气压缩式制冷。目前，食品工业广泛应用的制冷方法是蒸气压缩式制冷。这种方法是用常温及普通低温下可以液化的物质作为工质(例如氨、氟利昂及某些碳氢化合物)，工质在循环过程中将不断发生相变(即液态变气态，气态经压缩再变液态)。

二维码 3-1 蒸气压缩式制冷装置图

蒸气压缩式制冷循环的原理如图 3-5 所示。在蒸发器中产生的低压制冷蒸气(状态 1)，在压缩机中被压缩至冷凝压力 p_k，消耗了机械功 W，此时为绝热压缩，同时，温度不断升高，然后压缩后的蒸气在过饱和状态下(点 2)进入冷凝器中，因受到冷却介质(水或空气)的冷却而凝结成饱和液体(点 3)，并放出热量，其冷凝过程为一等温等压过程；由冷凝器出来的制冷剂液体，经膨胀阀(又称节流阀)进行绝热膨胀至蒸发压力 p_0，温度降到与之相对应的饱和温度 T_0(状态点 4)，此时已成为两相状态的气液混合物，然后进入蒸发器进行等温等压的蒸发过程，以制取冷量 Q，并回复到起始状态，完成一个循环。

由此可见，蒸气压缩式制冷循环的蒸发过程和冷凝过程是在等温情况下进行的，不可逆性小，故循环的制冷系数大。它是利用液体的蒸发过程来制冷的，故单位制冷量大；同时在蒸发器和冷凝器中都是有相变的传热过程，传热系数较大，因而设备不是很庞大。此外，理想的蒸气压缩式制冷循环是一个与逆卡诺循环相同的矩形封闭体。

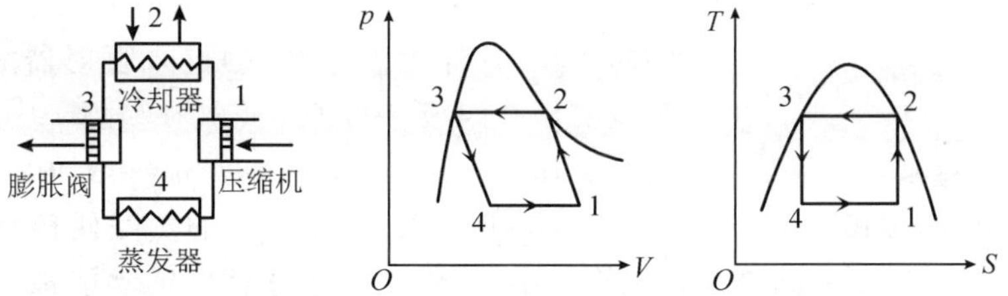

图 3-5　蒸气压缩式制冷循环

③吸收式制冷。吸收式制冷循环是由消耗热能(蒸气、热水等)来工作的。在吸收式制冷机中,使用制冷剂与吸收剂两种工质,这是该机的主要特点。工作原理如图 3-6 所示。

二维码 3-2　吸收式制冷装置图及流程图

浓度高的制冷剂送入发生器 1 内,在发生器中用蒸气、热水或燃料燃烧的产物等加热,吸收热量后,大部分低沸点组分的制冷剂蒸发,使发生器在高温高压下工作。

发生器中出来的制冷剂蒸气进入冷凝器 2,由冷却水带走热量,使蒸气冷凝。冷凝后的制冷剂经过节流阀 3 进入蒸发器 4,并从被冷却物质吸取热量。

制冷剂的蒸气从蒸发器出来后,进入吸收器 5。在发生器中经过发生过程后剩余的溶液中,制冷剂的含量已大为降低,称之为吸收液。吸收液经节流阀 7 降到蒸发压力进入吸收器中与从蒸发器来的低压制冷剂蒸气混合,并吸收这些蒸气,于是又形成含制冷剂浓度高的溶液。吸收过程是一个放热过程,需用冷却水来冷却。稀制冷剂又变成浓的制冷剂,经过溶液泵 6 送入发生器,继续循环使用,这样便完成了吸收式制冷机的基本循环。

④蒸气喷射式制冷。蒸气喷射式制冷机与吸收式制冷机一样,以消耗热能来完成制冷机的补偿过程。喷射泵由喷嘴、混合室、扩压器组成,起着压缩机的作用。

制冷机中的制冷剂是水,水的汽化潜热大,在 0℃时约为氨的 2 倍。但要得到低温蒸汽,必须维持非常低的压力,而且在低温下,水蒸气的比容很大;若要获取+5℃的蒸发温度时,蒸汽压力 p_0 就要维持在约 0.1 MPa,而这时饱和蒸汽的比容达到 147.2 m^3/kg,显然要用压缩机来完成这个任务是不可能的。所以喷射制冷机适用于空气调节工程。

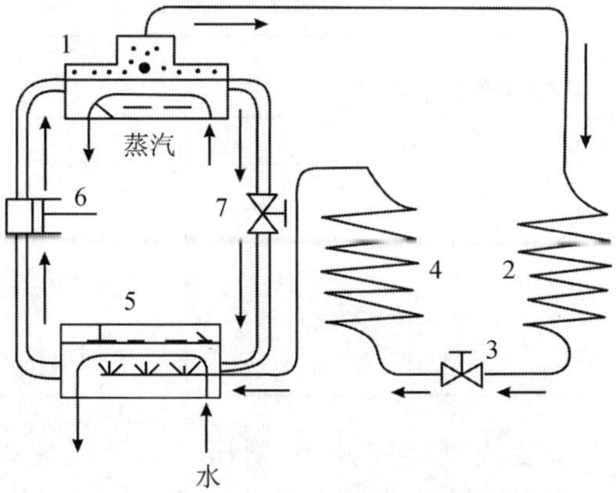

图 3-6　吸收式制冷机工作原理图

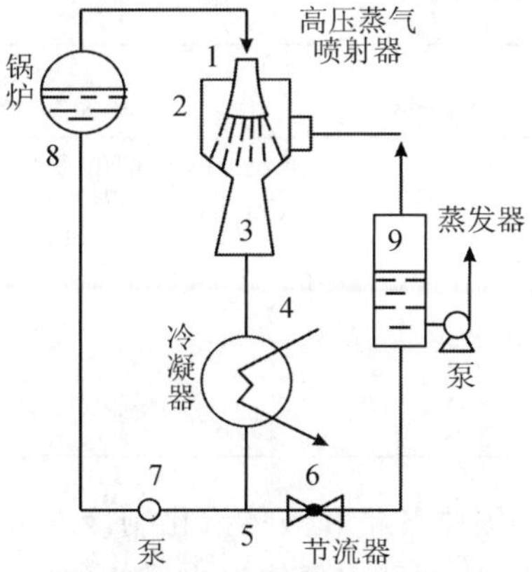

图 3-7　蒸气喷射制冷机工作原理图

二维码 3-3 喷射式制冷装置图及流程图

蒸气喷射式制冷机工作原理如图 3-7 所示。锅炉 8 的高压蒸气(称为工作蒸气)进入喷射器 2(由喷嘴、混合室及扩压管组成)中,工作蒸气在喷嘴 1 中膨胀,获得很大的气流速度(可达 800～1 000 m/s 或更高些)。在蒸发器 9 中由于制取冷量 Q 而产生的蒸气便被吸入喷射器的混合室中,与工作蒸气混合,一同流入扩压管 3 中,并借助于工作蒸气的动能被压缩到较高的压力。然后混合蒸气进入冷凝器 4 中冷凝成水,并向环境介质放出热量。由冷凝器引出的凝结水分为两路:一路经节流阀 6 节流降压到蒸发压力后进入蒸发器 9 中制取冷量,而另一路则经水泵 7 被送入锅炉中,于是便完成了工作循环。

(2)非机械压缩制冷。

①溶解和熔化制冷。固体吸热后变为液体称为熔化。固体溶于溶剂称为溶解。这两种物理状态变化都可以被用来制造冷量。例如:1 kg 冰融化成水,可以吸收 334.94 kJ 的热量。但这种制冷方式有局限性,主要是冰的熔点(冰点)限定了用冰融化不能获取低于 0℃ 的冷量,其次是冰也必须由另一种制冷操作才能做到。

水与食盐或其他无机盐类混合时,冰的熔点将随盐量增加而降低,并形成 0℃ 以下的低温,吸收大量潜热而造成特定低温,并使食品冻结。冷冻机发明以前,人们早就利用这种方法来完成如冰淇淋和鱼类的冻结作业。冰盐混合物所得到的最终低温因盐与水的比例不同而异,参见表 3-1。食盐与碎冰相混合后,起先是冰吸收熔化热而融化成水,而后是食盐溶于水而吸收溶解热。由表 3-1 可知,冰与食盐的比例为 3∶1 时,最低温度可降到 −21℃ 左右。如果需要更低温度,可使用其他盐类,如氯化钙、氯化铵、硝酸钠等与食盐混合成复式混合物,见表 3-2。

表 3-1 食盐与冰混合比与最低温度

混合物的配比		最低温度/℃
碎冰	食盐	
100	0	0
95	5	−2.8
90	10	−6.6
85	15	−11.6
80	20	−16.6
75	25	−21.1

表 3-2 各种盐类与冰复配混合后的温度

起寒剂的混合比例(质量分数)					最低温度/℃
$CaCl_2$	NH_4Cl	$NaNO_3$	NaCl	碎冰	
58.8	—	—	—	41.2	−54.9
—	20	—	—	80.0	−15.4
—	—	20.5	21.8	57.7	−25.5
—	17.6	—	19.7	62.7	−25.0

②固体升华和液体汽化制冷。固体吸热后直接变成气体叫升华,常压下低沸点液体会发生汽化,这两种现象均发生了相的转变,通过吸收相变潜热实现冷量输出。食品工业中常用干冰和液氮作为非机械压缩制冷剂,这在下一小节中将有所介绍。

3.1.3 低温制冷方法

由上述一般的制冷方法可知,制冷系统的制冷剂蒸气的液化是在冷凝器中通过冷却剂(周围环境的空气或冷却水)来进行的。由于冷却剂的温度有限度,且冷凝温度和蒸发温度之差受制冷效率所限,所以一般制冷温度不可能很低,例如对于氨压缩制冷,国产设备的极限工作条件是:冷凝温度不高于+40℃,蒸发温度单级应在+5~-30℃范围内。为了获取更低的温度,可有下列几种方法实现低温制冷。

(1)多级制冷循环。多级制冷循环是依靠一种制冷剂实施多级压缩的制冷方法。在制冷系统中,当冷凝温度较高而蒸发温度较低时(即压缩比高时),宜采用两级或多级压缩,同时在级与级之间可增置中间冷凝器,使最终压缩终了时的温度不致太高。这样既避免了由于过高蒸气温度可能引起的制冷剂本身的热分解,又使压缩机的工作条件得到改善。

图3-8表示一种两级制冷循环。从低压蒸发器内生成的低压蒸气被低压气缸吸入,并压缩至中间压力。被压缩后的蒸气先经冷却水冷却,尔后进入中间冷却器被部分制冷剂的蒸发吸热而冷却。此后,中间冷却器中的蒸气被高压气缸吸入并压缩,压缩后的过热蒸气在冷凝器中冷却冷凝,变为液态制冷剂。以后此液态制冷剂分两部分,一部分通过中间冷却器进行过冷后进入低压系统,一部分则经节流阀进行减压。减压后的制冷剂又分两部分,一部分与通过中间冷却器的过冷液汇合进入低压系统,一部分则进入中间冷却器内蒸发。两级压缩机用于低温蒸发时,对于制冷剂氨和氟利昂(R-12),蒸发温度可达-25~-70℃。

(2)串级制冷循环。上述多级制冷循环是依靠一种制冷剂实施多级压缩的制冷方法。但根据各种制冷剂的性质,它们均有其适宜的工作范围。沸点高的制冷剂,其蒸发压力势必很低,反之,沸点低的制冷剂,其冷凝压力又势必过高。为了获得更低的温度,可在制冷循环中应用两种或多种制冷剂串联操作,以一高温制冷剂所产生的冷效应去液化沸点较低的制冷剂,而此液化后的制冷剂,在汽化时又去液化另一沸点更低的制冷剂,如此逐级液化以达到所要求的低温。这种方法称为串级制冷循环或复叠式制冷循环。图3-9表示两种制冷剂的串级制冷循

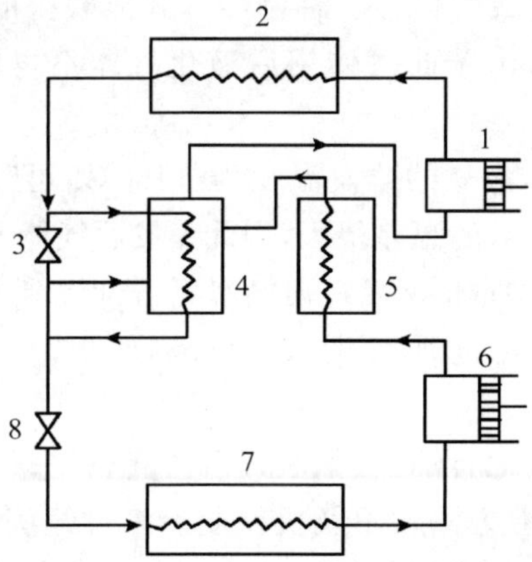

1. 高压压缩机 2. 冷凝器 3. 高压膨胀阀
4. 中间冷却器 5. 水冷却器 6. 低压压缩机
7. 蒸发器 8. 低压膨胀阀

图3-8 两级制冷循环

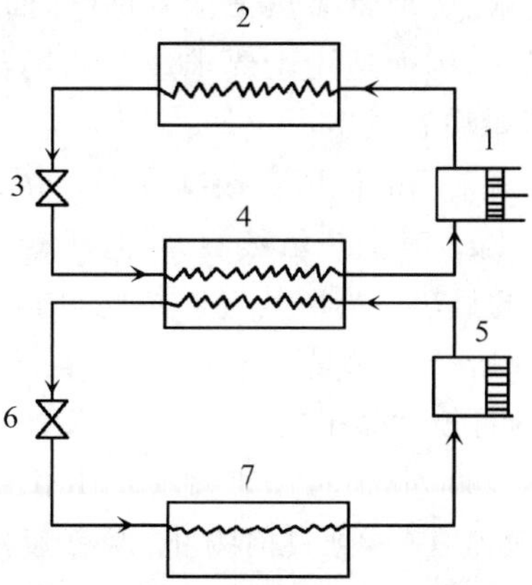

1. 高温压缩机 2. 高温冷凝器 3. 高温膨胀阀
4. 中间热交换器 5. 低温压缩机
6. 低温膨胀阀 7. 低温蒸发器

图3-9 串级制冷循环

环。图中中间热交换器对高温系统是蒸发器,对低温系统是冷凝器。在这种系统中,高温部分制冷循环的作用是为低温部分提供低温冷却剂,从而降低了低温部分制冷循环的冷凝温度,使其蒸发温度降得更低。串级制冷循环用于－70℃以下的制冷,可获得－80～－120℃的低温。

串级制冷循环所用的制冷剂组合最常用的是以R-22为高温制冷剂,R-13为低温制冷剂。也有采用以R-12为高温制冷剂,以R-22为低温制冷剂。

串级循环的缺点是消耗能量较大,这是因为中间热交换器内两种制冷剂必须有一定的温度差,低温的冷凝温度必须高于高温的蒸发温度的缘故。

(3)节流膨胀和绝热膨胀法。这两种方法都是对气体而言,是以热力学定律为依据而获得深度冷冻的方法。它们是工业上最广泛采用的两种制冷方法。若这两种方法配合使用,先进行做外功的绝热膨胀,而后进行节流膨胀,可以获得接近于绝对1 K的低温。

①节流膨胀法。节流膨胀法是使天然气、空气、氧气、氮气、氢气、氦气及其他稀有气体和某些混合气体等在低温下节流,而转变为液态,以获得液化气体(或称低温液体)的方法。这种方法的制冷过程是采用气体的一次或二次节流循环。如对空气,则是采用低温逆流式换热器经一次节流而使之液化的。

②可逆绝热膨胀(等熵膨胀)。在节流循环中,采用不做外功的绝热膨胀过程,其设备较简单,但能量损失大,经济性差。为改善循环的热力性能,可采用做外功的等熵绝热膨胀过程,以获得更大的温降,同时回收膨胀功。

(4)固体升华制冷。在升华制冷中已经应用的升华固体主要是固态二氧化碳,即所谓“干冰”。这种干冰在0.1 MPa下的升华温度为－78.5℃,每千克干冰变成气体时,约吸收573.59 kJ的热量。

二氧化碳在其三相点(压强0.52 MPa、温度56.5℃)时,将处于固体、液体与气体三相共存状态。如果转置于大气中,则固体二氧化碳将直接升华为气体,此时温度为－78.9℃,升华潜热为573.6 kJ/kg。升华后的低温二氧化碳,即可与高温食品相接触,进行冷冻。

(5)液化气体制冷。液化气体制冷本质上属于蒸发制冷。它利用低沸点液化气体物质直接与食品接触,吸取食品热量使其冻结,而自身汽化成气体。这种制冷方式能获得的温度可低达－73℃以下,因而适用于要求速冻的场合。另外,由于此法使用后液化气体不再回收,因此选用时尤其要注意成本。

液氮是最常用的液体直接制冷剂。在大气压下,液氮的蒸发温度为－196℃,可吸收蒸发潜热199.3 kJ/kg。其潜热虽然不大,但其蒸发温度与0℃的温差很大,因此蒸发后气体升温还可吸收相当分量的显热。如取其气体的比热容为1.005 kJ/(kg·K),则气态氮再升温到0℃还可带走约196.8 kJ/kg的热量。因此,每千克液氮蒸发后温度升到0℃,共可吸收396.1 kJ/kg的热量,此热量约可使食品中的1 kg水分冻结。

除液氮以外,其他可用来制冷的液化气体有:液化石油气、氟利昂-12、液态一氧化二氮等。但是,包括液氮在内,到目前为止,所有液化气体制冷方法均不及机械制冷来得经济,而机械制冷中,较为常用的是蒸气压缩式制冷循环,下面一小节将对蒸气压缩式制冷循环及其热力计算进行重点阐述。

3.1.4 食品冷冻常用的蒸气压缩式制冷循环

(1)单级压缩制冷循环。单级蒸气压缩制冷循环是指将制冷剂从蒸发压力一次压缩到冷凝压力的制冷循环。它由压缩机、冷凝器、节流机构及蒸发器四大基本设备组成。压缩机将蒸发器中的制冷剂蒸气吸入,并将其压缩到冷凝压力,然后排至冷凝器。在冷凝器中,高压制冷剂蒸气被冷凝成液体。制冷剂液体流过节流机构时,压力由冷凝压力降低到蒸发压力,在蒸发器内蒸发,吸收被冷却物体的热量。

为便于分析几个基本参数对循环性能的影响,忽略制冷机在实际运转中的一些复杂因素,首先分析一种简单的理论循环。

理论循环的假设条件是:压缩机吸入的气体是饱和气体,在节流阀前是饱和液体;蒸发和冷凝的压力和温度稳定;制冷压缩机气缸没有摩擦、节流等损耗;气缸阀与外界没有热交换,也没有余隙容积;管道中没有任何损失,压力降低仅在膨胀阀中进行。

①单级压缩制冷循环理论计算。对制冷机循环进行计算时,目前应用最广的是压焓图($\lg p$-h 图)。使用这种图,计算起来非常方便。关于制冷剂氨和氟利昂-12 的压焓图参阅图 3-10 和图 3-11。计算时,关于等压过程中的放热量和吸热量以及在绝热压缩过程中的压缩功,均可用该过程起点和终点的焓值来计算。因此,只要制冷循环的各点状态在此图上一经确定,便可在横坐标轴上查得焓差,即为所求之热量或功量。

单级压缩制冷循环在压焓图上的表示法如图 3-12 所示。图中:1-2 线为在压缩机中的绝热压缩过程;2-3 线为在冷凝器中的等压放热过程(包括冷却、冷凝、过冷);3-4 线是在节流阀中的节流过程;4-1 线是在蒸发器内的等压吸热过程。

计算的方法是根据制冷机的制冷量 Q_0(J/s)、蒸发温度 T_0(K)、冷凝温度 T_K(K)及过冷温度 T_u,在 $\lg p$-h 图上定出各状态点 1、2、3、4,并查出各点的状态参数,然后作下列各项的计算。

a. 单位制冷量。单位质量或单位容积制冷剂在蒸发器中所吸收的热量称为单位制冷量。以单位质量计者,为单位质量制冷量 q_0;以单位容积(按压缩机吸入状态计)计者,为单位容积制冷量 q_v。单位质量制冷量 q_0 等于图 3-12 中点 1 和点 4 的焓差,即:

$$q_0 = h_1 - h_4 \quad (\text{J/kg}) \tag{3-1}$$

设制冷剂在吸入压力下的比容为 v_0,则单位容积制冷量 q_v 为:

$$q_v = \frac{q_0}{v_0} = \frac{h_1 - h_4}{v_0} \quad (\text{J/m}^3) \tag{3-2}$$

b. 制冷剂循环量。即单位时间在制冷机中循环的制冷剂流量。循环量也有以质量表示和容积表示的两种。以质量表示的循环量 G 为:

$$G = \frac{Q_0}{q_0} = \frac{Q_0}{h_1 - h_4} \quad (\text{kg/s}) \tag{3-3}$$

以容积表示的循环量 V 为:

$$V = Gv_0 = \frac{Q_0 v_0}{q_0} = \frac{Q_0}{q_v} \quad (\text{m}^3/\text{s}) \tag{3-4}$$

c. 制冷剂的放热量。应包括冷却、冷凝、过冷三阶段的热量。总放热量 Q_k 应为:

$$Q_k = Q'_k + Q''_k + Q'''_k = G(h_2 - h_3) \quad (\text{J/s}) \tag{3-5}$$

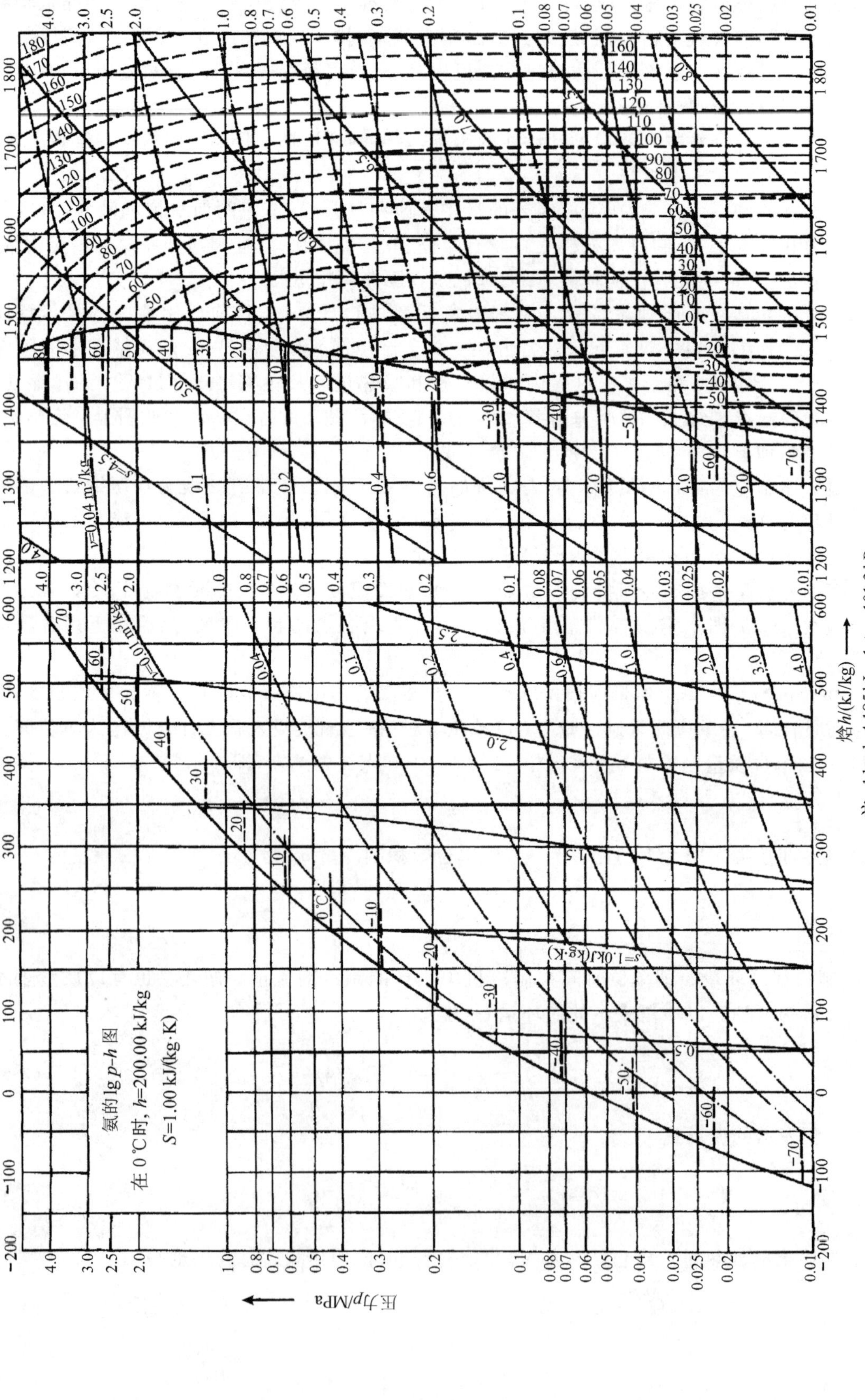

注：1 kcal=4.185 kJ，1atm=101.3 kPa

图3-10 氨的压焓图

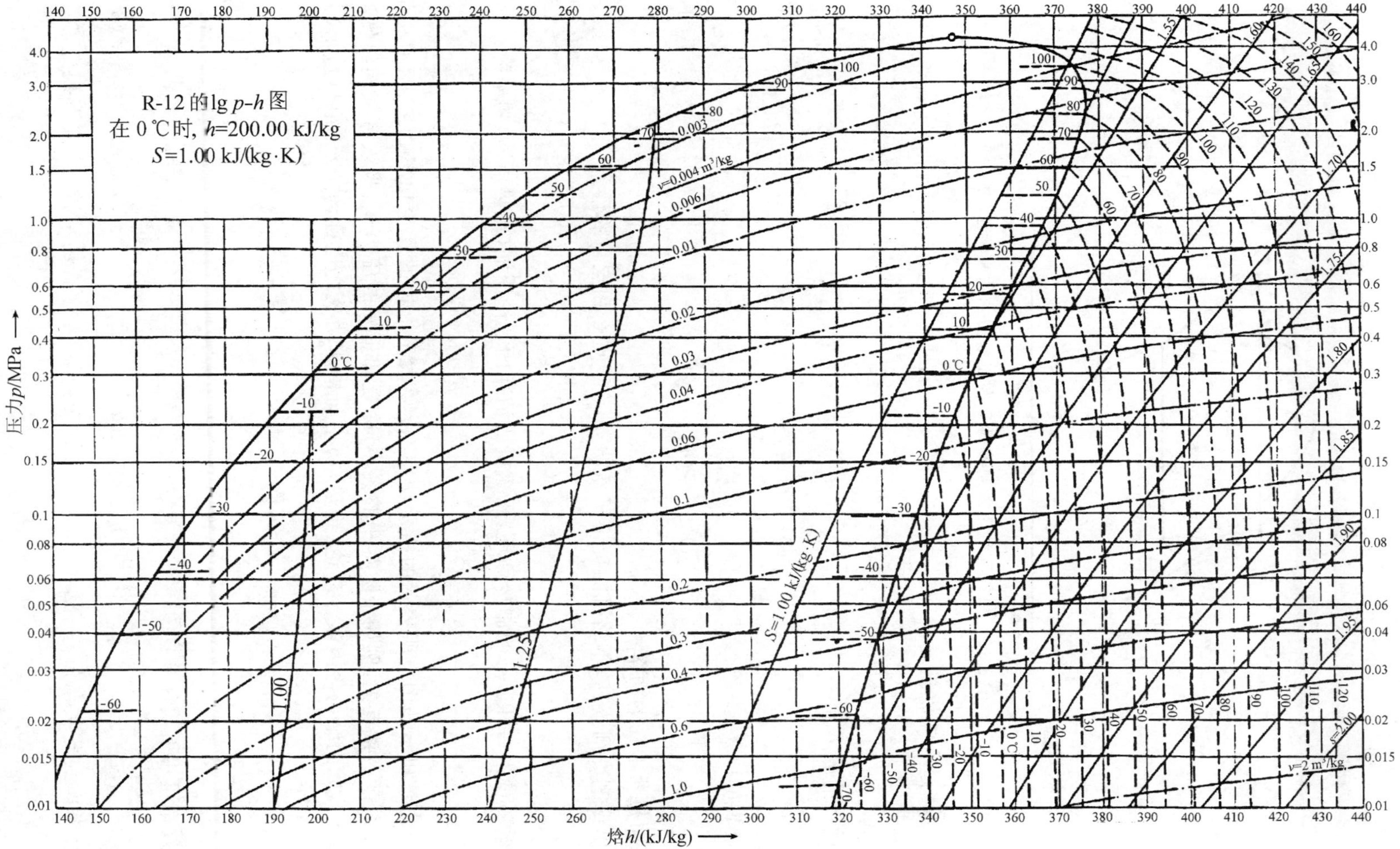

注：1 kcal=4.185 kJ，1 atm=101.3 kPa

图 3-11　R-12的压焓图

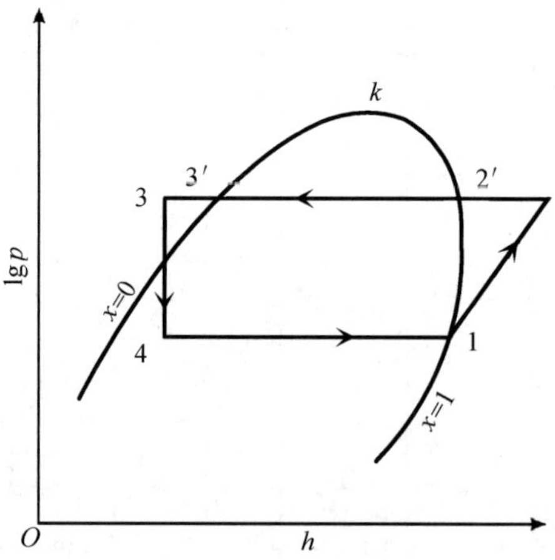

图 3-12 单级蒸气压缩制冷循环在压焓图上的表示法

其中,冷却过程的放热量:

$$Q'_{k}=G(h_2-h'_2) \tag{3-6}$$

冷凝过程的放热量:

$$Q''_{k}=G(h'_2-h'_3) \tag{3-6a}$$

过冷过程的放热量:

$$Q'''_{k}=G(h'_3-h_3) \tag{3-6b}$$

d. 压缩机所消耗的功率。

对于单位制冷剂蒸气,压缩机的理论压缩功 w 等于点 2 和点 1 的焓差

$$w=h_2-h_1 \quad (\mathrm{J/kg}) \tag{3-7}$$

故对循环量为 G(kg/s)的制冷循环,压缩机所消耗的理论压缩(绝热压缩)功率为:

$$N_t=G\cdot w=G(h_2-h_1) \quad (\mathrm{W}) \tag{3-8}$$

实际上压缩机示功图上所表示的指示功率 N_i 要大于上述的理论功率 N_t。指示功率的损失与许多复杂因素有关,例如余隙容积的大小,冷凝和蒸发的压力比、吸入蒸气的温度以及气缸、活塞和汽阀的结构等因素。理论(绝热)功率与指示功率之比称为指示(绝热指示)效率 η_{ai},故有:

$$N_i=\frac{N_t}{\eta_{ai}} \tag{3-9}$$

指示效率可用下式计算:

$$\eta_{ai}=\lambda_w+bT_0 \tag{3-10}$$

式中:λ_w 是考虑到蒸气与缸壁、活塞和汽阀的热交换影响的预热系数,可按下列经验公式计算。

中、小型卧式压缩机:

$$\lambda_w = \frac{273 + T_k}{233 + T_2} \quad (3\text{-}11)$$

大型卧式压缩机：

$$\lambda_w = \frac{273 + T_0}{299 + T_k} \quad (3\text{-}11a)$$

立式压缩机：

$$\lambda_w = \frac{273 + T_0}{233 + T_k} \quad (3\text{-}11b)$$

其中，T_0、T_k、T_2 分别为蒸发温度、冷凝温度、排气温度（℃）。式中 b 为系数，立式压缩机取 0.001，卧式压缩机取 0.002。

由于压缩机运动部件的摩擦损失，压缩机的轴功率应等于指示功率除以机械效率 η_m，即：

$$N_z = \frac{N_i}{\eta_m} \quad (3\text{-}12)$$

一般 η_m 在 0.8～0.95，其值视设计、制造、装配的精度而定，可从产品目录中查得。算得压缩机的轴功率之后，进而就可计算电动机的功率 N：

$$N = \frac{N_z}{\eta_D} \quad (3\text{-}13)$$

传动效率 η_D 表示传动机构的完善程度，其值为：

三角皮带	0.97～0.98
平皮带	0.96
齿轮箱	0.96～0.99
电动机直接连接	1.0

为了保证压缩机工作可靠和安全起见，还必须考虑一个安全系数 B，一般取 $B=1.1$～1.15。如此便可以求得电动机的额定功率 N_0，即：

$$N_0 = B\frac{G(h_2 - h_1)}{\eta_{ai} \cdot \eta_m \cdot \eta_D} \quad (\text{W}) \quad (3\text{-}14)$$

e. 制冷系数。制冷系数的理论值为：

$$\varepsilon_t = \frac{q_0}{w} = \frac{h_1 - h_4}{h_2 - h_1} \quad (3\text{-}15)$$

而实际的制冷系数应为：

$$\varepsilon = \frac{Q_0}{N} \quad (3\text{-}16)$$

【例 3-1】 有一立式、双缸氨压缩制冷机，其制冷量为 $Q_0 = 4.186\times10^5$ kJ/h，其操作的蒸发温度 $T_0 = -15$℃，冷凝温度 $T_k = +25$℃，过冷温度 $T_u = +20$℃，作制冷循环计算。

解：根据氨的 $\lg p$-h 图，查出各点的焓值及压缩机吸入气的比容。

$h_1=1\ 450\ \text{kJ/kg}$，$h_2=1\ 650\ \text{kJ/kg}$，$h_3=h_4=297\ \text{kJ/kg}$，$v_0=0.51\ \text{m}^3/\text{kg}$。

(1)单位制冷量。

$$q_0=h_1-h_4=1\ 650-297=1\ 353(\text{kJ/kg})$$

$$q_v=\frac{q_0}{v_0}=\frac{1\ 353}{0.51}=2\ 653(\text{kJ/m}^3)$$

(2)循环量。

$$G=\frac{Q_0}{q_0}=\frac{100\ 000}{1\ 353}=310(\text{kg/h})$$

$$V=Gv_0=310\times0.51=158(\text{m}^3/\text{h})$$

(3)放热量(冷凝器中)。

$$Q_k=G(h_2-h_3)=310\times(1\ 650-297)=419\ 430(\text{kJ/h})$$

(4)功率消耗。

理论压缩功率：

$$N_t=G(h_2-h_1)=\frac{310\times(1\ 650-1\ 450)}{3\ 600}=17.2(\text{kW})$$

绝热指示效率：

$$\eta_{ai}=\lambda_w+bT_0=\frac{273+T_0}{273+T_k}+0.001\times T_0=\frac{273-15}{273+25}+0.001\times(-15)=0.85$$

机械效率取 $\eta_m=0.86$

传动效率取 $\eta_D=0.95$

电动机的实际轴功率：

$$N=\frac{N_t}{\eta_{ai}\cdot\eta_m\cdot\eta_D}=\frac{17.2}{0.85\times0.86\times0.95}=24.8\ (\text{kW})$$

(5)制冷系数。

理论值：

$$\varepsilon_t=\frac{q_0}{w}=\frac{1\ 450}{1\ 650-1\ 450}=5.77$$

实际值：

$$\varepsilon=\frac{Q_0}{N}=\frac{100\ 000\times4.19}{3\ 600\times24.8}=4.69$$

②单级压缩制冷实际循环。在制冷系统中，实际循环的制冷量比理论循环少，而功率消耗增加，这是因为制冷压缩机存在容积效率和电动机存在总效率等问题外，主要还有下列一些差别：a. 热交换器中存在温差；b. 流动过程有压力损失；c. 制冷剂流经管道及阀门时同环境介质间有热交换，尤其是自节流阀以后，制冷剂温度降低，热量便会从环境介质传给制冷剂，导致

冷量损失。但如果按实际循环，则很难用手算法进行热力计算，因此，工程设计中常常对实际循环进行简化处理，如忽略冷凝器及蒸发器中的微小压力变化，节流过程仍认为是等焓过程等。经过简化处理后，即可直接利用 $\lg p$-h 图进行循环的性能指标的计算，由此产生的误差也不会很大。

(2)双级压缩制冷循环。通常的单级压缩式制冷循环，蒸发温度只能达到－25℃左右，当生产上需要更低的蒸发温度(－70～－30℃)时，如果冷凝压力 p_k 一定，势必使压缩比 p_k/p_0 增大，结果导致压缩机效率降低，功耗增大，排气温度升高，运转条件恶化，甚至危害压缩机正常工作。因此，为了获得较低的蒸发温度，就要应用多级压缩循环。在食品工业中，常应用双级压缩循环，双级压缩制冷循环的特点是压缩过程分两个阶段进行，并在高级与低级之间装设中间冷却器。由于节流级数和中间冷却的程度不同，制冷循环也有不同，分完全中间冷却及不完全中间冷却双级压缩制冷循环。二者的主要区别是低压压缩机的排气在中间冷却器中是否完全冷却成饱和蒸气，对于一级节流完全中间冷却，高压压缩机吸入的不再是过热蒸气，而是中间压力下的饱和蒸气。由于吸气温度较低，所以高压级的排气温度也不会过高，这对氨系统是较为有利的，因此通常多使用一级节流的完全中间冷却的双级压缩制冷循环。

一级节流完全中间冷却的双级压缩制冷循环如图 3-13 所示。与其他系统的区别在于制冷剂液体的节流及冷却方式。冷凝后的制冷剂液体分为两路：主要的一路流经中间冷却器盘管，为容器内的制冷剂液体所冷却，然后经膨胀阀进入蒸发器；另一路经膨胀阀节流到中间压力 p 中，进入中间冷却器，这一路液体蒸发吸热，使低压机的排汽和盘管中高压制冷剂液体冷却。

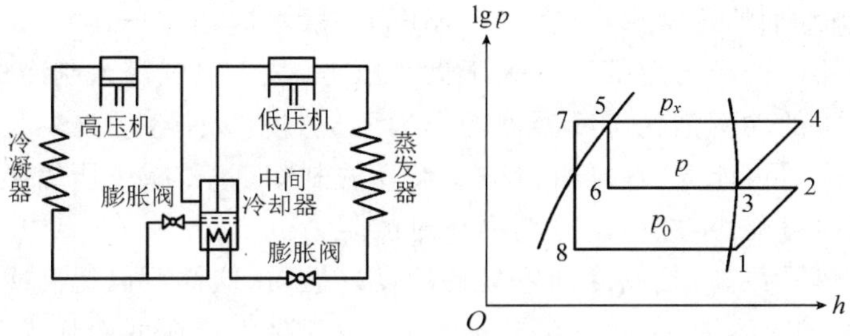

图 3-13　一级节流完全中间冷却的双级压缩制冷循环

3.2　制冷剂和载冷剂

制冷剂是制冷系统中实现制冷循环的工作介质，也称为制冷工质。制冷剂在制冷系统中循环流动，其状态参数在循环的各个过程中不断发生变化。制冷循环中，如果制冷剂吸热的蒸发器直接与被冷却物体或被冷却物体的周围环境进行换热，这种制冷方式称为直接制冷。

食品工业中，需要进行冷冻加工的场所往往较大或进行冷冻作业的机器台数较多，将制冷剂直接送往各处便不合算，因此常采用间接制冷过程以满足这种需要。所谓间接制冷是用廉价物质作媒介载体实现制冷装置与被冷却物体或空间的热交换，这种媒介载体工质称载冷剂，也称冷媒。它将从被冷却物体吸取的热量送到制冷装置后再传递给制冷剂，自身重新降温循环使用，参见图 3-14。

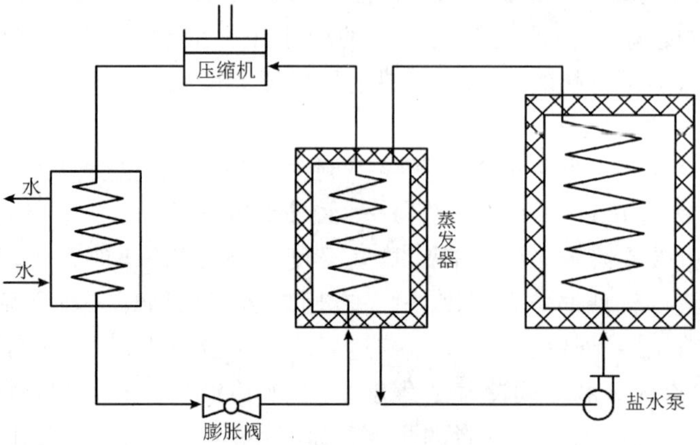

图 3-14 间接蒸发制冷原理

3.2.1 对制冷剂的要求和选用制冷剂的原则

由于制冷机的大小、构造和材料以及在一定情况下的操作压力与制冷剂的性质有密切关系，所以在进行压缩制冷时必须慎重选用适合于操作条件的制冷剂。特别是在食品加工中，对制冷剂有以下几个方面的要求。

3.2.1.1 热力学上的要求

在大气压力下，制冷剂的沸腾温度要低，这是一个必要条件。使用活塞式制冷机时，为了达到适宜的低温，制冷剂的正常沸点(在 0.1 MPa)一般不应超过－10℃。

制冷剂在蒸发器内的压力应等于或大于大气压力，避免空气窜入制冷机系统中，降低传热系数以及增加压缩机的功率消耗。冷凝器的压力不应过高，不超过 0.1～0.14 MPa。制冷剂单位容积的产冷量应尽可能大，这样可以减少循环的制冷剂量，减少压缩机的尺寸。制冷剂的相对密度和黏度应尽可能小，减少制冷剂循环时的阻力。

导热系数和散热系数高，是制冷剂应具备的良好性质，这样可以提高冷凝器和蒸发器的传热效率。另外，蒸发的比容要小，蒸发潜热大，制冷剂的凝固点愈低而临界温度愈高愈好。

3.2.1.2 物理化学上的要求

制冷剂能溶解于油这一性能，有优点但也有缺点。优点是为压缩机的润滑创造有利条件，此外，在蒸发器和冷凝器的外表面，不可能形成阻碍热传导的油层，缺点是从压缩机带出的油量多，且使得蒸发温度升高。

制冷剂微溶于油的优点是从压缩机气缸中带出的油量少，且蒸发器中的蒸发温度稳定。缺点是清除蒸发器和冷凝器内的润滑油较为困难，因而降低设备的传热系数。

制冷剂能与压缩机中的水互溶，可以避免制冷系统中形成冰塞。制冷剂对金属不应有腐蚀作用。不燃烧、不爆炸，在高温下稳定不分解，与润滑油不起化学作用。制冷剂的渗透性能较弱，如果发生渗漏，要能迅速地确定渗漏处。

3.2.1.3 生理学上的要求

制冷剂对人的生命和健康不应有危害，不应有毒性和窒息性以及刺激作用。

3.2.1.4 经济上的要求

制冷剂应价格便宜，便于获得。

目前各种制冷剂都有一些缺点，完全满足上述要求的制冷剂是没有的，选择时应根据制冷剂的特性及工作条件等因素决定。

3.2.2 常用的制冷剂

常用的制冷剂有无机物、氟利昂(Freon)，碳氢化合物及混合制冷剂。工业上已采用的制冷剂很多，大型冷库常用的是氨(NH_3)，此外，制冷剂的发展推动着制冷技术的进步。20世纪30年代以来氟利昂制冷剂的问世，使制冷装置在小型化、高效率、高可靠性以及品种规格、用途多样化等方面得到了前所未有的发展。使用较多的制冷剂是HCFCs(含氢氯氟烃)，其次是HFCs(含氢氟烃)。下面就部分制冷剂进行简单介绍。

3.2.2.1 氨

氨作为制冷剂在我国冷库中的应用年代久远。目前在我国各个行业中运行的冷库，估计80%使用氨作制冷剂。目前氨多用于蒸发温度在-65℃以上的大型或中型单级、双级活塞式制冷机中，也有应用于大容量离心式制冷机中。

氨是应用较广的中温制冷剂。在0.1 MPa下，其沸点-33.4℃，凝固点-77.7℃。

氨有较好的热力学性质和热物理性质，在常温和普通低温范围内压力比较适中。单位容积制冷量大，单位质量产冷量为4.186×263.6 kJ/kg，单位容积产冷量为4.186×518 kJ/m^3，因此在相同制冷量的情况下，系统中的制冷剂循环量较少。氨黏性小，流动阻力小，传热性能好。

氨在润滑油中的溶解度很小，但能以任意比例与水相互溶解，组成氨水溶液，在低温时水也不会从溶液中析出而冻结成冰，在制冷系统中不会有冰塞现象。

氨对人体有较大的毒性。氨蒸气无色，具有强烈的刺激性臭味。对人体黏膜组织(如眼、鼻、咽、肺等部位)有强烈的刺激性。当氨蒸气在空气中含量(体积分数)达到0.5%～1%时，人在其中停留30 min即会中毒甚至死亡。氨会燃烧和爆炸，当空气中氨的含量(体积分数)达到16%～25%时遇明火可引起爆炸；当空气中含量达到11%～14%时即可点燃(其燃点为630℃)。因此，在冷库中用氨作制冷剂，对企业内的生产存在安全管理的问题，对企业周围的环境则存在公共安全的问题。不少外资食品加工企业的速冻制冷系统采用了氢氟烃或氢氯氟烃制冷系统取代氨制冷系统。使用的主要有：R-410A、R-134A、R-600A及R-22。

3.2.2.2 氟利昂-12(R-12)

R-12是一种对人体生理危害最小的制冷剂。无色、无臭、不燃烧、无爆炸性。在0.1 MPa下，其沸点为-29.8℃，凝固点为-155℃。它极易溶解于油中，使油的黏度降低。水在R-12中的溶解度很小，故在R-12制冷机中，如有水存在会引起膨胀阀冰塞，通常其含水量不得超过0.002 5%。此外，它的渗透能力很强，能透过极细的缝隙，因无臭味，渗漏不易发现。R-12单位容积制冷量较小，因此，R-12压缩机的尺寸较相同产冷量的氨压缩机为大。利用R 12作为制冷剂的制冷系统可降温至-40℃，常用于各种不同产冷量的中等压力的活塞式压缩机。

3.2.2.3 氟利昂-22(R-22)

R-22也是中温制冷剂，在相同的蒸发温度和冷凝温度下，其压力较R-12高。R-22的沸点为-40.8℃，凝固点-160℃。它在常温下的冷凝压力和单位容积制冷量与氨差不多，比R-12要大。R-22无色、无味、不燃烧、不爆炸，毒性比R-12略大，但仍然是安全的制冷剂。它的传热性能与R-12差不多，流动性比R-12好，溶水性比R-12稍大，但仍然属于不溶于水的物质，其含水量仍然限制在0.002 5%以内，以免工作时发生冰塞。R-22化学性质不如R-12稳定，能够部分地与润滑油相互溶解，其泄漏特性与R-12相似。常用于中、小型、自动化程度较高的制冷系统和大型(万吨)冷库中。

3.2.2.4 氟利昂-11(R-11)

R-11的沸点为−23.7℃，凝固点−111℃，属于高温制冷剂，可用于空调或热泵装置中。其传热性能与R-12相接近，黏性比R-12大，毒性比R-12更小。与水的溶解性及对润滑油的作用关系与R-12相近。

3.2.2.5 氯甲烷、二氧化硫和二氧化碳

氯甲烷和二氧化硫的冷凝压力比氨低，它们常用作往复式和离心式制冷机中的制冷剂。适用于小型制冷和空调。但由于其毒性大，生产中很少采用。

二氧化碳的优点是无毒、密度大，所需的压缩机气缸尺寸小。它的缺点是冷凝压力很高，临界温度低。它的冷凝压力一般是6～8 MPa，蒸发压力不能低于0.53 MPa，否则二氧化碳将固态化。它常用作往复式制冷机中的制冷剂。

3.2.2.6 氟利昂-410A(R-410A)

R-410A(HFC)由两种准共沸的混合物R-32和R-125各50%组成，主要有氢，氟和碳元素组成，由于不含氯元素，故其臭氧层破坏潜能值(ozone depression potential，ODP)为0。全球变暖系数值(global warming potential，GWP)较大，为1 730。工作压力为普通R-22空调的1.6倍左右，制冷(暖)效率高，具有稳定、无毒、性能优越等特点。R-410A是目前为止国际公认的用来替代R-22最合适的冷媒。

3.2.2.7 氟利昂-134A(R-134A)

R-134A是一种使用最广泛的中低温环保制冷剂，完全不破坏臭氧层。其制冷量和效率与R-12非常接近，是目前国际公认的R-12最佳的环保替代品。可以应用于使用R-12制冷剂的多数领域。R-134A是目前主流的环保制冷剂，广泛用于新制冷空调设备上的初装和维修过程中的再添加。R-134A的毒性非常低，在空气中不可燃，安全类别为A1，R-134A的化学稳定性很好，然而由于它的溶水性比R-22高，所以对制冷系统不利，即使有少量水分存在，在润滑油等的作用下，将会产生酸、二氧化碳或一氧化碳，将对金属产生腐蚀作用，或产生“镀铜”作用，所以R-134A对系统的干燥和清洁要求更高。

3.2.2.8 异丁烷(R-600A)

R-600A是一种性能优异的新型碳氢制冷剂，取自天然成分，不损坏臭氧层，无温室效应，其特点是蒸发潜热大，冷却能力强；流动性能好，输送压力低，耗电量低，负载温度回升速度慢。与各种压缩机润滑油兼容。R-600A是R-12的替代品。主要用作超低温制冷剂，与R-22组成的制冷系统用于−80～−120℃的超低温制冷装置。也用作泡沫塑料的发泡剂，作制冷剂替代R-12。其主要缺点是易燃，易爆。与空气混合能形成爆炸性混合物，遇热源和明火有燃烧爆炸的危险。

3.2.3 制冷剂的发展趋势

自1931年美国杜邦公司首次用R-12作为制冷剂，取得很好的效果，此后R 11、R-13等在制冷上广泛应用，占据了很大的领域。1974年美国加州大学的Rowland FS教授和他的博士后Molina MJ在《自然》杂志上发表论文，指出卤代烃在强烈的太阳辐射下会释放出氯原子，

而氯原子会发生链式反应，从而破坏臭氧层使臭氧层出现空洞（二维码 3-4 臭氧层空洞情况）。臭氧层是地球的“保护伞”，它对波长 280～315 nm 的太阳辐射 B 种紫外线(UV-B)有很强的吸收过滤作用，臭氧层的破坏会危及人类健康和生态平衡。面对上述问题，1987 年，24 个国家签订了关于禁用和逐步替代消耗臭氧层物质的蒙特利尔议定书，对 R-11、R-12、R-113、R-114、R-115 五项氟氯碳化物等的生产做了严格的管制规定，1992 年，97 个国家在哥本哈根开会决定加速禁用和替代破坏臭氧层物质的进程。20 多年来，经过世界各国的努力，对消耗臭氧层物质的控制和淘汰取得了重大的成果。发达国家已经完成了 CFCs（含氯氟烃，如 R-11、R-12）的淘汰，进入 HCFCs（如 R-22）淘汰阶段。发展中国家包括我国对 CFCs 的淘汰也接近完成，为推动绿色发展，促进人与自然和谐共生做贡献。在替代制冷剂中，应用比较多的 HFCs 有 R-404A、R-507、R-407C 和 R-410A 等。这些替代制冷剂被称为“环保工质”“绿色工质”等。但是，它们的 GWP 值（全球变暖潜能）高达 1 300～3 800，属于温室效应气体。根据《京都议定书》(1997)，又面临淘汰。因此，人们重新将目光转向对地球生态系统无害的氨、二氧化碳及碳氢(HCs)等第四代零 ODP、低 GWP 的天然工质。天然物质的 ODP 和 GWP 值均为零，因此在环境因素方面的优越性远远超过 HFCs 类物质，但由于这类替代物的可燃性、刺激性、毒性、安全性等方面的缺陷，使得其在实际生产和使用上受到限制。目前国际制冷空调行业的倾向是在小型的家用冰箱类制冷设备中可使用 HCs，而面对大中型制冷空调设备，若在没有证据表明 HCs 的安全可靠性时，拒绝使用其作为替代制冷剂。从发达国家或发展中国家长期解决问题的角度来看，HFCs 类物质将继续成为 R-22、R-502 现实可能的替代方案。表 3-3 为常见制冷剂及其应用情况。

二维码 3-4　臭氧层空洞情况

表 3-3　常见制冷剂及其应用情况

类别	制冷剂	标准蒸发温度 T_0/℃	30℃时冷凝压力 p_k/kPa	应用场合
高温（低压）制冷剂	R-11，R-21，R-113，R-114 R-123 R-227	＞0℃	≤300	高温环境空气调节
中温（中压）制冷剂	R-12，R-502 R-22，R-142，R-142B R-134A，R-218，R-32， R-152A，R-717，R-1270， R-407C，R-410A，R-413A， R-417A	－60～0℃	300～2 000	空气调节 单级与双级压缩
低温（高压）制冷剂	R-13 R-50，R-170，R-290， R23，R503 R-14，R-23，R-404A，R-507	≤－60℃		复叠式低温制冷

3.2.4　载冷剂

在间接冷却的制冷装置中，采用载冷剂的优点是可使制冷系统集中在较小的场所，因而可以减小制冷机系统的容积及制冷剂的充灌量；且因载冷剂的热容量大，被冷却对象的温度易于保持恒定。但缺点是系统比较复杂，且增大了被冷却物和制冷剂间的温差。

理想的载冷剂应具有无毒、不爆炸、不燃烧、泄漏时易于察觉、化学性质稳定、对金属及非金属无腐蚀作用、对人体和环境无害、闪点和燃点较高、黏度和蒸气压较低、比热容和导热系数大、价格便宜并且使用寿命长等优点，但实际应用中却难以找到完全满足上述所有条件的物质。因此，实际选择载冷剂应根据实际需求和条件，对载冷剂的性能、安全和价格等进行综合比较。常用载冷剂有水、盐水、丙二醇与乙二醇、二氯甲烷和一氟三氯甲烷，二甲醚等。近二十年来由于新工艺、新技术的发展和节能环保的要求，需要部分低温系统载冷剂既具有更低的适用工作温度，同时又具有更好的安全经济操作性能，于是开发新的载冷剂便成为低温工程技术进步的一个重要环节。

不同的载冷剂各自具有优缺点和一定的使用限制条件。

水和盐水（氯化钙或氯化钠水溶液）价格非常低廉，但作为载冷剂使用会受到使用温度不够低和会对金属带来腐蚀作用等条件的限制，一般仅使用在 0℃和 −20℃以上的低温系统中。

有机传热介质作为载冷剂，具有多种产品可供选择，每种产品的化学及物理性质不同，其适用范围和性能也有所不同。最有代表性的有机溶液载冷剂是乙二醇和丙二醇的水溶液。

载冷剂分为含水载冷剂和非含水载冷剂，表 3-4、表 3-5 所列为部分常见载冷剂。

表 3-4　常见含水载冷剂

载冷剂	水溶液质量分数/%	冰点温度/℃
氯化钠溶液	22.4	−21.2
氯化钙溶液	29.9	−55
氯化镁溶液	20.6	−33.6
甲醇	78.26	−139.6
乙二醇	93.5	−118.3
乙二醇	60.0	−46.0
丙二醇	60.0	−60.0
甘油	66.7	−44.4
蔗糖	62.4	−13.9
转化糖	58.0	−16.6

表 3-5　常见非含水载冷剂

名称	冰点/℃
二乙基的混合物	−73.0
合成的碳氢混合物	−85.0
聚乙烯 1	−100.0
聚乙烯 2	−93.0
柑橘油剂	−96.0
二氧化碳	−56.7
烷基苯类	−14.8
酯类溶液	−62.0
脂族烃类溶液	−85.0

3.3　食品的冻结

食品的冷冻过程最终也是食品中大部分水变成冰的过程，但与水的冻结有别。食品冷冻速度的快慢会影响到食品组织结构及其产品品质。研究表明，快速冻结有利于保持食品原有品质。表示食品冻结速率可有不同的方法，其他条件一定时，可用冻结时间来衡量冻结速率的大小，即所需时间越短，冻结速率越大。冻结时间即是冻结设备设计的依据之一，也是冷冻作业的重要参数。

3.3.1　水的冻结曲线

食品冻结过程是食品中自由水形成晶体的物理过程。食品中的水分以自由水和结合水两种形式存在。自由水是可以结冰的水分。结合水与固形物结合在一起，冷冻时不能冻结成冰。

水冻结成冰的一般过程是先降温过冷，而后在冰点温度下形成冰晶体的过程，如图 3-15 中的曲线所示。众所周知，水在常压下的冰点为 0℃。但实际上在冻结曲线上，冰晶体往往不是一到 0℃就形成，而是要先经过一个过冷过程。即水温要降到低于冰点温度才会出现从液态到固态的相转变。水在什么过冷温度下开始出现冰晶依不同条件而异。例如，振动可以使过冷水在较靠近冰点温度时出现冰晶，而有人用较纯的水做过实验，发现其过冷温度可低到－40℃才出现结冰。不管过冷度如何，一旦出现相变，水的温度便会马上回到冰点温度，并且在全部水冻结成冰以前，体系的温度将保持在冰点不变。

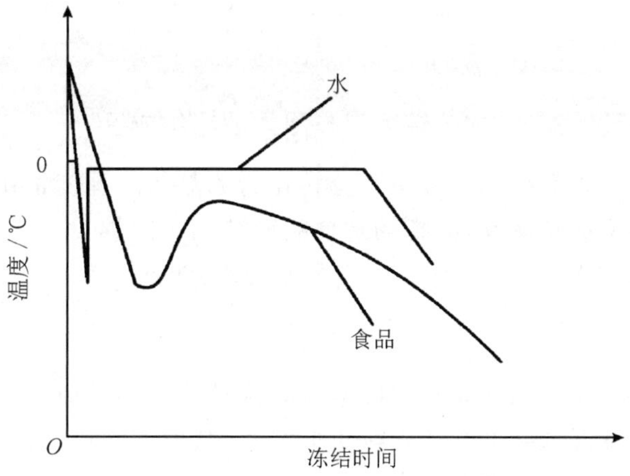

图 3-15　水与食品冻结曲线的一般形状

3.3.2　食品的冻结曲线

冷冻食品往往含有大量水分，其冻结过程大致与水冻结成冰的过程相似。但由于食品中的水分是作为溶液中的溶剂这种状态存在的，因此食品的冻结过程有自身的特点。各类食品都有一个类似于水的冰点的初始冻结点，习惯上也称为食品的冰点。根据溶液冰点降低原理，食品的初始冻结点总是低于水的冰点。表 3-6 给出了一些食品的冰点。

表 3-6　一些食品的冰点

食品名称	含水率/%	冰点/℃	食品名称	含水率/%	冰点/℃
梨	83	－2	啤酒	89～91	－2
青豌豆	74	－1.1	奶油	59	
菠萝	85.3	－1.2	鲜蛋	70	－2.2
南瓜	90.5	－1	鲜鱼	73	－1～－2
菠菜	92.7	－0.9	牛奶	87	－2.8
番茄	94	－0.9	羊肉	60～70	－1.7
西瓜	92.1	－1.6	猪肉	35～42	－2.2～－1.7
萝卜	93.6	－2.2	鲜家禽	74	－1.7

食品在冻结时的温度—时间关系是一条温度不断降低的曲线（图 3-15），即其冻结过程不在一个温度下进行。出现这一现象的主要原因是由于随着结成冰的水分不断从溶液析出，溶液浓度不断升高，从而导致残留溶液冰点的不断下降。即使在温度远低于冰点的情况下，仍有部分自由水没有冻结。含有少量水的未冻结的高浓度溶液，只有当温度降低到低共熔点时，才会全部凝结成固体。一般冻藏食品的温度仅为－18℃左右。其中的水分实际上并未完全冻结。

食品的冻结也会出现过冷现象。过冷的程度与食品的种类有关，如禽、肉、鱼一般为－4～－5℃，牛奶为－5～－6℃，蛋类为－11～－13℃。与水的冻结过程一样，过冷点不是一个定值，而且在某些场合，根本觉察不到过冷现象。因此，过冷不是食品冻结时要考虑的主要问题。

3.3.3 水分结冰率与最大冰晶生成区

食品冻结过程中水分转化为冰晶体的程度常用水分结冰率(ψ)表示。水分结冰率也称冻结率或结冰率，它指的是食品冻结到一定温度时形成的冰晶体质量(m_i)与食品总水分(包括结冰水 m_i 和液态水 m_w)质量之比，即：

$$\psi = m_i/(m_i + m_w) \tag{3-17}$$

水分结冰率与温度有关。冻结前它的数值为零。冻结过程中，它随着温度降低而增加，当温度降低到低共熔点或更低些时，其值达到最大值，即为100%。食品水分结冰率与食品温度可有以下近似关系：

$$\psi = (1 - \theta_r/\theta) \tag{3-18}$$

式中：θ_r 为食品的冰点，℃；θ 为低于冰点的食品温度，℃。

根据上式和食品的冰点，就可以得出其冻结时温度与水分结冰率的关系曲线。例如，已知青豌豆的冰点为−1.1℃，可以得出图3-16所示的结冰率与温度的关系曲线。

根据式(3-18)，各种食品冻结时，大部分水分是在靠近冰点的温度区域内形成冰晶体的，而到了后期，结冰率随温度而变化的程度不大。通常把水分结冰率变化最大的温度区域称为最大冰晶生成区，此温度区域对应的温度为−1～−5℃。

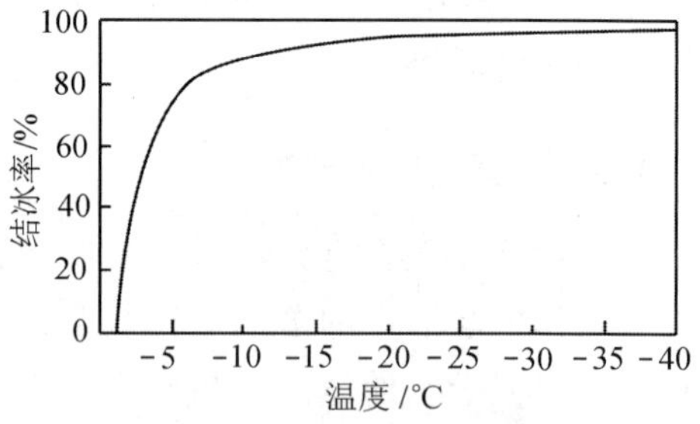

图3-16 青豌豆冻结过程中结冰率与温度的关系

3.3.4 冻结对食品的影响

食品冻结的目的或是为了保藏方面的需要，如冻藏，或是为了制品加工方面的需要，如冷冻浓缩或冰淇淋生产。不论出于哪种需要，食品本身会伴随冷冻发生一系列物理性质、质构和化学方面的变化。这里主要讨论物理性质和细胞组织方面的变化。

3.3.4.1 物理性质变化

(1)体积膨胀和产生内压。1 mL水在4.4℃时重1 g，此时密度最大。在0℃时水重0.999 9 g，冰重0.916 8 g。0℃时冰比水的体积增大约9%。冰的温度每下降1℃其体积收缩0.01%～0.005%。二者相比膨胀比收缩大得多，所以含水分多的食品冻结时体积会膨胀。冻结时表面水分首先成冰，然后冰层逐渐向内部延伸。当内部的水分因冻结而膨胀时会受到外部冻结层的阻碍，于是产生内压，即所谓冻结膨胀压。纯理论计算这个压力数值可达8.59 MPa。当外层受不了这样的内压时就破裂，遂使内压消失。在采用温度较低的液氮冻结时，较厚的产品表面出现龟裂，就是因产生内压而造成的。

(2)比热容。由于冰的比热容是水的1/2，因此总的来说，冻结食品的比热容也较未冻结时的小。并且由于食品冻结时水是逐渐变成冰的，因此食品冻结时的比热容并非定值。一般冻结食品的比热容可用下式近似估计：

$$c_p = 2.0935a + 0.8374b \tag{3-19}$$

式中：c_p 为冻结食品的定压比热容，kJ/(kg・K)；a 为食品的含水率；b 为食品固形物含量；2.093 5 是冰的比热容，kJ/(kg・K)；0.837 是食品固形物的比热容，kJ/(kg・K)。

食品在冻结前后比热容随温度的变化如图 3-17(a)所示的曲线。

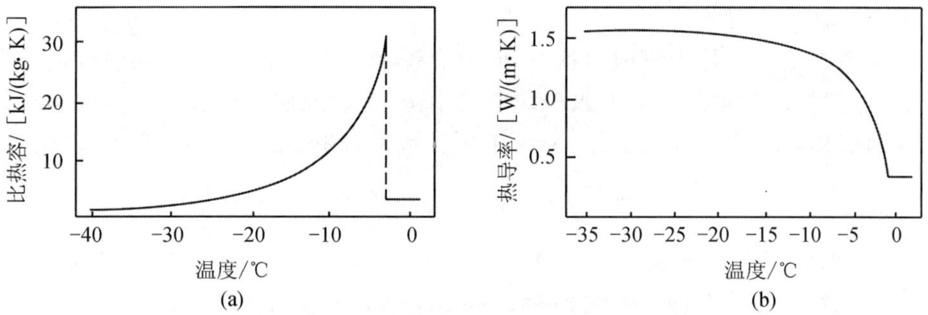

图 3-17　食品冻结前后比热容与热导率的变化

(3)导热系数。水的导热系数为 0.582 W/(m・K)，冰的导热系数为 2.326 W/(m・K)，冰的导热系数是水的 4 倍，所以冻结时冰层向内推进使食品的导热系数提高。因此，冻结过程中，食品的导热系数不是定值，它们随温度而变化，见图 3-17(b)。

表 3-7、表 3-8、表 3-9 是几种食品在不同温度下的导热系数。

表 3-7　食品的导热系数(冰点以上)　W/(m・K)

食品种类	导热系数	食品种类	导热系数
新鲜的肉	0.5	鸡	0.41
牛油	0.17	鱼	0.38
猪油	0.18	蛋液(蛋黄与蛋白混合)	0.29
牛肉(少脂)	0.56		

表 3-8　牛肉与猪肉的导热系数　W/(m・K)

品温/℃	牛肉		猪肉
	多脂	少脂	
30	0.49	0.49	0.49
0	0.48	0.48	0.48
−5	0.93	1.06	0.77
−10	1.20	1.35	0.99
−20	1.43	1.57	1.29
−30	1.54	1.65	1.45

表 3-9　鱼和鸡的导热系数　W/(m・K)

温度/℃	−1～−5	−5～−10	−10～−65
导热系数	0.81～1.35	1.35～1.63	1.63～1.97

(4)汁液流失。食品经冻结-解冻后，内部结晶冰就融解成水。它不能被肉质吸收重新回到原来状态时，这部分水就分离出来成为流失液。

食品内物理变化越大则流失液越多。所以流失液的产生率是评定冻品质量的指标之一。流失液不仅是水，而且还包括溶于水的成分，如蛋白质、盐类、维生素等，所以流失液不仅使重量减少，而且风味营养成分亦损失，使得食品在量和质两方面都受到损失。

(5)干耗量。冻结过程不仅是个传热过程，而且亦是个传质过程，会有一些水分从食品表面蒸发出来，从而引起干耗。

由于冻结室内空气常处于不饱和状态，而鱼肉等由于含有水分，其表面层接近于饱和蒸气压，在蒸气压差的作用下食品表面的水分向空气中蒸发，表面层水分蒸发后内层的水分在扩散作用下向表面层移动。除蒸气压差外，干耗还与食品表面积、冻结时间等有关，其关系式为：

$$W = \beta A(p_f - p_a) \quad (\mathrm{kg/h}) \tag{3-20}$$

式中：W 为单位时间内的干耗量，kg/h；A 为食品的表面积，m^2；p_f 为食品表面的水蒸气压，Pa；p_a 为空气的水蒸气压，Pa；β 为蒸发系数，kg/(h·m^2·Pa)。

3.3.4.2 质构的变化

冻结过程中温度降低到食品冰点时，处于细胞间隙内的那些与亲水胶体结合较弱或以低浓度溶液状态存在的水分，首先形成冰晶体，并出现胞内水分向细胞间已形成的冰晶迁移聚集的趋势。这种趋势将一直持续到温度降到足以使细胞内汁液就地转化为冰晶为止。

冻结过程进行得越慢，上述的水分重新分布越显著。由于细胞内水分向细胞间迁移，造成细胞内浓度的增加，其冰点进一步下降，于是水分外逸量又会增加。正是这样，细胞间的冰晶体颗粒就会愈长愈大，对食品原有的细胞组织产生机械破坏作用，降低了冷冻食品的复原质量。

冻结过程如果以较快速度完成，则上述的水分重新分布，造成组织破坏的程度将得到缓和。因为快速冻结时，传热速度迅速，细胞内的温度快速下降，这样可使细胞内的水分大多在原地冻结。这样，就整个食品组织而言，可以形成既小又多的冰晶体，分布也较均匀，可使冷冻食品解冻时最大程度保持食品未冻前的组织状态。

二维码 3-5 螺旋速冻装置

一般以冻藏为目的的冻结场合宜采用快速冻结手段(二维码 3-5)，而其他目的的冷冻作业则要求将冻结速度控制在一般水平，如冷冻浓缩、冷冻粉碎等。

3.3.5 食品冻结的速度与时间

3.3.5.1 冻结过程的传热与产品的温度分布

食品冷冻过程耦联了两个不稳定传热过程，即不稳定的外部传热过程与内部传热过程。

外部不稳定传热过程是食品表面与冷冻介质主流之间的传热过程，因采用的冻结方式不同，又可分两种情形：冷冻介质(如冷空气)与食品直接接触时为对流传热；间接接触时为对流和间壁传导相结合的传热过程。内部不稳定传热过程是食品内部的不稳定热传导。

外部对流传热的推动力是食品表面与冷冻介质的温差，表面传热系数的大小由冷冻介质的性质、流速和食品的表面状态所决定。内部传热的推动力是食品表层与内部的温差，影响因素有食品的密度、比热容和热导率。

外部温差与内部温差在整个冻结过程中不断发生着变化。变化的总趋势均为逐渐缩小。但实际操作中，直到冻结操作结束也不会缩小到可以忽略。因此一般冷冻计算中所采用的食品冻结终了温度通常是一个平均温度。此温度一般可取冻结结束时的食品表层温度与食品中心温度的算术平均值(图3-18)。所谓中心温度是冻结时温度下降得最慢的点。此点可与几何中心重合，也可不重合，这与冻结的设备、操作形式及食品本身的形状有关。

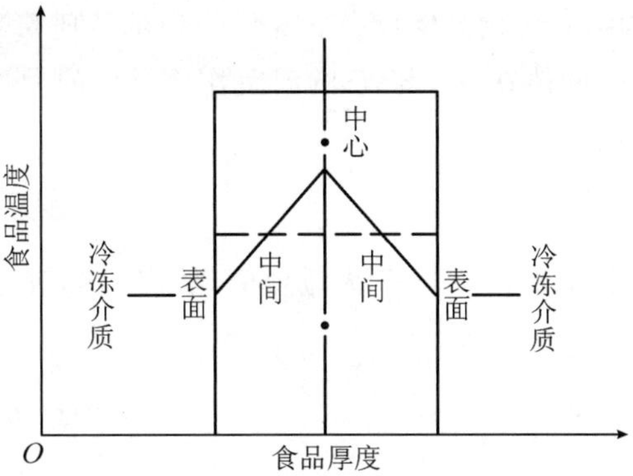

图3-18　冻结食品的温度分布

3.3.5.2　冻结速率及冻结时间

冻结速率可用食品热中心温度下降的速率或冰锋前进的速率表示。食品热中心即指降温过程中食品内部温度最高的点。对于成分均匀且几何形状规则的食品，热中心就是其几何中心。

20世纪70年代国际制冷学会提出食品冻结速率应为：

$$V_f = \frac{l}{t} \tag{3-21}$$

式中：l 为食品表面与热中心的最短距离，cm；t 为食品表面达0℃至热中心达初始冻结温度以下5或10 K所需的时间，h。

食品大小一定时，冻结速率取决于冻结时间。冻结时间是温度均匀食品的中心温度从初温下降到一定程度低温所需的时间。冻结时间有公称冻结时间和有效冻结时间之分。温度均匀的食品，其中心温度从0℃下降到比它低10℃所需的时间称为公称冻结时间。温度均匀的食品，从实际某温度 T_a(K)下降到某一平均温度所需的时间称为有效冻结时间，也称实际冻结时间。冻结终了时食品平均温度一般控制在−18℃以下。因此对应于公称和有效冻结时间，也可有公称冻结速度和有效冻结速度之分。

3.3.5.3　冻结时间计算式

食品冻结装置有各种形式，设计冻结装置或组织冻结生产时都要遇到一个问题，就是该装置对某种产品的冻结时间。下面推导的冻结时间预测表达式是常用的普朗克(Plank)方程，是国际制冷学会推荐的冻结时间计算式。

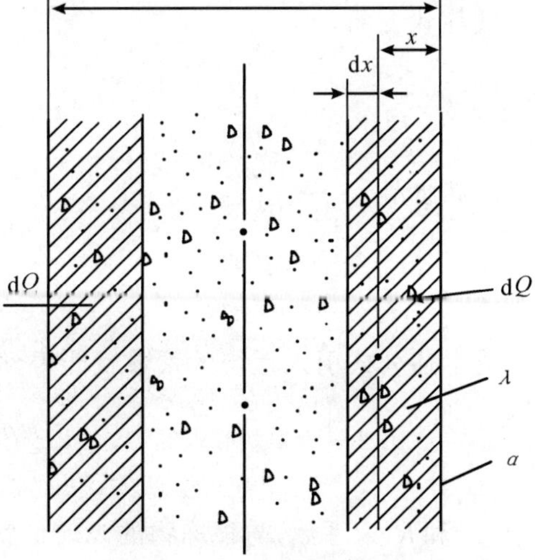

图3-19　平板状食品的冻结图

设厚度为 l 的平板状物品(图3-19)预冷到0℃，置于介质温度为 T 的环境中，物品温度降到冰点 T_p 时开始冻结。经一段时间 t 以后冻结层离中心已有$(l/2-x)$的距离。又经 dt 时间后，冻层向内推进 dx 距离。对厚度为 dx 的冻结层，其表面积为 A，放出的热量 dQ 为：

$$dQ = A\rho r_i dx \quad (\text{kJ}) \tag{3-22}$$

式中：ρ 为物品密度，kg/m^3；r_i 为单位质量物品冻结时放出的热量，kJ/kg。

此热在 T_p 与 T 的温差作用下，经厚度为 x 的冻层在 dt 时间内传到冷却介质，其传出的热量为：

$$dQ' = KA\Delta T dt \tag{3-23}$$

式中：$\Delta T = T_p - T$ 为近似值，放出的热量等于这一时间从内部传出的热量，因此，

$$dQ = dQ' \tag{3-24}$$

即

$$A\rho r_i dx = KA\Delta T dt \tag{3-25}$$

从而

$$dt = \frac{\rho r_i}{K\Delta T} dx \tag{3-26}$$

式中：K 为总传热系数，即

$$K = \frac{1}{\dfrac{1}{\alpha} + \dfrac{x}{\lambda}} \tag{3-27}$$

代入上式得：

$$dt = \frac{\rho r_i}{\Delta T}\left(\frac{1}{\alpha} + \frac{x}{\lambda}\right) dx \tag{3-28}$$

确定边界条件后进行积分：

$$\int_0^t dt = \int_0^{\frac{l}{2}} \frac{\rho r_i}{\Delta T}\left(\frac{1}{\alpha} + \frac{x}{\lambda}\right) dx \tag{3-29}$$

$$t = \frac{\rho r_i}{2\Delta T}\left(\frac{l}{\alpha} + \frac{l^2}{4\lambda}\right) \tag{3-30}$$

此为平板状食品的冻结时间计算式，对于圆柱状及球状食品其计算式分别为：

圆柱状食品：

$$t = \frac{\rho r_i}{4\Delta T}\left(\frac{d}{\alpha} + \frac{d^2}{4\lambda}\right) \tag{3-31}$$

球状食品：

$$t = \frac{\rho r_i}{6\Delta T}\left(\frac{d}{\alpha} + \frac{d^2}{4\lambda}\right) \tag{3-32}$$

将上述公式引入适当的系数就能得到适用于三种几何形状的通用计算式：

$$t = \frac{\rho r_i}{\Delta T}\left(\frac{Px}{\alpha} + \frac{Rx^2}{\lambda}\right) \tag{3-33}$$

式中：P 和 R 为系数，与被冻物的几何形状有关。

板状食品　　$P = 1/2$　$R = 1/8$

圆柱状食品　$P=1/4$　$R=1/16$

球状食品　　$P=1/6$　$R=1/24$

对于方块或长方块食品，在使用上述方程时，用图 3-20 所示的曲线查出 P 和 R 值就较精确。图中 $\gamma_1=b/c$，$\gamma_2=a/c$，c 是块状食品的最短边长，a 是最长的边长，b 是介于 a 与 c 之间的边长。

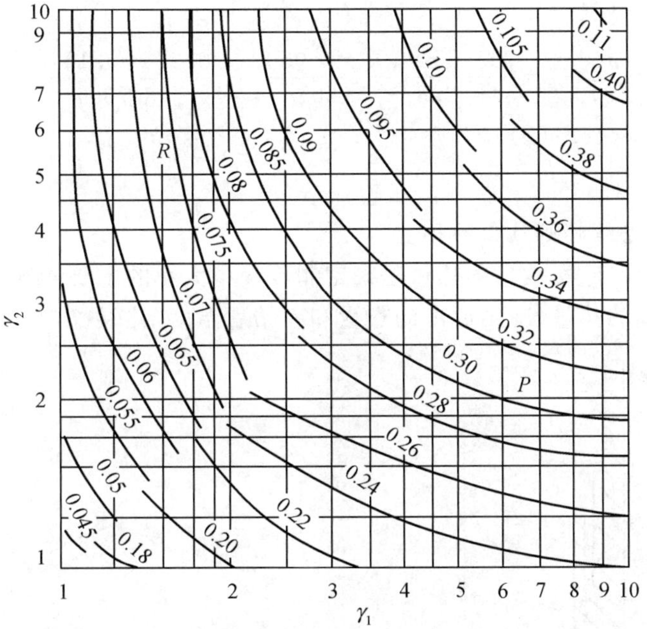

图 3-20　块状食品的 P 和 R 值

上述计算式有局限性，因它只考虑形成冰时放出潜热所需的时间，而未考虑从物品初温到冻结的时间。实际冻结时间往往并不是把物品预冻到冻结温度后再冻结。另外，计算式推导中冻结区内热导率 λ 值为常数，实际上随着冻层温度降低，冻结水量增加，冻层内热导率是变化的。再者传热情况是在两侧温度不变的稳定条件下进行的，实际冻结中两侧温差在变。为改进此计算式，出现了许多引进其他因素的计算式，但是计算却繁杂得多。因此尽管此式有局限性，但仍能满足实用估算要求。

为改进精度，可把计算式中的 r_i 用食品初终温时的焓差(Δh)取代，则冻结时间计算式的最后形式为：

$$t=\frac{\rho\Delta h}{\Delta T}\left(\frac{Px}{\alpha}+\frac{Rx^2}{\lambda}\right) \tag{3-34}$$

式中：x 为对板状食品表示厚度，对圆柱状或球状食品表示直径，m。

上式即是 Plank 冻结时间预测方程，它是国际制冷学会推荐的冻结时间预测公式。

【例 3-2】 在 -30℃的送风冻结器内，冻结外形为 0.4 m×0.3 m×0.15 m 的猪肉块。试计算该肉块从初温 $+35$℃冻至终温 -15℃时所需的时间。

解：先确定猪肉的有关数据。从有关手册上查到

$\Delta h=305.65\ \mathrm{kJ/kg}$，$\rho=1\ 050\ \mathrm{kg/m^3}$，$T_p=-2.8+273\ \mathrm{K}$，$\lambda=1.02\ \mathrm{W/(m\cdot K)}$，

$$T=-30+273\ \text{K}, \alpha=13.76\ \text{W/(m}^2\cdot\text{K)}$$

根据肉块外形求出 γ_1 及 γ_2：

$$\gamma_1=b/c=0.30/0.15=2, \gamma_2=a/c=0.4/0.15=2.66$$

再利用图 3-20 找出 P 和 R 值得：$P=0.27$，$R=0.075$

将上述各值代入计算式：

$$t=\frac{\rho\Delta h}{\Delta T}\left(\frac{Px}{\alpha}+\frac{Rx^2}{\lambda}\right)=\frac{305.65\times10^3\times1\ 050}{-2.8-(-30)}\times\left(\frac{0.27\times0.15}{13.76}+\frac{0.075\times0.15^2}{1.02}\right)$$
$$=54\ 248(\text{s})=15.1(\text{h})$$

该肉块的冻结时间为 15.1 h。

3.3.5.4 食品冻结时所放出的热量

食品冻结时单位时间所放出的热量是确定制冷设备大小的主要依据。食品在冻结过程中所放出的热包括冷却的热量、冻结放出的热量和冻结后温度下降放出的热量，如图 3-21 所示。

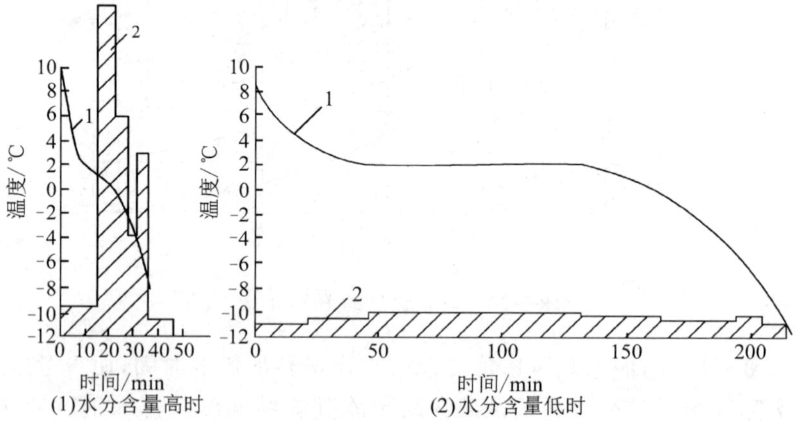

1. 温度变化 2. 放热量变化

图 3-21 食品冻结过程释放的热量

(1)冷却时的热量 q_c：食品由初温降至结冰温度时所放出的热量。

$$q_c=c_{p1}(T_1-T_p) \tag{3-35}$$

式中：q_c 为冷却的显热量，kJ/kg；c_{p1} 为高于冰点时的定压比热容，kJ/(kg·℃)；T_1 为初温，K；T_p 为冻结点温度，K。

(2)凝结成冰时的潜热量。

$$q_i=\omega\psi r \tag{3-36}$$

式中：q_i 为凝结成冰时的潜热量，kJ/kg；ω 为食品中的水分含量，kg/kg；ψ 为冻结率，%；r 为水形成冰的潜热，335 kJ/kg。

(3)自冰点至冻结终温时放出的显热量。

$$q_e=c_{p2}(T_p-T_2) \tag{3-37}$$

式中：q_e 为自冰点至冻结终温时放出的显热量，kJ/kg；c_{p2} 为低于冰点时的比定压热容，kJ/(kg · K)；T_2 为食品冻结终温，K。

全部冻结所放出的总热量为上述三项热量的和，即：

$$q = q_c + q_i + q_e$$

质量为 m 的食品冻结时放出的总热量 Q 为：

$$Q = m[c_{p1}(T_1 - T_p) + \omega\psi r + c_{p2}(T_p - T_2)] \tag{3-38}$$

总热量计算亦可用焓差法来表示：

$$Q = m(h_1 - h_2) \tag{3-39}$$

式中：h_1 为食品初始状态的焓值，kJ/kg；h_2 为食品冻结终了时的焓值，kJ/kg。

一般冷库工艺设计时，计算耗冷量都用焓差，这样较简便。

若食品某一部位的温度高于冰点，而其他部位低于冰点则上述三部分热同时放出；如食品任一部分的温度均等于冰点则冻结时只有后两部分热量放出；如食品温度由冰点以下开始，则所放出的热量仅是第三部分。

食品冻结时这三部分的热量放出有差异，其中以水变为冰时放出的热量为最大。因为相变热为 335 kJ/kg，而且食品中水的含量一般都大于 50%，因此，此项过程所放出的热一般比其余热量的总和还大。冻结时总热量的大小与食品含水量密切相关，含水量大的食品其总热量亦大。从图 3-21 可以看出，在－1～－5℃放出的热量又是占主导。表 3-10 以鱼为例观察各降温阶段热量放出值，按鱼初温＋15℃，终温－20℃，ω＝78%计算出。从表 3-10 中看，降温所放出的热量中，1/2 以上是在－1～－5℃温度范围内放出的。

表 3-10 在不同温度阶段鱼体放出的热量及百分比

鱼体降温阶段的温度/℃	放出热量/(kJ/kg)	占放出总热量的百分比/%
＋15～－1	55.3	16.8
－1～－5	184.7	56.5
－5～－12	52.3	16.0
－5～－20	34.9	10.7
合计	327.2	100.0

习 题

1. 一台单级蒸气压缩制冷机工作在高温热源为 30℃，低温热源为－15℃下，试求分别用 R-12 和氨工作时理论循环的性能指标(q_0 单位制冷量，q_v 单位容积制冷量，w 单位理论压缩功，q_k 单位冷凝热量，ε 制冷系数)。

2. 有一台氨压缩机，蒸发压力为 P_0＝190 kPa(表压)、冷凝压力为 P_k＝1 000 kPa(表压)，节流前的过冷度是 3℃，压缩机吸气前的过热度为 5℃，制冷量为 240 kW。计算下列数据：

(1)蒸发温度和冷凝温度，节流阀前温度和压缩机的吸入温度。

(2)压缩机吸入蒸气的质量流量 G 和容积流量。

3. 尺寸为 1 m×0.25 m×0.6 m 的瘦牛肉放在－30℃的对流冻结器中冻结，食品的初温为 5℃，冻结终温为－10℃，对流放热系数值为 $\alpha=30\ \text{W}/(\text{m}^2\cdot\text{k})$，试用普朗克公式计算冻结时间。

4. 将初温＋12℃的少脂肪鱼装入鱼盆中，放到－30℃的静止空气冻结室中冻结。鱼盆内尺寸为 0.65 m×0.1 m×0.5 m。试求该鱼块冻至－15℃所需的时间为多少？冻结室内加装鼓风机，风速为 4 m/s，问冻结时间为多少？(提示：冻结室内换热系数的计算公式 $\alpha=6.16+41.9v$，v 为风速)

思考题

1. 什么叫逆向卡诺循环？作为一种理想循环，其在制冷技术中有何意义？
2. 何谓复叠式制冷循环？何谓双级压缩制冷循环？
3. 制冷剂的压-焓图($\lg p$-h 图)中有哪些参数？
4. 单级制冷机理论循环在压-焓图中如何表示？
5. 什么叫载冷剂？什么叫制冷剂？对制冷剂有什么要求？
6. 什么叫食品的冷冻曲线？新鲜食品冻结曲线的一般模式如何表示？
7. 简述新型制冷剂的发展趋势。

第 4 章

颗粒与流体之间的相对流动

本章学习目的与要求

学习本章内容，学生能够掌握颗粒与流体相对运动的基本理论，为食品流化加工、沉降和过滤分离加工等工艺设计、设备选型提供原理知识。要求学生掌握流体绕过颗粒以及颗粒在流体中沉浮的速度和阻力计算方法；能够分析并处理流化加工、气力输送、沉降和过滤中的工程实际问题。

颗粒与流体之间的相对流动可以有以下几种情况：a. 颗粒静止，流体绕过颗粒及颗粒床层的流动，如混浊的水经过沙粒床层、悬浮液经过滤介质的过滤，溶液经过离子交换树脂床层的流动，以及气体经过固定床层的流动等。b. 颗粒运动，流体静止或处于某种运动。在重力场中，只要固体颗粒的密度大于流体的密度，固体颗粒将在重力方向上与流体做相对运动；在离心场中，则与流体作离心力方向上的相对运动。

本章将先探讨颗粒与流体之间相对流动的基本规律，在此基础上，根据每一特定操作各自的工艺特点，对流动现象进行不同的考察。

4.1 流体绕过颗粒及颗粒床层的流动

流体绕过颗粒的流动受颗粒特性和流体特性的影响；同理流体通过颗粒床层的流动也受颗粒床层特性和流体特性的影响，但颗粒床层是由大量尺寸不等、形状也不规则的固体颗粒随机堆积而成，颗粒层内的流体通道具有复杂的网状结构。故描述这样的复杂通道应从组成通道的颗粒特性着手。

4.1.1 颗粒床层的特性

4.1.1.1 单颗粒的特性

主要是颗粒的大小(体积)、形状和表面积。

球形颗粒：球形颗粒的各有关特性(体积、比表面积)均可用单一参数——直径 d_p 全面表示。

非球形颗粒：非球形颗粒的形状千变万化，通常试图将非球形颗粒以某种当量的球形颗粒代表，以使所考察的领域内非球形颗粒的特性与球形颗粒等效，该球的直径称为当量直径。据不同方面的等效性，可定义不同的当量直径。

(1)等体积当量直径 d_{ev}。使当量球形颗粒的体积 $\pi d_{ev}^3/6$ 等于真实颗粒的体积 V，则有：

$$d_{ev}=\sqrt[3]{6V/\pi} \tag{4-1}$$

(2)等表面积当量直径 d_{es}。使当量球形颗粒的表面积 πd_{es}^2 等于真实颗粒的表面积 S，则有：

$$d_{es}=\sqrt{S/\pi} \tag{4-2}$$

(3)等比表面积当量直径 d_{ea}。使当量球形颗粒的比表面积 $6/d_{ea}$ 等于真实颗粒的比表面积 a，则有：

$$d_{ea}=6/a=6V/S \tag{4-3}$$

此外，为表征非球形颗粒与球形颗粒的差异程度，引入球形度(形状系数 ϕ_S)的概念，则有：

$$\phi_S=\text{与非球形颗粒体积相等的球的表面积} / \text{非球形颗粒的表面积} \tag{4-4}$$

体积相同时，球形颗粒的表面积最小，因此，任何非球形颗粒的形状系数 ϕ_S 皆小于 1。

对非球形颗粒，则必须定义两个参数才能确定其体积、表面积和比表面积。若定义体积当

量直径 d_{ev}（以下简写为 d_e），则有

$$V=\pi d_e^3/6 \tag{4-5}$$

$$S=\pi d_e^2/\phi_S \tag{4-6}$$

$$a=\frac{6}{\phi_S d_e} \tag{4-7}$$

4.1.1.2　*颗粒群的特性*

任何颗粒群中，其单颗粒的尺寸都不可能完全一样，从而形成一定的尺寸（粒度）分布。为研究颗粒分布对颗粒层内流动的影响，首先必须设法测量并定量这一分布。颗粒粒度测量的方法有筛分法、显微镜法、沉降法、电阻变化法、光散射与衍射法、比表面积法等。它们各自基于不同的原理，适用于不同的粒径范围，所得的结果也往往略有不同。

对大于 70 μm 的颗粒，通常采用筛分分析，即用一套标准筛进行测量。筛分使用的标准筛系金属丝网编织而成，网眼一般为正方形，其大小划分按各种筛制而不同。常用的泰勒制是以每英寸边长上的网眼数（孔数）表示筛号（或称目数）。当使用某一号筛子时，通过筛孔的颗粒量称为筛过量（筛过物），截留于筛面上的颗粒量则称为筛余量。筛分分析结果可表达成粒度分布函数曲线和频率函数曲线（二维码 4-1）。

二维码 4-1　粒度分布函数曲线和频率函数曲线

颗粒群的平均直径 d_m：任何颗粒群均具有某种粒度分布。为简便起见，可用某个平均值或当量值来代替。通常以比表面积相等作为准则，则有

$$d_m=\frac{1}{\sum \frac{x_i}{d_{p,i}}} \tag{4-8}$$

式中：x_i 为第 i 筛号上的筛余量质量分数；$d_{p,i}$ 为第 i-1 筛号与第 i 筛号筛分直径的算术（或几何）平均值，m。

式(4-8)对非球形颗粒仍然适用，只需以 $(\phi_S d_e)_i$ 代替式中的 d_{pi} 即可。

4.1.1.3　*床层特性*

(1)床层的空隙率 ε。众多颗粒按某种方式堆积成固定床时，床层中颗粒堆积的疏密程度可用空隙率表示。

$$\begin{aligned}\varepsilon &= \text{床层空隙体积} / \text{床层总体积} \\ &= (\text{床层总体积} - \text{颗粒所占体积}) / \text{床层总体积}\end{aligned} \tag{4-9}$$

床层的空隙率 ε 除了受颗粒形状、粒度分布的影响外，还与颗粒填装方法有关。一般乱堆床层的空隙率大致在 0.47～0.70。

(2)床层的各向同性。工业上的小颗粒床层通常是乱堆的。若颗粒是非球形的，各颗粒的定向应是随机的，从而可以认为床层是各向同性的。

各向同性的一个重要特点：床层横截面上可供流体通过的空隙面积（即自由截面）与床层截面之比在数值上等于空隙率 ε。

实际上，壁面附近的空隙率总是大于床层内部。因阻力较小，流体在近壁处的流速必大于

床层内部，这种现象称为壁效应。对于直径较大的床层，近壁区所占的比例较小，壁效应的影响可忽略，如圆筒形床层的直径 D 为颗粒直径 d_p 的 10～20 倍以上，壁效应可以忽略；而当 D/d_p 较小时，壁效应的影响则必须考虑。

(3)床层的比表面 a_B。单位床层体积(不是颗粒体积)具有的颗粒表面积称为床层的比表面。如果忽略因颗粒相互接触而使裸露的颗粒表面减少，则 a_B 与颗粒的比表面 a 之间有如下关系：

$$a_B = a(1-\varepsilon) \tag{4-10}$$

二维码 4-2　当量直径 d_e 推导

(4)床层通道特性。固体颗粒堆积所形成的孔道的形状是不规则的、细小曲折的。但可将其简化成长度为 L_e 的一组平行细管，其当量直径为 d_e。根据第一章当量直径的定义(二维码 4-2)可推得：

$$d_e = \frac{4\varepsilon}{(1-\varepsilon)a} \tag{4-11}$$

可见，影响床层通道特性的因素与床层颗粒的特性有关，颗粒的粒度愈小则所形成的通道数目愈多，通道截面积也愈小，粒度分布愈不均匀和表面愈粗糙的颗粒所形成的通道就愈不规则。

4.1.2　流体绕球形颗粒的流动阻力(曳力)

当流体以均匀速度 u 绕过某静止固体颗粒时，作用于颗粒上的曳力值与流体密度 ρ、黏度 μ、流体的流速 u 有关，而且受颗粒形状与定向的影响。

二维码 4-3　颗粒的总曳力

仿照管内流动的方法处理，可得出流体作用于颗粒的总曳力(二维码 4-3)为

$$F_D = \xi A_p \frac{\rho u^2}{2} \tag{4-12}$$

式中：F_D 为总曳力，N；A_p 为颗粒在流体流动方向上的投影面积，m^2(应取颗粒的最大投影面积)；ρ 为流体密度，kg/m^3；u 为流体的流速 m/s；ξ 为曳力(或阻力)系数，无因次。

实验证明，ξ 是颗粒雷诺数的函数，即

$$\xi = f(Re_p)$$

颗粒雷诺数的定义为

$$Re_p = \frac{d_p u \rho}{\mu} \tag{4-13}$$

式中：d_p 为颗粒直径(对非球形颗粒而言，则取等体积球形颗粒的当量直径)；u 为流体的流速；μ、ρ 为流体的物性参数。

ξ 与 Re_p 间的关系，经实验测定如图 4-1 所示，图中球形颗粒($\phi_s=1$)的曲线，在不同雷诺数范围内可用公式表示如下：

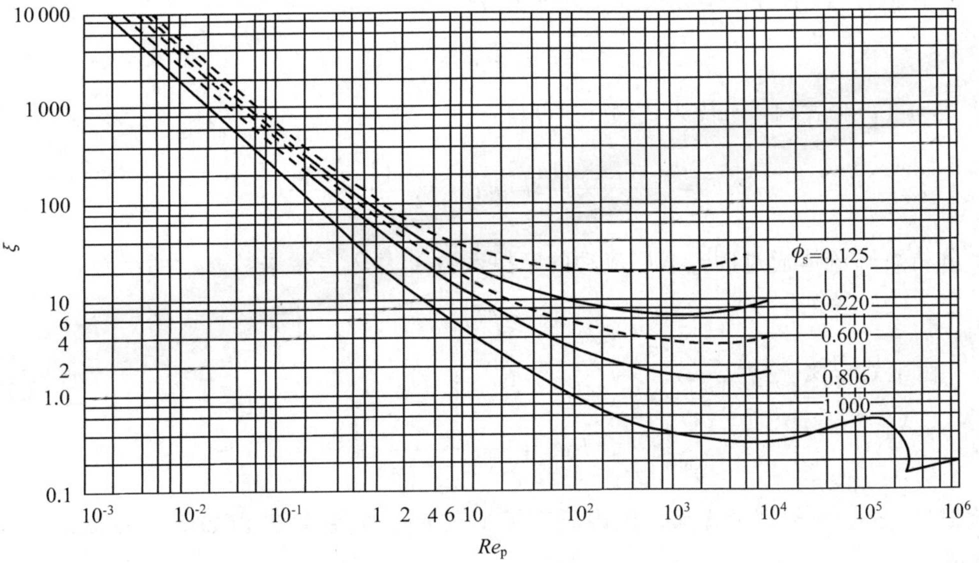

图 4-1　流体绕固体颗粒流动时 ξ 与 Re_p 关系

(1)滞流区($Re_p \leqslant 1$)：

$$\xi = \frac{24}{Re_p} \tag{4-14}$$

(2)过渡区($1 < Re_p \leqslant 500$)：

$$\xi = \frac{18.5}{Re_p^{0.6}} \tag{4-15}$$

(3)湍流区($500 < Re_p \leqslant 2 \times 10^5$)：

$$\xi = 0.44 \tag{4-16}$$

(4)边界层内为湍流区($Re_p > 2 \times 10^5$)：

$$\xi = 0.1 \tag{4-17}$$

4.1.3　流体通过颗粒床层的压降

当流体通过众多固体颗粒堆积而成的颗粒床层时，如果颗粒静止不动，该床层就称为固定床。

流体通过固体颗粒的床层时，流动情况比通过空管流动时复杂得多。但由前述床层通道特性可知，流体通过具有复杂几何边界的床层压降等同于流体通过一组当量直径为 d_e，长度为 L_e 的均匀圆管(即毛细管)的压降。故有

$$\Delta p = \lambda \frac{L_e}{d_e} \cdot \frac{\rho u_e^2}{2} \tag{4-18}$$

若以 u 表示流体的空塔流速，即换算成塔内没有填充物时的流速，由于流体只通过床层

中的空隙孔道，所以通过床层孔道的实际流速 u_e 为

$$u_e = u/\varepsilon \tag{4-19}$$

将式(4-11)和式(4-19)代入式(4-18)可得：

$$\Delta p = \frac{\lambda}{8}\frac{(1-\varepsilon)a}{\varepsilon^3}L_e\rho u^2 = \lambda'\frac{(1-\varepsilon)a}{\varepsilon^3}L\rho u^2 \tag{4-20}$$

经因次分析可知流体通过固定床层流动的摩擦系数 λ' 是床层雷诺数 Re_b 的函数：

$$\lambda' = f(Re_b)$$

Re_b 由下式定义：

$$Re_b = \frac{\rho u}{a(1-\varepsilon)\mu} \tag{4-21}$$

欧根(Ergun)在较宽的操作范围内研究了 λ' 与 Re_b 的关系，获得如下的关联式

$$\lambda' = 4.17/Re_b + 0.29 \tag{4-22}$$

将式(4-22)代入式(4-20)得：

$$\Delta p = 4.17\frac{a^2(1-\varepsilon)^2}{\varepsilon^3}\mu L u + 0.29\frac{a(1-\varepsilon)}{\varepsilon^3}L\rho u^2 \tag{4-23}$$

或

$$\Delta p = 150\frac{(1-\varepsilon)^2}{\varepsilon^3 d_p^2}\mu L u + 1.75\frac{(1-\varepsilon)}{\varepsilon^3 d_p}L\rho u^2 \tag{4-24}$$

对非球形颗粒，以 $\phi_S d_e$ 代替上式中的 d_p。

式(4-23)、式(4-24)称为欧根方程。当 $Re_b<20$ 时，等式右方第二项可略去，此时黏滞力起主导作用，流体呈滞流状态；当 $Re_b>1\ 000$ 时，右方第一项可略去，此时惯性力起主导作用，流体呈湍流状态。

欧根方程的误差约为±25%，且不适用于细长物体及环状填料。

由欧根公式可知，床层压降受以下因素的影响：操作变量 u、流体物性 μ 和 ρ 以及床层特性 ε 和 a，其中受 ε 的影响最大。因此，设计计算时空隙率 ε 的选取应相当慎重。

4.2 颗粒在流体中的运动

固体颗粒在流体中的运动，比较常见的是固体颗粒在流体中的沉降。固体颗粒沉降时，起重要作用的特征数仍是雷诺数(二维码 4-4)。

二维码 4-4 沉降的雷诺数 Re_t

4.2.1 固体颗粒沉降过程的作用力

当固体颗粒的密度与流体不同时，单个球形颗粒在重力(或离心力)作用下将沿重力方向(或离心力方向)作自由沉降运动。此时颗粒受到以下三方面的作用力。

(1)场力 F。

重力场　　$F_g = mg$　　(4-25)

离心力场　　$F_c = mr\omega^2 = mu_T{}^2/r$　　(4-26)

式中：r 为颗粒做圆周运动的旋转半径；ω、u_T 和 m 分别为颗粒的旋转角速度、切向速度和质量，对球形颗粒 $m=\pi d_p{}^3\rho_p/6$。

(2)浮力 F_b。颗粒在流体中所受的浮力在数值上等于同体积流体在力场中所受到的场力。

设流体的密度为 ρ，则有：

重力场　　$F_b = m\rho g/\rho_p$　　(4-27)

离心力场　　$F_b = m\rho r\omega^2/\rho_p = m\rho(u_T{}^2/r)/\rho_p$　　(4-28)

(3)曳力 F_D(即固体颗粒在流体中相对运动时所产生的阻力)。

$$F_D = \xi A_P \frac{\rho u^2}{2}$$

式中：u 为颗粒相对于流体的运动速度。

4.2.2　固体颗粒的沉降速度

4.2.2.1　颗粒的自由沉降速度

以下讨论重力作用下颗粒在静止流体的沉降运动。当沉降运动是在离心力作用下发生时，只需以离心加速度 $r\omega^2$ 代替式中的重力加速度 g 即可。

根据牛顿第二定律可得：

$$F - F_b - F_D = m\frac{du}{d\tau}$$

或

$$\frac{du}{d\tau} = \frac{\rho_p - \rho}{\rho_p}g - \frac{\xi A_p}{2m}\rho u^2$$

对球形颗粒，可得：

$$\frac{du}{d\tau} = \frac{\rho_p - \rho}{\rho_p}g - \frac{3\xi}{4d_p\rho_p}\rho u^2 \tag{4-29}$$

设颗粒的初速度为零，在沉降开始阶段，颗粒与流体的相对速度尚小，流体对颗粒的阻力也小，颗粒将产生加速度，为加速沉降阶段。随着下降速度的不断增加，式(4-29)右侧第二项(流体对颗粒的阻力)也随之增大，乃至运动产生的阻力与颗粒的净重力(重力与浮力之差)相等时，三力达到平衡，加速度为零，此时固体颗粒下降速度就保持不变，为等速(或匀速)沉降阶段；该匀速沉降速度称为颗粒的沉降速度或终端速度，以 u_t 表示。对于小颗粒，沉降的加速阶段很短，加速段所经历的距离也很小。因此，小颗粒沉降的加速阶段可以忽略，而近似认为颗粒始终以 u_t 下降。

对球形颗粒，当加速度为零时，由式(4-29)可得沉降速度的计算式：

$$u_t = \sqrt{\frac{4d_p(\rho_p - \rho)g}{3\xi\rho}} \tag{4-30}$$

将式(4-14)、式(4-15)和式(4-16)分别代入式(4-30),得:

滞流区($Re_p \leqslant 1$)
$$u_t = \frac{d_p^2(\rho_p - \rho)g}{18\mu} \tag{4-31}$$

过渡区($1 < Re_p \leqslant 500$)
$$u_t = 0.154\left[\frac{d_p^{1.6}(\rho_p - \rho)g}{\rho^{0.4}\mu^{0.6}}\right]^{\frac{5}{7}} \tag{4-32}$$

湍流区($500 < Re_p \leqslant 2 \times 10^5$)
$$u_t = 1.74\sqrt{\frac{d_p(\rho_p - \rho)g}{\rho}} \tag{4-33}$$

式(4-31)、式(4-32)和式(4-33)分别称为斯托克斯公式、阿仑公式和牛顿公式。

沉降速度的试差法计算:应用以上公式时,先假设流动区,选取公式求出沉降速度 u_t;再由 u_t 算出 Re_t,并校核其值是否在假定区。若假设成立,则计算正确。

沉降操作涉及的颗粒直径都较小,通常在滞流区内,故式(4-31)最常用。

二维码 4-5 图解法（即摩擦因数群法）

因试差法计算较复杂,u_t 还可采用图解法(即摩擦因数群法)计算(二维码 4-5)。

【例 4-1】 玉米淀粉水悬浮液在 20℃时,颗粒的直径为 6~21 μm,其平均值为 15 μm,求沉降速度。假定吸水后淀粉颗粒的相对密度为 1.02。

解:水在 20℃时,$\mu = 10^{-3}$ Pa·s,$\rho = 1\ 000$ kg/m^3。假定在滞流区沉降,则按斯托克斯公式:

$$u_t = \frac{d_p^2(\rho_p - \rho)g}{18\mu} = \frac{(15 \times 10^{-6})^2 \times (1\ 020 - 1\ 000) \times 9.81}{18 \times 10^{-3}} = 2.45 \times 10^{-6}(\text{m/s})$$

$$Re_t = \frac{d_p u_t \rho}{\mu} = \frac{15 \times 10^{-6} \times 2.45 \times 10^{-6} \times 1\ 000}{10^{-3}} = 3.68 \times 10^{-5} < 1$$

由计算结果可见,假设成立。

【例 4-2】 一直径为 15 μm,相对密度为 0.9 的油滴,在 21℃,0.1 MPa 的空气中沉降分离。若沉降时间为 2 min,试求该油滴沉降分离的高度。

解:依题意先求出空气的密度和黏度

$$\rho = \frac{29}{22.4} \times \frac{273}{273 + 21} = 1.20(\text{kg/m}^3)$$

查附录,$\mu = 1.8 \times 10^{-5}$(Pa·s)

假定沉降满足斯托克斯公式:

$$u_t = \frac{d_p^2(\rho_p - \rho)g}{18\mu} = \frac{(1.5 \times 10^{-5})^2 \times 9.8 \times (900 - 1.2)}{18 \times (1.8 \times 10^{-5})} = 6.12 \times 10^{-3}(\text{m/s})$$

校核: $$Re_t = \frac{d_p u_t \rho}{\mu} = \frac{1.5 \times 10^{-5} \times 6.12 \times 10^{-3} \times 1.2}{1.8 \times 10^{-5}} = 6.12 \times 10^{-3} < 1$$

故假设成立。

因油滴粒径小,油滴的沉降速度可在很短时间内达到端速,并以端速作等速沉降,所以

$$H = u_t \tau = 6.12 \times 10^{-3} \times 120 = 0.734(\mathrm{m})$$

影响沉降速度的因素　由于绝大多数的沉降是在滞流区进行的，故按斯托克斯公式可对影响沉降速度的因素做如下分析。

(1)颗粒直径。沉降速度与颗粒直径的平方成正比。这说明粒径越大，沉降越快，反之，则越慢。食品生产中常利用这点，如牛奶和果汁的均质处理，可使颗粒或液滴微粒化而沉降慢；而为使胶体食品迅速澄清，可想法增大颗粒直径，提高沉降速度。

(2)分散介质黏度。沉降速度与介质的黏度成反比。食品中有些难以用沉降分离的，主要是因为黏度过大。这样可用加酶制剂和加热方法来减低黏度，以达到快速沉降，但加热易产生干扰沉降。

(3)两相密度差。沉降速度与两相密度差成正比，但在一定悬浮液的沉降分离中，该数值很难改变。

4.2.2.2　实际沉降速度 u_t'

上述沉降速度的计算中，颗粒为球形，且未考虑器壁和其他颗粒对沉降速度的影响。在实际沉降过程中，应考虑这些因素的影响，对沉降速度做修正。

(1)颗粒形状的影响。工业生产中的粒子都是不规则的。如前所述，可用球形度 ϕ_S 表征。在图 4-1 中有不同形状系数的粒子所对应的曲线。在计算 Re_t 时，d_p 应用等体积当量直径 d_{ev} 代替。

一般 ϕ_S 愈小，在同一 Re_t 下 ξ 值就愈大。换言之，非球形粒子的沉降速度低于球形粒子的沉降速度。

也可将当量直径作为非球形粒子的直径，按球形粒子的计算方法求得沉降速度后再乘以一校正系数 λ_p，即

$$u_t' = \lambda_p u_t \tag{4-34}$$

λ_p 的值可参考如下数值：

颗粒形状	圆形	筒形	细长形	薄片状
λ_p	0.77	0.66	0.58	0.43

(2)容器壁的影响。容器壁增加了沉降时的阻力，使沉降速度下降。当容器直径远大于颗粒直径(如在 100 倍以上)时，器壁效应可忽略；否则应做修正。在滞流区，可用下式修正：

$$u_t' = \frac{u_t}{1 + 2.1 d_p / D} \tag{4-35}$$

式中：u_t' 为实际沉降速度；D 为容器直径。

(3)干扰沉降。自由沉降只发生在粒子浓度较低时。若粒子浓度较高，则颗粒间会发生相互摩擦、碰撞，使沉降速度降低。另一方面，大颗粒也会拖曳着小颗粒下降。此时的沉降称为干扰沉降。

用下述安特里斯公式对沉降速度做修正，可得到实际沉降速度：

$$u_t' = u_t \frac{(1-\varphi)^2}{1 + 2.5\varphi + 7.35\varphi^2} \tag{4-36}$$

式中：ψ 为悬浮液的体积分数。

(4)液滴或气泡沉降。当分散相也是流体时，其粒子不再视为刚体。这种运动的特点在于液滴或气泡内部产生了环流。滞流时液滴的实际沉降速度为：

$$u_t' = u_t \frac{1+\mu_i/\mu_0}{2/3+\mu_i/\mu_0} \tag{4-37}$$

式中：μ_i 为分散相的黏度；μ_0 为连续相的黏度。

4.3 固体流态化与气力输送简介

如果流体通过固定床层向上流动时的流速增加而且超过某一限度时，床层就要浮起，此时床层将具有许多固定床所没有的特性，这就是流化床。这种现象称为流态化。而当流体的操作速度达到单颗粒的沉降速度之后，固体颗粒将被气流从床层中带出，称为气力输送。

本节着重讨论流态化和气力输送的基本原理和方法。

4.3.1 固体流态化

固体流态化技术是一种使微粒固体与气体或液体接触而转变成为类似流体状态的操作。流态化技术是近几十年发展起来的一种新技术，设备结构简单、生产强度大、易于实现连续化、自动化操作。该技术在食品工业中，主要用于加热、冷却、冷冻、干燥、混合、造粒、浸出、洗涤等方面。

4.3.1.1 固体流态化的基本概念

流体经过固体颗粒床层流动时的三种状态：当流体自下而上通过固体颗粒床层时，随着颗粒特性和流体速度的不同，存在着如下三种状态（图 4-2）。

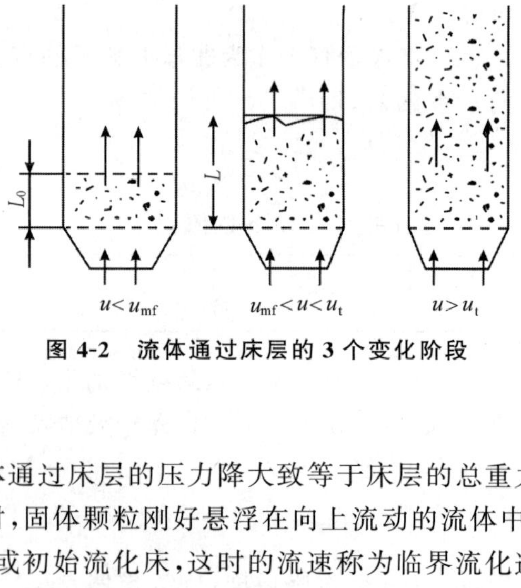

图 4-2 流体通过床层的 3 个变化阶段

(1)固定床阶段。流体以低流速向上流过颗粒床层时，为保持固定床状态，理论上，流体自下而上的最大空塔速度为：

$$u_{max} = u_t \varepsilon$$

式中：u_t 为颗粒沉降速度；ε 为固定床的空隙率。

(2)流化床阶段。流体的流速逐步增大，至流体通过床层的压力降大致等于床层的总重力（包括固体颗粒床层及床层的空隙中的流体重力）时，固体颗粒刚好悬浮在向上流动的流体中，床层被认为开始流化，这时的床层称为临界流化床或初始流化床，这时的流速称为临界流化速度，用 u_{mf} 表示。继续增加流速，悬浮的固体颗粒床层继续膨胀，这个阶段称为流化床阶段。

颗粒床层的膨胀意味着床内空隙率 ε 的增大。床层内流体的实际流速 u_e 与空塔速度 u 的关系满足式(4-19)，即随 ε 增大，u_e 下降；但在流化床内，由于 ε 是随 u 增大而增大，故实际上通过床层的 u_e 不变。

(3)气力输送阶段。流体流速增大到一定值时，流体对固体颗粒的流动摩擦阻力等于固体颗粒的净重力，即流体的空塔速度 $u \geqslant u_t$，这时床层的界面消失，不能再有稳定的固体颗粒床层，固体颗粒必将获得上升速度，随流体夹带流出。这时的流体流速称为带出速度。

散式流化和聚式流化：如图 4-3(a)所示，固体颗粒均匀地分散在流化介质中，称散式流化，即颗粒流化，亦称均匀流化或理想流化。液-固系统多属于此。其有如下特点：1)流化过程中有一个明显的临界流态化点和临界流化速度；2)流化床层的压降为一常数；3)床层有一个平稳的上界面；4)流态化床层的空隙率在任何流速下都有一个代表性的均匀值。不因床层内的位置而变化。如图 4-3(b)所示，整个床层极不均匀，这类流化称为聚式流化。通常两相密度差较大的气-固系统往往成为聚式流化。其特点：存在两相(乳化相是由空隙小、固体浓度大的气固均匀混合物构成的连续相，气泡相是夹带有少量固体颗粒而以气泡形式通过床层的不连续相)；床层无稳定的上界面，上界面以某种频率作上下波动，床层压降也随之作相应波动。

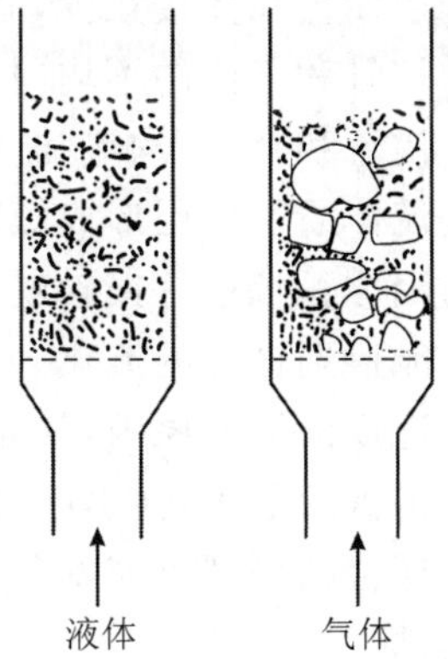

(a)散式流化　(b)聚式流化

图 4-3　散式流化和聚式流化

判别两种流态化形态可用弗鲁德数 Fr_{mf}。

$$Fr_{mf}=\frac{u_{mf}^2}{d_p g} \tag{4-38}$$

式中：u_{mf} 为临界流化速度，m/s；d_p 为固体颗粒直径，m。

若 $Fr_{mf}<0.13$ 时，为散式流态化；$Fr_{mf}>0.13$ 时，为聚式流态化。

流化床的主要特性：

(1)液体样特性。从整体上看，流化床宛若沸腾着的液体，具有类似液体的性质，如浮力，表面保持水平，流体静力学、黏度等现象(图 4-4)，其中固体颗粒的流出是一个具有实际意义的重要特性，它使流化床在操作中能够实现固体的连续加料和卸料。

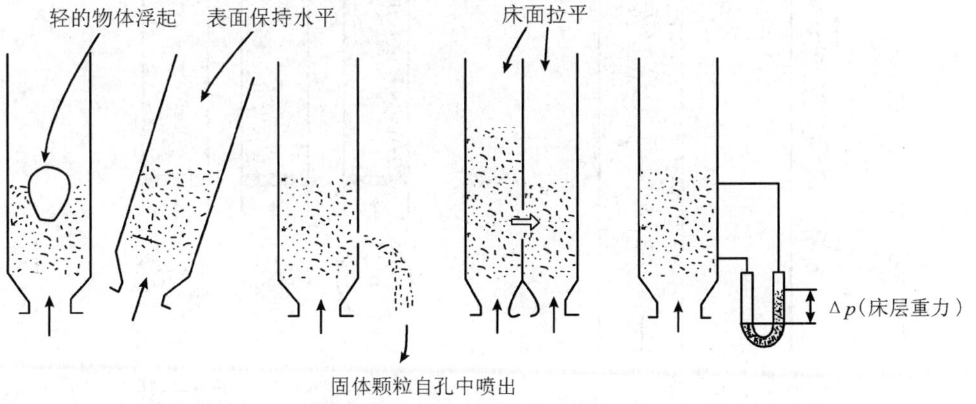

图 4-4　流化床的液体样特性

(2)固体的混合。流化床内颗粒处于悬浮状态并不停地运动，从而造成床内颗粒的混合。特别是聚式流化，一部分气体以鼓泡形式高速流经床层到达床面后即破裂，使固体颗粒向上溅起，加之颗粒本身的沉降运动，从而使床内固体颗粒宏观上的均匀混合。

如果说在流化床内进行一个放热反应的操作，由于固体颗粒的强烈混合，很易获得均匀的温度，这是流化床的主要优点。

(3)气流的不均匀分布和气-固的不均匀接触。在聚式流化中，大量的气体以鼓泡形式通过床层而与固体接触少，而乳化相中的气体流速很低，与固体颗粒的接触时间很长。这种不均匀的接触和气流的不均匀分布可能导致沟流和节涌现象。

沟流和节涌：沟流和节涌都发生在聚式流化中，如图 4-5 所示，它们会影响流化质量。沟流是流体通过床层形成短路，使流体通过床层分布不匀，有大量流体经过局部地区的通道，没有与固体颗粒很好接触就上升，而床层的其余部分仍处于固定床状态而未被流化（死床），以致不可能得到良好的流化。

造成沟流的原因：气体分布不均匀、气速过小、粒度过细、密度过大等，应尽量避免。

沟流的危害：会引起气固接触时间的不均一性，如在催化反应中不仅降低转化率和产率，而且还会因局部反应剧烈而破坏催化剂的性能；在流化干燥时也会引起局部未干和局部过干等问题。

节涌也称为腾涌，是另一种反常现象。气体鼓泡通过流化床层时，因气泡汇合成为大气泡，将床层一节节地往上柱塞式地推动，然后在上层崩裂，固体颗粒以较小集合体或以个别颗粒淋洒而下。

节涌的危害：除了降低转化率和使床层温度不匀外，还会加速固体颗粒对设备的磨损。

导致节涌的原因：床径较小而床高使床径比较大，以及气流分布不匀等。此外，大颗粒比小颗粒易产生节涌。

可见，气体分布方式对流化的质量有重大的影响。气体集中送入（如单孔板）容易引起沟流和节涌，气体分布均匀（如烧结的微孔板）则有良好的流化质量，如图 4-6 所示。采用合宜的气体分布，附加挡板等内构件，沟流和节涌在生产规模的流化床中是可以避免的。

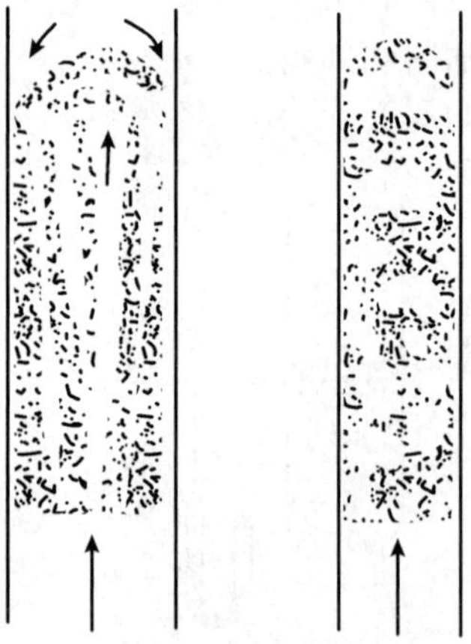

(a)沟流　(b)节涌

图 4-5　沟流和节涌

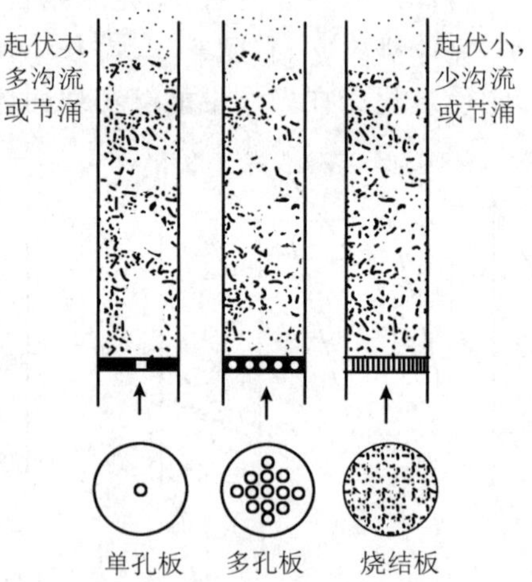

图 4-6　气体分布板对流化质量的影响

4.3.1.2　流化床的流体力学

(1)流化床的压力降。床层一旦流化，全部颗粒处于悬浮状态，这时作用在颗粒床上有一向下作用的重力，有一向上作用的浮力和流体阻力，应用动量守恒定律，不难求出流化床的床层压降为：

$$\Delta p = \frac{m}{A\rho_p}(\rho_p - \rho)g \tag{4-39}$$

式中：A 为空床截面积，m^2；m 为床层颗粒的总质量，kg；ρ_p、ρ 分别为颗粒与流体的密度，kg/m^3。

由上式可知，流化床的压降等于单位截面积床内固体的表观重量（即重量-浮力），它与气速无关而始终保持定值。

流体通过床层的压降（压力降）Δp 与流动速度（即空塔速度）u 的关系，示于图 4-7。图中低流速区的直线 AB 为固定床阶段，如果颗粒较小，形成的毛细管通道直径不大，流体主要以滞流形式流动。这时与床层过滤相似，Δp 与 u 在对数坐标上呈直线关系，直线 AB 的斜率约为 1。低速区内平行的各虚线是由于不同填充方式所造成的固定床空隙率不同所致。

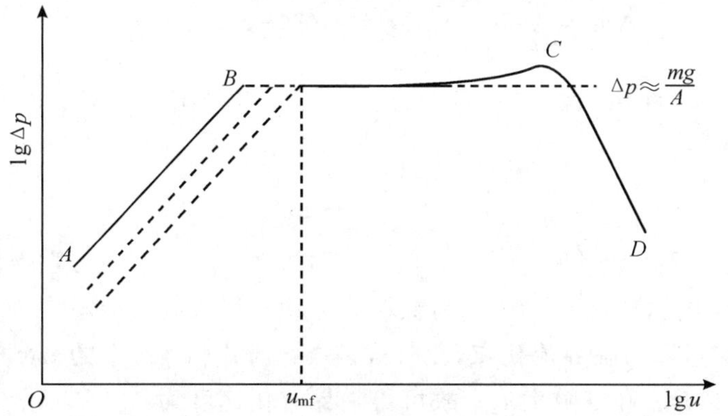

图 4-7　流体通过颗粒床层的压降

流速提高到临界流化速度 u_{mf}，床层膨胀并开始流化，Δp 基本不变。图中 BC 段略向上倾斜是由于流体与器壁和分布板的摩擦阻力随气速增大而造成的。

气体流速到达带出速度时，床层形成稀相流化床，颗粒被带走，床层的空隙率快速增大，原来要克服的床层重力这时很快下降，因而气体流动的压降随之骤然下降，到极端情况时流体流动的压降接近于空床的阻力，因这时固体颗粒接近于全部带出（床层空隙率接近于 1）。故图中 CD 段向下倾斜。

恒定的压降是流化床的重要优点，它使流化床中可以采用细小颗粒而无须担心过大的压降。

另外，根据这一特点，在流化床操作时可以通过测量床层压降以判断床层流化的优劣。如果床内出现节涌，压降有大幅度的起伏波动。若床内发生沟流，存在局部未流化的死床，此时床层压降较式(4-39)的计算值低。图 4-8 和图 4-9 分别表示了这两种不正常情况下所测出的压降。

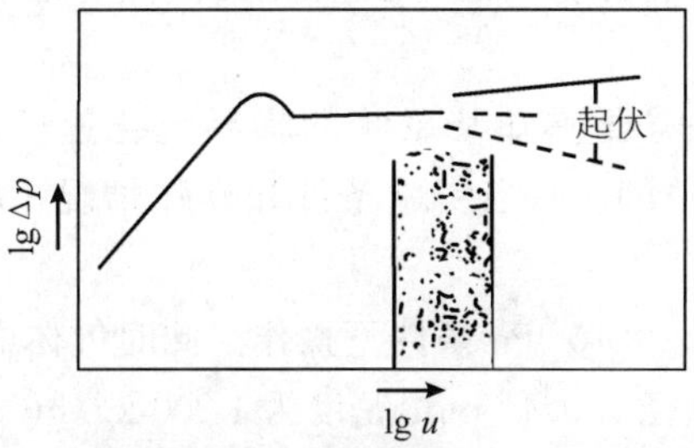

图 4-8　床层发生节涌时的压降

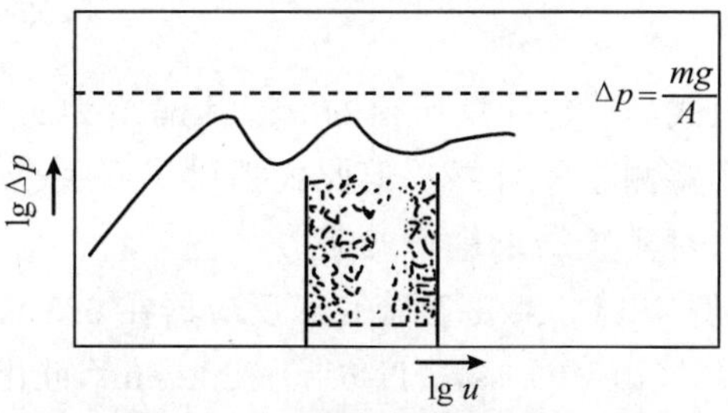

图 4-9　床层发生沟流时的压降

(2)临界流化速度。临界流化速度 u_{mf} 又称为最小流化速度,它对流化床的研究、设计和操作都是一个重要参数。

如果床层由均匀颗粒组成,则开始流化时床层的空塔速度,即临界流化速度为:

$$u_{\text{mf}}=\varepsilon u_{\text{t}} \tag{4-40}$$

但实际流化床多由非均匀颗粒组成,上式不能适用。

对非均匀颗粒组成的床层,设流化床的床层高度为 L,床层空隙率为 ε,则由式(4-39)可得:

$$\Delta p=\frac{m}{A\rho_{\text{p}}}(\rho_{\text{p}}-\rho)g=L(1-\varepsilon)(\rho_{\text{p}}-\rho)g \tag{4-41}$$

此式即为图 4-7 中的 BC 段,又根据前面式(4-24)可导出,在小颗粒($Re_{\text{b}}<20$)条件下固定床的压降为:

$$\Delta p=150\,\frac{(1-\varepsilon)^2}{\varepsilon^3\phi_{\text{S}}^{\ 2}d_{\text{e}}^{\ 2}}\mu Lu \tag{4-42}$$

此式为图 4-7 中的 AB 段,式中 d_{e} 为颗粒等体积当量直径。

AB 与 BC 之交点即为临界流化点,此时式(4-41)与式(4-42)中的 Δp 相等,L 和 ε 应分别为开始流化时的床高 L_{mf} 和空隙率 ε_{mf},故可得临界流化速度为:

$$u_{\text{mf}}=\frac{\phi_{\text{S}}^{\ 2}\varepsilon_{\text{mf}}^{\ 3}}{150(1-\varepsilon_{\text{mf}})}\times\frac{d_{\text{e}}^{\ 2}(\rho_{\text{p}}-\rho)g}{\mu} \tag{4-43}$$

上式中的球形度 ϕ_{S} 和临界流化空隙率 ε_{mf} 的可靠数据一般很难求得。实验发现,对工业常见的颗粒有 $1/(\phi_{\text{S}}\varepsilon_{\text{mf}}^{\ 3})\approx14$ 和 $(1-\varepsilon_{\text{mf}})/(\phi_{\text{S}}^{\ 2}\varepsilon_{\text{mf}}^{\ 3})\approx11$,此时:

$$u_{\text{mf}}=\frac{d_{\text{e}}^{\ 2}(\rho_{\text{p}}-\rho)g}{1\ 650\ \mu} \tag{4-44}$$

对非均匀颗粒群,式中 d_{e} 为平均直径,其值按式(4-8)计算。

当 $Re_{\text{b}}>1\ 000$ 时,临界流化速度可按下式计算:

$$u_{\text{mf}}=0.202\sqrt{\frac{d_{\text{p}}(\rho_{\text{p}}-\rho)g}{\rho}} \tag{4-45}$$

上述简化处理不适用于两种直径截然不同的颗粒所组成的床层,尤其当大颗粒直径与小颗粒直径之比大于 6 以上。此时,小颗粒可能已在大颗粒的空隙中流化,而大颗粒仍处于静止状态。

由式(4-44)计算所得的 u_{mf} 其偏差为 $\pm34\%$。当需要确知某系统的临界流化速度时,应通过实验测定才可靠。但此式提供了有关变量对 u_{mf} 的影响,当实验条件和操作情况不同时,可用来对实验结果进行修正。

【例 4-3】 某气-固流化床反应器在 623 K、压强 1.52×10^5 Pa 条件下操作。此时气体的黏度 $\mu=3.13\times10^{-5}$ Pa·s,密度 $\rho=0.85$ kg/m³,催化剂颗粒直径为 0.45 mm,密度为 1 200 kg/m³。为确定其临界流化速度,现用该催化剂颗粒及 30℃空气进行流化实验,测得临界流化速度为 0.049 m/s,

求操作状态下的临界流化速度。

解：查得 30℃空气的黏度和密度分别为：

$$\mu' = 1.86 \times 10^{-5}\ \text{Pa} \cdot \text{s}, \text{密度}\ \rho' = 1.17\ \text{kg/m}^3$$

实验条件下的雷诺数

$$Re_b = \frac{d_p u'_{mf} \rho'}{\mu'} = \frac{0.45 \times 10^{-3} \times 0.049 \times 1.17}{1.86 \times 10^{-5}} = 1.39$$

$Re_b < 20$，式(4-44)可以适用，故操作时的临界流化速度为：

$$u_{mf} = u'_{mf} \times \frac{(\rho_p - \rho)/\mu}{(\rho_p - \rho')/\mu'} \approx 0.049 \times \frac{1.86 \times 10^{-5}}{3.13 \times 10^{-5}} = 0.029(\text{m/s})$$

(3)最大流化速度和流化操作速度。当床层的空塔速度达到颗粒的沉降速度时，大量颗粒将被流体带出器外，该速度称为最大流化速度，也称为带出速度，等于单个颗粒的沉降速度，是流化床操作中流体速度的上限。

前面所述沉降是运动的颗粒相对静止的流体而言。对流化床而言，运动是相对的，若沉降粒子的沉降速度为 u_t，垂直向上的流体速度为 u_f，则粒子运动的绝对速度 u_p 为：

$$u_p = u_f - u_t \tag{4-46}$$

若 $u_p = 0$，则 $u_f = u_t$，即粒子“静止地”悬浮于流体中，此时流体速度 u_f 称为颗粒悬浮速度，在数值上等于颗粒的沉降速度。一些食品的悬浮速度见表 4-1。

表 4-1　部分食品物料的颗粒特性和悬浮速度

物料名称	颗粒特性			悬浮速度/(m/s)
	密度/(kg/m³)	松密度/(kg/m)	粒度/mm	
面粉	1 400	560～670	0.2	1.0～2.0
麦芽	—	—	—	8.1
玉米淀粉	—	—	—	1.3～2.0
砂糖	1 560	—	—	8.7～12.0
豌豆	1 260	738	4.7～7.5	12.5～13.8
茶叶	1 360	—	—	6.9
烟叶	—	—	—	6.9
玉米	1 220	708	5～10.9	11.0～12.0
菜籽	1 040	638	1.3～2.2	7.6～8.4
粟谷	1 060	631	1.7～2.0	7.2～8.3
黄豆粉	—	—	—	1.5～1.8
小麦	1 260	789	4.9～6.5	8.4～9.7
大麦	1 090	581	7.7～11.1	8.1～8.6
大豆	1 200	721	6.8～8.8	12.4～13.8
粗盐	—	—	—	14.8～15.5
麸皮	—	—	—	2.75～3.25
扁豆	1 250	788～810	3.4～13.0	9.2～15.3
向日葵籽	640	343	10.5～15.2	6.2～7.4
棉籽	520	252	7.4～10.3	6.2～7.2
花生仁	1 070	631	10.8～16.7	13.8～14.0
稻谷	1 090	672	6.4～9.3	7.8～8.6
细盐	—	—	—	12.8～14.0

流化床的最大流化速度，实质上就是颗粒的沉降速度。这是因为若流体速度大于沉降速度一个微小数值，粒子就会以很微小的速度 u_p 随气流带走。

若流化床的颗粒为球形，且沉降在滞流区 $Re_p<0.4$，可直接应用斯托克斯公式。对于 $Re_p>0.4$，则对 u_t 应校正，校正系数 f_i 可由图 4-10 查出。

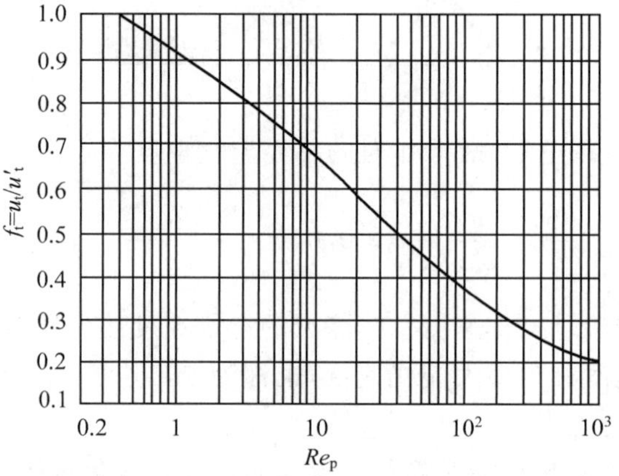

图 4-10　不适合斯托克斯公式时的校正系数(球形粒子)

对于非球形颗粒在上述校正后还应乘以一个系数 C：

$$C=0.834\times\lg\frac{\phi_s}{0.065} \tag{4-47}$$

为了避免从床层中带出固体颗粒，流化床操作速度必须保持在 u_{mf} 与 u_t 之间，计算 u_{mf} 时，颗粒直径取床层中实际颗粒粒度分布的平均直径，而计算 u_t 时需用具有相当数量的最小颗粒的粒度。u_t/u_{mf} 比值的大小，作为流化操作能否机动灵活的一项指标。

对于细颗粒，$Re_p<0.4$，比较式(4-31)和式(4-44)得：$u_t/u_{mf}=91.6$

对于大颗粒，$Re_p>1\ 000$，比较式(4-33)和式(4-45)得：$u_t/u_{mf}=8.61$

可见，大颗粒的比值小，其操作灵活性较小；细颗粒流化床较粗颗粒可以在更宽的流速范围内操作。一般 u_t/u_{mf} 比值在 10～90。

对工艺上许多有关因素综合分析比较之后，才能确定具体的操作速度，工业上常用操作速度为 0.2～1.0 m/s。

操作速度与临界流化速度之比，称为流化数，用 K 表示：

$$K=u/u_{mf} \tag{4-48}$$

二维码 4-6　流化床结构

为了提高设备的流化能力，就要提高操作速度，这就要从设备上加以改进，如增加床层高度，床层中设挡板、挡网以及改进粉尘回收系统等。

由于流化床在工业上的应用日趋广泛，研究流化床结构(二维码 4-6)的工作越来越重要。

4.3.2　气力输送

4.3.2.1　概述

当流体速度增大至等于或大于固体颗粒的带出速度时，则颗粒在流体中形成悬浮状态的稀相，并随流体一起带出，称为气力输送或水力输送。

在食品工业中，气力输送和水力输送都有广泛的应用，特别是气力输送，如啤酒厂输送大麦、麦芽以及输送糖、茶叶、盐、碎饼干、谷物等颗粒食品与面粉、奶粉、淀粉等粉状食品。

气力输送和水力输送原理大致相似，本书主要讨论气力输送。

气力输送的优点：a. 可进行长距离、任意方向的连续输送，劳动生产率高，结构简单、紧凑，占地小，使用、维修方便；b. 输送对象物料范围广，粉状、颗粒状、块状、片状等均可，且温度可高达 500℃；c. 输送过程中，可同时进行混合、粉碎、分级、干燥、加热、冷却等；d. 输送中，可防止物料受潮、污染或混入杂质，保持质量和卫生，且没有粉尘飞扬，保持操作环境良好。

气力输送的缺点：a. 动力消耗大（不仅输送物料，还必须输送大量空气）；b. 易磨损物料；c. 易使含油物料分离；d. 潮湿易结块和黏结性物料不适用。

根据颗粒在输送管内的密集程度不同，可将气力输送分为稀相输送和密相输送两大类。衡量管内的颗粒密集程度的常用参数是单位管道容积含有的颗粒质量，即颗粒的松密度 ρ'（kg/m^3 管道容积），它与颗粒的真密度 ρ_p 的关系为：

$$\rho' = \rho_p(1-\varepsilon) \tag{4-49}$$

式中：ε 为空隙率。

颗粒在静置堆放时（如固定床）的松密度常称为颗粒的堆积密度，工业常遇的粉体物料的堆积密度可在手册中查获。

气力输送中，单位时间被输送物料的质量与输送空气的质量之比，称为混合比，也称为固气比，以 R 表示，它是气力输送装置常用的一个经济指标。

$$R = \frac{G_s}{G_a} \tag{4-50}$$

式中：G_s 为被输送物料的质量流量，kg/s；G_a 为输送空气的质量流量，kg/s。

混合比的大小同样反映了颗粒在管内的密集程度。

通常区分稀相输送与密相输送界限大致是：

稀相输送	松密度	$\rho' < 100\ kg/m^3$
	混合比	$R = 0.1 \sim 25$ kg 固/kg 气（一般为 $R = 0.1 \sim 5$）
密相输送	松密度	$\rho' > 100\ kg/m^3$
	混合比	$R = 25$ 至数百

4.3.2.2　气力输送系统

气力输送系统一般由供料装置、输料管路、卸料装置、闭风器、除尘装置和气力输送机械等组成。

气体输送机械用在食品上必须保证空气洁净、无毒、无油分、含尘小等卫生标准，同时为防止粉尘爆炸，要采取安全措施。一般用离心式通风机和鼓风机及往复式和水环式真空泵。

气力输送的除尘装置，常用旋风分离器。

气力输送是通过管路来输送物料，是气-固系统的双相流动。双相流动有如下特点：a. 气体的湍动程度以及系统的总压力降都会因固体的存在而增加；b. 颗粒之间的摩擦和碰撞，将产生颗粒的破坏；c. 颗粒聚集并堵塞管路；d. 颗粒与管壁的摩擦可能产生静电效应。

食品工业中多采用稀相输送。稀相输送是借管内的高速气体（18～30 m/s）将粉状物料彼此分散、悬浮在气流中进行输送。根据气源的安装位置和压强的大小，稀相输送装置主要有吸引式（真空式）和压送式两种。

吸引式	低真空吸引	气源真空度＜13 kPa
	高真空吸引	气源真空度＜0.06 MPa
低压压送式	气源表压	0.05～0.2 MPa
高压压送式	气源表压	0.2～0.7 MPa

吸引式输送系统如图 4-11 所示，物料与大气混合一起吸入系统进行输送，系统内保持一定的真空，物料到指定场所经分离器使气体和物料分离，气体经除尘器净化后由风机排出。

压送式输送系统如图 4-12 所示，依靠压气机械排出高于大气压的气流，将物料与气流混合一起而进行输送。

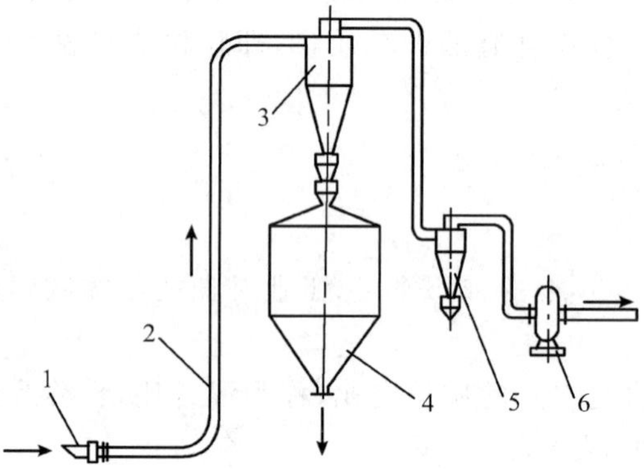

1. 吸嘴　2. 输送管　3. 一次旋风分离器
4. 料仓　5. 二次旋风分离器　6. 抽风机

图 4-11　吸引式气力输送系统简图

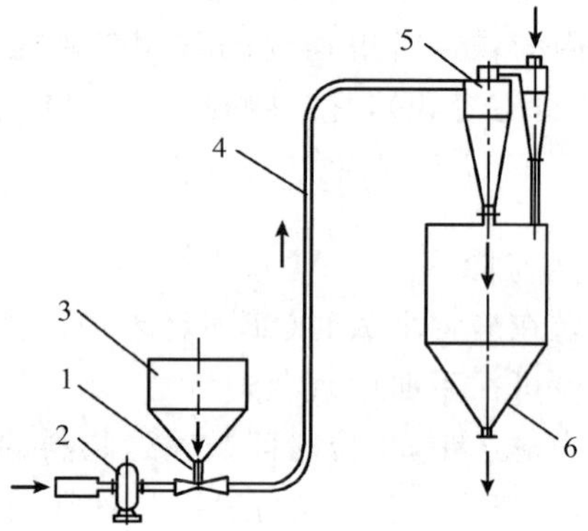

1. 回转式供料器　2. 压气机械　3. 加料斗
4. 输料管　5. 旋风分离器　6. 料仓

图 4-12　压送式气力输送系统简图

气力输送可在水平、垂直或倾斜管道中进行，所采用的气速和混合比都可在较大范围内变化，从而使管内气固两相流动的特性有较大的差异，再加上固体颗粒在形状、粒度分布等方面的多样性，使得气力输送装置的计算目前尚处于经验阶段。

4.4　非均相混合物的分离

食品工业中，经常需要将混合物加以分离。

混合物分为两大类，凡物系内部各处物料性质均匀而不存在相界面的称为均相混合物，如溶液及混合气体都是均相混合物；凡物系内部有隔开两相的界面存在，而界面两侧的物料性质截然不同，称为非均相混合物，如大小不等或密度不同的固体颗粒混合物[由固体颗粒与液体构成的悬浮液，由不互溶的液体构成的乳浊液，由固体颗粒（或液滴）与气体构成的含尘气体等]。

非均相(不均匀)混合物中,处于分散状态的物质,称为分散质(或分散相),如悬浮液中的固体颗粒,乳浊液中的液滴等;包围着分散质而处于连续状态的物质称分散介质,如气态非均相混合物中的气体、液态非均相混合物中的液体等。

非均相混合物的分离一般用机械分离方法,如由大小不等及密度不同的颗粒构成的液体混合物可用沉降方法分离,大小不同的颗粒用筛分离,悬浮液可用过滤分离,气体中的灰尘可用重力和离心力分离。

4.4.1　沉降

沉降操作是依靠某种力的作用,利用分散质与分散介质的密度差,使之发生相对运动而分离的过程。力可以是重力,也可以是惯性离心力,故有重力沉降和离心沉降之分。

4.4.1.1　重力沉降

依靠地球引力场的作用而发生的沉降过程称为重力沉降。

颗粒在沉降过程中所受到的作用力、沉降的规律及沉降速度的计算已在 4.2 节中论述。在此主要介绍重力沉降设备。

1. 重力沉降的应用

依靠颗粒本身重力的沉降常用于直径 0.1 mm 以上的颗粒,主要应用于以下几方面。

(1)气体的除尘。作为除尘的预处理,沉降在空的或有挡板的沉降室中进行。

(2)悬浮液的增稠。经重力沉降可分离出大部分液体,作为一种预处理,可以节省进一步过滤或离心分离时的能量和发挥设备的生产能力;也可用于废水处理。

(3)固体物料的分级。不同直径的颗粒,由于沉降速度不同而在不同的位置沉降下来,可将物料予以分级(二维码 4-7)。

二维码 4-7　沉降分级

(4)固体物料的分类(sorting)。根据沉降速度的不同,可以将密度不同的物料分离而实现分类,这也是水力选矿的原理。

2. 重力沉降设备及其工作原理

(1)降尘室。从气流中分离出尘粒所用设备为降尘室,也叫除尘室。如图 4-13 所示,含尘气体进入降尘室后,由于流通截面扩大,导致速度减慢,只要在气体通过降尘室的时间内,颗粒能够降至室底,颗粒便被分离。

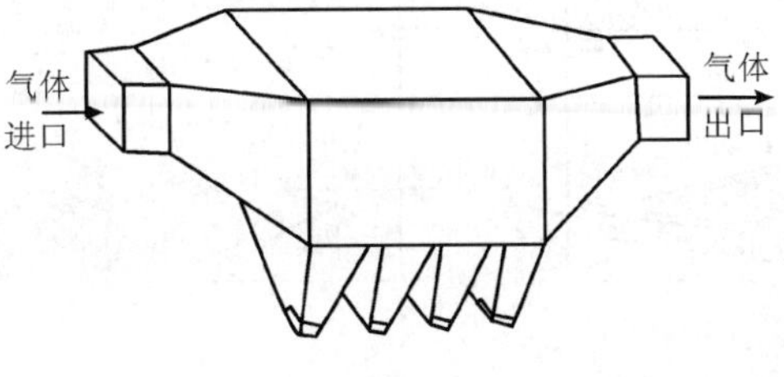

(a) 降尘室

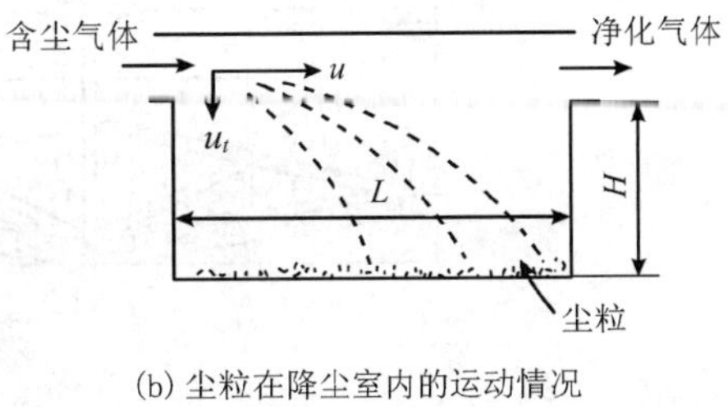

(b) 尘粒在降尘室内的运动情况

图 4-13　降尘室示意图

设:L 为降尘室的长度,m;H 为降尘室的高度,m;B 为降尘室宽度,m;u_t 为颗粒的沉降速度,m/s;u 为气体在降尘室中的水平流速,m/s;q_V 为含尘气体的体积流量。则沉降面

积 $A_0=BL$，气体在降尘室中停留的时间 $\tau_r=L/u$，颗粒沉降时间 $\tau_t=H/u_t$。

颗粒被分离出的条件为：

$$\tau_t \leqslant \tau_r \quad 即 \quad H/u_t \leqslant L/u \tag{4-51}$$

将 $u=q_V/(H \cdot B)$ 代入上式得：

$$q_V \leqslant BLu_t = A_0 u_t \tag{4-52}$$

由此可知：降尘室的生产能力只与 A_0 及 u_t 有关，而与 H 无关，因此，可将降尘室制成多层。

在计算沉降速度 u_t 时应注意，要以要求全部被除去的最小颗粒直径计算，且气流速度不应过高，以免引起干扰沉降或已经沉降下来的颗粒重新卷起，且要保证 u 处于滞流范围。

(2)沉降器。实现重力沉降分离的设备称为沉降器(槽)。沉降器通常为圆形、方形或锥形的沉降槽、沉淀池或长槽。其操作方式有间歇式、半连续式和连续式。处理悬浮液的重力沉降器可以从悬浮液中分离出清液和沉渣。

①半连续式沉降器。最常见的半连续式沉降器是有矩形横截面的长槽，如图 4-14 所示。料液不断加入槽内，随流动不断沉降分离，清液连续从设备中流出，但沉淀物间歇清除。

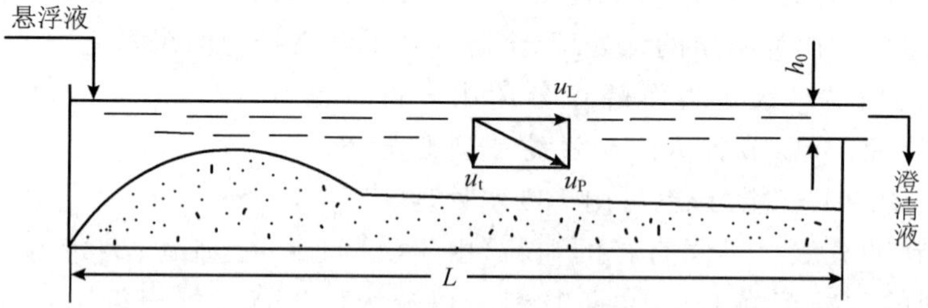

图 4-14 半连续式沉降器示意图

沉降分离原理及生产能力(按清液计)同降尘室[式(4-52)]。

②连续式沉降器。它的进料以及清液和沉淀物的卸出均为连续。如图 4-15 所示，沉降槽是一个底部稍带锥形的大直径浅槽，悬浮液由中央进料口进入，上部有溢流堰供清液流出，底部有中央口供浓液排出。在增浓区可用搅拌器搅拌，有利于压缩沉渣而挤出较多的液体。

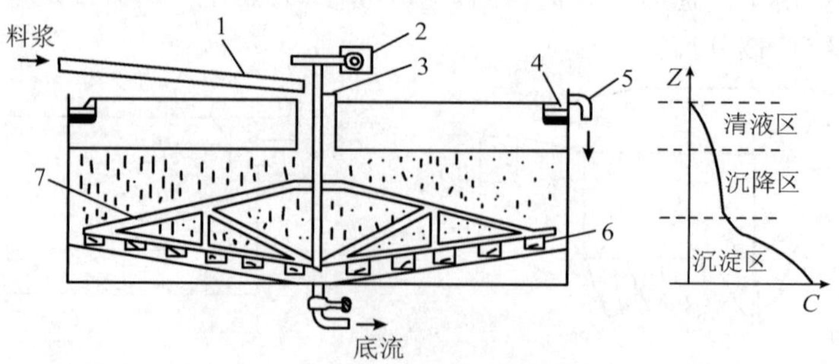

1. 进料槽道 2. 转动机构 3. 料井 4. 溢流堰 5. 溢流管 6. 叶片 7. 转耙

图 4-15 连续沉降器

设计沉降器主要是在给定的供料条件和指定的沉淀层浓度下，计算所需的沉降面积。

设：G_0 为料液中固体的质量流量，$kg_{干固物}/s$；c_0 为料液中含清液量，$kg_{清液量}/kg_{干固物}$；c_R 为增浓液（沉淀）中含清液量，$kg_{清液量}/kg_{干固物}$；A_0 为沉降面积，m；ρ 为清液的密度，kg/m^3。

则清液向上流速为

$$u_L=\frac{G_0(c_0-c_R)}{\rho A_0}(m/s)$$

连续式沉降器获得清液，实现沉降的条件是：

$$u_L=\frac{G_0(c_0-c_R)}{\rho A_0}\leqslant u_t$$

故所求沉降器面积：　$$A_0\geqslant\frac{G_0(c_0-c_R)}{\rho u_t}\quad(m^2)\tag{4-53}$$

沉降器的生产能力：　$$q_V=\frac{G_0(c_0-c_R)}{\rho}\leqslant A_0u_t\quad(m^3/s)\tag{4-54}$$

可见，连续式沉降器的生产能力（按清液计）与半连续式一样，都等于沉降面积与沉降速度的乘积，与沉降器的高度无关，故制成多层沉降器，可成倍增加沉降面积，并以相应的倍数提高生产能力。

4.4.1.2　离心沉降

依靠惯性离心力的作用而实现的沉降称为离心沉降。对两相密度差较小、颗粒粒度较细的非均匀相系，可利用颗粒做圆周运动时的离心力以加快沉降过程。

当流体带着颗粒旋转时，颗粒在径向受到惯性离心力 F_c、向心力 F_b 和阻力 F_D 三个力的作用。若颗粒为球形，则由式(4-26)、式(4-27)、式(4-28)及三力平衡得：

$$u_r=\sqrt{\frac{4d_p(\rho_p-\rho)u_T^2}{3\xi\rho r}}\tag{4-55}$$

式中：u_r 为颗粒在离心作用下的沉降速度。

该式与式(4-30)的不同之处是用离心加速度 $a(=r\omega^2=u_T{}^2/r)$ 取代了式(4-30)中的重力加速度 g。

若颗粒与流体的相对运动属于滞流，阻力系数也符合斯托克斯公式，则离心沉降速度为：

$$u_r=\frac{d_p^2(\rho_p-\rho)}{18\mu}\cdot\frac{u_T^2}{r}=\frac{d_p^2(\rho_p-\rho)}{18\mu}r\omega^2\tag{4-56}$$

同一颗粒所受离心力与重力之比为：

$$K_c=r\omega^2/g=u_T{}^2/(gr)\tag{4-57}$$

比值 K_c 称为离心分离因素，其数值的大小是反映离心分离设备性能的重要指标。K_c 越大，设备分离效率越高。

1. 离心沉降的应用

典型的有气体的旋风分离和悬浮液的离心分离（包括离心沉降和离心过滤）。气-固非均相物系的离心沉降一般在旋风分离器中进行，固体悬浮液的离心沉降一般在各种沉降式离心机中进行。

由于离心分离具有很多优点，所以应用日益广泛，特别适合于食品工业中含结晶（或颗粒）的悬浮液和乳浊液的分离，如蔗糖、味精、酵母、鱼肉制品、果汁、牛奶、啤酒、饮料等的分离处理。离心沉降与重力沉降相比，具有生产能力大、分离效果好、制品纯度高等特点。

2. 离心沉降设备及其工作原理

（1）旋风分离器

①旋风分离器的操作原理。旋风分离器是利用惯性离心力的作用进行的气溶胶分离。在食品工业上常用于奶粉、蛋粉等干制品后期的分离，也可用于气流干燥等。图 4-16(a)为标准型旋风分离器，其主体上部为圆筒形，下部为圆锥形。含尘气体由圆筒上部的进气管沿切向进入，受器壁约束而旋转向下作螺旋形运动。在惯性离心力作用下，颗粒被甩向器壁与气流分离，再沿壁面落至锥底的排灰口，经净化后的气体在中心轴附近范围内由下向上做旋转运动，最后由顶部排气管排出。下行的螺旋形气流称为外旋流，上行的螺旋形气流称为内旋流，内外旋流气体的旋转方向是相同的。气体在旋风分离器内的双层螺旋运动[图 4-16(b)]，只是一个大致运动情况，实际很复杂，在器内任何位置上气流都有三个方向的速度，即切向速度、径向速度与轴向速度。

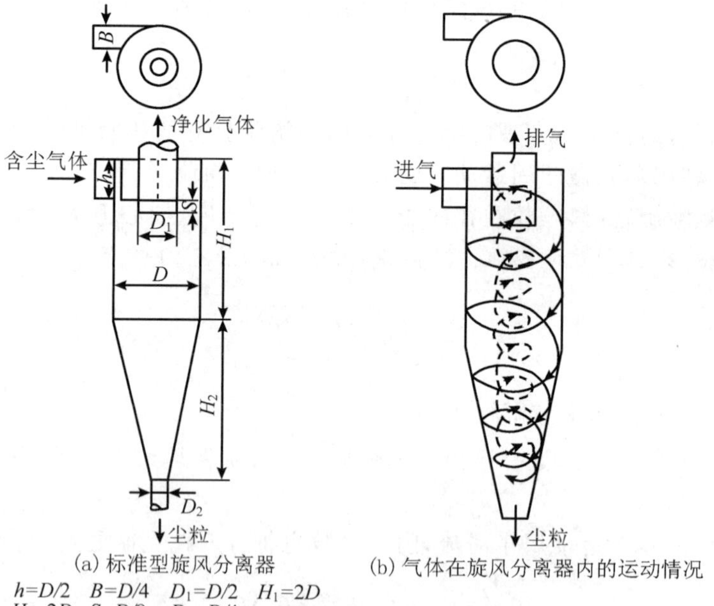

(a) 标准型旋风分离器
$h=D/2$　$B=D/4$　$D_1=D/2$　$H_1=2D$
$H_2=2D$　$S=D/8$　$D_2=D/4$

(b) 气体在旋风分离器内的运动情况

图 4-16　旋风分离器

②旋风分离器的性能。评价旋风分离器性能的主要指标有两个：分离效率和气体经过旋风分离器的压降。

研究旋风分离器分离性能时，常从分析其临界粒径入手。

临界粒径：理论上在旋风分离器中能被完全分离下来的最小颗粒直径。临界粒径是判断分离效率高低的重要依据。

计算临界粒径 d_c 的关系式，可根据下列假设条件推导：a. 进入旋风分离器的气流严格按螺旋路线作等速运动，其切向速度等于进口气速；b. 颗粒向器壁沉降时，必须穿过厚度等于整个进气口宽度 B 的气流层，方能到达壁面而被分离；c. 颗粒与气流的相对运动为滞流。

$$d_c=\sqrt{\frac{9\mu B}{\pi N_e u_i \rho_p}} \tag{4-58}$$

式中：u_i 为进口处的平均气速，m/s；N_e 为气流旋转圈数，一般为 0.5～3.0，但对于标准分离器，$N_e=5$；B 为进气宽度，m；ρ_p 为固相密度，kg/m^3。

一般旋风分离器是以圆筒直径 D 为参数，其他尺寸都与 D 成一定比例。由上式可见，临界粒径随分离器的尺寸增大而加大，d_c 增大，分离效率降低。因此，分离效率随分离器尺寸增大而减小。所以，气体处理量大时，常并联使用几个小的旋风分离器，以维持较高的除尘效率。

分离效率：有两种表示方法，一种是总效率 η_0，另一种是分效率，又称粒级效率 η_{pi}。

总效率 η_0：进入旋风分离器的全部颗粒中被分离出来的质量分率，即

$$\eta_0=\frac{c_1-c_2}{c_1} \tag{4-59}$$

式中：c_1、c_2 分别为旋风分离器进、出口气体含尘浓度，kg/m^3。

粒级效率：含尘气流中的颗粒通常大小不均，各尺寸的颗粒被分离下来的百分率互不相同。按各种粒度分别表明其被分离下来的质量分率称为粒级效率。通常把气流中所含颗粒的尺寸范围分成几个小段，则其中第 i 个小段范围内的颗粒的粒级效率定义为：

$$\eta_{pi}=\frac{c_{1i}-c_{2i}}{c_{1i}} \tag{4-60}$$

式中：c_{1i}、c_{2i} 分别为进、出口气体中粒径在第 i 小段范围内的颗粒浓度，kg/m^3。

一般从理论上讲，凡颗粒直径大于临界直径 d_c 的颗粒的粒级效率为 100%，而小于临界直径 d_c 的颗粒的粒级效率为零。例如：$d_c=10\ \mu$m。$d\geqslant 10\ \mu$m 时，$\eta_{pi}=100\%$；$d\leqslant 10\ \mu$m 时，$\eta_{pi}=0$。实际上，直径小于临界直径的颗粒也有被分离出来的，而有的大于临界直径的颗粒未被分离出来。这主要是因为直径小于 d_c 的颗粒中，有些在旋风分离器进口处已很靠近壁面，因而只要很少的时间就能沉降，或在器内聚结成大颗粒，而被沉降；而直径大于 d_c 的颗粒中，有些受气体涡流的影响未能到达壁面，或沉降后又被气流重新卷起而带走。

分割直径 d_{50}：粒级效率为 50%时颗粒的直径，称为分割粒径。某些高效率旋风分离器的分割直径可小至 3～10 μm。

$$d_{50}=0.27\left[\frac{\mu D}{u_i(\rho_p-\rho)}\right]^{\frac{1}{2}} \tag{4-61}$$

粒级效率与颗粒直径间的关系曲线称粒级效率曲线。由于气流运动的复杂性，粒级效率曲线是一条光滑曲线。实践中常把粒级效率曲线标绘成粒级效率 η_{pi} 与 d/d_{50} 的关系曲线。标准型旋风分离器的粒级效率曲线如图 4-17 所示。

同一形式、尺寸比例相同的旋风分离器，其粒级效率曲线相同。

总效率 η_0 可通过实测进、出口气体的粒子浓度得到，也可由含尘气体的粒子粒度分布和粒级效率曲线，通过下式求得：

$$\eta_0=\sum \eta_{pi}x_i \tag{4-62}$$

式中：x_i 为进口气体中粒径为 d_{pi} 颗粒的质量分率。

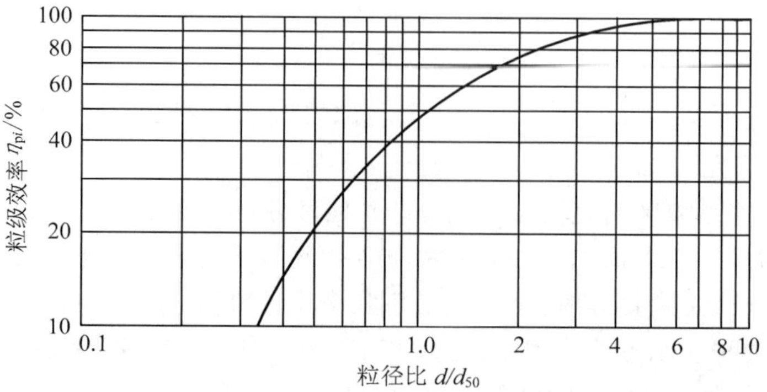

图 4-17 标准型旋风分离器的粒级效率曲线

压强降:压强降是评价旋风分离器的一个重要性能指标,它是决定分离过程的能耗和合理选择风机的依据。气体流经旋风分离器时,由于进气管、排气管及主体器壁所引起的摩擦阻力,气体流动时的局部阻力及气体旋转所产生的动能损失等,造成气体的压强降,即

$$\Delta p = \xi \frac{\rho u_i^2}{2} \tag{4-63}$$

式中:ξ 为阻力系数,对于同一结构型式及尺寸比例的旋风分离器,ξ 为常数。一般 ξ 为 5～8(标准旋风分离器 $\xi=8$)。对于一般的旋风分离器,其压强降 $\Delta p=500$～2 000 Pa。

影响旋风分离器性能的因素多而复杂,物系情况及操作条件是其中的重要方面。一般,颗粒密度大、粒径大、进口气速高及粉尘浓度高等均有利于分离。如:含尘浓度高则有利于颗粒的聚结,可提高效率,并且颗粒浓度增大可以抑制气体涡流,从而使阻力下降,所以较高的含尘浓度对压强降与效率两个方面均有利,但有些因素则对这两方面有相互矛盾的影响,如:进口气速 u_i 稍高有利于分离,但过高则导致涡流加剧,反而不利于分离,并突然增大压强降。因此,u_i 保持在 15～25 m/s 范围为宜。

③旋风分离器的优缺点及选用。

旋风分离器的优缺点:结构简单,造价低廉,没有活动部件,可用多种材料制造,操作条件范围宽广,分离效率较高。但旋风分离器一般用来除去气流中直径 5 μm 以上的颗粒,而不适用于处理黏性粉尘、含湿量高的粉尘及腐蚀性粉尘。此外,气量的波动对除尘效果及设备阻力的影响较大。直径 200 μm 以上的粗大颗粒,最好先用重力沉降法除去,以减少颗粒对分离器器壁的磨损。直径 5 μm 以下的颗粒,需用袋滤器或湿法扑集。

旋风分离器的选用:首先根据系统的物性和分离任务要求选定旋风分离器的形式,然后根据含尘气体的体积流量、要求达到的分离效率和允许的压降确定旋风分离器的尺寸和个数。3 种常用旋风分离器的性能见本书附录。

通常并联的分离效率优于串联(二维码 4-8),并且设备小、投资省。故工业生产中,一般均采用多台旋风分离器并联操作的方法。

二维码 4-8 并联的分离效率优于串联

【例 4-4】 某淀粉厂的气流干燥器每小时送出 10 000 m^3 带有淀粉的热空气,拟采用扩散式旋风分离器收取其中的淀粉，要求压强降不超过 1 373 Pa。已知气体密度为 1.0 kg/m^3。试选择合适的型号。

解：当 u_i 不变时，由式(4-63)可知，气体通过旋风分离器的压强降与气体密度成正比。故可将压强降折算成气体密度为 1.2 kg/m^3 时的数值：

$$\Delta p = 1\ 373 \times 1.2/1.0 = 1\ 648(\text{Pa})$$

查附录，3 号扩散式旋风分离器(直径为 370 mm)在 1 570 Pa 的压强降下操作时，生产能力为 2 500 m^3/h，现要达到 10 000 m^3/h 的生产能力，可采用 4 台并联。

也可以做出其他选择，即选用的型号与台数不同上面的方案。所有这些方案在满足气体处理量及不超过允许压强降的条件下，效率高低和费用大小将不同。合适的型号只能根据实际情况和经验确定。

(2)离心机。目前国产离心机的品种、规格不少，均有定型产品(二维码 4-9)。

二维码 4-9　几种常用的离心机

①离心机的分类：离心机可按其分离因素 K_c 大小分为 3 类：

a. 常速离心机(K_c<3 000)，主要用于分离颗粒不大的悬浮液和物料的脱水；b. 高速离心机(3 000<K_c<50 000)，主要用于分离乳状和细粒悬浮液；c. 超高速离心机：(K_c>50 000)，主要用于分离极难分离的超微细粒的悬浮物系和高分子胶体悬浮液。

②在食品工业中的应用。过滤式离心机主要用于砂糖等结晶食品的精制、脱水蔬菜制品的预脱水、淀粉脱水、果蔬榨汁、回收植物蛋白以及冷冻浓缩的冰晶分离等场合。沉降式离心机主要用于回收动、植物蛋白，分离可可、咖啡、茶等滤浆，以及鱼油去杂和鱼肉制取等。管式(超速)分离式分离机常用于动、植物油和鱼油的脱水，果汁、苹果浆、糖浆的澄清，倒锥式(超速)分离式分离机则广泛用于牛奶的净化和奶油的分离，动物脂肪、植物油、鱼油脱水和澄清，果汁澄清等。

③转鼓式离心机的工作原理。如图 4-18 所示，中空的转鼓以 1 000～4 500 r/min 的转速旋转，转鼓的壁上无孔，悬浮液自转鼓的中间加入，固体颗粒因离心力作用沉至转鼓内壁，澄清的液体则由转鼓端部溢出。间歇操作的离心机转鼓一般为立式，沉渣层用人工卸除。连续操作的离心机转鼓常为卧式，设有专门的卸渣装置，连续、自动地排出沉渣。

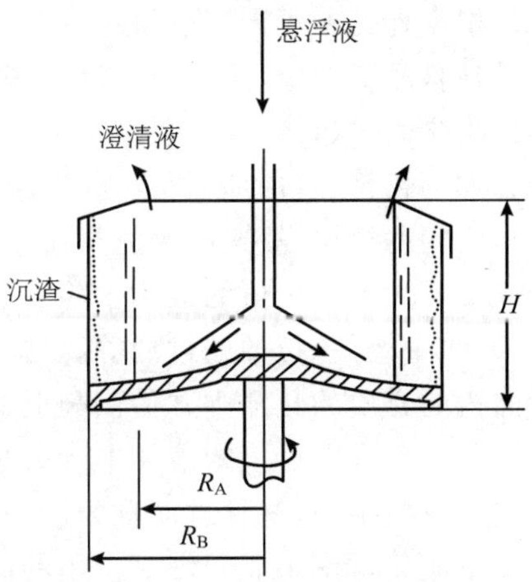

图 4-18　颗粒在沉降式离心机中的沉降

与重力沉降器的原理相同，在沉降式离心机中，凡沉降所需时间 τ_t 小于流体在设备内的停留时间 τ_r 的颗粒均可被沉降而除去。由于细小颗粒的沉降一般在滞流区，由式(4-56)和 $u_r = \mathrm{d}r/\mathrm{d}\tau$ 可得：

$$\mathrm{d}\tau = \frac{18\mu}{d_p^2(\rho_p - \rho)\omega^2} \cdot \frac{\mathrm{d}r}{r} \tag{4-64}$$

注意离心沉降速度 u_r 和重力沉降速度 u_t 的区别：u_r 不是颗粒运动的绝对速度，而是绝对速度在径向上的分量，且方向不是向下而是沿半径向外，此外 $u_r=f(r)$，u_t 随着 r 增大而加大，而 u_t 是恒定的。

使用下列边界条件对式(4-64)积分：当 $\tau=0$ 时，$r=R_A$；$\tau=\tau_t$，$r=R_B$。

又因离心机内壁上的沉渣厚度一般不大，R_B 可取转鼓的内半径。此时可得颗粒由 R_A 沉降至 R_B 所需的沉降时间为：

$$\tau_t=\frac{18\mu}{\omega^2 d_p^2(\rho_p-\rho)}\ln\frac{R_B}{R_A} \tag{4-65}$$

颗粒的停留时间取与流体在设备内的停留时间相同，即

$$\tau_r=\frac{\text{设备内流动流体的持留量}}{\text{流体通过设备的流量}}=\frac{\pi(R_B^2-R_A^2)H}{q_V} \tag{4-66}$$

当给定处理量 q_V，只有直径 d_p 满足 $\tau_t\leqslant\tau_r$ 的颗粒才能全部除去。反之，当要求被全部除去的颗粒直径 d_p 给定时，设备的处理量为：

$$q_V=\frac{\pi H\omega^2 d_p^2(\rho_p-\rho)}{18\mu}\times\frac{R_B^2-R_A^2}{\ln\frac{R_B}{R_A}} \tag{4-67}$$

该式反映了小颗粒在离心沉降时各参数对沉降式离心机处理能力的影响。

4.4.2 过滤

过滤是以某种多孔物质为介质，在外力的作用下，使悬浮液中的连续相液体通过介质的孔道，分散相固体颗粒被截留在介质上，从而实现固/液分离的操作。即利用多孔物质将悬浮液中的固体粒子截留，达到液、固分离目的的操作。多孔介质称为过滤介质；悬浮液称为滤浆；被截留的固体粒子层称为滤饼，得到的清液称为滤液。

根据外力的不同可以将过滤分为重力过滤、离心过滤、压力过滤和真空过滤。

在食品工业中，悬浮液过滤应用在如下 3 个方面：

①含大量(1%～2%质量以上)不溶性固体悬浮液的过滤，以将其分离为液体和固体两部分。如葡萄糖、食用油脱色后滤去活性炭、漂白土的操作。这种过滤主要依靠在过滤介质上逐渐形成的滤饼层，故又称为滤饼过滤。

②从大量有价值的液体中除去少量不溶性固体的过滤机制，以生产澄清的液体食品。例如果汁、牛奶、色拉油的过滤等。这种过滤一般不形成滤饼或只形成很薄的滤饼，颗粒进入长而曲折的介质的孔隙中并借以静电、表面力附着在孔道的壁面上，称为深层过滤。

③从大量有价值的液体中除去少量极细小(小于 1 μm)的微粒的过滤。如从液体食品中除去少量微生物，这种过滤称为微滤。

下面仅讨论工业上广泛应用的滤饼过滤。

4.4.2.1 过滤操作的基本概念

(1)过滤介质。过滤介质的作用是促使滤饼形成并支承滤饼，故工业用的过滤介质应满足以下要求：a. 化学稳定性，有适当的表面特性，使形成的滤饼易卸除；b. 多孔性，孔径适中使滤

饼易形成,阻力小;c. 一定的机械强度,不易穿破,支承滤饼并承受一定的操作压力。

此外,食品行业还要求介质无毒,不易滋生微生物,易清洗消毒,耐腐蚀等。

过滤介质的选择要根据悬浮液中固体颗粒的含量及粒度范围、介质所能承受的温度、稳定性及机械强度等因素来考虑。

(2)滤饼的压缩性和助滤剂。图 4-19(a)为滤饼过滤的示意图,过滤时,悬浮液置于过滤介质的一侧。过滤介质的孔径可能大于滤浆中部分颗粒,因而开始阶段会有一些细小粒子穿过介质,使滤液浑浊。随后颗粒在过滤介质表面上,形成滤饼层,层内的孔道可小于过滤介质的孔道,而且小粒子还会在孔道中和在孔口堆积,发生“架桥”现象[图 4-19(b)],使小粒子被截留,滤液即变清。可见滤饼是由截留下的固体颗粒堆积而成的床层,并在滤饼过滤中起截留粒子的主要作用。

由图 4-19 可以看出,随着过滤的进行,滤饼的厚度逐渐增大,从而滤液流动的阻力也逐渐增大,导致滤饼两侧的压强差增大。如果颗粒是由不易变形的坚硬固体(如碳酸钙等)组成的,则当压强差增大时,滤饼的空隙结构不发生明显变化,单位厚度滤饼层的阻力可视作恒定,这类滤饼的空隙结构不随压力而变,称为不可压缩滤饼。如果由易变形的颗粒(如豆渣、干酪等)组成的滤饼,其空隙结构会随操作压强而变化,在压力作用下产生不同程度的变形,使滤液通过滤饼层的通道缩小,阻力增大,这类滤饼的空隙结构随压力而变化,称为可压缩滤饼。实际上,多数滤饼都具有一定的可压缩性,一般当其可压缩性很小时就可认为是不可压缩滤饼。

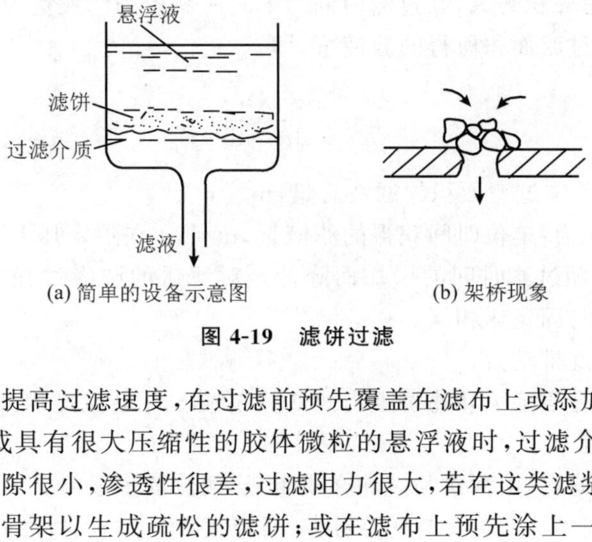

(a) 简单的设备示意图　　(b) 架桥现象

图 4-19　滤饼过滤

助滤剂:一种为了提高过滤速度,在过滤前预先覆盖在滤布上或添加于滤浆中的物质。当过滤含固体颗粒极细或具有很大压缩性的胶体微粒的悬浮液时,过滤介质的孔隙很容易被其堵塞,形成的滤饼的孔隙很小,渗透性很差,过滤阻力很大,若在这类滤浆中加入一定比例的助滤剂,使之构成滤饼的骨架以生成疏松的滤饼;或在滤布上预先涂上一层助滤剂作为过滤介质,则可使情况大大改善,提高过滤速率。

助滤剂是不可压缩的粉状物质。食品生产中常采用的助滤剂有硅藻土、活性炭、石棉、锯屑等。其中使用最广泛的是硅藻土助滤剂,它形成的滤饼空隙可高达 85%。但使用助滤剂一般只限于以获得清净的滤液为目的的场合。

(3)典型过滤操作的程序。一般包括如下 4 个阶段:

①过滤。有两种方式,即恒速过滤和恒压过滤。在多数情形下,初期采用恒速过滤,等压力升至某一数值后再转而采用恒压过滤,直到滤饼积聚较厚,过滤速度很慢,此时应停止过滤。

②滤饼洗涤。由于滤饼的孔隙中积存滤液,若滤饼为产品,为了保证其纯度,应将此滤液

除去；若滤液为有价值的产品，则应将此部分滤液回收，均应在卸饼前对滤饼进行洗涤。洗涤时，将清水或其他洗液在过滤相同的压力下流过毛细孔道。先以置换方式将滤饼中残留的滤液置换出来，然后借扩散作用，将黏附在微粒表面的薄层滤液稀释，而由洗液带走。一般，要求大致洗净只需少量洗水即可，而要完全洗净，则必须消耗大量洗水。

③滤饼去湿。洗涤完毕后，有时还要进行滤饼的去湿，即利用空气吹过滤饼，将空隙中留存的洗液排出。有时采用热空气，不但有置换洗液作用，亦可使之部分汽化，也可采用机械压榨去湿。

④滤饼卸除。将滤饼从滤布上卸除的操作要求尽量彻底干净，以便最大限度回收滤饼，并减少下一循环的过滤阻力。卸饼时可先用压缩空气从过滤介质后面反吹，以松动滤饼层，也可清净滤布，然后用刮刀或其他方法将滤饼卸除。

过滤操作即由此 4 个阶段组成。若实现此 4 个阶段是相继在不同时间中进行的，称为间歇式过滤；若各个阶段同时在设备的不同部位上进行，称为连续式过滤。

(4)过滤过程的特点。液体通过过滤介质和滤饼空隙的流动是流体经过固定床流动的一种具体情况，不同的是，过滤操作中的床层厚度(滤饼厚度)不断增加，在一定压差下，滤液通过床层的速率随过滤时间的延长而减小，即过滤操作不属于定态过程。但由于滤饼厚度的增加是比较缓慢的，过滤操作可作为拟定态处理，4.1.3 中关于固定床压降的结果可以用来分析过滤操作。

设过滤设备的过滤面积为 A，在过滤时间为 τ 时所获得的滤液量为 V，则过滤速度 u 可以定义为单位时间、单位过滤面积所得的滤液量，即

$$u=\frac{\mathrm{d}V}{A\,\mathrm{d}\tau}=\frac{\mathrm{d}q}{\mathrm{d}\tau} \tag{4-68}$$

式中：$q=V/A$ 为通过单位过滤面积的滤液总量，m^3/m^2。

而过滤速率则定义为：单位时间获得的滤液量，m^3/s。在恒定压差下过滤，由于滤饼的增厚，过滤速率 $\mathrm{d}q/\mathrm{d}\tau$ 将随过滤时间的增加而降低。对滤饼的洗涤过程，由于滤饼厚度不再增加，压差与速率的关系与固定床相同。

(5)过滤阻力和过滤推动力。

过滤阻力：由过滤介质阻力和滤饼阻力两部分组成。可以通过加助滤剂和降低滤饼的体积的方法来减少流动阻力。

过滤推动力：为过滤层(由滤饼与过滤介质组成)两侧的压强差。

造成压强差的原因有悬浮液本身的液柱差、悬浮液表面加压、过滤介质下抽真空、离心力。由此分别形成重力过滤、压力过滤、真空过滤和离心过滤。

4.4.2.2 过滤设备

为了适应不同的过滤要求，发展了多种形式的过滤机。这些过滤机可按过滤推动力不同而分为重力过滤机、加压过滤机、真空过滤机以及离心力为推动力的过滤式离心机等。也可按操作方式不同分为连续过滤机(真空转筒过滤机)和间歇过滤机[离心过滤、板框压滤机、叶滤机(二维码 4-10)等]。

二维码 4-10 叶滤机

(1)板框压滤机。这是最普通的压滤机，如图 4-20 所

示，由交替排列的滤板[包括非洗涤板（一钮）和洗涤板（三钮）]和滤框（二钮），按 1-2-3-2-1-2-3 的顺序组成。它们支承在一对横梁上，并可在其上滑动，可由压紧装置压紧或拉开。

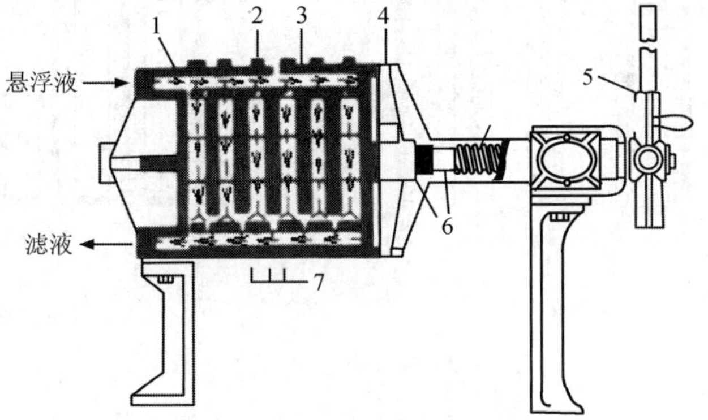

1. 固定板　2. 滤框　3. 滤板　4. 压紧板　5. 压紧手轮　6. 支撑滑轮　7. 滤布

图 4-20　板框压滤机简图

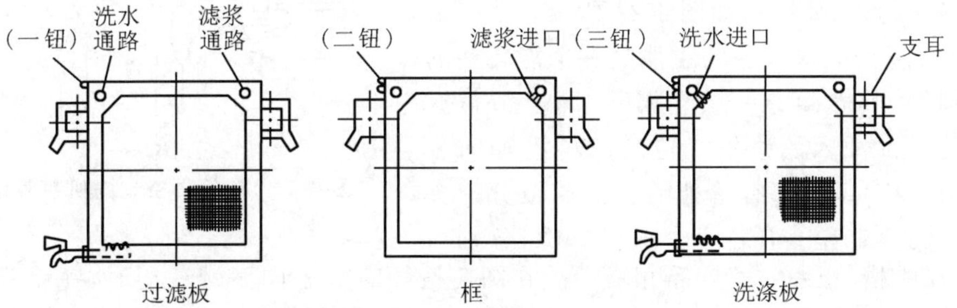

图 4-21　板框压滤机的滤板和滤框

板框压滤机滤板和滤框的结构如图 4-21 所示。滤板表面结构有凸台式和沟槽式。组装时板和框之间隔以滤布，板、滤布和框的右上角和左上角有孔，压滤机组装并压紧后，这些孔分别连成滤浆进料的通道或洗水通道；空框与滤布围成了容纳滤浆及滤饼的空间。滤板有两个作用：一是支撑滤布，二是提供滤液的通道。因此板面上制成各种凹凸纹路，凸者起支撑滤布作用，凹者形成滤液通道。

过滤时，如图 4-22(a)所示，滤浆在指定压强下，经滤浆通道由滤框角端的暗孔导入框内，滤液分别穿过框两侧的滤布而进入滤板，并沿板上的沟槽向下流动，从滤板左下角的小管排出。待滤饼充满全框后，即停止过滤。

滤饼需要洗涤时，如图 4-22(b)所示，将洗水压入洗水通道，并经由洗涤板角端的暗孔进入板面与滤布之间。此时应关闭洗涤板下部的滤液出口，洗水便在压差推动下横穿整个滤框，最后由非洗涤板下部的滤液出口排出。所以洗涤时洗液穿过二层滤布和整层滤饼，其路径为过滤终了时滤液路径的 2 倍，此外，因过滤面积是洗涤面积的 2 倍，故当洗液黏度与滤液黏度相近，且洗涤时所用压力与过滤终了时压力相同时，洗涤速率约为最终过滤速率的 1/4。

洗涤结束后，旋开压紧装置并将板框拉开，卸出滤饼，清洗滤布，然后整理板框，重新装合，进行另一个操作循环。板框压滤机结构简单、制造方便、过滤面积大且无运动部件，动力消耗低，滤饼的含水量少，过滤的操作压力一般为$(3\sim8)\times10^5$ Pa，可高达 10^6 Pa，适于难过滤的或

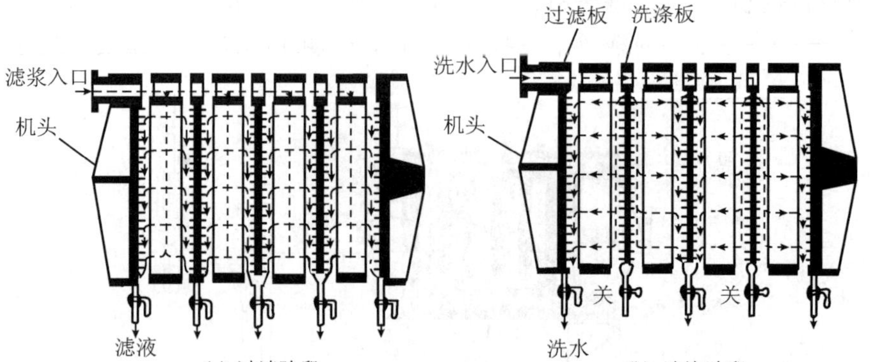

(a) 过滤阶段 (b) 洗涤阶段

图 4-22 板框压滤机操作简图

液相黏度高的悬浮液过滤。它的缺点是手工操作，劳动强度大，过滤效率较低。

(2) 转鼓(筒)真空过滤机。这是工业上应用最广的连续操作的过滤设备，如图 4-23 所示。

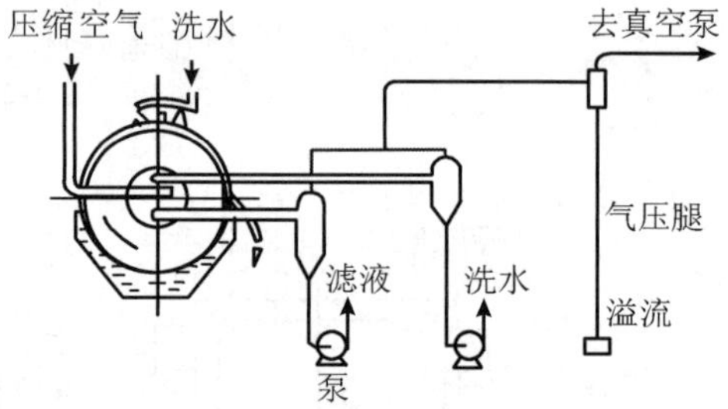

图 4-23 转筒真空过滤机装置示意图

由图 4-24 可知，该设备的主体是一个能转动的水平中空圆筒，其表面有一层金属网，网上覆盖滤布。转筒的下部浸入滤浆中。转筒(鼓)沿径向分隔成若干扇形格，每格都有单独的孔道通至分配头上。分配头的固定盘上有若干个弧形空隙，分别与减压管、洗涤贮槽、压缩空气管路相通。故在圆筒按顺时针方向回转一周时，每个扇形格表面即可顺序进行过滤、洗涤、吸干(脱水去湿)、吹松、卸饼等项操作。当扇形格 1 开始浸入滤浆内时，转动盘上相应的小孔便与固定盘上的凹槽 f 相对，从而与真空管连通，吸走滤液，扇形格 1～7 所处的位置为过滤区。8～10 格所处位置仍与凹槽 f 相对，为吸干区。扇形格转至 12～13 位置，洗涤水喷洒在滤饼上，并与固定盘凹槽 g 相通，为洗涤区。格 11 相对于凹槽 f 与 g 之间为不工作区。格 14 为吸干区，格 15 为不工作区，格 16、17 与固定盘凹槽 h 相通，由压缩空气将滤饼吹松，并用刮刀将滤饼卸除，故为吹松区及卸料区。格 18 为不工作区。如此连续运转，整个转筒表面上便构成了连续的过滤操作。分配头使各个扇形格通过不同部位时，依次进

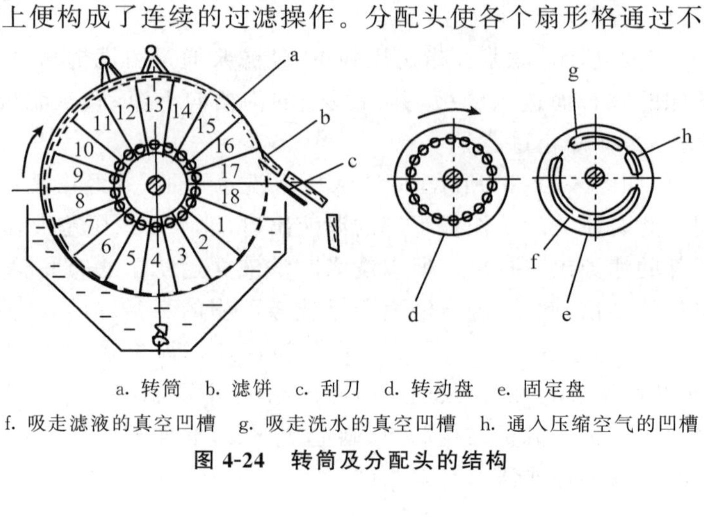

a. 转筒 b. 滤饼 c. 刮刀 d. 转动盘 e. 固定盘

f. 吸走滤液的真空凹槽 g. 吸走洗水的真空凹槽 h. 通入压缩空气的凹槽

图 4-24 转筒及分配头的结构

行过滤、吸干、洗涤、再吸干、吹松、卸料。过滤面积为 5～40 m^2，转速为 0.1～3r/min，滤饼厚度为 10～40 mm。

转鼓(筒)真空过滤机具有连续操作，自动化程度高，生产能力大的优点，但附属设备多，投资较高，且由于洗涤不充分，滤饼中的含水量较多(约 30%)。该过滤机适用于处理量大但较易过滤的浓缩悬浮液的过滤。在过滤粒度小，黏度高的料浆时，可在滤布表面预涂助滤剂。

(3)过滤设备的选择。过滤机的选择主要根据被处理滤浆的性质、洗涤要求进行。对含固体颗粒多的滤浆，宜采用转鼓(筒)过滤机，以减少劳动量；若滤液量大且要求洗涤水用量少时，最好用叶滤机或真空转鼓(筒)过滤机；对于胶状固体及较难过滤的料浆，用压滤机较有利；以晶体为产品及要求滤饼非常干燥的情况，特别是处理量大时，最好采用离心过滤机；含固体颗粒极细的液体过滤宜采用流线式过滤机，或用离心沉降。

4.4.2.3　过滤基本方程

如前所述，过滤形成的滤饼层可以看成是由许多颗粒组成的床层，且这些颗粒尺寸一般都很小，液体在滤饼空隙中的流动多处于低雷诺数范围内，当 $Re_P<20$ 时，可将式(4-23)改写为：

$$u=\frac{dV}{A\,d\tau}=\frac{\varepsilon^3\Delta p_c}{4.17a^2(1-\varepsilon)^2\mu L} \tag{4-69}$$

式中：Δp_c 为过滤的推动力。对不可压缩滤饼，ε、a 为常数，数群 $\dfrac{\varepsilon^3}{4.17a^2(1-\varepsilon)^2}$ 也为一常数，反映了颗粒床层的特性，以 $1/r$ 代表。

r 称为单位厚度床层的阻力，称为滤饼的比阻，它在数值上等于黏度为 1 Pa·s 的滤液以 1 m/s 的平均流速通过厚度 1 m 的滤饼层时所产生的压降，单位为 m^{-2}。$R=rL$ 称为滤饼阻力，单位为 m^{-1}，反映了滤饼床层对滤液流动的阻力。于是式(4-69)可写成：

$$\frac{dV}{A\,d\tau}=\frac{\Delta p_c}{r\mu L}=\frac{\Delta p_c}{R\mu} \tag{4-70}$$

同理可得到滤液流过过滤介质的过滤速度关系式：

$$\frac{dV}{A\,d\tau}=\frac{\Delta p_m}{r\mu l_e}=\frac{\Delta p_m}{\mu R_m} \tag{4-71}$$

式中：Δp_m 为过滤介质两侧的压强降，即滤液通过介质时的压降；L_e 为过滤介质的当量滤饼厚度，即假设用一层厚度为 L_e 的滤饼层代替过滤介质，并保持原来的过滤速度不变；R_m 为过滤介质的阻力，它是一个常数。在一般情况下，其值比滤饼阻力小很多。

滤饼床层的面积和过滤介质的面积可视为相等，利用加比定律，可将上两式合并成：

$$\frac{dV}{A\,d\tau}=\frac{\Delta p_c+\Delta p_m}{r\mu(L+l_e)}=\frac{\Delta p}{\mu(R+R_m)} \tag{4-72}$$

式中：Δp 为过滤的总压力降。滤饼的阻力 R 与过滤介质的阻力 R_m 之和为过滤阻力。

设每获得单位体积滤液，相应得到体积为 υ 的滤饼，则有：

$$L=\frac{\upsilon V}{A} \tag{4-73}$$

$$L_e=\frac{\upsilon V_e}{A} \tag{4-74}$$

式中：V_e 为当量滤液体积。

故式(4-72)可化为：

$$\frac{dV}{d\tau}=\frac{A^2\Delta p}{\mu r\upsilon(V+V_e)} \tag{4-75}$$

此式只适用于不可压缩滤饼，因此认为比阻 r 不随过滤的压差而变化。

若滤饼是可压缩的，比阻 r 将随压差而变，可用下列经验公式表示二者的关系：

$$r=r'(\Delta p)^S \tag{4-76}$$

式中：r'为单位压强差下滤饼的比阻；s 为滤饼的压缩性指数，其值恒小于 1，即 $0\leqslant s<1$，由实验确定。对不可压缩滤饼，$s=0$。

将式(4-76)代入式(4-75)得过滤基本方程：

$$\frac{dV}{d\tau}=\frac{A^2\Delta p^{1-s}}{\mu r'\upsilon(V+V_e)} \tag{4-77}$$

令

$$k=\frac{1}{\mu r'\upsilon} \tag{4-78}$$

则有：

$$\frac{dV}{d\tau}=\frac{kA^2\Delta p^{1-s}}{(V+V_e)} \tag{4-79}$$

又令

$$K=2k\Delta p^{1-S}=\frac{2\Delta p}{\mu r\upsilon} \tag{4-80}$$

并代入式(4-79)，有：

$$\frac{dV}{d\tau}=\frac{KA^2}{2(V+V_e)} \tag{4-81}$$

k 称为滤饼常数，也可称为过滤常数，与压差无关，对不可压缩滤饼，其单位为 $m^4/(N\cdot s)$；K 称为过滤常数，K 不但与滤浆物性有关，而且与过滤操作压差有关，只有在恒压过滤时，才真正是一常数，单位为 m^2/s。

上述过滤基本方程都是微分式，表示过滤过程在任一瞬间的过滤速率，要将其用于实际计算，还需将其在具体条件下积分。

4.4.2.4　间歇过滤过程计算

间歇过滤机(以压滤机为代表)的操作可以在恒压、恒速、变速、变压等不同条件下进行。恒压过滤是整个过滤过程始终维持压力不变，随着过滤进行，滤饼不断增厚，过滤阻力不断加大，故过滤速率不断下降。恒速过滤时以恒定的流率向过滤机供滤浆，以维持过滤速率不变。要做到此必须持续升高过滤压力来克服不断增加的过滤阻力。

(1)恒压过滤方程。Δp、K 为常数，将式(4-81)积分

$$\int_0^{V+V_e}(V+V_e)d(V+V_e)=\frac{K}{2}A^2\int_0^{\tau+\tau_e}d(\tau+\tau_e)$$

得：

$$(V+V_e)^2=KA^2(\tau+\tau_e) \tag{4-82}$$

若令　$q=\frac{V}{A}$，$q_e=\frac{V_e}{A}$，则上式为：

$$(q+q_e)^2=K(\tau+\tau_e) \tag{4-82a}$$

由于 $V_e^2=KA^2\tau_e$ 或 $q_e^2=K\tau_e$，式(4-82)、式(4-82a)可分别表达成：

$$V^2+2VV_e=KA^2\tau \tag{4-82b}$$

$$q^2+2qq_e=K\tau \tag{4-82c}$$

当过滤介质的阻力忽略不计时：$V_e=0$，$\tau_e=0$，则有：

$$V^2=KA^2\tau \tag{4-82d}$$

$$q^2=K\tau \tag{4-82e}$$

式(4-82)为恒压过滤方程，表示恒压条件下，累计滤液量 V（或单位过滤面积所得累计滤液量 q）与过滤时间 τ 的关系为一抛物线。

(2)恒速过滤方程。恒速过滤时的过滤速率不变，式(4-81)变为：

$$\frac{\mathrm{d}V}{A\,\mathrm{d}\tau}=\frac{KA}{2(V+V_e)}=\frac{V}{A\tau}=\frac{q}{\tau}=u_R=\text{常数}$$

故有

$$V^2+VV_e=\frac{K}{2}A^2\tau \tag{4-83}$$

或

$$q^2+qq_e=\frac{K}{2}\tau \tag{4-83a}$$

亦有

$$V=u_RA\tau \tag{4-83b}$$

$$q=u_R\tau \tag{4-83c}$$

式(4-83)为恒速过滤方程。由式(4-83b)、式(4-83c)可看出，恒速过滤时，V 或 q 与 τ 具有线性关系。

(3)先恒速后恒压的过滤方程。若过滤时间从 0 到 τ_1，采用恒速过滤操作，得到滤液量 V_1 后，改为恒压过滤。则过滤时间 0 到 τ_1，可用恒速过滤方程进行计算；而时间从 τ_1 到 τ 时，得到的滤液量由 V_1 变为 V，由式(4-81)得恒压过滤段的积分式为：

$$\int_{V_1}^{V}(V+V_e)\mathrm{d}V=\frac{K}{2}A^2\int_{\tau_1}^{\tau}\mathrm{d}\tau$$

积分，得

$$(V^2-V_1^2)+2V_e(V-V_1)=KA^2(\tau-\tau_1) \tag{4-84}$$

或

$$(q^2-q_1^2)+2q_e(q-q_1)=K(\tau-\tau_1) \tag{4-84a}$$

注意：式中 V 为过滤时间 0 到 τ 所获得的累计总液量，而不是恒压阶段获得的滤液量。

(4)过滤常数的测定。

①过滤常数 K、$q_e(V_e)$ 的测定。可用同一悬浮液在小型实验设备中进行恒压过滤实验而获得。此时式(4-82c)可写成：

$$\frac{\tau}{q}=\frac{1}{K}q+\frac{2}{K}q_e \tag{4-85}$$

该式说明在恒压过滤时，τ/q 与 q 之间具有线性关系。直线的斜率为 $1/K$，截距为 $2q_e/K$。在不同过滤时间 τ，记下所得滤液量 V，计算出单位过滤面积滤液量 q，即可根据式(4-85)测得过滤常数 K 和 q_e。

式(4-85)仅适用于一开始就进行恒压过滤的情形。若过滤的初始阶段并非恒压，在 τ_1 时间内，已得单位过滤面积滤液 q_1，此后才作恒压过滤，则可利用式(4-84a)，并整理得：

$$\frac{\tau-\tau_1}{q-q_1}=\frac{1}{K}(q-q_1)+\frac{2}{K}(q_e+q_1) \tag{4-86}$$

因 $\frac{\tau-\tau_1}{q-q_1}$ 与 $q-q_1$ 之间具有线性关系，同样可求出常数 q_e 和恒压操作的 K 值。必须注意，因为 K 值与操作压差、温度及悬浮液的性质有关，故只有在实验条件与生产条件完全相同时，才能直接使用实验测定的结果。若过滤于不同压力下进行，则应于各种压力下测定过滤常数，以供使用。

②压缩指数 s 和滤饼常数 k 的测定。若在几个不同的压差下重复上述实验，将式(4-80)两边取对数，得：

$$\lg K=(1-s)\lg(\Delta p)+\lg(2k) \tag{4-87}$$

以 $\lg K$ 为纵坐标，$\lg\Delta p$ 为横坐标作图，由斜率$=1-s$，截距$=\lg(2k)$，可求出 s 和 k。

(5)滤饼的洗涤。单位时间内流过的洗液体积称为洗涤速率。洗涤所需时间 τ_w 可表示为：

$$\tau_w=\frac{V_w}{\left(\frac{dV}{d\tau}\right)_w} \tag{4-88}$$

洗涤时，滤饼厚度不再发生变化，但洗涤速率除了与洗涤条件有关外，还与过滤设备的形式有关。

对板框压滤机(属横穿洗涤法)，有：

$$\left(\frac{dV}{d\tau}\right)_w=\frac{1}{4}\left(\frac{dV}{d\tau}\right)_E=\left(\frac{1}{4}\right)\frac{KA^2}{2(V+V_e)} \tag{4-89}$$

代入洗涤时间计算式，可得：

$$\tau_w=\frac{8V_w(V+V_e)}{KA^2} \tag{4-90}$$

对叶滤机(属置换洗涤法)，有：

$$\left(\frac{dV}{d\tau}\right)_w=\left(\frac{dV}{d\tau}\right)_E=\frac{KA^2}{2(V+V_e)} \tag{4-91}$$

代入洗涤时间计算式，可得：

$$\tau_w=\frac{2V_w(V+V_e)}{KA^2} \tag{4-92}$$

注意：以上几式中的 A 均为过滤面积。

(6)间歇过滤机的生产能力。过滤机的生产能力通常以单位时间获得的滤液量表示，生产能力 Q 表示为：

$$Q=\frac{V}{\tau+\tau_W+\tau_D}=\frac{V}{\sum\tau} \tag{4-93}$$

式中：$\sum\tau=\tau+\tau_W+\tau_D$，一个操作周期的时间，s；$\tau$ 为过滤时间，s；τ_W 为洗涤时间，s；τ_D 为操作周期内卸渣、清理、装合等辅助操作时间，s。

算出 Q 后，即可根据生产任务，确定过滤机的台数。对恒压过滤，过分延长过滤阶段时间 τ 并不能提高过滤机的生产能力，可通过操作优化使其生产能力达最大（二维码 4-11）。

二维码 4-11　恒压过滤操作优化

若滤饼为产品，则生产能力按滤饼产量计。

【例 4-5】 拟用一台板框压滤机过滤悬浮液，板框尺寸为 450 mm×450 mm×25 mm，有 40 个滤框。在 $\Delta p=3\times10^5$ Pa 下恒压过滤。待滤框充满滤渣后用清水洗涤滤饼，洗涤水量为滤液体积的 1/10。已知每立方米滤液形成 0.025 m^3 滤饼；操作条件下过滤常数：$q_e=0.026\ 8\ m^3/m^2$；$\mu=8.937\times10^{-4}$ Pa·s；$r=1.13\times10^{13}(\Delta p)^{0.274}$。

试求：(a)过滤时间；(b)洗涤时间；(c)若每次装卸清理的辅助时间为 60 min，求此压滤机的生产能力。

解：先确定 K 值。

因为由式(4-80)知 $K=2k\Delta p^{1-s}=\dfrac{2\Delta p}{\mu r\upsilon}$

已知 $r=1.13\times10^{13}\Delta p^{0.274}=1.13\times10^{13}(3\times10^5)^{0.274}=3.58\times10^{14}(m^{-2})$

所以 $K=\dfrac{2\times3\times10^5}{8.937\times10^{-4}\times3.58\times10^{14}\times0.025}=7.50\times10^{-5}(m^2/s)$

(a)计算滤框中充满滤饼所需时间即过滤时间 τ。

框内滤饼总体积：$40\times0.45^2\times0.025=0.203(m^3)$

滤液体积：$V=0.203/0.025=8.1(m^3)$

过滤面积：$A=40\times0.45^2\times2=16.2(m^2)$

$q=V/A=8.1/16.2=0.5(m^3/m^2)$

则过滤时间：$\tau=\dfrac{1}{K}(q^2+2qq_e)=\dfrac{0.5^2+2\times0.5\times0.026\ 8}{7.50\times10^{-5}}=3\ 690(s)$

(b)洗涤时间 τ_w。

由式(4-90)得：

$$\tau_w=\frac{8(V+V_e)V_W}{KA^2}=\frac{8(q+q_e)q_w}{K}=\frac{8\times(0.5+0.026\ 8)\times0.5/10}{7.5\times10^{-5}}=2\ 810(s)$$

(c)过滤机的生产能力 Q。

$$Q=\frac{V}{\tau+\tau_W+\tau_D}=\frac{8.1}{3\ 690+2\ 810+3\ 600}=8.02\times10^{-4}(m^3/s)=2.89(m^3/h)$$

4.4.2.5　连续过滤机生产能力计算

连续过滤机的过滤、洗涤、卸饼等操作同时在过滤机的不同区域内进行，即它以全部操作时间，但仅以部分面积进行过滤以获取滤液。故连续过滤机的操作周期是指旋转一周所需要的时间。

以转鼓真空过滤机为例，设转鼓转速为每秒 n 转，则每个操作周期 $\sum\tau$ 为：

$$\sum\tau=\frac{1}{n} \tag{4-94}$$

式中：n 的单位是 r/s。

转鼓表面浸入滤浆中的分数，即回转转鼓的浸没度为：

$$\phi=\frac{\text{浸入角度}}{360°} \tag{4-95}$$

转鼓任一部分表面在一个操作周期内，从开始浸入滤浆至离开所经历的时间，即为 1 个周期中的过滤时间 τ：

$$\tau=\phi\sum\tau=\frac{\phi}{n} \tag{4-96}$$

这样就将连续过滤机整个操作周期中只有部分面积进行过滤，转换为全部面积但在部分时间中过滤，整个转鼓单位面积滤液量仍可用间歇过滤机的公式计算。

连续过滤机都是恒压过滤机，故每转一周的滤液量可按恒压过滤方程计算。由式(4-82)可以改写为如下形式：

$$V=\sqrt{KA^2\left(\frac{\phi}{n}+\tau_e\right)}-V_e \tag{4-97}$$

$$Q=nV=n\left[\sqrt{KA^2\left(\frac{\phi}{n}+\tau_e\right)}-V_e\right] \tag{4-98}$$

式中：V 的单位是 $m^3/(s\cdot r)$，Q 的单位是 m^3/s。若忽略过滤介质阻力，则上式可简化为：

$$Q=A\sqrt{K\phi n} \tag{4-98a}$$

上式近似地表达了影响转鼓真空过滤机生产能力的因素。

【例 4-6】 用国产 GP2-1 型转筒真空过滤机过滤某悬浮液，过滤机转鼓直径为 1 m，转鼓长度 0.7 m，浸没角 130°，转鼓转速 0.18 r/min，在真空度 66.7 kPa 下操作。悬浮液的过滤常数 $k=9.90\times10^{-7}\,m^2/(s\cdot kPa)$，滤饼不可压缩。试估计此过滤机的生产能力。

解：由式(4-98a)知　$Q=A\sqrt{K\phi n}$

(a)过滤面积 A。

$$A=\pi\times\text{直径}\times\text{宽度}=\pi\times1\times0.7=2.2(m^2)$$

(b)过滤常数 K。

滤饼不可压缩，即 $s=0$；$\Delta p=66.7$ kPa

所以 $K=2k(\Delta p)^{1-s}=2\times9.90\times10^{-7}\times66.7=1.32\times10^{-4}(m^2/s)$

(c)转鼓浸没分数(浸没度)。

$$\phi=\frac{\text{浸入角度}}{360°}=\frac{130°}{360°}=0.361$$

(d)过滤机的生产能力。

$$Q=2.2\times\sqrt{1.32\times10^{-4}\times0.361\times\frac{0.18}{60}}$$

$$=2.2\times3.78\times10^{-4}=8.32\times10^{-4}(m^3/s)=3.0(m^3/h)$$

习　题

1. 用光滑小球在黏性流体中自由沉降可测定该液体的黏度。测试时用玻璃筒盛满待测液体，将直径为 6 mm 的钢球在其中自由沉降，下落距离为 200 mm，记录钢球的沉降时间。现用此法测试一种密度为 1 300 kg/m^3 的糖浆，记录的沉降时间为 7.32 s，钢球的相对密度为 7.9，试求此糖浆的黏度。

2. 某谷物的颗粒粒径为 4 mm，密度为 1 400 kg/m^3。求在常温水中的沉降速度。若此谷物的淀粉粒在同样的水中的沉降速度为 0.1 mm/s，试求其粒径。

3. 某气体中含有大小不等的尘粒，最小的粒子直径为 10 μm。已知气体流量为 3 000 m^3/h(标准态)，温度为 500℃，密度为 0.43 kg/m^3，黏度为 3.6×10^{-5} Pa·s，尘粒的密度为 2 000 kg/m^3。今有一降尘室，共有 5 层，求每层的沉降面积。

4. 上题的含尘气体若采用标准型旋风分离器分离，试计算用 4 台并联操作时的设备尺寸和分离效率。已知允许的压降为 1 780 Pa。

5. 一降尘室长 5 m，宽 3 m，高 4 m，内部用隔板分成 20 层，用来回收含尘气体中的球形固体颗粒，操作条件下含尘气体的流量为 36 000 m^3/h，气体密度为 0.9 kg/m^3，黏度为 0.03 mPa·s。尘粒密度为 4 300 kg/m^3，试求理论上能 100%除去的最小颗粒直径。

6. 某离心分离机的有效转鼓高度为 0.3 m，转鼓内半径为 0.4 m，转速为 5 400 r/min。欲使鼓内水中离中心轴距离 0.04 m 处的酵母能产生向鼓壁沉降的效果，问进水流量的最大值为几何？已知酵母的直径为 5 μm，密度为 1 150 kg/m^3，水温为 20℃。

7. 液体食用油经水洗设备之后，进入沉降槽进行油一水分离。假定从洗涤器出来的混合物中，油以球滴出现，滴径为 0.05 mm，物料中油和水的质量比为 1∶4，分离后的水相可认为绝不含油。已知料液流量为 2 t/h，油的相对密度为 0.9，油温和水温均为 38℃。试求沉降槽的沉降面积(假定沉降符合斯托克斯定律)。

8. 某淀粉厂的气流干燥器每小时送出 10^4 m^3 带淀粉颗粒(密度为 1 500 kg/m^3)的 80℃ 空气(密度 1.0 kg/m^3，黏度 2×10^{-5} Pa·s)，用标准型的旋风分离器分离其中的淀粉颗粒。若分离器器身直径 D=1 000 mm，其他部分尺寸按教材图 4-20 中所列比例确定。试估计理论上可分离的最小颗粒直径 d_c，并计算设备的流体阻力。

9. 果汁中滤渣为可压缩的，测得其压缩指数为 0.6。在表压为 100 kPa 下由压滤机过滤。最初 1 h 可得清汁 2.5 m^3，问若其他条件相同，要在最初 1 h 得到 3.5 m^3 的清汁，要用多大压力？设介质阻力可忽略不计。

10. 用某板框过滤机过滤葡萄糖溶液，加入少量硅藻土作助滤剂。在过滤表 100 kPa 下过滤 2 h，头 1 h 得滤液量 8 m^3。假设硅藻土是不可压缩的，且忽略介质阻力不计，试问：①在第 2 h 内可得多少滤液？②过滤 2 h 后用 2 m^3 清水(黏度与滤液相近)，在同样压力下对滤饼进行横穿洗涤，求洗涤时间。③若滤液量不变，仅将过滤压差提高1倍，问过滤时间为多少？④若过滤时间不变，仅将过滤压强提高1倍，问滤液量为多少？

11. 有一叶滤机，自始至终在某一恒压下过滤某种悬浮液时，得出如下过滤方程式：$(q+10)^2=250(t+0.4)$。式中q以L/m^2表示，τ以min表示。今在实际操作中，先在5 min内使压差由零升至上述压差，其间过滤为恒速过滤，以后则维持该压力不变作恒压过滤，全部过滤时间为20 min。试求：①每一循环中，每1 m^2过滤表面可得多少滤液？②过滤后用相当于滤液总量1/5的水洗涤滤饼，求洗涤时间(设滤饼不可压缩)。

12. 在202.7 kPa(2 atm)操作压力下用板框过滤机处理某物料，操作周期为3 h，其中过滤1.5 h，滤饼不需洗涤。已知每获1 m^3滤液得滤饼0.05 m^3，操作条件下过滤常数$K=3.3\times10^{-5}m^2/s$，介质阻力可忽略，滤饼不可压缩。试计算：①若要求每周期获0.6 m^3的滤饼，需多大过滤面积？②若选用板框长×宽的规格为1 m×1 m，则框数及框厚分别为多少？③经改进提高了工作效率，使整个辅助操作时间缩短为1 h，则为使上述板框过滤机的生产能力达到最大时，其操作压力应提高至多少？

13. 有一转筒真空过滤机，每分钟转2周，每小时可得滤液4 m^3。若滤布阻力忽略不计，问每小时要获得5 m^3滤液，转鼓每分钟应转几周？此时转鼓表面的滤饼厚度为原来的几倍？假定所用的真空度不变。

14. 大豆的密度1 200 kg/m^3，直径5 mm，堆积成高为0.3 m的固定床层，空隙率为0.4。若20℃空气流过床层时，空床速度0.5 m/s，试求其压力降。又当空床速度达何值时，流化方才开始？此时的压力降又为何值？

15. 一砂滤器在粗沙砾层上，铺有厚750 mm的沙粒层，以过滤工业用水，沙砾的密度2 550 kg/m^3，半径0.75 mm，球形度0.86，床层松密度为1 400 kg/m^3。今于过滤完毕后用14℃的水以0.02 m/s的空床流速进行沙层返洗。问沙粒层在返洗时是否处于流化状态？

16. 鲜豌豆近似球形，其直径6 mm，密度1 080 kg/m^3，拟于−20℃冷气流中进行流化冷冻。豆床在流化前的床层高度0.3 m，空隙率0.4，冷冻时空气速度(空床)等于临界速度的1.6倍。试估计：①流化床的临界速度和操作速度。②通过床层的压力降。

17. 小麦粒度5 mm，密度1 260 kg/m^3；面粉粒度0.1 mm，密度1 400 kg/m^3。当此散粒物料和粉料同样以20℃空气来流化时，试分别求其流化速度的上、下限值，并作大颗粒和小颗粒流化操作的比较(比较u_t/u_{mf})。

18. 试设计一低真空吸引式气力输送小麦的管路，并计算其压力损失。已知管路的垂直和水平段长度各为10 m，中间有90°弯头一个，要求小麦的输送量为5 000 kg/h。

思考题

1. 斯托克斯定律区的沉降速度与各物理量的关系如何？应用的前提是什么？颗粒的加速段在什么条件下可忽略不计？

2. 直径为50 μm、密度为2 650 kg/m^3的球形颗粒，在20℃的空气中从静止状态开始做自由沉降，需要多少时间才能完全达到其(终端)沉降速度？需要多少时间便能达到其沉降速度的99%？

3. 重力降尘室的气体处理量与哪些因素有关？降尘室的高度是否影响气体处理量？

4. 悬浮液重力沉降分离的设备按操作方式，可分为哪几类？有什么异同点？

5. 强化悬浮液重力沉降的方法有哪些?

6. 评价旋风分离器性能的主要指标有哪两个?

7. 颗粒在旋风分离器内沿径向沉降的过程中,其沉降速度是否为常数?

8. 提高流化质量的常用措施有哪些?

9. 气力输送的主要优点有哪些?

10. 过滤速率与哪些因素有关?

11. 过滤常数有哪两个? 各与哪些因素有关? 什么条件下才为常数?

12. 以间歇过滤机处理某种悬浮液,若滤布阻力可以忽略,洗水体积与滤液体积之比值为 a,试分析洗涤时间与过滤时间的关系。

13. 当滤布阻力可以忽略,滤饼不可压缩,试用图定性地表示恒速、恒压、先恒速后恒压三种过滤操作的 q-τ、Δp-τ 关系,并就先恒速后恒压过滤的 q-τ 图形讨论当全部非过滤时间($\tau_D+\tau_W$)一定时的最佳过滤操作循环周期。

14. 当滤布阻力可以忽略时,若要恒压操作的间歇过滤机取得其最大生产能力,在下列两种条件下,分别应如何确定过滤时间 τ?

(a)若已规定每一循环中的辅助操作时间为 τ_D,洗涤时间为 τ_W;

(b)若已规定每一循环中的辅助操作时间为 τ_D,洗水体积与滤液体积之比值为 a。

15. 计算转筒真空过滤机的生产能力时,过滤面积为什么用 A 而不用 $A\phi$? 该机的滤饼厚度是否与生产能力成正比?

16. 若分别采用下列各项措施,试分析转筒过滤机的生产能力将如何变化并分析各措施的可行性。已知滤布阻力可以忽略,滤饼不可压缩。

(a)转筒尺寸按比例增大 50%;

(b)转筒浸没度增大 50%;

(c)操作真空度增大 50%;

(d)转速增大 50%;

(e)滤浆中固相体积分率由 10%增稠至 15%,已知滤饼中固相体积分率为 60%;

(f)升温,使滤液黏度减小 50%。

17. 强化过滤速率的措施有哪些?

第5章

液体搅拌

本章学习目的与要求

通过本章内容学习，学生可以掌握流体间的各种混合原理，为改善混合均匀度奠定基础。要求学生掌握评价物料混合度的各种方法，熟悉影响液体搅拌功率的因素，并且能够计算搅拌功率和混合速率等参数；掌握乳化操作原理。

用机械或流体动力方法使两种或两种以上不同物质相互分散、混杂以达到一定的均匀度的单元操作，称为混合(mixing)。在混合中，各组分的分配可以是分子状态，也可以是质点状态。常见的混合单元操作是液体与液体、固体与液体、固体与固体的混合。在食品工业中，混合操作主要为制备均匀混合物，也有的为通过混合促进传质和传热。

食品生产的各种工艺过程，涉及各种不同特性的物料，各种不同的搅拌目的，所碰到的搅拌器不同。操作种类繁多，常见的液体搅拌按共性基本上可分为下列五类。

①互溶液体的搅拌：均相(互溶)液体混合物的混合调配。没有化学反应时，搅拌可加快互溶液体的扩散，通常称为互溶液体的“调匀”。对存在化学反应的情形，为了加速反应或使反应完全，也应进行搅拌。

②互不相溶液体的接触混合：目的是使互不相溶的液体相互接触，增加相接触表面，并提高传质系数，使一种液体在另一种液体中充分分散，以有利于传质或化学反应，常见的是食品料液的乳化。

③气液接触：与互不相溶液体的接触类似，通过搅拌加强气液两相的接触，提高传质系数。如碳酸饮料制造业使用的碳酸化器，以及用搅拌釜作为化学吸收设备即为此例。

④利用搅拌加强传热：搅拌可提高容器内液体的传热系数，或是使釜内液体温度均匀。

⑤有悬浮颗粒状固体的液体搅拌：利用搅拌使颗粒状固体不致沉至釜底，成为各处固体含量比较均匀的混合物，或是利用搅拌加速固体的溶解。

液体搅拌可以是连续操作，也可以是间歇操作，所用搅拌设备结构大体相同。间歇操作时，物料间歇地进入釜内，待搅拌过程结束再出料，然后开始下一周期的操作。连续操作时物料连续加入釜内，从搅拌釜连续出料。对于气液接触搅拌釜，不论液体是否连续进出料，气体一般总是连续进出的。

5.1　液体搅拌混合的基本理论

搅拌过程，就是使物料造成混合的操作。混合实际上可理解为物料的分散。

多数的搅拌过程，其所达到的搅拌效果与混合效果有密切的关系。不同的搅拌过程，或是要求达到不同的搅拌效果的过程，对混合程度都有不同的要求。这里介绍混合程度的衡量，以及各类搅拌操作对混合程度的不同要求。

5.1.1　混合物的混合程度

5.1.1.1　调匀度

调匀度是指一种或几种组分的浓度或其他物理量和温度等在搅拌体系内的均匀性。设 A 和 B 两种样品，体积分别为 V_A 和 V_B，置于容器中，则容器中样品 A 的平均体积浓度为：

$$c_{V_{A0}}=\frac{V_A}{V_A+V_B} \tag{5-1}$$

式中：$c_{V_{A0}}$ 为 A 的平均体积浓度，m^3/m^3。

经过一段时间搅拌后，如果搅拌已达完全均匀，则在容器中任意位置取样分析，样品中物料 A 的体积浓度 c_{V_A} 都等于 $c_{V_{A0}}$，表明搅拌已达完全均匀。但是搅拌均匀程度不可能是那么理想，各处取样分析，物料 A 的含量或是高于 $c_{V_{A0}}$ 或是低于 $c_{V_{A0}}$，多少会有一些偏差。样品 A 的体积浓度 c_{V_A} 与容器中样品 A 的平均体积浓度 $c_{V_{A0}}$ 偏差越大，说明混合的均匀性越差。因此，可引入调匀度的概念来表示样品与均匀状态之间的偏离程度。

$$s=\frac{c_{V_A}}{c_{V_{A0}}} \qquad (c_{V_A}<c_{V_{A0}} \text{ 时}) \tag{5-2}$$

$$s=\frac{1-c_{V_A}}{1-c_{V_{A0}}} \qquad (c_{V_A}>c_{V_{A0}} \text{ 时}) \tag{5-2a}$$

可见调匀度 s 的值是不可能大于 1 的，即 $s\leqslant 1$。

在搅拌釜有代表性的各处取样分析，所得样品调匀度的算术平均值，即得搅拌釜内样品的平均调匀度

$$s=\frac{s_1+s_2+\cdots+s_n}{n} \tag{5-3}$$

对传热过程，同样也可以用釜内各点温度与平均温度的偏差来表示调匀度。

随着人们认识的不断深化，把上述调匀度的概念看作是判别混合程度的唯一标准，显然很不全面，因为它随着取样范围大小可能显示出很大的差别。举例说明。设 A、B 两种液体进行搅拌，其体积 $V_A=V_B$。如搅拌后调匀度 $s=1$，则在搅拌釜内任一点取样都应 $c_{V_A}=c_{V_{A0}}=0.5$。如图 5-1 为从搅拌釜内某处取得的混合液样品（简化样品图）。可以看出该样品有四个等体积部分，两部分全为 A（图中以黑点表示），两部分全为 B（图中以白色表示），按图 $c_{V_A}=c_{V_{A0}}=0.5$，即调匀度为 $s=1$。但是如果我们把取样样品量缩小，那么结果就完全不同了。上部那个圆圈范围取样分析，样品所含全是 B，下部圆圈范围取样，样品全是 A，两者均表示调匀度 $s=0$，即完全未调匀。从这个例子可以看出，仅仅用调匀度来表示混合程度是不够的，从这例子也可看出，调匀度仅能“宏观”地表示混合程度。

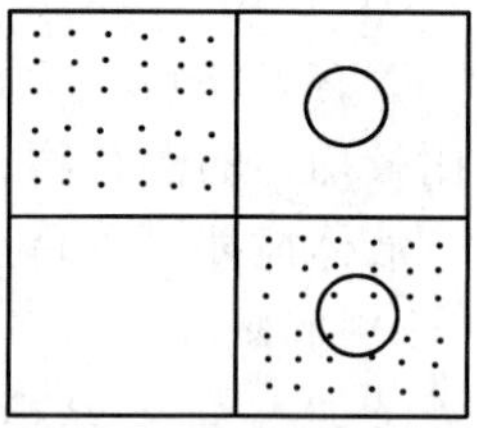

图 5-1 混合液样品

5.1.1.2 *混合物的分隔尺度和分隔强度*

除调匀度外，还可用分隔尺度和分隔强度来比较全面地反映出混合物的混合程度。

图 5-2 系说明这两个概念的示意图。图 5-2 与图 5-1 类似，也表示从搅拌釜某处取得的一个样品。在图 5-2 中，每一块样品都表明具有同样的组成，即 $c_{V_A}=c_{V_{A0}}=0.5$，其调匀度 s 均为 1。图中(a)、(b)、(c)三种样品，表示物料不同的分散度。(a)这一样品，表示由两块纯物料 A 和两块纯物料 B 组成，与图中(b)、(c)的样品相比较，就物料分散度来说，无疑(a)更为集中，而(b)、(c)则比较分散。这种分散物的集中尺度，就是分隔尺度。分隔尺度愈大，表示物料分散情况愈差。如果 A 和 B 两种物料可以互溶，或可部分互溶，则图中(a)、(b)、(c)所示的样品，在被分散的物料 A 和 B 之间，就会产生扩散。图中(d)～(l)分别表示被分散物料之间经过扩散的情况。这时，被分散物料均已不再是纯 A 和纯 B，而是 A 和 B 的混合物。这些混合物与平均组成的差别就是分隔强度。分隔强度愈大，则表示物料混合愈不充分。图中(j)、(k)、(l)三个样品表示同样的混合程度，即分隔强度为零，说明 A 和 B 两种物料经过扩散已达到理想的混合状态，即所谓“微观”的均匀，或分子尺度的均匀。这时，分隔尺度的大小已没有意义，因为通过扩散最后都已达到分隔强度为零的程度。

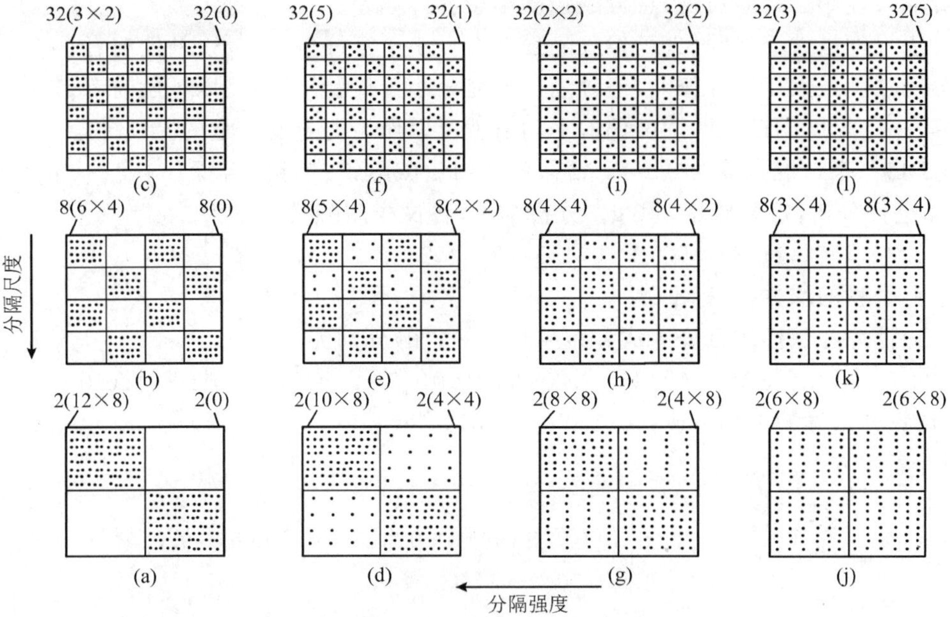

图 5-2　分隔尺度和分隔强度示意图

应该注意到关于分隔强度为零，即达到分子尺度的均匀，是混合程度的极限。并非所有液体的搅拌都可能达到这种混合均匀程度，而仅是限于互溶的液体搅拌。至于气液接触、互不相溶的、或不能完全互溶的两种液体的搅拌和有悬浮状固体的搅拌，都不可能达到分子尺度的均匀。对这些不可能达到分子尺度均匀的液体搅拌，混合程度愈高，则意味着调匀度愈高、分隔尺度愈小。然而这种分隔尺度的减小不是无限的，即不可能减小到零。

在混合过程中，整个物料体不断地被分割成大量局部小区域，同时进行着高浓度区域和低浓度区域间物质组分的传递分配。这些局部区域的浓度高于或低于物料的平均浓度 c_m。对各个不同的局部区域，浓度 c_i 是一个变数，但在某一特定局部区域内，浓度 c_i 可视为定值。这样可以用下述两个特征数来说明混合的均匀度。

综上所述，可以理解为：分隔尺度(separation size)是指混合物各个局部小区域体积的平均值；而分隔强度(separation intensity)是指混合物各个局部小区域的浓度与整个混合物的平均浓度的偏差的平均值，一般用均方差或均方根差、标准差表示。

$$\sigma^2 = \frac{1}{n}\sum (c_i - c_m)^2 \tag{5-4}$$

$$S^2 = \frac{1}{n-1}\sum (c_i - c_0)^2 \tag{5-5}$$

式中：σ^2、S^2 分别为总体均方差和样本均方差；c_i、c_m、c_0 分别为混合物的取样浓度、平均浓度真实值、取样的平均浓度。

首先混合的分隔尺度愈大，表示混合的均匀性愈差。其次是混合的分隔强度愈大，也表示混合的均匀性愈差。上述局部区域的大小及浓度偏差是随机的，难以用纯数学方法处理。实用上一般采用抽样检查的统计方法。此法规定一个取样大小，称检验尺度，并要求试样浓度平均偏差小于规定的最大值——容许偏差。如符合下列条件之一，则可认为是混合合格的制品：

①分隔尺度小于检验尺度，且分隔强度小于容许偏差；

②分隔尺度虽大于检验尺度，但分隔强度充分小于容许偏差，足以补偿前者；

③分隔强度虽大于容许偏差，但分隔尺度充分小于检验尺度，足以补偿前者。

这样，一定尺度的试样的浓度偏差平均值就可以作为混合物质量的鉴别标准。

【例 5-1】 某一混合器对 990 kg 食盐和 10 kg 碳酸镁进行混合操作。经一定时间后，取 10 个样品进行分析，每个样品 200 g。分析结果，各试样碳酸镁含量为

2.30，1.72，1.63，1.73，2.10，1.82，2.32，2.20，2.10，2.13

试求混合物的均方差、标准差。

解：(1)计算各试样的百分组成 $c_i(i=1,2,\cdots,10)$ 分别为

0.011 5　0.008 6　0.008 15　0.008 65　0.010 5　0.009 1　0.011 6　0.010 5　0.010 7

(2)计算各试样的平均组成：10/1 000＝0.01。

(3)计算均方差。

$$\sigma^2=\frac{1}{n}\sum_{i=1}^{10}(c_i-c_\mathrm{m})^2=\frac{1}{10}[(0.011\,5-0.01)^2+(0.008\,6-0.01)^2+\cdots]$$
$$=1.48\times10^{-6}$$

计算标准差

$$\sigma=\sqrt{1.48\times10^{-6}}=1.22\times10^{-3}$$

5.1.2 过程对混合程度的要求

上面介绍了用调匀度、分隔尺度和分隔强度这三个概念共同反映出混合物的混合程度。调匀度愈高，分隔尺度和分隔强度愈低，则表示混合愈充分。

并不是任何一个搅拌任务，都要做到混合越充分越好。不同过程对混合程度有不同的要求，有些搅拌操作，只要求做到一定的调匀度即可，而分隔尺度大一些没有关系，有些则不但要求高的调匀度，还要有小的分隔尺度。这就要求我们具体分析每一过程，看看控制过程的因素是什么。下面是几个例子：

①互溶液体的调和问题——液体内所含各组分的调和问题。生产上只要求调和的结果得到一定程度“宏观”的均匀，避免生产过程中原料组成的波动。所以只要求一定的调匀度，对分隔尺度大小等则完全没有要求。

②两种互溶液体的快速反应。均相反应，初看起来，这类搅拌问题也属于互溶液体的混合，然而从对搅拌的要求来看，与上述互溶液体的调和有着很大的差别。

在搅拌釜中，将互溶的液体 A 及 B 进行搅拌，分散达到一定的调匀度和分隔尺度，如图 5-3 所示。由于 A 和 B 是互溶的，所以不存在相界面，但是存在着浓度的差异，这个浓度差异的界面不能用肉眼观察到。然而化学反应只能在液体被分散到如图 5-3 所示的那样一定程度以后，由 A 和 B 分子相互向着对方的方向(界面方向)扩散，进行接触，才能完成反应。由于是快速的化学反应，所以，过程速率的控制因素不是化学反应本身，而是取决于 A 和 B 分子扩散的快慢。图 5-3 所示为 A 和 B 两种不同的混合程度——不同的分隔尺度。图中(b)表示更高的分散度——更小的分隔尺度，这时界面显然要比分隔尺度较大的(a)大得多，A、B 分子扩散速率也要比(a)高，因而表现出来的反应速度也较高。

图 5-3　均相反应示意图

由此可见，对于一些总速率与分隔尺度大小有关的过程，为了提高过程的速率，可以设法减低混合物的分隔尺度。互溶液体的快速反应属此类。由于分隔尺度与过程速率密切有关，在搅拌时就应充分注意到这一点，这正好与互溶液体的调匀不同。

5.1.3　混合的原理

参照上述混合机理，多种物质的混合过程可以认为有三种原理，即对流混合机理、扩散混合机理和剪力混合机理。

(1)对流混合。对于互不相溶组分的混合，由于混合器运动部件表面对物料的相对运动，混合的分隔尺度即逐渐降低，但因物料内部不存在分子扩散现象，故分隔强度则不可能降低，这种混合称为对流混合(convection mixing)。

对流混合的制品质量应以前述质量条件③为鉴定标准。

(2)扩散混合。通过可溶组分的分子扩散使分隔强度不断降低而实现混合。对于互溶组分的混合，对流混合机理和扩散混合机理同时存在，前者对后者有促进作用。随着混合过程的进行，当混合物的分隔尺度小至某值后，由于两组分间的接触面积的增加以及扩散平均自由程的缩短，大大增加了溶解扩散的速率，从而使混合物的分隔强度不断下降，混合过程就变为以扩散为主的过程。此即扩散混合(diffusion mixing)。扩散混合的质量应以前述质量条件②为合格标准。

在实际中，完全不互溶是不存在的。因此，在混合过程中总是有一个由对流混合到扩散混合的逐渐过渡。这主要取决于分隔尺度的大小，分隔尺度大时为对流混合，分隔尺度小时则为扩散混合。

(3)剪力混合。通过强烈的剪力作用将团状或厚层液体、浆体和塑性固体拉成薄层而实现混合。对于这类物料，由于黏度大造成流动性差，同时又无明显的分子扩散现象，故难以形成良好的湍流以分割元素。在这种情况下，混合的主要机理是速度梯度所形成的剪力。团状或厚层状组分在剪力的作用下，被拉成愈来愈薄的料层，其结果是使一种组分所独占的区域尺寸减小，增加了组分间的接触面积，从而使分隔尺度和分隔强度逐渐变小，此为剪力混合(shear mixing)。

如果所施剪力充分大，并在其反复作用下，每一对不同组分结合起来的料层厚度就可以变得小到难以分辨的程度。这个厚度的平均值即是组分分隔尺度的一种度量。食品加工中广泛采用的挤压膨化技术，其原、辅料在挤压机中的混合的机理属于剪力混合机理。

5.1.4　混合物的稳定性

所谓混合的稳定性是指混合各组分分散后重新聚集的程度而言。混合各组分分散后不发生重新聚集，表示该混合物很稳定；混合各组分分散后经过很长时间才发生重新聚集，表示该混合物稳定;混合各组分分散后经较长的时间发生重新聚集,表示该混合物较稳定;混合各组分分散后短时间或随即发生重新聚集,表示该混合物稳定性很差。

通常,相溶的液体与液体的混合物最稳定;固体与固体的混合物次之;不溶固体与液体,及互不相溶的液体之间的混合物稳定性较差。

5.1.5 混合速率

混合速率是指混合过程中物料实际状态与其中组分达到完全随机分配状态之间的差异消失的速率。因此,混合过程的速率,可以用前述几种混合质量指标(如 σ^2、S^2、σ 等)中的一种对时间的变化率来表示。

若以 $\frac{d\sigma^2}{dt}$ 表示混合速率,而混合过程的推动力可表示为 $\sigma^2-\sigma_\infty^2$,混合速率正比于此推动力,即有:

$$\frac{d\sigma^2}{dt}=-k(\sigma^2-\sigma_\infty^2) \tag{5-6}$$

式中:k 为混合速率系数,其值与物料的性质与混合器的性能有关。

将上式从混合开始时的 σ_0^2 值积分至 t 时刻的 σ^2 值,可得:

$$\sigma^2-\sigma_\infty^2=(\sigma_0^2-\sigma_\infty^2)e^{-kt} \tag{5-7}$$

此式特别适用于粉体的混合,它与实验结果非常一致。

【例 5-2】 用混合法对饲料强化维生素 A,要求维生素 A 的分布要十分均匀,达到 2 μg/kg,饲料与维生素 A 混合 2 min 后,取 10 个样分析维生素 A 含量如下表,混合 10 min 后,均方差值为 0.03,假定混合最终的均方差很小可以忽略,问达到均方差 0.01,需多长的混合时间:

样品序号	1	2	3	4	5	6	7	8	9	10
维生素 A 含量/(μg/kg)	2.30	1.72	1.63	1.73	2.10	1.82	2.32	2.20	2.10	2.13

解:已知 $\sigma_\infty=0$,$c_m=2.00$ 由表中数据计 $t=2$ min 时的 σ^2:

$$\sigma^2=\frac{1}{n}\sum(c_i-c_m)^2=\frac{1}{10}\sum(c_i-2.00)^2=0.059$$

根据式(5-7)计算 σ_0 和 k 值,代入 $t=2$ min,$\sigma^2=0.059$ 即 $0.059=\sigma_0^2\cdot e^{-2k}$

代入 $t=10$ min 时,$\sigma^2=0.03$ 同样可得:$0.03=\sigma_0^2\cdot e^{-10k}$

两式联立可得 $\sigma_0^2=0.0699$,$k=0.0848$

同理 $\sigma^2=0.01$ 时,根据求出的 σ_0^2 和 k 可得:

$$\sigma^2=0.01=0.0699-0.0848\times e^{-0.0848t}$$

计算后得 22.9 min。

5.2 搅拌器的性能

液体搅拌,必须有容器和搅拌器才能实现。食品工业常用的搅拌釜是一个圆筒容器,其底部可以是平底,可以是锥底,也可以是碟形底。在搅拌釜中有一个搅拌器,由电动机(或通过变速器)带动搅拌器旋转,在旋转过程中不断地搅拌釜内的液体。多数的搅拌釜有密闭的顶盖,顶盖也有不同的结构形式。

除了以上的机械搅拌方式外,生产中有时还用另一些搅拌方式,如气流搅拌,是利用气体鼓泡通过液体层,对液体产生搅拌作用。食品生产中大多数搅拌均系机械搅拌。

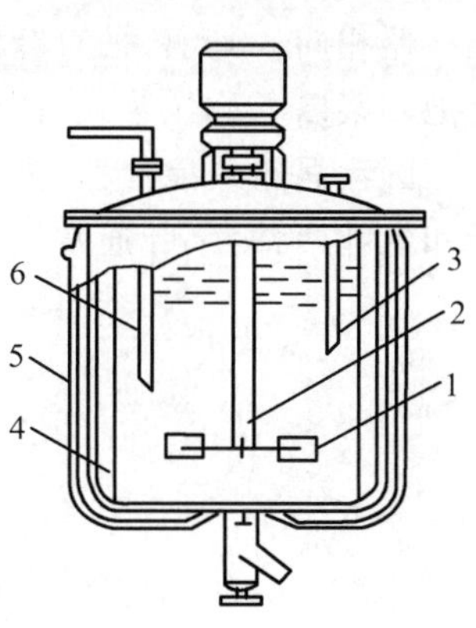

1. 桨叶　2. 搅拌轴
3. 温度计插套　4. 挡板
5. 夹套　6. 料管

图 5-4　典型搅拌容器

5.2.1　常用的机械搅拌装置

典型的机械搅拌装置由下列部分组成:

①装盛被搅拌液体的容器,即搅拌槽。

②一根旋转中心轴及装在轴上的推动器(或称叶轮)。

③辅助部件,如密封装置、支架、槽壁上的挡板等。

图 5-4 为生产中用的一个典型的搅拌器装置。搅拌系统的主件是叶轮(或称推动器),它随轴旋转而将机械能施加于液体,推动液体运动。但应指出,搅拌装置的性能如何,它消耗的功率多少,不仅取决于叶轮的形状、大小和转速,也取决于所搅拌液体的物性以及搅拌槽的形状和大小、槽壁上有无挡板等因素。

5.2.2　搅拌器的分类

比较常见的搅拌器大体有下列类型:

5.2.2.1　桨叶式(平直叶和折叶)

平桨式搅拌器是一种结构和加工都非常简单的搅拌器,桨叶片数较少,最常见的加工方法为用扁钢锻造成形。折叶桨式搅拌器为平直叶式的一个改形,系将平直叶的桨叶折一定的角度,常见的为 45°(图 5-5)。

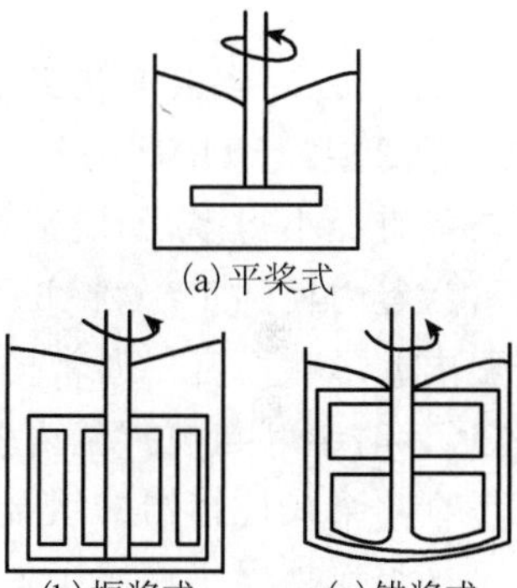

(a) 平桨式　(b) 框桨式　(c) 锚桨式

图 5-5　桨式搅拌器的形式

5.2.2.2　旋桨式(或称螺旋推进式)

这种搅拌器的结构类似于飞机和轮船的螺旋桨推进器的桨叶,通常由三片桨叶构成,一般采用铸造法制造,也可用模锻法制造(图 5-6)。

(a) 三叶桨　(b) 双叶桨　(c) 带导流筒

图 5-6　旋桨式搅拌器的形式

5.2.2.3　涡轮式

通常涡轮式搅拌器由六片桨叶构成。涡轮式搅拌器包括几种不同的形式。开启式平直叶涡轮搅拌器的结构类似于平直叶桨式搅拌器,但桨叶数较多,一般都是用扁钢制造,焊接在轴套上,然后再与搅拌器轴固定。开启弯叶搅拌器则是桨叶向后弯曲,其固定方式与平直叶涡轮搅拌器相同。其实,平直叶涡轮搅拌器与平直叶桨式搅拌器并没有什么原则差别,主要是习惯上把四桨以下称作桨式,四桨以上称作涡轮式(图 5-7)。

圆盘涡轮式搅拌器,直桨叶与圆盘相连,而搅拌器轴则与圆盘连接。桨叶的形式也有平直叶和弯叶两种,桨叶通常用螺钉或焊接固定在圆盘上。

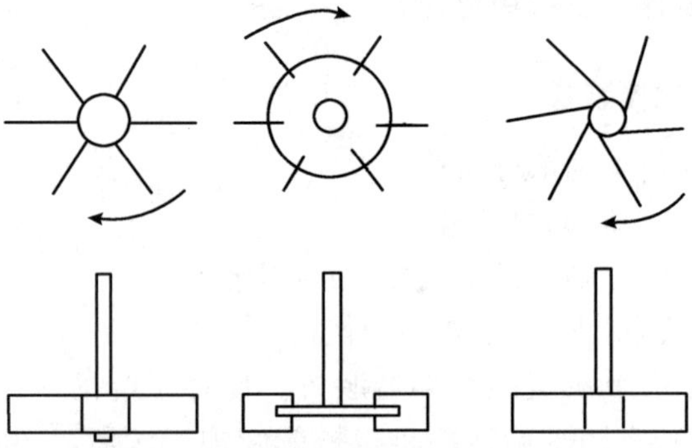

(a)开式平叶片段　(b)带叶片圆盘　(c)弯曲叶片

图 5-7　涡轮搅拌器的形式

5.2.2.4　锚式和框式

见图 5-5 中(b)、(c),与上面三种类型的搅拌器有明显差别。上述三类搅拌器的直径一般都较釜直径小得多,如旋桨式搅拌器的直径通常为釜直径的 0.25～0.40,涡轮式搅拌器的直径可为釜内径的 1∶(2～6)等。锚式和框式搅拌器的直径很接近釜的内径,其外缘形状则根据釜内壁形状而定。通常搅拌釜内壁与搅拌器外缘之间的间隙距离在 25～50 mm 上下,以安装、运转时桨叶与搅拌釜内壁不致相碰为原则。形状有锚式和框式等。实际上,它们可被看作是平直叶桨式搅拌器的组合。有人也将其归入桨叶式类别中。

这类搅拌器主要用于要求搅拌范围比较大的场合,以及液体容易黏附在釜壁上(俗称"挂料")的场合,转速一般较低。

5.2.2.5　螺带式

这种搅拌器专用于高黏度液体的搅拌。搅拌器是由一定螺距的螺旋形钢带制成,钢带的外缘很接近搅拌釜的内壁。螺旋形钢带固定在搅拌器轴上。在搅拌器旋转时,强制液体沿釜内壁上升,然后沿轴向下运动,液体在轴流运动过程中进行搅拌。

除此以外,还有一些搅拌器,如螺杆式、封闭涡轮式等。

5.2.3　搅拌设备的其他结构问题

根据需要,除了考虑不同的搅拌器形式以外,还可以在结构上做些不同的安排,具体如下。

①挡板:有时为了提高混合效果,需要在釜壁处装置一些垂直挡板,参照图 5-8。作用是阻挡液体因搅拌器的转动而随之旋转。液体旋转运动是搅拌中力求避免的。挡板的宽度通常为釜直径的 1∶(10～12)。当液体黏度较大时,挡板可离壁放置或斜放,以减少阻力。

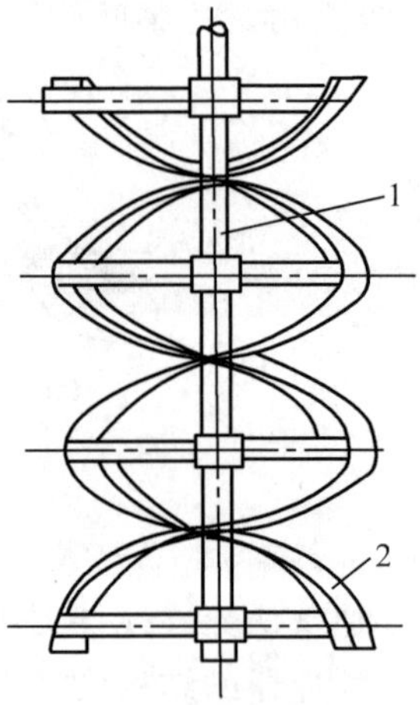

1. 轴　2. 螺带

图 5-8　螺带式搅拌器

②夹套和蛇管:对伴有传热的搅拌过程,常在搅拌釜外装有夹

套，为了增加传热面积，也可以在釜内装置蛇管，或蛇管和夹套并用。蛇管一般安装在搅拌器外围或靠近釜壁处，它可以部分地起到挡板的作用。

③搅拌器插入方式：常见的是在釜中心轴处垂直插入，轴线与釜轴重合。但也有其他插入方式，如水平插入、水平插入并偏转一定角度以及倾斜插入。

④搅拌器层数：对于高径比较大的搅拌釜，或是液体黏度比较大的搅拌操作，为了避免搅拌的"死角"，可以考虑在搅拌器轴上装置多层搅拌器，如图 5-8 所示。每层搅拌器可以是相同结构的，也可以是不同结构的。

5.2.4　搅拌器的液体循环量与压头

叶轮旋转时，作用与离心泵类似，即使液体产生压头而消耗功率，体积流量、压头、功率间的关系为：

$$N = QH\rho g \tag{5-8}$$

式中：N 为功率，W；Q 为体积流量，m^3/s；H 为压头，m；ρ 为液体密度，kg/m^3；g 为重力加速度，m/s^2。

压头 H 通常可以写成速度头 $u^2/2g$ 的倍数（u 为液体的线速度，m/s），速度大小是剪切力大小也是湍动大小的量度。叶轮末梢速度 u_t 也是线速度，而 $u_t \propto nd$（d 为叶轮直径 m；n 为转速，1/s），这样，叶轮所产生的液体速度头就与 n^2d^2 成正比。体积流量则与 $(nd)\times(d^2)=nd^3$ 成正比。将此二关系代入上式，得：

$$N \propto n^3d^5$$

这实际上和后面所讨论的功率数的定义是一致的。

既然 $Q \propto nd^3$，$H \propto n^2d^2$，$N \propto n^3d^5$，则 $Q/H \propto d/n \propto d^{8/3}/N^{1/3}$；

在功率消耗为一定值的条件下，下列关系成立：$Q/H \propto d^{8/3}$。

从上述可得出一条关于叶轮操作的基本原则：在同等功率消耗下，一个旋转速度慢的大叶轮产生的体积流量大但剪切力小，而一个旋转速度快的小叶轮产生的体积流量小但剪切力大。换言之，对产生高剪切力的搅拌器，希望其压头 H 大而体积流量 Q 小，否则要消耗大部分功率以推动液体循环而无助于提供剪切力。因此这类搅拌器的叶片面积要小，速度要高，Q/H 比值要小。反之，若希望有充分的混合但液体的剪切力不需要很高，则可增加搅拌器的直径并减低其速度，以便获得的 Q/H 比值大。液体的混合，固体在液体中的悬浮或溶解，及"液-液"萃取等，操作要求高体积流量甚于高度湍动；"气-液"反应和某些"液-液"接触的搅拌则要求高度湍动甚于高体积流量。

5.2.5　搅拌器的选型

针对不同的搅拌目的、不同的物料，应该选择适当的搅拌装置形式。搅拌器的选型，除了搅拌目的以外，还应保证所需功率较小，所以选型总是和功率消耗问题联系在一起考虑。

5.2.5.1　选型原则

所谓选型原则，是指应按过程的控制因素，选用适宜的搅拌器形式和大小、转速。下面分析几个过程来说明过程对流动的要求。

(1)互溶液体的调和。互溶液体的调和过程主要是通过搅拌获得一定调匀度的混合物，而一定的调匀度主要通过总体流动达到。该过程的控制因素通常为总体流动。

(2)两种互溶液体的快速反应。两种互溶液体的快速反应要求尽可能小的分隔尺度。必须通过分子扩散使两种分子接触,这是反应的条件。由于反应可在瞬间完成,所以总速率不决定于反应,而决定于混合。分隔尺度越小,越有利于分子接触。因此,除了要求一定的总体流动外,对湍流强度有很高的要求。通常湍流强度是过程的控制因素。

(3)传热过程。提高传热系数主要依靠提高流过传热面的总体流动速度,而对湍流强度没有特殊要求。同样,使液体温度均匀,主要也是依靠总体流动。因此,对于加强传热过程的搅拌操作,过程的控制因素是液体的总体流动。对湍流运动,应加以限制,以免消耗过多的能量。至于流动方向的选择,应根据传热面的几何位置来决定。

选型时应考虑到过程对流动条件的要求,按过程的控制因素选择。由于每种具体任务的特点不同,所以必须具体分析。即使对同一类过程,有时也会有不同的要求。

在搅拌控制因素中,总体流动和湍流流动二者必具其一,但是也不能忽略另一种因素,因为它可能也占有相当地位。

5.2.5.2 搅拌器的选型

参照选型原则,在具体选型时,常还考虑到:

(1)液体的黏度。液体黏度大小对选型具有重大影响(图 5-9)。一般认为旋桨式搅拌器适用于较低的黏度,桨式搅拌器一般可取较大的直径和较低的转速,可用于较高的黏度,涡轮式搅拌器适用于高强度搅拌(如要求气体高度分散在液体中等),其转速常比桨式高,适应性较强。

一般认为在 20 Pa·s 以上就不宜使用涡轮搅拌器,而锚式或框式搅拌器可适用于 10 Pa·s 以上。一般认为螺带式搅拌器适用于较高黏度液体的搅拌,其范围在 2～500 Pa·s。

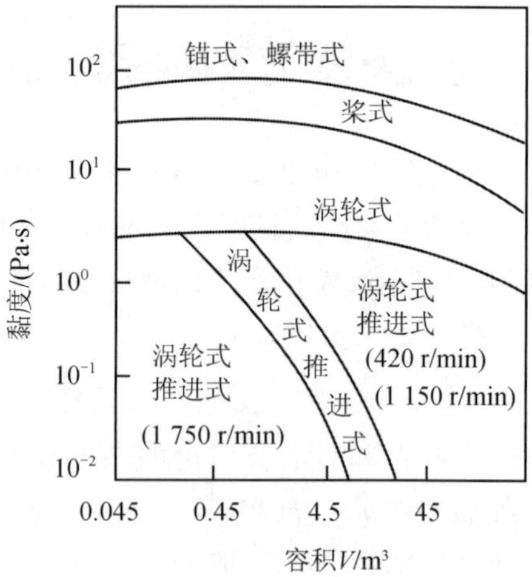

图 5-9 按黏度选型图

图 5-9 列出的一些液体黏度范围和可适用的搅拌器形式并不是绝对的,各设计手册上推荐的数据也各不相同,因此,只能是提供了大致的范围,供选型时参考。

(2)搅拌器的特性。不同形式的搅拌器,在转速和直径不同时,给液体提供了不同的流动特性。一般来说,旋桨式、桨式和涡轮式三种搅拌器在装有挡板时,可大大增加湍流强度。其中涡轮式有利于获得较高的湍流强度。因此,较适用高功率的情况。

5.2.6 搅拌器的放大

对于小型搅拌设备,可以通过试验,确定适宜的结构、操作条件以及所需功率。对于大型设备,试验就受到很多限制。因此,存在一个如何在搅拌器形式选定以后,进一步选定设备的其他结构、转速、直径,确定所需功率,概括说来,存在一个设计大型设备的问题。对此,可通过小型搅拌器试验摸索条件,再设计大型搅拌器,称为搅拌器的放大。

5.2.6.1 几何相似原理

在放大过程中,几何相似是应用得很普遍的一个概念。几何相似是指两个大小不同的系统,搅拌釜的形状和搅拌桨的形式是完全相同的，并且相应各部分几何尺寸之比等于常数。

$$\frac{d}{d'}=\frac{D}{D'}=\frac{H}{H'}=\frac{y}{y'}=\frac{h}{h'}=\cdots=\text{常数} \tag{5-9}$$

也可写成 $\frac{d}{d'}=\frac{D}{D'}$或$\frac{d}{H}=\frac{d'}{H'}$ (5-10)

式中：d 为搅拌器直径；D 为容器直径；H 为液层深度；y 为搅拌器距容器底的距离；h 为桨叶宽度。

5.2.6.2 搅拌器的放大方法

搅拌釜内液体的流动是相当复杂的，如果要通过试验摸索所有这些因素的影响程度，找出其中的规律，进行放大，这就显得有许多具体困难。所以在搅拌器放大时，常常固定某些影响因素，或者把这些因素限制在一定范围内，从而简化试验过程。

搅拌器放大问题可分两大类；一类是按功率数据的放大；另一类是按工艺过程结果的放大。

1. 按功率数据的放大

若液体搅拌系统的构形相同，则可以使用同一功率曲线计算。如果两个搅拌系统的构形相同，又没有打漩现象，又都只有一个液相，则只有由黏性力引起的抗拒力需要考虑。于是两个大小几何相似的搅拌设备，若雷诺数相等便达到流体动力相似，两设备的功率数亦相等。通过测量小设备的功率，便可推算出大设备的功率。

例如，有某种新结构的搅拌器要估算其功率，可根据几何相似的原则建立一小搅拌器做模型试验。由于直径 d 变小。要使模型上的雷诺数等于大设备上的雷诺数，可适当调节小搅拌器的转速 n，以至于改变试验用的液体的性质 μ 与 ρ（通过改变溶液的浓度或换用别的液体等方法）。如此测出的功率数值，也就是大型设备在相同 Re_m 数值下操作时的功率数值。大型设备的功率即可根据此功率数值与实际操作时的 ρ、n、d 值算出。

2. 按工艺过程结果的放大

在中间试验规模上（中试）完成了工艺过程的任务后，剩下来的问题是对几何相似系统在生产规模上获得同样结果所需的搅拌器转速进行正确的推算。同时也需知道转速才好计算生产规模的搅拌功率。

在几何相似系统中，要取得相似的工艺过程结果，有下列放大判据可供考虑（对同样液体，μ、ρ、σ 不变；设 n 与 d 代表原型上之量，n' 与 d' 代表模型上之量。σ 为液体的表面张力，V 为搅拌槽中液体体积，准数的含义请参阅 5.3 搅拌器的功率）：

①雷诺数 $nd^2\rho/\mu$ 不变，要求 $nd^2=n'd'^2$；

②佛鲁德数 n^2d/g 不变，要求 $n^2d=n'^2d'$；

③韦伯数 $\rho n^2d^3/\sigma$ 不变，要求 $n^2d^3=n'^2d'^3$；

④叶轮末梢速度 πnd 不变，要求 $nd=n'd'$；

⑤单位体积流体的功率 N/V 不变，因 $N/V\propto n^3d^5/d^3$，要求 $n^3d^2=n'^3d'^2$。

上述放大判据没有一对能彼此协调一致，放大时顾此失彼是势所必然，只能于其中找出对导致某一规定工艺过程结果最重要的一个。

若用三个构形相同而大小不一（d 不等）的小型设备进行试验，可在取得所要求的工艺过程结果时，测定其转速 n。由这些试验中的 d 与 n 的数据可以找出哪一种判据的值在三个设备中最接近于保持恒定，而定出在放大中应取其保持不变的判据。现举例说明如后。

【例 5-3】 某种液体已在中间工厂规模上取得满意的搅拌结果，它的密度是 1 400 kg/m^3，黏度是 1 000 mPa · s。试验表明，用“标准”构形的搅拌器，(有挡板)所消耗的功率最小。生产规模的搅拌槽拟采用 2.7 m。要通过放大试验，确定达到期望的工艺过程结果，及应采用多大的转速。

为此，对这种洗涤剂用三只体积不同的标准构形搅拌器进行试验，槽的直径分别为 22.5，45 与 90 cm，测定达到所期望的搅拌结果时搅拌器的转速。取得的数据如下。

槽号	槽径 D/m	搅拌器直径 d/m	槽中液体体积 V/m^3	转速 n/(r/min)
1	0.225	0.075	0.008 93	1 275
2	0.45	0.15	0.071 5	637
3	0.90	0.30	0.572	319

计算各号槽的放大判据，结果如下。

槽号	$Re_m = nd^2\rho/\mu$	$Fr = dn^2/g$	$u_t = \pi nd$/(m/s)	$N = \phi\rho n^3 d^5$/W	$N/V = 4N/\pi D^3/(W/m^3)$
1	167	3.45	5	124	13 860
2	324	1.725	5	496	6 930
3	668	0.89	5	2 050	3 570

先按 Re_m 值从功率曲线中读出功率因数，然后根据功率因数公式计算出功率。

从上表可以看出，获得所期望的工艺结果，当搅拌器大小改变时，各放大判据中唯独叶轮末梢速度 u_t 保持不变，故本情况下应以叶轮末梢速度作放大判据。

叶轮末梢速度在生产设备中亦应保持各模型中之值(或平均值)，即 5 m/s，故 $\pi nd = 5$。现 $d = D/3 = 2.7/3 = 0.9$ (m)，故得生产设备的转速为：

$$n = 5/\pi d = 106 \text{ (r/s)}$$

所需功率可计算如下：$Re_m = n^2 d\rho/\mu = 1.77^2 \times 0.9 \times 1\,700/(1\,000 \times 10^{-3}) = 3\,950$

$$N = \phi\rho n^3 d^5 = 5.6 \times 1\,400 \times 1.77^3 \times 0.9^5 = 25\,800 \text{ (W)} = 25.8 \text{ (kW)}$$

5.3 搅拌器的功率

搅拌操作要达到的目的虽然是多种多样的，如增加气液接触、增强传热、加速化学反应过程等，但都需要加入机械能，使液体产生必要的运动。搅拌器本质上只是一种输入机械能的装置。至于各种不同的搅拌器形式、大小、转速等，都只是使输入的机械能尽可能用于实现最必要的液体流动。

5.3.1 搅拌时机械能的输入

根据上述分析可知，液体搅拌时，搅拌器是否能够给液体输入必要的机械能以导致某种流动，而不做无谓的消耗，就显得非常重要。如果在搅拌器旋转时，液体主要产生圆周方向的旋转流动，或因液面凹陷，而使部分搅拌器搅拌气体，那输入机械能将会变小。液体出现圆周旋转流动而不发生质点间碰撞、混合现象称为“打漩”，难以保证输入足够的功率，以达到搅拌混合及进行有效热质传递的要求。因此，工业上应尽量设法防止“打漩”流动。

防止“打漩”流动常用的方法大致有以下两种。

(1)装置挡板。在搅拌釜内壁安装挡板,可以大大增加液体做旋转流动的阻力,消除圆周向的旋转运动,是最常用的方法。装置挡板后,可使输入机械能明显增加。

液体黏度越大,挡板的作用就越小。因为高黏度液体与釜壁所产生的阻力,就相当于挡板所起的作用。因此当液体黏度高于 50 000 mPa · s 时就没有必要再用挡板。另外,挡板只适用于搅拌器直径比釜径小很多的场合,即旋桨式、桨式和涡轮式。锚式、框式、螺带式等搅拌器的外缘直径接近釜内径,不能安装挡板,这几种搅拌器常用于高黏度液体的搅拌。

(2)改变搅拌器插入的位置。搅拌器轴与釜轴线相重合的插入位置,是工业中常见的,但是会存在液体圆周向流动的问题。为此,可改变搅拌器的安装位置,例如倾斜插入。由于搅拌器的轴线与釜轴偏离一定的位置,可以避免圆周向流动,也不存在液面凹陷问题。水平安装的搅拌器多见于大型搅拌釜的设计。倾斜安装的搅拌器要求插入相当的深度,需要较长的搅拌轴。对大型设备来说,水平轴可以缩减轴的长度,从而使结构简化。

5.3.2　功率关联式

影响搅拌功率的因素可分为几何因素、物性因素和操作因素。其中几何因素包括:

①叶轮直径 d。

②叶片数目、形状及叶片长度和宽度。

③容器直径 D。

④容器中液体高度 H。

⑤叶轮距容器底部距离 y。

⑥挡板数目及宽度 h。

对于特定的搅拌装置,通常以叶轮直径为特征尺寸。假定其他尺寸与叶轮直径成一定比例,则可将这些比值定为形状系数 $L_1, L_2, L_3, \cdots$,即

$$L_1 = \frac{D}{d} \quad L_2 = \frac{H}{d} \quad L_3 = \frac{y}{d} \quad \cdots\cdots$$

物性因素主要有液体的密度 ρ、黏度 μ,操作因素主要是叶轮转速 n 等。此外当液体表面有下凹现象时,必有部分液体被举到平均液面以上,这部分液体必须克服重力做功,因此重力加速度也是影响搅拌功率的物理因素之一。

由于所涉及的变量多,实验时可借助于因次分析,将功率消耗和其他参数联系起来。

暂不考虑形状因数,则功率 N 可用上述变量的函数式表述如下:

$$N = f(n、d、\rho、\mu、g)$$

利用因次分析法,可得:

$$\frac{N}{\rho n^3 d^5} = K\left(\frac{d^2 n\rho}{\mu}\right)^a \left(\frac{dn^2}{g}\right)^b \tag{5-11}$$

或

$$Eu = KRe_{\mathrm{m}}^a Fr^b \tag{5-12}$$

式中:$Eu = \frac{N}{\rho n^3 d^5}$ 称为功率数或欧拉数;$Re_{\mathrm{m}} = \frac{d^2 n\rho}{\mu}$ 称为搅拌的雷诺数;$Fr = \frac{dn^2}{g}$ 称为搅拌的弗鲁德数。

常数 K 是代表系统几何形状的总形状系数，若把各种形状因数 $L_1, L_2, L_3, \cdots, L_n$ 也考虑进去，上式也可写成

$$Eu = KRe_m^a Fr^b L_1^f L_2^g L_3^h \cdots L_n^2 \tag{5-13}$$

如果这些形状因数保持不变(即各部分尺寸比例固定)，此式便简化为式(5-12)。

我们已经知道，食品工程中广泛地使用无因次数群来关联实验数据。某些最重要而用途最广的无因次数群代表一个系统中施加力与反抗力之比。在液体搅拌系统中，上述主要无因次数群的意义是：

功率数 Eu——也称欧拉数，含有功率 N，输入的功率代表施加于受搅拌液体的力。

雷诺数 Re_m——含有黏度 μ，代表施加力与黏性曳力之比。

弗鲁德数 Fr——含有重力加速度 g，代表施加力与重力之比。

前面的式(5-11)又可写成：

$$\phi = \frac{Eu}{Fr^b} = KRe_m^a \tag{5-14}$$

式中的 ϕ 称为功率因数。

对于安装挡板的搅拌系统，液面无下凹现象，重力的影响很小，可以不考虑，则弗鲁德数的指数可以取为 $b=0$，于是式(5-14)又简化为

$$Eu = KRe_m^a \tag{5-15}$$

5.3.3 功率曲线

式(5-15)中 K 和 a 均为由实验求得之常数，其值取决于搅拌器的形式和各部分的尺寸比例，以及容器直径、液层深度对搅拌器尺寸的比例；同时，还取决于搅拌液体的流型。Eu 与 Re_m 之间的关系一般用实验方法也可以确定。对若干特定搅拌器的关系曲线示于图 5-10。图中每条曲线代表表 5-1 所示的某一搅拌器形式及指定的尺寸比例下的函数关系。

表 5-1 中，H 为液层深度，D 为容器直径，y 为搅拌器到容器底的距离，h 为桨叶宽度，K、a 为对应准数方程式中的常数值。

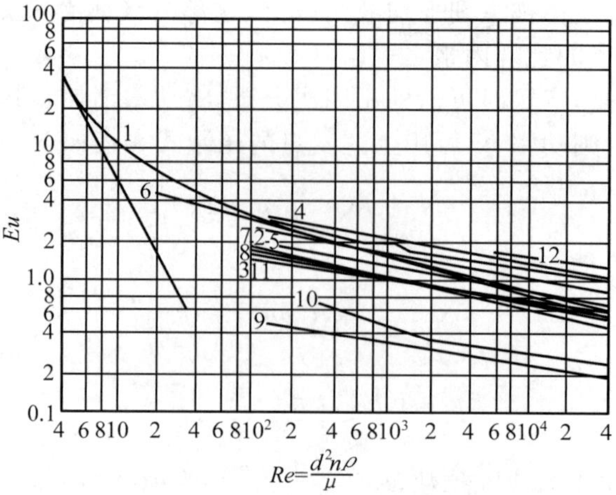

图 5-10 搅拌功率数与雷诺数的关系

表 5-1　图 5-11 中各曲线所代表的搅拌器的说明

标号	搅拌器形式	搅拌器几何特性					常数值
		H/d	D/d	y/d	h/d	K	a
1	垂直双桨	2	2	0.36	0.885	14.35	1.31
2	平直双桨	3	3	0.33	0.25	6.8	0.2
3	斜双桨(45°)	3	3	0.33	0.25	4.05	0.2
4	垂直四桨	3	3	0.33	0.25	8.52	0.2
5	上(下)斜四桨 45°	3	3	0.33	0.25	5.05	0.2
6	上斜四桨 60°	3	3	0.5	0.25	0.18	6.30
7	锚式双桨	1.11	1.11	0.11	0.066	6.2	0.25
8	锚式四桨	1.11	1.11	0.11	0.066	6.0	0.25
9	斜双旋桨 22.5°	3	3	0.33		0.985	0.15
10	斜三旋桨	3.5	3.8	1		4.63	0.35
11	三桨涡轮进孔 37 mm						
12	六桨涡轮带导轮						

由图 5-10 可见，曲线形状与管内摩擦系数的关系曲线相似，在低雷诺数下，所有曲线汇合在一起，为滞流区域。

在应用上述图表作具体计算时，因受外界因素影响，实际尺寸比例与曲线所代表的不符合，须采用系数 f 来校正。其校正系数 f 可按下法计算：

桨式：当 $D/d=2.5\sim4, H/D=0.6\sim1.1, h/d=1/5\sim1/3$ 时，则

$$f=\left(\frac{D}{3d}\right)^{1.1}\left(\frac{H}{D}\right)^{0.6}\left(\frac{4h}{d}\right)^{0.3} \tag{5-15a}$$

锚式：

$$f=\left(\frac{D}{1.11d}\right)^{1.1}\left(\frac{H}{d}\right)^{0.6}\left(\frac{15h}{d}\right)^{0.3} \tag{5-15b}$$

旋桨式和涡轮式：

$$f=\left(\frac{D}{3d}\right)^{0.93}\left(\frac{H}{D}\right)^{0.6} \tag{5-15c}$$

当混合器内有附加装置时，功率大为增加，如桨式设备装有温度计插套，其功耗约增加 10%；装有挡板时，甚至可增加 2～3 倍；1 对桨叶变为 2 对时，功耗为原来的 1.5 倍等；容器及搅拌材料粗糙时，由于器壁形成众多的小漩涡，也要使功耗增加 10%～20%。此外，桨叶形状不同，功耗也不同，其校正系数平桨为 1、椭圆形为 0.5、圆形为 0.45、凹形或凸形为 0.85。

搅拌器的传动机械效率粗略估计可取 0.8～0.85，其启动时的功耗相当于正常运转的 2～3 倍。

【例 5-4】 用三叶旋桨式搅拌器将维生素浓缩液混入糖蜜中。搅拌器的直径为 0.9 m，转速为 50 r/min，容器直径为 1.8 m。已知糖蜜的黏度为 6 600 mPa·s，密度 1 520 kg/m³。容器内液层深度为 2.25 m。试近似估算搅拌所需的功率。

解：已知　$d=0.9$ m　$\mu=6\,600$ mPa·s $=6.6$ Pa·s　$\rho=1\,520$ kg/m³　$H=2.25$ m

$n=50$ r/min $=5/6$(r/s)

(1)搅拌雷诺数 Re_m。

$$Re_m-\frac{d^2n\rho}{\mu}=\frac{0.9^2\times\left(\frac{5}{6}\right)\times 1\,520}{6.6}=155$$

(2)查搅拌欧拉数 Eu，见图 5-10 得：$Eu=0.8$

则　$N=Eu\times d^5n^3\rho=0.8\times 0.9^5\times(5/6)^3\times 1\,520=416(\mathrm{W})=0.416\ (\mathrm{kW})$

(3)功率的修正。

$$f=\left(\frac{D}{3d}\right)^{0.93}\left(\frac{H}{D}\right)^{0.6}=\left(\frac{1.8}{3\times 0.9}\right)^{0.93}\left(\frac{2.25}{1.8}\right)^{0.6}=0.686\times 1.145=0.785$$

校正后功率：

$$N'=f\times N=0.785\times 0.416=0.327\ (\mathrm{kW})$$

5.3.4 非牛顿液体的搅拌功率

文献中所载的研究非牛顿液体搅拌功率的方法，多数利用因次分析方法和相似方法。采用这种方法，功率数的定义与牛顿液体相同，但是雷诺数不易定义，主要是因为液体的表观黏度要随速度梯度而变化，而容器内液体的速度梯度在不同位置上又是不相同的。

(1)宾哈姆液体的搅拌功率。宾哈姆液体的搅拌功率数可表示为如下形式：

$$Eu=\frac{N}{d^5n^3\rho}=KRe'_m \tag{5-16}$$

而

$$Re'_m=\frac{Re_m}{1+\dfrac{\mu_p\times i}{\mu_a\times i}} \tag{5-17}$$

式中：Re_m为以平均表观黏度 μ_a 算出的搅拌雷诺数；Re'_m 为校正后的雷诺数；其表达式中 μ_p 为宾哈姆流体的塑性黏度；i 为近似等于 0.1 的常数。

计算时，首先用黏度计推定塑性黏度 μ_p 和表观黏度 μ_a，计算 Re'_m。根据牛顿流体的 Eu 与 Re_m 关系的曲线图表，以 Re'_m 代替 Re_m 求取搅拌功率数 Eu，算功率消耗 N。

(2)指数律流体的搅拌功率。对于假塑性和胀塑性液体，计算雷诺数时应使用平均表观黏度 μ_a。平均表观黏度由平均速度梯度计算而得。即

$$Re_m=\frac{d^2n\rho}{\mu_a}\quad \mu_a=k'\left(\frac{\mathrm{d}u}{\mathrm{d}y}\right)^{n'-1}$$

非牛顿液体在搅拌容器内，其平均速度梯度有如下简单的近似正比关系：

$$\frac{\mathrm{d}u}{\mathrm{d}y}=c'\cdot n$$

从而，$\mu_a=k'(c'\cdot n)^{n'-1}$　(5-18)

这里，c'是和搅拌容器的几何尺寸及非牛顿液体的种类有关的常数。

计算的步骤如下：

①求表观黏度。非牛顿液体搅拌时，一一改变搅拌器的转速，测定每次的功率消耗，计算功率数 Eu。其次，将已知的高黏度牛顿液体用同一搅拌器搅拌，测定其功率。从这些实测值

确定 Eu 与 Re_m 之关系。然后，就所得的实测关系来确定非牛顿液体在相同的功率数下的雷诺数，由此雷诺数即可计算表观黏度值。

②求 c' 值。就第一步中对每一转速下所得的表观黏度值根据式(5-18)，求常数 c' 值。

③求功率 N。对于已知的搅拌器转速 n，由式(5-18)计算平均表观黏度 μ_a，并计算搅拌雷诺数，由此雷诺数按图表查出 Eu 值，之后求算功率 N。

5.4　乳化

乳化是将两种通常不互溶的液体进行密切混合的一种特殊的液体混合操作，它包含着混合和均质化。它是一种液体(或含微细固型粒子)并以微小球滴或固型微粒子(称分散相)均匀分散在另一种液体(称连续相)之中，这种现象称为乳化，产品为乳化液。

食品工业上，大多数乳化液均为水与油的混合物。但也不是绝对的纯水和纯油的混合物。其水相可为含水溶性的盐、糖或其他蛋白质有机物和胶体的水溶液；油相也可为含油溶性的烃类、蜡、树脂和其他物质的油溶液。为了获得稳定的乳化液，必须添加第三种物质，这种能使分散相分散并能使乳化液稳定的物质称为乳化剂。

当油相和水相混合时，有可能得到两种不同的乳化液。其中油为分散相的，称为油/水(O/W)乳化液，例如牛奶。水为分散相的，称为水/油(W/O)浮化液，例如乳酪。乳化操作在食品加工中应用甚为广泛，如人造奶油是由油脂、水及其他添加剂(如奶、调味料食盐、香料、防腐剂等)在特殊设备中混合而制成的 W/O 型乳化液。牛奶经均质、乳化处理，不仅提高乳化液的稳定性，而且可提高食品的感官质量。其他如冰激凌、巧克力和果肉饮料等在加工中也要通过此操作增强稳定性和改善品质。

5.4.1　乳化机理

将油和水搅拌时，由于剪切等作用界面不断分裂，界面面积急剧增大，界面能形成极大的力，聚结的速度也急剧加快。由于乳化剂具有表面活性(亲水、亲油性)，它向油-水界面吸附，使界面能降低，防止油或水回复原状。此外，因乳化剂分子膜将液滴包住，可防止碰撞的液滴彼此又合并。同时由于形成表面双电层，当两个液滴相互接近时，因电的相斥作用防止凝聚。乳化剂的这种作用使原热力学不稳定体系的乳液可以保持为稳定体系。

也就是说，支配乳液性能(稳定性、粒径)的因素——乳化方法，乳化剂的种类、相容积、温度等。其中乳化剂的结构和种类的影响最大。所以正确选择使之得到乳化体系适宜的乳化剂是很重要的。

乳化时作为乳化剂使用的活性剂的亲水亲油平衡值(HLB)是制取稳定的乳液的重要因素。

$$\text{HLB}=\frac{\text{亲水基质量}}{\text{疏水基质量}+\text{亲水基质量}}\times\frac{100}{5} \tag{5-19}$$

一般 HLB 值在 1～20，HLB 值以 10 为亲水、亲油的分界线。即 HLB＞10 的乳化剂为亲水性的，HLB＜10 的乳化剂为亲油性的。完全疏水的石蜡 HLB＝0，完全亲水的聚乙二醇 HLB＝20，所以非离子型表面活性剂的 HLB 值在 0～20。

例如：当 HLB＝3.5～6 的乳化剂为油溶性多用于油包水型（W/O）乳状液；HLB＝8～18 的乳化剂的水溶性多用于水包油型（O/W）乳状液。

5.4.2 乳化液的稳定性及影响其稳定性的主要因素

乳化液在重力场或其他力场中，均多少具有不稳定的特性，即系统迟早会产生两相分层现象，亦即轻相（油滴）上浮，重相（水滴）沉降。对于单纯的乳化液，如果忽略布朗运动，分散液滴的沉降或上浮速度，可参照有关沉降的部分，可用斯托克斯定律表示，即

$$u_0=\frac{|g(\rho_s-\rho)d_p^2|}{\mu} \tag{5-20}$$

式中：u_0 为沉降速度（负值为上浮速度）；ρ_s 为内相的密度；ρ 为外相的密度；μ 为外相的黏度；d_p 为液滴直径。

由此看来，沉降速度是乳化液产生分层现象的直接原因。

此外，界面张力成为影响乳化液稳定性的间接因素。对于一定的系统，虽然静置时两相密度差和外相黏度不发生变化，而液滴的大小却因界面张力的作用而发生变化。因此，乳化液是一种热力学上不稳定的系统。

根据对上式的分析，可得出影响乳化液稳定性的主要因素如下。

①液滴的大小：液滴的沉降速度与滴径的平方成正比。乳化液如果微粒化达 1～2 μm 即有望有较好的稳定性。乳化液在微粒化后，即使平均滴径很小，也不可避免有极大的液滴，这种大液滴不仅本身易沉降分离，且有强烈吸附和并合小液滴的倾向。因此进行微粒化的同时，有必要进行均质化。牛奶的均质、奶油的再热乳化都是属于滴径均质化之列。

②两相密度差：沉降速度与两相密度差成正比。将溴导入植物油中形成溴化油，清凉饮料中使用乳化白浊剂都是调整两相密度使其接近，促进乳化液稳定性的措施。

③黏度：黏度高时，可减慢液滴的并合，分散介质的黏度高时起着防止液滴并合保持乳化液稳定的作用。可向乳化液中加入增黏剂（增加黏度的物质），如甘油、黄原胶、阿拉伯树胶、海藻浸出胶质等。

④粒子的电荷：当使用离子性表面活性剂作乳化剂时，因增加了分散液滴的电荷，加强了液滴的相互排斥，所以也有阻止合并的作用。有时为了增加液滴的带电性，使用如食盐之类的电解质，产生显著的稳定性效果。

5.4.3 乳化剂及其作用

乳化剂可分为天然和人工合成两种。天然的有磷脂、固醇等，合成的有脂肪酸类、单甘酯硬脂酸酯、聚甘油硬脂酸酯、山梨醇硬脂肪酸酯、蔗糖脂肪酸酯等。许多乳化剂是一种由分子中含极性基团和非极性基团（即具有亲水基和亲油基）的物质所组成的。

应当指出，乳化剂与稳定剂有别。稳定剂是以增强乳化液稳定性为目的，加到乳化液中的除乳化剂以外的物质。例如两相密度调整剂、增黏剂、电荷增强剂、丙二醇、藻肮酸酯等。

乳化剂的作用主要有以下三个方面：

①降低两相的界面张力，使两相接触面积可能大幅度增加，促进乳化液微粒化，增加热力学稳定性；

②利用离子性乳化剂在两相界面上配位，提高分散液滴的电荷，加强其相互排斥力，阻止液滴的并合；

③在分散相外围形成亲水性（O/W）或亲油性（W/O）型的吸附层，防止液滴的并合。

5.4.4　乳化液形成的方法

乳化液形成的方法基本上可分为两种：凝聚法和分散法。

5.4.4.1　凝聚法

凝聚法是将成分子状态分散的液体凝聚成适当大小的液滴的方法。

5.4.4.2　分散法

分散法是将一种液体加到另一种液体中同时进行强烈搅拌而生成乳化分散物的方法。工业上主要应用分散法，这种方法是使大液滴群不断地进行分裂为微粒群，因本身所形成的分散液滴能很快并合，所以也不可能分散为大量的极细微粒。为此，除使用强烈的机械微粒化外，一般还要添加乳化剂和稳定剂。

(1)机械强制分散法。用于使用乳化剂量较少，靠乳化剂难以充分微粒化的情况。如使用均质机，胶体磨等进行乳化。此法应用广泛，但所得的微滴不稳定，易并合，需进行冷却和加稳定剂处理。

(2)同时乳化法。先将构成乳化剂的两部分分别溶解于油相和水相，然后将其混合并搅拌，从而在界面上形成乳化剂而进行乳化。采用此法所形成的乳化液比较均匀且稳定。

(3)转相法。如要制取 O/W 型乳化液时，应先将乳化剂溶解油相。每次加入少量水，成为均匀的 W/O 型乳化液。当加水到接近转相点时，进行充分搅拌，直至完全变成转相物之后，加余下的水稀释到所要求的乳化液。如果制取 W/O 型，则过程相反。人造奶油的生产有采用此法的。

(4)浆体法。与转相法相似。例如：制造 O/W 型乳化物时，是先在少量的水中加全部乳化剂，然后每次加少量油，制成非常黏稠的浆体。经充分搅拌，使油相成微滴分散后，将其加入全部的水相中进行稀释便制成所需的 O/W 型乳化物。

(5)自然乳化法。将乳化剂全部溶于油相，将其加入水中，不经搅拌而发生乳化作用。此法必须在乳化剂极易溶于油相，而水相和油相之间的界面张力非常小时才有效。

根据不同要求，上述几种方法在实际应用上可将几种方法加以组合或作一定的改变。

5.4.4.3　制取乳化液时应考虑的几个方面

①使用乳化剂应有利于制取所要求的乳化液型式，即 O/W 型或 W/O 型。

②相体积百分比对形成乳化液的型式有影响。体积大的相易形成外相，体积百分率超出 50％的相很难产生以此相为内相的乳化液。

③必须规定乳化温度。温度升高，界面张力和黏度都将下降。温度上限要根据原料的热敏性而定。通常乳制品的乳化温度可达 70℃，许多含蛋黄制品则在较低的温度下乳化。

5.4.5　乳化设备简介

食品工业现在使用的乳化设备按照操作时的环境压力，可以分为真空型和普通型两种。

真空型是指在真空情况下，对混合液进行剧烈搅拌，机械分散时，空气混入对乳化液有严重的影响，而且使用乳化剂会使液面张力降低，客观上也使气泡容易混入乳化液中，因此采用真空乳化设备避免空气混入对乳化液产生影响，对保持食品乳化液的品质很有利。普通型是指操作压力为常压或加压的乳化设备。大多数乳化操作为采用普通型乳化设备的情况。

常见的乳化设备如下：

在乳化操作中，剪切力是使液滴破碎的机理，根据所施加的力不同，乳化设备可分为 a. 搅拌乳化器；b. 胶体磨和均质机；c. 超声波乳化器等。对于第一类设备，主要就是前面讨论过的搅拌混合器。

5.4.5.1 胶体磨

由一固定的表面和一高速旋转的表面(转速范围为 3 000～15 000 r/min)所组成。两表面间有可调节的微小间隙(通常为 50～150 μm)，物料就在此间隙中通过。当物料通过此间隙时，由于转动表面高速旋转，附着于旋转面上的物料速度最大，而附着于固定表面上的物料速度为零。其间产生急剧的速度梯度，从而物料受到了强烈的剪切力和湍动骚扰，产生乳化分散作用。胶体磨有卧式和立式两种，后者可适用于黏度相对较高的物料。

5.4.5.2 高压均质机

主要由高压泵和均质阀所组成。高压泵可提供高达 70 MPa 的压力，均质阀安装在高压泵的排出管路上，在此进行均质乳化作用。当高压液料在阀盘与阀座间(此间隙通常为几千分之一英寸)流过时，附着于阀座、阀盘上的物料流速为零，而缝隙间中心的速度最大，同样产生了急剧的速度梯度，从而达到乳化的目的。

5.4.5.3 超声波乳化器

超声波乳化器是利用某种装置发生超声波并作用于物料而产生乳化分散的设备，通常超声波的发生有三种方法：机械系统，磁控振荡器和压电晶体振荡器。后两种一般不用于乳化操作，而机械式超声波发生器在乳化操作上的应用则愈来愈广泛。最普通的机械式超声波乳化装置，有一边缘成楔形的簧片置于喷嘴的前方。液体被泵送经喷嘴成为射流，冲击簧片前缘，使其振动。通常簧片有一个或几个节点被夹住。簧片以其自然频率引起共振，并将超声波传给物料，从而达到乳化的目的。

习 题

1. 某混合器对 990 kg 食盐和 10 kg 碳酸镁进行混合，对结果取 10 个样品分析碳酸镁含量(质量百分数)如下：①2.30 ②1.72 ③1.63 ④2.10 ⑤1.82 ⑥2.32 ⑦2.20 ⑧2.10 ⑨2.13 ⑩1.73，试求混合物的均方差、标准差。

2. 将淀粉和干菜粉混合以生产汤料混合物，比例为 40∶60。混合 5 min 后，取样分析结果为，以淀粉质量分率来表示，则混合物组成的均方差为 0.082 3，试问若要求混合物达到等于规定的允许的高限值 0.02，还需混合多少时间？

3. 用平直双桨式搅拌器在容器内混合某种料液，搅拌器的直径为 0.6 m，转速为 40 r/min，容器直径为 1.8 m，容器内有四个挡板，挡板宽度 0.15 m。已知料液的黏度为 2 600 mPa·s，密度为 1 630 kg/m^3，容器内液层深度为 1.90 m。试估算搅拌所需的功率。

4. 用带旋桨式搅拌桨的混合器来搅拌工业用甘油。已知容器直径为 1.63 m，器内液层深度为 1.5 m，甘油的密度为 1 200 kg/m^3，黏度为 16 Pa·s。若搅拌器转速为 500 r/min，搅拌甚强烈，测得电机功率为 12 kW，试求搅拌器的直径。

思考题

1. 为什么调匀度不能完全反映混合物的均匀程度？
2. 怎样用分隔尺度、分隔强度来判定互不相溶组分、互溶组分、高黏度液体的混合均匀度？
3. 何为搅拌器的放大？
4. 怎样保证搅拌输入功率并防止“打漩”现象？影响搅拌功率的因素有哪些？
5. 乳化液产生不稳定性的原因及其影响因素是什么？

第6章

粉碎与筛分

本章学习目的与要求

通过本章内容的学习，学生能够熟悉各种粉碎方法与粉碎原理，了解物料的性质，从而可以根据不同的食品材料选择合理的粉碎方法。了解粒度分布和粒度的测定方法；掌握各种粉碎机理和各种粉碎方法所适用的对象；能估算粉碎能耗和其他生产参数；掌握筛分机理和方法。

利用机械力将固体物料破碎为大小符合要求的小块、颗粒或粉末的单元操作，称为粉碎(smash)。其原理是建立在固体力学和其他物理现象基础上的。固体筛分(screening)则是将固体按颗粒的大小，用机械方法分成若干部分的操作，属于固体机械分离的一种操作。

随着现代工程技术的发展，要求许多以粉末状态存在的固体物料要有极细的颗粒，严格的粒径分布、规整的颗粒外形和极低的污染硬度。为满足这些要求，便产生了粉碎、筛分的加工技术。

本章主要讨论固体粉碎操作的方法与原理以及筛分这种固体颗粒混合物的分离方法。

6.1　粉碎

粉碎在食品工业中应用广泛，食品加工中的粉碎操作的目的通常为：

①食品原辅料只有粉碎到一定粒度才能符合进一步加工和食用要求，如面粉、调味品、咖啡等的加工；

②粉碎可以增加物料的比表面积，以利于干燥和浸取等操作；

③原料经粉碎后可均匀混合，以利于配制；

④便于储存和运输，粉末物料和料浆可利用风力和水力输送。

6.1.1　粉碎的基本概念

6.1.1.1　粒度

颗粒的大小称为粒度(particle size)。它是表示固体粉碎程度的代表性尺寸。对于球形颗粒，其粒度即为直径；对于非球形颗粒，则有以面积、体积(或质量)为基准的多种表示方法：

①以表面积为基准的粒度 d_S，是指外表总面积等于该颗粒表面积的球体的直径，设颗粒表面积为 S_p，则：

$$d_S=\sqrt{S_p/\pi} \tag{6-1}$$

②以体积为基准的粒度 d_V，是指总体积等于该颗粒体积的球体的直径，设颗粒体积为 V_p，则：

$$d_V=\sqrt[3]{6V_p/\pi} \tag{6-2}$$

d_V 是工业上常用的颗粒代表性尺寸，常称为颗粒的当量直径。在实际使用时，常以 d_p 表示。

6.1.1.2　平均粒度

固体颗粒的平均大小称为平均粒度(mean particle size)。其表示方法有算术平均、几何平均和调和平均等多种，几种常见的粒度表示方法如表 6-1 所示。

其中，算术平均粒度 d_{am} 适用于过大及过细颗粒不太多、分布较为平衡的场合；几何平均粒度 d_{gm} 对于正态分布来说则是频率最高的颗粒；调和平均粒度 d_{hm} 与颗粒的比表面积有关，当比表面积是颗粒产品的一项重要的特性时，它是一种有意义的粒度表示法。通常情况下，这三种粒度的大小顺序为 $d_{am}>d_{gm}>d_{hm}$。

表 6-1 几种常见的平均粒度计算法

平均粒度	平均方法	基准	数学表达式
算数平均(d_{am})	算术	粒径	$d_{am}=\frac{\sum d\cdot f_N(d)\cdot\Delta d}{100}$
几何平均(d_{gm})	几何	粒径	$d_{gm}=\sqrt[100]{d_1 f_N(d_1)\Delta d_1\cdot d_2 f_N(d_2)\Delta d_2\cdots}$
调和平均(d_{hm})	调和	粒径	$d_{hm}=\frac{100}{\sum\frac{1}{d}f_N(d)\cdot\Delta d}$
面积平均($d_{S,m}$)	算术	面积	$d_{S,m}=\sqrt{\frac{\sum d^2 f_N(d)\cdot\Delta d}{100}}$
体积平均($d_{V,m}$)	算术	体积	$d_{V,m}=\sqrt[3]{\frac{\sum d^3 f_N(d)\cdot\Delta d}{100}}$
沙得平均($d_{V,S}$)	算术	体积面积	$d_{V,S}=\frac{\sum d^3 f_N(d)\cdot\Delta d}{\sum d^2 f_N(d)\cdot\Delta d}\left(或\frac{d_{V,m}^3}{d_{S,m}^2}\right)$

以上三种平均粒度都是直接按粒度本身进行平均的。如果先用算术平均的方法求取颗粒的平均表面积，再按此表面积来计算粒度，即为面积平均粒度($d_{S,m}$)，它是反映颗粒平均表面积的一种粒度；另外还有体积平均粒度($d_{V,m}$)，计算方法相同，只是基准取体积而已，这是反映颗粒平均体积的一种粒度表示法。

而调和平均粒度是反映颗粒比表面积平均值的粒度。如果以颗粒总体的平均表面积和平均体积为依据，即得体面平均粒度或沙得(Sauter)平均粒度，其定义是：

$$d_{V,S}=d_{V,m}^3/d_{S,m}^2 \tag{6-3}$$

沙得平均粒度是从另一方面反映颗粒比表面积，在颗粒产品粒度分析上已得到广泛的应用。

6.1.1.3 球形度

由于物料的粉碎过程比较复杂，粉碎物颗粒形状通常并非球形，有时变化还很大。为此特引入球形度来表示颗粒形状偏离球形的程度。球形度是指同体积球体的表面积与不规则颗粒的实际表面积之比，以符号 ϕ_S 表示：

$$\phi_S=\frac{\pi d_V^2}{\pi d_S^2}(0<\phi_S<1) \tag{6-4}$$

将式(6-1)和式(6-2)代入式(6-4)中，得：

$$\phi_S=6V_P/(d_V S_P) \tag{6-5}$$

即

$$\phi_S d_V=6V_P/S_P \tag{6-6}$$

式(6-6)表明，球形度与颗粒的比表面积(S_P/V_P)有关，ϕ_S 值越小，则比表面积越大。对于很多粉碎物料来说，球形度常在 0.6～0.7，对于球形颗粒，$\phi_S=1$；对于立方体形颗粒，$\phi_S=0.806$。

6.1.1.4　形状系数

立方形和球形一样都是规则的形状，为了表示颗粒形状偏离这些规则形状的程度，也有采用形状系数来表示的。假设任意选取颗粒的某一代表性尺寸 L，则必有：

$$V_P = aL^3, S_P = 6bL^2 \tag{6-7}$$

式中：a 和 b 是与颗粒几何形状及代表性尺寸的选择有关的系数。对于立方体，若选择边长为代表性尺寸，则 $a=b=1$。对球体，若选择直径为代表性尺寸，则 $a=b=\pi/6$。将上两式相除可得：

$$\Phi_P = \frac{b}{a} = LS_P/6V_P \tag{6-8}$$

Φ_P 即是颗粒的形状系数。由此可见，形状系数不仅与比表面积有关，而且与代表性尺寸的选择有关。如果按通常情况选取 $L=d_V$，则形状系数 Φ_P 为球形度 ϕ_S 之倒数；对于球体和立方体，$\Phi_P=1$；对于其他形状，则 $\Phi_P>1$。

6.1.1.5　粉碎比

物料粉碎前后的平均粒度之比称为粉碎比，以符号 X 表示，即

$$X = \frac{d_1}{d_2} \tag{6-9}$$

式中：d_1，d_2 分别表示粉碎前、后物料颗粒的平均粒度，m。

6.1.2　粒度分布

粉碎后的固体颗粒不仅形状不一致，其大小也不一致。用粒度分布对粉体进行描述是最为充分的。粒度分布是描述粒径分布状态的一种广义的用语，通常是指某一粒径或某一粒径范围的颗粒在整个粉体中所占的比例。作为多分散系统的粉体，其颗粒的大小服从统计学规律。就某一特定的颗粒而言，其粒径在某一范围内随机地取值，是随机变量，但对整个粉体而言，某一粒径或某一粒径范围内的颗粒在粉体中所占的比例是不变的，因此可以用采样分析的方法来测量粒度分布，用统计学中的概念即概率密度函数和概率分布函数来表示粒度分布，相应地称为频率分布和累积分布。

6.1.2.1　频率分布

当用个数基准表示粉体的粒度分布时，将被测粉体样品中某一粒径或某一粒径范围的颗粒的数日称为频数 n，而将 n 与样品的颗粒总数 N 之比称为该粒径范围的频率 f：

$$f = \frac{n}{N} \times 100\% \tag{6-10}$$

频数 n 或频率 f 随粒径变化的关系，称为频数分布或频率分布。

用显微镜测得的粒径的分布数据，可以用直方图或频率(频数)分布曲线形象地表示出来。将被测的粒径范围分为若干组(通常为 12～20 组)，取每组的中间值作为一组的平均粒径。分组时可以采用等间隔的算术级数，也可以采用不等间隔的几何级数；当组间的间距较小时可用算术级数分组，而用几何级数分组时可使间距与平均粒径之比为常数。

6.1.2.2 累积分布

频率分布是表示某一粒径或某一范围内的颗粒在全部颗粒中所占的比例(即百分率),而累积分布则表示小于(或大于)某一粒径的颗粒在全部颗粒中所占的比例。按照频率或频数累积方式的不同,累积分布可分为两类。一类是将频率或频数按粒径从小到大进行累积(又称为负累积,用"－"表示),所得到的累积分布表示小于某一粒径的颗粒的数量或百分数;另一类是将频率或频数按粒径从大到小进行累积(又称为正累积,用"＋"表示),所得到的累积分布表示大于某一粒径的颗粒的数量或百分数。

在工程上,累积分布比频率分布用得更广泛,测定粒度分布所常用的筛分法、沉降法等所得到的数据,常常整理成以质量为基准的累积分布曲线,这样就不需要将粒径进行分组,而且从曲线图中可以直接得出中位径等参数,还可以通过曲线微分求得频率分布曲线。

6.1.2.3 粒度分布函数表达式

用列表法、直方图或曲线来表示粒度分布,虽然直观,但不便于进行分析。若能将实测的粒度分布数据归纳成相近的分布函数,就可以很方便地对实测数据做进一步的处理,用解析的方法求出各种平均粒径和比表面积,还可求出单位质量的颗粒数,进行质量基准和个数基准的相互转换。

1. 对数正态分布函数

在工程实际中,许多粉体物料,如结晶产品、微粉碎或超细粉碎产品的粒度分布曲线不完全符合正态分布。而若将粒径用对数坐标表示,就能将非对称的分布曲线变为对称的形式。

$$f_N(d)=\frac{\mathrm{d}N}{\mathrm{d}(d)}=\frac{1}{2\sigma_g\sqrt{2\pi}}\exp\left[-\frac{(\lg d-\lg d_{gm})^2}{2\sigma_g^2}\right] \tag{6-11}$$

式中:d_{gm} 为几何平均粒度,μm;σ_g 为几何标准差。

2. 平方根正态分布函数

形式上与对数正态分布函数相似,唯以$\sqrt{d}$替代 $\lg d$ 而已。其表达式为:

$$f_N(d)=\frac{1}{2\sigma_g\sqrt{2\pi}}\exp\left[-\frac{(\sqrt{d}-\sqrt{d_{gm}})^2}{2\sigma_g^2}\right] \tag{6-12}$$

3. 罗森-拉姆勒(Rosin-Rammler)分布函数

这是使用最广泛的经验分布函数式,其表达式为:

$$R_d=100\exp\left[-\left(\frac{d}{d_{R,m}}\right)^n\right] \tag{6-13}$$

式中:R_d 为粒度大于 d 的物料体积(或质量)分数;$d_{R,m}$ 为颗粒的罗拉平均粒度,μm;n 为分布系数,与被粉碎物质的性质及粉碎机的种类有关,表示粒度分布范围的宽窄程度,n 越大,则粒度分布的范围越窄。

罗拉平均粒度的定义是,大于此粒度的物料体积或质量占总体积或总质量的百分数为36.8%。

6.1.3 粒度分布的测定

粉体粒度和粒度分布对其产品的性质和用途影响很大,测定粒度和粒度分布的方法很多,每种方法的测试原理不一样，测出的粒径的定义也就不一样。粒度测量的主要方法如表 6-2 所示。

表 6-2　粒度测量的主要方法

测量方法	基本原理	测定范围/μm	特点
直观观察法（图像分析仪）	把样品分散在一定的分散液中制取制片，测颗粒影像，将所测颗粒按大小分级，便可以求出以颗粒个数为基准的粒度分布	0.5～1 200	直观性好，操作简单，分辨率高，可观察颗粒形貌和状态。结果受人为操作影响，不宜测量分布宽的样品
筛分法	通过一组筛子将样品分级，称重各粒级，可得粒度质量累积分布	38～1 000	方法简单、快速，可得平均粒径和粒度分布，设备简单，操作方便，但粒级较粗，测试筛分时间长，也容易堵塞
电沉积筛法	物料通过电成型的微孔筛将样品分级	5～56	近年来开始在工程技术上使用的一种新型筛析仪器
沉降法	沉降原理 Stokes 原理	2～100 0.01～100	原理直观，造价低，操作复杂，结果受环境及操作者影响较大，重复性较差
激光粒度分析法	根据夫琅和费衍射原理测定颗粒粒度和粒度分布	2～176	自动化程度高，操作简单，测定速度快，重复性好，可用于在线粒度分析
小孔通过法	小孔电阻原理	0.4～256	分辨率高，重复性好，操作方便，易堵孔，动态范围小，不宜测量分布宽的样品
流体透过法	把样品压实，通过测定空气流通过样品床时的阻力，用柯增尼-卡曼理论计算样品的比表面积，引入形状系数，可换算成平均粒径	0.01～100	仪器简单，测定迅速，再现性好，但不能测定粒度分布数据。另外，测定样品时一定要压实
气体吸附法	根据 BET 吸附方程式，用测定的气体吸附量求比表面积，引入形状因素，可换算成平均直径	0.003～3	这是常用的比表面积测定法，再现性好，精度高，但数据处理较复杂

6.2　粉碎分类

6.2.1　按被粉碎粒度分类

根据被粉碎物料和成品粒度的大小，粉碎可分为粗粉碎、中粉碎、微粉碎和超微粉碎 4 种：

①粗粉碎：原料粒度在 40～1 500 mm 范围内，成品粒度范围 5～50 mm。

②中粉碎：原料粒度在 10～100 mm 范围内，成品粒度范围 5～10 mm。

③微粉碎（细粉碎）：原料粒度在 5～10 mm 范围内，成品粒度在 100 μm 以下。

④超微粉碎（超细粉碎）：原料粒度在 0.5～5 mm 范围内，成品粒度在 10～25 μm。

6.2.2 按物料中含水量分类

根据物料含水量的不同，粉碎方法可分为干式粉碎和湿式粉碎两种。

干式粉碎是直接将干物料送入粉碎机中进行粉碎。其特点为：a. 粉尘飞扬严重；b. 易造成物料损失；c. 必须配备通风除尘设备。

湿式粉碎是将水和原料一起加入粉碎机中，从粉碎机出来时即为粉浆。其特点为：a. 消除了粉尘危害，改善了劳动环境，降低了原料消耗；b. 粉碎过程中，物料已开始吸水膨化，有利于后道工序进行；c. 粉碎机在有水情况下运转，使得机器零件的磨损减小，从而可节省设备的维修费用；d. 设备流程简单。其缺点为：a. 耗电量较大；b. 粉碎所得粉浆必须及时投入生产，不易贮藏。

6.2.3 按粉碎比分类

根据物料经一次粉碎后的粉碎比的不同，粉碎方法可分为：粗碎、中细碎和磨碎。粗碎的粉碎比为 2～6；中、细碎的粉碎比为 5～50；磨碎的粉碎比为 50 以上。

6.2.4 按粉碎力分类

按操作作用力（即粉碎力）的不同，粉碎方法可分为挤压粉碎、冲击粉碎、研磨粉碎和劈裂粉碎四种。如图 6-1 所示。

①挤压粉碎。固体物料放在两挤压面之间，当挤压面施加的挤压力达到一定值后，物料即被压碎。如图 6-1(a)所示。

②冲击粉碎。物料受瞬时冲击力的作用而被粉碎。如图 6-1(b)所示。

③研磨粉碎。物料受剪切力（或摩擦力）的作用而被粉碎，如图 6-1(c)所示。

④劈裂粉碎。将物体放在一带有齿的面和一平面间，由于受挤压而被劈碎。如图 6-1(d)所示。

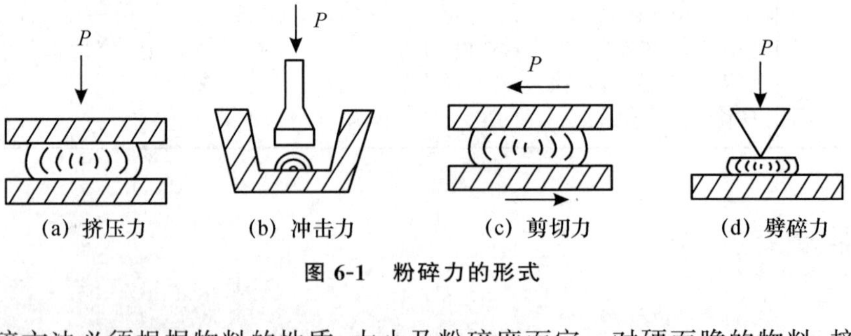

图 6-1 粉碎力的形式

选择粉碎方法必须根据物料的性质、大小及粉碎度而定。对硬而脆的物料，挤压和冲击很有效；对韧性物料，剪切力的作用效果较好；对方向性物料，则以劈碎力为宜。

粉碎设备所产生的粉碎力一般不是某一种作用力，而是几种粉碎力的组合，只不过在某种场合下以某种作用力为主而已。

6.2.5 按粉碎工艺类型分类

按粉碎工艺类型不同，粉碎方法包括以下几种：

①开路粉碎。如图 6-2(a)所示，一般扁平和循环管式气流磨因具有自行分级性能，常采用

这种类型。批量超细粉碎也常采用这种类型。这种类型的优点是工艺简单，但由于不能及时地分出合格的细粒级产品，粉碎效率较低。

②闭路粉碎。如图 6-2(b)所示，一般连续式粉碎都采用这种类型。球磨机、搅拌磨、高速机械式冲击磨等常采用这种类型。这种类型的优点是能及时地分出合格的细粒级物料，因此可以减轻颗粒的团聚，粉碎效率较高。

③带预先分级的开路粉碎。如图 6-2(c)所示，当进料中含有较多的合格粒级物料时，采用这种类型可减轻磨机的负荷，降低粉碎能耗，有助于提高生产的效率。

④带预先分级的闭路粉碎。如图 6-2(d)所示，如果磨机给料来自前一段粉碎作业，采用这种流程可将给料中的合格级物料预先分出，避免了细粒物料"过磨"，有助于提高粉碎效率。

⑤带最终分级的开路粉碎。如图 6-2(e)所示，这种粉碎流程的特点是可以得到粒度及粒度组成不同的几种粉体产品。

⑥带预先分级和最终分级的开路粉碎。如图 6-2(f)所示，这种类型的特点与带最终分级的开路粉碎相同，但由于设置了预先分级作业，可以提高粉碎销路。

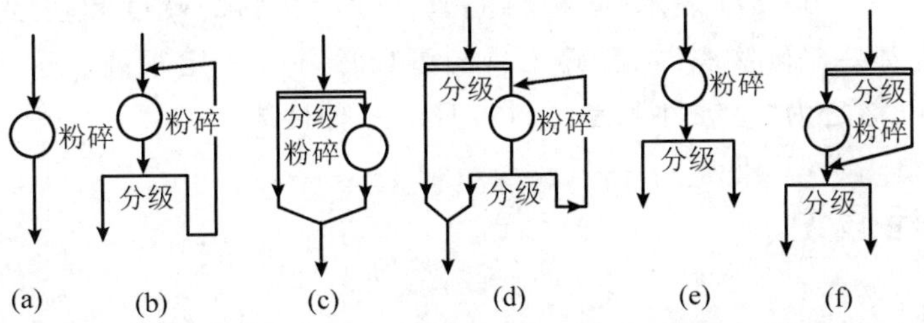

(a)开路粉碎　(b)闭路粉碎　(c)带预先分级的开路粉碎　(d)带预先分级的闭路粉碎
(e)带最终分级的开路粉碎(f)带预先分级和最终分级的开路粉碎

图 6-2　粉碎工艺类型

粉碎操作的工艺类型很多，各有独特的优点，要选用合适的工艺流程与设备，首先必须了解各粉碎工艺和设备的性能，包括它所适应的给料粒度、能达到的产品细度、处理能力、配套性能、粉碎方式(干法或湿法)等，然后再综合考虑要完成的粉碎任务，包括原料的性质、产品的用途、质量标准、生产规模以及投资等因素，使所选择的工艺设备既可以圆满完成粉碎任务，又能达到尽可能高的粉碎效率，获得最大的经济效益。

6.3　物料的性质

破碎机和磨碎机的选型与设计、粉碎的效果、粉碎能耗、粉碎产品的粒度特性、齿板及磨矿介质的磨损以及在粉碎时必须采取的特殊措施等，都与物料的性质有关，就粉碎而言，物料的下述性质是较为重要的。

6.3.1　物料的力学性质

物料的力学性质与所要选择的粉碎方式有关。根据物料应变与应力的关系以及极限应力的不同，其力学性质主要包括以下 4 种：

①硬度。它是根据物料弹性模量大小来划分的性质，有硬软之分。硬度越高表明物料抵

抗弹性变形的能力越大。物料的硬度是确定粉碎作业程序、选择设备类型和尺寸的主要依据。

②强度。它是根据物料弹性极限应力的大小来划分的性质，有强与弱之分，强的材料抵抗塑变的能力越大。

③脆度。它是根据物料塑变区域长短来划分的性质，有脆性与塑性之分。

④韧性。它是一种抵抗物料裂缝扩展能力的特性，韧性越大，则裂缝末端的应力集中就越容易得到缓解。

对任何一种物料，上述 4 种力学性质相互关联，从而使物料综合性质复杂化，这些对粉碎时所需变形力均有影响。一般来说，硬度高、脆性小、韧性大的物料，其强度和粉碎时的阻力往往也较大。选择粉碎方法时，须以物料的力学性质与所要达到的粉碎度为依据。

6.3.2 物料的腐蚀性

物料的腐蚀性是物料对粉碎工具(齿板、冲击锤、钢球、衬板等)产生磨损程度的一种性质。其大小将影响粉碎工具的磨损量。粉碎工具的磨损程度称为钢耗，它是粉碎 1 t 物料时粉碎工具折算的金属消耗量(以 g/t 表示)。物料的腐蚀性同物料的硬度和强度虽然有关，但仍有所区别。例如粉碎某些坚硬物料时，粉碎工具的磨损量并不一定很高。这种性质的英文名称为 Abrasiveness，可称之为“腐蚀性”，是物料本身的一种性质。

6.4 粉碎能耗假说

目前人们对粉碎机理的认识尚不彻底。通常认为当粉碎机械以巨大的作用力作用于物料颗粒上，作用力超过颗粒之间的结合力时，便产生粉碎。粉碎过程中，外力对物料颗粒做功(称为粉碎能耗)，特别是在磨碎时，粉碎能耗极为可观。除了粉碎机械在传动中的损耗外，磨碎时粉碎产品的比表面大大增加，产生所谓力化学效应。粉碎产品呈现较高的活性，需要消耗大量能量。粉碎能耗主要消耗于以下几个方面。

①粉碎机械动力传动中的能耗。

②颗粒在粉碎发生之前的变形能。

③粉碎产品新增加表面积的表面能。

④颗粒表面结构发生变化所消耗的能。

⑤晶体结构发生变化所消耗的能。

⑥研磨介质之间的摩擦、振动及其他能耗。

由于粉碎过程比较复杂，受影响的因素较多且这些因素在不同条件下又有不同的变化。诸如物料的性质、形状、粒度大小与分布、粉碎机的类型和操作方法等，都将直接影响粉碎时的能量消耗。

一个多世纪以来，人们对物料粉碎程度与能耗之间的关系进行了大量的研究，出现了多种能耗学说。但由于物料受外力作用而粉碎的机理十分复杂，至今尚无一普遍适用的理论能够全面反映各种因素及其组合效应对能耗的影响，因而这些理论对于指导解决粉碎过程的实际问题还有一段距离。但了解这方面的理论，对于粉碎过程的研究还是必要的。二维码 6-1 所示内容介绍了三个典

二维码 6-1 粉碎能耗假说

型的粉碎能耗学说。它们在一定程度上反映了粉碎过程的各种变化，具有一定的概括性和指导意义。

6.5　筛分

筛分(screening)是一种工业分离的单元操作，往往与粉碎操作密切相连。筛分是通过筛分器将大小不同的固体颗粒分成两种或多种粒级的过程。筛分后每一粒级的颗粒都较原来均匀。筛分器简称筛子，其筛面可以是平面，也可是圆筒面。筛分操作在食品生产中广泛地用于粒状或粉状物料按规定的粒度范围的分离。

筛析(screening analysis)又称过筛分析法，它用标准筛分析粉碎后颗粒的粒度分布。标准筛是筛孔已标准化的一组筛。按筛孔大小设置规范的不同，有不同筛制的标准筛。

筛分操作在食品工业中占有重要的地位，主要表现在以下几个方面。

①原料清理的需要：如在稻谷制米、小麦制粉之前需通过筛分去除各种杂质。

②物料分离的需要：如有多种粒度不同的谷物混合在一起，可借助筛分手段将其加以分离。

③物料分级的需要：例如啤酒厂在大麦浸泡之前，常需将大麦按粒度加以分级，以便控制浸泡时间。

④作为食品生产的特殊需要：如各种粉状物料在配料之前常需经过筛分处理，确保粉料膨松均匀。

⑤粒度分析的需要：除用于物料分离外，还可利用标准筛测定颗粒的大小及粒度分布情况。

筛分是将不同大小的固体颗粒混合物通过筛子分离为粒度相对均匀的若干部分的操作。筛分的效果主要取决于粒度分布、颗粒形状、表面特性和流动性等，同时还受筛孔的形状、筛子的运动方式、筛面上的负荷及物料在筛面上的停留时间等影响。经过筛分后的各个部分的颗粒大小都较原来均匀。

1. 筛分具备的条件

筛分必须具备三个基本条件：a. 被筛物料必须与筛面接触；b. 合适的筛孔形状与大小；c. 被筛物料与筛面之间有适宜的相对运动。

2. 筛分效率

从理论上讲，凡粒度大于筛孔的颗粒无法通过筛孔，称为不可筛过物；凡粒度小于筛孔的颗粒称为可筛过物。实际上，并非所有小于筛孔的颗粒都能通过筛网，而是有一小部分仍与不可筛过物一起留在筛面上。通常把实际通过筛孔的物料称为筛过物，没有通过筛孔的物料称为筛留物。事实上，由于种种原因，筛面上同一级别的物料不可能全部通过筛孔而成为筛过物，总有一部分滞留在筛留物中。筛分效率是从数量上评定筛分过程的指标，定义为：筛过物的质量与给料中可筛过物的质量之比，称为筛分效率 η(sieving efficiency)。

设 m、m_1、m_2 分别表示给料、筛过产品和筛留产品的质量，ω_0、ω_1、ω_2 分别表示给料、筛过产品和筛留产品中可筛过物的质量分数，则筛分效率可表示为：

$$\eta=\frac{m_1}{m\omega_0} \tag{6-14}$$

筛分效率是评价筛分作业的一项重要指标。在工业生产中，筛分操作往往是连续进行的，m 和 m_1 难以测定，故不能直接由式(6-14)计算筛分效率。

对全部物料作物料衡算，得：

$$m = m_1 + m_2 \tag{6-15}$$

对可筛过物做物料衡算，得：

$$m\omega_0 = m_1\omega_1 + m_2\omega_2 \tag{6-16}$$

又筛过物中产品全部为可筛过物，故 $\omega_1 = 1$，则：

$$m\omega_0 = m_1 + m_2\omega_2 \tag{6-17}$$

将式(6-14)、式(6-16)、式(6-17)联立求解，可得：

$$\eta = \frac{\omega_0 - \omega_2}{\omega_0(1 - \omega_2)} \tag{6-18}$$

因此，可对给料和筛留产品取样筛析求出 ω_0 和 ω_2，由式(6-18)计算筛分效率 η。

3. 筛分速率

将粗细颗粒混合的物料置于筛面上振动时，筛分作用就开始进行了。筛上物料中可筛过物的质量分数随时间的变化率，称为筛分速率(sieving rate)。它是反映筛分器生产能力大小的一种度量。

设在筛分进行至某时刻 t，筛面上的物料量为 m，其中可筛过物的质量分数为 ω，则筛分速率可以表示为$\left(-\frac{\mathrm{d}\omega}{\mathrm{d}t}\right)$。研究表明，此速率正比于筛上产品中可筛过物的质量分数 ω，而反比于筛面上的筛分负荷(即单位面积筛面上的物料的质量) $\frac{m}{A}$，则：

$$-\frac{\mathrm{d}\omega}{\mathrm{d}t} = k\omega\frac{A}{m} \tag{6-19}$$

式中：k 为筛分速率系数，kg/(m^2 · s)；A 为筛面总面积，m^2。

设筛分在开始时刻 t_0 时，物料总质量为 m_0，可筛过物的质量分数为 ω_0，则在筛分进行到 t 时刻时，对不可筛过物进行物料衡算：

$$m_0(1 - \omega_0) = m(1 - \omega) \tag{6-20}$$

或

$$m = m_0\frac{1 - \omega_0}{1 - \omega} \tag{6-21}$$

将式(6-21)代入式(6-19)中，可得：

$$\frac{\mathrm{d}\omega}{\mathrm{d}t} = -\frac{kA(1 - \omega)\omega}{m_0(1 - \omega_0)} \tag{6-22}$$

将式(6-22)分离变量后积分，可得：

$$\ln\frac{(1 - \omega)\omega_0}{(1 - \omega_0)\omega} = \frac{kAt}{m_0(1 - \omega_0)} \tag{6-23}$$

当物料中可筛过物含量低时，m 值可近似作为常量，式(6-19)可简化为：

$$\frac{d\omega}{dt} = -k'A\omega \tag{6-24}$$

分离变量积分得：

$$\omega = \omega_0 e^{-k'At} \tag{6-25}$$

k 和 k' 称为筛分速率系数，其值与物料性质、筛子形式、筛孔大小、物料在筛面上的运动以及为防止筛孔堵塞而采取的方法等因素有关。如果这些因素保持稳定，则筛分速率系数将为常数。

物料颗粒的粒度与状态对筛分速率系数有明显的影响。对于一定的筛子，当细颗粒粒度减小时，k 值增大，此时筛孔大小与可筛颗粒大小的差值较大，过筛自然很容易。但是，对于黏性物料或粉体物料，因为容易结成团块，过筛较难，k 值降低。筛子本身对速率系数的影响甚复杂。首先是筛面利用系数的影响，提高此系数数值可提高筛分速率，但又不是成比例地增加。至于筛孔的大小和形状，以及颗粒在筛面上的运动状态，其影响更为复杂。因此，对速率系数只能通过实验的方法来求取。

【例 6-1】 某砂糖厂进行粗粉碎时，用 16 号泰勒标准筛对粗磨砂糖进行筛析，分离出较细粉粒。通过对粗粒取样分析可知，可筛过的细粒占 85%，又经 30 s 筛析后，对筛留产品取样分析，结果发现筛留产品中仍残留 15%的可筛过细粒。当筛留产品中的可筛过细粒降到 8%(以上均为质量分率)时，即停止筛分操作。当操作达到上述要求时，求：

(1)物料在筛面上的停留时间。

(2)筛分效率。

解：(1)物料在筛面上的停留时间。

由已知得：$\omega_0=85\%$，$\omega_1=15\%$，$t_1=30s$

代入式(6-23)中，

$$\ln\frac{(1-\omega_1)\omega_0}{(1-\omega_0)\omega_1}=\frac{kAt_1}{m_0(1-\omega_0)} \quad 即 \quad \ln\frac{(1-0.15)0.85}{(1-0.85)0.15}=\frac{kA}{m_0}\frac{30}{(1-0.85)}$$

可解得：$\dfrac{kA}{m_0}=0.017\ 35$

又

$$\ln\frac{(1-\omega_2)\omega_0}{(1-\omega_0)\omega_2}=\frac{kAt_2}{m_0(1-\omega_0)}$$

将常数 $\dfrac{kA}{m_0}=0.017\ 35$ 及 $\omega_2=8\%$代入上式中，得：

$$\ln\frac{(1-0.08)0.85}{(1-0.85)0.08}=0.017\ 35\frac{t_2}{(1-0.85)}$$

则可得 $t_2=36.14$ s

(2)筛分效率。

由式(6-18)可知，

$$\eta = \frac{\omega_0 - \omega_2}{\omega_0(1-\omega_2)}$$

又 $\omega_0 = 85\%$，$\omega_2 = 8\%$，代入上式，得：

$$\eta = \frac{\omega_0 - \omega_2}{\omega_0(1-\omega_2)} = \frac{0.85 - 0.08}{0.85(1-0.08)} = 98.47\%$$

4. 筛面

筛面是进行筛分的主要工作部件。工业筛面分开孔金属筛面、金属丝筛面和绢筛面三种。筛孔的形状有圆形、方形和长方形。

筛面上筛孔总面积 A_0 与筛面总面积 A 之比，称为筛面利用因数，用 K 表示，即

$$K = \frac{A_0}{A}$$

开孔金属板筛面的优点是耐磨，且易于制造，但筛面利用因数 K 较小。K 值与筛孔的排列方式有关。对于圆孔，若为正方形排列，如图 6-3(a)所示，则筛面利用因数为：

$$K = \frac{\frac{\pi}{4}d^2}{(d+m)^2} = 0.785\frac{d^2}{(d+m)^2} \tag{6-26}$$

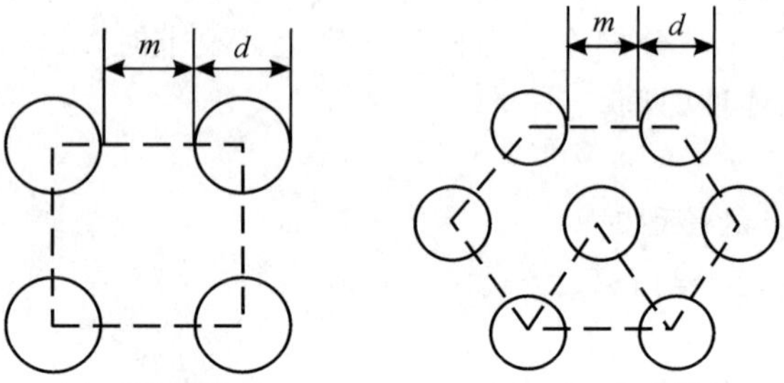

(a) 正方形排列　　(b) 正三角形排列

图 6-3　筛孔的排列

若为正三角形排列，如图 6-3(b)所示，则筛面利用因数为：

$$K = \frac{\pi d^2}{2\sqrt{3}(d+m)^2} = 0.907\frac{d^2}{(d+m)^2} \tag{6-27}$$

显然，在孔径 d 和孔间距 m 相同的条件下，正三角形排列比正方形排列的筛面利用系数高。金属丝筛面和绢筛面适于细颗粒的筛分，筛孔形状一般为正方形，其筛面利用因数较大。但其缺点是强度低，易裂口。

5. 筛面运动方式

筛分操作的基础是物料与筛面的相对运动。对于固定筛面来说，要求物料具有初始速度，或通过重力产生初始速度。对于大多数筛分设备来说，要求筛面依靠运动以获得物料与筛面的相对速度。

(1)静止筛面。通常是倾斜筛面，可通过改变筛面的倾角以改变物料的速度与滞留时间。

由于物料在筛面上的筛程较短，所以筛分效果不理想。当筛面比较粗糙时，物料在运动中产生离析作用。这是一种最简单而原始的筛分装置，在传统制米厂的选糙溜筛中还有应用。

(2)往复运动筛面。这种筛面作直线往复运动，物料沿筛面作正反两个方向的相对滑动。往复运动能促使物料产生离析作用，且筛程也较长，故可获得较好的筛分效果。当筛面的往复运动具有法向分量且法向运动的加速度等于或大于重力加速度时，物料可能会跳离筛面出现跳跃式前进。这可避免筛孔堵塞现象的出现，对于某些筛分来说是非常有利的。例如，当要求筛孔大小比较接近筛上物粒度时，常常利用高频振动筛面来避免或清除筛孔堵塞现象。

(3)垂直圆运动筛面。筛面在其垂直平面内作较高频率的圆或椭圆运动，其效果与高频率的往复运动筛面差不多。高频圆或椭圆运动筛面可破坏物料颗粒的离析作用使之出现强烈的翻动现象，适合于处理难筛颗粒含量多的物料。

(4)平面回转筛面。这种筛面及筛面上的物料在水平面内作圆轨迹运动，它能促进物料范围内的离析作用。物料在这种筛面上的筛程最长，而且其所受的水平方向惯性力在 360°周期性的变化方向，因而不易堵塞筛孔，筛分效率和生产效率均较高。这种筛面常用于粉质或颗粒物料的分级与除杂，特别是在生产能力要求较高的情况下。

(5)旋转筛面。圆筒形或六角筒形的筛面绕水平轴或倾斜轴旋转，物料在筛筒内相对于筛面运动。这种筛面的利用率相对较小，在任何瞬间只有小部分筛面接触物料，因此生产率较低。但它适用于难筛颗粒含量高的物料筛分，在粮食加工厂常用来处理下脚料。

6. 筛析

利用筛分器测定粉碎后物料或成品的颗粒粗细度的过程称为筛析。筛析进行时，将一套筛子按筛号顺序由上而下层叠放置，并将试样放在最上面孔数最少的筛子上。然后分批地用手工或机械方法摇动充分时间，使物料过筛而按颗粒大小分离为不同的部分。过筛后，将停留在每一号筛上的颗粒取出，称其重量，并记录每一筛号。停留在每一号筛上的颗粒平均直径可取该号筛孔净宽和上面一号筛孔净宽的算术平均值。至于底部通过最细筛号的颗粒直径可取最细筛孔净宽。这样就可以用上述各组的重量和颗粒直径求得整个试样的粒度分布，从而求取总的平均直径。

7. 筛制

过筛分析法所用的标准筛，系由网眼大小一定的筛网所构成。网眼一般为正方形，其大小划分按各种筛制而不同。

国际上应用最广泛的标准筛是泰勒标准(Tyler Standard)筛制。我国也制定了中国筛制，此外还有美国(ASTM)、英国(BS)、德国(DIN)和日本(JIS)等筛制。筛号的命名有以每英寸(25.4 mm)筛丝上的筛孔数作筛号，通称为目数；也有以每厘米筛丝上或每平方厘米筛面上的孔数命名的。泰勒筛制以及美国、中国等筛制都是以每英寸丝长上的网眼数表示筛目的，德国筛制的筛号是以每厘米筛丝上的网眼数表示的。表 6-3 列出了几种主要标准筛制。

泰勒标准筛制是目前广泛使用的筛制。它是以每英寸长筛丝上的网眼数来表示筛号(目)。例如：200 号筛，即每英寸 200 个筛孔，其筛丝直径为 0.002 1″，故每孔净宽为 0.002 9″，相当于 0.074 mm。因为筛孔的大小不仅与筛号有关，也与织成筛网的筛丝直径有关，故在标准筛制中，也规定筛丝直径。泰勒标准筛制中，两相邻筛号净宽度的比例已成为 $1:\sqrt{2}$，而隔一筛号的两筛净宽比为 $1:\sqrt{2}$，即其筛孔净面积之比约为 1 : 2。

表 6-3 几种标准筛制

泰勒标准筛			中国筛		日本标准筛			德国标准筛		
筛目	孔隙/mm	丝径/mm	筛目	孔隙/mm	筛目	孔隙/mm	丝径/mm	筛号	孔隙/mm	丝径/mm
2.5	7.925	2.235			2.5	7.93	2.0			
3	6.680	1.788			3	6.73	1.8			
3.5	5.613	1.651			3.5	5.66	1.6	1	3.40	3.50
4	4.699	1.651	4	5.1	4	4.76	1.29			
5	3.962	1.118	6	3	5	4.00	1.08			
6	3.327	0.914	8	2.5	6	3.36	0.87	2	3.00	2.00
7	2.794	0.833	10	2.0	7	2.83	0.80			
8	2.362	0.813	12	1.6	8	2.38	0.80			
9	1.981	0.738	16	1.25	9	2.00	0.76	3	2.00	1.50
10	1.651	0.889	18	1	10	1.68	0.74			
12	1.397	0.711	20	0.9	12	1.41	0.71	4	1.50	1.00
14	1.168	0.635	24	0.8	14	1.19	0.62	5	1.20	0.80
16	0.991	0.597	26	0.71	16	1.00	0.59	6	1.02	0.65
20	0.833	0.437	28	0.63	20	0.84	0.43			
24	0.701	0.358	32	0.56	24	0.71	0.35	8	0.75	0.50
28	0.589	0.318	35	0.5	28	0.59	0.32	10	0.60	0.40
32	0.495	0.300	40	0.45	32	0.50	0.29	11	0.54	0.37
35	0.417	0.310	45	0.4	35	0.42	0.29	12	0.49	0.34
42	0.351	0.254	50	0.355	42	0.35	0.26	14	0.43	0.28
48	0.295	0.234	55	0.315	48	0.297	0.23	16	0.385	0.24
60	0.246	0.178	65	0.25	60	0.250	0.21	20	0.300	0.20
65	0.208	0.183	75	0.20	65	0.210	0.18	24	0.250	0.17
80	0.175	0.142	85	0.18	80	0.177	0.14	30	0.200	0.13
100	0.147	0.107	100	0.154	100	0.149	0.11			
115	0.124	0.097	120	0.125	115	0.125	0.087	40	0.150	0.10
150	0.104	0.066	150	0.108	150	0.105	0.070	50	0.120	0.08
170	0.088	0.061	180	0.09	170	0.088	0.061	60	0.102	0.065
200	0.074	0.053	200	0.076	200	0.074	0.053	70	0.088	0.055
250	0.061	0.041	280	0.055	250	0.062	0.048	80	0.075	0.050
270	0.053	0.041	350	0.042	270	0.053	0.038	100	0.060	0.040
325	0.043	0.036	370	0.038	325	0.044	0.034			
400	0.038	0.025	400	0.034	400					

我国的标准筛制是以每厘米长度内的孔数(网限数)来表示的。规定筛网型号以缩写的汉语拼音字母表示,型号中第一个字母表示纤维类别,第二个字母表示筛网织物组织,如 CQ 表示蚕丝全绞纱组织、CB 表示蚕丝半绞纱组织、JCQ 表示锦蚕丝全绞纱组织。CQ30 表示蚕丝全绞纱组织,其每厘米长内有 30 个孔数。

德国标准(DIN)筛制的筛号是用每厘米筛丝上的网眼数表示,如 10 号筛即每厘米筛丝上有 10 个筛孔,每平方厘米有 100 个筛孔。

英国标准(BS)筛制中,一个 170 号筛的筛网大小为 90 μm,相邻两筛号筛网大小之比约为

$\sqrt[4]{2}$。

美国标准（ASTM-EⅡ）筛制是将 18 号筛的网眼大小定为 1.0 mm，相邻间隔为$\sqrt[4]{2}$。

日本标准（JIS）筛制的筛号表示法与泰勒标准筛制相同，但采用的筛丝直径略有差异，故对应筛号的筛孔净宽也略有差异。

习　题

1. 试计算边长为 a 的立方体形颗粒的球形度和形状因数。

2. 食盐粉碎后用泰勒标准筛进行筛析，结果发现总量中有 30%通过 8 号筛而被截留在 10 号筛上；对于其中更细的部分，则测出有 3%通过 65 号筛而截留在 100 号筛上。若食盐的密度为 2 160 kg/m^3，形状系数为 1.75，则 1 kg 食盐中粗、细两部分食盐的表面积各为多少？

3. 某面粉厂进行谷物研磨时，送出的第 1 道粗磨物料中含面粉 9%，经 100 μm 的筛眼过筛 25s，面粉的含量降为 3.5%，若要将面粉含量降到 1.5%，则需要多长时间？今欲达到 95%以上的筛分效率，则筛留物中面粉的含量至少应降到多少？

思考题

1. 食品加工操作过程中粉碎操作的目的是什么？
2. 何谓粒度？对于非球形颗粒的粒度在工业上是如何表示的？
3. 粒度测量的主要方法有哪些？各是根据什么原理进行测定的？
4. 粉碎的分类方法有哪几种？各有何特点？
5. 食品工业中对粉碎机械的选择原则是什么？
6. 何谓筛分？请举例说明筛分操作在食品工业中的应用情况。
7. 筛分操作应具备的条件是什么？
8. 影响筛分操作过程中的因素有哪些？
9. 工业上是如何进行筛分机械的选型的？

第 7 章

吸收与蒸馏

本章学习目的与要求

了解传质学的基本概念、分子扩散与涡流扩散；了解扩散系数的影响因素；掌握稳定分子扩散的基本计算与应用；了解吸收与解吸的基本概念及吸收过程机理；掌握吸收与解吸的一般计算方法；重点掌握等温条件下低浓度逆流吸收塔的计算与应用；了解蒸（精）馏的基本概念；理解蒸（精）馏原理；了解精馏装置的基本组成及各部分所起的作用；掌握逐板计算法及图解法求理论板数的方法；重点掌握两组分连续精馏塔的计算。

吸收与蒸馏操作是典型的质量传递过程，物质由一处向另一处转移的过程称为传质过程。吸收常用于分离气体混合物，而蒸馏常用于分离均相液体混合物。

本章首先介绍传质学的基础知识，进而分别介绍双组分吸收和蒸馏的原理、计算等，最终达到在工程实践中合理地设计及在实际操作中进行调节与控制。

7.1　传质学基础

7.1.1　扩散现象与分子扩散速率计算

扩散现象是一种物理现象，如在烧杯中盛满清水，滴入几滴红墨水，则杯中水将逐渐变红色，最终色泽均匀，说明红墨水在水中发生了传质，这种由浓度（或温度）不均引起，依靠微观分子运动产生传质的现象称分子扩散。上例中若对杯中水加以搅拌，使水湍动，则混合均匀的时间将大为缩短，扩散效果加剧，这种发生在湍流体中依靠质点宏观不规则运动的碰撞混合，而进行传质的现象称为湍流扩散，或称涡流扩散。湍流时分子扩散依然存在，只是此时湍流扩散效果更为显著。

7.1.1.1　分子扩散与费克(Fick)定律

分子扩散的规律类似于热传导，即扩散速率与浓度梯度成正比。设均相二元物系，由 A、B 两组分组成。由于浓度不等，而引起分子扩散，在单位时间内通过单位面积传递的物质的量称为扩散通量。在恒定的温度和压力下，均相混合物中，分子扩散服从 Fick 定律，即对 A 组分：

$$J_A = -D_{AB}\frac{dc_A}{dz} \tag{7-1}$$

式中：J_A 为 A 组分在 z 方向上的扩散通量，kmol/(m^2·s)；c_A 为 A 组分的摩尔浓度，kmol/m^3；D_{AB} 为 A 组分在 A、B 的混合物中扩散时的扩散系数，m^2/s；负号为扩散沿着浓度降低的方向进行。

对 B 组分：

$$J_B = -D_{BA}\frac{dc_B}{dz} \tag{7-1a}$$

式中：D_{BA} 为 B 组分在 A、B 两组分混合物中的扩散系数。当扩散为气相或是两组分性质相似的液相时，$D_{AB}=D_{BA}$，故以后用 D 表示双组分物系的扩散系数。

对气体常用分压梯度表示，z 方向上等温扩散时，因　$c_A=\frac{n_A}{V}=\frac{p_A}{RT}$

$$J_A = -\frac{D}{RT}\frac{dp_A}{dz} \tag{7-1b}$$

式中：p_A 为 A 组分分压，kPa；T 为气体的温度，K；R 为气体常数，等于 8.314 kJ/(kmol·K)。

仿照分子扩散，将涡流扩散通量写为：

$$J_A = -D_e\frac{dc_A}{dz} \tag{7-2}$$

式中：D_e 为涡流扩散系数，m^2/s。D_e 不是物性常数，它是由流体的动力状况决定的，比 D 要复杂得多。因 D_e 很难求得，因此式(7-2)的应用受到很大限制。

7.1.1.2　分子扩散速率

在吸收与蒸馏操作的质量传递过程中，对应着两种气相稳定分子扩散形式，即单向扩散和等摩尔扩散。

(1)等摩尔扩散。设想用一段粗细均匀的直管将两个很大的容器连通，如图 7-1(a)所示。两容器内有浓度不同的 A、B 两种气体的混合物，其中 $p_{A1}>p_{A2}$，$p_{B1}<p_{B2}$，但两容器内混合气体的温度和总压强都相同，且两容器内均装有搅拌器，使各自的浓度保持均匀。扩散时，因为两容器内总压强相同，所以连通管内任一截面上单位时间、单位面积上向右传递的 A 分子的数量与向左传递的 B 分子的数量必定相等，这便是等摩尔逆向扩散，即 $p_A+p_B=p=$常数，

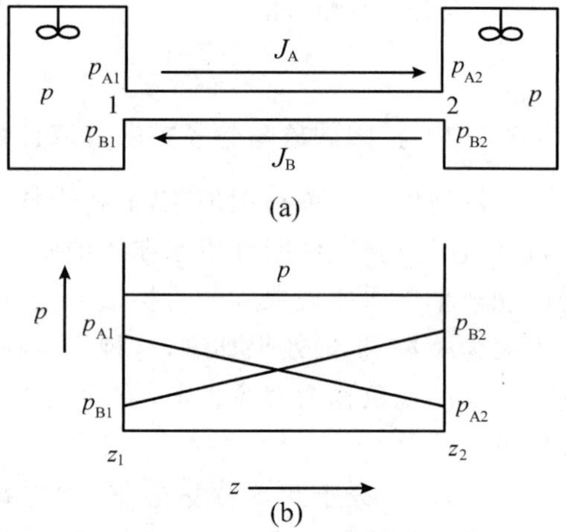

图 7-1　等摩尔扩散

有
$$\frac{\mathrm{d}p_A}{\mathrm{d}z}=-\frac{\mathrm{d}p_B}{\mathrm{d}z},$$
$$J_A=-J_B$$

在任一固定的空间位置垂直于扩散方向的截面上，单位时间内通过单位截面积的 A 的净物质量，称为 A 的传递速率，以 N_A 表示。在等摩尔逆向扩散中，物质 A 的传递速率应等于它的扩散通量，即

$$N_A=J_A=-D\frac{\mathrm{d}c_A}{\mathrm{d}z}=-\frac{D}{RT}\frac{\mathrm{d}p_A}{\mathrm{d}z} \tag{7-3}$$

在上述条件下，扩散为稳定过程，N_A 应为常数。因而 $\mathrm{d}p_A/\mathrm{d}z$ 也是常数，故 p_A-z 呈线性关系，如图 7-1(b)所示。

将式(7-3)分离变量，在截面 1 和 2 之间积分，得到：

$$N_A\int_0^z \mathrm{d}z=-\frac{D}{RT}\int_{p_{A2}}^{p_{A1}}\mathrm{d}p_A$$

从而传递速率为

$$N_A=\frac{D}{RTz}(p_{A1}-p_{A2}) \tag{7-4}$$

对液体：

$$N_A=\frac{D}{z}(c_{A1}-c_{A2}) \tag{7-4a}$$

(2)单向扩散。如图 7-2(a)所示，在密闭容器中放上一定的碱液，上方为含酸的空气，气体压力一定(盖子可上下自由滑动)，则在气液相界面上 A 组分(酸)会不断向液相中扩散，而与等摩尔扩散不同，此时液相中没有 B 组分(空气)向相界面扩散，这种情况的分子扩散称为单向扩散，又称组分 A 通过静止组分 B 的扩散。

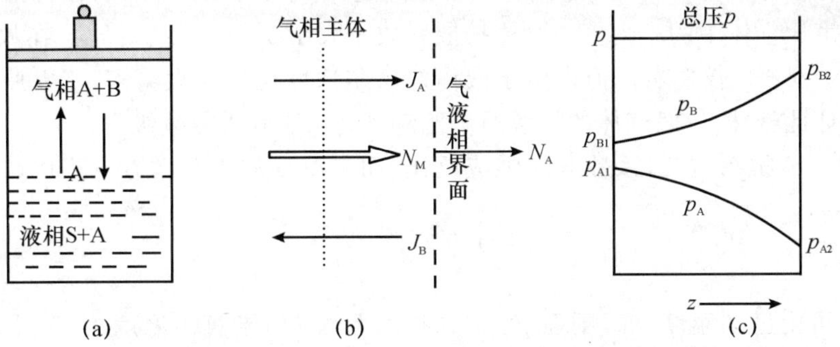

图 7-2 单向扩散

此时，在气液界面附近的气相中，有组分 A 向液相溶解，其浓度降低，分压力减小。即界面附近的气相总压强比气相主体的总压强稍微低一点，将 A、B 混合气体从主体向界面移动，称为整体移动，如图 7-2(b)和图 7-2(c)所示。由此带来的扩散速率用 N_M 表示。

对于组分 B 来说，在气液界面附近不仅不被液相吸收，而且还随整体移动从气相主体向界面附近传递，使得界面处组分 B 的浓度增大。在总压力恒定的条件下，则界面处组分 B 的分压力必增大，则在界面与主体之间产生组分 B 的分压力梯度，会有组分 B 从界面向主体扩散，扩散速率用 J_B 表示。

经推导分析得单向扩散速率公式为：

$$N_A=\frac{Dp}{RTz}\ln\frac{p-p_{A2}}{p-p_{A1}}=\frac{Dp}{RTz}\ln\frac{p_{B2}}{p_{B1}} \tag{7-5}$$

令 $$p_{B,m}=\frac{p_{B2}-p_{B1}}{\ln p_{B2}/p_{B1}}，可得：$$

$$N_A=\frac{D}{RTz}\frac{p}{p_{B,m}}(p_{A1}-p_{A2}) \tag{7-5a}$$

对液体，则：

$$N_A=\frac{D}{z}\frac{c}{c_{B,m}}(c_{A1}-c_{A2}) \tag{7-5b}$$

式中：$c_{B,m}=\dfrac{c_{B2}-c_{B1}}{\ln c_{B2}/c_{B1}}$ 为组分 B 浓度的对数平均值。

此式即为所推导的单方向扩散时的传质速率方程式，式中 $p/p_{B,m}$ 总是大于 1，称为“漂流因子”或“移动因子”。与式(7-4)比较可知，单方向扩散的传质速率 N_A 比等摩尔逆向扩散时的传质速率 J_A 大。这是因为在单方向扩散时除了有分子扩散，还有混合物的整体移动所致。$p/p_{B,m}$ 值越大，表明整体移动在传质中所占分量就越大。当气相中组分 A 的浓度很小时，各处 p_B 都接近于 p 即 $p/p_{B,m}$ 接近于 1，此时整体移动便可忽略不计，可看作等摩尔逆向扩散。

7.1.1.3 扩散系数

分子扩散系数是物质的物性常数之一，表示物质在介质中的扩散能力。扩散系数随介质的种类、温度、浓度及压强的不同而不同。组分在气体中的扩散，浓度的影响可以忽略。在液体中的扩散，浓度的影响不可忽略，而压强的影响不显著。扩散系数一般由实验确定，可查工程手册，在无实验数据的条件下，可借助某些经验或半经验的公式进行估算。在双组分液体中，由于液体中分子密度要比气体大得多，扩散物质 A 与邻近组分 B 的分子碰撞频繁，使得液体中扩散组分的分子扩散速度比气体中的小得多。气体扩散系数一般在 0.1～1.0 cm^2/s。在数量级上要比液体中的扩散系数大 10^5 倍左右。但是由于液体的摩尔浓度比气体大得多，所以使得二者扩散通量的差别并不如此悬殊，一般气体的扩散通量比液体高出 100 倍数量级。

对一定的气体物系，扩散系数与压强成反比，而与温度的 1.5 次方成正比，即：

$$D = D_0\left(\frac{p_0}{p}\right)\cdot\left(\frac{T}{T_0}\right)^{1.5} \tag{7-6}$$

根据此式可由已知温度 T_0，压强 p_0 下的扩散系数 D_0 推算出温度为 T，压强为 p 时的扩散系数 D。

液体的扩散系数与温度、黏度有关，一般可用下列经验公式表示，即：

$$D = D_0\frac{T}{T_0}\cdot\frac{\mu_0}{\mu} \tag{7-7}$$

根据此式可由已知温度 T_0，黏度 μ_0 下的扩散系数 D_0，推算出温度为 T，黏度 μ 时的扩散系数 D。

【例 7-1】 有一 10 cm 高的烧杯内装满乙醇，问在 101.3 kPa 及 25℃的室温下全部蒸干约需多少天？假设量筒口上方空气中乙醇蒸气分压为 0。若室温升高至 35℃，问全部蒸干约需多少天？已知 25 和 35℃下乙醇的饱和蒸气压分别为 8.0 和 13.3 kPa。

解：此题属非稳定单向扩散问题。解决非稳定问题是在对扩散至某一时刻 τ（液面下降高度 z 处）的瞬间，利用单向扩散传质速率方程，然后利用质量衡算建立微分式，最后划定边界条件积分得所需时间 τ。

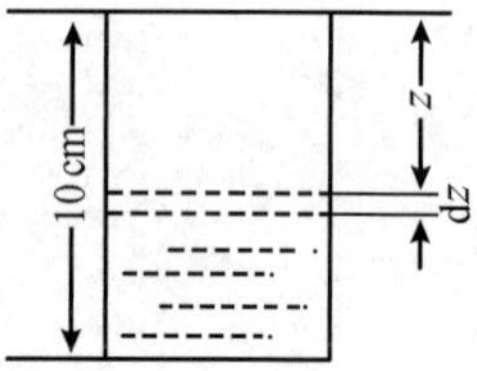

例 7-1 示意图

如图所示，设 τ 时刻液面下降高度为 z。

$$p_{B1}=101.3\ \text{kPa}, p_{A1}=p-p_{B1}=0$$
$$p_{B2}=101.3-8=93.3\ \text{kPa}, p_{A2}=8.0\ \text{kPa}$$

25℃乙醇在空气中的 $D=1.19\times10^{-5}\ m^2/s$，$R=8.314\ kJ/(kmol\cdot K)$

由式(7-5)

$$N_A=\frac{Dp}{RTz}\ln\frac{p_{B2}}{p_{B1}}=\frac{1.19\times10^{-5}\times101.3}{8.314\times298\times z}\ln\frac{101.3}{93.3}$$

$$N_A=4.00\times10^{-8}/z \tag{A}$$

在 dt 时间内，液面高度降低 dz，在此微元时间内，认为 N_A 保持不变，则物料衡算得：

$$N_A A\mathrm{d}t = A\mathrm{d}z\cdot\rho/M$$

式中：A 为蒸发面积，m^2；ρ 为乙醇密度，780 kg/m^3；M 为乙醇相对分子质量，46。

将式(A)代入上式得：

$$\mathrm{d}t=\frac{780}{46\times4\times10^{-8}/z}\mathrm{d}z=4.24\times10^{8}z\mathrm{d}z \tag{B}$$

对式(B)作积分，得：

$$t=\int_0^t \mathrm{d}t=4.24\times10^8\int_0^{0.1} z\,\mathrm{d}z=4.24\times10^8\times\frac{1}{2}\times(0.1^2-0)=2.12\times10^6(\mathrm{s})=24.5(\mathrm{d})$$

当温度升高至 35℃时：

$$p_{B1}=101.3-13.3=88.0(\mathrm{kPa});$$

$$D=1.19\times10^{-5}\times(308/298)^{10.5}=1.25\times10^{-5}(\mathrm{m^2/s});$$

其余参数不变。

$$N_A=\frac{1.25\times10^{-5}\times101.3}{8.314\times308z}\ln\frac{101.3}{88}=\frac{6.96\times10^{-8}}{z}[\mathrm{kmol/(m^2\cdot s)}]$$

$$\mathrm{d}t=\frac{780}{46\times6.96\times10^{-8}/z}\mathrm{d}z=2.44\times10^8 z\,\mathrm{d}z$$

积分可得：

$$t=\int_0^t \mathrm{d}t=2.44\times10^8\int_0^{0.1} z\,\mathrm{d}z=2.44\times10^8\times\frac{1}{2}\times(0.1^2-0)$$

$$=1.22\times10^6(\mathrm{s})=14.1(\mathrm{d})$$

7.1.2　对流传质与相间传质

7.1.2.1　对流传质

前已介绍传质基本方式有分子扩散和湍(涡)流扩散两种，而在工程上碰到的常常是流动着的流体与固体壁面间的传质，我们将这种流动着的流体与相界面间的传质称为对流传质，此时物质传递方式仍然是以分子扩散和湍(涡)流扩散进行，揭示对流传质速率规律要比分子扩散复杂得多。

为简化起见，可以沿用分子扩散中的 Fick 定律形式表述对流扩散通量：

$$J_A=-(D+D_E)\frac{\mathrm{d}c_A}{\mathrm{d}z} \tag{7-8}$$

式中：D 为分子扩散系数，温度、压力不变时为常数，$\mathrm{m^2/s}$；D_E 为涡流扩散系数，不是物理性质参数，是随流体流动状态及位置而变化的变量，$\mathrm{m^2/s}$。

上式只给出了对流传质的定义式，由于 D_E 是随流动状态等而变化的参数，故研究对流传质较为复杂，在这里着重介绍广泛使用的有效膜模型，揭示质量传递速率的基本方程式，阐明传质与传热过程在研究方法上的类比性。

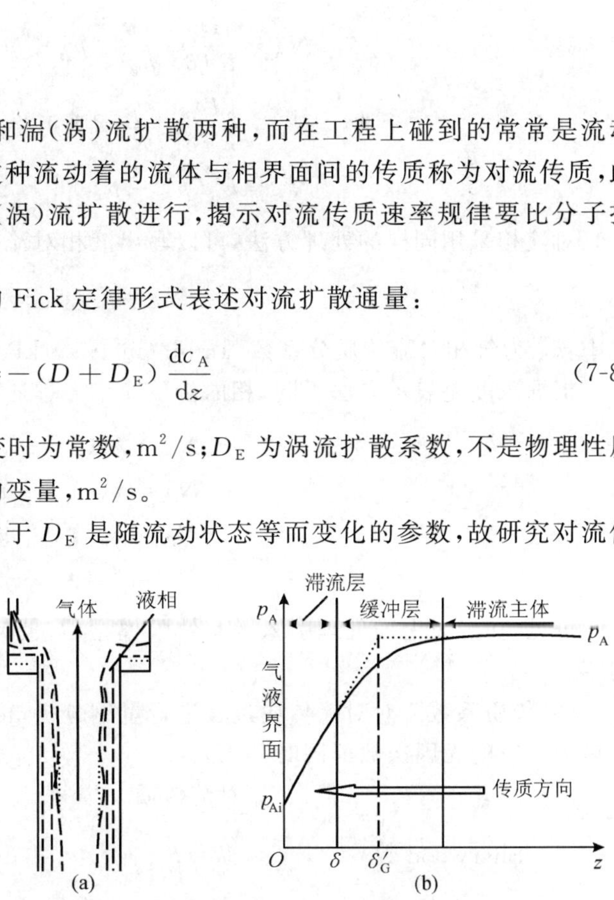

图 7-3　传质的有效膜模型

(1) 单相内对流扩散的有效膜模型。设有一直立圆管，吸收剂由上方注入，呈液膜状沿管内壁流下，混合气体自下方进入，两流体作逆流流动，互相接触而传质，这种设备称为湿壁塔。把塔的一小段表示在图 7-3(a)上，分析任意截面上气相浓度的变化，在图 7-3(b)上横轴表示离开相界面的扩散距离 z，纵轴表示此截面上的分压力 p_A。此时，湍流主体与相界面间存在三个流动区域：湍流主体、缓冲层、滞流层。物质 A 的传质过程如下：

在湍流主体中，溶质 A 自气相主体向界面转移时，由于气体作湍流流动，大量旋涡所起的混合作用使气相主体内溶质的分压趋于一致，分压线几乎为水平线；而在贴近层流内层气液相界面处的溶质只能靠分子扩散而转移，没有涡流的帮助，需要较大的分压差才能克服扩散阻力，故分压呈迅速下降的直线。而在两层中间为缓冲层，传质速率受分子扩散和涡流扩散同时控制，压力呈下弯曲线，这种分压变化曲线与对流传热中的温度变化曲线相似，仿照对流传热的处理方法，有人将复杂的对流传质过程做如下简化处理，提出"有效膜"模型。

如图 7-3(b)中虚线所示，将滞流内层分压线延长，使之与气相湍流主体的水平分压线交于一点，此点与相界面的距离设为 δ'_G，称为有效膜层。由此可见，整个对流扩散过程的推动力为$(p_A - p_{Ai})$，即全部传质阻力都集中在有效膜层 δ'_G 中，在有效膜层内，物质完全按分子扩散传质。而在膜以外的主流体内，湍动程度强烈，强烈的混合作用使气相主体内分压趋于一致，传质充分，无传质阻力。

(2)相内传质速率方程。经这样处理后，则可用已有的分子扩散速率方程来描述对流扩散速率关系，只是把膜层厚度 δ 改写为气相有效膜厚 δ'_G，即有：

$$N_A = \frac{D_G}{RT\delta'_G}\frac{p}{p_{B,m}}(p_A - p_{Ai}) \tag{7-9}$$

令 $k_G = \dfrac{D_G}{RT\delta'_G}\dfrac{p}{p_{B,m}}$，则可将式(7-9) 写成：

$$N_A = k_G(p_A - p_{Ai}) \tag{7-10}$$

对液相采用同样的处理方法，可以写出液相对流扩散速率关系式：

$$N_A = k_L(c_{Ai} - c_A) \tag{7-11}$$

式中：k_G 为气相对流传质分系数，kmol/(m^2 · s · kPa)；k_L 为液相对流传质分系数，m/s。

根据浓度差表示方法不同，相内传质速率方程还可表示为

$$N_A = k_y(y_A - y_{Ai}) \tag{7-10a}$$

或

$$N_A = k_Y(Y_A - Y_{Ai}) \tag{7-10b}$$

$$N_A = k_x(x_{Ai} - x_A) \tag{7-11a}$$

$$N_A = k_X(X_{Ai} - X_A) \tag{7-11b}$$

可见，在经过上面处理引入了有效膜模型后，使问题的描述形式得以简化，k_G、k_L 由实验测定。

(3)传质系数。对对流传质过程进行量纲分析，得到如下的无因次数群(为比较起见，对流传热中对应的无因次数群同时列出)：

	对流传质	对流传热
Sherwood 数	$Sh = k\dfrac{d}{D}$	$Nu = \alpha\dfrac{d}{\lambda}$
Reynold 数	$Re = \dfrac{ud\rho}{\mu}$	$Re = \dfrac{ud\rho}{\mu}$

Schmidt 数　　$Sc=\frac{\mu}{\rho D}$　　$Pr=\frac{c_p\mu}{\lambda}$

于是待求函数为 $Sh=f(Re,Sc)$

当气体或液体在降膜管式吸收器内作湍流流动，$Re>2\ 100$，$Sc=0.6\sim3\ 000$ 时，实验获得的结果为：

$$Sh=0.023Re^{0.83}Sc^{0.33} \tag{7-12}$$

式中：定性尺寸取管径 d。

将此式与圆管内对流传热的关联式 $Nu=0.023Re^{0.8}Pr^{0.3\sim0.4}$ 相比较，不难看出传热与传质之间的类似性。实际使用的传质设备型式多样，塔内流动情况十分复杂，两相的接触界面也往往难以确定，这使对流传质分系数的一般准数关联式远不及传热那样完善和可靠。

7.1.2.2　相间传质的双膜理论

前面介绍的是组分 A 在单一相中的传质，是相内传质，相际传质是物质由一相转移到另一相的传质过程。相际传质需要解决的问题有：传质的方向、推动力、传质限度、相际传质速率。因传质过程涉及两相，上述问题都与相平衡有关，具体情况将在后面相关章节介绍。

由于在两相界面附近的流体流动状况及传质过程非常复杂，难以观测和严格的数学描述。此时，对考察对象进行分析简化，构成传质过程的物理模型，再用已有的理论和数学知识做出描述，建立数学模型，然后将此结果与实验数据做比较，以验证其准确性与合理性。这是工程研究中常采用的处理方法。

两相间（如气-液相间）的传质理论，仍是在发展中而未获完美解决的问题。至今为止，虽提出了不少的模型理论，但在实际应用上都存在这样或那样的问题，有待进一步研究。下面只介绍最简单且在工程计算中仍在广泛使用的“双膜理论”，它是由 Whitman 在 1923 年提出的。

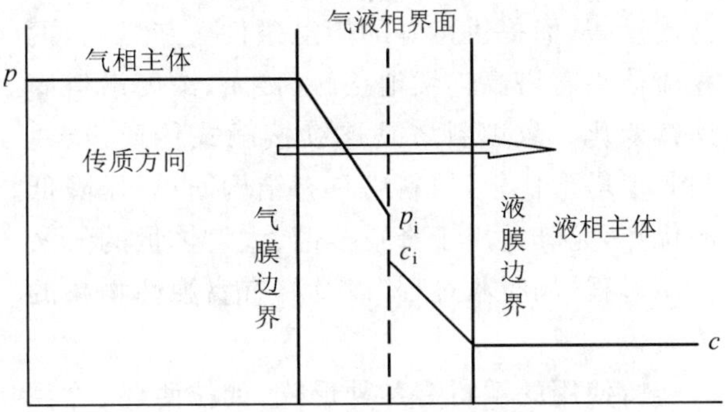

图 7-4　传质的双膜理论模型

如图 7-4 所示，双膜模型的理论要点是：

①在气、液两相接触面附近，分别存在着呈滞流流动的稳态气膜与液膜。在此滞膜层内传质严格按分子扩散方式进行，膜的厚度随流体流动状态而变化。

②气、液两相在相界面上呈平衡状态，即相界面上不存在传质阻力。如以低浓度气体溶解为例，平衡关系服从亨利（Henry）定律，即有：$c_i=Hp_i$ 或 $y_i=mx_i$，其中 H 为平衡溶解度系数（m 为相平衡系数）。

③膜层以外的气液相主体，由于流体的充分湍动，分压或浓度均匀化，无分压或浓度梯度。

据上述理论，可解释气、液单向传质过程是这样进行的：溶质由气相主体以湍流扩散方式达到气膜边界，又以分子扩散方式穿过气膜到达相界面，分压为 p_i；然后不受任何阻力地从气相溶解于液相，界面处浓度 c_i 与 p_i 呈平衡；随后，溶质又以分子扩散方式穿过液膜达到液膜边界，最后以湍流扩散方式转移到液相主体。

双膜模型通过上述假设把复杂的相间传质过程大大简化，并有一定的实际意义。但是人们在研究强化气液传质过程和提高传质设备生产能力过程中，已发现了该理论的局限性，如它没有考虑到气、液两相间的相互影响，认为相接触面固定不变，这些假设显然与许多传质过程中的实际现象不符。此后，在双膜理论基础上，人们又不断提出了一些新的理论，像溶质渗透理论、表面更新理论、界面动力状态理论等。但这些理论仍存在局限性，只能在一定场合下解释个别现象，不能全面地说明传质过程机理，目前还不能用于工程计算和解决实际问题。所以下面的讨论仍基于传统的双膜模型理论。

7.1.3 传质设备简介

对传质设备的共同要求是给传质的各相提供良好的接触机会，包括增大相接触面积和增强湍动程度；传质的各相在接触后能分离完全；传质的两相间要有较大的推动力。另外还要求结构简单紧凑，操作方便，运转稳定可靠周期长，能耗小等。

工业上广泛使用的传质设备是塔式设备，分为填料塔和板式塔两大类，两类塔的简图见图 7-5。

7.1.3.1 填料塔

在圆筒形的塔体内放置专用的填料作为接触元件，使从塔顶下流的液体沿着填料表面散布成大面积的液膜，并使从塔底上升的流体增强湍动，从而提供良好的接触条件。在塔内，两相流体沿着塔高连续地接触、传质，浓度沿塔高连续变化。故填料塔是连续接触式传质设备。与其他塔形比较，填料塔具有结构简单、压降低的优点，尤其适用于真空蒸馏、大气体量的气液传质过程（如吸收过程）以及具有腐蚀性物料的传质等。

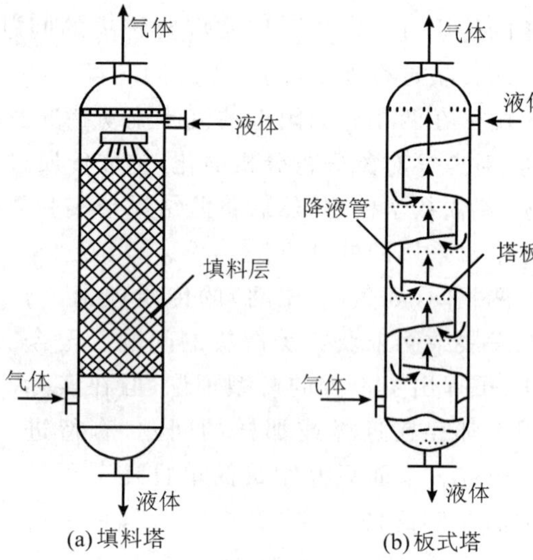

图 7-5 塔式设备简图

所使用的填料有各种形式，如拉西环（等径等高的陶瓷或钢质环）、鲍尔环、阶梯环、弧鞍及木栅等。填料有一定的特性数据：如名义尺寸、比表面积 a（单位体积填料层所具有的表面积）、空隙率 ε（干塔状态时单位体积填料所具有的空隙率）、干填料因子 a/ε（比表面积与空隙率之比）及湿填料因子（操作状态时比表面积与空隙率之比）等。

7.1.3.2 板式塔

如图 7-5(b)所示，沿塔往下流的液体与上升气体在塔板上接触，液体横向流过塔板，经降液管流至下层塔板，塔板上有气体流经的通道。气液两相浓度沿塔高呈阶跃式变化。板式塔是逐级接触式传质设备，所使用的塔板有筛孔塔板，浮阀塔板，斜孔塔板等。与填料塔相比，板式塔具有空塔速度高，生产能力大，液汽比的适应范围较大等优点，且板式塔放大时，塔板效率比较稳定。但是，板式塔结构较填料塔复杂，其压降也比填料塔高。

7.2　吸收与解吸

7.2.1　概述

吸收是依据不同组分在溶剂中溶解度不同，让混合气体与适当的液体溶剂相接触，使气体中的一个或几个组分溶解于溶剂中形成溶液，难以溶解的组分保留在气相中，从而达到混合气体初步分离的操作。所用液体称为吸收剂(或溶剂)。气体中能被溶解的组分称为溶质或吸收质。不被溶解的组分称为惰性气体或载体。

在工业生产中有时需要将吸收得到的溶质气体从液体中取出来，这种使溶质从溶液里脱除的过程称为解吸或脱吸。它是吸收操作的逆过程，常常是一个工业吸收操作不可分割的步骤。(二维码 7-1)

二维码 7-1　利用烟道尾气生产二氧化碳工业化实例

气体吸收需要解决以下问题。

①选择合适的溶剂(吸收剂)。

②溶剂的再生，这项费用往往占整个吸收操作费用的很大比例。

③设计或选用合适的传质设备。

吸收操作根据物系气液组分间是否发生化学反应分为化学吸收和物理吸收；根据吸收过程热效应是否显著分为等温吸收和非等温吸收；根据混合气体浓度高低分为低浓度吸收和高浓度吸收；根据被吸收组分数分为单组分吸收和多组分吸收。本节主要讨论单组分、低浓度、等温、物理吸收。

如前所述，由于吸收过程进行的方向、极限、推动力以及吸收速率方程的表达形式都与气液相平衡关系直接相关，为此，吸收单元操作的讨论从相平衡原理开始。

7.2.2　气液相平衡

7.2.2.1　气体在液体中的溶解度

在恒定温度和压强下气液两相接触时将发生溶质气体向液相转移，使其在液相中的浓度增加，当充分接触之后，液相中溶质浓度不再增加达到饱和。这时两相达到相平衡。此时，溶质在液相中的浓度称为平衡溶解度，简称溶解度；溶解度随温度和溶质气体的分压而不同，平衡时溶质在气相中的分压称为平衡分压。平衡分压 p^* 与溶解度间的关系如图 7-6 上的曲线所示，这些曲线称为溶解度曲线。

不同气体在同一溶剂中的溶解度有很大差异。从图 7-6 中可以看到，在相同温度下，氨在水中的溶解度很大，氧在水中的溶解度极小。对于同样浓度的溶液，易溶气体在溶液上方的气相平衡分压小，难溶气体在溶液上方的分压大。换言之，欲得到一定浓度的溶液，易溶气体所需的分压较低，而难溶气体所需的分压则很高。

一般情况下气体的溶解度随温度的升高而减小。加压和降温可以提高气体的溶解度，故加压和降温有利于吸收操作。反之，升温和减压则有利于解吸过程。

7.2.2.2　亨利定律

当总压不高(一般小于 500 kPa)时，在一定温度下，稀溶液上方气相中溶质的平衡分压与

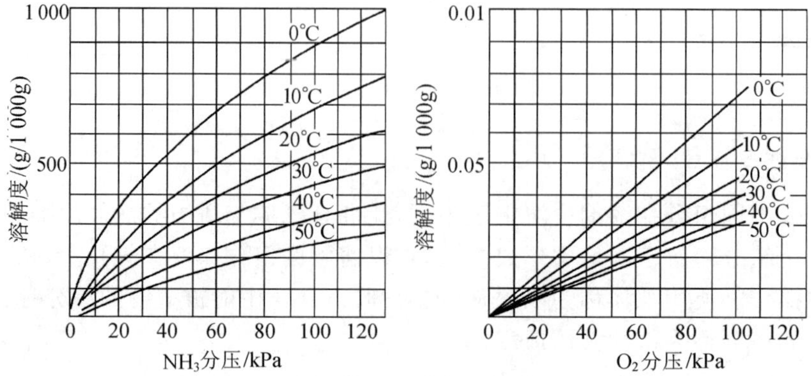

图 7-6 氨与氧气在水中溶解度的比较

液相中溶质的摩尔分数成正比，其表达式为

$$p_A^* = Ex \tag{7-13}$$

式中：p_A^* 为溶质 A 在气相中的平衡分压，kPa；x 为液相中溶质的摩尔分数；E 为比例系数，称为亨利系数，kPa。

式(7-13)称为亨利定律。溶液越稀，溶质越能较好地服从亨利定律。在严格服从亨利定律的溶液中，溶质分子周围几乎是溶剂分子。因而溶质分子所受的作用，是溶剂分子对它的作用。

亨利系数 E 是式(7-13)直线方程的斜率。易溶气体的 E 值很小，难溶气体的 E 值很大。一般 E 值随温度升高而增大。

采用其他的气、液相组成时，亨利定律有如下几种表达形式：

①气相组成用溶质 A 的分压 p_A^*，液相组成用溶质的浓度 c_A 表示时，亨利定律可表示为：

$$p_A^* = \frac{c_A}{H} \tag{7-14}$$

式中：c_A 为液相中溶质的浓度，kmol/m^3；H 为溶解度系数，kmol/(m^3 · kPa)。

溶解度系数 H 可视为在一定温度下溶质气体分压为 1 kPa 的平衡浓度。易溶气体 H 值很大，难溶气体 H 值很小。H 值一般随温度升高而减小。

②气、液两相组成分别用溶质 A 的摩尔分数 y 与 x 表示，则亨利定律可表示为：

$$y^* = mx \tag{7-15}$$

式中：y^* 为溶质在气相中的平衡摩尔分数；m 为相平衡常数。m 值大，则表示溶解度小。

③用摩尔比表示的气相(Y_A^*)与液相(X_A)平衡关系(亨利定律)：

$$Y_A^* = mX_A \tag{7-16}$$

式中：X_A 为溶质在溶液中溶质的摩尔比；

$$X_A = \frac{x_A}{1 - x_A} \tag{7-16a}$$

Y_A^* 为溶质在气相中的平衡摩尔比；

$$Y_A^* = \frac{y_A}{1-y_A} \tag{7-16b}$$

式(7-16)仅适用于溶液浓度很低的稀溶液。

7.2.2.3　亨利定律各系数之间的关系

由式(7-13)和式(7-15)得：

$$p_i = Ex_i = py_i = pmx_i$$

所以

$$E = mp \tag{7-17}$$

由式(7-13)和式(7-14)，根据 $x=c/c_m$ 及 $c=\rho/M$ 的定义得：

$$p = Ex = E\cdot\frac{c}{c_m} = \frac{1}{H}\cdot c$$

所以

$$E = \frac{c_m}{H} = \frac{\rho_m}{HM_m}$$

对稀溶液，溶液的浓度接近纯溶剂的 $M_s \approx M_m$，

故

$$E = \frac{\rho_s}{HM_s} \tag{7-18}$$

由式(7-17)和式(7-18)得

$$m \approx \frac{\rho_s}{HM_s p} \tag{7-19}$$

上式中，下标"m"和"s"分别指混合溶液和溶剂的性质参数，M 指物质的摩尔质量。

在压力不太大时，E 与压力无关，而 m 随压强(p)增大而减小；温度对亨利定律各参数的影响是温度升高时 E 一般增大，H 变小，m 增大溶解度降低。

【例 7-2】 总压为 101.3 kPa、温度为 20℃时，1 000 kg 水中溶解 15 kg NH_3，此时溶液上方气相中 NH_3 的平衡分压为 2.266 kPa。试求此时之溶解度系数 H、亨利系数 E、相平衡常数 m。若总压增倍，维持溶液上方气相分率不变，则问此时 NH_3 的溶解度及各系数的值。

解：首先将此气液相组成换算为 y 与 x。

NH_3 的摩尔质量为 17 kg/kmol，溶液的量为 15 kg NH_3 与 1 000 kg 水之和。故

$$x = \frac{n_A}{n} = \frac{n_A}{n_A+n_B} = \frac{15/17}{15/17+1\,000/18} = 0.015\,6$$

$$y^* = \frac{p_A^*}{p} = \frac{2.266}{101.3} = 0.022\,4$$

$$m = \frac{y^*}{x} = \frac{0.022\,4}{0.015\,6} = 1.436$$

由式(7-13)　$p_A^* = Ex$，$E = 2.266/0.015\,6 = 145.3$ kPa

溶剂水的密度 $\rho_s = 1\,000\ \text{kg/m}^3$，摩尔质量 $M_s = 18$ kg/kmol，由式(7-18)计算 H：

$$H = \frac{\rho_s}{EM_s} = \frac{1\,000}{145.3\times 18} = 0.382[\text{kmol/(m}^3\cdot\text{kPa)}]$$

若总压增倍，维持溶液上方气相分率不变，则 E 不变，H 也几乎不变

$$m-E/p=1.436/2=0.718$$

$$x=\frac{y^*}{m}=\frac{0.0224}{0.718}=0.0312$$

$$x=\frac{n_A/17}{n_A/17+1\,000/18}$$

$$n_A=30.4\ \text{kg}/1\,000\ \text{kg 水}$$

7.2.2.4 吸收剂的选择

吸收剂性能是吸收操作良好与否的关键，评价吸收剂性能优劣的依据是：

①对需吸收的组分要有较大的溶解度。

②对所处理的气体要有较好的选择性。即对溶质的溶解度甚大而对惰性气体几乎不溶解。

③要有较低的蒸气压，以减少吸收过程中溶剂的挥发损失。要有较好的化学稳定性，以免使用过程中变质。

④吸收后的溶剂应易于再生。

⑤在操作温度下，具有较低的黏度，以利于气、液良好接触及便于输送。

此外，溶剂还应尽可能满足来源丰富、价格低廉、无毒、不易燃烧等经济和安全条件。实际上很难找到一种能够满足所有这些要求的溶剂，因此，对可供选用的溶剂应做经济评价后合理地选取。

7.2.3 总传质速率

总传质速率(N_A)即相间传质速率，总传质速率方程式是反映吸收过程进行得快慢的特征量，其推动力是以主体浓度与平衡浓度差为推动力的；对稳定体系来说，总传质速率等于相内传质速率。下面我们在传质“双膜模型理论”的基础上讨论总传质速率。

7.2.3.1 总传质速率方程

在吸收过程中，相际传质是由气相主体至界面的对流传质、界面上溶质组分的溶解、界面至液相主体的对流传质三个步骤串联而成(图 7-4)。在吸收塔某截面气液两相浓度为 y、x(因讨论的是单组分吸收，故 x_A、y_A 的下标可省略)，则此三个步骤可根据相内传质方程(7-10a)和方程(7-11a)及相平衡关系分别用以下方程式表征：

气膜内传质速率：$N_A=k_y(y-y_i)$

相界面平衡关系：$y_i=f(x_i)$

若平衡关系服从亨利定律，则：$y_i=mx_i$

液膜内传质速率：$N_A=k_x(x_i-x)$

式中：y、x 分别为溶质的气相与液相主体浓度，以摩尔分数表示；y_i、x_i 分别为紧贴界面两侧气、液相的溶质浓度，以摩尔分数表示；k_y、k_x 分别为以$(y-y_i)$与(x_i-x)为推动力的气相与液相传质分系数，kmol/(s·m²)。

对稳定吸收体系，各步传质速率相等即为总传质速率，并将上述速率方程写成：

$$N_A=\frac{y-y_i}{1/k_y}=\frac{x_i-x}{1/k_x} \tag{7-20}$$

为消去界面浓度，将上式的右端分子、分母同乘以 m，并根据数学上的合比定律得：

$$N_A=\frac{y-y_i+m(x_i-x)}{1/k_y+m/k_x}=\frac{y-y^*}{1/k_y+m/k_x}$$

于是相际传质速率方程式可表示为：

$$N_A=K_y(y-y^*) \tag{7-21}$$

式中

$$K_y=\frac{1}{1/k_y+m/k_x} \tag{7-22}$$

式(7-21)即为总传质速率方程，K_y 称为以气相浓度差$(y-y^*)$为推动力的总传质系数，$kmol/(s\cdot m^2)$。类似地也可将式(7-20)中每一项的分子、分母同除以 m，便得到

$$N_A=\frac{(y-y_i)/m+(x_i-x)}{1/mk_y+1/k_x}=\frac{x^*-x}{1/mk_y+1/k_x}$$

故相际传质速率方程也可写成：

$$N_A=K_x(x^*-x) \tag{7-21a}$$

$$K_x=\frac{1}{1/mk_y+1/k_x} \tag{7-22a}$$

式中：K_x 称为以液相浓度差(x^*-x)为推动力的总传质系数，$kmol/(s\cdot m^2)$。

比较式(7-22)和式(7-22a)可知：

$$mK_y=K_x \tag{7-23}$$

同理若以气相分压和液相体积浓度为推动力相际传质速率方程也可写成：

$$N_A=K_G(p_A-p^*) \tag{7-24}$$

$$N_A=K_L(c^*-c) \tag{7-24a}$$

式中

$$\frac{1}{K_G}=\frac{1}{k_G}+\frac{1}{Hk_L} \tag{7-25}$$

$$\frac{1}{K_L}=\frac{H}{k_G}+\frac{1}{k_L} \tag{7-25a}$$

$$K_G=HK_L \tag{7-26}$$

同理不难导出解吸的速率方程为

$$N_A=K_y(y^*-y) \tag{7-27}$$

或

$$N_A=K_x(x-x^*) \tag{7-27a}$$

式中的总传质系数 K_x、K_y 与式(7-22)、式(7-22a)相同，比较可得吸收与解吸过程的推动力刚好相反。

与相内传质方程式一样，浓度的表示方法不同，其总传质速率方程式有不同形式，所应用的亨利定律形式也不同，各传质系数的定义和相互关系也各不相同。为此将传质速率方程的各种表示形式及传质系数的相互关系列于表7-1中，以供参考。一般 K_y、K_x 的形式在吸收计算中用得多，而 K_G、K_L 的形式则在实验测定等获取传质系数时用得多。

表 7-1 传质速率方程的各种形式与关系

相平衡方程	$Y^*=\dfrac{mX}{1+(1-m)X}$	$y=mx+a$	$c=Hp+b$	
吸收传质速率方程	$N_A=k_Y(Y-Y_i)$ $=k_X(X_i-X)$ $=K_Y(Y-Y^*)$ $=K_X(X^*-X)$	$N_A=k_y(y-y_i)$ $=k_x(x_i-x)$ $=K_y(y-y^*)$ $=K_x(x^*-x)$	$N_A=k_G(p_A-p_i)$ $=k_L(c_i-c)$ $=K_G(p_A-p^*)$ $=K_L(c^*-c)$	$k_y=pk_G$ $k_x=ck_L$ $K_y=pK_G$ $K_x=cK_L$
吸收或解吸的总传质系数	$K_Y=\dfrac{K_G p}{(1+Y)(1+Y^*)}$ 对低浓度气体 $K_Y\approx pK_G$ $K_X=\dfrac{K_L c}{(1+X)(1+X^*)}$ 对低浓度溶液 $K_X\approx cK_L$	$K_y=\dfrac{1}{\dfrac{1}{k_y}+\dfrac{m}{k_x}}$ $K_x=\dfrac{1}{\dfrac{1}{k_y m}+\dfrac{1}{k_x}}$	$K_G=\dfrac{1}{\dfrac{1}{k_G}+\dfrac{1}{Hk_L}}$ $K_L=\dfrac{1}{\dfrac{H}{k_G}+\dfrac{1}{k_L}}$	
	$K_Y\approx pK_G$ $K_X\approx cK_L$	$K_y m=K_x$	$K_G=K_L H$	

7.2.3.2 传质阻力

式(7-21)可写成

$$N_A=K_y(y-y^*)=\frac{y-y^*}{1/K_y}=\frac{\text{总推动力}}{\text{总阻力}}$$

则与传热速率公式中总传热系数类似，$1/K_y$ 即为传质总阻力，结合式(7-22)得：

$$\frac{1}{K_y}=\frac{1}{k_y}+\frac{m}{k_x}$$

即总传质阻力 $1/K_y$ 为气相阻力 $1/k_y$ 与液相阻力 m/k_x 之和。

当 $\dfrac{1}{k_y}\gg\dfrac{m}{k_x}$ 时，$K_y\approx k_y$

此时的传质阻力集中于气相，称为气相阻力控制。显然，气相阻力控制的条件是 $k_x/k_y\gg 1$ 或溶质在吸收剂中的溶解度很大，即平衡线斜率 m 很小。

由图 7-7(a)可见，此时 $x_i\approx x$，界面浓度接近于液相主体浓度，而 $y-y_i\approx y-y^*$，即气相传质推动力接近于总推动力。这是由于在定态传质过程中，气液两相的传质速率相等，阻力较大的一相，消耗的推动力就多，其中的浓度差也较大。

若 $\dfrac{1}{mK_y}\ll\dfrac{1}{k_x}$，由式(7-22a)可知

$$K_x\approx k_x$$

此时的传质阻力集中于液相，称为液相阻力控制。液相阻力控制的条件为 $k_x/k_y\ll 1$ 或溶质在吸收剂中的溶解度很小，即平衡线斜率 m 很大。

由图 7-7(b)可见，此时 $y_i\approx y$，界面浓度接近于气相主体浓度，而 $x_i-x\approx x^*-x$，液相传质推动力接近于总推动力。

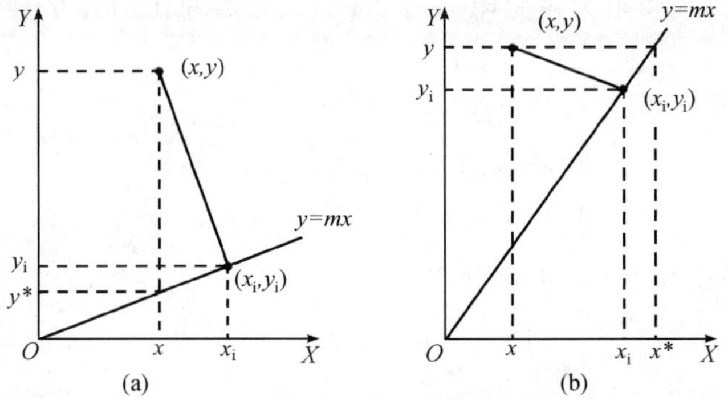

图 7-7　吸收传质阻力在两相中的分配

不难看出，传质总推动力在各传递步骤中的分配情况与传热过程极为相似，所不同的是，对于吸收过程，气液平衡关系对各传递步骤阻力的大小及传质总推动力的分配有着极大的影响。易溶气体溶解度大而平衡线斜率 m 小，其吸收过程通常为气相阻力控制，例如用水吸收 NH_3 便是如此；难溶气体溶解度小而平衡线斜率 m 大，其吸收过程多为液相阻力控制，如在通气发酵中，溶解氧的供给是液相阻力控制的吸收过程。分析清楚阻力控制的分配对如何在吸收操作中有效采取措施，提高或降低传质速率有着重要的指导依据。

【例 7-3】　含氨极少的空气于 101.33 kPa，20℃被水吸收。已知气膜传质系数 $k_G = 3.15\times10^{-6}$ kmol/(m² · s · kPa)，液膜传质系数 $k_L = 1.81\times10^{-4}$ kmol/(m² · s · kmol/m³)，溶解度系数 $H = 1.5$ kmol/(m³ · kPa)。气液平衡关系服从亨利定律。

求：(1)气相总传质系数 K_G、K_Y；液相总传质系数 K_L、K_X；

(2)气膜与液膜阻力的相对大小；

(3)若气相主体氨浓度的摩尔分率为 0.03，液相主体浓度为 0.5 kmol/m³，求界面浓度。

解：(1)因为物系的气液平衡关系服从亨利定律，故可由式(7-25)求 K_G：

$$\frac{1}{K_G}=\frac{1}{k_G}+\frac{1}{Hk_L}=\frac{1}{3.15\times10^{-6}}+\frac{1}{1.5\times1.81\times10^{-4}}$$

$$K_G=3.11\times10^{-6}[\text{kmol}/(\text{m}^2\cdot\text{s}\cdot\text{kPa})]$$

依题意此系统为低浓度气体的吸收，由表 7-1 可知：

$$K_Y\approx pK_G=101.33\times3.11\times10^{-6}=3.13\times10^{-4}[\text{kmol}/(\text{m}^2\cdot\text{s})]$$

$$K_L=K_G/H=3.11\times10^{-6}/1.5=2.07\times10^{-6}[\text{kmol}/(\text{m}^2\cdot\text{s}\cdot\text{kmol}/\text{m}^3)]$$

由于溶液浓度极稀，总浓度 c 可按纯水来计算。

$$c\approx\rho_s/M_s=1\,000/18=55.6\ \text{kmol}/\text{m}^3$$

$$K_X=cK_L=2.07\times10^{-6}\times55.6=1.15\times10^{-4}[\text{kmol}/(\text{m}^2\cdot\text{s})]$$

(2)气膜阻力：$1/k_G=1/3.15\times10^{-6}=3.17\times10^{5}$(m² · s · kPa/kmol)

液膜阻力：$1/Hk_L=1/(1.5\times1.81\times10^{-4})=3.68\times10^{3}$(m² · s · kPa/kmol)

$$\frac{气膜阻力}{总阻力}=\frac{3.17\times10^{5}}{3.17\times10^{5}+3.68\times10^{3}}=0.989=98.9\%$$

由计算结果可见，气膜阻力占总阻力的98.9%，吸收总阻力几乎全部集中于气膜，故属“气膜控制”系统。

(3)对稳定吸收过程，由传质基本速率方程得：

$$N_A = k_G(p_A - p_i) = k_L(c_i - c)$$

即

$$k_G(p_A - p_i) = k_L(c_i - c) \tag{A}$$

在界面处气液相接触处于平衡状态，则：

$$p_i = c_i/H \tag{B}$$

其中氨的气相分压为 $p_A = p \cdot y = 101.33 \times 0.03 = 3.04$ kPa

将数据分别代入式(A)、式(B)得：

$$3.15 \times 10^{-6} \times (3.04 - p_i) = 1.81 \times 10^{-4} \times (c_i - 0.5) \tag{A′}$$

$$p_i = c_i/1.5 \tag{B′}$$

上两式联解得：$c_i = 0.547\ \text{kmol/m}^3$，$p_i = 0.364$ kPa

即

$$y_i = 0.364/101.33 = 3.592 \times 10^{-3}$$

7.3 吸收塔的计算

吸收过程既可采用板式塔又可采用填料塔。为叙述方便及节省篇幅起见，精馏过程将结合气液逐级接触的板式塔讨论。吸收将以连续接触的填料塔进行分析。

在填料塔内气液两相可作逆流也可作并流流动。在两相进出口浓度相同的情况下，逆流的平均推动力大于并流。同时，逆流时下降至塔底的液体与刚刚进塔的混合气体接触，有利于提高出塔液体的浓度，可以减少吸收剂的用量；上升至塔顶的气体与刚刚进塔的新鲜吸收剂接触，有利于降低出塔气体的浓度，可提高溶质的吸收率。不过，逆流操作时下降的液体受到上升气体的作用力(又称为曳力)，这种曳力过大时会阻碍液体的顺利下流，因而限制了吸收塔所允许的液体和气体流量，这是逆流的缺点。设计、操作恰当，这一缺点是可以克服的，故一般吸收操作多采用逆流。

在许多工业吸收中，当进塔混合气体中的溶质浓度不高，例如小于5%～10%时，通常称为低浓度气体吸收。因被吸收的溶质量很少，所以，流经全塔的混合气体量与液体量变化不大。同时，由溶质的溶解热而引起的塔内液体温度升高不显著，吸收可认为是在等温下进行的，因而可以不做热量衡算。因气液两相在塔内的流量变化不大，全塔的流动状态基本相同，传质分系数 k_y、k_x 在全塔为常数。若在操作范围内平衡线斜率变化不大，传质总系数 K_G 或 K_L 也可认为是常数。这些特点使低浓度气体吸收的计算大为简化。

吸收计算按给定条件、要求和任务的不同，可分为设计型和操作型两类。设计型计算是给定条件下，设计出达到一定分离要求所需要的吸收塔。操作型计算，是针对已有的吸收塔对其操作条件与吸收效果间的关系进行分析计算，其中大致可分成两种情况：第一种情况是给定操作条件求算吸收效果，即气、液两相出口浓度；第二种情况是给定吸收效果或要求，确定操作条件。不管哪种类型的计算，其基本原理及所用关系式都是一样的，只是具体的计算方法与步骤有些不同。本节着重讨论设计型的设计计算。

设计计算任务包括以下几点。

①确定合适的吸收剂用量 L(kmol 纯溶剂/h),或液气比 L/V。

②计算塔径。

③计算塔高。

7.3.1　物料衡算与操作线方程

通过吸收塔的惰性气体量和溶剂量不变化,因而在进行吸收塔的计算时,气液组成用摩尔比就显得十分方便。

溶质在气液相中浓度沿塔高不断地变化,入塔气体中溶质的含量高,经吸收后出塔气体浓度降低了。吸收剂入塔时溶质含量为零或很低,离塔时因溶质的加入浓度增高。因而吸收塔顶常被称为稀端,塔底常被称为浓端。

在图 7-8 所示的塔内任取 m-n 截面与塔底(图示的虚线范围)作溶质的物料衡算得

$$LX + VY_1 = LX_1 + VY$$

$$V(Y_1 - Y) = L(X_1 - X)$$

或

$$Y = \frac{L}{V}X + \left(Y_1 - \frac{L}{V}X_1\right) \tag{7-28}$$

式中:V 为通过吸收塔的惰性气体流量,kmol/s;L 为通过吸收塔的溶剂流量,kmol/s;Y、Y_1 分别为 m-n 截面及塔底气相中溶质的摩尔比,kmol(溶质)/kmol(惰性气);X、X_1 分别为 $m-n$ 截面及塔底液相中溶质的摩尔比,kmol(溶质)/kmol(溶剂)。

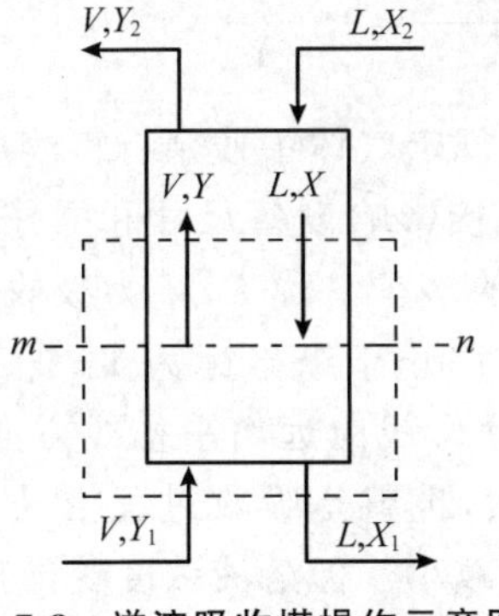

图 7-8　逆流吸收塔操作示意图

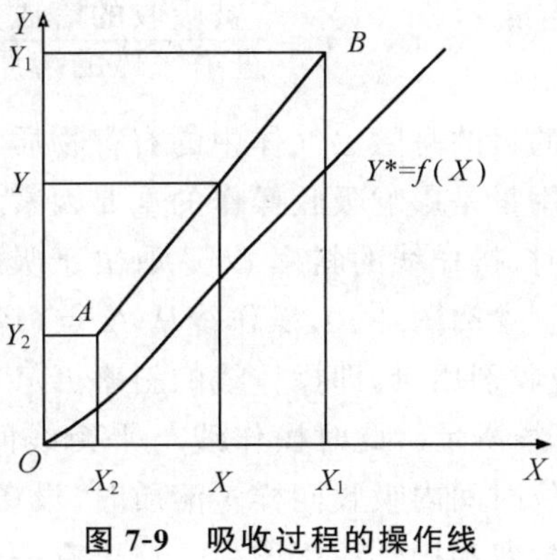

图 7-9　吸收过程的操作线

式(7-28)称为吸收操作线方程式。在稳定吸收的条件下,L、V、X_1、Y_1 均为定值。故吸收操作线是一直线方程式,其斜率为 L/V,在 Y-X 图上的截距为(Y_L-LX_1/V),吸收操作线方程描述了塔的任意截面上气液两相浓度之间的关系。

式(7-28)中的 X 和 Y 如果用塔顶截面的 X_2 和 Y_2 代替,便成为全塔的物料衡算式。

$$Y_2 = \frac{L}{V}X_2 + \left(Y_1 - \frac{L}{V}X_1\right) \tag{7-29}$$

在图 7-9 所示的 Y-X 坐标图上,操作线通过点 $A(X_2, Y_2)$和点 $B(X_1, Y_1)$。点 A 代表塔顶的状态,点 B 代表塔底的状态。AB 就是操作线。操作线上任意一点代表塔内某一截面上气、液组成的大小。

由于吸收过程气相中的溶质分压总是大于液相中溶质的平衡分压，所以吸收操作线 AB 总是在平衡线的上方。

若所处理的气体组成较低（低于 5%～10%），所形成的溶液组成也较低，此时，$Y \approx y$，$X \approx x$，而且通过任一截面上混合气体量近似等于惰性气体量，通过任一截面上的溶液量近似等于纯溶剂量，气、液组成可用摩尔分数 y 和 x 来表示了，则式(7-28)可写成：

$$y = \frac{L}{V}x + \left(y_1 - \frac{L}{V}x_1\right) \tag{7-30}$$

式(7-30)表示对于低浓度气体的吸收，在 y-x 坐标上绘出的操作线基本上呈直线，其斜率为 L/V。

式(7-28)是从溶质的物料平衡关系出发而得到的关系式，它仅取决于气液两相的流量 L、V，以及吸收塔内某截面上的气、液组成，而与相平衡关系、塔型（板式或填料）、相际接触情况以及操作条件无关。此式应用的唯一必要条件是稳定状态下连续逆流操作。

7.3.2 吸收剂的用量与最小液气比

在吸收塔的设计计算中，气体的处理量、进塔气体的组成 Y_1，吸收剂的入塔组成 X_2 以及分离要求都是作为设计的已知条件规定了的，吸收剂的用量则有待于确定。

分离要求常用两种方式表示。当吸收的目的是回收有用物质，通常规定溶质的回收率（或称为吸收率）η，回收率定义为：

$$\eta = \frac{\text{被吸收的溶质量}}{\text{进塔气体的溶质量}} = \frac{Y_1 - Y_2}{Y_1} = 1 - \frac{Y_2}{Y_1} \tag{7-31}$$

当吸收的目的是除去气体中的有害物质，一般直接规定气体中残余有害溶质的组成 Y_2。

吸收剂用量是影响吸收操作的重要因素之一，它直接影响设备尺寸和操作费用。当气体处理量一定时，操作线的斜率 L/V 取决于吸收剂用量的多少。称 L/V 为吸收剂的单位耗用量或液气比。参阅图 7-10，操作线从 A 点（塔顶）出发，终止于纵坐标为 Y_L 的某点（X 待定）上，若增加吸收剂用量，即操作线的斜率 L/V 增大，则操作线向远离平衡线方向偏移，如图 7-10(a)中 AC 线所示。此时操作线与平衡线间距离加大，也就是吸收过程推动力$(Y-Y^*)$加大。如在单位时间内吸收同样量溶质时，设备尺寸可以减小。但溶液浓度变稀，吸收剂再生所需解吸的设备费和操作费用增大。这里有一个经济上最优化的问题，需要对吸收、解吸作多个方案比较。若减少吸收剂用量，操作线的斜率减小，向平衡线靠近，如 AB 线所示，溶液变浓，推动力$(Y-Y^*)$减小，吸收必将困难，气液两相的接触面积必须加大，塔高增加，吸收设备费增加。若吸收剂用量减小到使操作线与平衡线相交[图 7-10(a)中 D 点]或相切[图 7-10(b)中 g 点]，在交点或切点处相遇的气液两相浓度（Y、X）已相互平衡，此时吸收的推动力为零，因而，所需的相际接触面积为无限大。这是一种达不到的极限情况。此时所需的吸收剂用量称为最小吸收剂用量，以 L_{min} 表示。其液气比称为最小液气比$(L/V)_{min}$。吸收剂的最小用量存在着技术上的限制，即存在一个技术上允许的最小值。如以最小液气比操作，并不可能达到规定的分离要求。

最小液气比可由物料衡算求得。如果平衡曲线如图 7-10(a)所示的一般情况，则需由图读

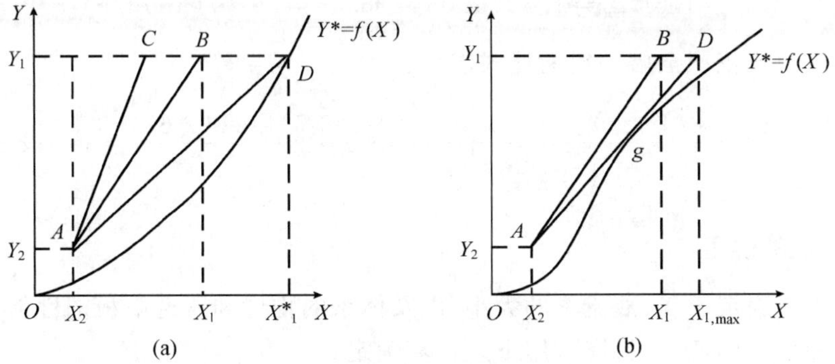

图 7-10　吸收塔的最小液气比

得 X_1^* 的数值,然后用下式计算最小液气比,即

$$\left(\frac{L}{V}\right)_{\min}=\frac{Y_1-Y_2}{X_1^*-X_2} \tag{7-32}$$

如果平衡曲线呈图 7-10(b)中所示的形状,则应读得 D 点的横坐标 $X_{1,\max}$ 的数值,然后按下式计算最小液气比,即:

$$\left(\frac{L}{V}\right)_{\min}=\frac{Y_1-Y_2}{X_{1,\max}-X_2} \tag{7-33}$$

若气液浓度都低,平衡关系可以用亨利定律表示时,则式(7-32)可改写为:

$$\left(\frac{L}{V}\right)_{\min}=\frac{Y_1-Y_2}{Y_1/m-X_2} \tag{7-34}$$

通常做设计计算时为避免做多方案计算,可先求出最小液气比,然后乘以某一经验的倍数作为适宜的液气比。一般取

$$\left(\frac{L}{V}\right)=(1.1\sim 2.0)\left(\frac{L}{V}\right)_{\min} \tag{7-35}$$

【例 7-4】　用清水吸收某有机物 A,吸收塔的操作压强为 101.3 kPa,温度为 293 K,进吸收塔的气体流量为 900 m^3/h,其中 A 含量为 0.026 摩尔分数,要求吸收率为 90%,在操作条件下,A 在两相间的平衡关系为 $y=1.2x$,若取水的用量为理论最小用量的 1.5 倍,求每小时送入吸收塔顶的水量及塔底流出的吸收液组成。

解:进入吸收塔的惰性气体摩尔流量为:

$$V=\frac{900}{22.4}\times\frac{273}{293}\times(1-0.026)=36.46(\text{kmol/h})$$

进塔气中 A 的组成:$Y_1=0.026/(1-0.026)=0.026\ 7$

出塔气中 A 的组成:$Y_2=0.026\ 7\times 0.1=0.002\ 67$

进塔溶剂中 A 组成 $X_2=0$。因平衡线为直线,应用式(7-34)求最小液气比:

$$\left(\frac{L}{V}\right)_{\min}=\frac{Y_1-Y_2}{Y_1/m-X_2}=\frac{0.026\ 7-0.002\ 67}{0.026\ 7/1.2}=1.08$$

则 $$L=1.5L_{min}=1.5\times1.08\times36.46=59.07(\text{kmol/h})$$

吸收液出塔组成依照全塔物料衡算式求出：

$$X_1=X_2+\frac{V(Y_1-Y_2)}{L}=\frac{36.46\times(0.0267-0.00267)}{59.07}=0.01483$$

7.3.3 塔径的确定

塔的直径主要决定于气、液流率的大小，以及体系的物性和所选塔板的性能（对于板式塔）或填料的种类和尺寸（对于填料塔），用下式计算确定：

$$D_T=\sqrt{\frac{4V_S}{\pi u}} \tag{7-36}$$

式中：D_T 为板式塔或填料塔的塔径，m；V_S 为通过塔的实际气体的体积流量，m^3/s；u 为所选空塔气速，m/s。

7.3.4 填料层高度的计算

填料吸收塔的高度主要取决于填料层的高度，其理论是吸收塔计算的重要内容。这里仅介绍低浓度气体稳态吸收过程所需填料层高度的计算。

7.3.4.1 填料层高度的基本计算式

填料塔是连续接触式设备，气、液两相中溶质的组成沿填料层高度连续地变化，因而填料层各截面上的传质推动力和传质速率也都随之变化。因此，对填料塔的研究，通常是在填料层中任意取一微元高度，通过积分计算所需填料层高度。

如图 7-11 所示，在填料层中任意截面 m-n 处取一微元高度 dZ。在 dZ 高度的填料层内，有气液两相接触面积为：

$$dS=\Omega a\,dZ$$

式中：Ω 为塔的横截面积，m^2；a 为单位体积填料层内气液两相有效传质面积。

气液两相流经 dZ 段，单位时间内，通过接触面积 dS 从气相向液相传递的溶质 A 的量为 $N_A dS=N_A a\Omega dZ$，气相所减少的溶质量为 VdY，液相所增多的溶质量为 LdX 根据物料衡算，这三者相等，即：

$$N_A a\Omega dZ=VdY=LdX \tag{7-37}$$

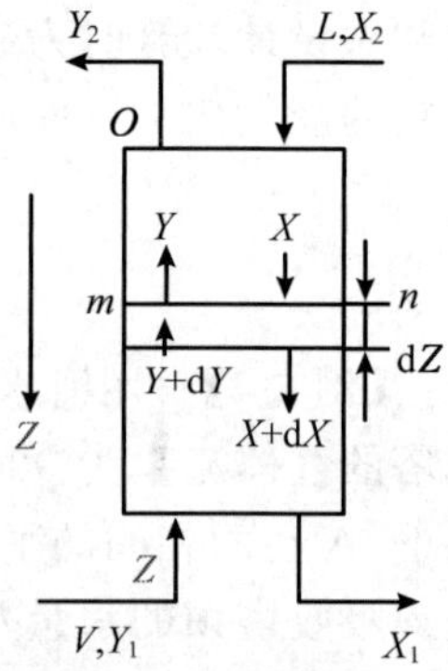

图 7-11 逆流操作填料塔填料高度

将此物料衡算式与表 7-1 介绍的传质速率方程式：

$$N_A=K_Y(Y-Y^*)=K_X(X^*-X) \tag{7-38}$$

相结合，可得：

$$dZ=\frac{VdY}{K_Y a\Omega(Y-Y^*)}=\frac{LdX}{K_X a\Omega(X^*-X)} \tag{7-39}$$

a 不仅是设备大小和填料特性的函数，而且还受流体物性和流动状况的影响，直接测定有困难。因此，常把 a 与传质系数（k_y、k_x、K_y 与 K_x 等）的乘积，视为一体，称为体积传质系数（k_ya、k_xa、K_Ya 与 K_xa 等），实验测定时，是合在一起测定的，这样比较方便。它们的单位是 $\text{kmol}/(\text{m}^3\cdot\text{s})$。

对稳态操作的吸收塔，气、液相流量 V、L 以及塔的横截面积 Ω 均为定值。对低浓度气体的吸收，体积传质系数在全塔近似为常数，或取平均值处理。

将式(7-39)中各项从塔顶到塔底积分，得

$$Z=\frac{V}{K_Ya\Omega}\int_{Y_2}^{Y_1}\frac{\mathrm{d}Y}{Y-Y^*}=\frac{L}{K_Xa\Omega}\int_{X_2}^{X_1}\frac{\mathrm{d}X}{X^*-X} \tag{7-40}$$

这就是气体稳态吸收塔计算填料层高度的基本公式。

7.3.4.2　传质单元高度与传质单元数

由式(7-40)可见填料层高度等于两项的乘积。积分项 $\int_{Y_2}^{Y_1}\frac{\mathrm{d}Y}{Y-Y^*}$ 无因次，任务要求浓度变化越大、过程推动力越小，都会使该积分值变大。这表明该吸收过程比较困难，需要的填料层也高。该项是由工艺要求及物系性质决定的，一般较难改变。另一项 $V/(K_Ya\Omega)$ 表明了在给定条件下填料层中的传质特性，体现了传质阻力的大小。这一项与设备型式及操作条件有关。

如果用 H_{OG} 和 N_{OG} 分别表示式(7-40)中的两项，即：

气相传质单元高度：
$$H_{OG}=\frac{V}{K_Ya\Omega} \tag{7-41}$$

气相传质单元数：
$$N_{OG}=\int_{Y_2}^{Y_1}\frac{\mathrm{d}Y}{Y-Y^*} \tag{7-42}$$

这样，式(7-40)可以写作：

$$H=H_{OG}\cdot N_{OG} \tag{7-43}$$

当用液相表示时，则：
$$H=H_{OL}\cdot N_{OL} \tag{7-44}$$

可见，对多变量的吸收过程，通过将变量按类进行分离，可以将过程分解为性质不同的两部分：传质单元数 N_{OG} 和传质单元高度 H_{OG}。这样的处理有明显的优点，N_{OG} 由工艺要求及物系性质决定，体现了工艺要求特性；H_{OG} 表明了在给定条件下填料层中的传质特性，反映了设备因素。传质单元数中所含的变量只与物质的相平衡以及进出口的浓度条件有关，与设备的型式和设备中的操作条件（如流速）等无关。这样，在做出设备型式的选择之前即可先计算 N_{OG}。N_{OG} 反映了分离任务的难易。如果 N_{OG} 的数值太大，或表明吸收剂性能太差，或表明分离要求过高。而 H_{OG} 则与设备的型式、设备中的操作条件有关，H_{OG} 表示完成一个传质单元所需的塔高，是吸收设备效能高低的反映。由式(7-12)可知，充分湍流时 $K_Ya\propto V^{0.83}$，所以体积传质系数 K_Ya 通常随流率 V（或 L）增加而增加，但 V/K_Ya 则与流率关系较小。常用吸收设备的传质单元高度为 0.15～1.5 m。

7.3.4.3　传质单元数的计算方法

1. 平均推动力法

若在操作范围内，平衡线为直线，$Y=mX+b$，如图 7-12 所示，可采用此法。经推导可得：

$$N_{OG}=\frac{Y_1-Y_2}{\Delta Y_m} \quad (7\text{-}45)$$

式中：ΔY_m 为气相对数平均推动力，

$$\Delta Y_m=(\Delta Y_1-\Delta Y_2)/\ln(\Delta Y_1/\Delta Y_2) \quad (7\text{-}45a)$$

可见，N_{OG} 的意义为分离程度(Y_1-Y_2)与平均推动力 ΔY_m 的倍数。

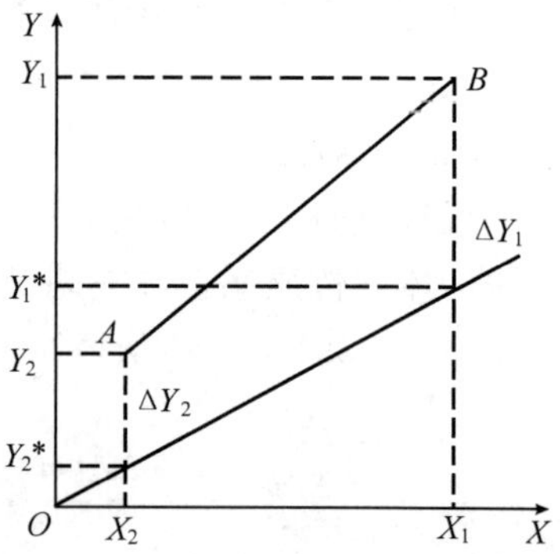

图 7-12 对数平均推动力法求 N_{OG}

2. 吸收因数法

操作线斜率 L/V 与平衡线斜率 m 之比称吸收因数，用 A 表示。其倒数称解吸因数，用 S 表示。

$$A=\frac{L}{mV}=\frac{1}{S} \quad (7\text{-}46)$$

如平衡线为通过原点的直线，$Y^*=mX$，可对 N_{OG} 定义式直接积分求解。

将平衡关系式 $Y^*=mX$ 与操作线方程式 $Y=(L/V)(X-X_2)+Y_2$ 代入 N_{OG} 定义式，$N_{OG}=\int_{Y_2}^{Y_1}\frac{dY}{Y-Y^*}$，经积分整理可以得到：

$$N_{OG}=\frac{1}{1-(1/A)}\ln\left[\left(1-\frac{1}{A}\right)\left(\frac{Y_1-mX_2}{Y_2-mX_2}\right)+\frac{1}{A}\right] \quad (7\text{-}47)$$

或

$$N_{OG}=\frac{1}{1-S}\ln\left[(1-S)\frac{Y_1-mX_2}{Y_2-mX_2}+S\right] \quad (7\text{-}48)$$

为了计算方便，以解吸因数 $1/A$ 为参变量，标绘成 $N_{OG}\sim\frac{Y_1-mX_2}{Y_2-mX_2}$ 关联图，可很快估算出传质单元数（图 7-13）。

【例 7-5】 空气和氨的混合气体，在直径为 0.8 m 的填料吸收塔中用清水吸收其中的氨。已知送入的空气量为 1 390 kg/h，混合气体中氨的分压为 1.33 kPa，经过吸收后混合气中有 99.5％的氨被吸收下来。操作温度为 20℃，压力为 101.325 kPa。在操作条件下，平衡关系为 $Y^*=0.75X$。若吸收剂（水）用量为 52 kmol/h。已知氨的气相体积吸收总系数 $K_Ya=314$ kmol/(m^3·h)。试求所需填料层高度。

解：(1)用对数平均推动力求填料层高度。

依题意 $y_1=\frac{1.33}{101.325}=0.013\ 2$

摩尔比组成 $Y_1=\frac{y_1}{1-y_1}=\frac{0.013\ 2}{1-0.013\ 2}=0.013\ 4$[kmol(氨)/kmol(空气)]

$Y_2=0.013\ 4\times(1-0.995)=6.7\times10^{-5}$[kmol(氨)/kmol(空气)]，$X_2=0$

$V=\frac{1\ 390}{29}=47.93$[kmol(空气)/h]

$X_1=\frac{V(Y_1-Y_2)}{L}=\frac{47.93\times(0.013\ 4-6.7\times10^{-5})}{52}=0.012\ 3$[kmol(氨)/kmol(水)]

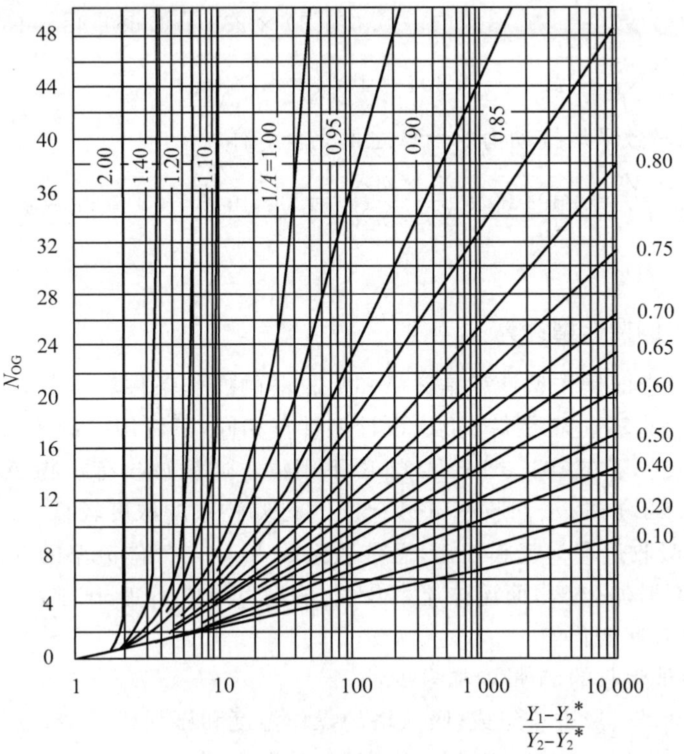

图 7-13　传质单元数图

$Y_1^* = mX_1 = 0.75 \times 0.012\ 3 = 0.009\ 2$[kmol(氨)/kmol(空气)], $Y_2^* = mX_2 = 0$

$\Delta Y_1 = Y_1 - Y_1^* = 0.013\ 4 - 0.009\ 2 = 0.004\ 2$

$\Delta Y_2 = Y_2 - Y_2^* = 6.7 \times 10^{-5}$

$$\Delta Y_m = \frac{\Delta Y_1 - \Delta Y_2}{\ln \dfrac{\Delta Y_1}{\Delta Y_2}} = \frac{0.004\ 2 - 6.7 \times 10^{-5}}{\ln \dfrac{0.004\ 2}{0.000\ 067}} = 0.000\ 996$$

$$N_{OG} = \frac{Y_1 - Y_2}{\Delta Y_m} = \frac{0.013\ 4 - 6.7 \times 10^{-5}}{0.000\ 996} = 13.4$$

$$H_{OG} = \frac{V}{K_Y a \Omega} = \frac{47.93}{314 \times 0.785 \times (0.8)^2} = 0.304$$

$$Z = N_{OG} \cdot H_{OG} = 0.304 \times 13.4 = 4.07(\text{m})$$

(2)用吸收因数法求填料层高度。

$$\frac{1}{A} = \frac{mV}{L} = \frac{0.75 \times 47.93}{52} = 0.691\ 3$$

$$\frac{Y_1 - mX_2}{Y_2 - mX_2} = \frac{0.0134 - 0}{6.7 \times 10^{-5} - 0} = 200$$

$$N_{OG} = \frac{1}{1 - \dfrac{1}{A}} \ln \left[\left(1 - \frac{1}{A}\right)\left(\frac{Y_1 - mX_2}{Y_2 - mX_2}\right) + \frac{1}{A} \right]$$

$$=\frac{1}{1-0.691\,3}\ln\left[(1-0.691\,3)\times 200+0.691\,3\right]=13.4$$

$$Z=N_{OG}\cdot H_{OG}=0.304\times 13.4=4.07(\mathrm{m})$$

计算结果与用对数平均推动力所计算之值完全一样。

根据吸收因数 $\frac{mV}{L}=0.691\,3$ 及 $\frac{Y_1-mX_2}{Y_2-mX_2}=200$，由图 7-13 查得 $N_{OG}=13.5$，与计算结果相当接近。

7.3.5 吸收塔的操作型计算

前已指出，吸收塔的操作型计算是对已知吸收塔的操作条件和吸收效果间的关系进行分析计算，计算中所用的基本关系式与上述设计型计算相同，下面用一例题来说明。

【例 7-6】 某吸收塔在 101.3 kPa、293 K 下用清水逆流吸收有机物 A——空气混合物中的 A，操作液气比为 2.1 时，A 回收率可达 95%。已知物系的浓度较低，A 在两相间的平衡关系为 $Y=1.18X$。吸收过程为气膜控制，总传质系数 K_Ya 与气体流率的 0.8 次方成正比。

(1)今气体流率增加 20%，而液体流率及气、液进口组成不变，试求：

①A 的回收率有何变化？

②单位时间内被吸收的 A 量增加多少？

(2)若气体流率，气、液进口组成，吸收塔的操作温度和压强皆不变，欲将 A 回收率由原来的 95%提高至 98%，吸收剂用量应增加到原用量的多少倍？

二维码 7-2
例 7-6 详解

解：本题是填料塔一定的前提下，确定某一操作参数的改变对吸收效果的影响，以及要求提高吸收效果时，某一操作参数应如何改变，属操作型问题，用吸收因子法进行计算较为方便。解题步骤：由给出的条件，先求出原有操作条件下该塔的气相总传质单元数 N_{OG}，然后根据某一操作参数或分离要求改变，对传质单元高度和传质单元数的影响，建立关系进行计算。因系低浓气体吸收，计算中气、液量与组成可以采用气、液总量和摩尔分数。具体解答见二维码 7-2。

7.4 蒸　馏

蒸馏是借液体混合物中各组分挥发性的差异而进行分离的一种操作。若将混合液加热至沸腾汽化部分溶液，则挥发性高的组分，即沸点低的组分（称为易挥发组分或轻组分）在气相中的浓度比在液相中的浓度要高；而挥发性低的组分，即沸点较高的组分（称为难挥发组分或重组分）在液相中浓度比在气相中的要高。同理，混合物的蒸气部分冷凝，则冷凝液中难挥发组分的浓度要比气相中的高，反之亦然。多次进行部分汽化或部分冷凝以后，最终可以在气相中得到较纯的易挥发组分，而在液相中得到较纯的难挥发组分。这就叫作精馏。

精馏是在塔设备中进行的，可用板式塔亦可用填料塔。气相和液相在塔板上或填料表面上进行着质量传递过程。易挥发组分从液相转移至气相，难挥发组分从气相转移至液相。填料塔已如吸收章节中所述，此处不再赘述。本章将以板式塔为例来讨论精馏过程及设备。

蒸馏按操作方式可分为简单蒸馏、平衡蒸馏、精馏及特殊精馏等多种方法；按操作压力可分为常压蒸馏、加压及减压（真空）蒸馏；按操作是否连续可分为连续精馏和间歇精馏；按原料中所含组分数目可分为双组分（二元）蒸馏及多组分（多元）蒸馏。每一个精馏塔顶和塔底可分别获得较纯的轻组分和重组分，因而，$(N-1)$个塔可使 N 个组分得到分离，故二元蒸馏是分离的基础，本章将着重讨论常压下双组分连续精馏。

气液相平衡是分析精馏原理和设备计算的理论依据。下面首先讨论气液相平衡。

7.4.1　双组分溶液的气液相平衡

7.4.1.1　相律和拉乌尔定律

1. 相律

气液相平衡是指溶液与其上方蒸气达到平衡时气液两相间各组分组成的关系。相律是研究相平衡的基本规律。相律表示平衡物系中自由度数、相数及独立组分数间的关系，即：

$$F(\text{自由度数})=C(\text{独立组分数})-P(\text{相数})+2 \tag{7-49}$$

对两组分的气液平衡，其中组分数为 2，相数为 2，故由相律可知该平衡物系的自由度数为 2。由于气液平衡中可以变化的参数有 4 个，即温度 t、压强 p、一组分在液相和气相中的组成 x 和 y（另一组分的组成不独立），因此在 t、p、x 和 y 4 个变量中，任意规定其中两个变量，此平衡物系的状态也就唯一地确定了。

2. 拉乌尔定律

研究气液相平衡时两相间各组分组成的关系，要分为理想溶液和非理想溶液（实际溶液）来讨论。

如以 f_{AA}、f_{BB}、f_{AB} 分别代表 A-A、B-B 分子和 A-B 分子之间的吸引力，则当：

$$f_{AA}=f_{BB}=f_{AB}$$

即分子间相互吸引力不因混合而有所变化，形成的混合溶液无容积效应，也无热效应，这种溶液称为理想溶液。如甲醇与乙醇，烃类同系物等组成的溶液及浓度很稀的溶液，近似于理想溶液。

若是
$$f_{AA}\neq f_{BB}\neq f_{AB}$$
则此溶液称为非理想溶液。

实验证明，理想溶液的气液相平衡服从拉乌尔定律。拉乌尔定律指出在一定温度下，气相中任一组分的分压等于此纯组分在该温度下的饱和蒸气压乘以它在溶液中的摩尔分数，即

$$p_A=p_A^0x_A$$
$$p_B=p_B^0x_B=p_B^0(1-x_A) \tag{7-50}$$

式中：p_A、p_B 分别为溶液上方组分 A 和组分 B 的蒸气压，kPa；p_A^0、p_B^0 分别为纯组分 A 和 B 的饱和蒸气压，kPa；x_A、x_B 分别为溶液中组分 A 和 B 的摩尔分数。

为书写方便，对双组分精馏常略去气液相组成下标，以 x 表示液相轻组分摩尔分数 x_A，以 $(1-x)$表示 x_B；类似以 y 表示气相轻组分摩尔分数 y_A，以$(1-y)$表示 y_B。

当溶液沸腾时，其上方的总压等于各组分的平衡分压之和，即：

$$p=p_A+p_B=p_A^0x+p_B^0(1-x)$$

因此
$$x=\frac{p-p_{B}^{0}}{p_{A}^{0}-p_{B}^{0}} \tag{7-51}$$

当总压不太高，气相可视为理想气体，遵循道尔顿分压定律，则：

$$y=\frac{p_{A}}{p}=\frac{p_{A}^{0}}{p}x \tag{7-52}$$

式(7-51)和式(7-52)分别称为泡点方程和露点方程。对任一两组分理想溶液，利用一定温度下纯组分的饱和蒸气压数据，即可求得该温度下平衡时气、液相组成。反之，若已知一相组成，也可求得与之平衡的另一相组成和温度，但一般需要试差法计算。

7.4.1.2 两组分理想溶液的气液平衡相图

溶液的气液平衡关系还可用更为全面、直观的平衡相图来反映其规律，从相律讨论可知，对双组分气液平衡来说，自由度数为2，只要 t、p、x 和 y 四个参数中，任意规定其中两个变量，此平衡物系的状态也就确定了。一般总压 p 不变，只要再确定一个参数，系统状态就确定了，故气液平衡相图常有 t-$x(y)$ 图和 x-y 图。

(1)温度-组成图[t-$x(y)$图]。在总压一定的情况下，理想溶液的气(液)相组成与温度的关系可表示成图(7-14)所示的曲线。图中横坐标为液相(或气相)中轻组分的摩尔分率 x(或 y)。若将温度为 t_1 与组成为 x_1(图中 P 点所示)的溶液加热，当温度达到 t_2 点(C 点)时，溶液开始沸腾，产生第一个气泡 C'，相应的温度 t_2 称为泡点，故液相曲线 $AECB$ 称为泡点线；由式(7-51)可知泡点线方程为：

$$x=\frac{p-p_{B}^{0}}{p_{A}^{0}-p_{B}^{0}}=f(t) \tag{7-53}$$

同样，若将该溶液升温至 Q 点，使之完全汽化成为过热蒸气，温度为 t_5，组成为 y_2($y_2=x_1$)，此过热蒸气从 Q 点冷却，当温度达到 t_4(D 点)时，混合气体开始冷凝产生第一滴液滴 D'，相应的温度 t_4 称为露点，曲线 $ADFB$ 称为露点线。由式(7-52)可知露点线方程为：

$$y=p_{A}^{0}x/p=\frac{p_{A}^{0}}{p}\,\frac{p-p_{B}^{0}}{p_{A}^{0}-p_{B}^{0}}=\phi(t) \tag{7-54}$$

两条曲线将整个 t-$x(y)$图分成三个区域，泡点线以下代表尚未沸腾的液体，称为液相区。露点线以上代表过热蒸气区。被两曲线包围的部分表示气液共存，称为气液共存区。由图可见，上述组成为 x_1 的溶液(组成为过热蒸气 y_2)在进入气液共存区(G 点)后，则物系必分成互成平衡的气液两相，液相组成在 E 点(x_3)，气相组成在 F 点(y_3)。显然 $x_3<x_1(y_2)<y_3$，更清楚地显示了蒸馏分离的原理。

(2)气液相平衡图(x-y 图)。在蒸馏计算中，除上述 t、x、y 图外，还经常利用气-液相平衡图。此图表示在一定外压下，气相组成 y 和与之平衡液相组成 x 之间的关系。x-y 图可通过 t-$x(y)$图的数据作出。图 7-14 中 C 与 C'，D 与 D'，E 与 F 是互成平衡关系的气液两相，分别构成图 7-15 的 x-y 图上的 1,2,3 点；对角线为参考线，其方程式为 $x=y$。对于一些溶液达到平衡时，气相中易挥发组分浓度总是大于液相的，故其平衡线位于对角线的上方。平衡线离对角线越远，表示该溶液越易分离。应该指出，总压对 t-$x(y)$关系的影响较大，但对 x、y 关系的影响就没有那么大。故当总压变化不大时，总压对 x-y 关系的影响可以忽略不计。可见 x-y

图较 t-$x(y)$ 图适用范围更宽，而且蒸馏计算中 x-y 图用得更多。

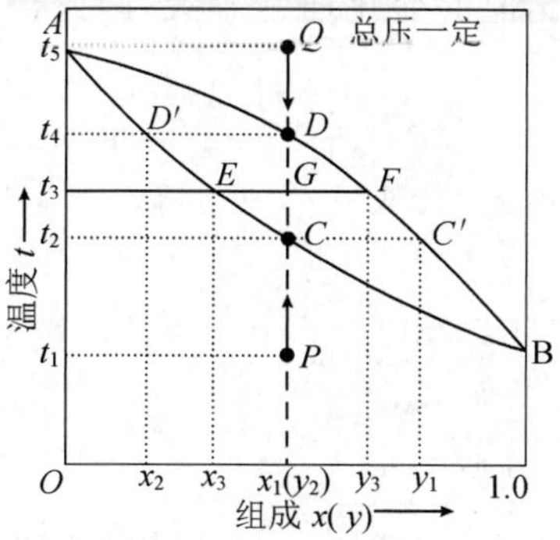

图 7-14　理想溶液的温度-组成图

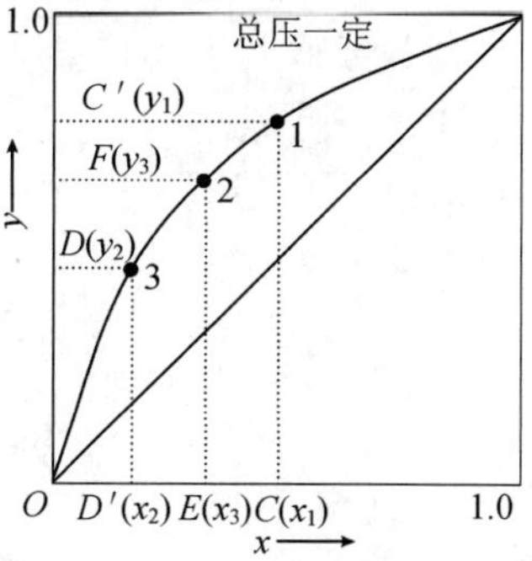

图 7-15　理想溶液的相平衡图

7.4.1.3　相对挥发度与相平衡方程式

1. 相对挥发度

纯物质的挥发度是用一定温度下蒸气压的大小来表示的。混合溶液中一个组分的蒸气压因受另一组分存在的影响。所以比纯态时低，故其挥发度用它在气相中的分压 p 与其平衡的液相中的摩尔分数 x 之比来表示。对于 A 组分，有：

$$v_A = \frac{p_A}{x_A} \tag{7-55}$$

式中：v_A 为组分 A 的挥发度。

对于理想溶液，因服从拉乌尔定律，故：

$$v_A = \frac{p_A}{x_A} = \frac{p_A^0 x_A}{x_A} = p_A^0 \tag{7-56}$$

即理想溶液中各组分的挥发度等于其纯物质的饱和蒸气压。

溶液中两组分挥发度之比，称为相对挥发度，以 α 表示。通常以易挥发组分的挥发度为分子。

$$\alpha = \frac{v_A}{v_B} = \frac{p_A/x_A}{p_B/x_B}$$

当压力不太高时，气相服从道尔顿分压定律，上式可写成：

$$\alpha = \frac{p y_A/x_A}{p y_B/x_B} = \frac{y_A/x_A}{y_B/x_B}$$

$$\frac{y_A}{y_B} = \alpha\left(\frac{x_A}{x_B}\right) \tag{7-57}$$

式(7-57)表示气相中两组分组成之比是液相中两组分组成之比的 α 倍。

对理想溶液，因其服从拉乌尔定律，则：

$$\alpha = \frac{p_A^0}{p_B^0} \tag{7-58}$$

理想溶液的相对挥发度等于同温度下纯组分 A 和纯组分 B 的饱和蒸气压之比。虽然纯组分饱和蒸气压 p_A^0、p_B^0 都随温度而变化，但两者比值的变化通常不大，因此当温度变化不大时，可以认为 α 为常数或取其平均值。

2. 相平衡方程式

对于二元溶液，$x_B=1-x_A$，$y_B=1-y_A$，略去下标，代入式(7-57)得：

$$\frac{y}{1-y}=\alpha\frac{x}{1-x}$$

即

$$y=\frac{\alpha x}{1+(\alpha-1)x} \tag{7-59}$$

当 α 值已知，按式(7-59)可以由 x(或 y)算出平衡时的 y(或 x)。即用相对挥发度表示了气液平衡关系，故可称其为气液相平衡方程。

相对挥发度可用以判断某混合物能否用蒸馏方法分离和分离的难易程度。若 $\alpha>1$，即 $y_A>x_A$，α 愈大，y 比 x 大得愈多，则组分 A 和 B 愈易分离。若 $\alpha=1$，则由上式可以看出 $y_A=x_A$，即气相的组成与液相的组成相同，不能用普通蒸馏方法分离。

一般而言，相对挥发度 α 是温度、压强和浓度的函数。在多种情况下 α 随温度的升高而略有减小。当压强增加时，沸点也随之增高，故 α 也有减小。不过，在多数工业应用中 α 的变化不大。在蒸馏计算中，相对挥发度常取浓度变化范围内相对挥发度的几何平均值。

7.4.2 蒸馏与精馏原理

7.4.2.1 平衡蒸馏

平衡蒸馏装置如图 7-16 所示。通常料液经加压预热，连续地通过一节流阀减压到预定的压强后进入分离器中。减压后的液体呈过热状态，将产生自蒸发而使部分液体迅速汽化(即汽化所需热量由液体的显热提供)，这种过程又称闪蒸。相互平衡的气液两相在分离器中分离后，分别由顶部和底部连续排出，顶部气相产物中含易挥发组分较多，而底部液相产物中含易挥发组分较少，故使混合物得到一定程度的分离。由于过程连续并维持恒定的操作条件，产物的组成不随时间变化。

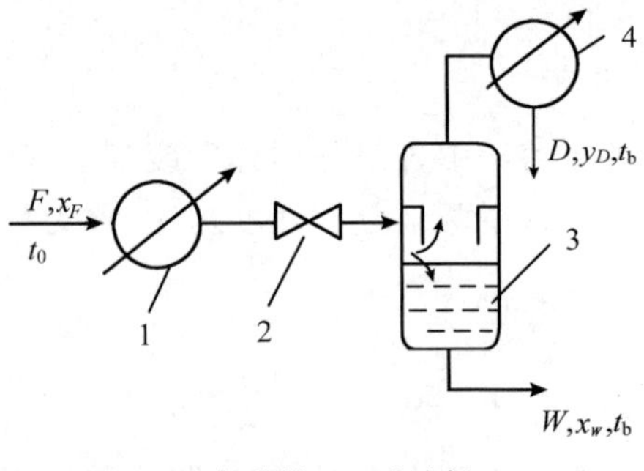

1. 加热器　2. 节流阀
3. 分离器　4. 冷凝器

图 7-16　平衡蒸馏图

平衡蒸馏计算的基本工具是物料衡算、热量衡算和平衡关系。

1. 物料衡算

对图 7-16 所示连续稳态平衡蒸馏过程有如下物料衡算式：

对总物料：
$$F=D+W \tag{7-60}$$

对轻组分：
$$Fx_F=Dy_D+Wx_W \tag{7-61}$$

式中：F、D、W 分别为原料液、顶部产品、底部产品的量；x_F、y_D、x_W 分别为原料液、顶部产品、底部产品的摩尔分数。

将两式联立可得：

$$D/F=\frac{x_F-x_W}{y_D-x_W}=f \tag{7-62}$$

其中 $f=D/F$ 为原料液的汽化比例，称汽化率。

上式也可写为：

$$y_D=\frac{f-1}{f}x_W+\frac{x_F}{f} \tag{7-63}$$

即组成为 x_F 的料液分离为气、液两部分时必满足此式。

2. 热量衡算

加热器的热流量为：

$$Q=F\cdot c_p\cdot(T-t_0) \tag{7-64}$$

物料经节流阀进入分离器后，其部分汽化的潜热由节流前后的显热提供，即有：

$$F\cdot c_p(T-t_\mathrm{b})=f\cdot F\cdot r$$

或写作加热温度的形式：

$$T=t_\mathrm{b}+f\frac{r}{c_p} \tag{7-65}$$

式中：c_p 为混合物料的平均摩尔比热容，kJ/(kmol·K)；r 为平均摩尔汽化热，kJ/kmol；t_0、T、t_b 分别为物料的初始、预热后（节流前）和节流后（泡点）平衡温度。

3. 相平衡关系

该过程为平衡过程，y_D 与 x_W 应满足相平衡方程，如为理想物系，有：

$$y_D=\frac{\alpha\cdot x_W}{1+(\alpha-1)x_W} \tag{7-66}$$

在平衡蒸馏操作计算中，通常是已知料液流量 F、组成 x_F、汽化率 f，则由式(7-63)、式(7-66)可求得 y_D、x_W，由 x_W 代入泡点方程可得 t_b，再由式(7-65)可求得 T，由式(7-64)可得加热器消耗热量 Q。

7.4.2.2　简单蒸馏

简单蒸馏又称微分蒸馏，其流程如图 7-17 所示。

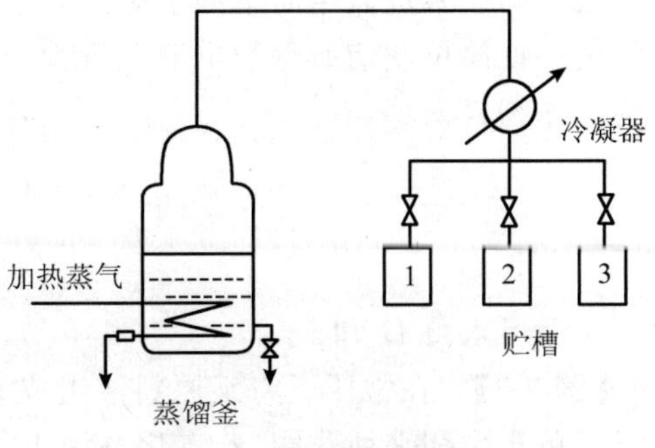

图 7-17　简单蒸馏示意图

原料液一次加入蒸馏釜中，釜底采用间接蒸气加热，溶液沸腾后部分汽化，不断地将产生的蒸气引入冷凝器中冷凝。由于蒸气中含较多的易挥发性组分，随着蒸气的不断引出使釜中溶液轻组分的浓度不断降低，温度不断升高。反过来，由于溶液的浓度不断降低，故瞬间蒸出与之平衡的气相浓度也不断降低。所以，塔顶馏出冷凝液的浓度是不断降低的。冷凝液按工艺要求划分为不同的组成范围而分别收集于各贮槽中。

简单蒸馏可用于初步分离，对相对挥发度大的混合物进行分离很有效。如从乙醇体积不到10%的发酵醪中提取酒精，经一次简单蒸馏可得含乙醇50%(体积)的酒精溶液。

简单蒸馏为非稳态过程，虽然瞬间形成的蒸气与液相可视为平衡，但形成的全部蒸气并不与剩余液体平衡。其过程参数是一随时间连续变化的过程，故又称微分蒸馏。简单蒸馏的计算包括生产能力及馏出液、残液的浓度和残液量的计算。生产能力根据热负荷和传热能力计算；馏出液、残液组成与量之关系可由物料衡算推导出。为进行计算应选择微元时间列出微分式，然后积分求解。

设 F、W_2 分别为原料液及最终残液量，kmol；

令 y、x 分别为任一瞬时 t 时的气、液相组成(以易挥发组分表示)，摩尔分率；W 为任一瞬时釜内的液体量，kmol。

设经微元时间 $\mathrm{d}t$ 蒸馏出的液体量为 $\mathrm{d}W$，则所得的气相量亦为 $\mathrm{d}W$，釜内液体量由 W 变为 $W-\mathrm{d}W$，相应地，其组成由 x 变为 $x-\mathrm{d}x$，对易挥发组分作物料衡算：$\mathrm{d}t$ 时间内，釜液中易挥发组分减少的量应等于气相所得易挥发组分的量，即

$$Wx-(W-\mathrm{d}W)(x-\mathrm{d}x)=y\mathrm{d}W$$

略去高阶微量，并整理之，得：

$$\frac{\mathrm{d}W}{W}=\frac{\mathrm{d}x}{y-x}$$

设一批简单蒸馏初态和终态时釜内的液体量分别为 F、W，相应的组成为 x_F、x_2，将上式由蒸馏的初态积分到终态，得：

$$\ln\frac{F}{W}=\int_{x_2}^{x_F}\frac{\mathrm{d}x}{y-x} \tag{7-67}$$

式中的 y、x 为互呈平衡的气液相组成，应满足相平衡关系，故可积分求解。

对于低压、液相为理想溶液的情况，将式(7-66)的平衡关系代入上式，并积分之得：

$$\ln\frac{F}{W}=\frac{1}{\alpha-1}\left[\ln\frac{x_F}{x_2}+\alpha\ln\frac{1-x_2}{1-x_F}\right] \tag{7-68}$$

若平衡关系难以用简单的解析式表示，则前式可利用数值积分或图解积分求解。

设一批简单蒸馏所得馏出液总量为 D，其易挥发组分的平均组成为 $\bar{x}_D$，则对蒸馏的初态和终态作物料衡算，有

$$D=F-W \tag{7-69}$$

$$D\bar{x}_D=Fx_F-Wx_2 \tag{7-70}$$

从而可求得 D 和 $\bar{x}_D$。

【例 7-7】 在常压下将某原料液组成为0.55(易挥发组分的摩尔分率)的两组分溶液分别进行简单蒸馏和平衡蒸馏，若汽化率为1/3，试求两种情况下的釜液和馏出液组成。假设在操作范围内体系的相对挥发度 α 为2.0。

解：对平衡蒸馏，由式(7-63)得到：

$$y_D=\frac{f-1}{f}x_W+\frac{x_F}{f}$$

$f=1/3$　则　$y_D=3x_F-2x_W=1.65-2x_W$　(A)

y_D 与 x_w 满足相平衡方程式(7-66)，

$$y_D=\frac{\alpha \cdot x_W}{1+(\alpha-1)x_W}$$

即

$$y_D=\frac{2x_W}{1+x_W} \tag{B}$$

式(A)、式(B)联解得：$x_w=0.494$，$y_D=0.662$

对简单蒸馏，由式(7-68)：

$$\ln\frac{F}{W}=\frac{1}{\alpha-1}\left[\ln\frac{x_F}{x_2}+\alpha\ln\frac{1-x_2}{1-x_F}\right]$$

即

$$\ln\frac{3}{2}=\frac{1}{2-1}\left[\ln\frac{0.55}{x_2}+2\ln\frac{1-x_2}{1-0.55}\right]$$

计算得釜中残液组成：$x_2=0.483$

馏出液易挥发组分的平均组成为 $\bar{x}_D$，用式(7-70)求得：

$$\bar{x}_D=\frac{F}{D}x_F-\frac{W}{D}x_2=3\times0.55-2\times0.483\ 3=0.683$$

由此可见，在馏出率相等的条件下，简单蒸馏所得到的馏出物的浓度高于平衡蒸馏。这是因为平衡蒸馏所得到的全部馏出物皆与残余浓度($x_W=0.494$)成平衡，而简单蒸馏所得到的大部分馏出物(第一阶段得到的馏出物)是与组成较高的液体成平衡，只有较小部分(第二阶段得到的馏出物)与浓度低于 0.494 的液体成平衡的缘故。由此可见，平衡蒸馏虽然实现了过程的连续化，但同时也造成了物料的返混，其分离效果不如间歇操作的简单蒸馏。

7.4.2.3　精馏原理

平衡蒸馏与简单蒸馏属于一次部分汽化、冷凝分离过程，它们只能达到有限的提纯效果。而精馏过程能让混合物多次且同时进行部分汽化与部分冷凝，达到高纯度的分离目的。为此，下面将要介绍精馏塔装置和基本原理。

1. 工业精馏过程

图 7-18 为连续精馏装置。料液经预热自塔的中部某适当位置连续地加入塔内，塔顶设有冷凝器将塔顶蒸气冷凝为液体。冷凝液的一部分回入塔顶，称为回流液，其余作为塔顶产品(馏出液)连续排出。在塔内上半部(加料位置以上)上升蒸气和回流液体之间进行着逆流接触和物质传递。塔底部装有再沸器(蒸馏釜)以加热液体产生蒸气，蒸气沿塔上升，与下降的液体逆流接触进行物质传递，塔底连续排出

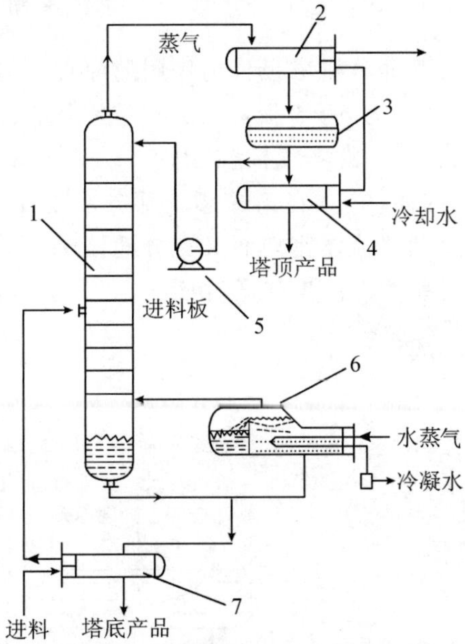

1. 精馏塔　2. 全凝器　3. 贮槽　4. 冷却器
5. 回流液泵　6. 再沸器　7. 原料液预热器

图 7-18　连续精馏操作流程

二维码 7-3 工业化炼油厂精馏塔外观图

部分液体作为塔底产品。

2. 板式精馏塔塔板上的传质

板式精馏塔内部由多块塔板组成，每一块塔板主要分三个区，即承液区、开孔区、降液区（图 7-19），正常操作时，液体在重力作用下自上而下，气体在压差作用下则穿过每层塔板上的开孔区自下而上运动，总体上呈逆流接触传质；而在每一块板上，液体是从上一块塔板流下，经塔板的承液区，横向流经开孔区，与上升的气流传质后，流进该板的降液管，进入下一块板的承液区，所以，在每一块板上，气液呈错流接触传质状态。

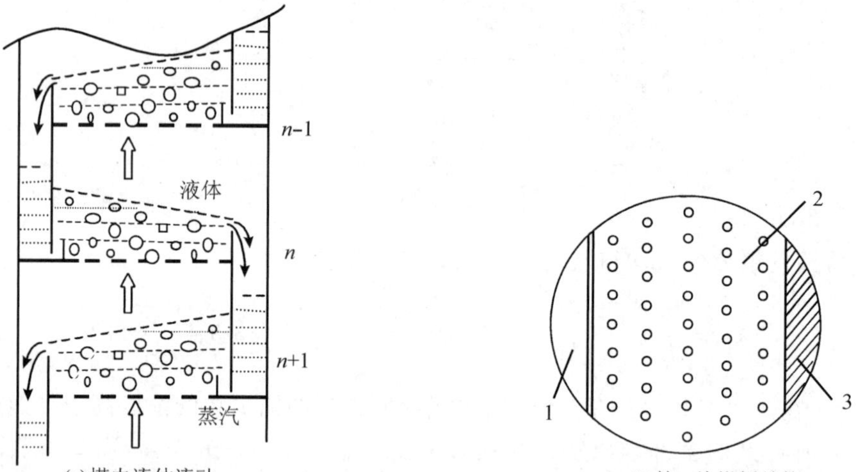

(a)塔内流体流动　　(b)第 n 块塔板结构

1. 承液区　2. 开孔区　3. 降液区

图 7-19　块塔板结构图

下面分析塔板分离作用的原理，如图 7-20 所示，若以任意第 n 层塔板为例，其上为 $n-1$ 板，其下为 $n+1$ 板，在第 n 板上由来自第 $n-1$ 板组成为 x_{n-1} 的液体与来自第 $n+1$ 板其组成为 y_{n+1} 的蒸气接触，由于 x_{n-1} 和 y_{n+1} 不平衡，而且蒸气的温度（t_{n+1}）比液体的温度（t_{n-1}）高，因而，y_{n+1} 在第 n 板上部分冷凝使 x_{n-1} 液体部分汽化，在第 n 块板上发生热质交换。如果这两股流体密切而又充分地接触，离开塔板的气-液两相达到平衡（理论板），其气液平衡组成分别为 y_n 和 x_n，气相组成 $y_n > y_{n+1}$，如图 7-21 所示，液相组成 $x_n < x_{n-1}$。即每一块塔板所

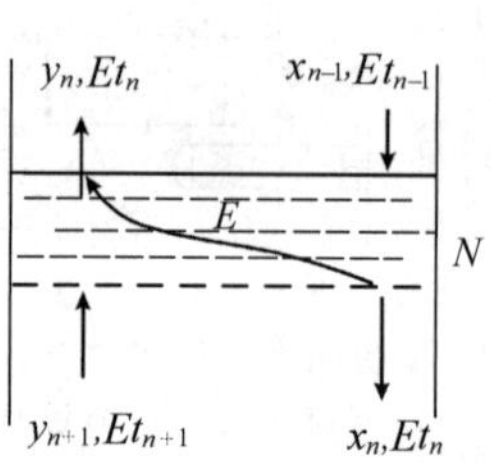

图 7-20　第 n 块板物流简图

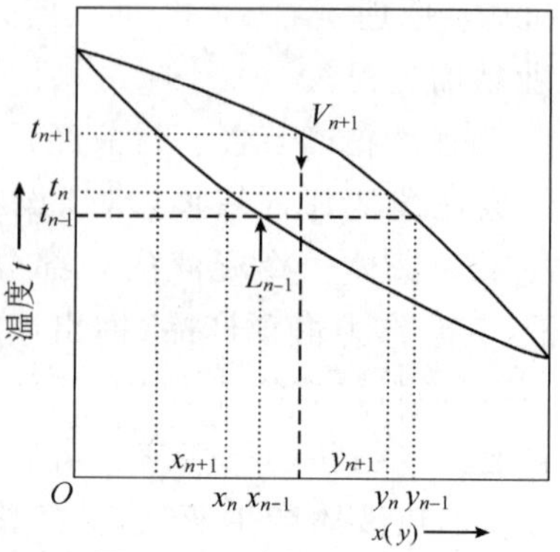

图 7-21　单板分离原理

产生的气相中易挥发组分的浓度较下一板增加，所产生的液相中易挥发组分的浓度较上一板减少。可见，这一理论块板类似于一次平衡蒸馏的效果，它使得进入该板不平衡的气液两相，在板上充分接触传质，轻组分从液相向气相蒸发，重组分从气相向液相冷凝，使得离开该板的气相轻组分含量升高，液相轻组分含量降低（即重组分含量升高），达到部分分离的效果。

而且，在工业精馏过程中的许多物系，由液相传递到气相的轻组分物质的量与由气相传递到液相的重组分物质的量几乎相等。因此，在 n 板上发生的过程可视为热量与质量传递同时发生，且是等分子反向的传递过程。

而离开第 n 块板气相又是第 $n-1$ 块板的进气，同样，在第 $n-1$ 块板上传质后，上升气相轻组分进一步提高，板数足够多，在塔顶便可得到纯度较高的轻组分；而离开 n 板的液体流下降至 $n+1$ 板，与 $n+2$ 板上升的蒸气流接触，进行传热、传质，其中重组分又得到一次增浓。如此逐板向下流动，经过足够多的塔板后，便可在塔底得到比较纯的重组分。

3. 精馏高纯度分离的充分必要条件

塔顶蒸气冷凝回流和塔釜溶液再汽化是精馏高纯度分离的充分必要条件。

根据相平衡原理，要在塔顶得到纯度很高的轻组分产品，就必须有高纯度的液体引入顶部塔板与气相接触。而这种液体的最方便来源就是使塔顶部分馏出产品返回塔顶，这便是液相回流。液相回流不仅提供了塔内各板上所必需的液流，而且是建立各塔板上的正常浓度分布、维持全塔正常操作所必需的条件。

同样，要在塔底获得较纯的重组分，就应有高纯度重组分的气体进入塔内最下面塔板。显见，这种蒸气流只能是将塔底溶液部分汽化得到。汽化这部分液体所需的热量由塔底加热釜（或称再沸器）供给。釜中产生的蒸气为塔内各板保持沸腾状态、提供必需的上升蒸气流创造了条件。

塔顶是高纯度的轻组分产品，塔底是较纯的重组分产物，塔内各板轻组分浓度由上至下逐渐降低。当某块板上的浓度与原料液浓度相等或相近时，原料液就由此板加入。料液中的蒸气与提馏段上升的蒸气流汇合，经精馏段各板的增浓，最后在塔顶得到纯度很高的轻组分产品。而料液中的液体则与精馏段下降的液体流汇合，经提馏段各板对其中所含轻组分的提馏作用，最后于塔底得到很纯的重组分产品。

通常，将精馏塔的进料以上部分称为精馏段，它起着精制气相中易挥发组分的作用；而将进料及其以下部分称为提馏段，它起着提浓液相中难挥发组分的作用。显然，只有包含精馏段和提馏段的精馏塔才能将双组分混合物分离成高纯度的两种产品，如果只有精馏段或提馏段，只能得到一种高纯度产品。

从以上分析可以看出，精馏和简单蒸馏或平衡蒸馏的主要区别就在于存在回流（包括塔顶液相回流和塔釜部分汽化的气相回流），它是两相不断进行物质传递从而实现高纯度分离的充分必要条件，而这种传递和分离的依据则仍然是各组分挥发度的不同。

7.5　双组分连续精馏塔的计算

工业生产中的蒸馏操作以精馏为主，在多数情况下采用连续精馏。因此，本节着重讨论连续精馏塔的工艺计算。

精馏过程的计算也可以分设计型与操作型两类。现按设计型计算，结合多级逆流操作讨论。

精馏过程设计型计算的内容是根据欲分离的料液量 F(kmol)与组成 x_F 和指定的分离要求,确定以下各项。

①根据指定的分离要求,计算进、出精馏装置诸物料的量与组成。

②选择合适的操作条件:包括回流比(回流液量与馏出液量的比值)、加料状态和操作压强等。

③确定精馏塔所需的理论板数和加料位置。

④选择精馏塔的类型,确定塔径、塔高及其他塔的结构和操作参数。

⑤进行冷凝器和再沸器的设计计算。

本节重点讨论①、②、③项,有关精馏塔的详细结构请参阅相关工程设计手册,本书只做简单介绍。

7.5.1 理论板的概念及恒摩尔流假定

由于影响精馏过程的因素很多,用数学分析法来进行精馏塔的计算甚为繁复,故对精馏计算进行合理的假设,理论板的概念及恒摩尔流的假定,以简化精馏过程分析与计算。

7.5.1.1 理论板的概念

所谓理论板,是指在其上气液两相都充分混合,且传热及传质过程阻力均为零的理想化塔板。因此不论进入理论板的气、液两相组成如何,离开该板时气、液两相达到平衡状态,即两相温度相等,组成互成平衡。

实际上,由于板上气、液两相接触面积和接触时间是有限的,因此在任何形式的塔板上,气、液两相难以达到平衡状态,即理论板是不存在的。理论板仅用作衡量实际板分离效率的依据和标准。通常,在精馏计算中,先求得理论板数,然后利用塔板效率予以修正,即可求得实际板数。

7.5.1.2 恒摩尔流假定

为了简化描述操作关系的方程式,需要先做如下假定。

1. 恒摩尔汽化

精馏段内,由每层塔板上升的蒸气摩尔流量皆相等;提馏段内也是一样。即

$$V_1 = V_2 = \cdots = V_n = V = \text{定值} \tag{7-71}$$

$$V_1' = V_2' = \cdots = V_n' = V' = \text{定值} \tag{7-72}$$

式中:V 为精馏段上升的蒸气摩尔流量,kmol/h;V' 为提馏段上升的蒸气摩尔流量,kmol/h;下标为塔板的序号(下同)。

注意两段上升的蒸气摩尔流量不一定相等。

2. 恒摩尔溢流

精馏段内,由每层塔板溢流的液体摩尔流量相等;提馏段内也是一样。即

$$L_1 = L_2 = \cdots = L_n = L = \text{定值} \tag{7-73}$$

$$L_1' = L_2' = \cdots = L_n' = L' = \text{定值} \tag{7-74}$$

式中:L 为精馏段下流的液体摩尔流量,kmol/h;L' 为提馏段下流的液体摩尔流量,kmol/h。

两段下降液体的摩尔流量不一定相等。

恒摩尔汽化和恒摩尔溢流总称为恒摩尔流假设。气液两相接触时,若有 1 kmol 蒸气冷凝能使 1 kmol 的液体汽化,这时气液流符合恒摩尔流假定。

如基本符合下述条件,则在很多情况下上述两项假定与实际情况很接近。

①各组分的摩尔汽化焓相等。

②气液接触时因温度不同而交换的显热可以忽略。

③保温良好,塔的热损失可以忽略不计。

本节讨论将以理论板和恒摩尔流假定为基础。

7.5.2　物料衡算与热量衡算

7.5.2.1　全塔物料衡算

为了求出馏出液、釜液流量可作全塔的物料衡算。

如图 7-22 所示,由于是连续稳定操作,故进料流量必等于出料流量。

对虚线围成的全塔物料衡算得:

$$F = D + W \tag{7-75}$$

对全塔易挥发组分的物料衡算得:

$$Fx_F = Dx_D + Wx_W \tag{7-76}$$

式中:F 为原料流量,kmol/h;D 为塔顶产品(馏出液)流量,kmol/h;W 为塔底产品(釜液)流量,kmol/h;x_F 为原料中易挥发组分的摩尔分数;x_D 为馏出液中易挥发组分的摩尔分数;x_W 为釜液中易挥发组分的摩尔分数。

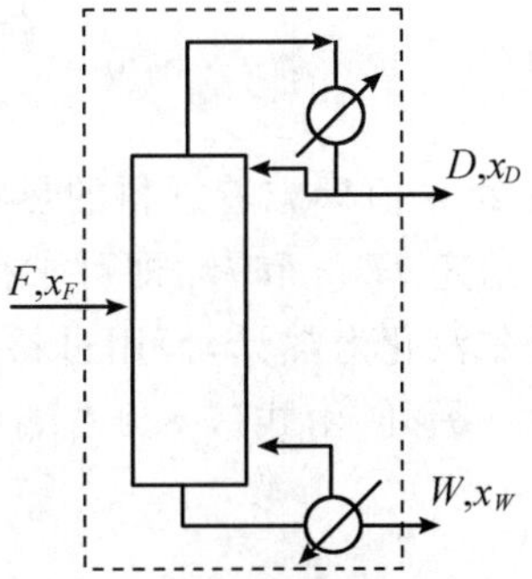

图 7-22　全塔物料衡算

式(7-75)和式(7-76)中有进料、塔顶产品和塔底产品的流量和组成 6 个量,若已知其中 4 个,则可求出另外 2 个。

对精馏过程所要求的分离程度除用成品的组成表示外,有时还用回收率表示。回收率是指回收了原料中易挥发(或难挥发)组分的百分数。如塔顶易挥发组分的回收率 η:

$$\eta = \frac{Dx_D}{Fx_F} \times 100\% \tag{7-77}$$

塔底难挥发组分的回收率 η:

$$\eta = \frac{W(1 - x_W)}{F(1 - x_F)} \times 100\% \tag{7-78}$$

7.5.2.2　进料板及进料热状态参数

组成一定的原料液可在常温下加入塔内,也可以预热至一定温度,甚至部分或全部汽化的状态入塔内。原料入塔时温度或状态称为加料的热状态。加料的热状态有以下五种情况:过冷液体、饱和(泡点)液体、气液混合物、饱和蒸汽和过热蒸汽。加料的热状态不同,精馏段与提馏段两相流量的差别也不同。下面通过对进料板的物料衡算、热量衡算来具体分析。图 7-23 是进料板的物流示意图,基于恒摩尔流的假定,对图中虚线划定的范围进行衡算得:

$$F+V'+L=V+L'$$

$$V-V'=F-(L'-L) \qquad (7\text{-}79)$$

再作加料板的热量衡算得：

$$Fi_F+V'H+Lh=VH+L'h$$

$$(V-V')H=Fi_F-(L'-L)h \qquad (7\text{-}80)$$

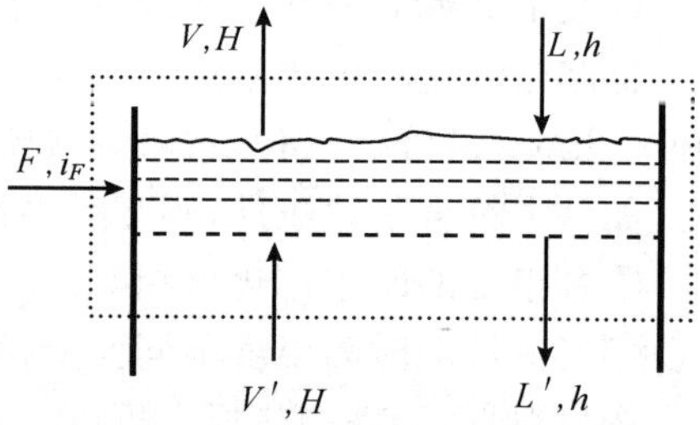

图 7-23 进料板的物料与热量衡算

式中：i_F 为进料摩尔焓，kJ/kmol；H 为蒸气的摩尔焓，kJ/kmol；h 为下降液体的摩尔焓，kJ/kmol。

将式(7-79)代入式(7-80)可得

$$\frac{H-i_F}{H-h}=\frac{L'-L}{F}$$

令

$$q=\frac{H-i_F}{H-h}=\frac{L'-L}{F} \qquad (7\text{-}81)$$

即

$$q=\frac{\text{每千摩尔进料变为饱和蒸汽所需热量}}{\text{进料的千摩尔汽化潜热 } r}=\frac{H-i_F}{r}$$

显然，q 值标志着进料的热状态，故 q 称为进料的热状态参数。已知进料的组成和热状态，亦即给定 H，r 和 i_F，即可求得 q 值。基于摩尔汽化潜热相近，式中的 r 可近似以任一组分的千摩尔汽化潜热计，而用进料的摩尔平均汽化潜热就更为接近实际情况。

另外，由式(7-81)右端可得：

$$L'=L+qF \qquad (7\text{-}82)$$

$$V'=V-(1-q)F=V+(q-1)F \qquad (7\text{-}83)$$

当 q 值及进料流率 F 给定时，若已知精馏段的流率，即可计算提馏段的流率，反之亦然。表 7-2 给出了五种不同进料热状态时的 q 值范围，以及两段流率之间的关系。

表 7-2 进料热状态及精馏段、提馏段的液气流量关系

进料热状态	i_F 范围	q 值范围	精馏段、提馏段的气液流量关系	
过冷液体	$i_F<h$	>1	$L'>L+F$	$V'>V$
饱和液体	$i_F=h$	1	$L'=L+F$	$V'=V$
气液混合物	$H>i_F>h$	0～1	$L'>L$	$V'<V$
饱和蒸汽	$i_F=H$	0	$L'=L$	$V'=V-F$
过热蒸汽	$i_F>H$	<0	$L'<L$	$V'<V-F$

7.5.3 操作线方程

7.5.3.1 精馏段操作线方程式

连续精馏塔的精馏段与提馏段之间，因有原料不断引入塔中，故两段的操作关系有所不同。先推导精馏段操作关系。

为讨论问题的方便，一般规定塔板序号按从塔顶到塔釜依次排列即 1，2，3，N，而不同块板上的气液相组成、温度等物理量则以离开的相应板的序号为下标加以区别。以图 7-24 第 n 块板为例，进入该板的液相是离开第 $n-1$ 块板的液相，故进入第 n 块板的液相组成应表示为

x_{n-1}，而进入第 n 块板的气相来自第 y_{n+1} 块板，其组成 y 应为 y_{n+1}，其他依此类推。

对图 7-24 中虚线所划定的范围作物料衡算：

由总的物料衡算得

$$V = L + D \tag{7-84}$$

由易挥发组分的物料衡算得

$$Vy_{n+1} = Lx_n + Dx_D \tag{7-85}$$

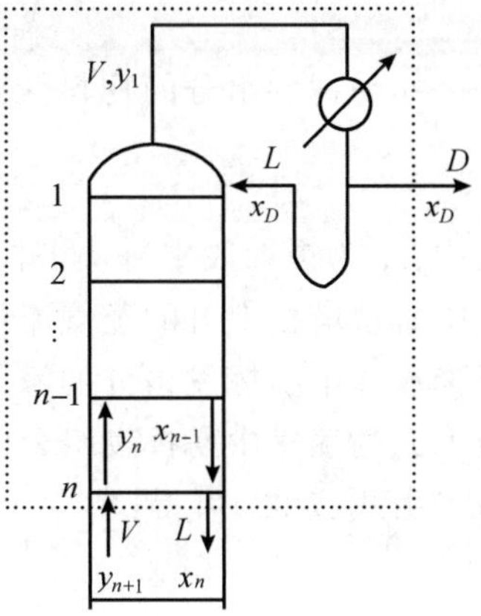

图 7-24　精馏段物料衡算

式中：V 为精馏段内每块塔板上升的蒸汽量，kmol/h；L 为精馏段内每块塔板下降的液体量，kmol/h；D 为馏出液流量，kmol/h；y_{n+1} 为从精馏段第 $n+1$ 板上升的蒸汽中易挥发组分的摩尔分数；x_D 为馏出液中的易挥发组分的摩尔分数；x_n 为从精馏段第 n 板下降的液体中易挥发组分的摩尔分数。

将式(7-84)代入式(7-85)可得：

$$y_{n+1} = \frac{L}{V}x_n + \frac{D}{V}x_D$$

$$= \frac{L}{L+D}x_n + \frac{D}{L+D}x_D \tag{7-86}$$

上式右边两项的分子分母除以馏出液流量 D，并令：

$$R = \frac{L}{D} \tag{7-87}$$

R 称为回流比，以后将详细讨论。则得

$$y_{n+1} = \frac{R}{R+1}x_n + \frac{x_D}{R+1} \tag{7-88}$$

式(7-88)称为精馏段操作线方程。它表达了在一定的操作条件下，从任一板(第 n 层)下流的液体组成 x_n 与此相邻的下一塔板(第 $n+1$ 层)上升的蒸气组成之间的关系。

塔顶的蒸气在冷凝器中全部冷凝为液体，称此冷凝器为全凝器，冷凝液在泡点温度下部分回流入塔，称为泡点回流。在馏出液恒定时，回流流量由式(7-87)决定。即：

$$L = R \cdot D \tag{7-89}$$

对全凝器作物料衡算

$$V = L + D = (R+1)D \tag{7-90}$$

需要指出的是，上述方程仅适用于泡点回流的情况。

7.5.3.2　提馏段操作线方程

按图 7-25 中虚线所划定的范围(包括提馏段中第 m 块塔板以下的塔段及再沸器在内)，作总物料衡算

$$V' = L' - W \tag{7-91}$$

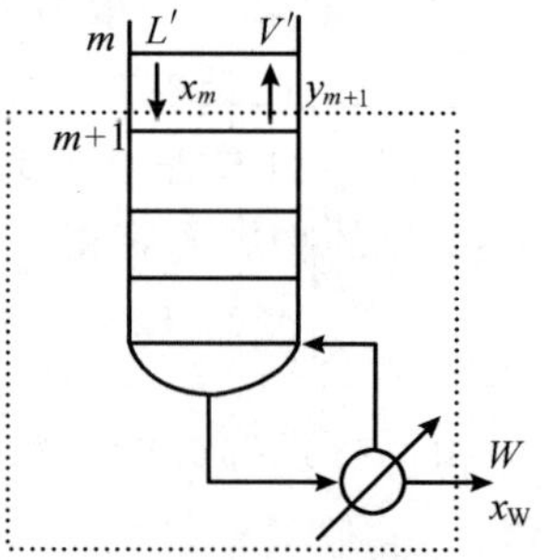

图 7-25 提馏段物料衡算

作易挥发组分的物料衡算：

$$V' y_{m+1} = L' x_m - W x_W \tag{7-92}$$

式中：L'为提馏段中每块塔板下降的液体流量，kmol/h；V'为提馏段中每块塔板上升的蒸气流量，kmol/h；x_m 为提馏段第 m 块塔板下降液体中易挥发组分的摩尔分数；y_{m+1} 为提馏段第 $m+1$ 块塔板上升的蒸气中易挥发组分的摩尔分数。

由式(7-92)可得：

$$y_{m+1} = \frac{L'}{V'} x_m - \frac{W}{V'} x_W \tag{7-93}$$

将式(7-91)代入式(7-93)，可得

$$y_{m+1} = \frac{L'}{L' - W} x_m - \frac{W}{L' - W} x_W \tag{7-94}$$

式(7-93)或式(7-94)称为提馏段操作线方程。此式表达了在一定操作条件下，提馏段内自任一块塔板(第 m 板)下降的液体组成 x_m 与此相邻的下一塔板(第 $m+1$ 板)上升的蒸气组成 y_{m+1} 之间的关系。

7.5.3.3 操作方程的图示与 q 线

若分离要求 x_D、x_W 和进料的各参数 F、x_F、q 已知，并选定了回流比 R，则操作方程的图形可方便地在 x-y 图上画出。

由式(7-88)可知：精馏段操作方程的图形为一直线，称为精馏段操作线，其斜率为 $\frac{R}{R+1}$，在 y 轴上的截距为 $\frac{x_D}{R+1}$；又当 $x_n = x_D$ 时，$y_{n+1} = x_D$，故该直线过对角线上的点 $D(x_D, x_D)$。由上述任两个条件，即可画得精馏段操作线如图 7-26 的直线 DK 所示。

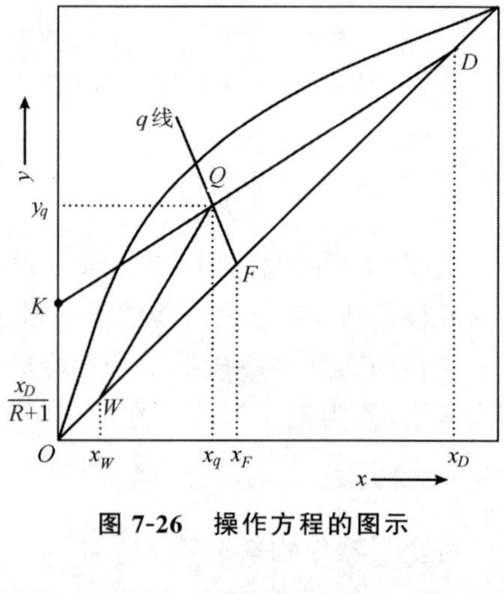

图 7-26 操作方程的图示

由式(7-94)可知：提馏段操作方程的图形亦为一直线，称为提馏段操作线，其斜率为 $\frac{L'}{L'-W}$，又当 $x_m = x_W$ 时，$y_{m+1} = x_W$，故该直线过对角线上的点 $W(x_W, x_W)$。其操作线如图 7-26 的直线 QW 所示。

原则上说，提馏段操作线用上述方法即可作出，但在实际应用中通常通过 q 线方程画提馏段操作线比较方便。q 线方程为精馏段操作线与提馏段操作线交点(Q 点)轨迹的方程，则它既服从式(7-85)同时又遵循式(7-92)，这时两式变量相同，略去变量的上下标，则：

$$Vy = Lx + Dx_D \tag{A}$$

$$V'y = L'x - Wx_W \tag{B}$$

用式(B)减去式(A)得：

$$(V'-V)y=(L'-L)x-(Wx_W+Dx_D) \tag{C}$$

将 $V'-V=(q-1)F$ 及 $L'-L=qF$ 代入式(C)：

$$(q-1)Fy=qFx-Fx_F$$

整理得：

$$y=\frac{q}{q-1}x-\frac{x_F}{q-1} \tag{7-95}$$

式(7-95)称为 q 线方程或进料方程，在一定进料热状态下该式亦为直线方程式，当 $x=x_F$ 时，由式(7-95)得 $y=x_F$，即在图 7-27 对角线上的 F 点。从 F 点作斜率为 $\frac{q}{q-1}$ 的直线，即图中的 FQ 线。

由于 q 线的引出，简化了提馏段操作线的绘制。过坐标为 $x=y=x_F$ 的 F 点作斜率为 $\frac{q}{q-1}$ 的直线即 q 线。q 线与精馏段操作线相交于 Q 点，连接 Q 点和 W 点($x=y=x_W$)的直线 QW，即为提馏段操作线。

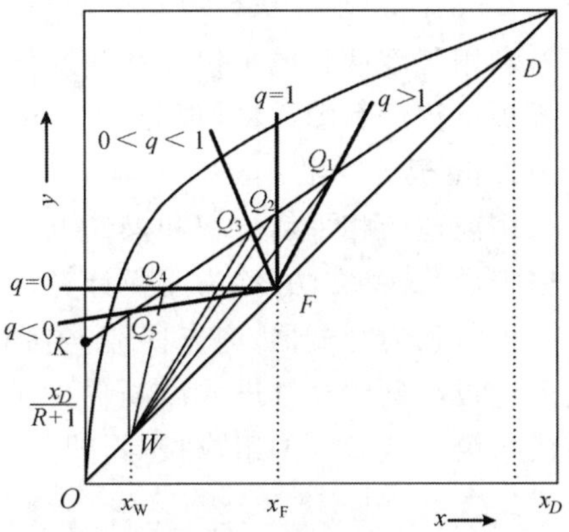

图 7-27　不同进料状态的 q 线及对提馏段操作线的影响

图 7-27 则表示五种进料热状态参数 q 时的 q 线及相应的提馏段操作线。由图可看出：在相同回流比 R 下，各种 q 值并不改变精馏段操作线的位置，但却明显地改变了提馏段操作线的位置。q 值愈小，提馏操作线的斜率愈大。

【例 7-8】 用一常压精馏塔分离含轻组分 A 为 0.44(摩尔分率，以下同)混合溶液，料液流量 1 000 kmol/h，要求塔顶产品 A 含量 0.97 以上，塔底产品 A 含量小于 0.03，采用回流比 $R=3$，泡点进料，求：

(1)塔顶、塔釜产品流量及精馏段、提馏段的气、液量；

(2)若进料状态改为 20℃冷液，问精馏段、提馏段的气、液量各变为多少？

已知料液的泡点为 94℃，混合液的平均比热为 158.2 kJ/(kmol·K)，汽化潜热为 33 100 kJ/kmol。

解：(1)由总物衡式(7-75)和轻组分衡算式(7-76)得：

$$D=\frac{x_F-x_W}{x_D-x_W}F=\frac{0.44-0.03}{0.96-0.03}\times 1\,000=441(\text{kmol/h})$$

$$W=F-D=1\,000-441=559(\text{kmol/h})$$

则精馏段气相流量：$V=(1+R)D=4\times 441=1\,764(\text{kmol/h})$

精馏段液相流量：$L=RD=3\times 441=1\,323(\text{kmol/h})$

而，$q=1$

提馏段气相流量：$V'=V-(1-q)F=V=1\,764(\text{kmol/h})$

提馏段液相流量：$L'=L+qF=L+F=1\,323+1\,000=2\,323(\text{kmol/h})$

(2)若进料状态改为 20℃冷液，则式(7-81)可得：

$$q=1+\frac{c_p(t_b-t_F)}{r}=1+\frac{158.2\times(94-20)}{33\ 100}=1.353\ 8$$

$$V'=V-(1-q)F=1\ 764-(1-1.3\ 538)\times 1\ 000=1\ 410(\text{kmol/h})$$

$$L'=L+qF=1\ 323+1.353\ 8\times 1\ 000=267(\text{kmol/h})$$

V、L 不变。

7.5.4 理论板的确定与实际板的讨论

7.5.4.1 理论板的确定

利用气液两相的平衡关系和操作关系(操作线方程式)可求出所需要的理论板数,其方法有逐板计算法和图解法,现分述如下。

1. 逐板计算法

用前述的相平衡方程和操作方程,逐板计算各块塔板的气、液相组成,从而求得所需的理论塔板数,这一方法,称为逐板计算法。通常从塔顶(亦可从塔底)开始计算,具体步骤如下述。

设塔顶为全凝器,泡点回流。参阅图 7-28。从最上层第一块理论板上升的蒸气进入冷凝器中全部被冷凝,所以馏出液的组成与第一板蒸气的组成相等,即

$$y_1=x_D \tag{7-96}$$

离开第一板的液体组成 x_1 应与 y_1 成平衡,可由相平衡方程式(7-66)求得。即:

$$y_1=\frac{\alpha x_1}{1+(\alpha-1)x_1}$$

由第二层理论板上升的蒸气组成 y_2 与 x_1 的关系由精馏段操作线方程式(7-88)决定,即:

$$y_2=\frac{R}{R+1}x_1+\frac{x_D}{R+1}$$

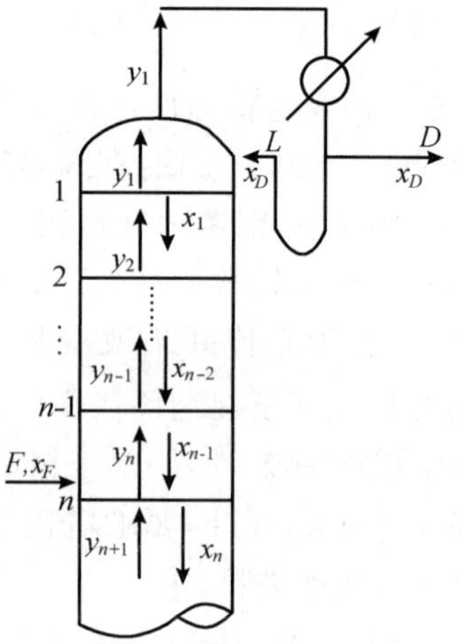

图 7-28 逐板计算法示意图

x_2 与 y_2 平衡,……依此类推,当计算得 $x_n<x_q$(对饱和液体进料 $x_q=x_F$)时,说明该板(第 n 层)已是加料板,应属于提馏段。计算过程中每使用一次平衡关系,表示需要一层理论板,精馏段需要 $n-1$ 层理论板。

用同样方法,可求得提馏段所需的理论板数。所不同的是从加料板开始往下计算,改用提馏段操作线方程式(7-94)。继续利用平衡关系和操作线方程,一直计算到液相组成 $x_m<x_W$ 为止。对于间接加热的再沸器,离开它的气液两相达到平衡,是一块实际塔板,也相当于最后一块理论板。所以提馏段所需的理论板层数应为计算中使用平衡关系的次数减 1。

用逐板法计算理论板数比较准确,并且同时能得出每块板上气液两相组成,但是这种方法显得比较烦琐,特别是在板数比较多的情况下,手算更有不便之处。当然,在计算机应用日趋广泛的情况下,逐板法的应用必将越来越广泛。用图解方法,可以使计算过程大为简化。

2. 图解法

图解法计算精馏塔的理论板数和逐板法一样,也是应用气液相平衡关系和操作线方程式,

只是把平衡关系和操作线方程式描绘在 x-y 图上，使数学运算简化为图解过程。两者并无本质区别，只是形式不同而已。

图解法中以直角梯级法最常用，此法由 Mccabe 与 Thiele 提出，故称为 M-T 法。其具体做法先按 7.5.3.3 所述方法在 x-y 图上作出精馏段操作线、q 线和提馏段操作线，如图 7-29 所示。然后从 D 点（$x=y=x_D$）开始，在精馏段操作线与平衡线之间作水平线及垂直线构成直角梯级，当梯级跨过 Q 点时，则改在提馏段操作线与平衡线间作直角梯级，直至梯级的水平线达到或跨过 W 点为止。

所作的每一个直角梯级代表一块理论板，这结合逐板计算分析是不难理解的。在图 7-29 中，由 D 点开始，引水平线与平衡线相交于点 1，1 点表示气相浓度 y_1，与液相浓度 x_1 互成平衡，相当于逐板计算中使用一次平衡关系由 y_1 求 x_1，因此代表一块理论板，表示第一块理论板上升蒸气组成 y_1 与下降液体组成 x_1。再自 1 点引垂直线与操作线相交于 1′点，1′点表示离开第一板的液相浓度 x_1 与来自下一板（第 2 板）的气相浓度 y_2 之间的关系（即操作线所表示的关系），相当于逐板计算法中利用一次操作线方程式由 x_1 求 y_2。所以水平线 1D 表示经第一板后液相组成自 x_D 减小到 x_1，垂直线 11′表示经第一层板后气相组成自 y_2 提高到 y_1。x_1 及 y_1 分别为离开第一层理论板的气液相组成，且对应于平衡线上的点 1。1 点或梯级 D11′代表一层理论板。依此类推，每个梯级或它在平衡线上的顶点都代表一层理论板。顶点上的 x 与 y 值即该板上的液相与气相组成。

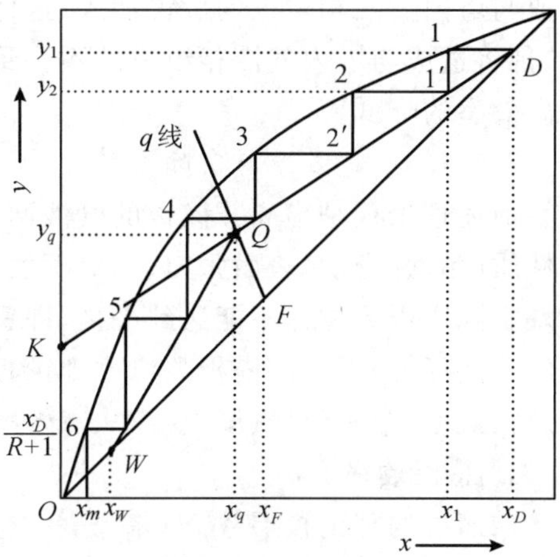

图 7-29　理论板的图解法示意图

图 7-29 中梯级总数为 6。第 4 块板跨过 Q 点，即第 4 层为加料板，精馏段共 3 层，在提馏段中，除去再沸器相当的一块理论板，则提馏段的理论板数为 3－1＝2。

7.5.4.2　最佳进料位置

在自上而下的逐板计算中存在一个加料板位置的确定问题。在计算过程中，跨过加料板由精馏段进入提馏段在计算中的表现是以提馏段操作线方程式代替精馏段操作线方程式，在图解法中表现为改换操作线。问题是如何选择加料板位置可使所需要的总理论板数最少。

图 7-30 上加料板位置选择为第 4 块，当用 x_4 求 y_5 时改用提馏段操作线。如果第 4 块板上不加料，则由精馏段操作线方程式求取 y_5。不难看出，原第 5 块板位置变成 5′后，使该板的提浓程度减少，使塔釜达到同样的 x_W 所需要的理论塔板数有所增加，说明加料过晚传质效率不高。反之，当加料板选在第 3 块，即由 x_3 求 y_4 时改用提馏段操作线，同样可以看出，原第 4 块板位置变成 4′后，使该板的提浓程度减少，说明加料过早传质效率也不是

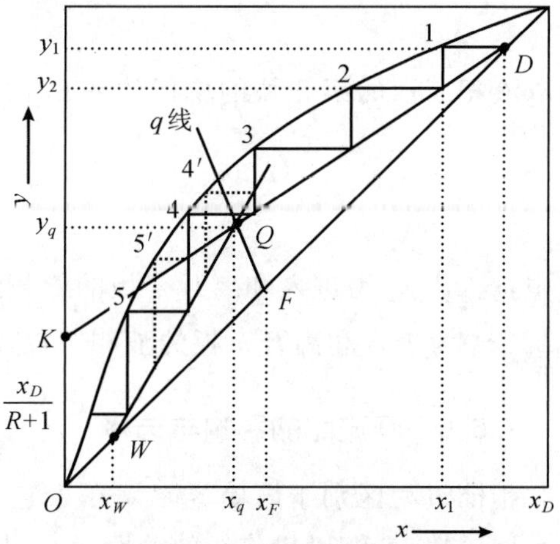

图 7-30　操作方程的图示

最佳。故最佳加料位置应该在该板的液相组成 x 等于或略低于 x_q。

从传质学来理解，塔内的传质就是分离各组分，对塔体系而言，外来的加料应该选择在其组成与塔内气液相接近的位置加入，这样对塔内传质的不利影响最小，如果在其他任何位置加入，都将造成与塔内气液相组成的不一致，即引起塔内各组分的组成在空间上的“返混”，导致分离效率的降低。

7.5.4.3　板效率与实际板数

前述理论板是指离开该板的气液两相达到平衡状态。实际上，由于各种因素影响，如物系的性质(黏度、密度、表面张力、相对挥发度等)、塔板结构、操作因素(液速等)；气液两相在经过一块实际塔板后往往不能达到平衡，即每块实际塔板的分离能力并不及理论板，故完成某一指定的分离任务，所需的塔板数将比理论板数多，通常用板效率来表示理论板与实际板的差异。有总板效率、单板效率、湿板效率、点效率之分。下面介绍总板效率和单板效率。

1. 总板效率 E_T

精馏塔的理论板层数 N(塔釜是一块理论塔板，故不含塔釜的一块)与实际塔板层数 N_P 之比称为总板效率。

$$E_T = \frac{N}{N_P} \tag{7-97}$$

E_T 表示全塔各层塔板的平均效率，恒小于 1，可查工程设计手册根据经验公式或经验关联图估算。

2. 单板效率

单板效率常常又称默弗里(Murphree)板效率。它是以气相(或液相)经过实际塔板的组成变化值与经过理论板时的组成变化值之比表示的。如图 7-31 所示。

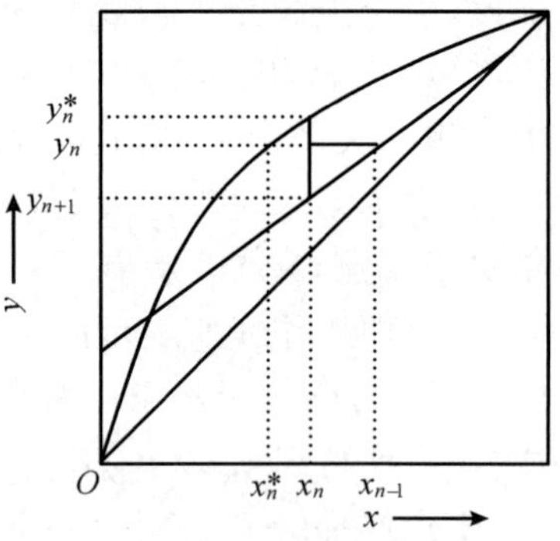

图 7-31　单板效率示意图

以气相表示的第 n 块的单板效率 $E_{mv,n}$

$$E_{mv,n} = \frac{\text{实际板的气相增浓值}}{\text{理论板的气相增浓值}}$$

即

$$E_{mv,n} = \frac{y_n - y_{n+1}}{y_n^* - y_{n+1}} \tag{7-98}$$

则以液相表示的第 n 块的单板效率 $E_{ml,n}$ 为

$$E_{ml,n} = \frac{x_{n-1} - x_N}{x_{n-1} - x_n^*} \tag{7-99}$$

式中：y_{n+1}、y_n 为进入和离开 n 板的气相组成；y_n^* 为与板上液体组成 x_n 成平衡的气相组成；x_{n-1}、x_n 为进入和离开 n 板的液相组成；x_n^* 为与 y_n 成平衡的液相组成。

7.5.5　回流比的影响与选择

精馏过程区别于简单蒸馏就在于它有回流，回流对精馏塔的操作与设计都有重要影响。增大回流比，精馏段操作线的截距减小，操作线离平衡越远，每一梯级的线段及水平线段都增长，说明每层理论板的分离程度加大，为完成一定分离任务所需的理论板数就会减少。但是增大回流比又导致冷凝器、再沸器负荷增大，操作费用增加，且回流比过大，塔内气液相流量增加，势必造成塔径增加，设备费增加，因而回流比的大小涉及经济问题。即应考虑工艺上的要求，又应考虑设备费用（板数多少及冷凝器、再沸器传热面积大小）和操作费用，来选择适宜回流比。

以下所论的回流是指塔顶蒸气冷凝为泡点下的液体回流至塔内，常称为泡点回流。泡点回流时由冷凝器到精馏塔的外回流与塔内的内回流是相等的。

7.5.5.1　全回流与最少理论板数

若塔顶上升之蒸气冷凝后全部回流至塔内称为全回流。

全回流时塔顶产品 $D=0$，一般也不向塔内进料，$F=0$，也不取出塔底产品，$W=0$。因而无精馏段和提馏段之分。

全回流时回流比 $R=L/D=V/0=\infty$，是回流比的最大值。

精馏段操作线（全塔操作线）的斜率 $\dfrac{R}{R+1}=1$，D 在 y 轴上的截距 $\dfrac{x_D}{R+1}=0$，操作线与 x-y 图上的对角线重合。即：

$$y_{n+1}=x_n$$

在操作线与平衡线间绘直角梯级，其跨度最大，所需的理论板数最少，以 $N_{\min}$ 表示，如图 7-32 所示。

全回流时的理论塔板数可按前述逐板计算或图解法确定，对于理想溶液，可以从下述公式计算：

$$N_{\min}+1=\frac{\lg\left[\left(\dfrac{x_D}{1-x_D}\right)\left(\dfrac{1-x_W}{x_W}\right)\right]}{\lg\alpha_m} \qquad (7\text{-}100)$$

式中：$N_{\min}$ 为全回流时所需的最少理论板数（不包括再沸器）；α_m 为全塔平均相对挥发度，一般取塔顶、进料处和塔底 α 的几何平均值。

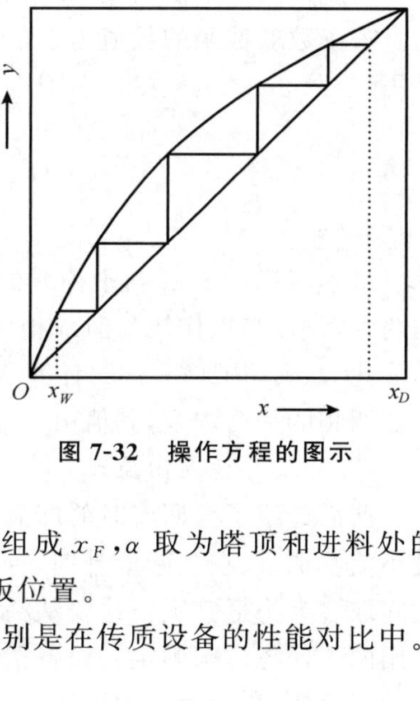

图 7-32　操作方程的图示

式(7-100)称为芬斯克(Fenske)公式，用来计算全回流下采用全凝器时的最少理论板数。若将式中的 x_W 换成进料组成 x_F，α 取为塔顶和进料处的平均值，则该式也可用以计算精馏段的最少理论板数及加料板位置。

全回流操作只用于精馏塔的开工、调试和实验研究中，特别是在传质设备的性能对比中。

7.5.5.2　最小回流比

回流比减小，两操作线向平衡线移动，达到指定分离程度（x_D、x_W）所需的理论板数增多。当回流比减到某一数值时，两操作线交点 q 点[图 7-33(a)]落在平衡线上，在平衡线与操作线间绘梯级，需要无穷多的梯级才能达到 q 点。相应的回流比称为最小回流比，以 $R_{\min}$ 表示。对于一定的分离要求，$R_{\min}$ 是回流比的最小值。

在图 7-33(a)的 q 点上下各板（进料板上下区域）气液两相组成基本不变化，即无增浓作用，点 q 称为夹紧点。这个区域称为恒浓区（或称为夹紧区）。

设 q 点的坐标为(x_q，y_q)，则由精馏段操作线方程式(7-88)的斜率或截距可求得 $R_{\min}$，即：

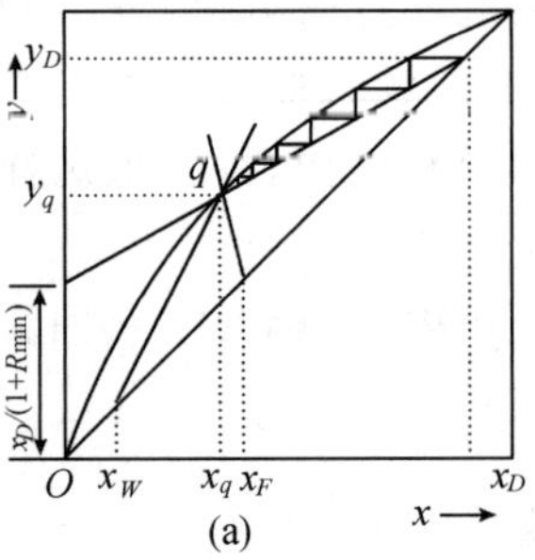

图 7-33　最小回流比的图示

$$\frac{R_{min}}{R_{min}+1}=\frac{x_D-y_q}{x_D-x_q} \tag{7-101}$$

整理得，

$$R_{min}=\frac{x_D-y_q}{y_q-x_q} \tag{7-102}$$

对规则的相平衡曲线，夹紧点 q 在平衡线上，x_q 与 y_q 满足相平衡关系式。

若读数取截距的数值为 b 值，有

$$b=\frac{x_D}{1+R_{min}} \tag{7-103}$$

$$R_{min}=\frac{x_D}{b}-1 \tag{7-104}$$

最小回流比 R_{min} 与平衡线的形状有关。当平衡线不规则时，还可遇到图 7-33(b)(c)所示的两种情形，当操作线与曲线相切于 e 点时，在 e 点处已出现恒浓区，相应的回流比即为最小回流比 R_{min}。用式(7-102)计算 R_{min} 时，q 点不在平衡线上，是切线与 q 线的交点，x_q、y_q 不是气液两相的平衡浓度，其值由 x-y 图读得；也可读精馏段操作线的截距，用式(7-104)计算。

7.5.5.3　适宜回流比

前面介绍了全回流时的回流比($R=\infty$)是回流比的最大值，最小回流比 R_{min} 为回流比的最小值。那么，在实际设计时，回流比 R 在 R_{min} 与 $R=\infty$ 之间取多大为适宜呢？这要从精馏过程的设备费用与操作费用两方面考虑来确定。设备费用与操作费用之和为最低时的回流比，称为适宜回流比。

精馏过程的设备主要有精馏塔、再沸器和冷凝器。

当回流比最小时，塔板数为无穷大，故设备费为无穷大。当 R 稍大于 R_{min} 时，塔板数便从无穷多锐减到某一值，塔的设备费，随之锐减。当 R 继续增加时，塔板数固然仍随之减少，但已较缓慢。另外，由于 R 的增加，上升蒸气量随之增加，从而使塔径、蒸馏釜、冷凝器等尺寸相应增大，故 R 增加到某一数值以后，设备费用又回升，如图 7-34 中曲线 1 所示。

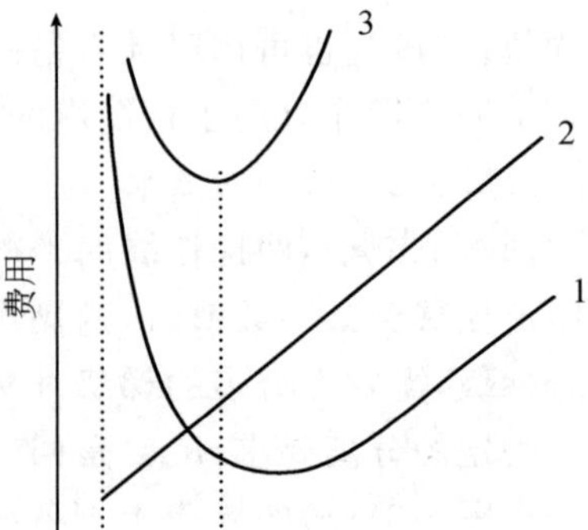

1. 设备费　2. 操作费　3. 总费用

图 7-34　适宜回流比的确定

精馏过程的操作费用主要包括再沸器加热介质和冷凝器冷却介质的费用。当回流比增加时，加热介质和冷却介质消耗量随之增加，使操作费用相应增加，如图 7-34 中曲线 2 所示。

总费用是设备费用与操作费用之和，它与 R 的大致关系如图 7-34 中曲线 3 所示。曲线 3 的最低点对应的 R，即为适宜回流比。在精馏设计中，通常采用由实践总结出来的适宜回流比范围为：

$$R_{opt}=(1.1\sim 2.0)R_{min} \tag{7-105}$$

对于难分离的物系，R 应取得更大些。

以上分析主要是从设计角度考虑的。生产中却是另一种情况，设备都已安装好，即理论塔板数固定。若原料的组成、热状态均为定值，倘若加大回流比操作，这时操作线更接近对角线。所需理论板数减少，而塔内理论板数显得比需要的多了，因而产品纯度会有所提高。反之，减少回流比操作，情形正好与上述相反，产品纯度会有所降低。所以在生产中把调节回流比当作保持产品纯度的一种手段。

【例 7-9】 某混合物在一常压连续精馏塔进行分离。进料中轻组分 A 含量为 0.4（摩尔分率，下同）流量为 100 kmol/h，要求塔顶馏出液中含 A 为 0.9，A 的回收率不低于 0.9。泡点进料，取回流比为最小回流比的 1.5 倍，塔釜间接蒸气加热，且知系统的相对挥发度为 $\alpha=2.5$。试求：

(1)塔顶产品量 D，塔底产品量 W 及组成 x_W。

(2)最小回流比。

(3)精馏段和提馏段操作线方程。

(4)操作时，若第一块板下降的液体中 A 为 0.82，求该板的气相默弗里板效率 E_{mv}。

(5)设计时，若改用饱和蒸汽进料，仍用(2)中所用回流比所需理论板数为多少？

解：(1) $\eta=\dfrac{Dx_D}{Fx_F}=\dfrac{D\times 0.9}{100\times 0.4}=0.9, D=40(\text{kmol/h})$

$$W=F-D=100-40=60(\text{kmol/h})$$

$$x_W=(Fx_F-Dx_D)/W=(100\times 0.4-40\times 0.9)/60=0.0667$$

(2) $\dfrac{R_{min}}{1+R_{min}}=\dfrac{x_D-y_q}{x_D-x_q}, q=1, x_q=x_F=0.4$

$$y_q=\frac{\alpha x_q}{1+(\alpha-1)x_q}=\frac{2.5\times 0.4}{1+1.5\times 0.4}=0.625, R_{min}=1.222$$

$$R=1.5\times 1.222=1.833$$

(3)精馏段操作线：

$$y=\frac{R}{1+R}x+\frac{x_D}{1+R}=\frac{1.833}{2.833}x+\frac{0.9}{2.833}=0.6470x+0.3177$$

提馏段操作线：

$$y=\frac{L'}{V'}x-\frac{W}{V'}x_W$$

$$V=(1+R)D=2.833\times 40=113.32(\text{kmol/h})$$

$$L = RD = 1.833 \times 40 = 73.32(\text{kmol/h})$$
$$L' = L + qF = 73.32 + 100 = 173.32(\text{kmol/h})$$
$$V' = V = 113.32\ \text{kmol/h}$$
$$y = \frac{173.32}{113.32}x - \frac{60 \times 0.0667}{113.32} = 1.5295x - 0.0353$$

(4)$E_{\text{mv},1} = \dfrac{y_1 - y_2}{y_1^* - y_2}$，$y_1 = x_D = 0.90$

$$y_1^* = \frac{\alpha x_1}{1 + (\alpha - 1)x_1} = \frac{2.5 \times 0.82}{1 + 1.5 \times 0.82} = 0.9193$$
$$y_2 = 0.6470x_1 + 0.3177 = 0.6470 \times 0.82 + 0.3177 = 0.8482$$
$$E_{\text{mv},1} = \frac{0.90 - 0.8482}{0.9193 - 0.8482} = 82.86\%$$

(5)本题有其特殊性，因为 q 值的减少，导致 q 线与精馏线的交点向平衡线靠，但若此交点超过了平衡线，则无法分离。

q 线与精馏线交点为(x_q，y_q)，q 线与平衡线交点为(x_e，y_e)

$q=0$ 时，$y_e = x_F = 0.4$

$$x_e = \frac{y_e}{\alpha - (\alpha - 1)y_e} = \frac{0.4}{2.5 - 1.5 \times 0.4} = 0.2105$$

$y_q = x_F = 0.4$

$0.4 = 0.64x_q + 0.3177$，$x_q = 0.1272$

因为 $x_q < x_e$，所以出现了挟点，$N_e = \infty$ 也无法实现分离。

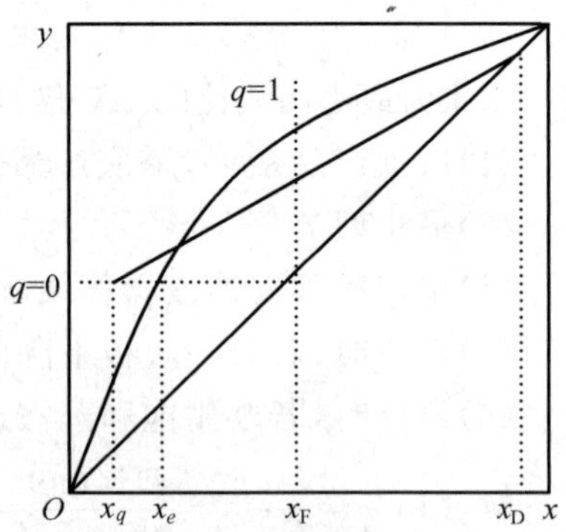

例 7-9 附图

7.5.6 双组分精馏的操作计算

精馏的操作型计算的内容是在设备已经确定(指全塔的理论板数与加料位置已定，有时加料位置也可变动)的条件下指定操作条件，预计精馏操作的结果(产品组成 x_D、x_W 和处理量 F)，或者要求一定的操作结果，确定必需的操作条件(如回流比、加料位置)。

操作型计算在实际生产中可以用来预计：a. 产品质量；b. 操作条件变化时产品质量和产出量的变化；c. 为了保证产品质量应该采取什么措施等。计算中所用的基本关系式与上述设计型计算相同，但计算量常常较大，较为烦琐，下面以一分析题来说明。

二维码 7-4
例 7-10(1)解

【例 7-10】 一操作中的精馏塔，在下列变化条件下，试分析一些参数将如何变化？

(1)若保持 F、x_F、q、D 不变，增大回流比 R，试分析 L、V、L'、V'、W、x_D、x_W 的变化趋势。(分析解见二维码 7-4)

(2)因进料预热器内加热蒸气压力降低致使进料 q 值增大。若 F、x_F、R、D 不变，则 L、V、L'、V'、W、x_D、x_W 将如何变化？(分析解见二维码 7-5)

二维码 7-5　例 7-10(2)解

7.5.7　精馏装置的热量衡算

对连续精馏装置进行热量衡算，可以求得再沸器和冷凝器的热负荷以及加热剂和冷却剂的用量。

7.5.7.1　冷凝器的热负荷与冷却水用量的计算

精馏塔顶排出的蒸气 $V=(R+1)D$，在冷凝器(为全凝器)中冷凝为液体，放出热量、使冷却剂由温度 t_1 升为 t_2。若忽略热损失，则冷凝器的热负荷可用下式计算：

$$Q_c = D(R+1)(H_V - h_R) \tag{7-106}$$

式中：Q_c 为冷凝器的热负荷，kJ/h；H_V 为塔顶上升蒸气的摩尔焓，kJ/kmol；h_R 为回流液的摩尔焓，kJ/kmol。

冷却剂用量为：

$$G_c = \frac{Q_c}{c_p(t_2 - t_1)} \tag{7-107}$$

式中：G_c 为冷却剂用量，kg/h；c_p 为冷却剂的平均比热容，kJ/(kg・℃)；t_1、t_2 分别为冷却剂进、出口温度，℃。

7.5.7.2　再沸器的热负荷与加热剂用量的计算

再沸器的热负荷 Q_B 可用全塔热量衡算计算。即：

$$Q_B = Q_D + Q_w + Q_c + Q_1 - Q_F \tag{7-108}$$

式中：Q_D 为塔顶产品带出去的热量，kJ/h；Q_w 为塔底产品带出去的热量，kJ/h；Q_c 为冷凝器中冷却剂带出的热量，kJ/h；Q_F 为进料带入的热量，kJ/h；Q_1 为设备的热损失，kJ/h。

加热剂用量为：

$$G_B = \frac{Q_B}{H_1 - H_2} \tag{7-109}$$

式中：H_1、H_2 分别为加热剂进、出再沸器的比焓，kJ/kg。

一般常用饱和水蒸气作为加热剂，若冷凝水在饱和温度下排出，则 $H_1 - H_2 = r$，r 为饱和水蒸气的汽化潜热，kJ/kg。

7.5.8　其他有关实例的讨论

7.5.8.1　直接蒸气加热

精馏时的热源通常为水蒸气，在塔釜间接加热釜液。若所分离的混合液由水和比水易挥发的组分所组成，则亦可将加热蒸气直接通入釜液而省去间接加热的再沸器。

如图 7-35(a)所示，设直接加热的饱和水蒸气流率为 S，此时和间接蒸气加热的主要区别是提馏段多加入一股物流 S，故全塔总物料衡算变为：

$$S+F=D+W \tag{7-110}$$

提馏段总物料衡算改为：

$$L'+S=V'+W \tag{7-111}$$

基于恒摩尔流假设，$V'=S$

$$L'=W$$

直接蒸气加热情况下的提馏段操作方程形式上仍为式(7-93)，但若将该式中 V' 和 L' 用 S 和 W 代替，

可得

$$y_{m+1}=\frac{W}{S}x_m-\frac{W}{S}x_W \tag{7-112}$$

在 x-y 图中，直接蒸气加热时的精馏线方程不变，提馏段操作线通过点(x_W，0)，如图 7-35(b)所示，它和对角线不交于点(x_W，x_W)，和间接蒸气加热时相比，在相同的进料组成 x_F、馏出液组成 x_D、回流比 R 和进料热状态参数 q 条件下，若要保持回收率不变，由于直接蒸气的通入，使得塔釜排出液 W 较间接蒸气加热要大，则其塔釜排出液浓度必然降低，故直接蒸气加热所需的理论塔板数略多。

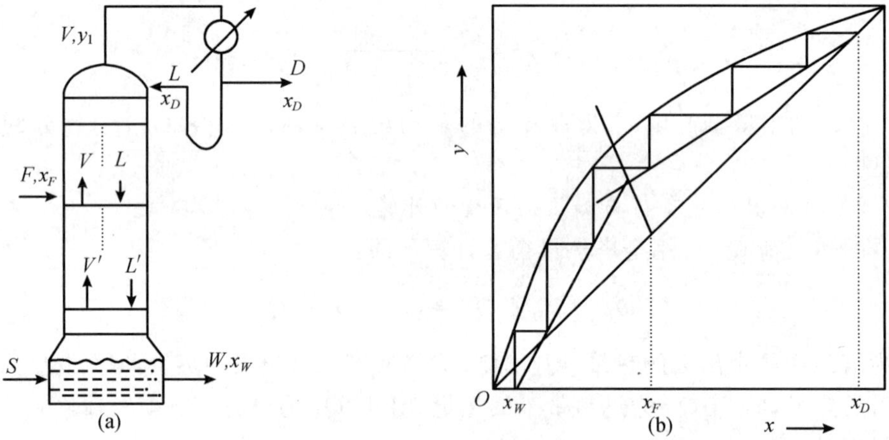

图 7-35 直接蒸气加热

【例 7-11】 设计一常压精馏塔分离某混合液，料液进料状况(F、x_F、q)、塔顶产品浓度 x_D，塔顶采出率 D/F 均为定值，按以下两种供热方式设计，取相同的回流比，试分别比较残液量、残液组成、所需理论板数的相对大小。(分析解见二维码 7-6)。

二维码 7-6
例 7-11 解

7.5.8.2 提馏塔

提馏塔亦称回收塔，只有提馏段无精馏段的精馏塔，如图 7-36(a)所示。提馏塔用于回收易挥发组分，对馏出液的浓度不作要求。提馏塔的计算与一般精馏塔相同。对图 7-36(a)中划定范围进行易挥发组分的衡算：

$$y_{m+1}=\frac{L'}{V'}x_m-\frac{W}{V'}x_W \tag{7-113}$$

为求理论板，由料热状态 q 计算得到 L'、V'，根据点 (x_W, x_W) 及斜率 L'/V'，作出操作线，从点 (x_D, x_D) 开始，在相平衡线和操作线作梯级至 $x < x_W$ 为止，见图 7-36(b)。

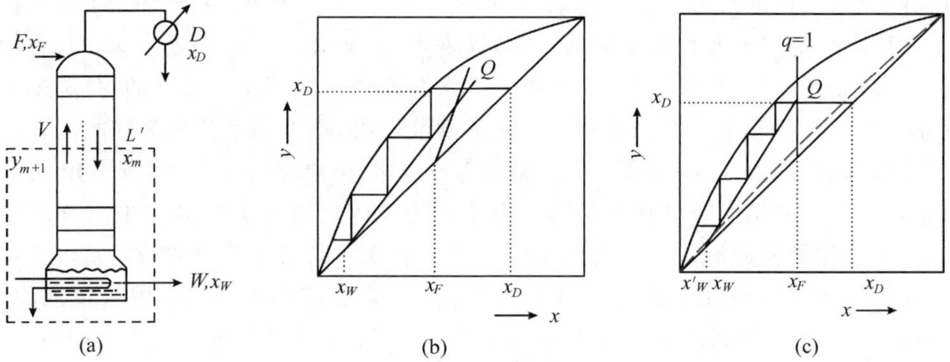

图 7-36　提馏塔流程与操作线

作为一特殊情况，当泡点进料时，$F = L'$，$V' = D$，则：

$$y_{m+1} = \frac{F}{D}x_m - \frac{W}{D}x_W \tag{7-114}$$

结果如图 7-36(c)所示。如果塔顶产品部分回流入塔，则根据物料衡算同样计算出 L'/V'，作出操作线方程，从 (x_D, x_D) 开始在平衡线与操作线间作梯级即可，如图 7-36(c)虚线所示。若理论板数确定则可提高回收效果(x'_W 减小)。

【例 7-12】 酒精发酵醪乙醇摩尔分率为 2.7%(体积分率约 8%)，有人设计用具有三块理论板的提馏塔作为初馏塔来提取水溶液中的乙醇。饱和水蒸气以 50 kmol/h 的流率由塔底直接加热进入。原料液温度为 26℃，以 100 kmol/h 的流率由塔顶加入，无回流。试求：

(1)在此条件下，塔釜残液浓度 x_W；

(2)该方案能否达到生产工艺规定的乙醇回收率 99% 的要求。(低浓度下乙醇-水平衡关系可表示为 $y = 13x$，进料组成下泡点为 94℃，比热为 100 kJ/(mol・℃)，汽化潜热为 40 000 kJ/kmol)。(分析解见二维码 7-7)。

二维码 7-7
例 7-12 解

7.6　其他蒸馏简介

7.6.1　恒沸精馏与萃取精馏

用前述的普通精馏方法分离混合物，并不是在任何情况下都适用的。当两组分的沸点非常接近时，用普通精馏方法所需塔板数相当多，经济上往往是不合算的。至于具有恒沸点的溶液，则根本不能用普通精馏方法分离，而需要用特殊精馏方法来分离。应用较广泛的特殊精馏有恒沸精馏和萃取精馏。它们的基本原理都是在混合液中加入第三组分，提高各组分的相对挥发度，使有可能采用精馏方法达到分离之目的。随第三组分所起的作用不同，分为恒沸精馏和萃取精馏两种。

在双组分混合液中加入第三组分(亦称为挟带剂)，该组分能与原溶液中一个或两个组分形成一新的最低恒沸物，恒沸物从塔顶蒸出，塔底引出较纯产品，这种精馏操作称为恒沸精馏。

常压下普通精馏方法不能得到纯乙醇，最高只能得到 0.894(摩尔分数)恒沸组成的乙醇。若要制取纯乙醇，工业上常采用恒沸精馏，即在工业酒精中加适当的挟带剂苯(或三氯乙烯)，苯与原料液形成新的三元非均相最低恒沸物，其沸点为 64.85℃，其组成为：苯 54%(摩尔百分数，下同)，乙醇 24%，水 22%。三元恒沸物中的水分是由工业酒精中带来的，只要苯的加入量适当，则原料中的水分几乎能全部转移到三元恒沸液中去，剩下的就几乎为纯的乙醇。

其工艺流程如图 7-37 所示，将工业酒精和苯引入恒沸精馏塔 1 中，塔顶蒸出二元恒沸物蒸气，塔釜排出无水酒精。蒸气在全凝器 4 中冷凝为液体再进入分层器 5 中。分层器中的轻相全部流回塔 1 作补充回流。重相送回苯回收塔 2 的顶部以回收其中的苯。在塔 2 中也形成和塔 1 相同的三元非均相恒沸液，蒸气引至冷凝器 4。塔 2 底部出来的釜液为稀乙醇，再送入乙醇回收塔 3 中，塔顶得到乙醇－水二元恒沸物，送至塔 1 作为原料。底部引出的几乎为纯水。在系统中苯是循环使用的。操作中每隔一定时间补充适量苯以弥补过程中的消耗。

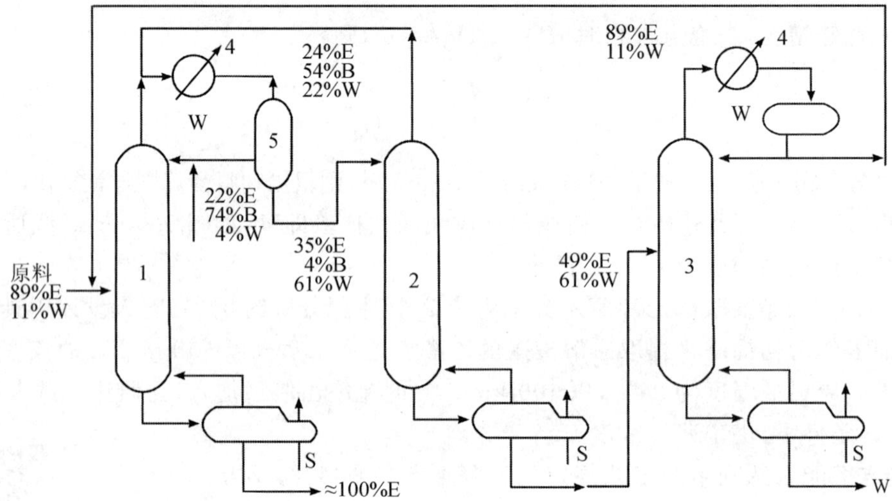

B. 苯 E. 乙醇 W. 水

1. 恒沸精馏塔 2. 苯回收塔 3. 乙醇回收塔 4. 全凝器 5. 分层器

图 7-37 恒沸精馏流程示意

萃取精馏是向混合液中加入溶剂(又称萃取剂)，与恒沸精馏不同的是萃取剂不与原料液中任何组分形成恒沸物。而萃取剂与原溶液中任何一组分相比，都具有较高的沸点。它与原料中某个组分有较强的吸引力，可显著地降低该组分的蒸气压，从而加大了原料中两组分的相对挥发度，使恒沸物或沸点相差很小的物系仍能用精馏方法分离。其流程如图 7-38 所示。

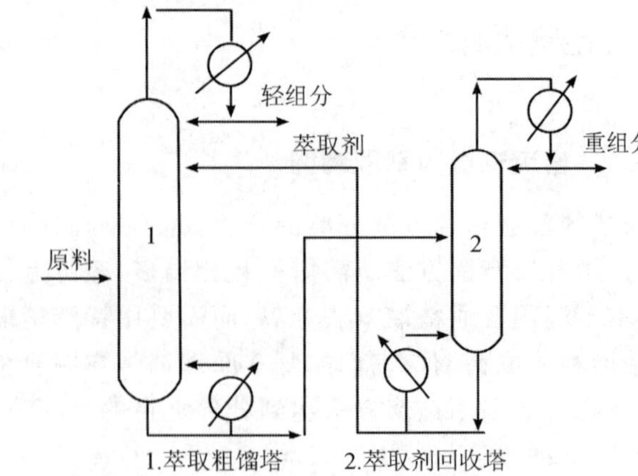

图 7-38 萃取精馏流程

7.6.2 分子蒸馏

有些化合物(如动植物油脂中的维生素)即使在一般的真空蒸馏条件下,由于沸点过高,以及需要一定的停留时间,仍有被破坏的危险。这些物质通过分子蒸馏的方法来实现蒸馏分离。分子蒸馏技术作为一种新型、有效的分离手段,自 20 世纪 30 年代出现以来得到了世界各国的重视。至 20 世纪 60 年代,已成功地应用于从鱼肝油中提取维生素 A 的工业化生产。至今,美、日、德等发达国家相继设计制造出多套工业化分子蒸馏装置。据调查,国外已用于 100 多个产品品种的生产。目前,在食品工业中用分子蒸馏分离混合油脂,可获得纯度达 90%以上的单脂肪酸酯,如硬脂酸单甘油酯、月桂酸单甘油酯、丙二醇酯等;从动植物中利用该技术提取天然产物,如精制鱼油、米糠油、小麦胚芽油、天然维生素 E 等。

分子蒸馏原理是基于在一定的温度和真空度下不同物质的分子平均自由程差异。分子蒸馏的分离作用就是利用液体混合物各分子受热后会从液面逸出,并在离液面小于轻分子平均自由程而大于重分子平均自由程处设置一个冷凝面,使轻分子不断逸出,而重分子达不到冷凝面,从而打破动态平衡而将混合物中的轻重分子分离。由于轻分子只走了很短的距离即被冷凝,所以分子蒸馏亦称短程蒸馏。分子蒸馏的特点在于真空度高、蒸馏温度低于常规的真空蒸馏且物料受热时间短,极好地保护热敏性物质的品质,具有分离程度高等优点。目前,该项技术已成功地应用于食品、医药、精细化工和化妆品等诸多行业,应用于高纯物质的提取。(详见二维码 7-8)

二维码 7-8 分子蒸馏简介

习 题

1. 用一根长 0.5 m 的细管连接两个分别装有不同浓度的氨-空气混合物的大容器。系统温度 25℃,总压 101.3 kPa。左侧容器内氨的分压为 20 kPa,右侧容器内氨的分压为 5 kPa。已知 25℃、101.3 kPa 下氨在空气中的扩散系数为 $1.95\times10^{-5}\ m^2/s$,设扩散为稳定扩散,试按两种扩散模式分别计算其传质速率。

2. 进入吸收器的混合气体中,NH_3 的体积分数为 10%,吸收率为 90%,求离开吸收器时 NH_3 的组成,以摩尔比 Y 和摩尔分数 y 表示。

3. 100 g 水中溶解 1 g NH_3,从手册中查得 20℃时 NH_3 的平衡分压为 986.6 Pa,在此浓度以内服从亨利定律。试求溶解度系数 H [单位为 $kmol/(m^3\cdot kPa)$]和相平衡常数 m,总压为 100 kPa。

4. 10℃时氧在水中的溶解度的表达式为 $p^*=3.313\times10^6x$,式中 p^* 为氧在气相中的平衡分压,kPa;x 为溶液中氧的摩尔分数。空气中氧的体积分数为 21%,试求总压为 101.325 kPa 时,每立方米水中可溶解多少克氧?

5. 含 NH_3 体积分数 3%的空气—NH_3 混合气,在 20℃下用水吸收其中的 NH_3。塔内压力为 203 kPa。NH_3 在水中的溶解度服从亨利定律,在操作温度下平衡关系为 $p^*=266.6x$ kPa。试求离塔氨水的最大浓度,以浓度 c 表示。

6. 用清水吸收混合气中的 NH_3,进入常压吸收塔的气体含 NH_3 体积分数为 6%,吸收后气体含 NH_3 体积分数为 0.4%,出口溶液的摩尔比为 NH_3 0.012 kmol/kmol 水。此物系的平

衡关系为 $Y^*=2.52X$。气液逆流流动，试求塔顶、塔底处气相推动力各为多少？

7. 用水吸收空气中的甲醇蒸气，在操作温度 300 K 下的溶解度系数 H 为 2 kmol/(m³·kPa)，传质系数 k_G 为 0.056 kmol/(m²·h·kPa)，k_L 为 0.075 kmol/(m²·h·kmol/m³)。求总传质系数 K_G 以及气相阻力在总阻力中所占的分数。

8. 已知 $p_A^*=c_A/H$，$N_A=k_G(p-p_i)=k_L(c_i-c)=K_G(p-p^*)=K_L(c^*-c)$，试证明：

$$\frac{1}{K_G}=\frac{1}{K_G}+\frac{1}{HK_L}$$

9. 混合气含 CO_2 体积分数为 10%，其余为空气。在 30℃、2 MPa 下，用水吸收，使 CO_2 的体积分数降到 0.5%，水溶液出口组成 $X_1=6\times10^{-4}$（摩尔比）。混合气体处理量为 2 240 m³/h（按标准状态 $T_0=273.15$ K，$p_0=101\ 325$ Pa），塔径为 1.5 m。亨利系数 $E=$ 200 MPa，液相体积总传质系数 $K_L\cdot a=50$ kmol/(m·h·kmol/m³)。求每小时用水量及填料层高度。

10. 用煤油从苯蒸气与空气的混合物中回收苯，要求回收 99%。入塔的混合气中，含苯 2%（摩尔分数）。入塔的煤油中，含苯 0.02%。溶剂用量为最小用量的 1.5 倍，操作温度为 50℃，压力为 100 kPa。平衡关系为 $Y^*=0.36X$，总传质系数 $K_Y\cdot a=0.015$ kmol/(m³·s)。入塔气体的摩尔流率为 0.015 kmol/(m²·s)。求填料层高度。

11. 气体混合物中溶质的浓度 $Y_1=0.02$（摩尔比），要在吸收塔内回收溶质的 99%。气液平衡关系为 $Y^*=X$。求下列情况下的传质单元数 N_{OG}。

(1)入塔液体为纯溶剂，液气比 $L/V=2.0$。

(2)入塔液体为纯溶剂，液气比 $L/V=1.25$。

(3)入塔液体中含溶质的浓度 $X_2=0.000\ 1$，液气比 $L/V=1.25$。

(4)入塔液体为纯溶剂，液气比 $L/V=0.8$，溶质的回收率最大可到多少？

12. 某厂有一填料塔，直径 880 mm，填料层高 6 m，所用填料为 50 mm 瓷拉西环，乱堆。每小时处理 2 000 m³ 混合气（体积按 25℃与 101.33 kPa 计），其中含丙酮摩尔分数为 5%。用清水作溶剂。塔顶送出的废气含 0.263% 丙酮，塔底送出来的溶液每千克含丙酮 61.2 g。根据上述测试数据计算气相体积总传质系数 K_Ya。操作条件下的平衡关系为 $Y^*=2.0X$。上述情况下每小时可回收多少千克丙酮？若把填料层加高 3 m，可以多回收多少丙酮？

13. 一吸收塔用清水吸收混合气中的溶质 A，以逆流方式操作。进入塔底之气体中溶质 A 的摩尔分数为 1%，经吸收后溶质 A 被回收了 80%，此时水的流量为最小流量的 1.5 倍。平衡曲线的斜率 $m=1$。

(1)求传质单元数 N_{OG}。

(2)如需要回收气体中溶质 A 95%。压力、温度均不改变，仍用原塔操作，且假定不存在液泛，传质单元高度不受流量变化的影响。此时可采用什么措施来完成任务？

14. 在常压下将某二元混合液其易挥发组分为 0.5（摩尔分数，下同）分别进行闪蒸和简单蒸馏，要求液化率相为 1/3，试分别求出釜液和馏出液组成，假设在操作范围内气液平衡关系可表示为 $y=0.50x+0.5$。

15. 在一连续操作的常压精馏塔中分离乙醇水溶液，每小时于泡点下加入料液 3 000 kg，其中含乙醇 3%（质量分数，下同），要求塔顶产品中含乙醇 90%，塔底产品中含水 99%，试求：

塔顶、塔底的产品量(分别用 kg/h、kmol/h 表示)。

16. 某连续精馏塔,泡点加料,已知操作线方程如下:

精馏段 $y=0.8x+0.172$

提馏段 $y=1.3x-0.018$

试求原料液、馏出液、釜液组成及回流比。

17. 用一连续精馏塔分离二元理想溶液,进料量为 100 kmol/h,易挥发组分 $x_F=0.5$,泡点进料,塔顶产品 $x_D=0.95$;塔底釜液 $x_W=0.05$(皆为摩尔分数),操作回流比 $R=1.8$,该物系的平均相对挥发度 $\alpha=2.5$,求:

(1)塔顶和塔底的产品量(kmol/h)。

(2)提馏段下降液体量(kmol/h)。

(3)分别写出精馏段和提馏段的操作线方程。

18. 在常压连续精馏塔中,分离某二元混合物,若原料为20℃的冷料,其中含易挥发组分 x_F 为 0.44(摩尔分数,下同),其泡点温度为93℃,塔顶馏出液组成为 0.9,塔底釜残液的易挥发组分 x_W 为 0.1,物系的平均相对挥发度为 2.5,回流比为 2.0,试用图解法求理论板数和加料板位置,已知:原料液的平均汽化潜热为 $r_m=31\ 900$ kJ/kmol,比热容 $c_p=158$ kJ/(kmol·K),若改为泡点进料,则所需理论级数和加料板位置有何变化?从中可得出什么结论?

19. 将含 24%(摩尔百分数,下同)易挥发组分的某液体混合物送入一连续精馏塔中。要求馏出液含 95%易挥发组分,釜液含 3%易挥发组分。送至冷凝器的蒸气量为 850 kmol/h,流入精馏塔的回流液为 670 kmol/h。试求:

(1)每小时能获得多少千摩尔的馏出液?多少千摩尔的釜液?

(2)回流比 R 为多少?

20. 有 10 000 kg/h 含物质 A(摩尔质量为 78 kg/kmol)0.3(质量分数,下同)和含物质 B(摩尔质量为 90 kg/kmol)0.7 的混合蒸气自一连续精馏塔底送入。若要求塔顶产品中物质 A 的组成为 0.95,釜液中物质 A 的组成为 0.01。试求:

(1)进入冷凝器的蒸气流量为多少?以摩尔流量表示之。

(2)回流比 R 为多少?

21. 某精馏塔分离易挥发组分和水的混合物 $F=200$ kmol/h,$x_F=0.5$(摩尔分数,下同),加料为气液混合物,气液摩尔比为 2∶3,塔底用饱和蒸气直接加热,离开塔顶的气相经全凝器冷凝 1/2 量作为回流液体,其余 1/2 量的液相作为产品,已知 $D=90$ kmol/h,$x_D=0.9$,相对挥发度 $\alpha=2$,试求:

(1)塔底产品量 W 和塔底产品组成 x_W。

(2)提馏段操作线方程式。

(3)塔底最后一块理论板上升蒸气组成。

22. 在常压连续提馏塔中分离某理想溶液,$F=100$ kmol/h,$x_F=0.5$(易挥发组分摩尔分数,下同),饱和液体进料,塔釜间接蒸气加热,塔顶无回流,要求 $x_D=0.7$,$x_W=0.03$,平均相对挥发度 α 为 3(恒摩尔流假设成立),求:

(1)操作线方程。

(2)塔顶易挥发组分的回收率。

23. 在连续操作的板式精馏塔中分离某理想混合液。在全回流条件下测得相邻板上的液相组成分别为 0.28、0.41 和 0.57，已知该物系的相对挥发度 $\alpha=2.5$，试求三层板中较低两层的单板效率（分别用气相板效率和液相板效率表示）。

24. 如题 7-1 附图所示，用连续精馏塔分离苯-甲苯混合液，原料含苯 0.5（摩尔分率，下同），于泡点温度下入塔，要求馏出液中含苯 0.95，回收率 96%，塔顶采用一个分凝器和一个全凝器，分凝器向塔内提供泡点温度的回流液，从全凝器得到合格产品；塔底采用间接水蒸气加热；现测得塔顶回流液中含苯 0.88，离开塔顶第一层板的液体含苯 0.79，试计算：①R 为 $R_{\min}$ 的倍数。②若 $D=$ 50 kmol/h，则需要多少原料 F（精馏段、提馏段内的气相负荷 kmol/h；假定 A. α 不变；B. 恒摩尔流；C. 理论板）。

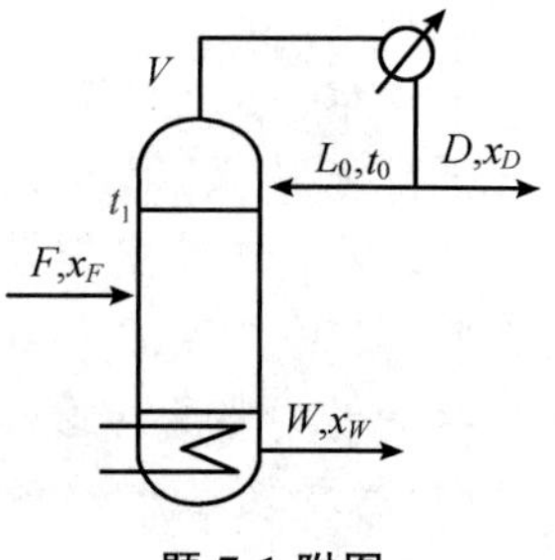

题 7-1 附图

25. 有一分离 A、B 双组分理想溶液的常压精馏塔，如题 7-1 附图所示，操作参数如下：进料量 $F=157$ kmol/h，饱和液体进料，料液中含易挥发组分 A 的摩尔分率 $=0.3$（摩尔分率，下同），塔顶流出液量 40 kmol/h，其组成为 0.96，回流量为 80 kmol/h，回流液温度 40℃。塔顶第一层板上温度 82.5℃，测得塔内的平均压力为 770 mmHg，已知塔釜的传热面积为 60 m^2，总传热系数 $K=2\ 280$ kJ/(m^2·h·℃)，请计算此时塔釜的间接加热蒸气的温度为多少摄氏度？

有关物性数据：溶液的汽化潜热 $=30\ 400$ kJ/kmol，平均比热 $=155$ kJ/(kmol·℃)，相对挥发度 $\alpha=2.5$，纯组分 A 的饱和蒸气压与温度的关系为 $\lg p^0=6.897\ 40-\dfrac{1\ 206.35}{t+220.37}$（$p^0$，mmHg；$t$，℃）。

思考题

1. J_A 与 N_A 的区别是什么？在什么情况下二者一致？
2. 试与传热过程对比，叙述对流扩散的有效膜模型及相间传质的双膜模型。
3. 如何获得气、液相界面浓度，说明总传质速率方程与相内传质速率方程相比有何优点？
4. 填料塔逆流吸收操作过程中，若相平衡关系符合亨利定律 $Y=mX$，试推导：

$$N_{OG}=\frac{1}{1-S}\ln\left[(1-S)\left(\frac{Y_1-mX_2}{Y_2-mX_2}\right)+S\right]$$

5. 为测定填料层的体积吸收系数 K_Ya，在填料塔内以清水为溶剂，吸收空气中低浓度的溶质组分 A。试画出示意流程图，指出需要哪些条件和测取哪些参数。写出计算 K_Ya 的步骤。在液体流量和入塔气体中组分 A 浓度不变的情况下，加大气体流量，试问尾气中组分 A 的浓度是增高还是降低？
6. 说明参数 q 的意义，q 值不同会对两段操作线产生什么影响？
7. 在精馏塔的逐板设计计算中，如何同时确定塔内各板的温度分布？
8. 全回流下实验测定总板效率、单板效率各需要确定哪些数据？

第8章

液体吸附与离子交换

本章学习目的与要求

了解液体吸附的基本概念、吸附过程、吸附理论及操作方式，掌握吸附操作的基本计算；重点掌握固定床吸附操作计算。了解掌握离子交换的基本概念和离子交换的机理；重点掌握固定床离子交换的计算。

吸附是食品工业中脱臭、脱色、沉淀、澄清、除杂、保香、提纯、分析检测等工艺操作常用的方法。离子交换常用于水的软化、纯化及产品的提纯精制和制品的浓缩分离等。

8.1 液体吸附

8.1.1 吸附作用和吸附剂

8.1.1.1 吸附作用

吸附分离过程是在非相变状态下进行的，流动相与多孔固体颗粒接触，流动相中的一种或多种溶质组分向多孔固体颗粒选择性传递，使产品得以分离或纯化的单元操作称为吸附。其中具有较高的分离选择吸附能力的固体颗粒相称为吸附剂；流动相中被吸附的组分称为吸附质。

根据流动相的不同，可以将吸附分为液体吸附和气体吸附两类，在食品工业生产中用到的气体吸附甚少，因此本节只讨论液体吸附。

固体颗粒表面具有吸附能力是因为固体颗粒表面层与流动相组成不同且表面不均匀。固体颗粒内部分子受邻近相同分子的作用力是对称的，可以彼此抵消；但表面分子不同，邻近分子对它的作用力是不对称的，不能彼此抵消，表面分子处在一个不平衡力场中（图8-1），所以固体颗粒表面具有过剩能量，即表面能。任何表面都有自发降低表面能的倾向，由于固体表面难以收缩，很难通过降低表面积来降低表面能，只能通过吸附降低界面张力以降低表面能。

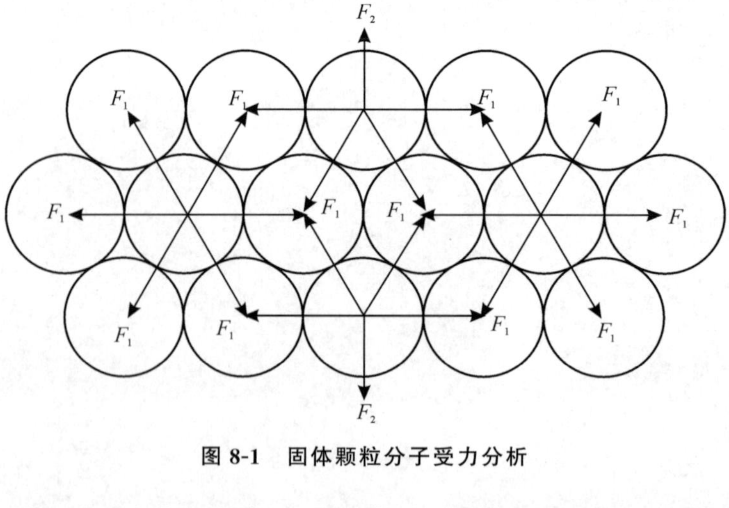

图 8-1 固体颗粒分子受力分析

若升高温度，表面分子合力指向液相，则吸附质由固体表面解吸。实际上吸附和解吸是同时进行的互逆过程。当吸附速率大于解吸速率时，整个过程表现为吸附；当吸附速率小于解吸速率时，整个过程表现为解吸；当二者相等时，吸附质在两相中分配形成一定的平衡关系达到吸附平衡。显然吸附平衡是一个动态平衡。

若吸附剂与吸附质之间的作用力仅为分子间的引力，该吸附称为物理吸附或范德华吸附。

若吸附剂与吸附质之间的作用力为化学力，即二者已进行化学反应生成了某种化合物，这种吸附称为活性吸附。在电解质溶液中，吸附剂若吸附离子，称为极性吸附。在极性吸附中，吸附剂与吸附质之间发生离子交换就称为交换吸附，即离子交换。这使得液体吸附过程变得十分复杂。

在食品工业中遇到的吸附问题多为物理吸附，因此本节以讨论物理吸附为主。

8.1.1.2 食品工业对吸附剂的性能要求

(1)高度选择性。吸附剂对不同吸附质的吸附选择性越好，吸附分离效果越好。

(2)吸附面积大、活性高。吸附在固体表面进行，表面积越大，吸附能力越强；吸附活性也称吸附容量，指单位体积(或质量)吸附剂能吸附的物质的量。

(3)较高的机械强度。吸附操作中充填、再生等过程会对吸附剂造成冲击和磨损，若吸附剂机械强度不够，易使流动相通道阻塞或污染产品，严重时将会影响操作的顺利进行，因此要求吸附剂颗粒应具有较高的机械强度。

(4)良好的稳定性和低廉的价格。食品生产中要求吸附剂要有良好的化学和热稳定性，避免污染产品，并且制备简单，生产成本低，价格便宜，原料充足。

8.1.1.3 食品生产中常用的吸附剂

工业上使用的吸附剂多为多孔固体颗粒，性质稳定、单位比表面积大，如活性炭比表面积可达 500～1 500 m^2/g。根据吸附剂的来源大致可将吸附剂分为两类：一类是来自天然矿产的，如：活性白土、漂白土、硅藻土、凹凸棒等，它们价廉易得，一般不回收；另一类是人为加工制得的，如活性炭、硅胶、活性氧化铝、分子筛、吸附树脂等，它们吸附性能好，应用范围广。食品工业中常用的吸附剂有：

(1)活性炭：木材、核桃壳、椰壳等植物性原料和骨骼等动物性原料，除去挥发性物质和树胶物质，经活化处理，即可得到活性炭。根据形状大小，可将活性炭分为粉末活性炭和颗粒活性炭。

(2)活性白土：将白土用酸或其他方法处理后，提高白土活性，即可制得活性白土。活性白土主要用于油脂精炼中的脱色。

(3)硅胶：一种由氧化硅聚合物的微球堆积而成的多孔体。硅酸钠水溶液经酸处理生成凝胶，后经水洗、干燥制得硅胶，其分子式为 $SiO_2 \cdot nH_2O$。根据产品形状可将硅胶分为：球形、无定形、粉末状及加工成型的四种。它属于极性吸附剂，易吸附极性物质如水、甲醇等，因此常被用作干燥剂。

(4)膨润土：它常用于果蔬汁的澄清，吸附能力较强。根据所带离子不同可分为 Na 型和 Ca 型两种，在果蔬汁澄清中，Na 型的效果优于 Ca 型的。

(5)分子筛：合成泡沸石经煅烧除去结晶水后制得分子筛。它的孔道大小一致，只有进入细孔的分子才被吸附，且其具有极高的选择性，可用于分离沸点非常接近但分子大小有差异的混合物。另外它对水的吸附能力极高，故可用于脱水干燥。

(6)吸附树脂：它是一些带功能团或不带功能团的有机高分子化合物的聚合物，其物化性能稳定，品种繁多，再生容易，吸附性好，但价格昂贵。

一些常用吸附剂的性能见表 8-1。

表 8-1 常用吸附剂的性能

吸附剂	松密度/(kg/m^3)	相对密度	比表面积/(m^2/g)	平均孔径/(10^{-10} m)	再生温度 T/℃
活性炭	400～540	0.7～0.9	500～800	12～32	105～120
硅胶	610～780	0.7～1.3	600	10～40	150～180
活性氧化铝	750～850	1.5～1.7	200～350	40～100	170～300
活性铁钒土	800～950	1.5～1.7	150～230	33～43	180～300
骨炭	660	1.5	110	51	550～600
分子筛	700	1.1	500～750	4.5	150～300

8.1.1.4 影响吸附的因素

(1)吸附质浓度和溶解度:吸附质浓度越大,扩散推动力越大,扩散速率越快,扩散至吸附剂表面的吸附质就越多,吸附量越大;溶解度越小的溶质,越容易被吸附。

(2)扩散与对流传质的速度:吸附剂吸附了吸附质后,周围吸附浓度降低,若扩散与对流传质速度快,吸附剂周围吸附质浓度很快提高,快速吸附得以保证。

(3)吸附剂的表面积:当吸附质浓度和其他条件一定时,单位面积吸附剂的吸附量一定,其比表面积越大,吸附剂与吸附质接触面积越大,吸附量越大。

(4)吸附剂的结构:吸附剂结构越疏松,比表面积越大,吸附能力越强,吸附量越大。

(5)吸附时间:理论上讲吸附时间越长,吸附量越大直至两相平衡。

(6)环境温度:在一定的温度范围内,升高温度,扩散速度加快,吸附速度加快;超过一定温度范围,吸附量随温度的升高而降低。

(7)pH:在极性吸附和交换吸附过程中,吸附量随 pH 的变化而变化。

8.1.2 吸附理论

8.1.2.1 吸附机理

液体吸附是吸附质在固-液两相之间的传质过程。固液两相接触,经过一定的时间,吸附质在两相中的分配达到平衡,即吸附质在两相中的浓度形成一定的函数关系。液体吸附中,溶质与溶剂二者同时被吸附。真正的吸附量不能测定,常以溶质的相对吸附量或表观吸附量来表示,表示吸附质在固相中的质量分数。用质量浓度 c 表示其在液相中的浓度。

设质量为 m 的吸附剂与体积为 V、浓度为 c_0 的溶液平衡后溶液浓度降为 c^*,忽略吸附前后溶液体积的减少,则表观吸附量为:

$$\overline{w}=\frac{V}{m}(c_0-c^*) \tag{8-1}$$

式中:$\overline{w}$ 为吸附质在固相中的质量分数,kg(吸附质)/kg(吸附剂);c_0 为吸附质在液相的初始浓度,kg/m^3;c^* 为经过一段时间吸附后吸附质在液相的浓度,kg/m^3。

1. 单组分吸附

液体吸附时溶质和溶剂均被吸附,对于稀溶液,当溶剂被吸附的分数很小时,溶剂的吸附可以忽略不计,则可将该液体吸附看作单组分吸附,如糖液、植物油的脱色吸附。

参照亨利定律,可以推得固相中吸附质浓度与液相中吸附质浓度之间呈线性关系,即:

$$\overline{w}=k\cdot c^{*} \tag{8-2}$$

式中：k 为与温度有关的吸附常数，m^3/kg。

另外，工业上还常用弗罗因德利希(Freundlich)方程解释吸附现象。

$$\overline{w}=k\cdot c^{*\frac{1}{n}} \tag{8-3}$$

式中：n 为与吸附剂性质、温度有关的常数，一般在 2～10 易吸附，小于 0.5 时，吸附有困难，即溶解度越小，吸附越容易，温度越高，吸附能力越小。k，n 可由实验测得。

此种计算忽略了溶液体积的变化，所以所得结果只是相对或相近的吸附量。对同一吸附剂和吸附质，溶剂不同吸附等温线的形状也不同。几种典型的吸附等温线如图 8-2 所示。这类吸附过程通常是可逆的，所以，不论溶质是被吸附还是脱附，都会得到同样的等温线。

2. 双组分吸附

对于浓溶液，吸附剂对溶剂的吸附不可忽略，需按双组分吸附的情况处理，设液体中溶质的体积数为 ϕ_X，固体中溶质的体积数为 ϕ_Y。其中 ϕ_Y 为吸附剂细孔中液体的平均浓度，细孔中的液体可分为两部分，一部分是被吸附剂吸附的，其浓度大于 ϕ_X；一部分是游离的，其浓度小于 ϕ_X，两者的平均浓度为 ϕ_Y。

图 8-3 是从纯溶剂到纯溶质的整个浓度范围内测定的溶质表观吸附量。曲线 a 是在所有的浓度下溶质始终比溶剂优先被吸附的情况，随溶质浓度的增加，溶质吸附量实际上会继续增加，然而显示表观吸附量的曲线必然会回到 E 点，这是因为对纯溶质来说，加入吸附剂后不会引起浓度的变化，因此表观吸附量为零。如果溶质和溶剂被吸附的能力大致相等，就会出现如 b 那样的S形曲线。从 C 到 D 范围内，溶质比溶剂优先吸附，在 D 点表明在此浓度下吸附剂对溶质、溶剂吸附数量之比恰好等于两者的浓度之比，此时溶质在吸附相的浓度和液相的浓度相等，溶液的浓度在吸附前后无变化，所以表观吸附量为零。而在 D 点至 E 点的浓度范围内，溶剂被吸附的程度反而增大，如果在此浓度的溶液中加入吸附剂，溶液溶质的浓度将会增加，所以对溶质来说将会出现负的表观吸附量。

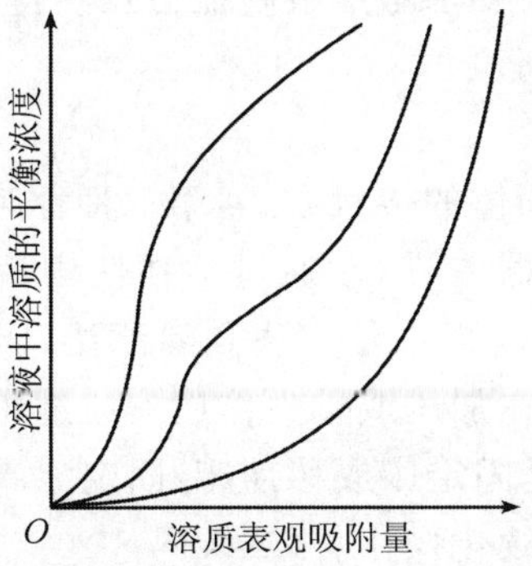

图 8-2　稀溶液中溶质的吸附等温线

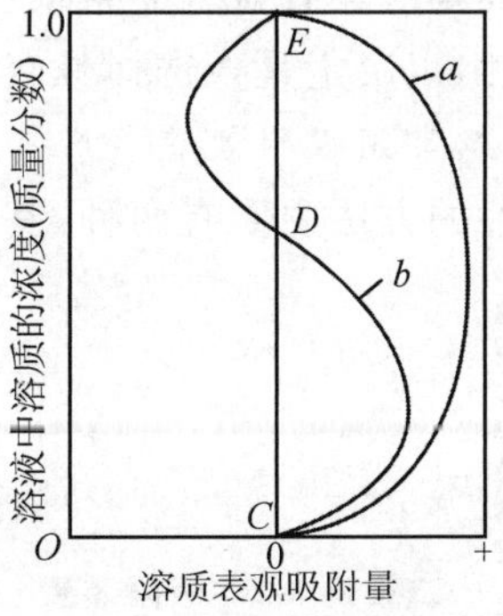

图 8-3　浓溶液中溶质的表观吸附量

为了表示吸附剂的选择性，引入分离系数 α。其物理意义为：固相细孔内液体中两组分的浓度比和液相中两组分的浓度比之比，即：

$$\alpha=\frac{\phi_Y}{1-\phi_Y}\bigg/\frac{\phi_X}{1-\phi_X}=\frac{\phi_Y(1-\phi_X)}{\phi_X(1-\phi_Y)} \tag{8-4}$$

若吸附剂对两组分的吸附亲和力相同，即 $\phi_X = \phi_Y$，则 $\alpha = 1$，这种情况称为恒比吸附。

3. 吸附机理

从表观分析，吸附过程可以分为六步（图 8-4）。

①外扩散过程：吸附剂周围流体相中吸附质扩散穿过流体膜到达固体吸附剂表面。

②内扩散过程：吸附质经固体表面进入其微孔道，扩散到吸附剂的内表面，简称内扩散过程。

③吸附过程：扩散到微孔表面的吸附质在吸附剂内表面被吸附。

④脱附过程：已被吸附的吸附质分子，部分脱附，离开微孔道表面。

⑤内反扩散过程：脱附的吸附质分子从孔道内吸附流体相扩散到吸附剂外表面。

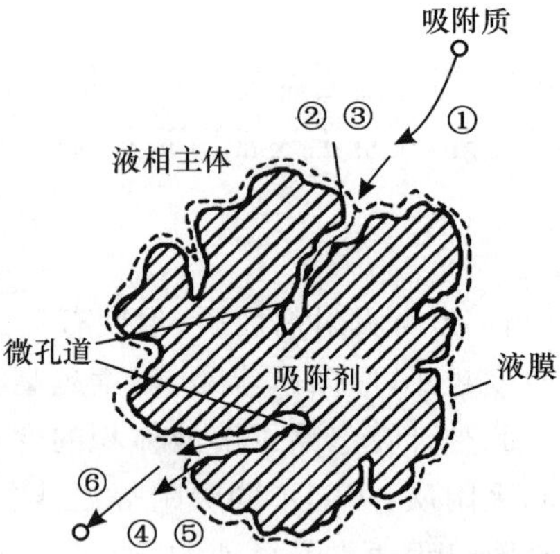

图 8-4 固体吸附颗粒在液相中吸附过程的示意图

⑥外反扩散过程：吸附质分子从外表面反扩散穿过流体膜，进入外界周围的流体中，从而完成脱附。（二维码 8-1）

二维码 8-1 吸附速率

8.1.3 吸附操作

8.1.3.1 吸附操作步骤

(1)使溶液与吸附剂接触，完成吸附。

(2)分离吸附剂和吸附后的溶液。

(3)脱附、吸附剂再生或更换吸附剂。

8.1.3.2 吸附剂的选择

首先根据液相性质选择合适的吸附剂，一般用于水溶液的吸附剂应具有疏水性，用于有机溶液的吸附剂则应具有显著的亲水性，其次要根据吸附要求考虑吸附能力及其持液量，另外还要考虑经济性，以决定是否选择具有再生能力的吸附剂。

8.1.3.3 常用吸附装置

液体吸附的方法主要有两种，其区别在于液体和固体的接触方式，第一种称为接触吸附操作，主要在搅拌容器中进行，通过搅拌使固液两相均匀混合，促使吸附进行。第二种方法是渗滤法，吸附剂在容器中形成床层，溶液在加压或重力作用下通过床层时溶质被吸附。床层可以是固定床或移动床，固定床属于半连续操作，移动床属于连续化操作。（二维码 8-2）

二维码 8-2 吸附装置

8.1.4 吸附计算

吸附有单组分吸附，亦有多组分吸附，本书以介绍单组分吸附为主，根据操作流程可将吸附分为分级接触式吸附（间歇式吸附）和连续逆流吸附（连续式吸附）两类。

8.1.4.1　分级接触式吸附

分级接触式吸附是一种间歇式吸附方法。即吸附剂和吸附质接触一段时间，吸附质在固液两相中的分配达到平衡后，再将固液两相分开的吸附方法。此法可分为单级吸附法和多级吸附法两种。单级吸附法是在吸附过程中将所需的吸附剂一次性加入液相中，直至吸附平衡后分离。多级吸附法是在吸附过程中将所需的吸附剂分批分次加入液相溶液中，根据吸附剂添加顺序的不同，又可将多级吸附分为平流式和错流式(逆流式)。

1. 单级吸附

将体积为 $V(m^3)$，浓度为 $c_0(kg/m^3)$ 的溶液与质量为 $m(kg)$ 的吸附剂混合。经一段时间后，吸附质在液固两相中达到平衡，此时溶液浓度为 c，吸附量由 $\overline{w}_0$ 变为 $\overline{w}$（一般 $\overline{w}_0=0$），对吸附质进行物料衡算得：

$$m(\overline{w}-\overline{w}_0)=V(c_0-c) \tag{8-5a}$$

$$\overline{w}=\frac{V}{m}c+\frac{V}{m}c_0+\overline{w}_0 \tag{8-5b}$$

该方程即为操作线方程，由方程可见，$\overline{w}$ 与 c 之间呈直线关系，其斜率为 $-\frac{V}{m}$，于 $\overline{w}$-c 坐标图上作图，得操作线；由 Freundlich 方程，又可在 $\overline{w}$-c 坐标图上作出平衡线(图 8-5)。操作线与平衡线交点即为吸附终点，此时吸附剂达最大吸附量 $\overline{w}_{max}=\overline{w}_1$，液相中吸附质达最低浓度为 $c_{min}=c_1$，吸附质在两相中分配达到平衡。

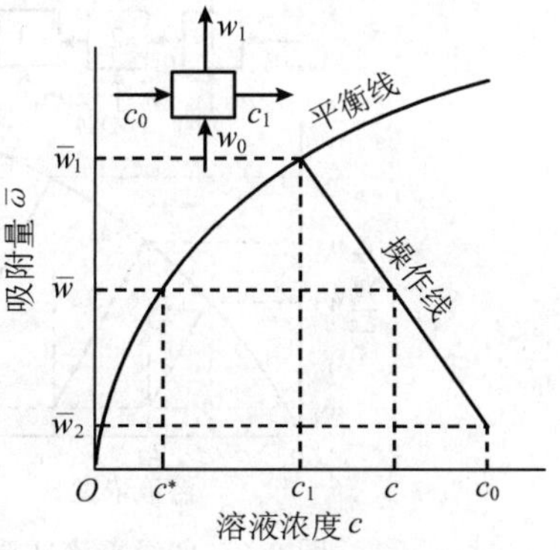

图 8-5　单级接触式吸附

若 $\overline{w}_0=0$，$\overline{w}=kc^{\frac{1}{n}}$

则：
$$\left(\frac{c}{c_0}\right)^{\frac{1}{n}}=\frac{Vc_0^{1-\frac{1}{n}}}{km}\left(\frac{c_0-c}{c_0}\right) \tag{8-6}$$

该方程可用于计算用吸附达到平衡后溶液的浓度，也可在同等条件下改变吸附剂的用量，得出一组试验数据，用于推导 n 值。

2. 多级吸附

在吸附率要求固定后，采用多级吸附操作可节省吸附剂用量，以三级为例，分别对各级吸附质进行物料衡算。

①平流式。吸附剂按液相浓度由高到低的顺序依次与液相接触，称为平流式。操作线方程为：

$$m_i(\overline{w}_i-\overline{w}_0)=V(c_{i-1}-c_i) \tag{8-7}$$

若 $\overline{w}_0=0$，$\overline{w}=kc^{\frac{1}{n}}$；

则
$$\frac{m_1}{V}=\frac{c_0-c_1}{kc_1^{\frac{1}{n}}} \tag{8-18a}$$

$$\frac{m_2}{V}=\frac{c_1-c_2}{kc_2^{\frac{1}{n}}} \tag{8-8b}$$

$$\frac{m_3}{V}=\frac{c_2-c_3}{kc_3^{\frac{1}{n}}} \tag{8-8c}$$

根据操作线方程和 Freundnlich 方程在 $\overline{w}-c$ 坐标图上做曲线(图 8-6)。

吸附剂的总用量为：

$$m_1+m_2+m_3=\frac{V}{k}\left(\frac{c_0-c_1}{c_1^{\frac{1}{n}}}+\frac{c_1-c_2}{c_2^{\frac{1}{n}}}+\frac{c_2-c_3}{c_3^{\frac{1}{n}}}\right) \tag{8-9}$$

②错流式。吸附剂按液相浓度由低到高的顺序依次与液相接触，称为错流式或逆流式。错流式较顺流式更能节省吸附剂用量，同理经物料衡算可得操作线方程：

$$m(\overline{w}_i-\overline{w}_{i-1})=V(c_{i-1}-c_i) \tag{8-10}$$

在 $\overline{w}-c$ 坐标图上作出操作线和平衡线(图 8-7)。

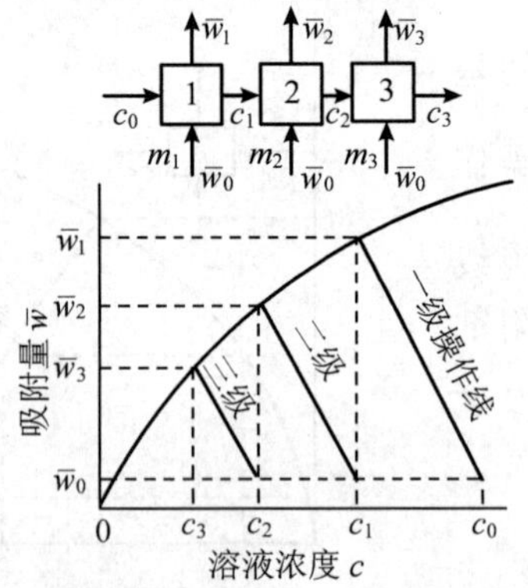

图 8-6 多级平流式吸附

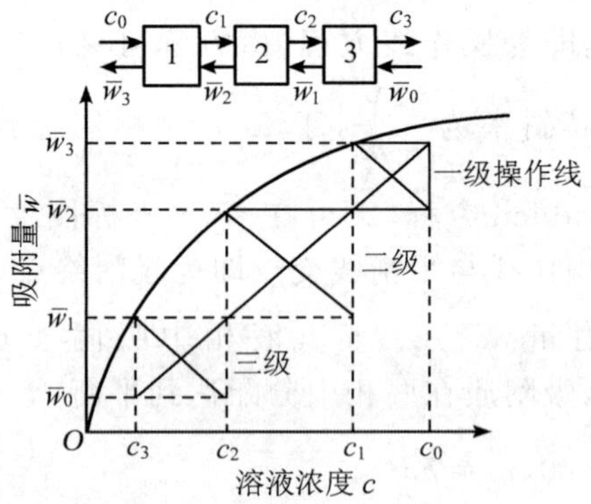

图 8-7 多级逆流式接触吸附

8.1.4.2 连续式吸附

连续逆流吸附属于连续式定态操作。将吸附剂置于带筛网的栅条支撑上，形成吸附颗粒床层。操作中使吸附颗粒床层移动与液相流动呈逆向运动，即形成了连续逆流式操作(图 8-8)。

若溶液量为 q_L(m^3/s)，吸附剂流量为 q_s(kg/s)，溶液入塔时的溶液浓度为 c_0(kg/m^3)，离开塔时的溶液浓度为 c_1(kg/m^3)，吸附剂入塔时的吸附量为 $\overline{w}_0$(kg/kg)。离开塔时的吸附量为 $\overline{w}_1$(kg/kg)，塔任一截面处溶液浓度为 c，吸附剂吸附量为 $\overline{w}$，取任一微元高度对吸附质作物料衡算得：

$$q_L\mathrm{d}c=q_s\mathrm{d}\overline{w} \tag{8-11}$$

在全塔范围内对上式积分得：

$$\int_{c_0}^{c_1}q_L\mathrm{d}c=\int_{\overline{w}_0}^{\overline{w}_1}q_s\mathrm{d}\overline{w}$$

即

$$q_L(c_1-c_0)=q_s(\overline{w}_1-\overline{w}_0) \tag{8-12}$$

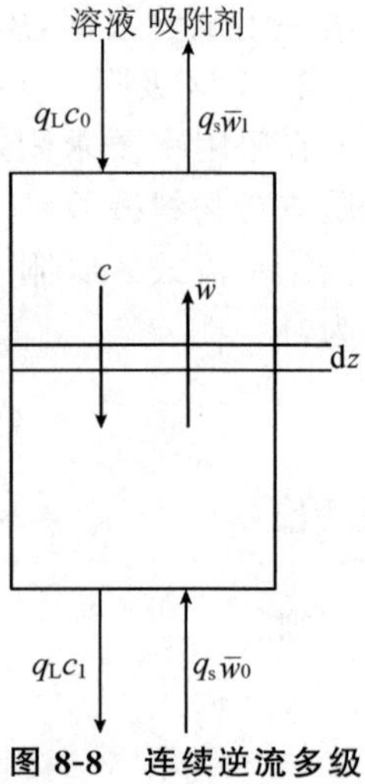

图 8-8 连续逆流多级逆流式接触吸附图示

此方程即为吸附操作线方程(图 8-9)。

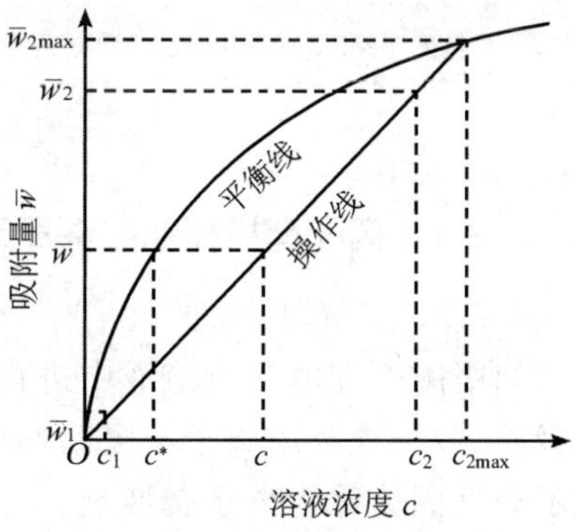

图 8-9　连续逆流吸附填充床操作线

【例 8-1】 用活性炭对某种糖液进行脱色。首先进行两组脱色实验,实验中每单位糖液中固形物含量与所用活性炭量的比值分别为 0.3、0.6 时,脱色率分别为 66.9%、77.9%,其他实验条件均相同,求 n 值为多少?

解:由式(8-6)知:

$$\left(\frac{c}{c_0}\right)^{\frac{1}{n}}=\frac{Vc_0^{1-\frac{1}{n}}}{km}\left(\frac{c_0-c}{c_0}\right) \quad (1)$$

等式两边同时取对数得:

$$\frac{1}{n}\ln\frac{c}{c_0}=\ln\frac{V}{km}+\left(1-\frac{1}{n}\right)\ln c_0+\ln\frac{c_0-c}{c_0} \quad (2)$$

设糖液中每单位固形物含量用活性炭的量为 q,

则　$q=\frac{m}{V\rho_s}$,$m_1/m_2=q_1/q_2$　(其他实验条件相同)

另设脱色率为 y,

则　$y=1-\frac{c}{c_0}$,$\frac{c}{c_0}=1-y$

由式(2)知

$$\frac{1}{n}\ln\frac{c_1}{c_0}=\ln\frac{V}{km_1}+\left(1-\frac{1}{n}\right)\ln c_0+\ln\frac{c_0-c_1}{c_0} \quad (3)$$

$$\frac{1}{n}\ln\frac{c_2}{c_0}=\ln\frac{V}{km_2}+\left(1-\frac{1}{n}\right)\ln c_0+\ln\frac{c_0-c_2}{c_0} \quad (4)$$

(3)-(4)得:

$$\frac{1}{n}\ln\frac{c_1}{c_0}\cdot\frac{c_0}{c_2}=\ln\left(\frac{V}{km_1}\cdot\frac{km_2}{V}\right)+\ln\left(\frac{c_0-c_1}{c_0}\cdot\frac{c_0}{c_0-c_2}\right) \quad (5)$$

$$\frac{1}{n}\ln\frac{c_1}{c_2}=\ln\frac{m_2}{m_1}+\ln\frac{c_0-c_1}{c_0-c_2}$$

由 $\frac{c}{c_0}=1-y$,知:$\frac{c_1}{c_2}=\frac{1-y_1}{1-y_2}$　(6)

$$c_1=(1-y_1)c_0 \quad (7)$$

$$c_2=(1-y_2)c_0 \quad (8)$$

将式 $m_1/m_2=q_1/q_2$ 及式(6)、式(7)、式(8)代入式(5)得:

$$\frac{1}{n}\ln\frac{1-y_1}{1-y_2}=\ln\frac{q_2}{q_1}+\ln\frac{y_1c_0}{y_2c_0}$$

代入已知条件求 n 得:

$$n=1.34$$

8.2 离子交换

8.2.1 离子交换概念与离子交换树脂

8.2.1.1 基本概念

当吸附剂在电解质溶液中进行吸附时，不仅吸附中性分子，还会吸附带电荷的离子，即极性吸附，如果被吸附离子与吸附剂中的离子进行交换，则称为离子交换过程。提供可交换离子的不溶性固体称为离子交换剂。

离子交换剂一般由一个大分子量的带电基团和一个可置换离子组成，若带电基团用 R 表示，则阳离子的交换反应可表示为：

$$Mg^{2+} + Na_2R \Leftrightarrow MgR + 2Na^{+}$$

阴离子的交换反应可表示为：

$$SO_4^{2-} + RCl_2 \Leftrightarrow RSO_4 + 2Cl^{-}$$

与吸附过程相同，离子交换也是一个可逆过程，正反应和逆反应同时进行。当正反应速率大于逆反应速率时，过程表现为生产中所需的离子交换；当正、逆反应速率相等时，离子交换过程达到终点；而当逆反应速率高于正反应速率时，整个过程称为离子交换剂的再生。

8.2.1.2 离子交换剂

根据离子交换剂提供的可交换离子所带电荷的不同，可以将其分为阴离子交换剂和阳离子交换剂。另外，还可根据带电基团性质将离子交换剂分为有机离子交换剂和无机离子交换剂两大类。无机离子交换剂以沸石最具代表性。有机离子交换剂可分为碳质和有机合成离子交换剂两类，碳质离子交换剂主要是磺化煤；有机合成离子交换剂又称为离子交换树脂，是目前应用最多的一种离子交换剂。

离子交换树脂是一种带有活性基团的不溶性高分子化合物，它由两部分组成：

①离子交换剂本体：由高分子化合物和交联剂组成的高分子共聚化合物，其中交联剂的作用是使高分子化合物聚合形成一定网状结构的不溶性固体。

②活性基团：与离子交换剂本体连接的官能团，其上带有可游离的离子称为反离子，如活性基团—SO_3H，其中 H^+ 是可游离的阳离子，即反离子，—SO_3H 和交换剂本体联结在一起形成大分子带电基团。若用 R 表示离子交换剂本体，则该离子交换树脂可表示为 RSO_3H，其中只有 H^+ 游离参与交换，因此离子交换实际上是反离子的交换。

离子交换树脂可根据活性基团的性质，分为阳离子交换树脂和阴离子交换树脂两类，每一类根据其不同的交换性能又可分为强型和弱型离子交换剂两种。二维码 8-3 内容给出了离子交换剂的种类和性能。

二维码 8-3 离子交换剂的种类和性能

8.2.2　离子交换机理

离子交换过程实质上是可交换离子与溶液中同性电荷离子进行置换反应的过程。若以 A 表示树脂相上可交换的离子，以 B 表示溶液中的被交换离子，且 A、B 同价，则交换过程可表示为：

$$\mathrm{RA}+\mathrm{B}\Leftrightarrow\mathrm{RB}+\mathrm{A}$$

置换反应是一个可逆反应，在一定的操作条件下，经过一定的时间将会达到一个反应平衡，即正逆反应速率相等。平衡时，各离子浓度在树脂相和溶液相中达到平衡浓度，其平衡浓度与树脂的交换选择性及操作条件有关。离子交换机理及影响离子交换平衡和平衡浓度的主要因素如二维码 8-4 内容所示。

二维码 8-4　离子交换机理

8.2.3　离子交换速率

8.2.3.1　外扩散速率

离子交换的外扩散速率类似于吸附的外扩散速率，不同之处在于吸附属于吸附质单向扩散，而离子交换则是交换离子与反离子的双向扩散。若离子交换为等价交换，则交换离子的外扩散速率可延用吸附的外扩散速率公式，即：

$$\rho_{\mathrm{a}}\frac{\mathrm{d}\overline{w}'}{\mathrm{d}t}=k_{\mathrm{L}}a(c-c'_{\mathrm{i}}) \tag{8-13}$$

式中：a 为单位体积离子交换树脂的比表面积，$\mathrm{m^2/m^3}$；ρ_{a} 为树脂的装载密度，$\mathrm{kg_{(树脂)}/m^3_{(床层)}}$；$c$ 为交换前液相主体的交换离子浓度，$\mathrm{kg/m^3}$；c'_{i} 为交换后液相主体的交换离子浓度，$\mathrm{kg/m^3}$；$\overline{w}'$为树脂相中交换离子的质量分数，$\mathrm{kg/kg_{(树脂)}}$；k_{L} 为液相中传质膜系数，m/s。

固定床中离子交换的 $k_{\mathrm{L}}a$ 可用下式计算：

$$\frac{k_{\mathrm{L}}ad_{\mathrm{p}}}{u}=KRe^{-m}Sc \tag{8-14}$$

式中：Re 为溶液在交换柱中流动的雷诺数，$Re=\dfrac{du\rho}{\mu}$；Sc 为溶液的施密特数，$Sc=\dfrac{\mu}{\rho D}$；d_{p} 为树脂的粒径，m；ρ 为溶液密度，$\mathrm{kg/m^3}$；μ 为溶液的黏度，Pa·s；K、m、n 为常数。

低浓度溶液中，μ 基本不变。

所以

$$k_{\mathrm{L}}\propto u^{1-m} \tag{8-15}$$

$$m\approx 0.5$$

8.2.3.2　内扩散速率

在多孔性颗粒内，具有大量的毛细孔，孔内充满液体，离子在孔内扩散，其扩散情况类似于吸附的内扩散。参照吸附的相应公式，离子交换内扩散速率为：

$$\rho_{\mathrm{a}}\frac{\mathrm{d}\overline{w}}{\mathrm{d}t}=k_{\mathrm{s}}a(\overline{w}'_{\mathrm{i}}-\overline{w}') \tag{8-16}$$

式中：$\overline{w}_i$ 为界面处树脂的交换离子质量分数，kg/kg(树脂)；$\overline{w}$ 为树脂相主体交换离子的平均质量分数，kg/kg(树脂)；k_s 为树脂相中传质膜系数，kg/(m²·s)。

若树脂是直径为 d_p 的球体，树脂相内浓度分布呈线性，$\overline{w}$ 与 c 平衡线斜率为 K_{AB}，则：

$$a=\frac{6}{d_p\rho_s} \tag{8-17}$$

$$k_s=\frac{2\pi^2 D_i}{3K_{AB}d_p} \tag{8-18}$$

由上式可见，k_s 与 d_p 成反比。若要减小内扩散阻力提高内扩散速率，减小颗粒直径 d_p 是有效的方法之一。

上式中内扩散系数 D_i 一般比液体中外扩散系数 D 小得多，D_i/D 一般在 0.1～0.2 范围内。D_i 因树脂种类和交联度而异，随着离子水化半径增大而减少，随离子电荷增加而减小。

8.2.3.3 总传质速率和总传质系数

若设定：a. 等价交换；b. 两相浓度分布呈直线；c. 界面处于平衡状态。用当量分数 x、y 分别替代 c，$\overline{w}$ 表示浓度，则，

$$\frac{dy}{dt}=\frac{x-x^*}{\dfrac{\overline{w}'_0}{c'_0}\dfrac{1}{k_La}+\dfrac{1}{m}\dfrac{1}{k_sa}} \tag{8-19}$$

令

$$\frac{1}{K_La}=\frac{1}{k_La}+\frac{c'_0}{\overline{w}'_0}\cdot\frac{1}{mk_sa} \tag{8-20}$$

则

$$\frac{dy}{dt}=\frac{x-x^*}{\dfrac{\overline{w}'_0}{c'_0}\cdot\dfrac{1}{K_La}} \tag{8-21}$$

式中：m 为 y-x 平衡线的斜率；K_L 为液相总传质系数。

由式(8-20)可知，当溶液的总浓度 $c'_0\to 0$ 时，$K_La\to k_La$，即总交换传质率由外扩散速率控制，结论与前面的理论分析相同。

8.2.4 离子交换操作计算

离子交换操作计算主要包括交换柱的大小、树脂用量、交换柱工作周期、反洗和正洗的洗涤液用量以及再生剂的耗量等。

8.2.4.1 交换柱的直径和高度

1. 交换柱直径

设需处理水流量为 q_v（单位为 m³/s），交换柱空床流速为 u_L（单位为 m/s），交换柱数目为 n，且各交换柱直径相等，则截面积为：

$$A=\frac{q_v}{nu_L}$$

则交换柱直径为

$$D_c=\sqrt{\frac{4A}{\pi}} \tag{8-22}$$

式中：u_L 一般根据经验选定，选择依据有原水含盐量、产品质量要求、操作经济性等因素。一般在 $2.7\times10^{-3} \sim 8.5\times10^{-3}$ m/s 范围内，常用的 u_L 见表 8-2。

表 8-2　交换柱滤水速度的范围

原水硬度/(mol/m³)	1～2	2～3	3～6	>6
u_L/(10^{-3} m/s)	6.95～8.34	5.55～6.95	4.17～5.55	2.78～4.17

直径算出后，就可根据直径选择与其最接近的型号。若自行设计，需将结果进行验证。

2. 交换柱高度

交换柱的高度 H 为树脂床层厚度 H_1 和反洗膨胀增加高度 H_2 之和，即：

$$H = H_1 + H_2 \tag{8-23}$$

树脂层高度对出水水质有很大影响。当 u_L 在 $2.7\times10^{-3} \sim 8.5\times10^{-3}$ m/s 范围内时，交换柱高度一般在 0.1～0.15 m 范围内取。出水水质随树脂层厚度增加而提高，一般 H_1 最小取 0.6 m，常用范围 1.2～1.8 m。

树脂层反洗增加高度与原树脂层高度之比称为反洗膨胀率 e，e 取值范围一般为 30%～50%H_1。

交换柱的有效高度还应考虑树脂保护层高度，故交换柱高度多用 1.8～3.0 m。

8.2.4.2　树脂用量、正洗水用量和时间

若树脂密度为 ρ_a，则树脂用量为：

$$m = \rho_a V = \rho_a A H_1 \quad (\text{kg}) \tag{8-24}$$

设单位体积树脂的正洗水耗用量 α_w(m³/m³)，可参考表 8-3 选取，则正洗水量为：

$$V_w = \alpha_w V = \alpha_w A H_1 \quad (\text{m}^3) \tag{8-25}$$

表 8-3　正洗水耗用量

树脂牌号	701#	704#	711#	717#	732#	强酸 1#	强碱 201#
α_w/(m³/m³)	10～15	10～15	12～16	12～16	5～8	5～20	～10

为了节约再生剂用量，保持再生效果，一般分两段正洗，第一阶段一般采用 $9\times10^{-4} \sim 1.4\times10^{-3}$ m/s 的速度，洗涤 15 min，耗水量为 V_{w1}，第二阶段采用与交换操作相同的流速 u_L，则第二阶段的洗涤时间为：

$$t_2 = \frac{V_w - V_{w1}}{A u_L} \tag{8-26}$$

8.2.4.3　树脂的工作交换容量和有效工作容量

树脂的工作容量需根据全交换容量计算，全交换容量 q'_T 可以从产品说明中查得，其值是在特定试验条件下得到的，所以使用时须根据具体工作条件确定。工作交换容量 q'_0 有些亦会在产品说明中查得，亦可按下式计算，即：

$$q'_0 = \beta q'_T \tag{8-27}$$

若按湿树脂计则公式为：

$$q'_{0h} = \beta q'_{Th} \tag{8-28}$$

式中：β 为校正系数，一般可取 0.7，其值也可根据原水的温度 T_0（℃）、pH、总硬度 H_0（°d）及树脂粒径 d_p 计算。

阳离子交换树脂：$\beta = 0.7 + 0.001T_0 + 0.05(\text{pH} - 7) - 150d_p\lg H_0$ （8-29）

阴离子交换树脂：$\beta = 0.7 + 0.001T_0 - 0.1\text{pH}_1 + 0.1\lg c_{A0} - 0.15d_p$ （8-30）

式中：pH_1 为第一级阳离子交换柱出水时的 pH，一般为 3～4；c_{A0} 为水中总阴离子浓度，mmol/L。

树脂的有效工作容量 q'_{eh} 计算式为：

$$q'_{eh} = q'_{0h} - 0.5\alpha_w c_{iw} \tag{8-31}$$

式中：c_{iw} 为正洗水中阳离子（或阴离子）的浓度，mmol/L。

当用弱碱性阴离子交换树脂或用纯水正洗阴离子交换树脂时：

$$q'_{eh} = q'_{0h} \tag{8-32}$$

8.2.4.4 交换柱工作时间和反洗水的用量

通过物料衡算可得交换柱工作时间为：

$$t_1 = \frac{Vq'_0}{q_V c'_0} \tag{8-33}$$

阳离子交换柱中 c'_0 等于原水中阳离子总浓度减去 Na^+、K^+ 的浓度。阴离子交换柱中，c'_0 为原水中的阴离子的总浓度。

交换柱的反洗水量为：

$$V_R = u_R A t_R \quad (\text{m}^3) \tag{8-34}$$

式中：u_R 为反洗水流速，一般为 0.003～0.004 m/s；t_R 为反洗时间，一般为 10～20 min。

8.2.4.5 再生剂用量

$$m_1 = \frac{Vq'_0 B}{z} \quad (\text{kg}) \tag{8-35}$$

式中：B 为再生剂实际用量超过理论用量倍数，选择依据为再生剂的种类、浓度、出水水质要求以及原水水质等，一般取 2.0～5.0；z 为再生剂的离子价数。

【例 8-2】 用一种强酸氢离子交换树脂的固定床进行糖液的脱盐精制，床层高 0.5 m，空隙率为 0.35。床层截面积为 $6.0\times10^{-4}\ \text{m}^2$，树脂粒度为 7×10^{-4} m。将浓度为 10 mol/m^3 的 NaCl 溶液由交换柱上方通入，流量为 0.025 m^3/h。树脂交换容量为 $\rho_a \overline{w}'_0 = 2.01\times10^3\ \text{mol/m}^3$，$Na^+$-$H^+$ 系统平均传质系数 $K_L a = 0.86(100u_L)^{0.5}$ L/s，平衡常数 $K_{AB} = 1.58$。试计算：

（1）交换区高度。

(2)交换区移动速度。

(3)固定床可能的最长操作时间。

解：(1)交换区高度。

由等价离子交换等温线方程得平衡时树脂相的浓度为：

$$y=\frac{\overline{w}}{\overline{w}'_0}=\frac{K_{AB}x}{1+(K_{AB}-1)x}=\frac{K_{AB}c'^*}{c'^*+(K_{AB}-1)c'^*} \quad (1)$$

操作线方程：

$$\frac{\overline{w}}{\overline{w}'_0}=\frac{c}{c'_0} \quad (2)$$

联立式(1)、式(2)得：

$$c'^*=\frac{c'_0c}{K_{AB}c'_0-(K_{AB}-1)c}=\frac{10c}{1.58\times10-0.58c}$$

$$=\frac{10c}{15.8-0.58c}$$

$$N_{OL}=\int_{0.05}^{0.95}\frac{dc}{c-c'^*}=\int_{0.05}^{0.95}\frac{15.8-0.58c}{5.8c-0.58c^2}dc$$

$$=\int_{0.05}^{0.95}\frac{2.72}{c}dc=\int_{0.05}^{0.95}\frac{1}{5.8-0.58c}dc=13.1$$

体积流量：

$$q=\frac{0.025}{3\,600}=6.9\times10^{-6}(m^3/s)$$

$$u_L=\frac{q}{A}=\frac{6.9\times10^{-6}}{6.0\times10^{-4}}=1.15\times10^{-2}(m/s)$$

$$K_La=0.86\times(100u_L)^{0.5}=0.86\times(1.15)^{0.5}=0.92(1/s)$$

$$H_{OL}=\frac{q}{K_LaA}=\frac{u_L}{K_La}=\frac{1.15\times10^{-2}}{0.92}=0.012\,5\ (m)$$

所以　$Z=H_{OL}N_{OL}=0.012\,5\times13.1=0.164\ (m)$

(2)交换区移动速度。

$$u_G=\frac{u_Lc'_0}{\rho_a\overline{w}'_0+\varepsilon c'_0}=\frac{1.15\times10^{-2}\times10}{2.01\times10^3+0.35\times10}=5.7\times10^{-5}(m/s)$$

(3)可能最长操作时间。

$$t=\frac{H}{u_G}=\frac{0.5}{5.7\times10^{-5}}=8.77\times10^3(s)$$

$$t=2.44(h)$$

【例 8-3】　用一阳离子交换柱处理原水，树脂为强酸 1# 阳离子树脂，水的处理量为 6 m^3/h。原水中 K^+、Na^+ 的总浓度为 0.42 mol/m^3，阳离子总浓度为 5.77 mol/m^3，硬度为 15°d。

pH=7.3,温度为 17℃。交换柱用 HCl 再生,再生后用原水正洗,拟用 2 台交换柱。试计算:

(1)每台交换柱的直径和高度。

(2)每台交换柱的树脂用量。

(3)树脂的有效工作交换容量。

(4)交换柱操作时间。

解:(1)交换柱的高度和直径。

原水硬度:15°d=15/2.8=5.36 mol/m³

选 $u_L = 5.5\times10^{-3}$ m/s

则交换柱截面积为:

$$A = \frac{q_L}{u_L n} = \frac{6}{3\ 600 \times 5.5 \times 10^{-3} \times 2} = 0.152\ \text{m}^2$$

交换柱直径:

$$D_c = \sqrt{\frac{4A}{\pi}} = 0.44\ (\text{m})$$

树脂层高度取 $H_1 = 1.5$ m,$e = 0.5$,则交换柱高度为:

$$H = H_1(1+e) = 1.5(1+0.5) = 2.25\ \text{m}$$

故取:$H = 2.5$ m。

(2)交换柱所需树脂量。

由相关资料可知,强酸 1# 树脂　$\rho_a = 780\ \text{kg/m}^3$

故树脂用量为:　$m = \rho_{av} = \rho_a A H_1 = 780\times\frac{\pi}{4}\times0.44^2\times1.5 = 177.8\ (\text{kg})$

(3)有效工作交换容量。

由相关资料可知,强酸 1# 树脂的全交换容量最小值为 $q'_T = 4.5$ mol/kg 干树脂,设湿树脂含水率为 50%(体积百分数),则:

$$q'_{Th} = 4.5 \times 780 \times 0.5 = 1\ 755\ (\text{mol/m}^3)$$

又查得:

$$d_p = 7.6 \times 10^{-4}\ \text{m}$$

$$\begin{aligned}\beta &= 0.7 + 0.001T_0 + 0.05(\text{pH}-7) - 150d_p\lg H_0 \\ &= 0.7 + 0.001\times17 + 0.05(7.3-7) - 150\times7.6\times10^{-4}\lg15 = 0.598\end{aligned}$$

则工作交换容量 $q'_{oh} = \beta q'_{Th} = 0.598\times1\ 755 = 1\ 049.5\ (\text{mol/m}^3)$

查表 8-3,取 $\alpha_w = 12$

$$c_{iw} = 5.77\ \text{mol/m}^3$$

则有效工作量:

$$q'_{eh} = q'_{oh} - 0.5\alpha c_{iw} = 1\ 049.5 - 0.5\times12\times5.77 = 1\ 014.9\ \text{mol/m}^3$$

(4)交换柱操作时间。

$$c_0' = 5.77 - 0.42 = 5.35\ \mathrm{mol/m^3}$$

操作时间：

$$t_1 = \frac{Vq'_{eh}}{qc'_0} = \frac{\left(\frac{\pi}{4} \times 0.44^2 \times 1.5\right) \times 1\ 049.5}{\frac{6}{3\ 600 \times 2} \times 5.35} = 2.68 \times 10^4 (\mathrm{s})$$

$$t_1 = 7.45\ \mathrm{h}$$

习　题

1. 用活性炭对某糖液脱色，糖液原色值为 4.26，脱色率要求达 80%。弗罗因德利希公式中常数 n 的值为 0.77，k 值为 4.95。试求：①用两级平流接触吸附法脱色，单位体积原料需活性炭的用量。②用两级逆流吸附法脱色，单位体积原料活性炭的用量。

2. 在混浊苹果汁的澄清实验中，分别将 6 份 100 mL 的苹果浊汁加入 6 个 200 mL 的三角瓶，然后分别加入粉末状活性炭，于常温下摇动足够长时间使其达到吸附平衡。然后过滤分离出清液，分析其中果胶浓度，结果如下：

活性炭加入量/mg	900	800	600	400	200	0
胶含量/(mg/dL)	12.1	23.6	44.0	63.7	82.4	100.3

试求：①弗罗因德利希方程中的常数 n。②若要求果胶最终含量降至 20 mg/dL，采用两级平流吸附法，求每千克原料所需活性炭的用量。

3. 含糖量 62% 的糖浆于 90℃ 下进行活性炭脱色试验，平衡时，测得实验数据如下：

活性炭用量/[$\mathrm{g_{(活性炭)}/m^3_{(糖浆)}}$]	0	5	10	15	20	25	30
脱色率/%	0	48	72	86	90	92	96

若要求糖液最终脱色率达到 98%，试求：①弗罗因德利希公式中的常数 n。②单级固定床吸附时每 1 000 $\mathrm{m^3}$ 原糖浆所需活性炭的用量。③两级逆流操作时每 1 000 $\mathrm{m^3}$ 原糖浆所需活性炭的用量。④两级平流操作每 1 000 $\mathrm{m^3}$ 原糖浆所需活性炭的用量。

4. 用明胶吸附除去苹果汁中的单宁，取 6 个 100 mL 的样分别加入不同量明胶试验，2 h 后，测得平衡数据如下：

明胶用量/mg	0	5	10	15	20	30
单宁含量/(mg/dL)	43.6	37.5	31.4	25.7	20.8	13.4

试求弗罗因德利希公式中的常数 n。

5. 用粒度为 0.7 mm 的强酸离子树脂固定床处理浓度为 3 $\mathrm{mol/m^3}$ 的 NaCl 溶液，床层高 1.2 m，床径为 0.03 m，NaCl 溶液空管流速为 0.01 m/s。试求：①交换柱高度。②该固定床最长能使用多长时间？已知平衡系数 $K_{AB} = 1.58$，传质系数按 $K_L a = 8.6u_L^{0.5}$(1/s)计算，树脂交换容量 $\rho_a q'_0 = 2.5 \times 10^3\ \mathrm{mol/m^3}$，床层空隙率为 0.35。

6. 用粒度为0.76 mm的732[#]阳离子树脂处理质量分数为30%的$CaCl_2$溶液，流量为3 m^3/h，pH为7.1，处理温度25℃。交换柱用HCl溶液再生，再生后用原水正洗，拟用2台交换柱，试求：①每台交换柱的直径和高度。②每台交换柱的树脂量。③树脂的有效工作容量。④交换柱的操作时间。

7. 用粒径为0.8 mm的701[#]弱碱性阴离子交换柱去除水中的阳离子，原水中阴离子总浓度为5.8 mol/m^3，pH=3，水的处理量为6 m^3/h。当采用柱径为0.32 m的两台交换柱常温处理时，试求：①每台交换柱的阴离子树脂用量。②采用纯水正洗的用水量。③有效工作交换容量。④每台交换柱的工作时间，设树脂含水率为50%。

8. 用连续逆流接触球形树脂床处理法除去水中的Mg^{2+}，树脂由交换柱顶部加入，底部排出，原水由底部通入顶部排出，原水中Mg^{2+}浓度为5 mol/m^3，流量为0.4 m^3/h，总传质单元数$N_{oL}=5.72$，要求出水中Mg^{2+}含量为100 mg/L。已知溶液的空床流速为21 $m^3/(m^2 \cdot h)$，树脂进口浓度为0.4 mol/kg，质量流量为2 kg/h，总传质系数$K_L S=2\ m^3/(kg \cdot h)$。试求：①树脂的出口浓度。②树脂床层的质量。

思考题

1. 什么是吸附？吸附在食品工业中的应用有哪些？
2. 影响吸附操作的因素有哪些？
3. 试利用吸附原理设计体系，设计一用于果蔬脆片加工工艺中的风味成分回收的系统。
4. 离子交换的机理是什么？简述其在食品工业中的应用。
5. 根据离子交换原理设计一食品工业用水软化系统。

第9章

浸出与萃取

本章学习目的与要求

了解浸出的基本概念、浸出过程与浸出理论；掌握浸出速率的计算方法；重点掌握浸出级数的求取方法；了解萃取的基本概念、萃取体系相平衡及其操作原理，了解萃取剂的选择原则；掌握单级萃取过程的基本计算；了解超临界流体萃取的基本原理与应用。

浸出和萃取是指加溶剂于混合物，利用溶剂对不同物质具有不同溶解度，从而使混合物得到完全或部分分离的过程。如果被处理的混合物为固体，则为浸出或浸取，也称固-液萃取；如果被处理的混合物为液体，则称为液-液萃取或萃取。

不论混合物为固体或液体，在经溶剂处理后，其易溶解部分必将溶出而成为溶液，达到分离的目的。物质由一相转入另一相的过程，其实质为传质过程。因此，浸出与萃取操作是传质过程之一。

在浸出操作中，溶质首先溶解于溶剂，然后由固、液两相的界面扩散到溶剂的主体。如以热水作为溶剂从甜菜中浸出蔗糖，以酒精或汽油为溶剂从大豆中分离出食油等均为固-液萃取的例子。在液体萃取中，溶剂与被处理的溶液互不相混合，但所选用的溶剂对于被处理溶液中的溶质却有选择性的溶解能力，因而溶质可经由两液相间的界面，由一相扩散到另一相。如动物脂肪的精炼，脂肪是一种液相，以溶剂来溶解所需要的组分，即为液-液萃取的例子。因此，浸出和萃取其操作过程有所区别。

由浸出或萃取而获得的物质并不是纯物质，而是溶液，为了获得纯物质还须作进一步的处理。通常可借蒸馏、蒸发、结晶或干燥等方法，以去除浸出或萃取时所用的溶剂。

为了经济和环境保护的原因，一般溶剂须回收利用。当然，若选用的溶剂为水，则可不予回收。

9.1 浸出

浸出操作的过程一般包括：原料预处理（破碎或切片）、混合、浸出和分离等过程。浸出是粮、油食品工业中的一个常见而重要的单元操作。由于食品原料多为农产品，其组织和成分也极为复杂。另外，食品原料的质量还受品种、成熟度、气候、产地及贮藏条件的影响，特别是生物体所具有的蛋白质、碳水化合物、脂肪、有机酸、酶等所受到的上述因素的影响更大。故各种物料的浸出操作有很大的不同，浸出操作的理论也就不可能用单纯的基础理论来概括，许多问题的解决主要还是采用半经验或经验的办法来解决。

9.1.1 浸出理论

9.1.1.1 浸出体系组成的表示方法

浸出体系通常可简化为一个由三种组分组成的三元物系，即溶质 A、溶剂 S 和惰性固体 B。溶质分布在固、液两相中，在固相中的溶质浓度和在液相中的溶质浓度间必然存在一定的平衡关系。为了表示这种系统的组成，一般用三角形相图表示一个三组分混合物的组成。常用的是等边三角形或等腰直角三角形相图，其中以直角三角形最为简便，如图 9-1 所示。一般用质量分数表示组成（也可用摩尔分数）。在三角形相图中，三个顶点分别表示三种纯组分，如图 9-1 中 A 点表示溶质 A 的组成为 100%，其他两组分的组成为零。同理，B 点和 S 点分别表示纯的惰性固体和溶剂。

三角形任一边上的任一点则表示一个二元混合物，如图 9-1 中 AB 边上的 E 点表示 A、B 二元混合物，其中含 40% A 和 60% B。

三角形内的某一点则代表一个三元混合物。如图 9-1 所示在直角三角形相图中的 M 点即代表 A、B、S 三个组分组成的三元混合物，过 M 点分别作三个边的平行线 FG、HI 与 JK，

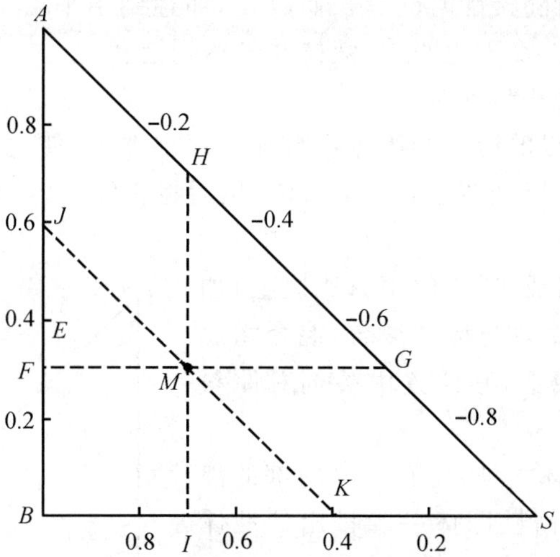

图 9-1　组成在三角形相图上的表示

其线段 $\overline{BF}$（或 $\overline{SG}$）代表 A 的组成，线段 $\overline{AH}$（或 $\overline{BI}$）及 $\overline{AJ}$（或 $\overline{SK}$）则分别表示 S 及 B 的组成。由图读得，该三元混合物的组成为：

$$x_A=\overline{BF}=0.30;x_B=\overline{AJ}=0.40;x_S=\overline{AH}=0.30$$

三个组分的质量分率之和等于 1，即：

$$x_A+x_B+x_S=0.30+0.40+0.30=1.00$$

式中 x_A、x_B、x_S 分别代表三种组分的质量分数。本章组分表示，除另有说明外，均用质量分数。

9.1.1.2　浸出系统的平衡关系

浸出系统的平衡关系较为复杂，其机理尚未完全搞清，按溶质 A 和溶剂 S 之间的溶解情况，可分成三类。

①A 原来呈液态，且与 S 部分互溶。此时相图上将出现两个不饱和区和一个饱和区。这是一种比较复杂的情形，在实际工作中可另选溶剂，以避免这种情形发生。

②A 原来呈液态，且与 S 完全互溶，此时整个三角形均为不饱和区。

③A 原来呈固态，则 A 在 S 中必有一饱和溶解度。设该饱和溶解度即图 9-2 中的 G 点所代表的组成，则 BG 线把相图分为两个区域，其中位于 BG 线下方的区域为不饱和区，亦即 A 与 S 量之比小于饱和溶解度，而位于 BG 上方的区域则为饱和区。显然，只有在不饱和区才能进行浸出操作。

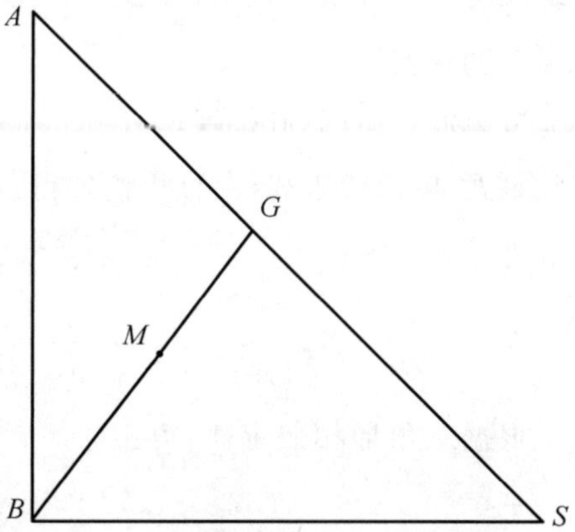

图 9-2　固液系统的三角形表示

综合上述分析，在浸出操作中，必须确保固体 B 与溶质 A 之间无物理和化学作用，而且溶质 A 的量相对于溶剂 S 的量而言，不能达到饱和的溶解度。这样当固体与溶剂经过充分长时间的接触后，溶质将完全溶解，固体空隙中液体的浓度将等于固体周围液体的浓度，液体的组成将不再随接触时间延长而改变，即达到了平衡。在浸出操作中，这样的接触级称为理论级或理想级。在理论级中，液体并未达到饱和。

9.1.1.3 单级浸出过程的表示

浸出过程是指将一定量的溶剂和固体物料加入浸出器中，使之充分混合。经充分长时间的接触达到平衡后，分为上层澄清液和底部残渣，然后将它们分离，上层澄清液称为溢流，底部残渣称为底流。

如图 9-3 所示，原料组成点 F 位于 AB 边上，加入纯溶剂 S 后，被浸出的原料与溶剂混合，混合物总组成 M 点必位于 SF 连线上，其位置由溶剂对原料量之比决定。

底流中除所含惰性固体之外，还有固体内部的液体和外部的液体。所有随惰性固体一起排出的液体均被视为与固体依附在一起。如果此浸出器为一理论级，则底流液体中的溶质浓度等于溢流中的溶质浓度。

浸出操作可以连续进行，也可以是间歇进行。间歇操作时，各股物料的量以千克表示；连续操作时，以质量流量 kg/s 表示。以 y_A 表示溢流中溶质 A 的浓度，以 x_A 表示底流中溶质 A 的浓度。

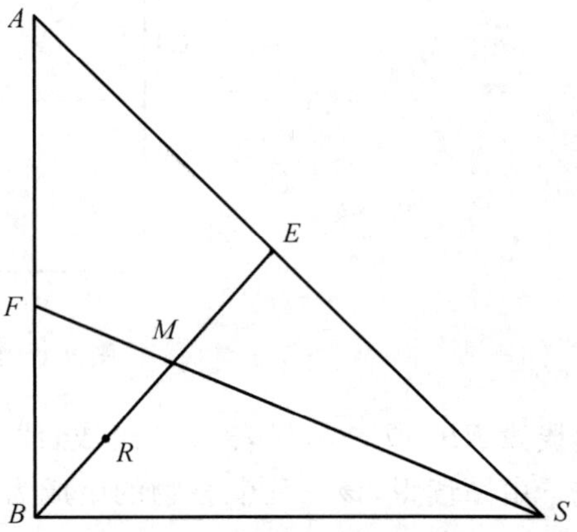

图 9-3 浸出操作中溢流与底流的平衡关系及单级浸出

9.1.1.4 溢流与底流平衡关系的表达

在三角形相图上，如果溢流中不含惰性固体，则其组成点必位于 AS 边上，如图 9-3 中 E 点。底流则可看作由一定量的惰性固体和一部分夹带的其他组成即与溢流相同的溶液混合而成，故其组成必位于 BE 连线上，如图 9-3 所示，假设其状态点为 R。

9.1.1.5 杠杆规则

在浸出操作计算中，平衡各相之间的相对数量经常需要利用杠杆规则来确定，现将杠杆规则证明如下：

如图 9-3 所示，假设混合物量为 M，其组成为 z_A、z_B、z_S；溢流 E 组成为 y_A、y_B、y_S；设底流的组成为 BE 连线上的 R 状态点，其组成为 x_A、x_B、x_S，则

总物料衡算：
$$M=E+R \tag{9-1}$$

对组分 A 的物料衡算：
$$Mz_A=Ey_A+Rx_A \tag{9-2}$$

将式(9-1)代入式(9-2)并整理得：

$$E(y_A-z_A)=R(z_A-x_A)$$

即
$$\frac{E}{R}=\frac{z_A-x_A}{y_A-z_A} \tag{9-3}$$

根据三角形相似定律，得：

$$\frac{E}{R}=\frac{\overline{RM}}{\overline{ME}}$$

式中：$\overline{RM}$、$\overline{ME}$分别为线段的长度；E、R 分别为溢流和底流量，单位 kg 或 kg/s(用状态点的符号同时表示该状态点的物料量，以下均用这种方法表示)。

同理，可得

$$\frac{E}{M}=\frac{\overline{RM}}{\overline{RE}};\frac{R}{M}=\frac{\overline{EM}}{\overline{RE}} \tag{9-4}$$

$$\frac{F}{S}=\frac{\overline{SM}}{\overline{MF}};\frac{F}{M}=\frac{\overline{SM}}{\overline{FS}};\frac{S}{M}=\frac{\overline{FM}}{\overline{FS}} \tag{9-5}$$

同样由杠杆规则可知点 R 的位置必满足如下的关系：

$$\frac{\overline{BR}}{\overline{RE}}=\frac{\text{惰性固体的带液量}}{\text{惰性固体量}}$$

9.1.2　浸出速率与溶剂的条件

浸出速率的大小，涉及生产效率和生产成本。溶剂的浸出特性及分离回收成本，同样是必须考虑的重要因素。决定浸出速率的主要因素有：接触表面积、溶质的浓度差、浸出速率及溶剂流速等。

浸出过程也就是溶质从固相向溶剂相的传质过程，其过程一般可被分解为以下三个阶段：a. 溶剂浸润，进入固体内，同时溶质溶解于溶剂中；b. 溶解的溶质从固体内部液体中扩散到固体表面；c. 溶质继续从固体表面通过液膜扩散，到达外部溶剂的主体。

溶质与溶剂的比例，直接影响浸出速率和效率。溶剂含溶质趋于饱和，浸出现象即受到限制，上述三个阶段均停止进行，故需要选用合适的溶剂。此外由于固体物料内部结构非常复杂，溶质在物料内的扩散速率也很难估计，一般表述溶质由固体表面饱和溶液层向外部稀溶液的浸出速率时，常用下式表示：

$$\frac{\mathrm{d}W}{\mathrm{d}\tau}=KA(x_a-x) \tag{9-6}$$

式中：$\frac{\mathrm{d}W}{\mathrm{d}\tau}$为溶质浸出速率；$A$ 为固、液接触面积；x 为溶剂内溶质的浓度；x_a 为固体表层溶质的浓度；K 为质量传递系数。

对简单浸出装置，浸出液的总体积 V 为定值，故有下列关系式：

$$\mathrm{d}W=V\mathrm{d}x$$

因此可得

$$\frac{\mathrm{d}x}{\mathrm{d}\tau}=\frac{KA}{V}(x_a-x) \tag{9-7}$$

积分得

$$\ln\frac{x_a-x_0}{x_a-x}=\frac{KA}{V}\tau \tag{9-8}$$

如最初所使用溶剂为新溶剂，则 $x_0=0$

$$\ln\frac{x_a-x_0}{x_a-x}=\frac{KA}{V}\tau \tag{9-9}$$

从式(9-9)得知，溶液以指数速率趋向于饱和状态，根据上式可说明影响浸出速率的因素如下：

1. 固液接触表面积

固液接触表面积 A 与浸出速度成正比关系。物料经过破碎或切片后表面积增加，伴随溶质溶出距离的减小，所以浸出速率大为增加。切片越薄，浸出速率越大。但应注意，物料如果过度破碎，可能会阻碍溶剂在罐内的流动，并使一些杂质成分流入溶液中，导致分离困难。

2. 溶剂的数量

溶剂的数量越大，则固体表层与外层溶液之间溶质的浓度差越大，可提高浸出速度。而在相同的溶剂数量下，采用逆流法较能维持一定的浓度差，故逆流法浸出效率比并流法浸出效率高。

溶剂流过物料表面时，流速大而且呈湍流流动状态时，可提高固体表层与固体表层附近溶液之间的浓度差，使浸出速率提高。在食品浸出过程中，常借以重力、泵或采用机械搅拌方式，促进溶剂流动，提高浸出速率。

3. 溶质的扩散速度

温度提高，可加快溶质的扩散速度。在较高的温度下进行浸出操作，还可降低溶液的黏度，对提高浸出速率有利，但温度受物料特性的限制，特别是热敏性物料，温度不能过高。采用逆流法浸出能维持一定的浓度差距，溶质的扩散速度较高，故逆流浸出比单级或多级并流浸出效率高。

4. 溶剂的条件

浸出的目的是通过溶剂的溶离，使溶质与物料分离并纯化。因此溶剂的选择对浸出操作有很大的关系。其中，溶剂密度、黏度、热稳定性、化学稳定性、可回收性等因素至关重要。

9.1.3 浸出操作的流程

浸出操作通常采用的三种基本流程：单级浸出法、多级浸出法和连续微分浸出法。多级浸出法又可分为并流和逆流浸出，连续微分浸出法一般采用逆流。现分别介绍如下：

1. 单级浸出法

所谓单级浸出法，即指使溶剂添加到装有物料的浸出器中，经过搅拌浸出，使浸出液（即溢流）与浸剩物（即底流）加以分离后，重复另一次同样操作，如图 9-4(a)所示。单级浸出法设备简单，但生产能力小，浸出效率也低。

2. 多级并流浸出法

数组单级浸出装置依序排列，如图 9-4(b)所示为多级并流浸出法。工作时每组装置称为一级，物料 F 由第一级进入后，与溶剂 S_1 互溶完成第一级浸出，并得浸出液 V_1，所获浸剩物作为第二级的物料 L_1。同理，第三级的物料 L_2 为第二级的浸剩物，依此类推。但各级每次加入的溶剂（S_1、S_2、S_3、…、S_n）均为纯溶剂。此法由单级浸出法改进而成，其依据是将溶剂分少量多次进行浸出，其效率大于同量溶剂一次浸出的单级浸出法。

3. 多级逆流浸出法

多级逆流浸出法是将数个浸出装置串联，如图 9-4(c)所示，物料 F 由第一级进入，所获浸剩物作为第二级的物料 L_1，同理依此类推。溶剂则从第 n 级进入，第 n 级所获浸出液作为第 $n-1$ 级的溶剂，依次逆向而上，最后于第一级流出，其物料与溶剂因互为逆向，故称逆流法。多级逆流浸出法具有溶剂用量少，浸出效率高，浸出液中所含溶质的溶度高等优点。

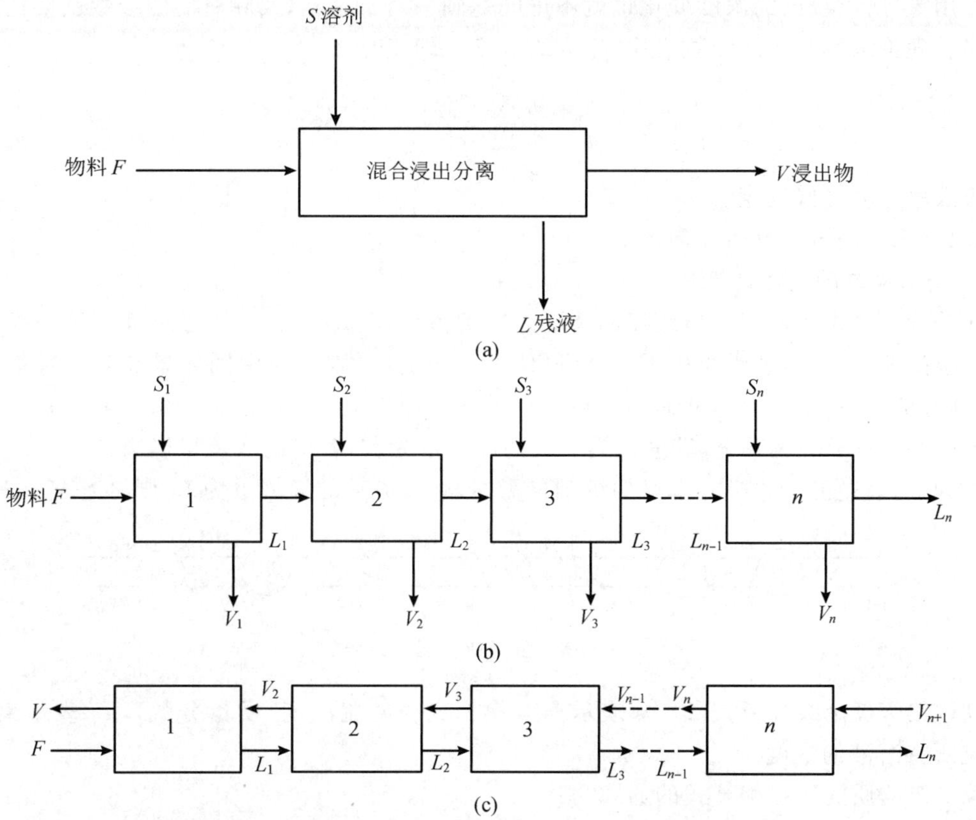

图 9-4　浸出操作的三种基本流程

4. 多级逆流连续微分浸出法

所谓多级逆流连续微分浸出法是指在浸出装置内，物料与溶剂互成逆向连续接触的浸出操作。物料可经由填料塔借重力或螺旋输送机的推力与溶剂呈逆向流动，故多级逆流连续微分浸出法实质是多级逆流浸出法的自动化改进形式。

9.1.4　浸出操作计算

9.1.4.1　浸出级数的计算

浸出操作计算的目的是确定：a. 浸出所需的时间；b. 浸出器的大小；c. 溶剂的需要量；d. 浸出器的级数。

浸出所需的时间决定于浸出的速率。如前所述，理论上浸出完毕后，固体中残留的溶质(被浸出组分)量与浸出时间存在一定的函数关系。由于浸出机理的复杂性，这个关系目前仅能凭实际经验来确定。因此浸出所需的必要时间也必取决于实际经验。

浸出器的大小，通常也凭经验确定。浸出器的总体积可根据混合物料和溶液所占的体积，加上所有容器内附属设备(如搅拌器、换热管等)所占的体积；此外，再留有 30%的自由体积。

溶剂的需用量可根据浸出过程中物料的开始和终了情况，由物料衡算式求出。

在多级浸出中，浸出器的数目(级数)是重要的计算项目，多级浸出级数的计算建立在理论级数的基础上。实际上由于接触时间不可能无限延长，惰性固体也不可能对浸出的溶质绝无吸附作用等，所以浸出的浓度变化也就不可能达到平衡。这样，实际所需的级数就要比理论级数为多。理论级数与实际级数之比，称为级效率。即：

$$\eta=\frac{\text{理论级数}}{\text{实际级数}}=\frac{N_T}{N_R}\times 100\%$$

级效率 η 凭经验确定。

9.1.4.2 浸出级数的计算方法

1. 浸出级数的代数计算法

代数计算法主要适用于恒底流的情况。所谓恒底流，即底流中的溶液量对每一级而言均相同。根据这一定义，若溢流中无固体，固体全在底流中，则底流中固体量及溶液量均保持不变，亦即底流总量保持不变，从而溢流量保持不变。理论上，恒底流必然伴随恒溢流。

如图 9-5 所示多级系统，设进入第一级的原料量为 F，各级的底流量以惰性固体所持的液体量计为 L，以逆流方式进入末级的溶剂量为 S，逐级流动的溢流量为 V，则必有 $V=S$。

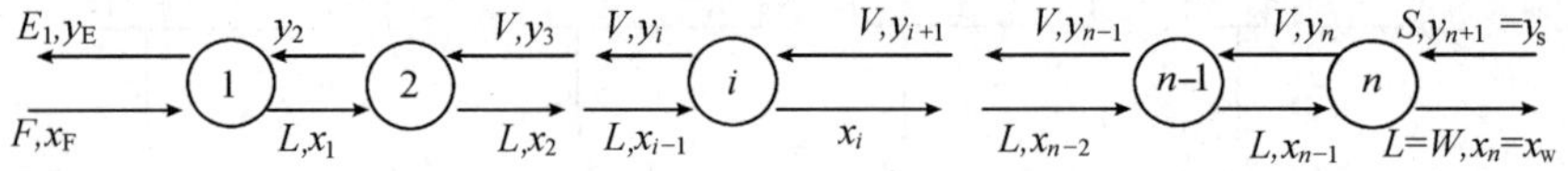

图 9-5 多级逆流浸出系统

现取第 i 理论级分析，若以 y_i 表示离开第 i 级的溢流浓度(质量分数)，x_i 表示离开第 i 级底流所持溶液的浓度。

第 i 级溶质的物料衡算式的通式为：

$$Vy_i+Lx_i=Vy_{i+1}+Lx_{i-1}$$

因为是理论级，故 $x_i=y_i$，并令 $\alpha=\dfrac{V}{L}$(对恒底流，比值 α 为常数)，则上式变为：

$$x_{i-1}=(\alpha+1)x_i-\alpha x_{i+1}$$

对第 N 级(末级)：$x_{N-1}=(\alpha+1)x_N-\alpha x_{N+1}$

对第 $N-1$ 级：$x_{N-2}=(\alpha+1)x_{N-1}-\alpha x_N=(\alpha+1)[(\alpha+1)x_N-\alpha x_{N+1}]-\alpha x_N$

$$=(\alpha^2+\alpha+1)x_N-\alpha(\alpha+1)x_{N+1}$$

依此类推，

对第二级：$x_1=(\alpha^{N-1}+\alpha^{N-2}+\cdots+1)x_N-\alpha(\alpha^{N-2}+\alpha^{N-3}+\cdots+1)x_{N+1}$

$$=\frac{1-\alpha^N}{1-\alpha}\times x_N-\alpha\times\frac{1-\alpha^{N-1}}{1-\alpha}\times x_{N+1}$$

对第一级，由于溢流量 $E\neq V$，底流的溶液量也不等于原料中所含的溶液量，故不可应用通式。如对全系统进行物料衡算，便得：

$$Ey_E+Lx_N=Fx_F+Vy_{N+1}$$

第一级的溢流底流比不同于其他各级，令：$\alpha_1=E/L$

由于 $y_E=x_1$，故有：$\alpha_1 L\left[\dfrac{1-\alpha^N}{1-\alpha}x_N-\alpha\,\dfrac{1-\alpha^{N-1}}{1-\alpha}y_{N+1}\right]+Lx_N=Fx_F+Vy_{N+1}$

整理得：
$$\frac{1}{R}=\left(1+\alpha_1\,\frac{1-\alpha^N}{1-\alpha}\right)-\frac{Sy_S}{Lx_W}\left(1+\alpha_1\,\frac{1-\alpha^{N-1}}{1-\alpha}\right)$$

$$=\left(1+\alpha_1\frac{1-\alpha^N}{1-\alpha}\right)-\frac{y_S}{x_W}\left(\alpha+\alpha_1\frac{\alpha-\alpha^N}{1-\alpha}\right) \tag{9-10}$$

如果加入末级的溶剂中不含溶质，即，$y_S=0$ 则有：

$$\frac{1}{R}=1+\frac{1-\alpha^{N-1}}{1-\alpha}\times\alpha_1 \tag{9-11}$$

其中
$$R=\frac{Lx_W}{Fx_F}$$

上两式中：R 为残渣排走的溶质量与原料所含的溶质量之比，可称为残渣率或损失率；x_W 为残渣中溶液的浓度；x_F 为原料中溶质浓度，其计算基准与原料的基准相同；α 为恒底流的溢流一底流比，即等于 V/L；α_1 为第一级的溢流-底流比，即等于 E/L，E 为最后溶液产品量；S 为进入末级的溶剂量；y_S 为进入末级溶剂中的溶质浓度，如不含溶质，则 $y_S=0$；N 为多级浸出的理论级。

【例 9-1】 某甜菜制糖厂，以水为溶剂每小时处理 100 t 甜菜片。甜菜含糖 12%、水 48%、甜菜渣 40%，出口溶液含糖 15%。设浸出系统为多级逆流接触浸出，每一个浸出器内溶液与甜菜片有充分时间达到平衡，而且每吨甜菜渣含溶液 3 t。今拟回收甜菜片中含糖的 97%，若级效率为 70%，问此系统需要几个浸出器？

解：以 1 h 为计算基准。

根据题意，100 t 甜菜片含糖 12 t，产生 40 t 甜菜渣，而每吨甜菜渣含 3 t 溶液，故每一浸出器中的料浆为 160 t。

甜菜中的含糖量：$x_F=0.12$

甜菜渣总共含糖量：$12\times0.03=0.36$(t/h)

浓溶液中的含糖量：$12\times0.97=11.64$(t/h)

损失率：$R=\dfrac{0.36}{12}=0.03$

出口溶液的浓度：$y_A=0.15$

浸出液的总量：$E=\dfrac{11.64}{0.15}=77.6$(t/h)

根据全浸出液的总物料衡算：$100+S=77.6+160$

故加入纯试剂量(水)：$S=137.6$(t/h)

假设底流为常数，则溢流也为常数。

溢流量：$V=S=137.6$(t/h)

底流量：$L=3\times40=120$(t/h)

$$\alpha=\frac{V}{L}=\frac{137.6}{120}=1.15$$

$$\alpha_1=\frac{E}{L}=\frac{77.6}{120}=0.647$$

代入式(9-11)　$\dfrac{1}{R}=\dfrac{12}{0.36}=1+0.647\times\dfrac{1-1.15^N}{1-1.15}$

解出得 $N=15.3$，即 $N_T=15.3$，故理想浸出器为 15.3 个。

实际级数 $N_R=\frac{N_T}{\eta}=\frac{15.3}{0.7}=21.86$，故实际浸出器为 22 个。

2. 浸出级数的三角形相图计算法

如图 9-6 所示，为三级逆流操作流程，E 为第一级溢流，V_2、V_3 分别表示第 2 级、第 3 级溢流，L_1、L_2、L_3 分别表示各级底流，其中 $L_3=W$ 为末级排出的残渣。

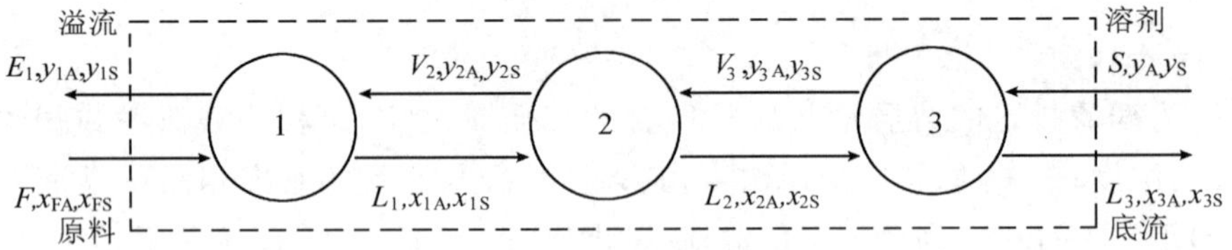

图 9-6　三级逆流浸出

设溢流中不含惰性固体，则溢流为溶质 A 和溶剂 S 的二元混合物。底流则为三元混合物。在图 9-6 中第一个下标为浸出级序号，第二个下标表示组分。

由原料和底流中惰性固体的物料衡算可知：

$$Fx_{F,B}=L_1x_{1B}=L_2x_{2B}=L_3x_{3B} \tag{9-12}$$

设单位质量惰性固体所持有的溶液量为 K_1，则 L_1 中的溶液量为 $K_1L_1x_{1B}$，其所含的溶质量为 $y_{1A}K_1L_1x_{1B}$，故 L_1 中溶质 A 的分率为：

$$x_{1A}=\frac{y_{1A}K_1L_1x_{1B}}{K_1L_1x_{1B}+L_1x_{1B}}=y_{1A}\frac{K_1}{1+K_1} \tag{9-13}$$

同理，对 L_2、L_3 有

$$x_{1A}=y_{2A}\frac{K_2}{1+K_2} \tag{9-14}$$

$$x_{3A}=y_{3A}\frac{K_3}{1+K_3} \tag{9-15}$$

而 L_1 中惰性固体分率则为：

$$x_{1B}=\frac{L_1x_{1B}}{K_1L_1x_{1B}+L_1x_{1B}}=\frac{1}{1+K_1} \tag{9-16}$$

同理，对 L_2、L_3 有

$$x_{2B}=\frac{1}{1+K_2} \tag{9-17}$$

$$x_{3B}=\frac{1}{1+K_3} \tag{9-18}$$

恒底流意义即为各级底流中惰性固体的持液量相等，

故

$$K_1=K_2=K_3=K$$

此时有

$$x_{1B}=x_{2B}=x_{3B}=\frac{1}{1+K}$$

$$\frac{x_A}{y_A}=\frac{x_{1A}}{y_{1A}}=\frac{x_{2A}}{y_{2A}}=\frac{x_{3A}}{y_{3A}}=\frac{K}{1+K}$$

由此可知，恒底流情况下 $x_B=$常数，从而 $x_A+x_S=$常数，换而言之，底流组成在三角形相图上为一条平行于斜边的直线 mn。如将 B 和 mn 上任一点 L 相连并延长交斜边于 V，则点

L 分线段 $\overline{BV}$ 为 $\overline{BL}$ 和 $\overline{LV}$ 两部分，线段 $\overline{BL}$ 与 $\overline{LV}$ 的长度之比即为底流中溶液量与惰性固体量之比。由于底流中溶液的组成与溢流组成相同，故点 V 亦代表溢流的组成，参阅图 9-7。

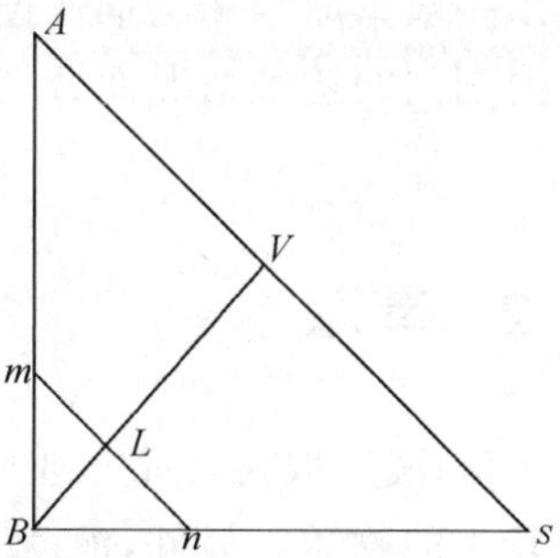

图 9-7　底流和溢流组成的表示

三级逆流浸出在三角形相图上的表示方法见图 9-8。由各级的物料衡算得如下关系：

$$E - F = V_2 - L_1 = V_3 - L_2 = S - W = \Delta = \text{常数}$$

按杠杆规则，在相图上 Δ 代表线段 $\overline{EF}$、$\overline{V_2L_1}$、$\overline{V_3L_2}$ 和 $\overline{SW}$ 的共同外分点，即为它们的延长线的交点，此点称为差点，亦称操作点。而三条平衡线 $\overline{V_3L_3}$（$\overline{V_3W}$）、$\overline{V_2L_2}$、$\overline{V_1L_1}$（$\overline{EL_1}$）分别代表三个理论级。

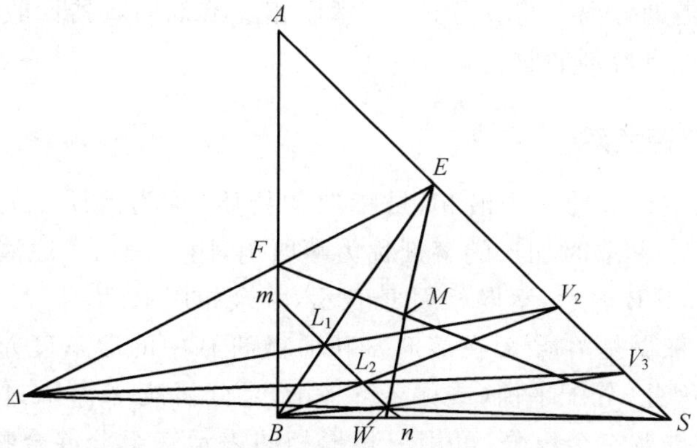

图 9-8　三级逆流浸出在三角形相图图解法

作图方法是先根据总物料衡算确定四个点，即 E、F、S 和 W。确定 W 点，则应先算出底流中溶质的浓度和惰性物质的浓度比值，根据其比值在 BA 边上定出此点，作此点与 S 点的连线，其连线与底流曲线的交点即为 W 点。连接 EF 和 SW，其延长线的交点即为差点 Δ。然后再连接 BE 线，交 mn 线于 L_1，将 Δ 和 L_1 点相连并延长交 AS 边于 V_2 点，再将 V_2 点和 B 相连交 mn 线于 L_2 点，如此继续进行，直至斜边上交点与 B 点的连线跨过 W 点为止。另外，也可采用相反的方法，从 BW 的连线开始求理论级数。

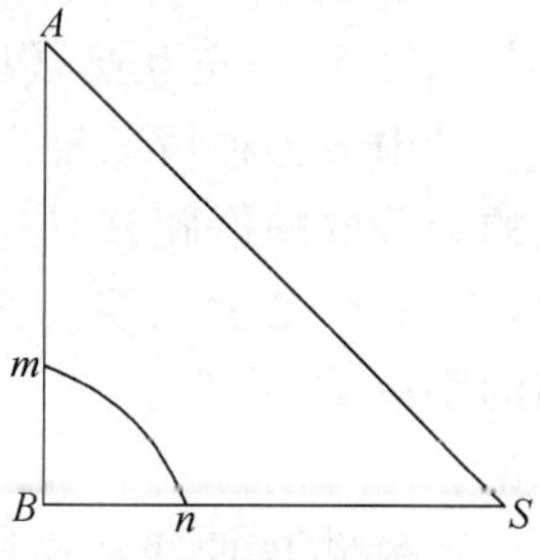

图 9-9　变底流曲线的形状

上述差点的关系式不仅对恒底流适用，底流量变化时同样也适用，只要用实验方法，求出底流曲线，仍可按上述方法求出理论级数。此时底流曲线不再是平行于斜边的直线。底流发生变化的一般情况如图 9-9 中 mn 所示的曲线。

9.1.5　浸出装置

在食品工业中，浸出操作的操作方式通常可分为：单级间歇式浸出、多级接触式浸出和连续接触式浸出三种基本方式。多级接触式浸出可视作有若干个单级浸出的串联，连续接触式浸出一般指原料和溶剂作连续逆向流动或移动，其关键是如何实现固体物料的移动。就物料和溶剂间的接触情况而言，浸出又可分为浸泡式、渗滤式和浸泡与渗滤相结合的接触方式。

9.2 萃取

液-液萃取在食品工业中的应用并不多，主要用于提取与其他物质混杂在一起的少量挥发性较小的物质。另外，液-液萃取可在低温下进行，故特别适用于热敏性物料的提取，如维生素、生物碱或色素的提取，油脂的精炼等。

液-液萃取的操作过程通常由三部分组成：a. 萃取的液体混合物与溶剂充分混合，在两液相密切接触情况下，使溶质从被处理的液体混合物中溶入溶剂中；b. 萃取结束后，将过程中形成的萃取相和萃余相借助分离器将其分开；c. 萃取相经溶剂回收器回收溶剂，使之循环使用。必要时也可对萃余相进行溶剂回收。

9.2.1 液-液相平衡关系

液-液萃取涉及互不相溶的两个液相，被萃取的物质(称为溶质 A)从一相转移到另一相中，故也属于传质过程。萃取时加入的溶剂称为萃取剂，用 S 表示。原液体混合物中的溶剂则称为原溶剂或稀释剂，用 B 表示，萃取相用 E 表示，萃余相用 R 表示。

液-液萃取的基本依据是溶质 A 在溶剂 S 和稀释剂 B 中的溶解度差异，亦即 A 在萃取相和萃余相中的分配。因此，分配平衡(或称溶解平衡)是分析液-液萃取过程的基础。

液-液萃取过程中涉及三个组分，可用三角形相图表示三组分混合物的组成(可参照浸出三角形相图表示方法)。

9.2.1.1 液-液相平衡关系在三角形相图上的表示

根据萃取操作各组分的互溶性，通常可将三元物系分为以下三种情况：溶质 A 可完全溶解于 B 和 S 中，但 B 与 S 完全不互溶；溶质 A 可完全溶解于 B 和 S 中，但 B 与 S 则部分互溶；组分 A、B 可完全互溶，但 B、S 和 A、S 为两对部分互溶的组分。

其中第①种情况较少见，属于理想的情况。第③种情况给萃取操作带来诸多不便，是应避免的。采取的措施有：加温或加入某种添加剂，使 A、S 完全互溶。实际生产中广泛遇到的是第②种情况，下面就该种情况进行讨论。

1. 溶解度曲线和连接线

在一定的温度下，B 和 S 为部分互溶，这两相的组成如图 9-10 中 L、J 点所示。取一 B、S 二元物系，其组成位于 L、J 两点内，如 C 点。逐渐加入组分 A 成为三元物系。此时体系中 B 和 S 的量之比为常数，故组成点沿 AC 线变化。若加入 A 的量恰好使混合液由两相变为均一相，相应的组成点

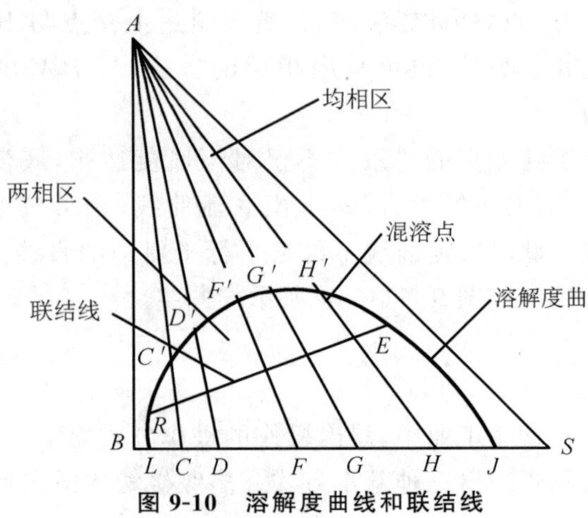

图 9-10 溶解度曲线和联结线

为 C'。改变初始时 B、S 二元物系的组成，重复实验，得到一系列点 D'、F'……将这些点连起来，成为一条曲线，即为在实验温度条件下该三元物系的溶解度曲线。

溶解度曲线将三角形相图内部分为两个区域。曲线以内的区域为两相区，以外的为单相区。平衡时三元物系的组成点位于两相区内时，该物系就存在两个液相，称为共轭相，代表共轭相组成的两点位于溶解度曲线上，联结此两点的直线称为联结线，又称平衡线。图 9-10 中的 RE 线就是一条联结线，萃取操作只能在两相区进行。

一定温度下同一物系的联结线倾斜方向一般是一致的，但随溶质的组成而变，即各联结线互不平行。少数情况下联结线的倾斜方向会改变。

2. 混合物的和点和差点

共轭相 E 和 R 的量，可从三角形相图中求取。如图 9-11 所示。设三角形内任一点 M 表示混合液的总组成，M 点称为和点，可分为两个液层 E 和 R。而 E 点和 R 点则称为差点。且 E、M、R 三点在一条直线上，其关系可用杠杆规则（参阅 9.1.1.5 杠杆规则）来描述，即 E 相和 R 相的质量比为：

$$\frac{E}{R}=\frac{\overline{RM}}{\overline{ME}} \tag{9-19}$$

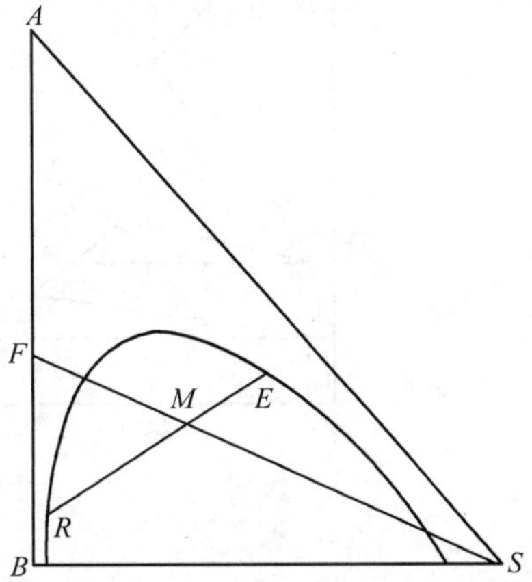

图 9-11　混合物的和点和差点

如上述三元混合物（M 点）是由一个双组分（A 和 B）混合物（F 点）与溶剂 S 混合而成，则 F、M、S 三点也在同一直线上，且双组分混合物的质量 F 与溶剂 S 的质量 S 之比为：

$$\frac{S}{F}=\frac{\overline{FM}}{\overline{MS}} \tag{9-20}$$

式中：$\overline{RM}$、$\overline{ME}$、$\overline{FM}$、$\overline{MS}$分别表示线段 RM、ME、FM、MS 的长度。

3. 辅助曲线和临界混溶点

一定温度下，三元物系的溶解度曲线和联结线是根据实验数据来标绘的，使用时若要求与已知相成平衡的另一相的数据，常借助辅助曲线（也称共轭曲线）求得。只要有若干组联结线数据即可作出辅助曲线。如图 9-12(1)所示，通过已知点 R_1、R_2……分别作底边 BS 的平行线，再通过相应联结线另一端点 E_1、E_2……分别作与直角边 AB 的平行线，各线分别相交于点 J、K……联结这些交点所得的曲线即为辅助曲线。利用辅助曲线便可从已知某相 R（或 E）确定与之平衡的另一相组成 E（或 R）。图 9-12(2)为辅助曲线的另一种作法。辅助曲线与溶解度曲线的交点为 P，表明通过该点的联结线为无限短，相当于这一系统的临界状态，故称点 P 为临界混溶点。由于联结线通常都具有一定的斜率，因而临界混溶点一般不在溶解度曲线的顶点。临界混溶点由实验测得。

4. 分配系数和选择性系数

在一定温度下，当三元混合液的两个液相达到平衡时，溶质在 E 相与 R 相中的组成之比称为分配系数，以 k_A 表示，即：

$$k_A=\frac{\text{组分 A 在 E 相中的组成}}{\text{组分 A 在 R 相中的组成}}=\frac{y_A}{x_A} \tag{9-21}$$

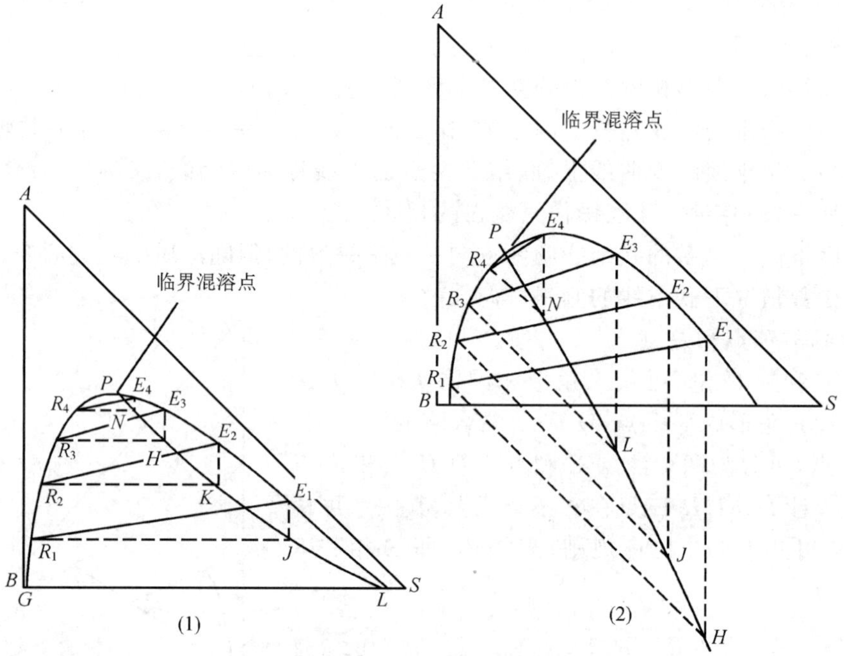

图 9-12 辅助曲线的做法

同样，对于组分 B 也可写出相应的表达式，即：

$$k_B = \frac{y_B}{x_B} \tag{9-22}$$

式中：y_A、y_B 分别为组分 A、B 在萃取相 E 中的质量分数；x_A、x_B 分别为组分 A、B 在萃余相 R 中的质量分数。

分配系数表达了某一组分在两个平衡液相中的分配关系。k_A 值越大，萃取分离的效果越好。k_A 值与联结线的斜率有关。不同物系具有不同的分配系数 k_A 值。同一物系 k_A 值随温度而变。只有在温度变化不大或在恒定温度下的 k_A 值才能近似视作常数。

选择性是指萃取剂 S 对原料液中两个组分的溶解能力的差异。若 S 对溶质 A 的溶解能力比对稀释剂 B 的溶解能力大得多，即萃取相中 y_A 比 y_B 大得多，萃余相中 x_B 比 x_A 大得多，那么这种萃取剂的选择性就好。萃取剂的选择性好坏可用选择性系数来衡量，即：

$$\beta = \frac{\dfrac{y_A}{x_A}}{\dfrac{y_B}{x_B}} = \frac{\dfrac{y_A}{y_B}}{\dfrac{x_A}{x_B}} = \frac{k_A}{k_B} \tag{9-23}$$

选择性系数 β 值与分配系数有关。凡是影响 k_A 的因数也同样影响 β 值。

选择性系数类似于蒸馏中的相对挥发度。萃取剂的选择性高，对于一定的分离任务，可减少萃取剂用量，降低回收溶剂操作的能量消耗，并且可获得高纯度产品。在一般情况下，B 在萃余相中浓度总是比在萃取相中的高，即 $x_B/x_A>1$，所以萃取操作中，β 值均应大于 1。β 值越大越有利于组分的分离；若 $\beta=1$ 时，则有 $y_B/y_A=x_B/x_A$ 或 $k_A=k_B$，萃取相和萃余相在脱除溶剂 S 后溶质将具有相同的组成，并且等于原料液的组成，故无分离能力，说明所选择的溶剂是不适宜的。

5. 温度对相平衡关系的影响

通常情况下物系的温度升高，溶质在溶剂中的溶解度加大，即互溶度增加，使两相区的面积减小。反之温度降低使两相区面积增大。因而温度明显地影响溶解度曲线的形状、联结线的斜率和两相区的面积。从而影响分配系数及选择性系数。图 9-13 表示了有一对组分互溶物系，在三个温度（$T_1 < T_2 < T_3$）下的溶解度曲线和联结线。

9.2.1.2　萃取过程在三角形相图上的表示

进行萃取操作时，原料液 F 是被萃取的混合液，含有组分 A 和组分 B，如图 9-14 所示 F 点。萃取时若加入定量纯溶剂 S 于原料液中，如前所述，混合液的总组成点 M 应在 FS 连线上，M 点的位置可根据式(9-20)所示的杠杆规则确定。

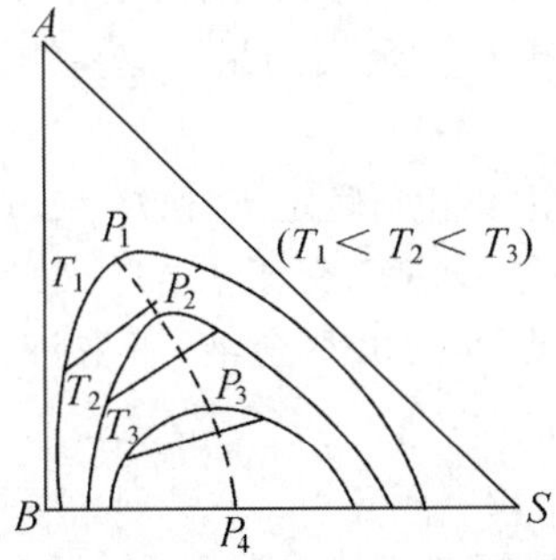

图 9-13　温度对溶解度的影响

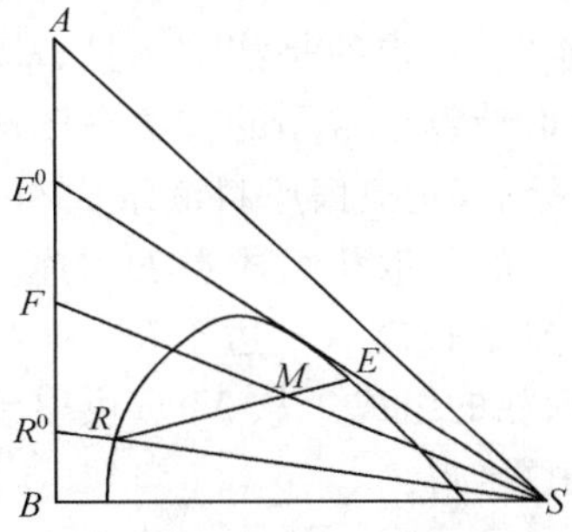

图 9-14　单级萃取在三角形相图上的表示

由于 M 点位于两相区内，故当原料液和溶剂充分混合并静置后，可使之分为两组液相，即 E 和 R，两相互成平衡，E 和 R 两点可根据通过 M 点及辅助曲线用试差作图法作过 M 点的连线 ER 求得。

若将萃取相和萃余相中的溶剂分别加以回收，则当完全脱除溶剂 S 之后，可在 AB 边上分别得到含两组分的萃取液 E^0 和萃余液 R^0。从图 9-14 可以看出，在萃取液中溶质组分 A 的含量比原料液 F 中为高，萃余液中组分 A 的含量比原料液中大为减少。相反，萃余液中组分 B 含量大为增加，而萃取液中组分 B 含量则大大减少。

由此可见，组分 A 和组分 B 得到了一定的分离。E^0 和 R^0 的数量按杠杆规则有如下关系：

$$\frac{R^0}{E^0} = \frac{\overline{R^0F}}{\overline{E^0F}} \tag{9-24}$$

若从 S 点作溶解度曲线的切线，切点为 E_{max}，延长此切线与 AB 边相交于 E^0_{max} 点。此 E^0_{max} 点即为在一定操作条件下所获得的含组分 A 最高的萃取液的组成点。参见图 9-15。

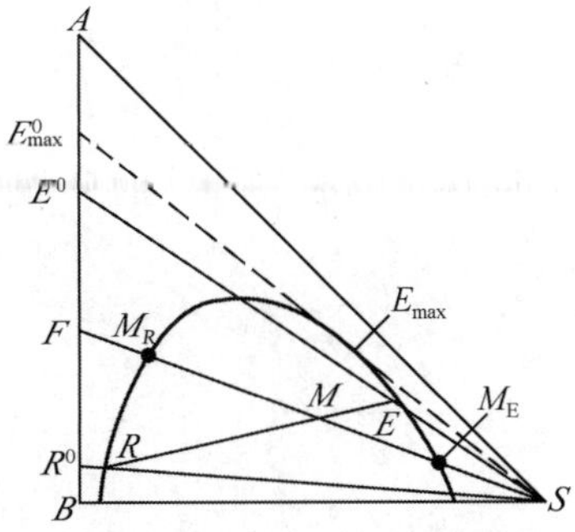

图 9-15　单级萃取时的图解法

9.2.2 萃取过程的计算

液-液萃取设备可分为分级接触式和连续接触式两类。在分级接触式萃取过程计算中，无论是单级萃取操作还是多级萃取操作，均假设各级为理论级（又称理想级），即离开每级的 E 相和 R 相互为平衡。萃取操作中的理论级概念相当于蒸馏中的理论板。一个实际级的分离能力达不到一个理论级，两者的差异用级效率校正。目前，关于级效率的资料还不够多，一般需结合具体的设备形式通过实验测定得到。本节仅讨论单级接触式萃取过程的计算。

单级萃取操作可以连续进行，也可以间歇进行，间歇操作时，各股物料的量以 kg 表示；连续操作时以 kg/s 表示。单级萃取的过程比较简单，将一定量的溶剂加入原料液中充分混合，经一定时间后，体系分成两相，然后将它们分离，分别得到萃取相和萃余相。

通常原料液量 F 及其组成 x_F 和物系的相平衡数据为已知，萃余相的溶质浓度 x_R 则根据萃取条件事先确定，要求的是溶剂用量、萃取相的量和组成及萃余相的量。这些可通过物料衡算进行计算，萃取计算中常用的方法是图解法。

如图 9-15 所示，先根据原料液组成和所要达到的萃余相组成确定 F 和 R 点，过 R 点作联结线，得与之平衡的萃取相组成点 E。连接 F 和 S，与联结线 RE 交于点 M。最后连接 S 与 R、S 与 E，并分别延长交 AB 边于 R^0 和 E^0。从 R^0、E^0 点可读出萃余液、萃取液的组成。从 E 点可读出萃取相的组成。从 M 点可得到和点的组成。

作总物料衡算，得：

$$F + S = E + R = M \tag{9-25}$$

由杠杆规则可求得各相关量：

$$S = F \times \frac{\overline{MF}}{\overline{MS}} \tag{9-26}$$

$$E = M \times \frac{\overline{MR}}{\overline{ER}} \tag{9-27}$$

$$E^0 = F \times \frac{\overline{R^0F}}{\overline{R^0E^0}} \tag{9-28}$$

也可结合溶质 A 进行物料衡算计算：$Fx_F + Sy_S = Ey_E + Rx_R = Mx_M$ (9-29)

故有：

$$E = \frac{M(x_M - x_R)}{y_E - x_R} \tag{9-30}$$

同理可得 E^0 和 R^0 的量，即

$$E^0 = \frac{F(x_F - x_{R^0})}{y_{E^0} - x_{R^0}} \tag{9-31}$$

$$R^0 = F - E^0 \tag{9-32}$$

9.3 超临界流体萃取

超临界流体萃取是以超临界状态下的流体作为溶剂，利用该状态下的流体所具有的高渗

透能力和高溶解能力萃取分离混合物的过程。目前已应用于商业用途的有：用超临界 CO_2 流体萃取咖啡中的咖啡因、啤酒中的呈味物质及香料中的精油等。

9.3.1　超临界流体萃取的原理和特性

9.3.1.1　超临界流体的基本性质

气体处于其临界温度(T_c)和临界压力(p_c)以上状态时，向该状态气体加压，气体不会液化，只是密度增大，具有类似液态性质，同时还保留气体性能，这种状态的流体称为超临界流体。表 9-1 比较了超临界流体和常温常压下的气体、液体的密度、黏度和扩散系数这三个基本性质。从表中可以看出，超临界流体的密度接近于液体，黏度接近于气体，而扩散系数介于气体和液体之间，比液体大 100 倍左右，这意味着超临界流体具有与液体溶剂相近的溶解能力、同时超临界萃取时的传质速率将远大于其处于液态下的溶剂萃取速率且能够很快地达到萃取平衡。

表 9-1　超临界流体与气体和液体的物性比较

流体	物　性		
	密度 ρ /(kg/m^3)	黏度 μ /(Pa·s)	扩散系数 D /(m^2/s)
气体 15～30℃，常压	0.6～2	$(1\sim3)\times10^{-5}$	$(0.1\sim0.4)\times10^{-4}$
超临界流体，T_c，p_c	$(0.2\sim0.5)\times10^3$	$(1\sim3)\times10^{-5}$	0.7×10^{-7}
超临界流体，T_c，$4p_c$	$(0.4\sim0.9)\times10^3$	$(3\sim9)\times10^{-5}$	0.2×10^{-7}
液体 15～30℃，常压	$(0.6\sim1.6)\times10^3$	$(0.2\sim3)\times10^{-3}$	$(0.2\sim2)\times10^{-9}$

用于超临界流体萃取的溶剂很多，表 9-2 列出了一些常用溶剂的临界参数。表中各化合物以 CO_2 最受注意：其临界压力适中，临界温度 31.06℃，分离过程可在接近室温条件下进行；而且超临界 CO_2 密度大、溶解能力强、传质速率高；便宜易得，无毒、惰性以及极易从萃取产物中分离出来。因上述一系列优点，当前绝大部分超临界流体萃取都以 CO_2 为溶剂。本节也以超临界 CO_2 流体萃取为介绍重点。

表 9-2　部分超临界流体溶剂的临界数据

化合物	沸点/℃	临界点数据		
		临界温度 T_c/℃	临界压力 p_c/MPa	临界密度 ρ/(kg/m^3)
二氧化碳	−78.5	31.06	7.39	448
乙烷	−88.0	32.4	4.89	203
丙烷	−44.5	97	4.26	220
乙烯	−103.7	9.5	5.07	20
丙烯	−47.7	92	4.67	23
甲醇	64.7	240.5	7.99	272
乙醇	78.2	243.4	6.38	276
异丙醇	82.5	235.3	4.76	27

续表 9-2

化合物	沸点/℃	临界点数据		
		临界温度 T_c/℃	临界压力 p_c/MPa	临界密度 ρ/(kg/m^3)
一氧化二氮	−89.0	36.5	7.23	457
甲乙醚	7.6	164.7	4.40	272
乙醚	34.6	193.6	3.68	267
六氟化硫	−63.8	45	3.76	74
水	100	374.2	22.00	344

9.3.1.2 超临界 CO_2 流体的基本性质

图 9-16 所示是纯 CO_2 压力和温度、密度的关系。图中 $A \sim T_p$ 线表示 CO_2 气-固平衡的升华曲线，$B \sim T_p$ 线表示 CO_2 的液-固平衡熔融曲线，$T_p \sim c_p$ 线表示 CO_2 的气-液平衡蒸气压曲线。T_p 为气-液-固三相共存的三相点，纯物质都有确定的三相点。沿气-液饱和曲线增加压力和温度则达到临界点 c_p。物质在临界点状态下，气液界面消失，体系性质均一，不再分为气体和液体，相对应的温度和压力称为临界温度和临界压力。物质通常有其固定的临界点（CO_2 临界点 T_c = 31.06℃，p_c = 7.39 MPa）。当体系处在高于临界压力和临界温度时，称为超临界状态（图中阴影线区域）。如前所述，超临界状态既不是气体也不同于液体，所以人们普遍称其为流体状态，相应的分离过程称为超临界流体萃取过程。

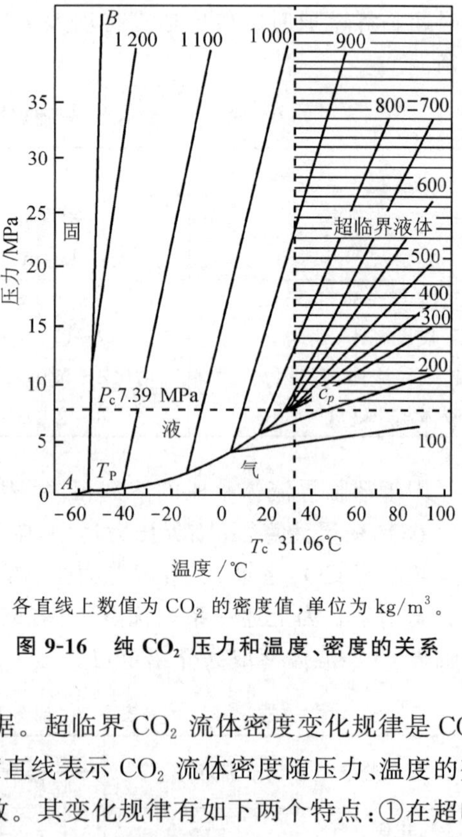

各直线上数值为 CO_2 的密度值，单位为 kg/m^3。

图 9-16 纯 CO_2 压力和温度、密度的关系

CO_2 的临界温度是最接近室温的，其临界压力也比较适中。特别是 CO_2 的临界密度 ρ(448 kg/m^3)是常用超临界溶剂中最高的(合成氟化物除外)。已知超临界流体的溶解能力一般随流体密度增加而增加，可见 CO_2 具有最适合作为超临界溶剂的临界点数据。超临界 CO_2 流体密度变化规律是 CO_2 作为溶剂最受关注的参数。图 9-16 中的一组不同密度直线表示 CO_2 流体密度随压力、温度的变化关系。数据表明，CO_2 流体密度是压力和温度的函数。其变化规律有如下两个特点：①在超临界区域，CO_2 流体密度可以在很宽的范围内变化（从 150 kg/m^3 增加到 900 kg/m^3），也就是说适当控制流体压力和温度可以使溶剂密度变化达到 3 倍以上；②在临界点附近，压力或温度的微小变化，可以大幅度改变流体的密度。由于 CO_2 溶剂的溶解能力取决于流体密度，使得以上两个特点成为超临界 CO_2 流体萃取的最基本因素，也是超临界萃取过程参数选择的重要依据。

9.3.1.3 影响超临界流体萃取的因素

超临界流体与物料的接触表面积对超临界流体萃取影响比较明显。在一定范围内，颗粒越细，接触表面积也越大，越有利于超临界流体渗入到物料内部，也有利于溶质进入超临界流体。但颗粒也不宜过细，否则会引起气路堵塞或沟流，甚至无法进行萃取操作。

增大超临界流体流量可增加传质推动力，传质系数可提高，有利于溶质的萃取。特别是对于溶质在超临界流体中溶解度较大、原料中溶质含量较高的物料(如从种子或果实中提取油脂),适当加大超临界流体的流量有利于提高生产效率。但对于一些溶质在超临界流体中溶解度较小或溶质从被萃物质中扩散出来的速度很慢的体系,流量增大对效率提高则影响不大。通常超临界流体的流量是一个需要通过实验优化的重要参数。

提高温度,则超临界流体的密度降低,导致其溶解度下降,另外,随着温度的提高,被萃物质的蒸气压升高,使物质在超临界流体中的溶解能力增加。一般情况下,超临界流体的溶解能力随温度的升高呈先降低而后增加趋势。

对于超临界流体萃取,压力的影响也是关键因素之一。尽管压力对不同物质的溶解度影响大小不同,但压力增加,所有物质的溶解度都将显著提高。因为增加压力可提高超临界流体的密度,超临界流体的溶解能力是随其密度增加而增加的,特别是在临界点附近,压力的影响最为显著。但超过一定压力以后,密度的增加将变缓,相应的溶解度的增加效应也变缓。

超临界流体与被萃物料的极性也影响超临界流体的溶解度。通常是非极性超临界流体对非极性物料的溶解性好,而极性超临界流体对极性物料的溶解性好。

除此以外,经研究发现,在超临界流体萃取过程中,加入某一特定物质,可以大大提高其对溶质的溶解度,这就是提携剂效应。所谓提携剂(也称夹带剂)就是在纯超临界流体中加入的一种少量的、可以与之混溶的、挥发性介于被分离物质与超临界组分之间的物质。

9.3.2　超临界流体萃取的流程和应用

9.3.2.1　超临界流体萃取的典型流程

超临界流体萃取过程主要由萃取和分离两部分组成。在萃取阶段,超临界流体将所需组分从原料中萃取出来;在分离阶段,通过改变某个参数,使萃取组分与超临界流体相分离,并使萃取剂循环使用。根据分离方法的不同,可将超临界流体萃取的流程分为三类,即等温变压流程、等压变温流程和等温等压吸附流程,如图 9-17 所示。

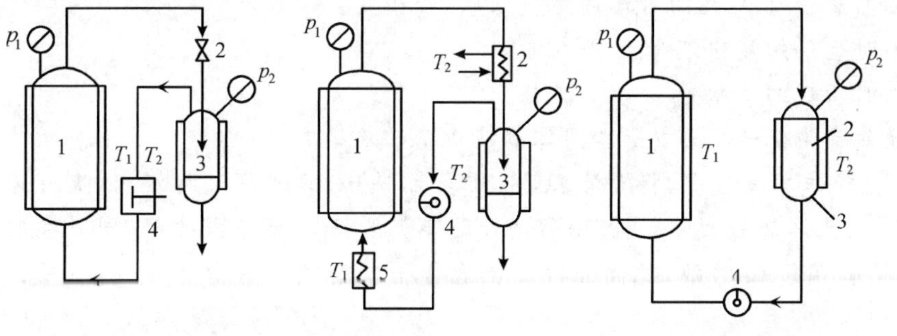

(a)等温法　$T_1=T_2, p_1>p_2$　1. 萃取器　2. 膨胀阀　3. 分离阀　4. 压缩机

(b)等压法　$p_1=p_2, T_1<T_2$　1. 萃取器　2. 加热器　3. 分离器　4. 泵　5. 冷却器

(c)吸附法　$T_1=T_2, p_1=p_2$　1. 萃取器　2. 吸收剂(吸附剂)　3. 分离槽　4. 泵

图 9-17　超临界流体萃取的三种典型流程

1. 等温变压流程

等温变压流程是利用不同压力下超临界流体萃取能力的不同,通过改变压力使溶质与超

临界流体相分离。所谓等温是指在萃取器和分离器中流体的温度基本相同。这是最方便的一种流程，如图 9-17(a)所示。首先使萃取剂通过压缩机加压达到超临界状态，而后超临界流体进入萃取器与原料混合进行超临界萃取，萃取了溶质的超临界流体经减压阀后压力下降，密度降低，溶解能力下降，从而使溶质与溶剂在分离器中得到分离。然后再通过压缩使萃取剂达到超临界状态并重复上述萃取—分离步骤，直至达到预定的萃取率为止。

2. 等压变温流程

等压变温流程是利用不同温度下物质在超临界流体中的溶解度差异，通过改变温度使溶质与超临界流体相分离。所谓等压是指在萃取器和分离器中流体的压力基本相同。如图 9-17(b)所示，萃取了溶质的超临界流体经加热升温使溶质与溶剂分离，溶质由分离器下方取出，萃取剂经压缩和调温后循环使用。

3. 等温等压吸附流程

等温等压吸附流程是在分离器内放置仅吸附溶质而不吸附萃取剂的吸附剂，溶质在分离器内因被吸附而与萃取剂分离，萃取剂压缩后循环使用。如图 9-17(c)所示。

对比等温、等压和吸附 3 种基本流程的能耗可见，吸附法理论上不需压缩能耗和热交换能耗，应是最经济的过程。但该法只适用于可使用选择吸附方法分离目标的物系，绝大多数天然产物分离过程很难通过吸附剂来收集产品，所以吸附法只适用于少量杂质脱除过程，如咖啡豆中脱除咖啡因的过程是最成功的例子。已知一般条件下，温度变化对 CO_2 流体的溶解度影响远小于压力变化的影响。因此，通过改变温度的等压法工艺过程，虽然可节省压缩能耗，但实际分离性能受到很多限制，实用价值很小。所以通常超临界 CO_2 萃取过程大多数采用等温变压流程。

习 题

1. 设计一多级逆流接触浸出设备，以淡水为溶剂每小时处理 4 t 炒咖啡豆以制造速溶咖啡。咖啡中可溶出固体含量为 24%，含水量可忽略不计。离开设备的浸出液含溶解固体 30%，要求浸出液中有 95% 的可溶固体被回收，试确定：

(1)每小时生产的浸出液量。

(2)每小时所耗的淡水量。

(3)若级效率为 70%，每吨惰性固体溶液 1.7 t，求级数。

2. 在逆流操作的设备中，将含油 20%(质量百分数)的油籽进行浸出，离开末级的溢流含油量为 50%，从此溶液中回收得油 90%。若用某新鲜溶剂来浸出油籽，同时在底流中每千克不溶性固体持有 0.5 kg 溶液，试问在恒底流操作下所需理论级数是多少？(用三角形相图法求解)

3. 使用多级逆流接触设备生产豆油，以汽油为溶剂进行大豆浸出操作。若大豆最初含油量为 18%，最后浸出液含油 40%，原料中总含油的 90% 被浸出，试计算必需的级数。假设在第一级混合器中，大豆所含的油全被浸出；又设每级均达平衡，且每级沉降分离后的底流豆渣中持有相当于一半固体量的溶液。

4. 25℃时，醋酸(A)～庚醇-3(B)～水(S)的平衡数据如本题附表所示。试求：

(1)在三角形相图上绘出溶解度曲线，在直角坐标上绘出分配曲线。

(2)由 50 kg 醋酸、50 kg 庚醇-3 和 100 kg 水组成的混合液的坐标点位置。试确定混合液经过充分混合并静置分层后，平衡的两液层的组成和质量。

(3)上述两液层的分配系数 κ_A 及选择性系数 β。

(4)从上述混合液中蒸出多少千克水才能成为均相混合液？

习题 4 附表 1　溶解度曲线数据(质量分数)　　%

醋酸(A)	庚醇-3(B)	水(S)	醋酸(A)	庚醇-3(B)	水(S)
0	96.4	3.6	48.5	12.8	38.7
3.5	93.0	3.5	47.5	7.5	45.0
8.6	87.2	4.2	42.7	3.7	53.6
19.3	74.3	6.4	36.7	1.9	61.4
24.4	67.5	7.9	29.3	1.1	69.6
30.7	58.6	10.7	24.5	0.9	74.6
41.4	39.3	19.3	19.6	0.7	79.7
45.8	26.7	27.5	14.9	0.6	84.5
46.5	24.1	29.4	7.1	0.5	92.4
47.5	20.4	32.1	0.0	0.4	99.6

习题 4 附表 2　联结线数据(质量分数)　　%

水层	庚醇-3 层	水层	庚醇-3 层
6.4	5.3	38.2	26.8
13.7	10.5	42.1	30.5
19.8	14.8	44.1	32.6
26.7	19.2	48.1	37.9
33.6	23.7	47.6	44.9

5. 在单级萃取装置中，用纯水萃取含醋酸 30%(质量百分率，下同)的醋酸～庚醇-3 混合液 1 000 kg，要求萃余相中醋酸组成不大于 10%。操作条件下的平衡数据见本章习题 4。试求：

(1)水的用量为多少千克？

(2)萃余相的量及醋酸的萃余率(即萃余相中的醋酸占原料液中醋酸的百分率)。

思考题

1. 在固-液萃取过程中，影响浸出速率的主要因素有哪些？
2. 在固-液萃取过程中，请分析溶剂的物理性质对浸出速率的影响。
3. 温度对于浸出分离效果有何影响？决定浸出操作温度时应注意什么因素？
4. 对于一种液体混合物，采用蒸馏还是萃取方法进行分离，可根据哪些因素来决定？
5. 液-液萃取如何选择溶剂比？
6. 液-液萃取过程，可根据哪些因素来决定是否采用错流还是逆流操作流程？

第 10 章

膜分离

本章学习目的与要求

了解膜分离的基本原理、各种膜分离的分离机理和基本特性；了解膜组件的构成、膜分离装置和典型流程；了解影响膜分离的各种因素；掌握膜分离过程中浓差极化与膜污染的消除方法；重点掌握膜分离装置的选用。

膜分离(membrane separation)是利用具有一定选择透过性的过滤介质,依靠其两侧存在的能量差作为推动力,利用混合物中各组分在过滤介质中迁移速率的不同来实现物质的分离与纯化的单元操作。

10.1　概　述

10.1.1　膜分离技术发展的历史

膜分离技术起源很早,1748 年 Abbe Nollet 首次进行猪膀胱渗透分离实验,发现水会自发地扩散穿过猪膀胱进入酒精中,但这一发现在当时并未引起人们的重视。直到 1854 年 Graham 发现了透析现象,1856 年 Matteucei 和 Cima 观察到天然膜是各向异性的这一特征后,人们才开始重视膜的研究。1864 年 Traube 成功地制成了人类历史上第一张人造膜——亚铁氰化铜膜;1918 年 Zisgmondy 制成了微孔滤膜,并用它来分离和富集微生物和极细小的粒子;20 世纪 40 年代出现了人工肾;50 年代初期离子交换膜研制成功,电渗析得到了工业应用;60 年代 Loeb 和 Sourirajan 研制成醋酸纤维素非对称性膜,使反渗透与超滤进入了实用阶段。目前,膜分离已成为分离混合物的重要方法,遍及海水及苦咸水淡化、环保、化工、石油、生物医药、轻工食品等各个领域,并将越来越显示其重要作用。

10.1.2　膜分离过程

一般膜分离过程是按所选用膜的孔径、传质推动力和传递机理进行分类,具体见表 10-1。

表 10-1　膜分离过程的分类法

过程	孔径	推动力	传递机理
微滤	0.02～10 μm	压力差约为 10^5 Pa	筛分
超滤	0.001～0.02 μm 相对分子质量 10^3～10^6	压力差 10^5～10^6 Pa	筛分
纳滤	>1 nm 相对分子质量 200～1 000	压力差(5×10^5)～ (1.5×10^6)Pa	溶解-扩散 Donnan 效应
反渗透	0.1～1 nm	压力差 10^6～10^7 Pa	优先吸附、毛细管流动、溶解-扩散
气体分离	无孔	压力差 10^6～10^7 Pa	溶解-扩散
渗析	1～3 nm	浓度差	筛分加上扩散浓度差
电渗析	相对分子质量<200	电位差	反离子迁移
渗透蒸发	无孔	分压差、浓度差	溶解-扩散

根据推动力本质的不同,又可具体分为四类:a. 以静压力差为推动力的过程;b. 以蒸汽分压差为推动力的过程;c. 以浓度差为推动力的过程;d. 以电位差为推动力的过程。

10.1.2.1　以静压力差为推动力的过程

以静压力差为推动力的膜分离过程有:微滤(microfiltration,MF)、超滤(ultrafiltration,UF)、纳滤(nanofiltration,NF)、反渗透(reverse osmosis,RO),它们在被分离的粒子或分子的

类型上具有差别。(二维码 10-1)

二维码 10-1 压力驱动型膜分离分类

(1)微滤。利用孔径 0.02～10 μm 的多孔膜来过滤含有微粒的溶液,将微粒从溶液中除去。适用于微生物、细胞碎片、微细沉淀物和其他在"微米级"范围内的粒子,如 DNA 和病毒等的截留和浓缩。

(2)超滤。利用孔径为 0.001～0.02 μm 的超滤膜来过滤含有大分子物质或微细粒子的溶液,使大分子物质或微细粒子从溶液中分离出来。适用于分离、纯化和浓缩一些大分子物质,如蛋白质、多糖、抗生素等,也可以用来回收细胞和处理胶体悬浮液。

(3)反渗透。利用反渗透膜对溶剂(通常是水)的选择性,对溶液施加压力,克服溶剂的渗透压,使溶剂透过反渗透膜而从溶液中分离出来。工业上反渗透已应用于海水脱盐、超纯水制备、从发酵液中分离溶剂如乙醇、丁醇和丙酮以及浓缩抗生素、氨基酸等。

(4)纳滤。纳滤是介于超滤和反渗透之间的一种膜分离技术。由于膜具有纳米级孔径和对不同价态的阴离子存在道南(Donnan)效应,所以纳滤膜可以让溶液中低价离子透过而截留高价离子和数百分子量的有机小分子。纳滤的操作压强低于反渗透,所以又称为"低压反渗透"。在食品工业中纳滤已应用于果汁浓缩、乳糖分离等方面。由于其独特的功能,在食品工业具有广阔的应用前景。

10.1.2.2 以蒸汽分压差为推动力的过程

以蒸汽分压差为推动力的膜分离过程有两种,膜蒸馏(membrane distillation,MD)和渗透蒸发(pervaporation,PV)。

(1)膜蒸馏。利用一张疏水性的微孔膜把温度不同的冷热两股溶液分隔开,由于膜两侧存在一定的温度差,可使热侧的水透过膜进入冷侧。在现有机理研究基础上,其传质过程可分为三步。

①水分子在热侧膜表面处蒸发形成水蒸气。

②水蒸气透过膜的微孔从膜表面的热侧扩散到冷侧。

③传递到冷侧膜表面的水蒸气重新冷凝成水。

因而膜蒸馏其实是一个蒸发过程,但与减压蒸发相比,不需要真空系统即可达到低温蒸发水的目的。与其他的膜过程相比,膜蒸馏的主要优点是可以在极高的浓度下进行,也就是说能把非挥发性溶质的水溶液浓缩到极高浓度,甚至达到饱和状态。现已应用于高纯水的生产、溶液脱水浓缩和挥发性有机溶剂的分离。

(2)渗透蒸发。渗透蒸发技术的分离机理也可分为三部分。

①被分离物质在膜表面上被有选择地吸附并溶解。

②以扩散的形式在膜内渗透。

③在膜的另一侧,由于低压汽化脱附而与膜分开。

渗透蒸发技术发展至今,已在二元恒沸有机溶剂的分离、异丙醇的脱水浓缩、无水乙醇的生产等方面实现了工业化应用,目前正在研究将渗透蒸发技术应用于食品工业领域,并已取得很好的进展。

10.1.2.3 以浓度差为推动力的过程

渗析(dialysis,D)是一种重要的、以浓度差为推动力的膜分离过程。它是利用多孔膜两侧溶液的浓度差使溶质从浓度高的一侧通过膜孔扩散到浓度低的一侧,从而得到分离的过程。

它最主要的应用是血液（人工肾）的解毒，也用在实验室规模的酶的纯化上。

10.1.2.4　以电位差为推动力的过程

电渗析（electrodialysis，ED）是较早研究和应用的一种膜分离技术，它是基于离子交换膜对阴阳离子的选择性，在直流电场的作用下使阴阳离子分别透过相应的膜以达到从溶液中分离电解质的目的。电渗析最大的应用是海水淡化和苦咸水淡化生产饮用水。

10.1.3　膜的分类及性质

膜分离技术的核心是分离膜。衡量一种分离膜是否有实用价值，要看是否具有五个条件：①要有高的截留率（或高的分离系数）和高的透过量；②要有强的抗物理、化学和微生物侵蚀的性能；③有好的柔韧性和足够的机械强度；④使用寿命长，pH 适用范围广；⑤成本合理、制备方便，便于工业化生产。

根据上述要求，目前应用较广的分离膜是合成高分子聚合物膜。聚合物膜按其结构与作用特点可分为微孔膜、均质膜、非对称性膜、离子交换膜四类。

10.1.3.1　微孔膜

这类膜的平均孔径为 0.02～10 μm，主要有两种类型：多孔膜与核孔膜。前者呈海绵状，膜孔大小有一较宽的分布范围，孔道曲折，膜厚 50～250 μm，目前这种微孔膜应用较普遍；核孔膜是用 10～15 μm 的致密的塑料薄膜制造，先用反应堆产生的裂变碎片轰击，穿透薄膜而产生损伤，然后在一定温度下用化学试剂侵蚀而成一定尺寸的孔，它的特点是孔为圆柱形直孔，孔径极为接近，在渗透通量、分离性能及耐污染等方面均优于多孔膜，但造价较高。微孔膜主要用于微滤或超滤，如水的净化、溶液除菌、除酶，血液净化等。它具有较高的渗透性，但选择性较低。

10.1.3.2　均质膜

均质膜又称为致密膜，其结构较为致密，物质通过膜是依靠分子扩散。其特点为分离系数较高，但渗透系数较低。均质膜适用于气体分离和渗透蒸发，用于气调保鲜也有较好的效果。

10.1.3.3　非对称性膜

其特点是膜的断面不对称。它是由起膜分离作用的表面活性层（0.2～0.5 μm）和起支撑强化作用的多孔支撑层（500～1 000 μm）构成。多孔支撑层孔径很大，对透过流体无阻力。由于非对称性膜起分离作用的表面活性层很薄，孔径微细，因此透过量大，膜孔不易堵塞，容易清洗。目前的超滤和反渗透膜多为非对称性膜。

图 10-1(a)所示的非对称性膜为指状结构，多用于超滤，而反渗透膜的结构多为海绵状，如图 10-1(b)所示。

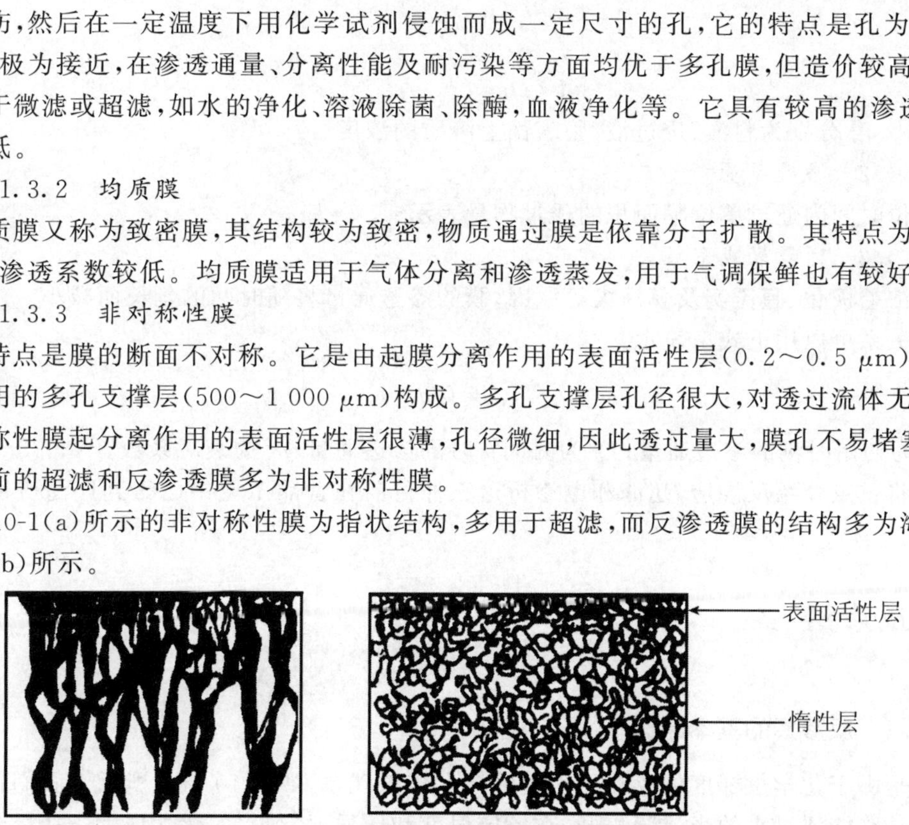

(a)指状结构　　(b)海绵状结构

图 10-1　非对称性膜截面结构示意图

10.1.3.4 离子交换膜

离子交换膜是一种带电基团的聚合膜，分阳离子交换膜和阴离子交换膜两种。阳离子交换膜带有阳离子交换基团，带负电荷，能选择性地吸附阳离子并使其通过，对阴离子则产生排斥作用。与之相反，阴离子交换膜带有阴离子交换基团，带正电荷，能选择性地吸附阴离子，并使之通过。离子交换膜主要用于电渗析。常用的有聚乙烯膜或聚氯乙烯膜。阳离子交换基团有磺酸型和磷酸型，阴离子交换基团有季胺、叔胺和仲胺等。

10.1.4 膜性能

膜性能包括膜的分离透过性和物化稳定性。

膜的物化稳定性是指膜的强度，适用的压力、温度、pH 以及对有机溶剂和各种化学药品的耐受性，这是决定膜使用寿命的主要因素。

膜的分离透过性包括分离效率、渗透通量和通量衰减系数三个方面。

10.1.4.1 分离效率

对于不同的膜分离过程和分离对象可以用不同的表示方法。对于溶液脱盐或除去混合液中的微粒和高分子物质等可以用表观截留率 R 和实际截留率 R' 表示。

$$R=1-\frac{c_{\mathrm{p}}}{c_{\mathrm{b}}} \tag{10-1}$$

$$R'=\frac{c_{\mathrm{w}}}{c_{\mathrm{b}}} \tag{10-2}$$

式中：c_{b}、c_{p}、c_{w} 分别为料液、透过液、膜表面上溶质的浓度。

10.1.4.2 渗透通量

用单位时间内通过单位膜面积的透过物量表示。

10.1.4.3 通量衰减系数

由于浓差极化、膜压实及膜污染等原因，膜的渗透通量将随时间的延长而减小。渗透通量与时间的关系可以用下式来表示：

$$J_{\theta}=J_{0}\theta^{m} \tag{10-3}$$

式中：J_0 为初始时刻的渗透通量；J_θ 为时间 θ 时的渗透通量；m 为衰减系数。

本章将重点介绍反渗透、超滤和电渗析这三种目前在食品工业中已得到广泛应用的膜分离过程。

10.2 反渗透

10.2.1 反渗透的基本原理

渗透是由于化学位梯度的存在而引起的自发扩散现象，如图 10-2(a)所示。我们将纯水与盐溶液用一张能透过水的半透膜隔开，在一定温度和压强下，纯水的化学位大于盐溶液中水的化学位，在化学位梯度的作用下，纯水透过膜向盐溶液侧渗透，使盐溶液侧液位升高。

当水位提高到 h 时[图 10-2(b)]，盐溶液侧的压力与纯水侧压力之差等于渗透压 p。此时渗透过程达到平衡，水的渗透通量为零。

如果在盐溶液侧加压[图 10-2(c)]，使盐溶液侧与纯水侧的压差大于渗透压 p，则水将反向从盐溶液侧透过半透膜流向纯水侧，这一过程就称为反渗透。

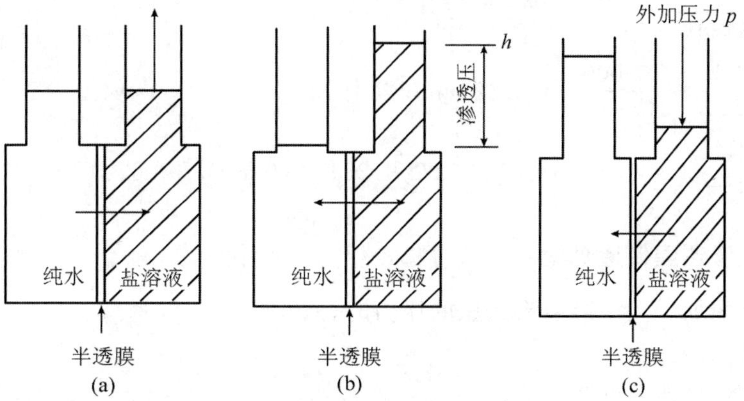

图 10-2　渗透与反渗透现象

根据化学热力学的基本理论可以推导出理想稀溶液的渗透压公式：

$$\pi = RT\sum c_{s,i} \tag{10-4}$$

式中：$c_{s,i}$ 为溶液中溶质 i 的摩尔浓度，mol/m^3。

式(10-4)称为理想溶液渗透压的 Van't Hoff 公式。

由 Van't Hoff 渗透压公式可知，溶液的浓度越高，p 值越大。因此，在反渗透过程中所施加的实际操作压力，应在系统和膜强度允许的范围内，远大于按 Van't Hoff 渗透压公式算出的溶液的 p 值，一般为 p 值的几倍到近十倍。

Van't Hoff 渗透压公式只适用于理想溶液。对实际溶液需引入一校正因数 ϕ：

$$\pi = \phi RT\sum c_{s,i} \tag{10-5}$$

实际上，在等温条件下，许多物质的水溶液的渗透压近似地与其溶质的摩尔分数 $x_{s,i}$ 成正比：

$$\pi = Bx_{s,i} \tag{10-6}$$

表 10-2 中列出了某些物质的水溶液的 B 值。

表 10-2　某些物质的水溶液的 B 值(25℃以下)

溶质	$B/10^3$ Pa	溶质	$B/10^3$ Pa	溶质	$B/10^3$ Pa
尿素	0.135	$LiNO_3$	0.258	$Ca(NO_3)_2$	0.340
甘油	0.141	KNO_3	0.237	$CaCl_2$	0.368
砂糖	0.142	KCl	0.251	$BaCl_2$	0.353
$CuSO_4$	0.141	K_2SO_4	0.306	$Mg(NO_3)_2$	0.365
$MgSO_4$	0.156	$NaNO_3$	0.247	$MgCl_2$	0.370
NH_4Cl	0.248	NaCl	0.255		
LiCl	0.258	Na_2SO_4	0.307		

一般水溶液的渗透压较大，而有机大分子和高分子溶液的渗透压较小。有关食品渗透压的数据较少。

【例 10-1】 试用稀溶液 Van't Hoff 公式计算 25℃下含 NaCl 3.5%的海水的渗透压(不考虑其他盐分的影响)。

解：$c_{\mathrm{NaCl}}=\frac{3.5}{58.5}\times\frac{1\ 000}{100-3.5}=0.620(\mathrm{mol/L})$

$$\pi=RT\sum_{i=1}^{2}c_{\mathrm{s}}=8.314\times10^{3}\times(273+25)\times(0.620+0.620)=3.072\times10^{6}(\mathrm{Pa})$$

10.2.2 反渗透膜传递机理

当对水溶液施加一大于溶液渗透压的压力时，水将通过反渗透膜流向膜的另一侧。这个过程大致可分为三步。

①水从料液主体传递到膜表面。

②进入膜表面，并通过膜的活性层。

③从膜的活性层进入支撑层的孔道，然后流出膜。

与此同时，溶质也将有少量沿同样途径通过膜而进入透过液。

水透过膜是一个复杂的过程，迄今为止已提出了多种透过机理模型，主要有：

10.2.2.1 氢键模型

氢键模型认为，膜的表层很致密，其上有大量的活化点，键合一定数目的结合水，这种水已失去了溶剂化的能力，溶质不能溶解于其中。进料液中的水分子在压力下可与膜上的活化点形成氢键缔合，使该活化点上其他结合水被解缔下来，被解缔下的结合水又与下面的活化点发生缔合，使该点原有的结合水被解缔下来，这样水分子逐渐从膜面进入膜内，最后透过膜。而溶质是通过高分子链间空穴，以空穴型扩散透过膜的。图 10-3 是氢键模型的示意图。

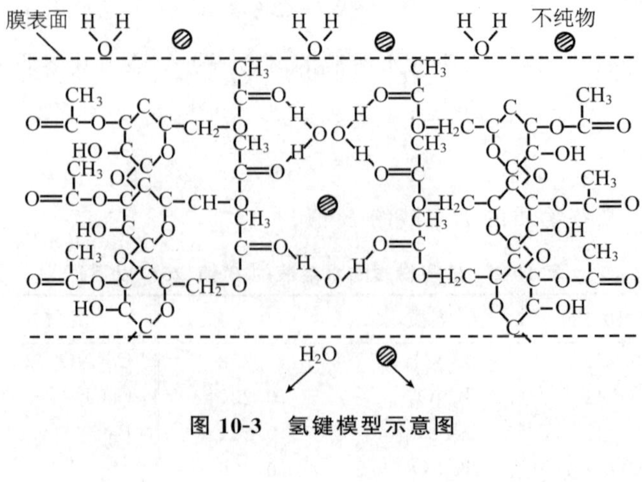

图 10-3 氢键模型示意图

10.2.2.2 优先吸附——毛细孔流动机理

此理论由 Sourirajan 提出，其模型如图 10-4 所示。此理论认为反渗透是受膜的表面现象所控制，与溶液接触的膜表面具有适宜的化学性质和适宜尺寸的膜孔径。前者是指膜可以优先吸附或优先排斥溶液中的某组分。由于反渗透膜表面具有亲水基团，因此在膜表面可以优先吸附一层水分子，约有 2 个水分子厚度，溶质被排斥。这层水在外压的作用下进入膜表面的毛细孔，并通过毛细孔透过膜。根据这一机理，定义膜孔径等于纯水层厚度 t 的 2 倍时（$5\times10^{-10}\sim10\times10^{-10}$ m）为膜的临界孔径。当膜孔径在临界孔径的范围内时，孔隙中充满纯水，溶质无法通过；如孔隙大于临界孔径，就会有部分孔隙让溶质通过。

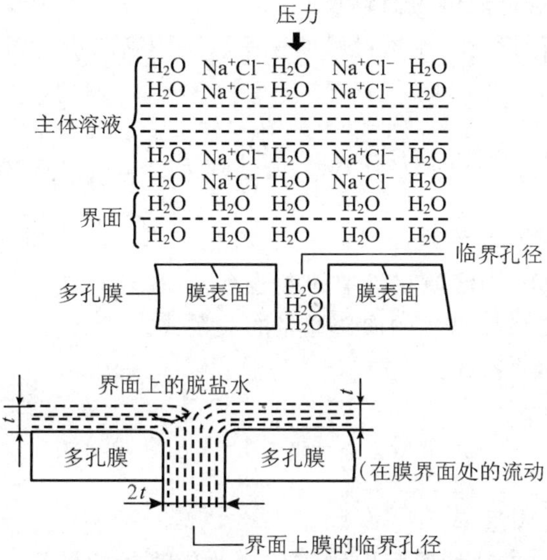

图 10-4　优先吸附——毛细孔流动机理

水流经毛细孔可以认为是滞流流动，所以通过膜的水渗透通量可用下式表示：

$$J_w = A(\Delta P - \Delta\pi) \tag{10-7}$$

式中：J_w 为水的渗透通量，kg/(m^2·h)；A 为纯水的透过常数。

纯水透过常数 A 反映纯水透过膜的特性，它与膜材料和膜的结构形态以及操作温度和压力有关，可以用纯水进行实验来测定。

实际上在反渗透过程中有少量溶质透过膜。可以把溶质通过膜的过程看作是通过膜孔的分子扩散过程，所以溶质的渗透通量可以用通过膜的分子扩散方程推得：

$$J_A = \frac{D_{M,A}}{K\delta}(c_{A,i} - c_{A2}) \tag{10-8}$$

式中：$c_{A,i}$ 为料液侧膜表面溶质 A 的物质的量浓度，kmol/m^3；c_{A2} 为透过液中溶质 A 的物质的量浓度，kmol/m^3，δ 为膜厚度，m；$D_{M,A}$ 为溶质在膜中的扩散系数，m^2/s。

$\frac{D_{M,A}}{K\delta}$ 反映溶质透过膜的特性，它的数值小，说明溶质透过膜的速率小，膜对溶质的分离效率高。$\frac{D_{M,A}}{K\delta}$ 与溶质、膜材料的物化性质、膜的结构形态以及操作条件有关，可以通过实验测定。

10.2.2.3　溶解-扩散模型

Lonsdale 和 Riley 等提出用溶解-扩散模型来说明反渗透过程。该模型认为反渗透膜具有完全致密的界面，水和溶质透过膜不是空隙作用，而是水和溶质与膜相互作用并溶解在膜中，然后在化学位梯度的推动下在膜中扩散并透过膜。溶剂与溶质透过膜的过程可分为三步：

第一步，溶剂在高压侧吸附和溶解于膜中；

第二步，在化学位差的推动下溶剂以分子扩散透过膜；

第三步，溶剂在膜的透过液侧表面解吸。

第一步和第三步进行得很快，水透过膜的速率取决于第二步。根据费克定律，水透过膜的渗透通量为：

$$J_{w}=\frac{D_{M,W}c_{M,W}V_{w}}{RT\delta}(\Delta P-\Delta\pi)=\frac{Q_{w}}{\delta}(\Delta P-\Delta\pi)=A(\Delta P-\Delta\pi) \tag{10-9}$$

式中：$D_{M,W}$ 为水在膜中的扩散系数，m^2/s；$c_{M,W}$ 为水在膜中的物质的量浓度，mol/m^3；V_w 为溶液中水的偏摩尔体积；Q_w 为溶质在膜中的渗透率。

式(10-9)即为溶解-扩散模型水的渗透通量的关系式。

对于溶质可得类似的关系式：

$$J_{A}=\frac{Q_{S}}{\delta}(c_{A,i}-c_{A2}) \tag{10-10}$$

式中：Q_S 为溶质在膜中的渗透率。

溶解-扩散模型是目前描述均质膜中物质传递比较流行的模型。但它忽略了膜结构对传递性能的重要影响，也无法解释某些膜材料对水具有高吸附性和膜对水的低渗透性。

10.2.3 反渗透的浓差极化现象

10.2.3.1 浓差极化现象

由于反渗透膜的选择性，只允许溶剂通过，溶质不能或只能极少量地通过，这样在膜的高压侧表面上的溶质逐渐积累，当其浓度增大到超过溶液主体中溶质的浓度时，就形成了膜表面与溶液主体的浓度梯度，引起溶质从膜表面向溶液主体的扩散，这一现象称为浓差极化。

发生浓差极化现象时膜表面的情况如图 10-5 所示，膜表面处的浓度 c_w 高于主体溶液浓度 c_b，这两种浓度的比率 c_w/c_b 称为浓差极化度，符号为 M。

此时水的渗透通量关系式可用下式表示：

$$J_{w}=A(\Delta P-M\Delta\pi) \tag{10-11}$$

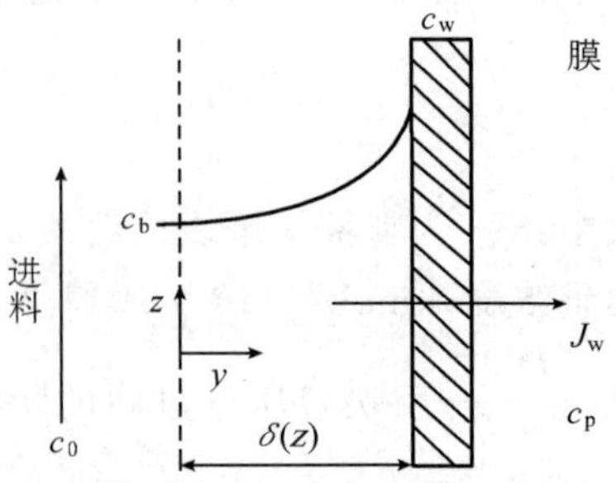

图 10-5 膜面情况

10.2.3.2 浓差极化对反渗透操作的影响

浓差极化对反渗透操作有以下几个方面的影响：

①膜表面溶质浓度增大，使溶质的渗透通量增多，导致分离效率降低，产品质量下降。

②膜表面溶质浓度增大，使膜表面溶质渗透压增高，极化度增大，根据式(10-11)可知，水的渗透通量将下降，生产能力降低。

③膜表面局部浓度增大，使膜表面溶液浓度趋于饱和，在一定条件将析出结晶或形成凝胶，将膜孔堵塞，使膜有效面积减小，溶剂渗透通量下降。

④严重时会使膜表面形成一层两次薄膜，使溶剂渗透通量完全丧失。

总之，浓差极化对反渗透过程有不利影响，但由于反渗透膜的选择性，它又是不可避免的现象。所以，重要的是了解其产生的机理和影响因素，以便采取措施减轻浓差极化的影响。

10.2.4　反渗透的渗透通量

高的渗透通量是膜性能的一个主要指标。从式(10-9)和式(10-10)可知反渗透过程的渗透通量主要与以下因素有关。

①操作压差：压差是反渗透过程的推动力，压差愈大，渗透通量愈大。但是压差增大，浓差极化度也随之增大，膜表面处溶液渗透压增高，所以有效压差($\Delta P-\Delta\pi$)并不能按相应的比例增大。另一方面压差增加，能耗增大，并有可能导致沉淀。所以需要综合考虑，选择最佳的操作压差，一般反渗透的操作压差为 2～10 MPa。

②操作温度：温度升高，纯水透过常数 A 增大，同时浓差极化度减小，膜表面处溶液渗透压降低，有效压差增大，故渗透通量增大。但升高温度受到膜热稳定性的限制。

③料液流速：流速增大，传质系数加大，浓差极化度减小，渗透通量增大。

④料液的浓缩程度：对于盐水淡化，浓缩程度也可表示为水的回收率。浓缩程度高(回收率高)，则料液浓度高，渗透压高，有效压差减小，渗透通量减小。此外料液浓度高还会引起膜污染加剧等问题。所以需合理确定水的回收率。

⑤膜材料与结构：这是决定膜的渗透通量的基本因素。研制性能好的膜材料与制膜工艺是目前反渗透研究的一个主要方向。

反渗透法盐水淡化的渗透通量一般为每小时每平方米膜面几十千克。

10.3　超　滤

超滤技术是目前应用最为广泛的膜分离技术，它应用的领域涉及电子、化工、食品、医药、生化、环境保护等各个部门。在食品行业，超滤技术主要应用于纯水制造、废水处理、乳清浓缩、果汁澄清等操作过程。

10.3.1　超滤原理

超滤也是以压力差为推动力的膜分离过程。超滤所用的膜是不对称性膜，其表面活性层有孔径为 10～200 nm 的微孔，能够截留相对分子质量为 500 以上的大分子物质和胶体微粒，所用压差为 0.1～0.5 MPa。原料液(通常为水溶液)在压差的作用下，水和小分子物质透过膜的微孔流到膜的低压侧，为透过液。大分子物质和胶体微粒被截留，不能透过膜，从而实现了原料液中大分子物质和胶体微粒与水的分离。其过程见图 10-6。

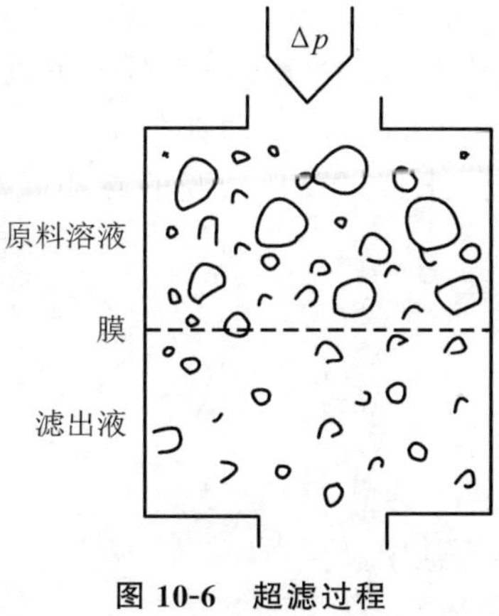

图 10-6　超滤过程

一般认为超滤对大分子的分离机理主要是筛分作用。

超滤膜属于筛网状过滤介质，决定截留效果的主要是膜的表面活性层上微孔的大小和形状。过滤时比孔大的粒子被截留在膜的表面，小于孔径的粒子通过膜进入低压侧。由于超滤主要是用于大分子溶液的分离，其分子大小往往是用分子量来表示，故又称为分子量切割机理。要求被截留的组分其相对分子质量应大于膜的截留分子量，因此超滤膜选择性可用它的截留分子量来表示。比如 5 万分子量的膜，表示截留分子量为 5 万，溶液中大于 5 万分子量的组分被截留，小于 5 万分子量的组分则可通过。

10.3.2 超滤过程的传质模型

10.3.2.1 筛子模型

基于超滤过程的分离机理为筛分机理，有人提出了筛子模型，类似于过滤方程。当溶剂向膜表面传递时，溶剂通过膜，而它所带的溶质被膜表面截留，导致溶质在膜表面的积累。这种积累可成一层凝胶层，或者称为第二层膜。因此，透过膜的溶剂通量可以表示为：

$$J_w = \frac{\text{传质推动力}}{\text{传质阻力}} \tag{10-12}$$

$$J_w = (\Delta P - \Delta\pi)/(R_g + R_m) \tag{10-13}$$

式中：R_g 为凝胶层阻力，g·mol·s；R_m 为膜阻力，g·mol·s。

由于大分子以及胶体分散液的渗透压通常是很低的，所以，式(10-13)中的 $\Delta\pi$ 可以忽略不计，则溶剂的渗透通量为：

$$J_w = \Delta P/(R_g + R_m) \tag{10-14}$$

若采用具有较高保持性的微孔薄膜，对大分子溶质的稀溶液进行超滤时，凝胶层阻力可忽略不计。故式(10-14)变为：

$$J_w = \Delta P/R_m \tag{10-15}$$

这是没有浓差极化的情况，或者是在无限稀释时，凝胶层可以自由流动的情况。在这种情况下，当溶质仅仅是靠与溶剂一起转移而透过膜孔，而膜孔又大得足以允许溶质分子透过，此时溶质的通量可以表示为：

$$J_s = J_w(1-\phi)(c_b/c_p) \tag{10-16}$$

式中：ϕ 为透过对溶质有一定排斥作用的孔的纯溶剂流的分数。

10.3.2.2 细孔模型

水透过反渗透膜的渗透通量关系式也可以用于表示超滤的渗透通量：

$$J_w = A(\Delta P - \sigma\Delta\pi) \tag{10-17}$$

$$A = \frac{r_p^2 \varepsilon}{8\mu\delta}$$

$$\sigma = 1 - S_F\left(1 + \frac{16}{9}q^2\right)$$

其中

$$q = r_s/r_p$$

$$S_F = 2(1-q)^2 - (1-q)^4$$

式中：r_s 为膜孔半径；r_p 为溶质半径；ε 为膜的孔隙率；δ 为膜的厚度。

10.3.3 超滤的浓差极化现象

超滤过程中在水透过膜的同时，大分子溶质被截留，而在膜表面处聚积，形成被截留的大分子溶质的浓度边界层，这就是超滤过程的浓差极化。

由于浓差极化，膜表面处溶质的浓度高，可以导致溶质截留率的下降和水的渗透压的增高。由式(10-11)可知渗透压的增加将使超滤过程的有效压差减小，使渗透通量降低。超滤过程中，通常渗透通量较大，而大分子物质的扩散系数、传质系数又较小，所以其浓差极化要比反渗透严重。当膜表面处溶质的浓度比主体高得多时，将达到饱和从而形成凝胶层，导致渗透通量严重降低。

10.3.4 影响超滤渗透通量的因素

(1)操作压差。压差是超滤过程的推动力，对渗透通量产生决定性影响。图 10-7 表示超滤过程的渗透通量与操作压差的典型关系图。当过滤溶液时，在较小的压差范围内，渗透通量与压差呈线性关系。当压差较高时，由于浓差极化以及膜表面污染膜孔堵塞等原因，随着压差的增长而逐渐减慢，当膜面形成凝胶层时，渗透通量趋于定值，此后渗透通量不再随压差变化，此时的渗透通量称为临界渗透通量。

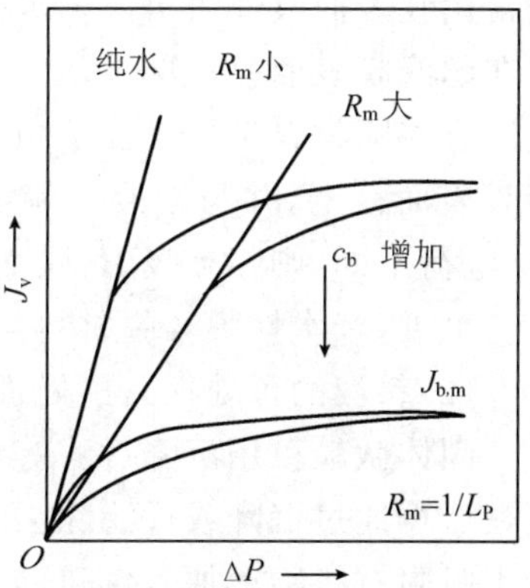

图 10-7 透过速率与压差的关系及极限透过速率

因此，对于一定浓度的溶液，实际超滤应在接近临界渗透通量时操作，此时的操作压力大致在 0.4～0.6 MPa，过高的压力不仅无益而且有害。

(2)料液浓度。当料液浓度高时，在较低压差下，渗透通量与压差就不呈线性关系，而且在较低压差时渗透压差就已达到临界值，且临界渗透通量较低。

(3)料液流速。提高流速，可减小极化边界层厚度，使传质系数增大，浓差极化减轻。但增加流速，会使料液流过膜组件的压力降增高，能耗增大。可采用湍流促进器或脉冲流动，这样可在能耗增大较小的情况下使传质系数得到较大的提高。

(4)温度。提高温度，可使料液黏度减小，扩散系数增大，传质系数提高，有利于减轻浓差极化，提高渗透通量。但同时应考虑膜和料液的热稳定性，在二者允许的条件下，应尽可能采用较高的温度。如蛋白质的最高操作温度为 55℃，而酶仅为 25℃。

(5)截留液浓度。随着截留液浓度的增加，其黏度增大，浓度边界层增厚，容易形成凝胶，导致渗透通量的降低。因此对于不同的体系有其允许的最大浓度。

(6)操作时间。随着超滤过程的进行，由于浓差极化，凝胶层的形成以及膜孔堵塞等原因，超滤的渗透通量将随时间逐渐衰减，下降的速度随物料的种类不同有很大的差别。

10.3.5 渗透通量的衰减及解决方法

在反渗透与超滤操作过程中，一个重要的问题是渗透通量随运行时间延长而降低。产生渗透通量衰减的原因有：a. 由于料液中含有固体微粒、胶体粒子、可溶性高分子、微生物以及溶液浓缩与浓差极化引起的盐类沉淀等原因而导致的膜污染；b. 由于膜材料受水解、氧化等化学变化和压实等物理原因引起的膜结构形态的变化。减少和防止渗透通量衰减的方法主要有以下几种。

(1)选择合适的膜材料。膜的亲水性、荷电性会影响到膜与溶质间相互作用的大小及膜污染的程度。

亲水的膜表面含有亲水基团，可与水形成氢键，使水处于有序结构，当疏水溶质接近膜表面时，必须破坏有序水，这个过程需要能量，不易进行，因此膜面不易被污染。而疏水膜表面上的水无氢键作用，当疏水溶质接近膜表面时，挤开水是一个疏水表面脱水过程，是一个熵值增大的自发过程，容易进行，膜表面易吸附溶质而被污染。

要提高疏水性膜的耐污染性，可用对膜分离特性不产生很大影响的小分子化合物对膜进行预处理，如表面活性剂可使膜表面覆盖一层保护层，这样可减少膜的吸附，但由于这些表面活性剂是水溶性的，且靠分子间弱作用力与膜连接，极易脱落。为获得永久性耐污染特性，人们常用膜表面改性法引入亲水基团，或用复合膜手段复合一层亲水性分离层，或采用阴极喷镀法在超滤膜表面镀一层炭。

有些膜材料带有极性基团或可离解基团，在与溶液接触后，由于溶剂化作用或离解作用可使膜表面荷电，并与溶液中荷电溶质产生相互作用：电荷相同，产生排斥作用，膜表面不易污染；电荷不同，则相互吸引，膜面易吸附溶质而被污染。

可见，亲水性膜及膜材料与溶质电荷相同的膜较耐污染。

(2)料液的预处理。预处理包括除去料液中有害杂质及料液温度和 pH 的调节。

固体微粒可用沉降过滤等方法除去，胶体一般需添加电荷与胶体相反的无机电解质使其凝聚后再通过沉降或过滤除去。微生物与有机物可以用氯或次氯酸钠氧化除去，也可用活性炭来吸附有机物。加六偏磷酸钠之类的沉淀抑制剂可防止钙镁离子在反渗透过程中形成沉淀，也可以用石灰苏打法进行水的软化。

调节料液的 pH 和温度时要考虑膜的性质和料液的特性，例如对于醋酸纤维素膜，当 pH 为 4.5～5.0 时水解速度最小。温度过高，会加快膜的水解，导致膜结构性能的不可逆的变化。对于蛋白质物料，要注意等电点和离子化问题，同时要防止高温下蛋白质变性。

除此之外，还可以通过离子交换去除多价离子；加入离子隐蔽剂，减少离子与有机大分子形成复合物污染膜；对于具有生物活性的物质，可加入稳定剂以防其失活。

(3)膜的清洗。针对膜污染产生的原因，采用合适的清洗剂和合理的清洗方法可以很好地清除膜污染，恢复渗透通量。为保持一定的渗透通量，并延长膜的使用寿命，对膜组件必须进行定期清洗。常用的方法有物理方法和化学方法两类。

物理清洗方法主要有水力方法，降低操作压力，提高保留液循环量(即高速水流冲洗)可提高通量；采用液流脉冲的形式可以很快将膜污染清除，特别是洗液脉冲与反冲结合起来，将会收到令人满意的效果；气液脉冲方法，往膜过滤装置间隙通入高压气体(空气或氮气)就形成了气液脉冲，气液脉冲使膜上的孔道膨胀，从而使污染物能被液体冲走，气体压力一般为 0.2～0.5 MPa，可以使膜通量恢复到 90%以上。此外，还有电场过滤、脉冲电脉清洗、脉冲电解清洗、电渗透反洗、海绵球机械擦洗等方法。

当膜污染比较严重，采用物理方法不能使通量恢复时，必须用化学清洗剂进行清洗。化学清洗法是使用各种清洗剂来清洗，清洗效果较好。常用的清洗剂有草酸、柠檬酸、加酶洗涤剂和双氧水等。用草酸、柠檬酸或 EDTA 配制的清洗液可以从膜上除去金属氧化物沉淀；加酶洗涤剂，特别是蛋白质、多糖类和油脂类污染物有较好的清洗效果；双氧水溶液对有机物也有良好的清洗效果。如果在膜的细孔中有胶体堵塞，则可以利用分离效率极差的物质，如尿素、硼酸、醇等作清洗剂，这些物质很易透入细孔而可达到清洗的目的。

10.3.6　反渗透和超滤装置

反渗透和超滤操作的基本设备包括预处理过滤器、高压泵、膜组件。其中膜组件是反渗透和超滤操作的主体设备。目前，工业上应用的形式主要有板式、管式、螺旋卷式和中空纤维式四种。

经验证明，一种性能良好的膜组件应具备以下条件。

①对膜能提供足够的机械支撑并可使高压原料液（气）和低压透过液（气）严格分开。

②在能耗最小的条件下，使原料液（气）在膜面上的流动状态均匀合理，以减少浓差极化。

③具有尽可能高的膜堆积密度（单位容积内的膜表面积），并使膜的安装和更换方便。

④装置牢固、安全可靠、价格低廉和容易维护。

(1)板式膜组件。板式膜组件是膜分离历史上最早问世的一种膜组件形式，其外观很像板框式压滤机。

图 10-8 所示为系紧螺栓式板式膜组件。系紧螺栓式板式膜组件是先由圆形承压板、多孔支撑板和膜经粘连密封构成脱盐板，再将一定数量的这种脱盐板多层堆积起来并放入 O 形密封圈，最后用上、下头盖（法兰）以系紧螺栓固定组成。原水由上头盖进口流经分配孔，在诸多脱盐板的膜面上逐层流动，最后从下头盖的出口流出。与此同时，透过膜的透过液在流经多孔支撑板后，分别于承压板的侧面管口处流出。

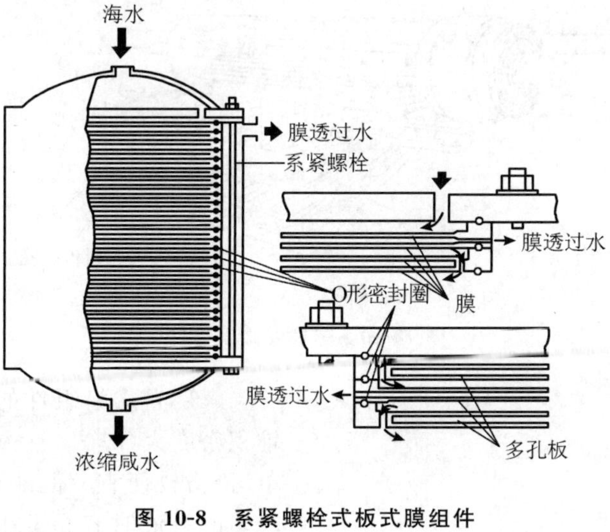

图 10-8　系紧螺栓式板式膜组件

板式膜组件的结构简单、牢固，能承受较高压力，维修清洗容易。但料液流动状况不佳，膜堆积密度低，浓差极化严重。通常适用于小规模生产。（二维码 10-2）

(2)管式膜组件。管式膜组件的结构主要是把膜和支撑体均制成管状，使两者装在一起，或者将膜直接挂在支撑管内(或管外),再将一定数量的膜管以一定方式连成一体而组成,其外形类似于列管式换热器。

二维码 10-2 板式膜过滤器

管式膜组件的形式较多,按其连接方式可分为单管式和管束式;按其作用方式又可分为内压型和外压型。内压型膜组件分离膜被镶在管内,操作时料液在管内流动,水透过膜、多孔管流入管外;外压型膜组件与内压型恰好相反,分离膜是被挂在多孔管外表面上,水的透过方向是由管外流向管内。图 10-9 为外压型管式膜组件。

二维码 10-3 管式膜组件

管式膜组件的内径较大,结构简单,适合于处理悬浮物含量较高的料液,分离操作完成后的清洗比较容易,合适的流动状态可以减轻浓差极化和膜污染。但在各种膜组件中,管式膜的膜堆积密度最小,此外管口的密封也比较困难。(二维码 10-3)

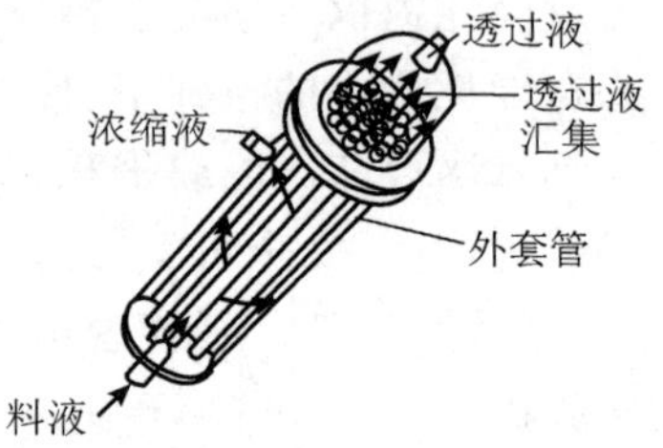

图 10-9 外压型管式膜组件

(3)螺旋卷式膜组件。如图 10-10 所示,螺旋卷式膜组件的结构是由膜—多孔支撑层—膜—隔网这样一组多层材料依次叠合,绕中心集水管紧密地卷在一起,从而形成一个膜卷(或称膜元件),再装入圆柱形压力容器内构成一个螺旋卷式膜组件。

在实际应用中,通常是把几个膜元件的中心管密封串联起来,再安装到压力容器中,组成一个单元。原料液在管间流动,透过液则沿着螺旋方向在两层膜间的多孔支撑体中流动,最后汇集到中心集水管中被导出。

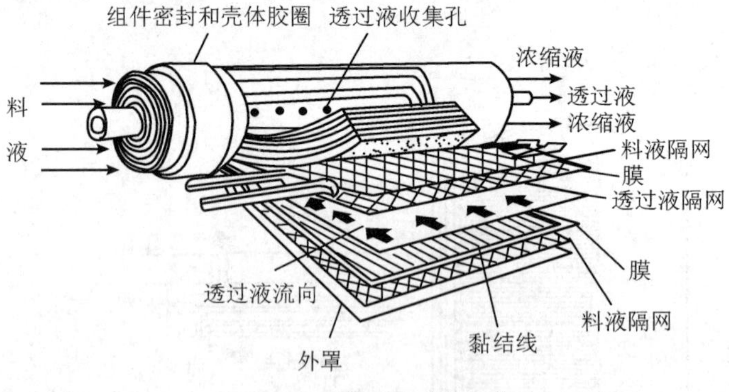

图 10-10 螺旋卷式膜组件

螺旋卷式膜组件的优点是结构紧凑,膜堆积密度大(830～1 600 m^2/m^3),膜组件简单,价格较便宜。但缺点是处理悬浮物浓度较高的料液时容易发生阻塞现象。(二维码 10-4)

二维码 10-4 螺旋卷式膜组件

(4)中空纤维(毛细管)膜组件。中空纤维式膜是一种极细的空心膜管,其特点是具有在高压下不产生变形的强度。

中空纤维膜组件由数百万个中空纤维膜固定在圆筒形耐压容器中构成(图 10-11)。严格地讲,内径为 40～80 μm 的膜称为中空纤维膜,而内径为 0.25～2.5 mm 的膜称为毛细管膜。由于两种膜组件的结构基本相同,故一般将这两种膜装置统称为中空纤维膜组件。毛细管膜的耐压能力在 1.0 MPa 以下,主要用于超滤和微滤;中空纤维膜组件耐压能力较强,可达 10 MPa,常用于反渗透。

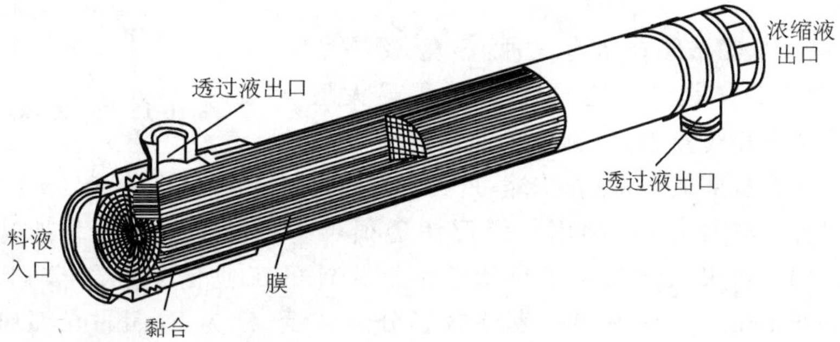

图 10-11　中空纤维膜组件

中空纤维膜组件用外压式操作(料液走管间)时,流动容易形成沟流效应,浓差极化控制比较困难;采用内压式操作(料液走管内)时,应注意防止料液中的悬浮物堵塞膜孔。

中空纤维式膜的膜堆积密度大,一般可达 16 000～30 000 m^2/m^3,设备紧凑,适用于大规模工业应用。(二维码 10-5,二维码 10-6)

二维码 10-5　中空纤维膜过滤器　　**二维码 10-6　中空纤维式膜组件**

10.3.7　反渗透和超滤在食品工业中的应用

从 20 世纪 60 年代初,膜分离技术就开始应用于食品工业。最初是电渗析技术应用于乳品工业和果汁浓缩,以后超滤、反渗透技术的应用也越来越广,已逐步应用于饮料、果汁、饮用水、乳品、酒类、酶制剂和食品添加剂等多方面。比较成熟的工业应用实例有:

(1)矿泉水的生产。根据水源水质的区别,可采用不同的膜分离方案。对于胶体、微粒含量较少,浊度较低,水质稳定的水源,可采用多级微滤串联;对于胶体、微粒含量较多的水源,则采用微滤和超滤组合的方案。

(2)纯净水的制备。图 10-12 是针对中国轻工业联合会制订的行业纯净水标准和国家卫生和计划生育委员会制订的国家纯净水标准,以我国多数城市自来水为设计依据,研究开发的二级反渗透制备纯净水工艺,该工艺已被许多著名的纯净水制造企业应用,实践证明该工艺制造的纯净水透明度极高,口感佳,细菌控制安全。

(3)果汁的澄清。常规果汁澄清方法,首先加入酶以破坏果胶,然后加硅溶胶和明胶,静置后取上清液，加硅藻土过滤，加膨润土通过板框压滤机过滤，最后杀菌得成品。而超滤法澄清果汁，加酶后，只需经超滤即可得成品。

超滤法与常规方法相比，可提高产量 5%～8%，可改善果汁的口味，保持风味和营养成分。实验证明，果汁超滤后维生素 C 的透过率在 86%以上，总糖和酸的透过率在 90%以上，钾的透过率达 99%，钙 85%，镁、磷也在 90%以上。

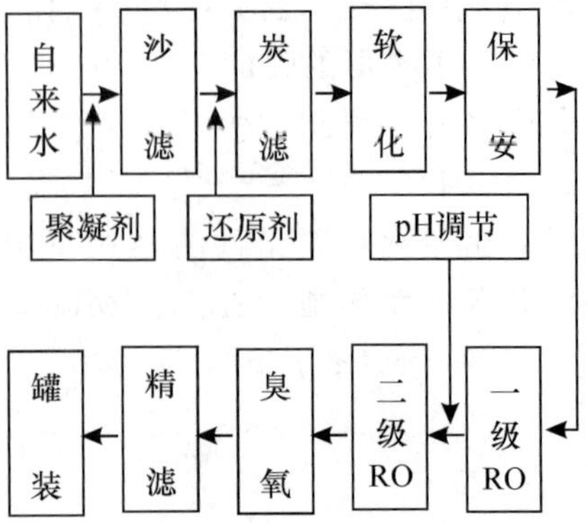

图 10-12 二级 RO 制纯净水

（4）果汁浓缩。食品浓缩技术有三种：蒸发、冷冻浓缩和膜分离，其中膜分离是最节能的方法，并能最大限度地保持果汁的风味和营养成分，例如果汁中的芳香成分在蒸发浓缩中几乎全部损失，冷冻浓缩可保留 8%，而膜分离可保留 30%～60%。

但是由于果汁渗透压较高，利用一级反渗透很难将果汁浓缩到蒸发所达到的浓度，一般只为 25～30 Brix，这极大地限制了反渗透浓缩果汁的工业化。FMC 公司和杜邦公司的合资企业 Separasystems LP 研制出一套联合膜分离装置，称为 Freshnote 系统，能将橙汁浓缩到 60 Brix 以上。其工艺流程见图 10-13。利用此装置生产的浓缩汁用水稀释复原后，经气相色谱和感官鉴定证明，其风味与原果汁几乎没有差别。

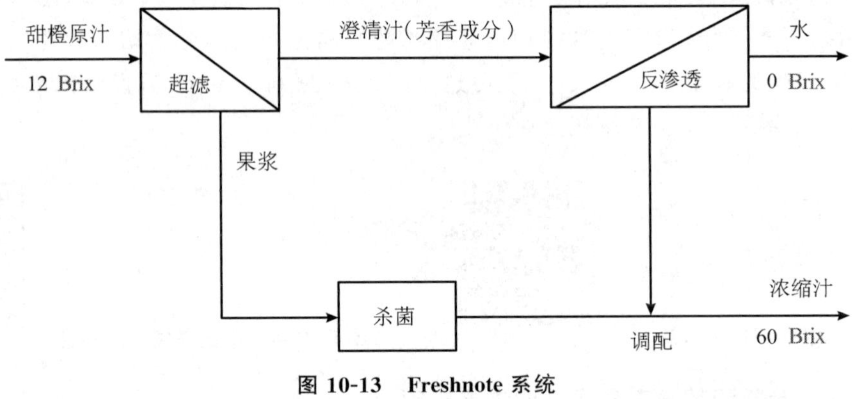

图 10-13 Freshnote 系统

（5）乳清蛋白的回收。用原乳生产干酪时，产生干酪乳清，其中含 0.7%的蛋白质，5%的乳糖。将干酪乳清浓缩、干燥可得到乳清蛋白粉。但利用蒸发浓缩，不仅能耗大，而且含有大量乳糖和盐类，影响乳清蛋白更有效的应用。利用超滤和反渗透可以很好地解决这个问题。

干酪乳清先经预处理，pH 调整到 5.2～5.9，在 71～85℃下杀菌 15 s，然后用截留相对分子质量为 20 000～25 000 的超滤膜进行超滤，乳清蛋白有 95%～99%被截留，而含有乳糖和盐类的溶液透过膜，截留下来的乳清蛋白经喷雾干燥可得乳清粉。透过的乳糖液经反渗透，可得到乳糖浓缩液。

（6）啤酒的精制。利用反渗透法除醇，可生产无醇啤酒。将啤酒分批或连续地泵入反渗透膜组件，水和酒精透过膜，而较大分子的芳香物质被膜截留，保留在啤酒中。

10.4 电渗析

对电渗析的研究始于 20 世纪 30 年代，但到了 1952 年才由美国 Hass 公司制成了有一定实用价值的膜，1957 年有了工业规模的电渗析脱盐厂，迄今为止电渗析仍主要用于处理咸水提供饮用水，但在食品、化工、废水处理等方面的应用也日益广泛。在食品工业中目前主要集中在工业用水的纯化处理上，如汽水或啤酒用水的纯化处理上等，但也开始应用于柠檬酸提取工艺的研究。在国外，电渗析主要用于大规模的乳清加工。

10.4.1 基本原理

电渗析用于处理电解质溶液，它是在直流电场作用下，以电位差为推动力，溶液中的离子选择性地通过离子交换膜的过程。目前电渗析主要用于溶液中电解质的分离，所以本节主要针对盐水中 NaCl 的脱除来说明电渗析的原理。

图 10-14 是除去水中的 NaCl 的电渗析器示意图。在正负两极间是交替排列的阳离子交换膜（简称阳膜）和阴离子交换膜（简称阴膜），称为膜堆，并依次构成浓缩室与淡化室。

阳膜由带负电荷的酸性活性基团（如磺酸基）的阳离子交换树脂构成，它能选择性地使阳离子透过，而阴离子不能透过。阴膜由带正电荷的碱性活性基团（胺基）的阴离子交换树脂构成，它能选择性地使阴离子透过，而阳离子不能透过。

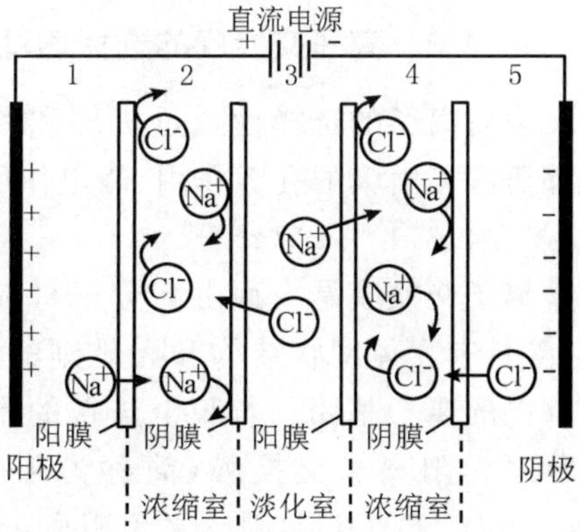

图 10-14 电渗析过程示意图

以 NaCl 为例。用泵将 NaCl 水溶液送至总管分配到每一个并联的隔室中，在直流电场作用下，溶液中的阳离子（Na^+）向阴极迁移，而溶液中的阴离子（Cl^-）向阳极迁移。如隔室 3 中，阳离子（Na^+）通过阳膜，阴离子（Cl^-）通过阴膜，这样隔室 3 中的 Na^+ 和 Cl^- 分别进入相邻的隔室而使隔室 3 中的 NaCl 浓度逐渐降低，成为淡化室；而隔室 2、4 中 Na^+ 和 Cl^- 分别被阴膜和阳膜阻挡而不能透过，使隔室 2、4 中 NaCl 浓度逐渐升高，成为浓缩室。将淡化室和浓缩室中溶液分别汇总就可得到稀产品水和浓缩盐水。

综上所述，在电渗析过程中，起分离作用的过程是与离子交换膜所带电荷相反的离子穿过膜的迁移过程（称为反离子迁移）。

10.4.2 电渗析中的传递过程与伴随过程

反离子迁移是在电渗析中起分离作用的主要传递过程，它是使盐水淡化所必需的传递过程。但是，在电渗析中还伴随存在其他的一些有害的过程，参见图 10-15。

①同名离子迁移：与离子交换膜上固定离子电荷符号相同的离子通过膜的传递。虽然理论上由于同性相斥的作用，阴离子不能通过阳膜，阳离子不能通过阴膜。但实际上，膜上的带电荷的基团的相斥作用并不能完全阻止同名离子的透过。浓缩室中的阴阳离子在电场的作用下也会分别穿过阳膜和阴膜而进入淡化室。

②电解质的浓差扩散：由于浓度差电解质自浓缩室向两侧淡化室扩散。

③水的渗透：在渗透压的作用下，溶剂（水）从淡化室向浓缩室渗透。

④水的电渗透：由于离子的水合作用，在反离子迁移和同名离子迁移的同时都会携带一定数量的水分子一起迁移。

⑤水的电解：当发生浓差极化时，水电解产生 H^+ 和 OH^- 也可通过膜。

⑥压差渗漏：当膜的两侧产生压差时，溶液将由压力大的一侧向压力小的一侧渗漏。

以上这些过程将使电渗析的效率降低，能量消耗增大，所以应尽可能降低这些过程的发生。

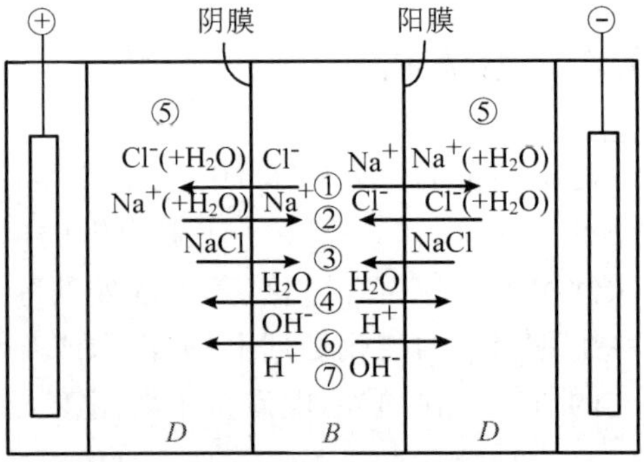

D-浓缩室　*B*-淡化室

①反离子迁移　②同名离子迁移

③电解质的浓差扩散　④水的渗透

⑤水的电渗透　⑥水的电解　⑦压差渗漏

图 10-15　电渗析工作时发生的各种过程

10.4.3　离子交换膜的选择透过性

膜对离子的选择性透过机理和离子在膜中的迁移历程可由膜的孔隙作用、静电作用和在外力作用下的定向扩散作用来说明。

10.4.3.1　孔隙作用

离子交换膜是一种由高分子材料制成的具有离子交换基团的薄膜，除具有立体网状结构和无规则的毛细孔隙外，还有固定在毛细孔隙壁上的离子基团。若膜上连接的是酸性活性基团（例如—SO_3H），则称之为阳离子交换膜（简称为阳膜）；若连接的是碱性活性基团[如—$N(CH)_3OH$]，则称之为阴离子交换膜（简称为阴膜）。图 10-16 所示的即为磺酸型阳膜的孔隙结构。膜上的孔隙是贯穿膜体内部的弯曲通道，作为离子通过膜的门户和通道，使被选择吸附的离子得以从膜的一侧进入另一侧。

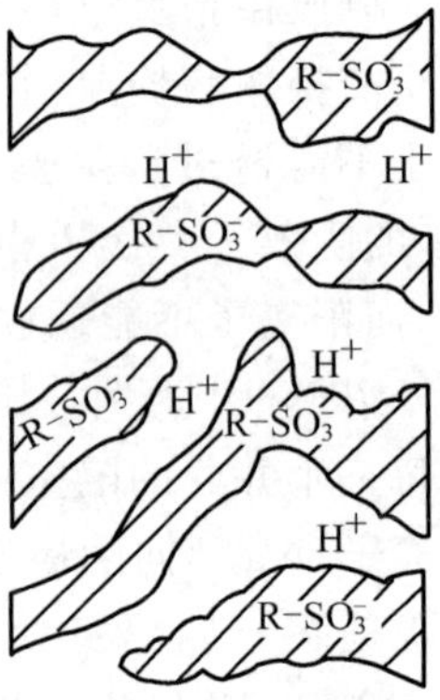

图 10-16　磺酸型阳膜的孔隙结构

10.4.3.2　静电作用

在膜的化学结构中，膜体内分布着带电荷的固定离子基团，如图 10-17 所示。因此，在膜内形成强烈的电场：阳膜为负电场，阴膜为正电场。根据静电效应的原理，膜与带电离子将发生静电作用：同电性相斥，异电性相吸。作用的结果，阳膜只能选择吸附阳离子，阴膜只能选择吸附阴离子。它们都分别排斥与各自电场性质相同的同名离子。

10.4.3.3　扩散作用

离子交换膜的透过现象，可分为选择吸附、交换解吸、传递转移三个阶段。膜对离子所具有的传递迁移能力，通常称之为扩散作用。扩散作用依赖于膜内活性离子基团和孔隙的存在，然而离子的定向迁移是外加电场力推动的结果。具体地说，反离子被膜中的活性离子基团所吸附，并在外加电场的作用下不断地吸附和解吸，沿弯曲的毛细孔道从膜的一侧进入另一侧。参见图 10-17。

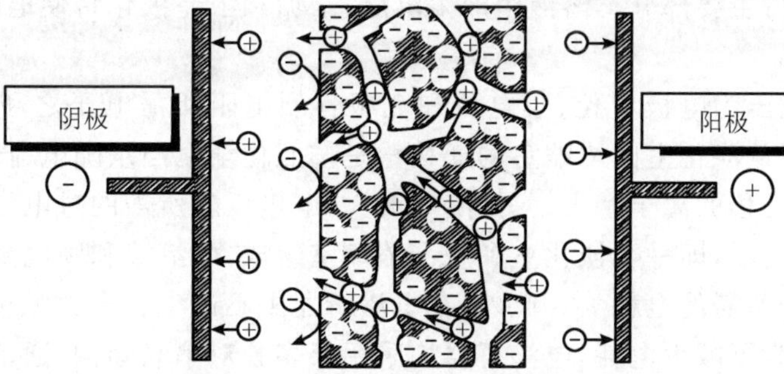

图 10-17　离子交换膜的选择透过性

10.4.4　电渗析中的电化学过程

电渗析过程的推动力是电位差，为了使电渗析过程不断进行，正负离子定向移动，需要在两极间施加一定的电位差(电压)。电渗析过程所需电压的大小取决于以下几个方面。

10.4.4.1　电极反应

电渗析中，在阳极和阴极分别进行着氧化和还原反应，这就是电极反应。以 NaCl 水溶液为例，其电极反应为：

阳极

$$H_2O = H^+ + OH^-$$

$$2OH^- - 2e = \frac{1}{2}O_2 + H_2O$$

$$Cl^- - e = \frac{1}{2}Cl_2$$

$$H^+ + Cl^- = HCl$$

阴极

$$H^+ + OH^- = H_2O$$

$$2H^+ + 2e = H_2$$

$$Na^+ + OH^- = NaOH$$

当溶液中存在其他的杂质时，还会发生相应的副反应。进行这些电极反应，必须施加一定的电位差，称为电极电位，电极反应达到平衡时的电位称为平衡电极电位。为了使电极反应正常进行，电极电位必需大于平衡电极电位，两者之差称为过电位。过电位与电极的电流密度和极室中离子浓度分布等因素有关。降低电极的电流密度，提高极水温度和湍流程度可减少过电压。由于电极反应的结果，使阳极室中溶液呈酸性，阴极室中溶液呈碱性，称为阳极废水和阴极废水。当水中存在 Ca^{2+} 和 Mg^{2+} 之类的离子时，就会生成 $Mg(OH)_2$、$CaCO_3$ 等水垢，所以需要将阳极和阴极废水及时排出。

10.4.4.2　膜电位

在电渗析器中膜两侧的溶液浓度存在差异，浓缩室侧高，淡化室侧低。浓度高的一侧中的离子有朝浓度低的一侧扩散的倾向，这种倾向产生的电位差称为膜电位。电渗析过程中，为使离子从浓度低的一侧向浓度高的一侧移动必须克服膜电位。

10.4.4.3　电阻

电渗析器的电阻主要是溶液电阻和膜电阻。溶液电阻包括极室、浓缩室和淡化室中溶液的电阻，其中淡化室占主要部分。溶液中产生沉淀、结垢和浓差极化将使电阻增加。

10.4.4.4 电流

电渗析器所需电压为电极电位、膜电位和克服各项电阻所需电压之和，它随电流大小而异。电渗析器中离子从淡化室向浓缩室的迁移量是按照化学电当量随电流的大小而定。电流大，淡化室向浓缩室迁移的离子量大。另外，电流大，电极反应所需的过电压大，克服每个膜对（由一张阳膜和一张阴膜，即一个淡化室和一个浓缩室组成）中溶液和膜电阻所需的电压也大，因而脱除每当量离子所需的电耗大。此外，在电渗析器中不论串联多少膜对，电极反应消耗的电能为定值。所以，为了减少电耗，电渗析器均采用很多膜对串联结构，通常，工业上每台电渗析器串联 200～300 个膜对，甚至上千个膜对。

10.4.5 浓差极化

10.4.5.1 浓差极化和极限电流密度

在利用离子交换膜进行电渗析过程时，由于反离子在膜内的迁移数大于其在溶液中的迁移数，从而造成淡化室中膜与溶液的界面处离子供不应求，膜面上溶液的含盐量低于主体溶液中的含盐量，形成了浓度边界层。在浓度差的推动下，盐分进行扩散迁移，力图补充界面处离子的不足。但当电流继续增加到某一数值时，扩散迁移量达到最大值，界面处的盐浓度趋于零，形成了离子耗尽层，达到“极限状态”。这时的电流称为极限电流，相应的电流密度称为极限电流密度 $i_{\lim}$。

若进一步增加电流密度（即 $i > i_{\lim}$），则需增加界面层的电压降，以加大离子的迁移速度。当电压达到某一电位临界值时，发生了水分子的离解反应，产生大量的 H^+ 和 OH^-，这些 H^+ 和 OH^- 的迁移，形成超过极限的那部分电流，这就是离子交换膜的极化现象。参见图 10-18。

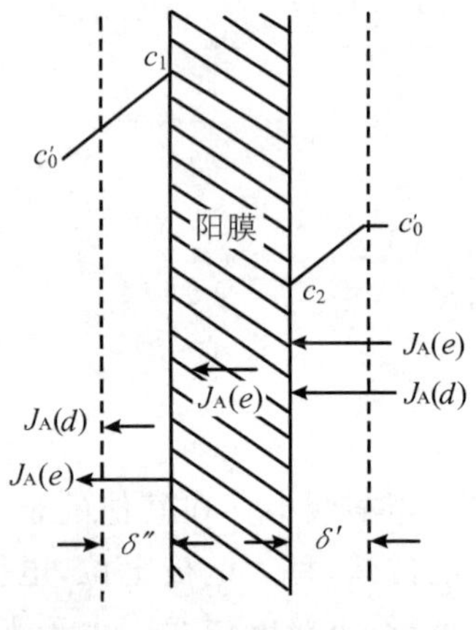

图 10-18 极化时的浓度分布和离子迁移

离子交换膜的极化现象对电渗析过程是有害的。浓差极化对电渗析产生不利影响，主要表现在以下几方面。

①极化时淡化室膜面附近的离子浓度比溶液主体的浓度低得多，将引起很高的极化电位。

②当发生极化时，淡化室阳膜侧的水离解产生的 H^+ 透过阳膜进入浓缩室，使膜面处呈碱性，当溶液中存在 Ca^{2+}、Mg^{2+}、HCO_3^- 等时，易在阳膜面上形成 $CaCO_3$ 和 $Mg(OH)_2$ 沉淀。淡化室的阴膜侧水离解产生的 OH^- 透过阴膜进入浓缩室，则在浓缩室的阴膜侧易生成 $CaCO_3$ 和 $Mg(OH)_2$ 沉淀。

③浓差极化使水离解，产生的 H^+ 与 OH^- 代替反离子传递部分电流，使电流效率降低。

④由于浓差极化将引起溶液电阻、膜电阻以及膜电位增加，使所需的操作电压增加，电耗大。在电压一定的条件下，则电流密度将下降，使水的脱盐率下降或产水量降低。

此外，浓差极化引起溶液 pH 的变化，将使离子交换膜受到腐蚀而影响其使用寿命。

10.4.5.2 防治极化的方法

为避免极化的产生，减轻其危害，可以采取以下措施。

①严格控制操作电流，使其低于极限电流密度。

②提高淡化室两侧离子的传递速度。

③定期清洗沉淀或采用防垢剂和倒换电极等措施来消除沉淀。也可以对水进行预处理，除去 Ca^{2+}、Mg^{2+}，防止沉淀产生。

④提高温度可以减小溶液黏度，减少层流层厚度，提高离子扩散系数，有利于减轻极化的影响，使电渗析有可能在较高的电流密度下操作。所以高温电渗析（一般 80℃左右）是电渗析的一个发展方向。高温电渗析的关键是制备耐高温的离子交换膜。

10.4.6　电渗析装置

10.4.6.1　基本构造

电渗析器多采用板框式，参见图 10-19。它的两端分别为阴、阳电极室，中间部分为由阳膜、淡化室隔板、阴膜、浓缩室隔板交替排列构成的膜堆。用压紧部件将上述组件压紧，构成电渗析器。（二维码 10-7）

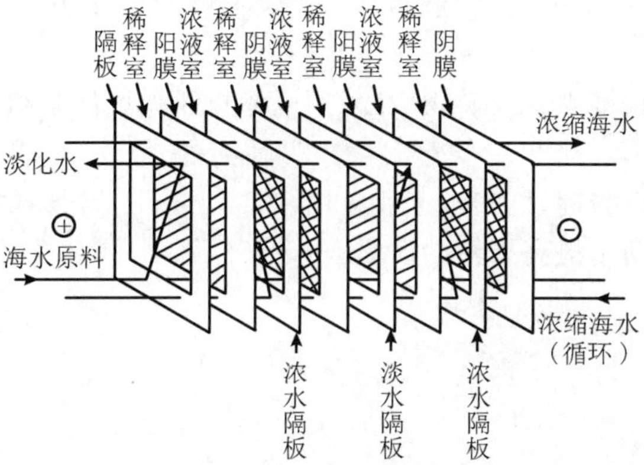

图 10-19　电渗析器的基本组装形式

二维码 10-7　电渗析器

10.4.6.2　电渗析器的主要部件

（1）膜堆。膜堆位于电渗析器的中间，由浓、淡水隔板和阴阳离子交换膜交替排列构成浓缩室和淡化室。

常见的浓、淡水隔板分回流式和直流式两种，如图 10-20 所示。常用的材料有聚氯乙烯硬板、聚丙烯板、改性聚丙烯板或合成橡胶板等。一般厚度为 0.5～2 mm。为使阴、阳膜保持一定距离，并使水流湍动，一般在隔板框内加入隔网，网的形式有鱼鳞网、编织网和挤压网等。在隔板框上设有进出水孔，通常为圆形或矩形，用它构成浓、淡水室水流内流道。在

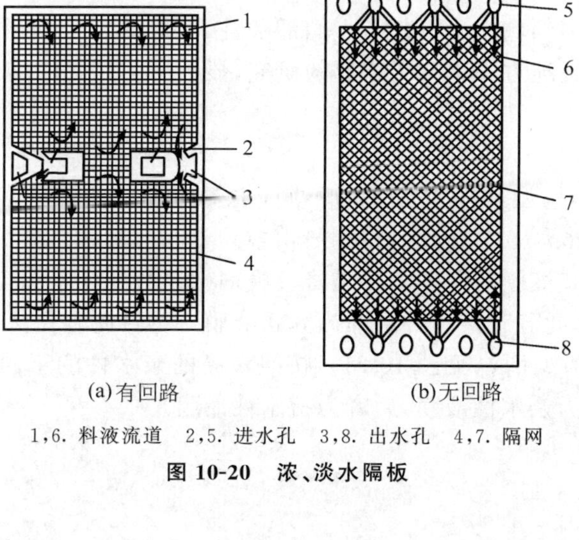

(a)有回路　　(b)无回路

1，6. 料液流道　2，5. 进水孔　3，8. 出水孔　4，7. 隔网

图 10-20　浓、淡水隔板

隔网与水孔之间有布水道，其截面积以小为宜，应注意不使积留固体颗粒，水流线速度取2～3 m/s。

(2)极区。阴、阳极区分别位于膜堆两侧，包括电极和极水隔板。电极的形式有板状、网状及金属细棒状多种。电极材料应耐腐蚀，导电性能好，过电位低，机械强度高，价格便宜。常用的有二氧化钌电极、石墨电极、不锈钢电极等。

极水隔板比浓、淡水隔板厚，内通极水，供传导电流和排除废气、废液用。

(3)其他部件。根据需要，在电极室和膜堆之间可设保护室隔板和隔膜。另外，膜堆两侧还应具备导水板，多采用电极框兼作。

10.4.7 电渗析在食品工业的应用

电渗析在食品工业中的应用是近年来的一大热点，发展极为迅速，主要有以下几方面应用。

①乳清脱盐：乳清含有丰富的蛋白质、乳糖、维生素及矿物质，采用电渗析脱盐可使其组成与人奶相近，可用于婴儿食品。

②提高酒的质量：电渗析法去除酒中的酒石酸钾，已实现工业应用。

③果汁脱酸：脱除果汁中的部分有机酸有助于提高果汁的质量。

④蛋白质溶液脱盐。

⑤从发酵液中分离有机酸。

⑥从发酵液中分离氨基酸。

10.5 液膜分离技术

由于固膜存在选择性低和通量小的缺点，所以人们试图改变固体高分子膜的状态，使物质透过膜的扩散系数增大、膜厚度减小，从而使渗透通量增加，并实现生物膜的高度选择性迁移。这样，在20世纪60年代中期出现了一种新的膜分离技术——液膜分离法(liquid membrane separation)。这是一种以液膜为分离介质，以浓度差为推动力的膜分离操作。

目前，液膜分离技术不仅在气体分离、烃类的提纯、湿法冶金、环境保护等领域得到了应用，而且在发酵产物分离领域中也引起了人们的关注，特别是在有机酸、氨基酸、抗生素、脂肪酸等生化产物的分离、提纯方面得到了广泛的研究，显示出了广阔的应用前景。

10.5.1 液膜的分类

液膜分离技术按其构型和操作方式的不同，主要分为乳状液膜(liquid surfactant membranes)和支撑液膜(supported liquid membranes)。

(1)乳状液膜。乳状液膜的制备主要是将液膜剂(膜相)和互不相溶的溶液(内相)混合后，高速搅拌，形成乳化液，此乳化液滴外层即为乳状液膜。再将此乳化液在搅拌的条件下分散在第三相或称外相(原液)中而成，见图10-21。按照液膜的亲水性的不同，乳状液膜可分为水包油型和油包水型，前者为亲水性液膜，后者为疏水性液膜。

(2)支撑液膜。支撑液膜(图 10-22)是溶解了载体的液膜在表面张力作用下,依靠聚合凝胶层中的化学反应或带电荷材料的静电作用,含浸在多孔支撑体的微孔内而制得。支撑液膜的性能与支撑体材质、膜厚度及微孔直径的大小有关。支撑体一般都要求采用聚丙烯、聚乙烯、聚砜及聚四氟乙烯等疏水性多孔膜,膜厚 20～500 μm,微孔直径为 0.1～5 μm。

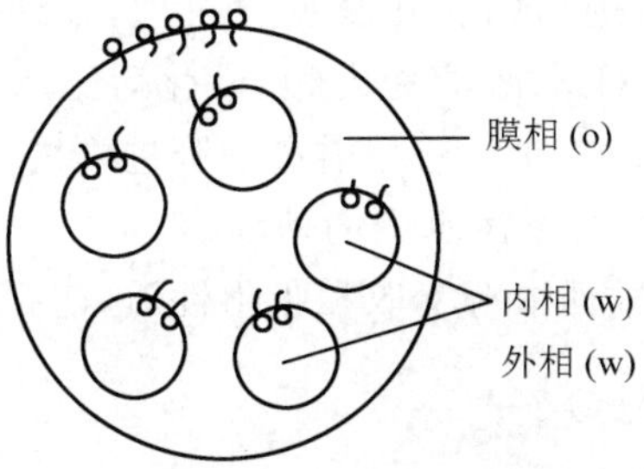

图 10-21　乳状液膜示意图

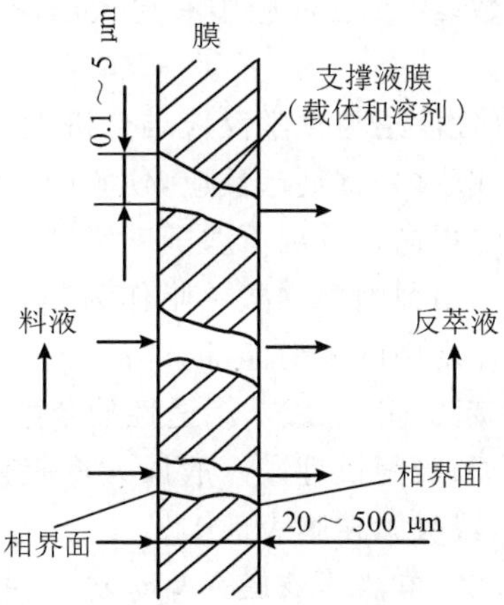

图 10-22　支撑液膜示意图

10.5.2　液膜的组成

液膜的组成包括膜溶剂、表面活性剂、活性载体等。

(1)膜溶剂。膜溶剂是液膜的主要成分,是液膜分离中起主要作用的物质。在选择膜溶剂时,应考虑以下几点:a. 膜溶剂与内外相不能混溶;b. 膜溶剂对待分离的溶质要有优先溶解或优先选择渗透的作用,对其他的溶质有较小的溶解度;c. 膜溶剂应能溶解活性载体;d. 膜溶剂不应造成对食品的污染和对生物活性的破坏。

(2)表面活性剂。表面活性剂是液膜的主要成分,它既能促进成膜作用的乳化过程,控制液膜的稳定性,又能控制选择渗透作用。选择表面活性剂时,要考虑到它能溶于膜相溶剂,而对内外相溶剂的溶解度要小,并且应有助于提高待分离溶质对液膜的渗透能力。

表面活性剂有阴离子型、阳离子型和非离子型等。应根据待分离物质的性质来选择。

阴离子型表面活性剂有:a. 羧酸类,包括脂肪酸、松香酸、支链烷酸等;b. 硫酸酯类,包括乙酸硫酸酯、烯烃硫酸;c. 烷基苯磺酸类,包括烷基苯磺酸盐、烷基萘磺酸盐等;d. 磷酸酯类,包括烷基磷酸酯、二烷基磷酸酯等。

阳离子型表面活性剂主要有各种胺盐,如十八(烷基)胺、十二(烷基)胺等。

非离子型表面活性剂有,烷基酚的聚乙烯醚衍生物、烷基硫醇、醇类。醇类包括了山梨醇、季戊四醇等。山梨醇是较好的表面活性剂。

(3)活性载体。在有载体的液膜分离中,活动载体的选择性很重要,选择的载体应能加速传质过程,又要减少载体的损失。载体的作用可使指定的溶质或离子进行选择性迁移,实际上是某种萃取剂。

10.5.3　液膜分离机理

液膜分离包括无载体与有载体两类。

10.5.3.1 无载体液膜分离机理

主要有选择性渗透、选择性渗透与化学反应相结合、膜相萃取、界面选择性吸附等。

(1)选择性渗透机理。设内相溶液有溶质A和溶质B,液膜组分对A有选择渗透作用,而对B则没有。这样溶质A便从内相中分离,迁移到外相。主要原理是A比B在液膜中有更大的扩散系数,或A在液膜中有更大的溶解度,或者两者兼而有之。烃类混合物分离就是应用这一机理。

(2)选择性渗透与化学反应结合机理。外相溶液中的某组分,渗透入膜中或透过膜进入内相,与膜中(或膜内)试剂起反应,使膜中(或内相)该组分的浓度趋于零,增加了浓度梯度,因而渗透率也随之提高。分离萃取酚就是利用选择性渗透与内相化学反应机理,以油及油溶性表面活性剂失水山梨糖醇油酸单脂作为膜相,以 NaOH 水溶液为内相,乳化后通入待处理的污水中。外相污水中的苯酚能部分溶于油,于是比较容易地从外相透过油膜进入内相,并与内相中的 NaOH 起反应,生成非渗透性的苯酚钠,从而除去了污水中的苯酚。

(3)萃取与吸附机理。一般认为是液膜在分离过程中有萃取和吸附性质,能把有机化合物萃取到膜中,或吸附在膜表面上。

10.5.3.2 有载体液膜分离机理

有载体液膜分离机理分逆向迁移和同向迁移两种。

(1)逆向迁移机理。逆向迁移过程如图 10-23 所示。

其迁移过程为:在界面Ⅰ上,载体C与待分离的溶质A反应,同时释放出供能溶质B;生成的络合物 C_A 向Ⅱ侧扩散;在界面Ⅱ上,供能溶质B与络合物 C_A 反应,释放A;载体C与溶质B组成的络合物 C_B 从膜Ⅱ侧向Ⅰ侧扩散;未经络合的溶质A在膜中溶解度很低,不可能做反向扩散,结果是溶质A从外相向内相逆着浓度差迁移,而溶质B则顺着浓度梯度,从内相向外相迁移。

(2)同向迁移机理。同向迁移机理如图 10-24 所示。

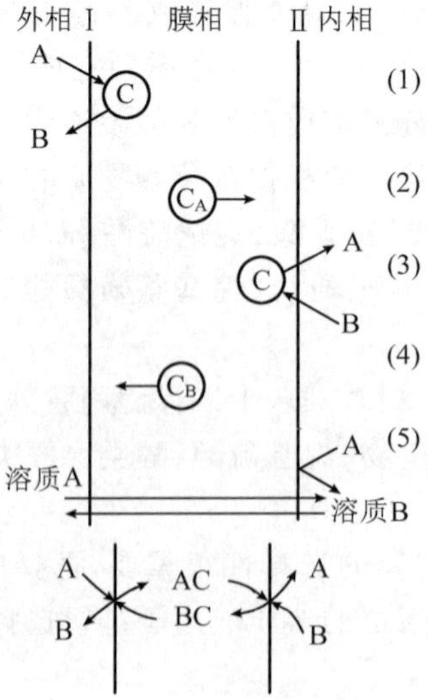

图 10-23 逆向迁移机理示意图

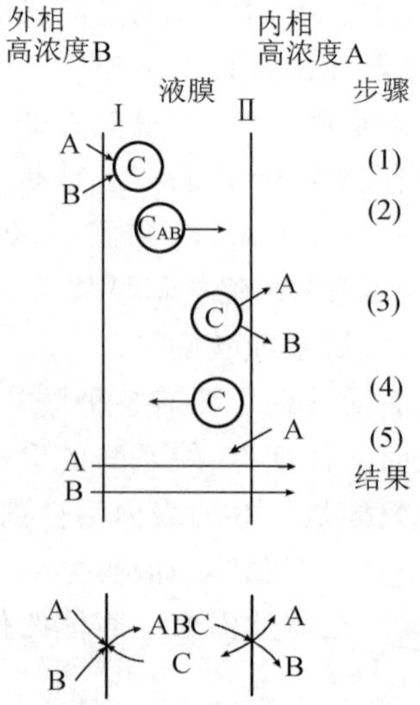

图 10-24 同向迁移机理示意图

其迁移过程为：载体 C 与待浓集的溶质 A、供能溶质 B 反应，生成载体络合物 C_{AB}；载体络合物在膜中由外侧Ⅰ向内侧Ⅱ扩散；载体络合物中 B 在其低浓测释放，引起 A 在其高浓度侧释放；释放 B 和 A 后，载体 C 在液膜中从Ⅱ侧向Ⅰ侧扩散。

结果为溶质 B 浓度梯度作用下，顺着浓度梯度由高浓度向低浓度侧迁移，导致溶质 A 逆着本身的浓度梯度由低浓度向高浓度侧迁移。

10.5.4　液膜分离技术的特点

(1)分离速度较快。由于液膜很薄，只有 1～10 μm，乳化液液滴小，直径只有 0.001～0.1 mm，故液膜表面大。分离速度快。

(2)液膜分离有较高的选择性，即使处理浓度较低的溶液也有较好的效果。

(3)分离设备简单，操作费用低。分离动力为本身的化学位差，乳化和破乳仅需少量能量。

10.5.5　液膜分离操作过程

图 10-25 为液膜法处理废水流程，整个过程包括 4 部分。

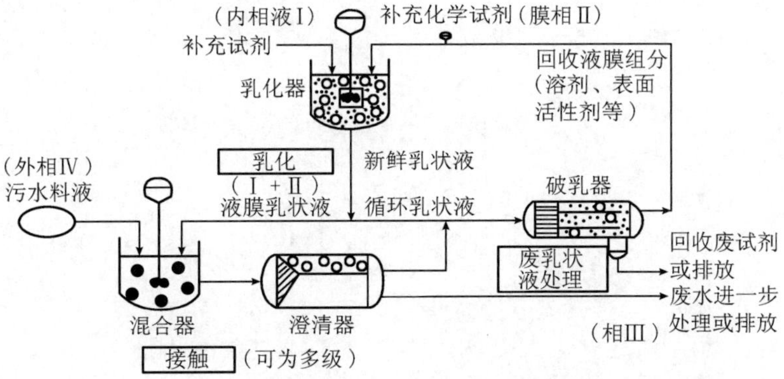

图 10-25　液膜法处理废水流程示意图

①液膜制备(制乳)：将内相与膜相组分放入乳化器中快速搅拌，形成油包水型或水包油型乳化液。

②液膜渗透：将内相与膜相(相Ⅰ与相Ⅱ)形成的乳化液放入被处理的水中，进行搅拌，形成水/油/水(W/O/W)型或油/水/油(O/W/O)型液体体系，在化学位差的推动下，外相优先向内相渗透，并在内相中富集，从而使外相的溶质分离。

③澄清分离：经液膜渗透分离后的混合液送入澄清器，使外相液与乳化液分离。澄清部分即为外相净化液体。

④破乳：从澄清器出来的乳化液，经破乳将膜相组分与内相液分离，膜相组分可循环使用，回收内相液作为试剂使用或焚烧处理。

习　题

1. 利用卷式反渗透膜组件进行脱盐，操作温度为 25℃，进料侧水中 NaCl 质量分数为 1.8%，操作压力为 6.896 MPa，在渗透侧的水中含 NaCl 为 0.05%，压力为 0.345 MPa。所采用的特种膜，水和盐的渗透系数分别为 1.085 9×10^{-4} g/(cm^2 · s · MPa)和 16×10^{-6} cm/s。

假设膜两侧的传质阻力可忽略，对水的渗透压可用 Van't Hoff 渗透压公式计算，请分别计算出水和盐的通量。

2. 有某糖汁反渗透试验装置。糖汁的平均浓度为 11.5%。采用的实验压力为 25 kg/cm^2。测得渗透通量为 3.2 $mL/(cm^2 \cdot h)$，透过水溶质含量为 0.33%。试计算反渗透膜的透过系数以及截留率。

思考题

1. 什么是膜分离？有哪几种常用的膜分离过程？
2. 比较几种压力驱动型膜分离过程的特点。
3. 反渗透的基本原理是什么？
4. 什么是浓差极化现象？解决方法有哪些？
5. 电渗析的分离机理是什么？
6. 阳离子交换膜和阴离子交换膜各有什么特点？

第 11 章

溶液浓缩

本章学习目的与要求

通过对溶液浓缩的学习，了解溶液浓缩的基本方法，掌握这些方法的基本原理和特点。

浓缩是从溶液中除去部分溶剂的单元操作，是溶质和溶剂部分分离的过程。浓缩方法从原理上可分为平衡浓缩和非平衡浓缩两种方法。平衡浓缩是利用在分配上的某种差异而获得溶质和溶剂分离的方法，本章主要介绍平衡浓缩。

蒸发是利用溶质和溶剂挥发度的差异，将溶液加热至沸腾，使其中的一部分溶剂汽化，并被排除，以提高溶液中溶质浓度的操作。由于固体溶质通常是不挥发的，所以蒸发也是不挥发性溶质和挥发性溶剂的分离过程。所涉及的平衡是气-液平衡。

结晶则是利用溶质之间溶解度的差异使溶质从过饱和溶液中析出，从而达到分离的目的。它涉及的平衡是固-液平衡。

冷冻浓缩则是利用稀溶液与固态溶剂在凝固点下的平衡关系，使溶剂从溶液中结晶析出，从而达到分离的目的。它涉及的也是固-液平衡。

食品浓缩的目的：a. 除去食品中的大量水分，减少包装、储藏和运输费用；b. 提高制品浓度，降低水的活度，增加制品的保藏性；c. 作为干燥或更完全脱水的预处理过程；d. 作为结晶操作的预处理过程。

11.1 蒸发

蒸发是浓缩溶液的单元操作，是食品工业中应用最广泛的浓缩方法之一。食品加工工业浓缩的物料大多数是水溶液，在以后的讨论中，如不另加说明，蒸发就是指水溶液的蒸发。

11.1.1 蒸发操作及其特点

蒸发的基本过程的两个必要组成部分是加热料液使溶剂水沸腾汽化和不断除去汽化产生的水蒸气。一般前一部分在蒸发器中进行，后一部分在冷凝器中完成。如图 11-1 所示为真空蒸发的基本流程。（二维码 11-1 真空蒸发）

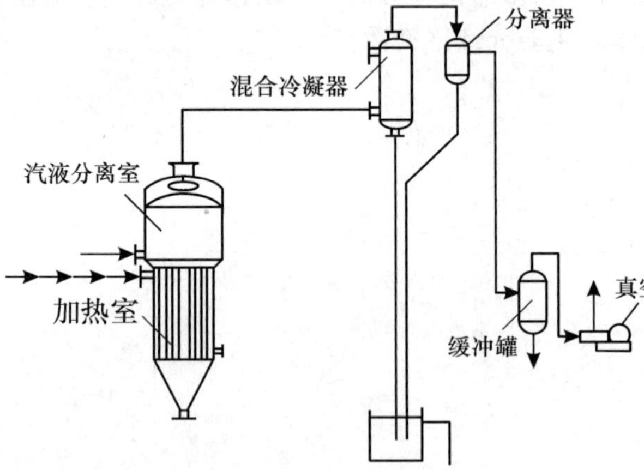

图 11-1 真空蒸发基本流程

二维码 11-1 真空蒸发

蒸发器实质上是一个换热器，它由加热室和汽液分离室两部分组成。加热室使用的加热介质可以是水蒸气、热油、烟道气，也可以用电热，但应用最多的是水蒸气。通过换热，使间壁另侧的料液加热、沸腾、蒸发。料液蒸发出的水蒸气在分离室中与溶液分离后从蒸发器引出。为防止液滴随蒸汽带出，一般在分离器上部设除沫装置。从蒸发器蒸出的蒸汽称为二次蒸汽，以便与加热蒸汽相区别。二次蒸汽进入冷凝器冷凝，冷凝水从下部排出，二次蒸汽中的不凝气经分离器和缓冲罐由真空泵抽出。不凝气来自料液中溶解的空气和系统减压时从周围环境中漏入的空气。浓缩后的完成液由蒸发器底部排出。

蒸发操作可以在加压、常压或减压下进行，工业上的蒸发操作经常在减压下进行，这种操作称为真空蒸发。真空蒸发的特点在于：①减压下溶液的沸点下降，有利于处理热敏性物料，且可利用低压强的蒸汽或废蒸汽作为热源。②溶液的沸点随所处的压强减小而降低，故对相同压强的加热蒸汽而言，当溶液处于减压时可以提高总传热温差；但与此同时，溶液的黏度加大，所以总传热系数下降。③真空蒸发系统要求有形成真空的装置，投资费用和操作费用提高。

蒸发过程的实质是传热壁面一侧的蒸汽冷凝与另一侧的溶液沸腾间的传热过程，但又有别于一般传热过程，因为蒸发过程具有以下特点。

(1)传热性质。传热壁面一侧为加热蒸汽冷凝，另一侧为溶液进行沸腾，故属于壁面两侧流体均有相变化的恒温差的传热过程。

(2)溶液性质。有些溶液在蒸发过程中有晶体析出、易结垢和产生泡沫，高温下易分解或聚合；溶液的黏度在蒸发过程中逐渐增大，腐蚀性逐渐加强等。

(3)溶液沸点的改变。含有不挥发性溶质的溶液，其蒸汽压较同温度下溶剂的蒸汽压为低，换言之，在相同压强下，溶液的沸点高于纯水的沸点，故当加热蒸汽一定时，蒸发溶液的传热温度差要小于蒸发水的传热温度差。溶液浓度越高这种现象越显著。

(4)泡沫夹带。二次蒸汽中夹带大量液沫，冷凝前必须设法除去，否则不但损失物料，而且污染传热设备，增加传热热阻。

(5)能源利用。蒸发时产生大量二次蒸汽，如何利用它的潜热，是蒸发操作中考虑的关键问题之一。

鉴于以上原因，蒸发器的结构必须有别于一般的换热器。

食品多属生物系统的物料，比一般化工上遇到的物料更为复杂多变，在选择和设计蒸发器时，要充分认识这一特征。一般地讲，食品物料的蒸发具有如下几方面的特点。

(1)热敏性。食品物料多由蛋白质、脂肪、糖类、维生素以及其他诸多色、香、味成分组成。这些物质在高温下或长期受热时会发生变性和氧化等作用而受到破坏，所以许多食品生产的蒸发操作要严格控制加热时间和加热温度。加热温度和加热时间是不可分割的。食品生产蒸发操作的安全性与此两因素同时有关，这就是“温时结合”的概念，即把温度和时间作为统一体来考虑。从食品生产的蒸发操作安全性看，力求“低温短时”，但还要考虑食品的质量和工艺经济性。在保证食品质量的前提下，为提高生产能力，常采用“高温短时”(HTST)蒸发。由于料液的沸点与工作压力有关，工作压力低，就可以使料液有较低的沸点，所以食品工业多采用真空蒸发。为了缩短料液在蒸发器中停留的时间，现广泛采用长管膜式蒸发浓缩装置和搅拌膜式蒸发浓缩装置。

(2)腐蚀性。许多食品物料特别是酸性食品如果汁、蔬菜汁等，具有腐蚀性。即使是轻度腐蚀，也会造成产品的污染，这往往为产品标准所不允许。因此，在设计蒸发器和辅助设备时，必须选用耐腐蚀材料。一般蒸发器接触料液部分，多采用不锈钢结构。通常工艺设计采取强制循环式蒸发，以节约昂贵耐腐蚀材料的用量。

(3)黏稠性。许多食品物料黏稠性较高，因其含有蛋白质、糖类、脂肪和果胶等成分。高黏稠性物料的蒸发浓缩，在流体力学上有一个层流倾向问题。即使采取强烈搅拌，在换热壁面附近，也会存在不能忽视的层流内层，会造成较大传热阻力，严重影响换热速率。同时因上述原因还会产生局部过热和结垢等问题。此外，随蒸发进行，料液浓度增大，料液黏稠性还会逐渐增大，上述问题会随之趋于严重。因此，对黏稠性料液的蒸发，应采取措施如外力强制循环或搅拌等，以克服上述问题。

(4)结垢性。在换热壁面附近，料液温度最高。料液中的蛋白质、糖类等成分受热过度会产生变性、结块、焦化等现象，使换热壁面上形成污垢层。垢层热导率低，将严重影响换热速率，解决结垢问题的积极方法是提高料液的工艺流速，较高液流的冲刷作用可显著减轻污垢的形成。

(5)泡沫性。食品物料中因常含蛋白质等成分，会影响水-气的界面张力，因而一些食品物料沸腾时会形成稳定的泡沫。泡沫的形成造成蒸发时气-液分离的困难。在真空蒸发和液层静压较高的场合，往往更易形成泡沫，干扰蒸发操作的进行。消泡方法：添加一定的表面活性剂作为消泡剂以控制泡沫的形成，或采用除沫器之类的机械装置以除去泡沫。

(6)挥发性。食品料液中含有的特征性芳香物质和风味物质成分，往往比水挥发性大。料液蒸发时，这些宝贵成分将随蒸汽一起逸走，影响浓缩产品的品质。低温浓缩并不能减少这些物质的损失，完善的方法是采用回收装置回收混入水蒸气中的芳香和风味成分，回收后再掺回制品中。

11.1.2 单效蒸发

蒸发操作的效是指蒸汽被利用的次数。如果蒸发生成的二次蒸汽不再被用作加热介质，而是直接送到冷凝器中冷凝，如图 11-1 所示的蒸发过程，称为单效蒸发。

11.1.2.1 溶液的沸点和温度差损失

一定压力下，溶液的沸点较纯水的高，两者沸点之差，称为溶液的沸点升高。同一种溶液，沸点升高数值随溶液的浓度及蒸发器中溶液液柱高度而变，浓度越高，液柱越高，沸点升高值越大。一般的稀溶液或有机胶体溶液的沸点升高较小，而无机盐溶液沸点升高较大。

设加热蒸汽的饱和温度为 T_s，二次蒸汽的饱和温度为 T_v，溶液的沸点为 t_1，总温差为：

$$\Delta t_0 = T_s - T_v \tag{11-1}$$

实际传热温差即有效温差为：

$$\Delta t = T_s - t_1 \tag{11-2}$$

两者之差称为蒸发器的温度差损失：

$$\Delta = \Delta t_0 - \Delta t = t_1 - T_v \tag{11-3}$$

引起温差损失 Δ 的原因有三：由于料液中溶质的存在产生的沸点升高而引起；由于液层静压效应而引起；由蒸汽流动中的阻力和热损失而引起。

①由于溶液中水分的化学势低于纯水的化学势，因而与之平衡的蒸汽压也低于纯水的蒸汽压。而沸点是液体蒸汽压与外压相等时对应的温度。所以，溶液的沸点就比纯水高，称为溶液的沸点升高，因溶液的沸点升高造成的换热温差损失，记作 Δ'。溶液的沸点升高是溶液的重要性质之一，因而 Δ' 主要与料液中溶解的溶质质点浓度有关，也受压力影响。

溶液的沸点升高值可以通过查手册的数据表，查图线或通过计算求得。表 11-1 给出常压下蔗糖不同浓度的沸点升高 Δ'_a。可以应用杜林(Duhring)法则绘制不同浓度溶液的沸点图线。这个法则表明，溶液沸点是同压下纯溶剂沸点的线性函数。由按此法则绘制的图线，求得沸点升高。对稀溶液，沸点升高 Δ'，可由下式计算

$$\Delta' = K_b m_b \tag{11-4}$$

式中：K_b 为沸点升高常数，kg·℃/mol，若水为溶剂，$K_b = 0.51$ kg·℃/mol；m_b 为溶质的质量摩尔浓度，mol/kg。

减压下的沸点升高，可由常压下沸点升高按吉辛柯公式计算：

$$\Delta' = 16.2\frac{T^2}{r}\Delta'_a \tag{11-5}$$

式中：T 为某压力下水的沸点温度，K；r 为某压力下水的汽化热；J/kg，Δ'_a 为常压下溶液的沸点升高，℃。食品料液的 Δ'_a 可近似用糖液的数据代替。

表 11-1　糖液不同质量分数 x_s 对应的常压沸点升高 Δ'_a

x_s/%	10	15	20	25	30	35	40	45	50	55	60	65	70	75	80	85	90
Δ'_a/℃	0.1	0.2	0.3	0.4	0.6	0.8	1.0	1.4	1.8	2.3	3.0	3.8	5.1	7.0	9.4	13.0	19.6

沸点升高对蒸发的影响，在化工上显得重要，因化工上浓缩的物料常常是小分子电解质溶液，沸点升高较大。在食品工业上浓缩的物料，多为大分子非电解质或胶体溶液，沸点升高较小，Δ'不大。

【例 11-1】　已知在标准大气下，蒸发器内的真空度为 80 kPa，糖溶液质量分数 50%。求糖溶液的沸点温度。

解：蒸发器绝对压强为 101.3－80＝21.3(kPa)。在 21.3 kPa 下二次蒸汽温度为 61℃，即 334 K。汽化潜热为 2 352.1 kJ/kg。由表 11-1 查得 $\Delta'_a = 1.8$℃

$$\Delta' = 16.2 \times 1.8 \times \frac{334^2}{2\,352.1 \times 10^3} = 1.38(℃)$$

$$t_1 = \Delta' + T_v = 1.38 + 61 = 62.38(℃)$$

②由液层静压效应而引起的温度差损失 Δ''，蒸发器内的沸腾一般是在加热管内沸腾。加热管内溶液液位维持一定，处于不同深度的溶液受到不同的静压强，所以溶液内部的沸点比液面处的沸点高，两者之差即为由液层静压引起的温度差损失。

液层内的平均压力 p_m 可按下式求得：

$$p_m = p + \rho g h/2 \tag{11-6}$$

式中：p 为液面上方分离室内的压力，Pa；ρ 为溶液的密度，kg/m^3；h 为液层高度，m。对应 p_m 和 p，可查得相应的沸点 T_m 和 T，则由静压效应引起的温差损失 Δ''为

$$\Delta'' = T_m - T \tag{11-7}$$

食品工业上经常采用真空蒸发，由静压效应引起的温差损失 Δ'' 显得特别突出。因低压下，一定静压引起的 Δ'' 较常压下大得多。这是因为水的饱和蒸汽压曲线随温度 T 升高变得

越来越陡。如图 11-2 所示，低压时压力差 Δp 对应的沸点差 ΔT_1 比常压时相同压力差 Δp 对应的沸点差 ΔT_2 大得多。这种现象也可由书末附录的饱和水蒸气表中看到，压力在 100～ 90 kPa，$\Delta p=10$ kPa，沸点差为 99.6－96.4＝3.2℃；而压力在 15～5 kPa，也是 $\Delta p=10$ kPa，可是沸点差达 53.5－32.4＝21.1℃。因此，真空蒸发时，静压效应引起的温差损失 Δ'' 突出得多，应予以足够重视。为减少温度差损失，应避免存在很大的液层静压。降膜式蒸发器即具有这样的优点。

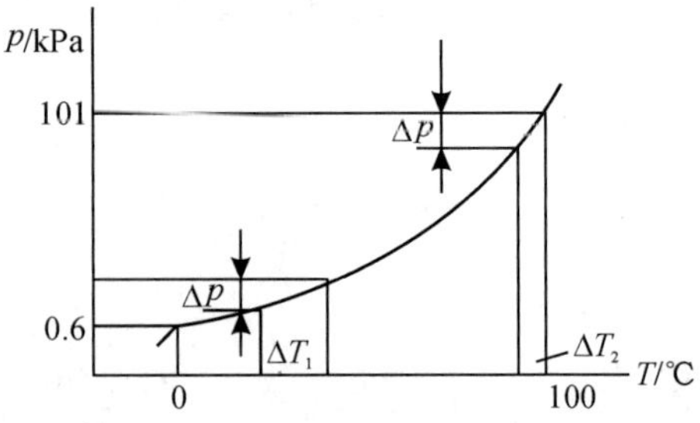

图 11-2　水的饱和蒸汽压曲线

由于溶液沸腾时液层内混有气泡，故液层的实际密度较式(11-6)采用的纯液体密度要小，因此用式(11-7)算出的 Δ'' 值偏大。此外，当溶液在加热管内的循环速度较大时，就会因流动阻力使平均压强增高，式(11-7)中并没有考虑这项影响，但可以抵消前述的部分误差。可见，由式(11-7)求出的 Δ'' 值仅为估计值。

③二次蒸汽由分离器到冷凝器的流动中，在管道内会产生阻力损失，也可能会散失热量，这些能量消耗造成的温差损失，记作 Δ'''。Δ''' 受管道长度、直径和保温情况等影响。计算时，一般取 $\Delta'''=0.5\sim1.5$℃。

由于上述三个原因，全部换热温差损失为：

$$\Delta=\Delta'+\Delta''+\Delta''' \tag{11-8}$$

【例 11-2】 用连续真空蒸发器将桃浆从含固形物 11％浓缩至 40％。蒸发器内真空度为 93 kPa，液层深度为 2 m，加热蒸汽绝对压力为 0.1 MPa 的饱和蒸汽，桃浆的密度为 1 180 kg/m^3。求温度差损失及蒸发器的有效温差。

解：蒸发器内的绝对压力 101－93＝8 kPa，对应的沸点 T 为 41.3℃，汽化热 $r=2.40$ mJ/kg

(1)取料液浓度为制品浓度 40％，参考糖液数据，$\Delta'_a=1.0$℃，则

$$\Delta'=16.2\frac{T^2}{r}\Delta'_a=16.2\times\frac{(273.2+41.3)^2}{2.40\times10^6}\times1.0=0.67(℃)$$

(2)计算 Δ''：

$$p_m=p+\rho gh/2=8+1.180\times9.81\times2/2=19.6(\text{kPa})$$
$$t_m=59.6(℃)$$
$$\Delta''=59.6-41.3=18.3(℃)$$

(3)计算 Δt：

$$\Delta=\Delta'+\Delta''=0.67+18.3=18.97(℃)$$
$$\Delta t_0=100-41.3=58.7(℃)$$
$$\Delta t=\Delta t_0-\Delta$$
$$=58.7-18.97=39.73(℃)$$

由计算可见，真空蒸发时对有效换热温差 Δt 影响最大的是 Δ''。

11.1.2.2　单效蒸发的计算

对单效蒸发，在确定了操作条件和给定了生产任务后，需计算以下内容：水分蒸发量、加热蒸汽消耗量和传热面积。这些问题可以通过物料衡算、热量衡算和传热速率方程解决。

通常，生产任务中已知的项目有：a. 原料液流量、组成与温度；b. 完成液组成；c. 加热蒸汽的压强或温度；d. 冷凝器的压强或温度。

1. 蒸发器的物料衡算

连续稳态操作的单效蒸发的物料流程如图 11-3 所示。则蒸发器料液侧总物料衡算式：

$$F = W + P \tag{11-9}$$

而料液中固形物的衡算式为：

$$Fx_F = Px_P \tag{11-10}$$

将式(11-9)代入式(11-10)，可得蒸发量——二次蒸汽流量式：

$$W = F\left(1 - \frac{x_F}{x_P}\right) \tag{11-11}$$

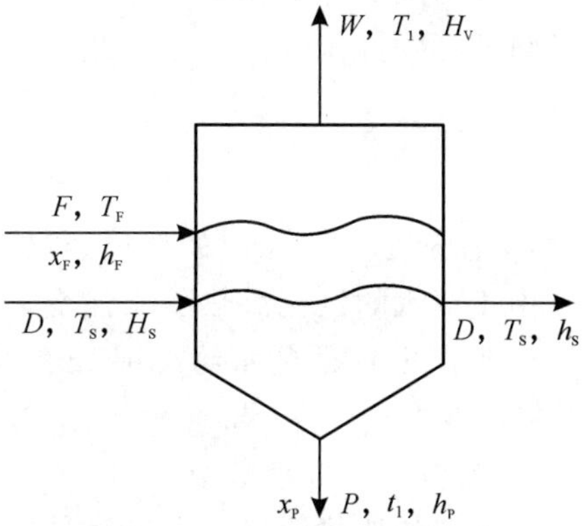

图 11-3　单效蒸发热量和物料衡算

式中：x_F 为进料中固形物的质量分数；x_P 为完成液中固形物的质量分数；F 为原料液进料流量，kg/h；W 为二次蒸汽流量，kg/h；P 为完成液流量，kg/h。

2. 蒸发器的热量衡算

根据热量衡算，在稳态状态下，进入系统的热流量等于离开系统的热流量加上热量损失：

$$Fh_F + DH_S = WH_V + Dh_S + Ph_P + Q_L \tag{11-12}$$

式中：h_F 为原料液的比焓，J/kg；H_S 为加热蒸汽的比焓，J/kg；H_V 为二次蒸汽的比焓，J/kg；h_S 为蒸汽冷凝液的比焓，J/kg；h_P 为完成液的比焓，J/kg，Ph_P 为完成液的焓流量，W。如无 h_P 数据，可有下式的关系：

$$Ph_P = (Fc_{p,F} - Wc_{p,W})t_1 \tag{11-13}$$

式中：$c_{p,F}$ 为原料液的比热容，J/(kg・K)；$c_{p,W}$ 为水的比热容，J/(kg・K)；$(Fc_{p,F} - Wc_{p,W})$ 为单位时间流出的完成液的热容，J/(K・s)。

将式(11-13)代入式(11-12)：

$$Fh_F + DH_S = WH_V + Dh_S + Fc_{p,F}t_1 - Wc_{p,W}t_1 + Q_L$$

以 0℃ 作为计算相对焓值的起点，则 $h_F = c_{pF}T_F$，代入上式，移项得：

$$D(H_S - h_S) = W(H_V - c_{p,W}t_1) + Fc_{p,F}(t_1 - T_F) + Q_L \tag{11-14}$$

令：　$r_S = H_S - h_S$ 为加热蒸汽的汽化热，J/kg；

　　$r_V = H_V - c_{p,W}t_1$ 为二次蒸汽的汽化热，J/kg。

则 $Dr_S = Wr_V + Fc_{p,F}(t_1 - T_F) + Q_L$

加热蒸汽耗量 D 为：

$$D=\frac{Wr_V+Fc_{p,F}(t_1-T_F)+Q_L}{r_S} \tag{11-15}$$

若蒸发操作是沸点进料，$T_F=t_1$，并忽略蒸发器的热损失，则有

$$D=W\frac{r_V}{r_S} \tag{11-16}$$

一般情况下，T_S 温度水的汽化热与 t_1 温度水的汽化热相差不多，因此 $D\approx W$。这说明，沸点进料的蒸发操作，消耗 1 kg 加热蒸汽，产生约 1 kg 的二次蒸汽。则上式为：

$$e=\frac{D}{W} \tag{11-17}$$

式中：e 为蒸发 1 kg 水时的加热蒸汽消耗量，称为单位蒸汽消耗量，kg/kg。

由于蒸汽的汽化潜热随压强变化不大，即 r_S 和 r_V 两者相差很小，故单效蒸发时，$e=D/W=1$，即蒸发 1 kg 的水约需 1 kg 的加热蒸汽。实际上因蒸发器有热量损失等影响，e 值约为 1.1 或稍多一些。

3. 传热面积的计算

蒸发器的传热面积由传热速率公式计算，即

$$Q=Dr_S=S_0K_0\Delta t_m \tag{11-18}$$

式中：S_0 为蒸发器的传热外表面积，m^2；K_0 为基于外表面积的总传热系数，$W/(m^2\cdot K)$；Δt_m 为平均传热温度差，℃；Q 为蒸发器的热负荷，即蒸发器的传热速率，W。

若加热蒸汽的冷凝水在饱和温度下排出，则 S_0 可根据式(11-18)直接算出，否则应分段计算。下面按热蒸汽的冷凝水在饱和温度下排出情况进行讨论。

(1)平均温度差 Δt_m。在蒸发过程中，加热面两侧流体均处于恒温、变相状态下，故

$$\Delta t_m=T_S-t_1 \tag{11-19}$$

式中：T_S 为加热蒸汽的温度，℃；t_1 为溶液的沸点温度，℃。

【例 11-3】 稳态下在单效蒸发器中浓缩苹果汁。已知原料温度 43.3℃，浓度 11%，比热容 3.9 kJ/(kg·K)，进料流量 0.67 kg/s，蒸发室沸点温度 60.1℃，完成液浓度 75%。加热蒸汽绝对压力为 300 kPa。加热室外表面传热系数为 943 $W/(m^2\cdot K)$，蒸汽为饱和冷凝，忽略能量损失。计算：①蒸发量和完成液流量；②加热蒸汽消耗量；③单位蒸汽消耗量；④蒸发器的换热面积。

解：①由式(11-11)：

$$W=F\left(1-\frac{x_F}{x_P}\right)=0.67\times\left(1-\frac{0.11}{0.75}\right)=0.57(\text{kg/s})$$

$$P=F-W=0.67-0.57=0.10(\text{kg/s})$$

②查 $t_1=60.1$℃时，$r_V=2\ 335$ kJ/kg；$p=300$ kPa 时，$T_S=133.3$℃，$r_S=2\ 168$ kJ/kg

由式(11-15)：

$$D=\frac{Wr_V+Fc_{p,F}(t_1-T_F)}{r_S}=\frac{0.57\times 2\ 355+0.67\times 3.9\times(60.1-43.3)}{2\ 168}$$

$$=0.64\ \text{kg/s}$$

③由式(11-17)：

$$e=\frac{D}{W}=\frac{0.64}{0.57}=1.12$$

④由式(11-18)：

$$S_0=\frac{Dr_S}{K_0(T_S-t_1)}=\frac{0.64\times 2\ 168\times 10^3}{943\times(133.3-60.1)}=20.1\ \mathrm{m}^2$$

(2)基于传热外面积的总传热系数 K_0。按下式计算：

$$K_0=\frac{1}{\frac{1}{\alpha_i}\frac{d_o}{d_i}+R_{s,i}\frac{d_o}{d_i}+\frac{b}{\lambda}\frac{d_o}{d_m}+R_{s,o}+\frac{1}{\alpha_o}} \tag{11-20}$$

式中：α 为对流传热系数，W /(m^2 · K)；d 为管径，m；R_s为垢层热阻，m^2 · K/W；b 为管壁厚度，m；λ 为管材的热导率，W /(m · K)；下标 i 表示管内侧、o 表示管外侧，m 表示平均。

垢层热阻值可按经验数值计算。管外侧的蒸汽冷凝传热系数可按膜式冷凝传热系数公式计算。管内侧溶液沸腾传热系数则难以精确计算，因它受多方面因素的控制，如溶液的性质、蒸发器的型式、沸腾传热形式以及操作条件等因素。一般可以参考实验数据或经验数据选择 K 值，但应选与操作条件相近的数值，尽量使选用的 K 值合理。表 11-2 列出不同类型蒸发器的 K 值范围，供选用时参考。

表 11-2　蒸发器的总传热系数 *K* 值　　W/(m^2 · K)

蒸发器的型式	总传热系数	蒸发器的型式	总传热系数
水平沉浸加热式	600～2 300	外加热式(强制循环)	1 200～7 000
标准式(自然循环)	600～3 000	升膜式	1 200～6 000
标准式(强制循环)	1 200～6 000	降膜式	1 200～3 500
悬筐式	600～3 000	蛇管式	350～2 300
外加热式(自然循环)	1 200～6 000		

【例 11-4】　在单效薄膜式蒸发器内，将番茄汁从固形物含量 12%浓缩到 28%。番茄汁已预热到最高许可温度 60℃后进料。采用表压为 70 kPa 的饱和水蒸气加热。设蒸发器传热面积为 0.4 m^2，传热系数为 1 500 W/(m^2 · K)。试近似估算：①蒸发器的蒸汽消耗量；②蒸发器的最大产量。

解：根据压强，查得加热蒸汽饱和温度为 114.5℃，汽化潜热为 2 210 kJ/kg，由传热速率公式：

$$Q=S_0K_0\Delta t_m=1\ 500\times 0.4\times(114.5-60)=32\ 700(\mathrm{W})$$

则蒸汽消耗量为：$D=\frac{Q}{r}=\frac{32\ 700}{2\ 210\times 10^3}=0.014\ 8\ \mathrm{kg/s}=53.3(\mathrm{kg/h})$

查得 60℃下水的汽化潜热为 2 340 kJ/kg，则蒸发量为：

$$W=\frac{Q}{r'}=\frac{32\ 700}{2\ 340\times 10^3}=0.014\ \mathrm{kg/s}=50.3(\mathrm{kg/h})$$

原料液流量为：

$$F=\frac{W}{1-\frac{x_F}{x_P}}=\frac{50.3}{1-\frac{12}{28}}=88(\text{kg/h})$$

(3)蒸发器的热负荷 Q。若加热蒸汽的冷凝水在饱和温度下排出，且忽略热损失，则蒸发器的热负荷为

$$Q=Dr \tag{11-21}$$

上面算出的传热面积，应视具体情况选用适当的安全系数加以校正。

蒸汽冷凝表面传热系数的值较高，一般为 10 000 $W/(m^2\cdot K)$或更高。有两个因素会造成冷凝表面传热系数的下降：一是加热蒸汽中含的少量杂质在加热壁面上形成垢层；二是加热蒸汽中含有不凝性气体，在加热壁面上形成气膜。故应注意排除不凝性气体。

沸腾传热热阻往往是诸热阻中起主要作用的热阻。沸腾表面传热系数在很大程度上取决于传热面上的液速。

食品中热敏有机物质在蒸发时因加热受到破坏，在加热面上形成垢层，成为蒸发过程中的主要热阻。在计算垢层热阻时，若无可靠实验数据，可取垢层厚度为 0.5 mm，其热导率可取 1.5～2[W/(m·K)]。

摩根(Morgan)等对番茄汁在长管式蒸发器中的浓缩进行研究，将加热面溶液侧的二次热阻并在一起作为总的溶液热阻，记为 $1/a_B$。而把污垢热阻对时间的变化率作为结垢速率。实验结果如图 11-4 所示。实验得到以下结论：

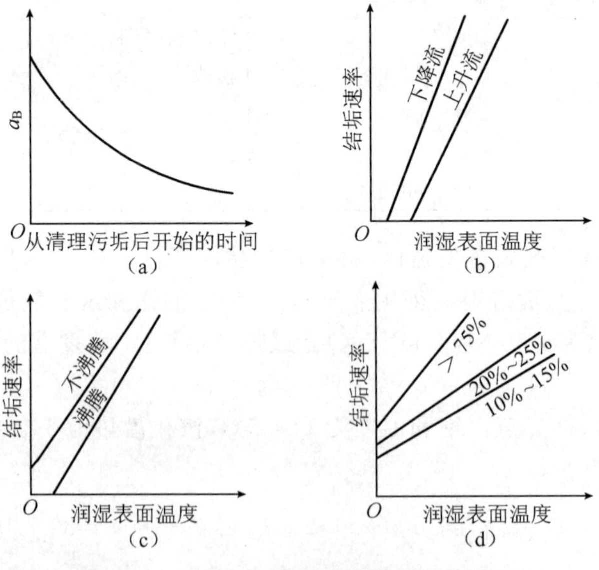

图 11-4　番茄汁浓缩时蒸发器的结垢情况

①传热表面温度对结垢的影响。表面温度越高，结垢速率越快。如图 11-4(a)所示。

②料液流动方向对结垢的影响。料液下降流动比上升流动易于形成污垢。如图 11-4(b)所示。

③料液沸腾状态对结垢的影响。非沸腾状态下的结垢远比沸腾状态为快。由此可以推断，结垢可能出现在料液入口附近，然后逐渐向其他部位展开。如图 11-4(c)所示。

④液体中蒸汽比例的影响。传热面上液体中蒸汽所占的比例越高，结垢也越快，特别是当蒸汽质量分数大于 25%时，结垢非常显著，如图 11-4(d)所示。

至于管壁热阻，一般情况下比其他各项热阻均小，计算时可忽略。

11.1.3　多效蒸发

如果第一个蒸发器产生的二次蒸汽引入第二个蒸发器作为加热蒸汽，两个蒸发器串联工作，第二个蒸发器产生的二次蒸汽送到冷凝器排出，则称为双效蒸发，双效蒸发是多效蒸发中最简单的一种。

多效蒸发是将多个蒸发器串联起来的系统，后效的操作压力和沸点均较前效低，仅在压力最高的首效使用新鲜蒸汽作加热蒸汽，产生的二次蒸汽作为后效的加热蒸汽，亦即后效的加热室成为前效二次蒸汽的冷凝器，只有末效二次蒸汽才用冷却介质冷凝。可见多效蒸发明显减少加热蒸汽耗量，也明显减少冷却水耗量。

11.1.3.1　多效蒸发的原理

前已述及，在单效蒸发器中每蒸发 1 kg 的水要消耗比 1 kg 多一些的加热蒸汽。在工业生产中，蒸发大量的水分必须消耗大量的加热蒸汽。为了减少加热蒸汽消耗量，可采用多效蒸发操作。多效蒸发时要求后效的操作压强和溶液的沸点均较前效的低，因此可引入前效的二次蒸汽作为后效的加热介质，即后效的加热室成为前效二次蒸汽的冷凝器，仅第一效需要消耗生蒸汽，这就是多效蒸发的操作原理。一般多效蒸发装置的末效或后几效总是在真空下操作。由于各效(末效除外)的二次蒸汽都作为下一效蒸发器的加热蒸汽，故提高了生蒸汽的利用率，即提高了经济效益。假若单效蒸发或多效蒸发装置中所蒸发的水量相等，则前者需要的生蒸汽量远大于后者。例如，当原料液在沸点下进入蒸发器，并忽略热损失、各种温度差损失以及不同压强下汽化潜热的差别时，则理论上，单效的 $D/W\approx 1$，双效的 $D/W\approx 1/2$，三效的 $D/W\approx 1/3$，…，n 效的 $D/W\approx 1/n$。若考虑实际上存在的各种温度差损失和蒸发器的热损失等，则多效蒸发时达不到上述的经济性。表 11-3 列出最小的 $(D/W)_{\min}$ 值。

表 11-3　单位蒸汽消耗量

效数	单效	双效	三效	四效	五效
$(D/W)_{\min}$	1.1	0.57	0.4	0.3	0.27

11.1.3.2　多效蒸发的流程

多效蒸发一般可依三种不同的流程操作，即顺流、逆流和平流，现分述如下。

(1)顺流也称并流，并流加料法是最常见的蒸发操作流程。如图 11-5 所示是由 3 个蒸发器组成的三效并流加料的流程。溶液和蒸汽的流向相同，即都由第一效顺序流至末效，故称为并流加料法。生蒸汽通入第一效加热室，蒸发出的二次蒸汽进入第二效的加热室作为加热蒸汽，第二效的二次蒸汽又进入第三效的加热室作为加热蒸汽，第三效的二次蒸汽则送至冷凝器全部冷凝。原料液进入第一效，浓缩后由底部排出，依次进入后面各效时，完成液由末效底部取出。并流加料法的优点：a. 由于后一效蒸发室的压强比前一效的低，故溶液在效间输送不用泵而利用各效间的压力差。b. 由于后一效溶液的沸点较前一效的低，溶液进入后效时发生闪蒸现象，产生较多二次蒸汽。c. 高浓度溶液的温度依效序降低对浓缩热敏性食品有利。但是，由于逐效浓度增高，且温度降低，黏度升高，传热系数下降，增加了末效蒸发的困难。（二维码 11-2）

二维码 11-2　多效蒸发

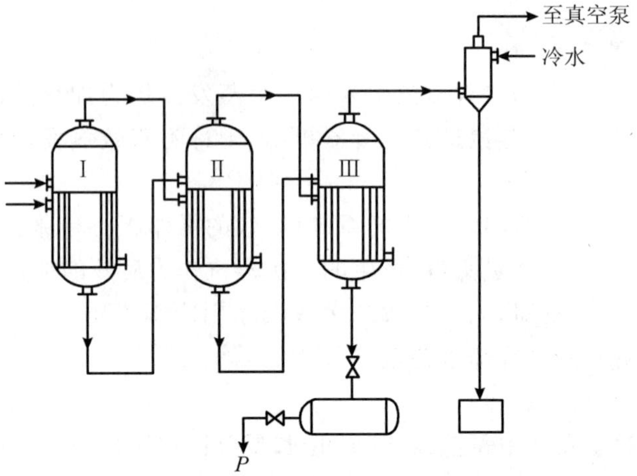

图 11-5　顺流多效蒸发流程

（2）逆流操作料液和蒸汽流向相反。如图 11-6 所示为三效逆流加料流程。原料液由末效进入，用泵依次输送至前效，完成液由第一效底部取出。加热蒸汽的流向仍是由第一效顺序至末效。因蒸汽和溶液的流动方向相反，故称为逆流加料法。（二维码 11-3）

二维码 11-3　逆流

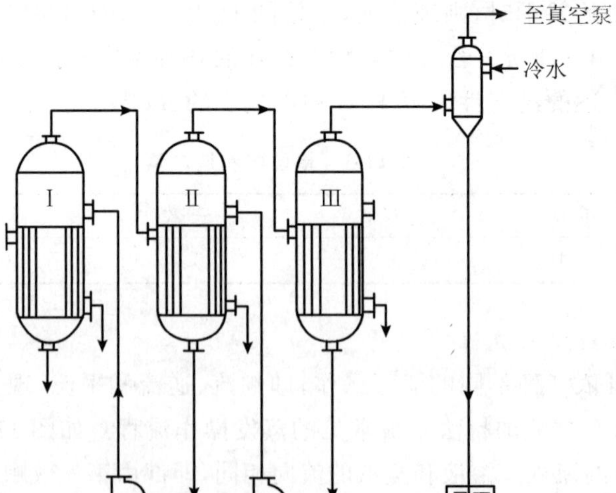

图 11-6　逆流多效蒸发流程

逆流加料法蒸发流程的主要优点是溶液的浓度沿着流动方向不断提高，同时温度也逐渐上升，因此各效溶液的黏度较为接近，使各效的传热系数也大致相同。其缺点是，效间的溶液需用泵输送，能量消耗较大，且因各效的进料温度均低于沸点，与并流加料法相比较，产生的二次蒸汽量也较少。

一般来说，逆流加料法宜用于处理黏度随温度和浓度变化较大的溶液，而不宜用于处理热敏性的溶液。

(3)平流操作时的蒸发流程。如图 11-7 所示，原料液分别加入各效中，完成液也分别由各效排出，加热蒸汽由第一次效依次至末效，称为平流加料法。平流加料法适用于在蒸发操作进行的同时，有晶体析出的溶液。因为有晶体析出，不便于在效间输送。(二维码 11-4)

二维码 11-4　平流

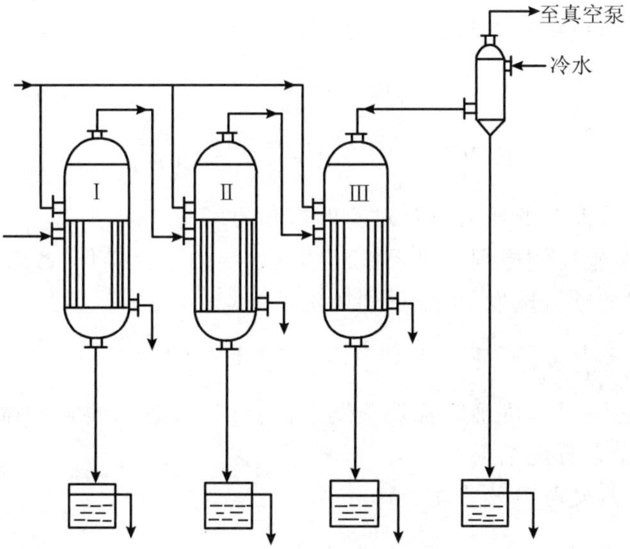

图 11-7　平流多效蒸发流程

此外，多效蒸发中，有时将某一效的二次蒸汽引出一部分用作预热蒸发器的进料，或其他加热目的。引出的蒸汽称为额外蒸汽。

11.1.3.3　*多效蒸发的温差分配*

前面我们讨论过蒸发设备的温差损失及产生的原因，由于存在温差损失，蒸发器有效换热温差 Δt 总是小于理想温差 $\Delta t_0 = T_S - T_V$。

多效蒸发器是由单效蒸发设备组成的，每效都相当于单效蒸发器。因此，在实际操作中，每效都存在温差损失。此时，各效有效温差之和 $\sum \Delta t_i$ 必小于总温差 Δt_0。其总差值为总温差损失 $\sum \Delta_i$。

$$\sum \Delta t_i = \Delta t_i - \sum \Delta_i = \Delta t \qquad (11\text{-}22)$$

式中：Δt_i 为第 i 效的有效传热温差，℃；Δ_i 为第 i 效的温差损失，℃，$\Delta_i = \Delta_i' + \Delta_i'' + \Delta_i'''$；$\Delta t$ 为有效总温差，℃。

当有效总温差 Δt 确定之后，此温差必须分配到各效，并满足各效的换热基本方程：

$$Q_1 = K_1 S_1 \Delta t_1, Q_2 = K_2 S_2 \Delta t_2, \cdots, Q_n = K_n S_n \Delta t_n$$

实际上，将有效总温差 Δt 分配到各效，除总的应满足 $\Delta t = \sum \Delta t_i$ 及各效满足其换热方程之外，还应另加特定的限制原则。实际上的限制原则有以下几种：

(1)各效等面积原则。按此原则分配有效温差，各效换热面积均相等。由此，

$$\Delta t_1 : \Delta t_2 : \cdots : \Delta t_n = \frac{Q_1}{K_1} : \frac{Q_2}{K_2} : \cdots : \frac{Q_n}{K_n} \tag{11-23}$$

按此原则分配温差，便于蒸发器的制造和安装。

(2)各效等压差原则。设 p_s 为首效加热蒸汽压力，p_c 为冷凝器内压力，则总压差：

$$\Delta p = p_s - p_c \tag{11-24}$$

若各效加热蒸汽与料液侧分离室的压力差分别为 $\Delta p_1, \Delta p_2, \cdots$，则按此原则，各效压力差应符合下式：

$$\Delta p_1 = \Delta p_2 = \cdots = \Delta p_n = \frac{\Delta p}{n} \tag{11-25}$$

可依次确定各效分离室的压力以及对应的饱和温度。

(3)各效蒸发量经验比例原则。对无额外蒸汽引出的顺流操作，各效水分蒸发量可按一定比例设计。例如对三效顺流蒸发，可按下列比例：

$$W_1 : W_2 : W_3 = 1 : 1.1 : 1.2 \tag{11-26}$$

由总蒸发量及上述比例，可确定各效蒸发量，则可计算各效料液的浓度，从而进一步算出溶液沸点，则可得到温差分配结果。

11.1.3.4 多效蒸发与单效蒸发的比较

1. 温度差损失

若多效和单效蒸发的操作条件相同，即第一效(或单效)的加热蒸汽压强和冷凝器的操作压强各自相同，则多效蒸发的温度差因经过多次的损失，使总温度差损失较单效蒸发时为大。

在多效蒸发的情况下，各项温差损失几乎随效数而成正比例增加，从而使有效温差减小。当效数增加到一定数值后，温差损失的总和有可能等于总温差。这实际上意味着各效传热推动力的完全消失。可见，就温差损失来看，效数应是有限的。例如，将糖汁从 10%蒸发浓缩到 50%。设加热蒸汽温度为 130℃，沸点为 70℃，二次蒸汽温度为 50℃。单效、双效装置中温度差损失如图 11-8 所示，两种情况均具有相同的操作条件。图形总高度代表加热蒸汽(生蒸汽)温度和冷凝器中蒸汽温度间的总温度差[即 130－50＝80(℃)]，阴影部分代表由于各种原因所引起的温度差损失，空白部分代表有效温度差，即传热推动力。在单效蒸发时，总温差为 130－50＝80(℃)，温差损失为 70－50＝20(℃)，有效温

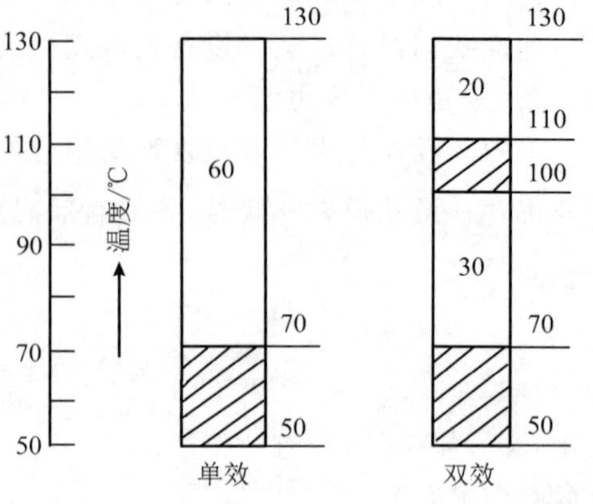

图 11-8 单效、双效蒸发装置中的温度差损失

差为 130－70＝60(℃)。若采用双效蒸发，则第二效的沸点仍为 70℃，二次蒸汽温度仍为 50℃，设第一效的二次蒸汽温度为 100℃，溶液沸点为 110℃，则总温差仍为 130－50＝80(℃)，而温差损失为(70－50)＋(110－100)＝30(℃)，总有效温差为(130－110)＋(100－70)＝50(℃)，比单效时低了 10℃。由此可见，多效蒸发较单效蒸发的温度差损失要大，且效数越多，温度差损失也越大。对某些浓溶液的蒸发有可能随着效数的增多，总温度差损失等于或大于总有效温度差，此时蒸发操作就无法进行，因此说多效蒸发的效数应有一定的限制。

在多效蒸发中，末效二次蒸汽温度受真空度的限制不可能无限制降低。而首效的沸点则常受物料热敏性的限制。因此首效的加热蒸汽温度也不可能无限制增高，这样总温差是有一定限制的。由传热学的知识可知，每一效的有效温差不能低于 5～7℃，否则就无法维持在泡核沸腾下操作。实际上，末效的有效温差还应高些。因此，不能无限制地增加效数。实践中常用的多效蒸发是双效、三效和四效。对热敏性高的物料，由于首效的蒸发温度受到限制，所以很少有超过两效的设备。

2. 经济效益与设备投资

前已述及，多效蒸发提高了加热蒸汽的利用率，即经济效益。对于蒸发等量的水分而言，采用多效时所需的加热蒸汽较单效时少。不同效数的单位蒸汽耗量已列于表 11-3 中。在工业生产中，若需蒸发大量的水分，宜采用多效蒸发。

首先，多效蒸发提高了加热蒸汽的利用率，效数增加，蒸发器及附属设备的投资也基本上成倍增加。其次，因食品物料具热敏性，首效加热蒸汽温度上限受限；因真空设备的原因，冷凝器内温度下限也受限。由表 11-3 可看出，随着效数的增加，虽然 $(D/W)_{min}$ 不断减小，但所节省的蒸汽消耗量也越来越少。例如由单效增至双效可节省的生蒸汽量约为 50%，而由四效增至五效，可节省的生蒸汽量约为 10%。由上可知，多效蒸发的最佳效数要通过经济权衡决定，单位生产能力的总费用为最低时的效数即为最佳效数。

通常工业中的多效蒸发操作的效数并不是很多，对于电解质溶液，例如 $NaOH$、NH_4NO_3 等水溶液，由于其沸点升高(即温度差损失)较大，故取 2 或 3 效；对于非电解质溶液，如有机溶液等，其沸点升高较小，所用效数可取 4～6 效；海水淡化的温度差损失为零，故蒸发装置可达 20～30 效之多，多效蒸发在实践上最常采用 $n=2\sim4$。

近年来为了节约热能，蒸发设计中有适当增加效数的趋势，但应注意效数是有限制的。

11.1.3.5　多效蒸发的计算

多效蒸发的计算与单效蒸发相仿，在多数情况下是已知进料流量、进料温度、进料浓度、完成液浓度、加热蒸汽压力和冷凝器真空度等，计算总水分蒸发量和各效蒸发量，加热蒸汽消耗量和各效换热面积等。

与单效蒸发计算不同的是，由于效数增多，未知量数较多。为便于计算，按前述温差分配原则进行初算，再进行复核，计算较为复杂。但应用的基本原理仍是物料衡算、热量衡算及换热基本方程。下面以顺流三效蒸发为例进行讨论，所用符号的意义与单效计算同，下角标数字代表效序数。

1. 总蒸发量的计算

水分总蒸发量为各效蒸发量之和，即：

$$W=W_1+W_2+W_3\text{(kg/h)} \tag{11-27}$$

对溶液中固体进行物料衡算：

$$Fx_F=(F-W_1)x_1=(F-W_1-W_2)x_2=(F-W)x_P$$

由此得总蒸发量：

$$W=F\left(1-\frac{x_F}{x_P}\right) \tag{11-28}$$

第一效和第二效的出料浓度分别为：

$$x_1=\frac{Fx_F}{F-W_1},x_2=\frac{Fx_F}{F-W_1-W_2} \tag{11-29}$$

按下面的方法求得各效蒸发量，就可按上式求出各效的出料浓度。

2. 加热蒸汽耗量及各效蒸发量

按上节单效蒸发计算的热量衡算列出多效蒸发第一效的热量衡算式：

$$D_1r_S=W_1r_{v1}+Fc_{p,F}(t_1-T_F)$$

移项，整理成第一效蒸发量表达式：

$$W_1=D_1\frac{r_S}{r_{V1}}+Fc_{p,F}\frac{T_F-t_1}{r_{V1}} \tag{11-30}$$

令
$$\alpha_1=\frac{r_S}{r_{V1}}\quad \beta_1=\frac{T_F-t_1}{r_{V1}} \tag{11-31}$$

α_1称为第一效的蒸发因数，其意义是：1 kg 加热蒸汽冷凝时放出的热量所能蒸发溶液中水分的质量(kg)，其值近似等于 1，计算时按 $\alpha_1\approx1$ 处理。

β_1称为第一效的自蒸发系数，其意义为料液进入蒸发器放出显热引起料液部分水分汽化能力的大小。当 $T_F>t_1$，$\beta_1>0$ 时，表示料液进入蒸发器，确实放出显热促进水的汽化。当 $T_F<t_1$，$\beta_1<0$，表示料液进入蒸发器，反而需吸收显热，因而削弱了水的汽化。

将 α_1，β_1代入式(11-30)，得：$W_1=D_1\alpha_1+Fc_{p,F}\beta_1$

取 $\alpha_1\approx1$，则 $W_1=D_1+Fc_{p,F}\beta_1$

考虑到因存在热损失会对 W_1产生影响，将上式乘以小于 1 的因数 η_1，则实际为：

$$W_1=(D_1+Fc_{p,F}\beta_1)\eta_1 \tag{11-32}$$

式中：η_1可称为第一效的热利用因数。对一般溶液的蒸发，可取 $\eta_1=0.98$。对有稀释热效应的溶液，其值依实际情况而定。

按式(11-32)的推出方法，可得到第二、第三效蒸发量的表达式

$$W_2=[D_2+(Fc_{p,F}-c_{p,w}W_1)\beta_2]\eta_2$$
$$W_3=\{D_3+[Fc_{p,F}-c_{p,w}(W_1+W_2)]\beta_3\}\eta_3$$

由于 $W_1=D_2$，$W_2=D_3$，故上列各式均可表示为 D_1的函数，即：

$$\begin{aligned}W_1&=\alpha_1D_1+b_1\\W_2&=\alpha_2D_1+b_2\\W_3&=\alpha_3D_1+b_3\end{aligned} \tag{11-33}$$

将上面三式相加，得：

$$\begin{aligned} W &= W_1 + W_2 + W_3 \\ &= (\alpha_1 + \alpha_2 + \alpha_3)D_1 + (b_1 + b_2 + b_3) \\ &= \alpha D_1 + b \end{aligned} \tag{11-34}$$

由此可求出第一效加热蒸汽消耗量

$$D_1 = \frac{W - b}{\alpha}\ (\mathrm{kg/h}) \tag{11-35}$$

由此式求出 D_1 后，代回式(11-33)各式，可求得各效蒸发量。

3. 各效换热面积

按换热基本方程，可计算各效换热面积：

$$\begin{aligned} S_1 &= \frac{Q_1}{K_1 \Delta t_1} \\ S_2 &= \frac{Q_2}{K_2 \Delta t_2} \\ S_3 &= \frac{Q_3}{K_3 \Delta t_3} \end{aligned} \tag{11-36}$$

【例 11-4】 在双效顺流蒸发设备中将番茄汁从固形物质量分数 4.3%浓缩到 28%，进料流量 1.39 kg/s，沸点进料，第一效沸点 60℃，加热蒸汽绝对压力为 118 kPa，冷凝器真空度为 93 kPa。第一效采用自然循环，总传热系数为 900 W/(m^2·K)；第二效采用强制循环，总传热系数为 1 800 W/(m^2·K)。除效间外，温差损失可忽略不计。试计算：(1)蒸发量；(2)各效蒸发量；(3)加热蒸汽耗量；(4)单位蒸汽消耗量；(5)换热面积。

解：(1)总蒸发量。

由式(11-28)，可求得

$$W = F\left(1 - \frac{x_F}{x_P}\right) = 1.39 \times \left(1 - \frac{4.3}{28}\right) = 1.18\ (\mathrm{kg/s})$$

(2)据已知条件，假定效间流动温差损失为 1 K，查表，列出各热参数值见表 11-4。

表 11-4　各热参数值

蒸　汽	压力/kPa	温度/℃	汽化热/(kJ/kg)
Ⅰ效加热蒸汽	118	104.2	2 230
Ⅰ效二次蒸汽	19.9	60	2 355
Ⅱ效加热蒸汽	19.8	59	2 357
Ⅱ效二次蒸汽	8.6	42.3	2 396
进冷凝器蒸汽	8.0	41.3	2 398

可计算：$\beta_1 = 0$

$$\beta_2 = \frac{T_1 - T_2}{r_2} = \frac{59 - 42.3}{2\,396 \times 10^3} = 7.4 \times 10^{-6}\ (\mathrm{K \cdot kg/J})$$

$$c_{p,\mathrm{F}} = c_{p,\mathrm{W}}(1 - x_\mathrm{F}) = 4\,180 \times (1 - 0.043) = 4\,000\ [\mathrm{J/(kg \cdot K)}]$$

取 $\eta_1=\eta_2=0.98$

$$W_1=(D_1+Fc_{p,\mathrm{F}}\beta_1)\eta_1=D_1\eta_1=0.98D_1$$

$$W_2=[D_2+(Fc_{p,\mathrm{F}}-c_{p,\mathrm{W}}W_1)\beta_2]\eta_2$$

$$=[0.98D_1+(1.39\times 4\,000-4\,180\times 0.98D_1)\times 7.4\times 10^{-6}]\times 0.98$$

$$W_2=0.931D_1+0.040$$

$$W=W_1+W_2=(0.98+0.931)D_1+0.040=1.18\ (\mathrm{kg/s})$$

$$D_1=\frac{1.18-0.040}{0.98+0.931}=0.597\ (\mathrm{kg/s})$$

则 $W_1=0.98\times 0.597=0.585\ (\mathrm{kg/s})$

$$W_2=0.931\times 0.597+0.040=0.596\ (\mathrm{kg/s})$$

(3)单位蒸汽消耗量。

$$e=\frac{D_1}{W}=\frac{0.597}{1.18}=0.506$$

(4)换热面积。

$$S_1=\frac{Q_1}{K_1\Delta t_1}=\frac{D_1r_\mathrm{S}}{K_1\Delta t_1}=\frac{0.597\times 2\,230\times 10^3}{900\times(104.2-60)}=33.5\ (\mathrm{m}^2)$$

$$S_2=\frac{Q_2}{K_2\Delta t_2}=\frac{0.585\times 2\,357\times 10^3}{1\,800\times(59-42.3)}=45.9\ (\mathrm{m}^2)$$

11.2 冷冻浓缩

冷冻浓缩是利用冰与水溶液之间的固液相平衡原理的一种浓缩方法。当溶液中所含溶质浓度低于低共熔浓度时,则冷却结果表现为溶剂(水分)成晶体(冰晶)析出,随着溶剂成晶体析出的同时,余下溶液中的溶质浓度显然就提高了,此即冷冻浓缩的基本原理。由于过程不涉及加热,所以这种方法适用于热敏性食品物料的浓缩,可避免芳香物质因加热造成的挥发损失。冷冻浓缩制品的品质比蒸发浓缩和反渗透浓缩法高,目前主要用于原果汁、高档饮品、生物制品、药品、调味品等的浓缩。

冷冻浓缩的主要缺点是:a. 冷冻浓缩过程本身不具有杀菌灭酶作用,因此浓缩制品必须冻藏或再加热处理,才能保存;b. 制品的浓度不仅受低共熔浓度限制,也受冰晶与浓缩液分离的难易程度影响,一般而言,浓度越高,黏度也越大,分离也就越困难;c. 过程中会造成不可避免的溶质损失,且成本高。

冷冻浓缩的操作原理包括:冷冻浓缩操作中的相平衡、冷冻浓缩中的结晶过程和冰晶-浓缩液的分离。

11.2.1 冷冻浓缩操作中的相平衡

冷冻浓缩操作的相平衡不同于结晶操作中的相平衡。冷冻浓缩的溶液浓度必须低于最低共熔点浓度,且固相为溶剂冰晶与溶液成平衡,而不是溶质固体。

如图 11-9 所示，冰点曲线 DE 中，D 点为纯水点，溶液浓度为 $x=0$，A 点为浓度为 x_1 的溶液，因此可知溶液的冰点 T_1 低于纯水的冰点，即溶液的冰点随着溶液浓度增加而减小。溶液的冰点发生下降现象，是由于溶液中的水分化学势小于纯水的化学势。冰点下降为：

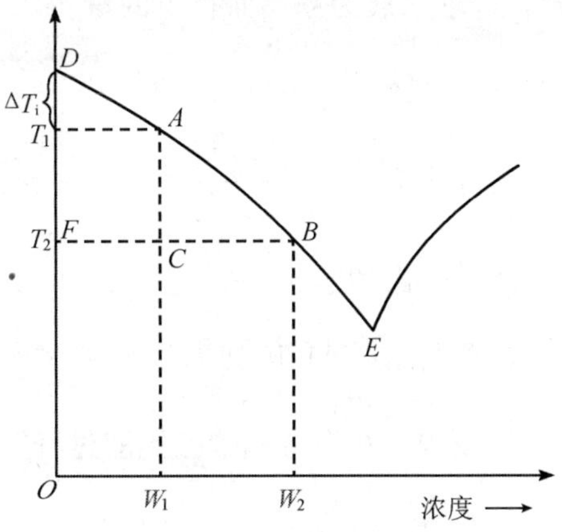

图 11-9　冷冻浓缩过程图示

$$\Delta T_i=-\frac{RT_0^2}{r_{cr}}\ln(1-x_B) \tag{11-37}$$

对于稀溶液有：

$$\Delta T_i=-\frac{RT_0^2}{r_{cr}}x_B \tag{11-37a}$$

式中：ΔT_i 为冰点下降，K；R 为气体常数，8.314 kJ /(kg · K)；T_0 为水的温度，K；x_B 为溶液的摩尔分数；r_{cr} 为结晶热，J/kg。

由于一般过程为可逆的等温等压过程，故，$\frac{r_{cr}}{T_0}=\Delta S$ 结合溶液渗透压的计算式可推得：

$$\frac{\pi}{\Delta T_i}=\Delta S\cdot\rho_0 \tag{11-38}$$

式中：ΔS 为水转化为冰的熵变，J/(kg · K)；ρ_0 为水的密度，kg/m^3；$\frac{\pi}{\Delta T_i}$为渗透压与冰点下降的比值，约为 1.2×10^6 Pa/K。

如果溶液由 A 点继续冷却到 C 点，温度为 T_2，此溶液为过冷溶液，温差（T_1-T_2）称为溶液的过冷度。过冷溶液是不稳定状态的溶液，分为互成平衡的两个相，即浓缩液相和冰晶相，图中 B 点为浓缩液，F 点为冰晶，浓缩液浓度为 x_2，若原料液的总量为 F，冰晶量为 G，浓缩液量为 S，则由物料的溶质衡算有：

$$(G+S)x_1=Sx_2$$

即

$$\frac{G}{S}=\frac{x_2-x_1}{x_1}=\frac{\overline{BC}}{\overline{FC}} \tag{11-39}$$

上式表示，冰晶量与浓缩液量之比等于线段 BC 与线段 FC 的长度之比，这就是杠杆法则。由此可计算冷冻操作中的冰晶量与浓缩液量。

理论上讲，冷冻浓缩可继续到最低共熔点，但是由于浓缩液的黏度随温度降低愈来愈高，使冰晶与浓缩液很难分离，故冷冻浓缩是有限度的，如图 11-10 所示的是流体食品冻结曲线，利用该曲线可以进行冷冻浓缩计算。

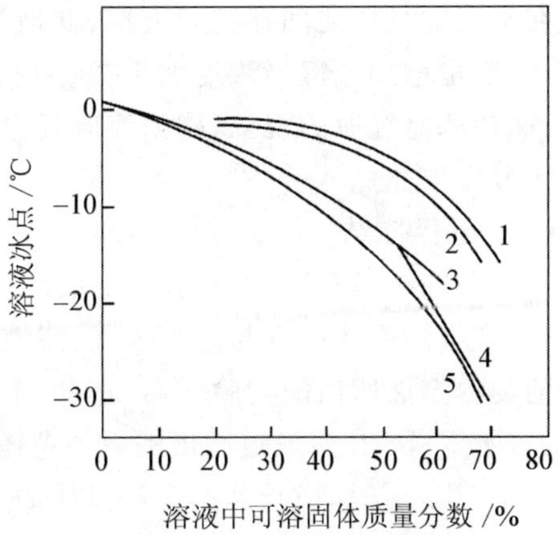

1. 咖啡　2. 蔗糖　3. 苹果汁
4. 葡萄糖　5. 果糖
图 11-10　若干食品的冻结曲线

【例 11-7】 已知浓度为 11% 的苹果汁冷却至 −7.5℃，在平衡条件下，得到的浓缩液浓度为

40%，试求水成为冰晶而析出的量。

解： $(G+S)\times 11\% = S\times 40\%$ $\qquad \dfrac{S}{G}=\dfrac{11}{29}$

列等式为：$\dfrac{G+S\cdot(100-40)\%}{G}=1+\dfrac{S}{G}\times 60\%$

冰晶析出的量：$\dfrac{G}{G+S\cdot 60\%}=0.8146=81.5\%$

也可利用图 11-10 进行冷冻浓缩计算，会有 81.5%的水成为冰晶而析出。

11.2.2 冷冻浓缩中的结晶过程

冷冻浓缩的结晶指的是溶剂结晶，晶体和结晶热必须除去，才能使冷冻浓缩过程继续进行，故可利用一些管式、板式、搅拌夹套式的热交换器和真空结晶器、内冷转鼓式结晶器、带式冷却结晶器等各种设备。

冷冻浓缩时，冰晶要有适当的粒度，因为冰晶粒度与结晶成本有关，也与分离有关。结晶成本随晶体粒度的增大而增加。分离是随晶体粒度愈大愈易分离，而粒度小时，溶质损失增加，故分离费用和溶质损失是随晶体粒度的减小而增加。因此，在生产时，应该确定一个最佳晶体粒度，使结晶和分离成本降低，且使溶质损失减少。这个尺寸取决于结晶的形式和条件、分离器型式及浓缩液价值等因素。

一般冷冻过程的结晶有两种形式：一种是层状冻结；另一种是悬浮冻结。

1. 层状冻结

层状冻结也称规则冻结，是一种单向冻结，在管式、板式以及转鼓式、带式设备中进行。晶层依次沉积在先前由同一溶液形成的晶层之上。一般为针状或棒状。层状冻结的特点是：①随着冷冻浓缩的进行，溶液浓度逐渐增加，晶尖处溶液的过冷度逐渐降低，冻结速率或晶尖生长速度也随之降低，晶体直径逐渐增大。②在溶液浓度不变的情况下，晶体平均直径与水分的分子扩散系数及溶液的黏度有关，水分扩散系数越小，黏度愈大，则平均直径愈小。③在平行的晶体之间存在着液层，此液层厚度与浓度有关。当溶液浓度低于 20%时，浓度增加，厚度也增加。但当浓度大于 20%时，则厚度将保持不变。④水分冻结时，具有排斥溶质析出，保持冰晶纯净的现象，称为溶质脱除作用。这种脱除作用只有在极低的浓度下(例如 1%)才明显发生。

2. 悬浮冻结

这种冻结是在受搅拌的冰晶悬浮液中进行的。悬浮冻结如果是在连续操作的结晶器内进行，则产生的晶体粒度与溶液浓度、溶液主体过冷度、晶体在结晶器内的停留时间等因素有关。以葡萄糖溶液所做的实验证明：a. 提高溶液中溶质的浓度，冰晶的成长速率将降低。如图 11-11(a)所示；b. 在溶液过冷度的低值范围内，成长速率与溶液主体过冷度成正比；c. 当晶体尺寸大于 50 μm 时，成长速率不随晶体的大小而变；d. 对于连续搅拌结晶槽生产的晶体，当溶液的主体过冷度和溶质浓度不变时，则平均晶体粒度与晶体在结晶器内的停留时间成正比；e. 在连续搅拌结晶槽内，保持一定的结晶生产能力但晶体颗粒含量不同的情况下，晶体平均直径与晶体在器内的平均停留时间的关系是不同的。因此这种关系与加料的冷却方法有密切的联系，如图 11-11(b)所示。

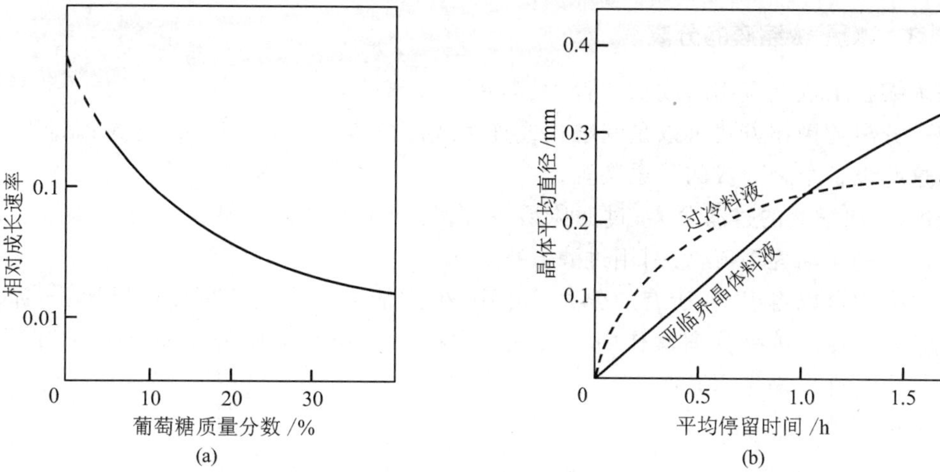

图 11-11　葡萄糖溶液冻结时冰晶的成长

在悬浮冻结过程中晶核形成速率与溶质浓度成正比，并与溶液主体过冷度的平方成正比。由于结晶热一般不可能均匀地从整个悬浮液中除去，所以总存在着局部的点其过冷度大于溶液主体的过冷度。从而在这些局部冷点处，晶核形成就比溶液主体快得多，而晶体成长就要慢一些。因此，提高搅拌速度，使温度均匀化，减少这种冷点的数目，对控制晶核形成过多是有利的。

如同溶质结晶操作一节中所述及的一样，在冰晶晶核形成的情况下，也不是所有冷点所形成的晶核都能保存下来，严格地讲，在一定浓度的溶液中与晶体成平衡的温度（称为平衡温度）与晶体的大小有关，只有当晶体直径相当大时才等于溶液的冰点，小晶体的平衡温度比大晶体低，所以与小晶体成平衡的溶液，过冷度要大些。在一定的溶液过冷度下，与溶液成平衡的晶体直径称为临界直径。对于各向同性的球形晶体，其平衡温度的降低与晶体直径的关系如图 11-12 所示。

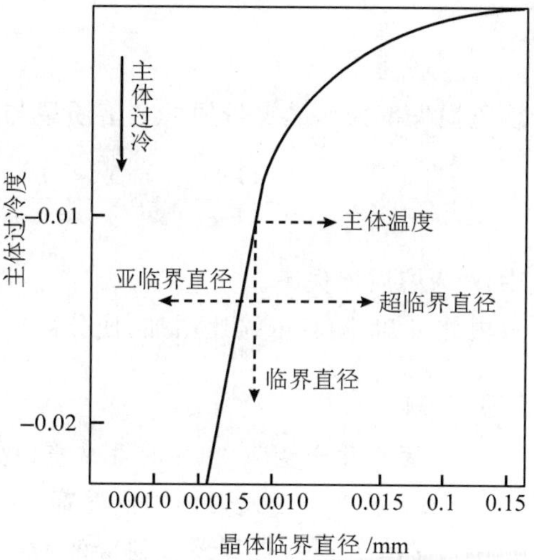

图 11-12　溶液主体过冷度与晶体临界直径的关系

由此可见，在悬浮冻结操作中，如将小晶体悬浮液与大晶体悬浮液混合在一起，混合后的溶液主体温度将介于大、小晶体的平衡温度之间。由于此主体温度高于小晶体的平衡温度，小晶体就溶解；相反大晶体就会长大。而且小晶体（亚临界晶体）的溶解速度和大晶体（超临界晶体）的成长速度都随着晶体本身的尺寸差值的增加而增加。因此，若冷点处所产生的小晶核立即从该处移出并与含大晶核的溶液主体均匀混合，则所有小晶核将溶解。这种以消耗小晶核为代价而使大晶体成长的作用，常为工业悬浮冻结操作所采用。

11.2.3 冰晶-浓缩液的分离

冷冻浓缩在工业上应用的成功与否,关键在于分离的效果。分离的原理主要是悬浮液过滤的原理。分离的操作方式可以是间歇式或连续式。分离设备有压滤机、过滤式离心机、洗涤塔以及由这些设备组合而成的分离装置。

对于冰晶-浓缩液的过滤分离,过滤床层为冰晶床(简称冰床),滤液即为浓缩液。通常浓缩液透过冰床的流动为层流,可引用过滤方程。

由过滤方程可以看出,在所有的分离操作中,生产能力与溶液的黏度成反比,与冰晶粒度的平方成正比。冷冻浓缩分离操作中应关注的另一个方面是溶质为冰晶所携带而引起的损失。这种损失与许多操作因素有关。

由物料衡算得:

$$F = S + G \tag{11-40}$$

$$Fx_0 = Sx_2 + G\beta x_2 \tag{11-41}$$

式中:F 为进料量,kg/h;x_0为进料质量分数;S 为浓缩液量,kg/h;x_2为浓缩液质量分数;G 为冰晶量,kg/h;β 为单位质量冰量所夹带的浓缩液量。

由于夹带损失的溶质量与制品中溶质量相比甚小,则:

$$Fx_0 \approx Sx_2$$

即

$$\frac{S}{F} = \frac{x_0}{x_2} \tag{11-42}$$

若溶质损失率为冰晶夹带损失之溶质量与原料液中原有溶质量之比,则:

$$r = \frac{G\beta x_2}{Fx_0} = \beta\frac{x_2}{x_0}\cdot\frac{F-S}{F} = \beta\left(1-\frac{S}{F}\right)\frac{x_2}{x_0} \approx \beta\left(\frac{x_2}{x_0}-1\right) \tag{11-43}$$

式中:r 为溶质损失率。

由此可知,随着浓缩比增加,使分离完全增加了困难。

习 题

1. 求固形物含量为 30%的番茄酱,忽略静压引起的沸点升高,分别在标准大气压和真空度为 95 kPa 状态下蒸发时的沸点升高。若蒸发器加热管长度为 4 m,则沸点升高又为多少?番茄酱的沸点升高数据可参考糖溶液,番茄酱的密度近似取为 1 000 kg/m^3。

2. 在单效真空蒸发器内,每小时将 1 500 kg 牛奶从质量分数 15%浓缩到 50%。已知进料的平均比热容为 3.90 kJ/(kg·K),温度为 80℃,加热蒸汽表压 0.1 MPa,出料温度为 60℃,蒸发器传热系数为 1 160 W/(m^2·K),热损失为 5%。试求:

(1)蒸发水量和成品量。

(2)加热蒸汽消耗量。

(3)蒸发器传热面积。

3. 核桃浆以 65 kg/h 的流量进入连续真空蒸发器进行浓缩。进料温度为 16℃,固形物含量为 10.9%。产品排出温度为 40℃,固形物含量为 40%。二次蒸汽在间壁式冷凝器中冷凝,离开冷凝器的二次蒸汽冷凝水温度为 38℃。进冷凝器的冷却水温度为 21℃，离开时为 29.5℃，热量损失忽略不计。试求：

(1)生产产品和二次蒸汽冷凝水的流量。

(2)采用 121℃蒸汽供热时的蒸汽消耗量。

(3)进冷凝器的冷却水流量。核桃浆进料比热容可取为 3.9 kJ/(kg·K)，冷却水比热容取为 4.187 kJ /(kg·K)。

4. 用真空蒸发器浓缩含大量蛋白质的食品溶液。当加热管表面洁净时传热系数为 1 400 W/(m^2·K)。当操作一段时间后，形成了厚 0.5 mm 的垢层，问蒸发器的生产能力将发生什么变化？污垢的热导率可取为 0.2 W/(m·K)。

5. 在标准大气压下，对某糖类真空蒸发器的传热系数进行实际测定。蒸发器内料液质量分数为 50%，密度为 1 220 kg/ m^3。加热蒸汽的绝对压强为 0.2 MPa，分离室内真空度为 80 kPa。蒸发器内液层高度为 2.8 m。沸点进料，经 3 h 试验后得蒸发的水分量为 2.7×10^4 kg。已知蒸发器传热面积为 100 m^2，假定热损失为总传热量的 2%。试求传热系数。

6. 在双效顺流蒸发器中浓缩脱脂牛奶。进料质量分数为 10%，温度为 55℃。第一效中牛奶沸点温度为 77℃，第二效蒸发器进料量为 100 kg/h，第二效中牛奶沸点温度为 68.5℃。末效排出浓奶的质量分数为 30%。假定固形物的比热容为 2 kJ/(kg·K)，忽略沸点升高。试估算离开第一效牛奶的质量分数。

7. 在双效顺流蒸发器内蒸发 1 t/h，质量分数为 10% 的某溶液。溶液在第一效的出口浓度为 15%，第二效出口的最终浓度为 30%。第一效内的沸点为 108℃，第二效内为 75℃。第二效二次蒸汽的绝对压强为 30 kPa。已知 15%溶液的比热容为 3.56 kJ/(kg·K)。试求：

(1)料液在第二效中自蒸发的水量。

(2)此水分量占总水分蒸发量的百分比。

8. 在标准大气压下，将 850 kg/h 原料液在沸点状态下，进入传热面积为 10 m^2 的小型蒸发器内。蒸发室的真空度为 80 kPa，料液从 15%连续浓缩到 35%。溶液的各种温度差损失为 18℃，蒸发器的总传热系数为 1 000 W/(m^2·K)，忽略溶液的稀释热效应，热损失可以忽略。试求加热蒸汽压强。

思考题

1. 并流加料的多效蒸发装置中，一般各效的总传热系数逐渐减小，而蒸发量却逐渐略有增加，试分析原因。

2. 溶液的哪些性质对确定多效蒸发的效数有影响？并简略分析。

第12章

食品干燥

本章学习目的与要求

学习本章内容，学生能够完成食品干燥加工中最佳工艺参数的优化工作，如热风干燥，应该使空气温度、湿度、流速、流向与食品材料的组织结构、水分含量、大小与形状以及品质要求等达到最佳状态。要求学生掌握湿空气的性质和食品中水分的性质，并能熟练运用湿空气焓湿图解决实际问题；掌握影响干燥过程中湿热传递的因素；能够测绘干燥过程曲线。

食品干燥是食品贮藏加工中的主要技术之一，通过干燥技术将食品中的大部分水分除去，达到降低水分活度，抑制微生物的生长与繁殖，延长食品贮藏期的目的。

食品的干燥方法较多，一般按加热方式可分为四大类：导热干燥、辐射干燥、介电加热干燥和对流干燥。（二维码 12-1 至二维码 12-4）

二维码 12-1　导热干燥原理介绍

二维码 12-2　辐射干燥原理介绍

二维码 12-3　介电加热干燥原理介绍

二维码 12-4　对流干燥原理介绍

根据加热方式和干燥原理，本章重点介绍对流干燥原理。

12.1　湿空气的热力学性质

湿空气是干空气和水蒸气的混合物，在食品干燥中，湿空气起着传热与传质的作用，即湿空气将加热器提供的热量传输给食品，食品受热后蒸发出来的水分再由湿空气携带出去。湿空气的这种传热与传质作用可用其状态变化量衡量。又由于湿空气在未达到饱和时可视为理想气体，因此，可借用理想气体状态方程分析其热力学性质。

12.1.1　绝对湿度和相对湿度

绝对湿度为单位体积湿空气中水蒸气的含量，其值等于在水蒸气分压 p_v 下水蒸气的密度 ρ_v。对于不饱和湿空气，水蒸气的状态为过热状态，由理想气体方程得

$$\rho_v = \frac{p_v}{R_v T} \quad (\mathrm{kg/m^3}) \tag{12-1}$$

式中：R_v 为水蒸气的气体常数，其值为气体常数与水蒸气的相对分子质量之比，即 $R_v = \frac{R}{M_v} = \frac{8\,314.3}{18.016} = 461.5\ \mathrm{J/(kg \cdot K)}$，如果空气中水蒸气达到饱和，其饱和绝对湿度为：

$$\rho_s = \frac{p_s}{R_v T} \tag{12-2}$$

式中：p_s 为水蒸气饱和蒸汽压。在饱和状态下，空间内水蒸气分子的数目已达到了极限，再增加就会使分子被挤压而液化，所以这时候的湿空气已不具备继续吸收水分的能力。为了表征湿空气的吸湿能力，常引进“湿度比”的概念，即

$$\varphi = \frac{\rho_v}{\rho_s} = \frac{p_v}{p_s} \tag{12-3}$$

习惯上叫作相对湿度。实际上，ρ_s 和 p_s 是湿空气在相同温度下 ρ_v 和 p_v 的最大值。

12.1.2 湿含量

湿含量是对单位质量干空气而言所含水蒸气的质量。其值等于水蒸气的密度 ρ_v 与干空气的密度 ρ_a 之比。设干空气的分压力为 p_a，干空气的气体常数为 R_a，则

$$d = \frac{\rho_v}{\rho_a} = \frac{p_v/R_v T}{p_a/R_a T} = \frac{R_a}{R_v}\frac{p_v}{p_a}$$

由空气平均相对分子质量 $M_a \approx 29$，得 $R_a = 287$ J/(kg·K)。且湿空气的总压力 $P = p_a + p_v$，$p_v = \varphi p_s$，得：

$$d = 0.622 \times \frac{p_v}{P - p_v} = 0.622 \times \frac{\varphi p_s}{P - \varphi p_s} \quad (\text{kg 水蒸气 /kg 干空气}) \tag{12-4}$$

二维码 12-5 相对湿度例题

12.1.3 湿空气的比热容和比体积

湿空气的比热容是以单位质量干空气为计算基础，即含 1 kg 干空气的湿空气温度升高 1 K 所需吸收的热量，它应等于 1 kg 干空气升温所需的热量和 d kg 水蒸气升温所需热量之和。设 c_H、c_a、c_v 分别表示湿空气、干空气和水蒸气的比热容，则有

$$c_H = c_a + c_v d \quad [\text{J/(kg 干空气·K)}] \tag{12-5}$$

因为干空气和水蒸气在温度 0～120℃范围内的平均定压比热容分别约为 1.0 和 1.93 kJ/(kg·K)，故有

$$c_{p,H} = 1.0 + 1.93d \quad [\text{kJ/(kg 干空气·K)}] \tag{12-6}$$

湿空气的比体积 v_H 是指含有单位质量干空气的湿空气所占有的体积(m^3/kg 干空气)，即

$$v_H = \frac{V}{m_a}$$

$$\frac{V}{m_a} = \frac{R_a T}{p_a} = \frac{R_a T}{P - p_v} \tag{12-7}$$

而湿含量 $d = 0.622 \times \dfrac{p_v}{P - p_v}$，将 p_v 代入上式，得：

$$v_H = \frac{R_a T}{P}(1 + 1.608d) \quad (\text{m}^3/\text{kg 干空气}) \tag{12-8}$$

湿空气的比体积在选择风机型号时非常重要，因为在湿空气能量平衡计算时往往是以含单位质量干空气的湿空气为基准，但风机铭牌上给出的往往是单位时间的体积流量，因此，在

确定风机大小时需将质量流量转换成体积流量。

12.1.4 湿空气的热含量

湿空气的热含量或焓 h 是指含单位质量干空气的湿空气的焓。具体应用时，以 0℃时干空气和液态水的焓值为零作为计算起点。设湿空气的温度为 T℃，湿含量为 d kg 水蒸气/kg 干空气，干空气的比热容 $c_{p,a}=1.00$ kJ/(kg・K)，水蒸气的比热容 $c_{p,v}=1.93$ kJ/(kg・K)，0℃时水的汽化潜热 $r_{p,v}=2\ 500$ kJ/kg，则

$$h=c_{p,a}T+d(r_v+c_{p,v}T)$$
$$=1.00T+d(2\ 500+1.93T)\quad(\text{kJ/kg 干空气})$$

或
$$h=(1.0+1.93d)T+2\ 500d\quad(\text{kJ/kg 干空气})\tag{12-9}$$

由上式可见，湿空气的热含量随温度及湿含量而变。式中前一项可视为湿空气的显热，后一项则为潜热。

12.1.5 干球温度和湿球温度

在湿空气中，用一般温度计所测得的温度称为该空气的干球温度 T，即该空气的真实温度，这是湿空气的一项基本状态参数。

若将温度计的感温部分包以湿纱布，置于一定温度和湿度的湿空气中，经一段时间达到稳定后，温度计所反映的温度就不再是湿空气的真实温度，而是另一低于干球温度的温度，称为湿空气的湿球温度 T_M。

湿球温度形成的原理如图 12-1 所示，湿纱布所含的水分对主体湿空气而言是少量的，实际上，凡少量的水与大量的空气相接触都会使水温变化而达到稳定的空气湿球温度。假设开始时水温和空气温度相等，由于液态水表面始终存在着一层被水蒸气所饱和的空气层，此层的湿含量必大于外围不饱和湿空气的湿含量，水分即不断汽化并向空气中传递，同时水分汽化需吸收热量，又势必使水温降低，水温一旦降低，就会出现空气与水滴之间的温度差，从而空气中热量又会传到水中。随着过程的进行，从空气到水滴的传热推动力愈来愈大，而从水滴到空气的水分传递的推动力却愈来愈小。最后，由空气传到水滴的热量恰好等于水滴汽化所需之热时，两者达到动平衡，水温即维持不变。此温度即为湿空气的湿球温度。

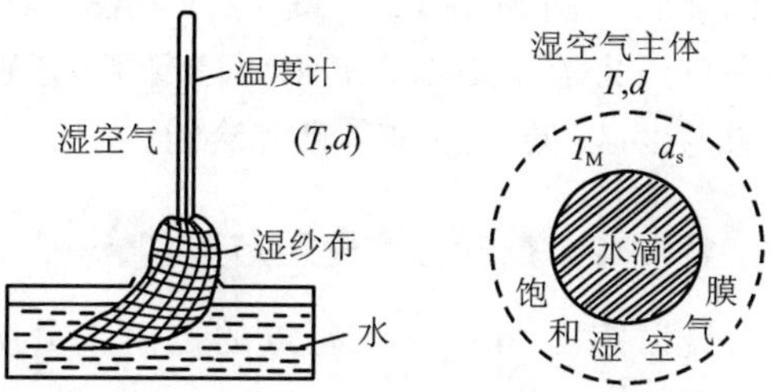

图 12-1 湿球温度形成原理

湿球温度的高低不仅与空气的干球温度 T 有关，还与空气的湿含量 d 有关，所以它是湿空气的一项状态函数。设上述湿、热交换达到动平衡时，液滴及其表面的温度为 T_M，则：

$$Q=\alpha\cdot A(T-T_M)=k_dA(d_s-d)r_v$$

或
$$\alpha(T-T_M)=k_dr_v(d_s-d)\tag{12-10}$$

式中：d_s 为液滴表面空气层的饱和湿含量；k_d 为汽化系数；r_v 为水的汽化潜热；α 为对流换热系数，kJ/(m^2・C)；A 为面积，m^2。

由式(12-10)可得湿球温度的函数式：

$$T_M = T - \frac{k_d r_v}{\alpha}(d_s - d) \quad (℃) \tag{12-11}$$

12.1.6 露点温度

湿空气的露点温度 T_d 是不饱和空气在其总压和湿度保持不变的情况下，而被冷却降温达到饱和状态时的温度。若湿空气的温度降低到露点以下，则所含超过饱和部分的水蒸气将以液态水的形式凝结出来。

12.2 湿空气的焓湿图及使用方法

12.2.1 湿空气的焓湿图(*h-d* 图)

上述所得的许多关系式给出了湿空气各项状态参数之间的相互关系。若将这些关系式直接用于食品干燥计算中，往往很繁杂。为了简化计算过程，人们绘制成湿空气的状态图，常称为焓湿图。图中表示的湿空气性质参数有：干球温度 T、湿球温度 T_M、焓 h、湿含量 d、相对湿度 φ、比体积 v 及露点温度 T_d 等。各参数的等值曲线走向如图 12-2 所示，其标准曲线图为图 12-3、图 12-4 和图 12-5。这些图是在总压力等于 101.325 kPa 情况下，分别为适用于普通温度区、低温区和高温区绘制。

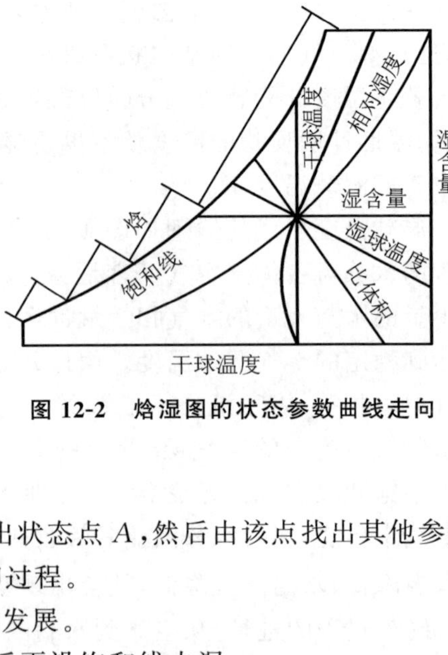

图 12-2 焓湿图的状态参数曲线走向

12.2.2 焓湿图的使用方法

现以图 12-6 中某状态点的走向来分析焓湿图的使用方法。

图中(a)表示当已知任何两个参数时，可在图上找出状态点 A，然后由该点找出其他参数。

图中(b)表示状态点 1 在等湿条件下的加热或冷却过程。

图中(c)表示湿空气由状态点 1 向增温又增湿方向发展。

图中(d)表示由状态点 1 先等湿降温，直到饱和线后再沿饱和线去湿。

图中(*e*)表示两种湿空气 1 及 2 相混合的过程，当两种状态的湿空气 1 和 2 混合时，其混合后的状态点 3 必在 1-2 的连线上。根据质量守恒原理，混合后状态点位置必靠近其中气体质量较大的一方。如 1、2 点的气体质量分别为 m_1 及 m_2，若 $m_1 > m_2$，则点 3 距点 1 近，且满足下式

$$\frac{m_1}{m_2} = \frac{L_{(3-2)}}{L_{(1-3)}} \tag{12-12}$$

即根据已知两状态点的质量 m_1 及 m_2，可从图上按反比例关系确定混合气体状态点 3 距点 1 的距离 $L_{(1-3)}$ 及点 2 距点 3 的距离 $L_{(3-2)}$。

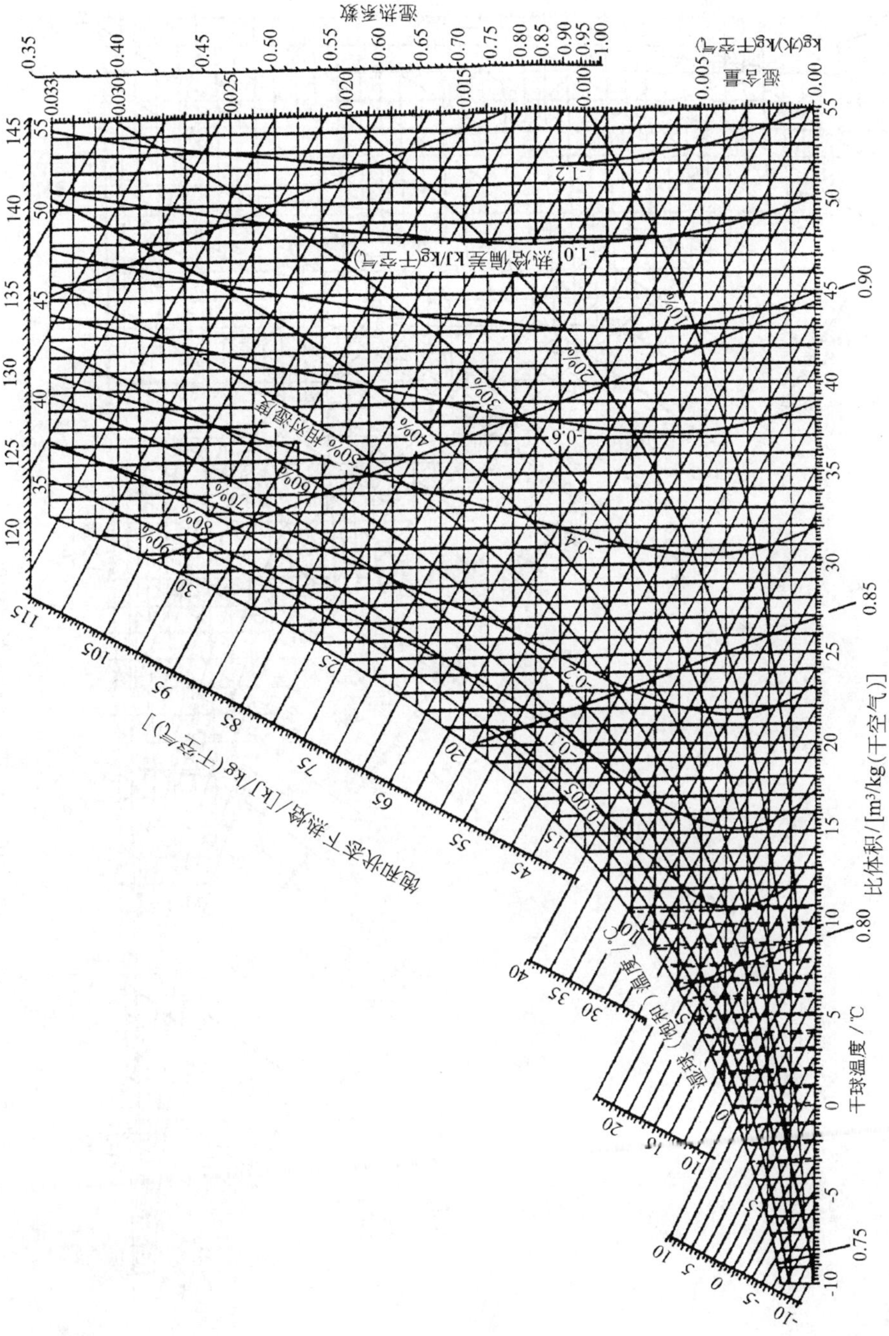

图12-3　用于普通温度区的焓湿图

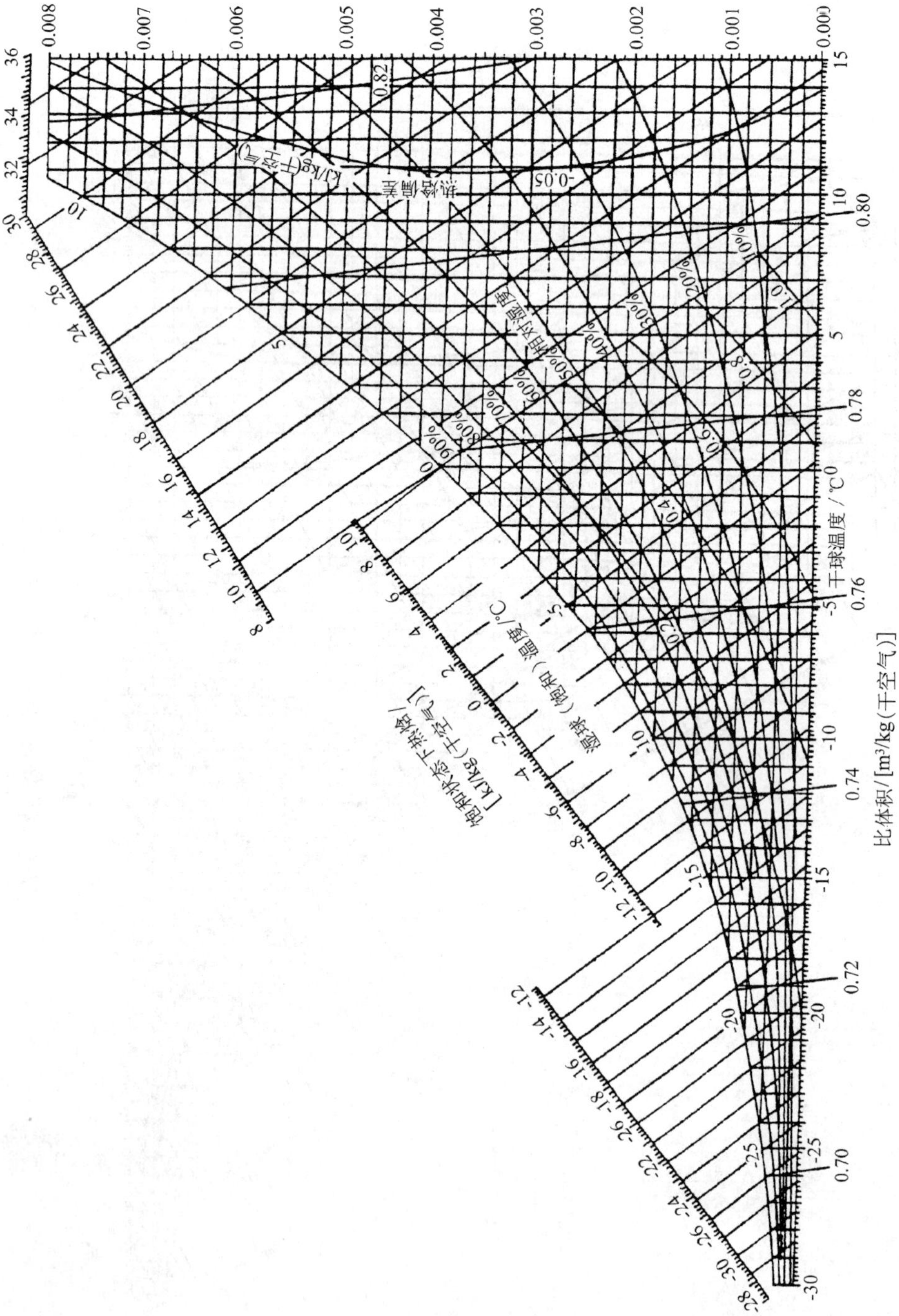

图12-4 用于低温区的焓湿图

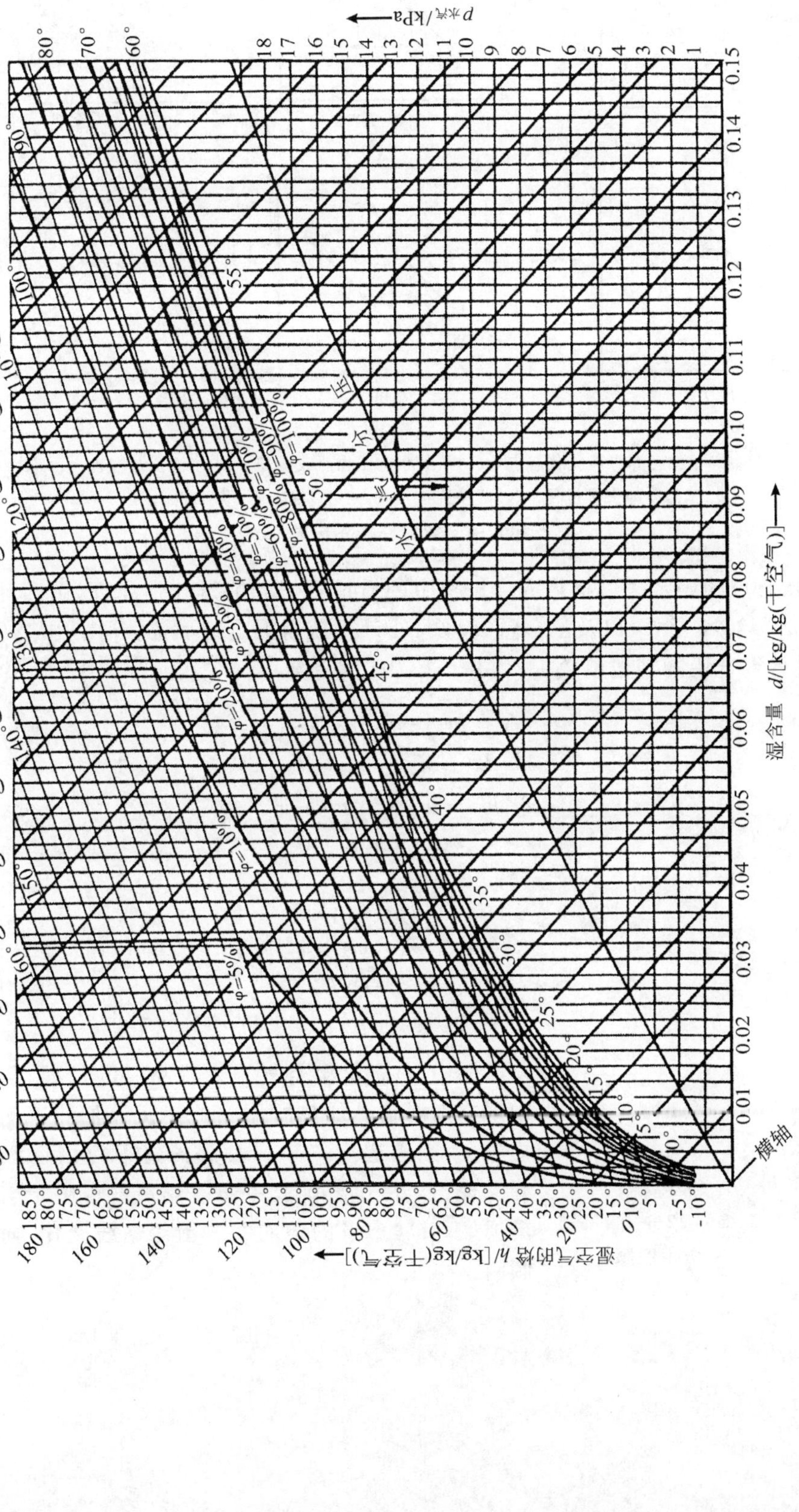

图12-5　用于高温区的焓湿图

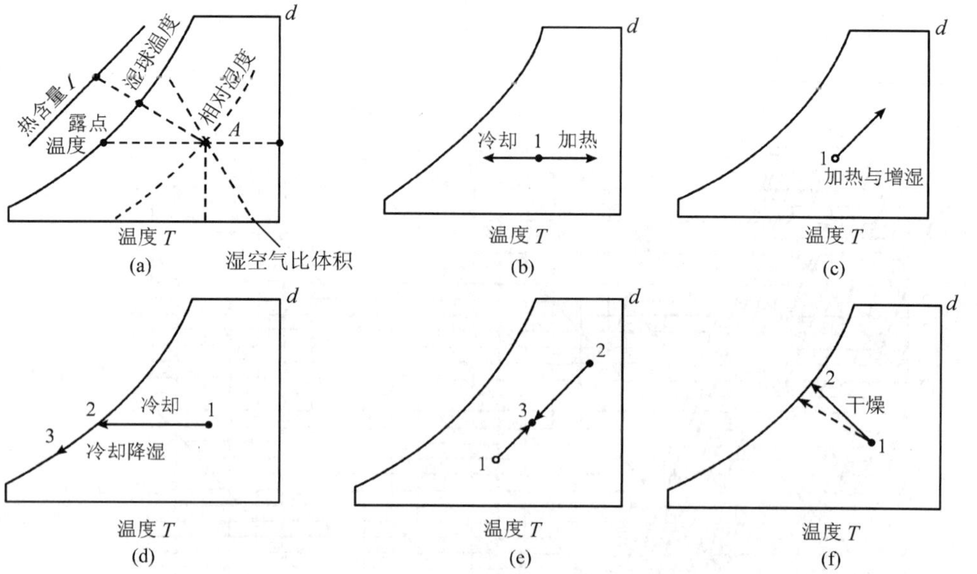

(a)根据已知参数找状态点 (b)从某状态点加热或冷却 (c)增湿加热过程
(d)冷却去湿过程 (e)两种湿空气混合 (f)湿空气干燥食品过程

图 12-6 焓湿图应用分析

混合后状态点的确定也可根据混合过程中的质量守恒和能量守恒原理，由两种湿空气的质量 m_1 及 m_2、焓 h_1 及 h_2 以及湿含量 d_1 及 d_2 计算获得混合后状态点 3 的湿含量 d_3 及焓 h_3，由此可查得混合后的其他参数。

$$m_1 + m_2 = m_3 \tag{12-13}$$

$$m_1 d_1 + m_2 d_2 = m_3 d_3 \tag{12-14}$$

$$m_1 h_1 + m_2 h_2 = m_3 h_3 \tag{12-15}$$

由此得

$$d_3 = \frac{m_1 d_1 + m_2 d_2}{m_1 + m_2} \tag{12-16}$$

$$h_3 = \frac{m_1 h_1 + m_2 h_2}{m_1 + m_2} \tag{12-17}$$

二维码 12-6 含湿图应用例题

图中(f)表示湿空气干燥食品时的过程，若忽略干燥中湿空气对食品加热所用去的热量及加热室侧壁的散热损失量，则用湿空气干燥食品的过程应该近似为等焓过程。理论干燥过程即是一条等焓线。但由于前述各项热量损失，其状态点的走向并非沿等焓线变化，而是稍向下倾斜。

12.3 湿物料的基本性质

12.3.1 湿物料的形态和物理性质

湿物料可按其外观形态的不同而分为下列几种。

①散粒状：如谷物、各种油料种子。

②晶体：经过滤分离后的各种晶体，如葡萄糖、柠檬酸、盐等。

③块状：如马铃薯、胡萝卜、面包等。

④片状：如果蔬、肉类切片、葱蒜头刨片、饼干等。

⑤条状：马铃薯条、刀豆、香肠等。

⑥粉末状：淀粉、奶粉等。

⑦膏糊状：如麦乳精浆体等。

⑧液态：包括各种溶液、悬浮液和乳浊液如牛奶、蛋液、果汁等。

湿物料又可按其物理化学性质的不同粗略分为两大类。

①液体：a. 溶液，如葡萄糖、味精等水溶液及食品的浸出液；b. 胶体溶液，如蛋白质溶液、果胶溶液等。

②固体：a. 结晶质的固体，如糖和食盐等；b. 胶质分散系，如明胶、淀粉质物料等。

其中，后一大类是多见的。胶质固体又可分三类。弹性胶体是典型的胶质固体，如明胶、面团等。当除去水分后，这种物料将收缩，但保持其弹性。脆性胶体除去水分后要变脆，干燥后可能转化为粉末，如木炭、陶质物料等。第三类是胶质毛细孔物料，如谷物、面包等，其毛细管壁具有弹性，干燥时收缩，干燥后变脆。

12.3.2 湿物料中水分存在形式和表示法

1. 物料中水分存在形式

①机械结合水：这部分水处于食品表面和粗毛管中，与干物质结合较松弛，以液态存在，易于蒸发，干燥主要是去掉这种水。

②物理化学结合水：这部分水是指吸附水、渗透水和结构水，其中吸附水与物料结合比较牢固，食品含水量在 10%～16%时主要是微毛管水和吸附水，干燥时要去掉一部分这种水，只能以气态排除。

③化学结合水：这部分水是经过化学反应按一定比例渗于干物质分子内部，与干物质结合比较牢固，若去掉这部分水必然要引起物理性质和化学性质的变化，这种水不是干燥要排除的。

2. 物料中水分含量表示法

食品水分又称为食品含水率，以百分数或小数表示，水分的表达方法有干基水分和湿基水分两种。

①干基水分。干基水分为食品中含有水的质量与干物质的质量之比：

$$M_d = \frac{m_s}{m_d} \tag{12-18}$$

式中：M_d 为干基水分（小数）；m_s 为食品中水的质量；m_d 为干物质质量。

干基水分的分母是干物质质量，在干燥过程中数量不变，便于工程计算，故工程计算中常以干基水分为准。

②湿基水分。湿基水分 M_w 以湿物料的质量为分母。

$$M_w = \frac{m_s}{m} = \frac{m_s}{m_d + m_s} \tag{12-19}$$

式中：m 为湿物料质量。

市场交易时，一般都采用湿基水分。两者之间的换算关系为

$$M_d = \frac{M_w}{1 - M_w} \tag{12-20}$$

$$M_w = \frac{M_d}{1 + M_d} \tag{12-21}$$

12.3.3 湿物料中水分的活度

湿物料中水分的活度对干燥速率有决定性作用，是湿物料干燥的重要因素。倘若水蒸气为理想气体，水分的活度即为水分的蒸汽压 p 与纯水蒸气压 p_s 之比。而且，蒸汽压不仅与温度有关，同时也与物料中水分的化学势与纯水化学势之差有关。其间有如下关系式

$$\mu - \mu_0 = R_v T \ln \frac{p}{p_s} = R_v T \ln a_w \tag{12-22}$$

式中：μ 为物料中水分的化学势；μ_0 为纯水的化学势；p 为物料中水的蒸汽压；p_s 为同温度下纯水的蒸汽压；R_v 为水蒸气的气体常数；a_w 为物料中水分的活度。对于纯水，活度 $a_w = 1$；对于与物料相结合的水分，$a_w < 1$。

食品中水分的活度直接与食品的保藏性有关，如图 12-7 和图 12-8 所示。食品中水分活度低于某一限度时，微生物就很难繁殖。通常当水分活度大于 0.95 时，微生物繁殖很快，而低于此值时，则明显受到抑制。实用上，一般假定水分活度等于或低于 0.75 时，可认为微生物的繁殖或其他生命活动几乎全部停止。

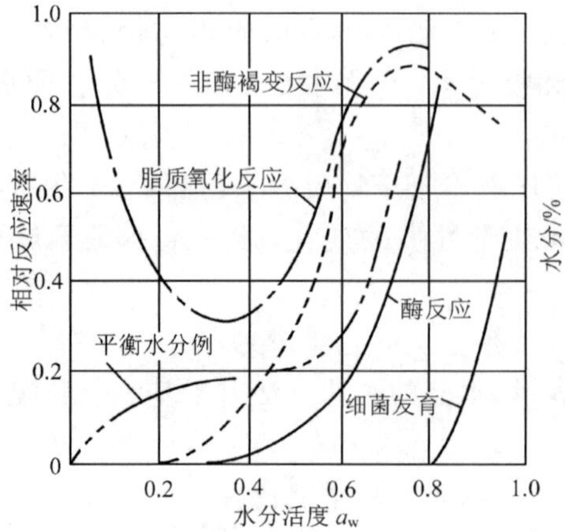

图 12-7 水分活度与食品生化反应速率关系

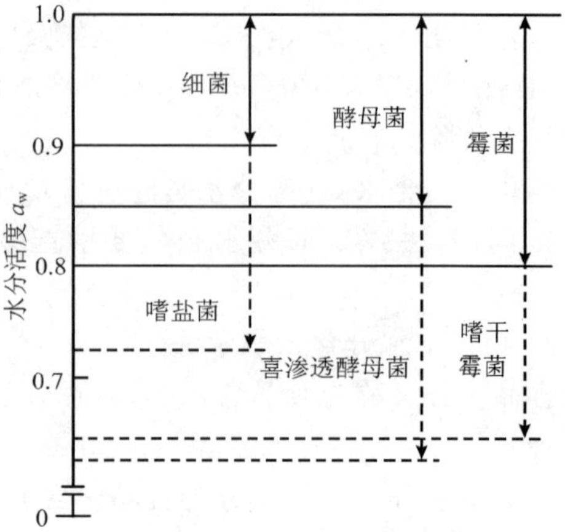

图 12-8 水分活度与微生物生长关系

当湿物料与一定温度和湿度的空气相接触时，湿物料将排除水分或吸收水分。设空气的温度为 T℃，相对湿度为 φ，并假定其状态保持不变。湿物料与此空气充分接触达到平衡后，其温度也应为 T℃，且物料中水分蒸汽压应等于空气中的水蒸气分压。故达到平衡后，物料中水分的活度应等于空气的相对湿度。

由此可知，当物料中水分活度大于空气的相对湿度时，物料将失去水分，水分活度降低。反之，当物料中的水分活度小于空气的相对湿度时，物料将吸收水分，而水分活度提高。所以，与一定状态的空气成平衡时的物料，最终必有一水分含量与之对应，这个水分称为平衡水分 M_e 或平衡湿度。在一定温度下，平衡水分与空气相对湿度的关系曲线称为吸附等温线。图 12-9 表示马铃薯的吸附等温线。图 12-10 表示几种食品的平衡水分。表 12-1 列出若干种食品的平衡水分。

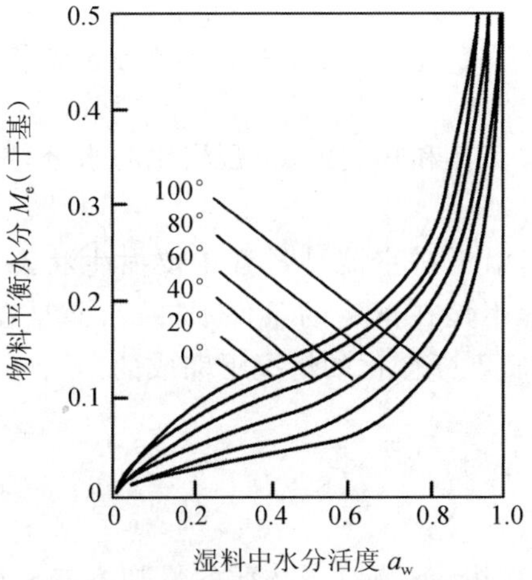

图 12-9　马铃薯在不同温度下的吸附等温线

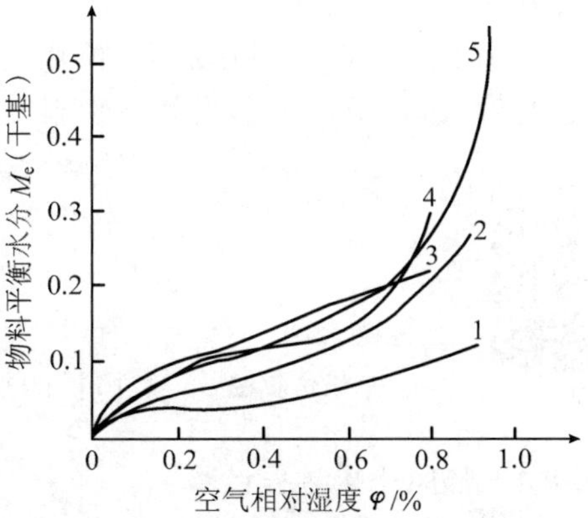

1. 纤维素（20℃）　2. 蛋白朊（25℃）　3. 马铃薯淀粉（25℃）　4. 牛肉（20℃）　5. 马铃薯（20℃）

图 12-10　某些食品的平衡水分曲线

表 12-1　若干食品的平衡水分 M_e（湿基、25℃）

品种	空气相对湿度 φ/%						
	15	30	45	60	75	90	100
面粉	6.7	9.1	10.8	12.7	15.0	19.1	24.5
大米	6.6	9.2	11.3	13.4	15.6	18.8	—
玉米	6.4	8.4	10.5	12.9	14.8	19.1	23.8
大麦	6.0	8.4	10.0	12.1	14.4	19.5	26.8
燕麦	5.7	8.0	9.6	11.8	13.8	18.5	24.1

由此可见，物料的平衡水分不仅随物料的种类而异，而且对同一物料，又因所接触的空气性质的不同而不同。

由于许多种原因，吸附等温线不能用精确的计算方法求得，一般采用实验测定的方法。实际上对大多数物料而言，温度对平衡水分的影响极小，平衡水分主要取决于空气的相对湿度。

在任何干燥情况下，如果干燥湿空气的温度和湿度不变，则相当于此空气状态下的物料平衡水分即为此物料可以干燥的限度。而在干燥操作中所能除去的水分，即是物料中所含大于平衡水分的水分，故称为可除去水分。

12.4 湿物料常压热风干燥过程

热风干燥通常也称为空气干燥，在多数情况下，空气干燥器由两个主要部分组成，即进行预热空气的加热器（间壁式换热器或电热器）和使物料进行干燥的干燥室。在个别情况下，也有将二者合一的，即干燥室内设有加热装置。图 12-11 是由预热器和干燥室组成的连续式干燥系统。如图 12-11 所示，湿物料由进口送入干燥室，借输送机械在干燥室内移动，干物料由出口卸出。新鲜空气由风机送入预热器中，预热至一定温度后，进入干燥室。当其与物料接触后，进行湿交换和热交换，带走汽化的水分，并从出口作为废气排出。

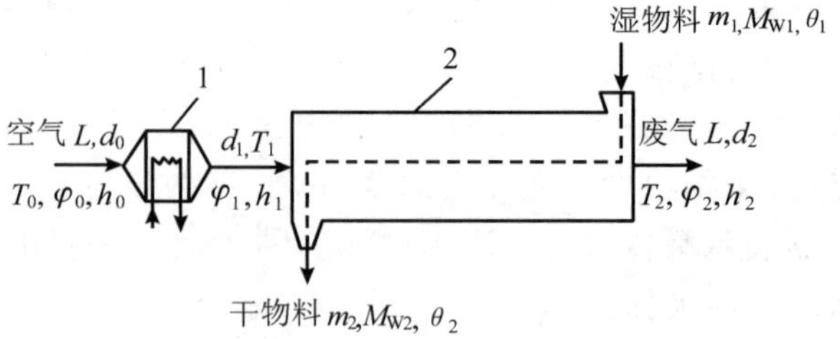

1. 空气预热器 2. 干燥室

图 12-11 空气干燥器流程示意图

二维码 12-7 流化床干燥仿真图

显然，空气沿干燥室流动过程中要发生状态的变化，所以，干燥过程不是在恒定的条件下进行，而是在空气与物料的热力性质不断变化的情况下完成的。

12.4.1 热风干燥过程计算

1. 产品量和汽化水分量

物料在干燥过程中，虽然湿物料的质量在不断减少，但绝对干物质的量却不变。设 m_1 为干燥前每小时处理的湿物料量，m_2 为干燥后每小时的产品量，M_{w1}、M_{w2} 分别为干燥前和干燥后的湿基水分，m_d 为绝对干物质的量，m_s 为每小时汽化水分量，则

$$m_d = m_1(1-M_{w1}) = m_2(1-M_{w2}) \quad (\text{kg/h}) \tag{12-23}$$

由此得干燥产品量为：

$$m_2 = m_1\frac{(1-M_{w1})}{(1-M_{w2})} \quad (\text{kg/h}) \tag{12-24}$$

$$m_s = m_1 - m_2 = m_1\frac{M_{w1}-M_{w2}}{1-M_{w2}} = m_2\frac{M_{w1}-M_{w2}}{1-M_{w1}} \quad (\text{kg/h}) \tag{12-25}$$

由上式可知，只要测出物料的初始水分 M_{w1}，并根据生产要求确定每小时所需的干燥产品量和干燥后的产品水分 M_{w2}，就可计算出每小时投入干燥室的湿物料量和干燥室排出的水分量 m_s。

2. 空气消耗量

干燥中湿物料汽化的水分等于空气中增加的水分。设 L 为通过干燥室的干空气量，d_1，d_2 为进入干燥室和离开干燥室空气的湿含量，则

$$m_d(M_{d1} - M_{d2}) = L(d_2 - d_1) = m_s \quad (\text{kg/h})$$

由此得

$$L=\frac{m_{\mathrm{d}}(M_{\mathrm{d1}}-M_{\mathrm{d2}})}{d_2-d_1}=\frac{m_{\mathrm{s}}}{d_2-d_1}\quad (\mathrm{kg/h}) \tag{12-26}$$

或

$$l=\frac{L}{m_{\mathrm{s}}}=\frac{1}{d_2-d_1}\quad (\mathrm{kg}\text{ 干空气 }/\mathrm{kg}\text{ 水分}) \tag{12-26a}$$

上式中的 l 为汽化 1 kg 水分所消耗的干空气量，称为单位质量空气消耗量。

3. 热耗量

主要是求空气在预热器内获得的热量，为配置干燥系统中的加热器提供参考。参照图 12-11，设 Q_0 为预热器供给的热量，kJ/h；Lh_0 为空气带入的热量，kJ/h；Lh_2 为废气带出的热量，kJ/h；$\sum Q_{\mathrm{L}}$ 为因物料、运输机械的出入和干燥室的散热所造成的热损失，kJ/h。上式输入热量各项的总和应等于输出热量的总和，即：

$$Q_0+Lh_0=Lh_2+\sum Q_{\mathrm{L}}$$

或

$$Q_0=L(h_2-h_0)+\sum Q_{\mathrm{L}}\quad (\mathrm{kJ/h}) \tag{12-27}$$

若以汽化 1 kg 水分所需要的热量计算，则：

$$q_0=\frac{Q_0}{m_{\mathrm{s}}}=l(h_2-h_0)+\sum q_{\mathrm{L}}\quad (\mathrm{kJ/kg}\text{ 水分}) \tag{12-28}$$

又因　$q_0=l(h_1-h_0)$

所以　$l(h_1-h_0)=l(h_2-h_0)+\sum q_{\mathrm{L}}$

或　$l(h_1-h_2)=\sum q_{\mathrm{L}}$　(12-29)

式(12-29)表明，空气在干燥室内状态变化过程取决于各项热量损失之和 $\sum q_{\mathrm{L}}$。只有当 $\sum q_{\mathrm{L}}=0$ 时，过程才沿等焓线进行，即 $h_1=h_2$。如果物料、输送设备等进出为带入热量，或物料进出虽然为带入热量但小于散热损失，则 $\sum q_{\mathrm{L}}>0$，因而过程线在等焓线下面。

12.4.2 干燥器的热效率、干燥效率和蒸发效率

干燥器的热量计算，不仅要确定干燥过程所需要的热量(热耗量)，而且还必须分析总热量的分配情况，即有效热量和热损失所占的比例，以便提高热能的利用率。

干燥器的热效率 η_{h} 是指空气在干燥室内放出的显热量与空气在预热器中获得的热量之比。由于干燥过程中湿空气的比热容近似不变，故可按下式进行近似计算。

$$\eta_{\mathrm{h}}=\frac{T_1-T_2}{T_1-T_0}\times 100\% \tag{12-30}$$

关于干燥器的干燥效率 η_{D} 定义，目前尚无统一说法。多数人认为干燥效率是指用于蒸发水分所需的热量与干燥室内空气放出的显热量之比，即：

$$\eta_{\mathrm{D}}=\frac{m_{\mathrm{s}}r_{\mathrm{v}}}{Lc_{p,\mathrm{H}}(T_1-T_2)}$$

$$=\frac{m_s r_v}{L(1.00+1.93d)(T_1-T_2)}\times 100\% \tag{12-31}$$

式中：$c_{p,H}$ 为湿空气的比热容；r_v 为水的汽化潜热；m_s 为水分汽化量；T_0、T_1、T_2 分别是新鲜空气温度和进、出干燥室温度。

干燥器的蒸发效率 η_e 是指干燥室内的实际蒸发能力与排气完全被水蒸气饱和的理想蒸发能力之比。可近似为

$$\eta_e=\frac{T_1-T_2}{T_1-T_s}\times 100\% \tag{12-32}$$

式中：T_s 为进入干燥室的湿空气的绝热饱和温度。

干燥器的热效率和干燥效率反映了在干燥操作中热能的利用程度。效率愈高，表示热量利用的程度愈好。当外界空气温度一定时，提高干燥室进口温度 T_1，降低排风温度 T_2，以及增加湿度，则能节约空气消耗量和提高热效率，同时也可减少输送空气的动力消耗。但温度提高必须考虑到食品物料的耐热性。例如，干燥奶粉时，奶粉中酪蛋白对热极为敏感，进风温度过高，易发生焦粉，排风温度过低，干燥室内又易发生潮粉。因此，在考虑通过提高进风温度，降低排风温度来提高热效率时，必须考虑牛奶这一特性。一般对全脂奶粉，进风温度宜控制在 150～160℃，排风温度宜控制在 70～80℃。

此外，废气循环也可提高干燥器的热效率。

12.4.3 应用举例

【例 12-1】 空气的温度为 30℃，露点温度为 12℃，问：(1)当冷却到 16℃时，相对湿度为多少？(2)有 600 m^3 的空气，当温度从 30℃冷却到 2℃时，能失去多少千克水？

【例 12-2】 温度为 16℃，相对湿度为 65%的空气被加热到 38℃，通过食品料层后排出的废气相对湿度为 90%，求：(1)每千克空气需要多少热量？(2)每千克空气去掉多少食品中的水分？

【例 12-3】 要在 10 h 内将 42 000 kg 含水率为 24%的物料干燥至 15.5%，如果干燥空气从温度为 5℃，相对湿度为 60%的环境状态下加热至 43℃，试确定风机的风量(m^3/h)。假定从该物料中排出的废气相对湿度为 98%，问需要多大的加热器(kJ/h)？

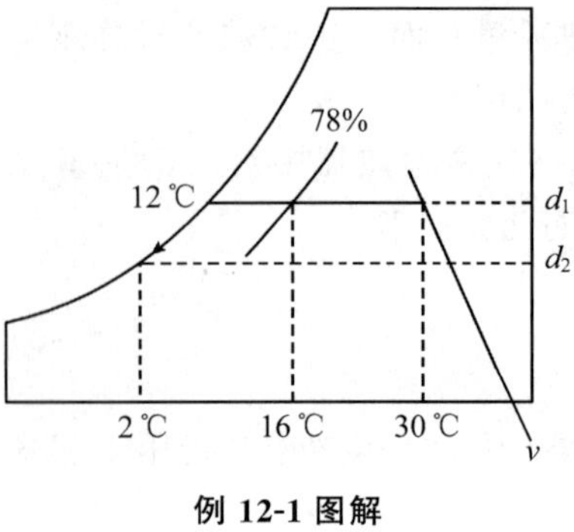

例 12-1 图解

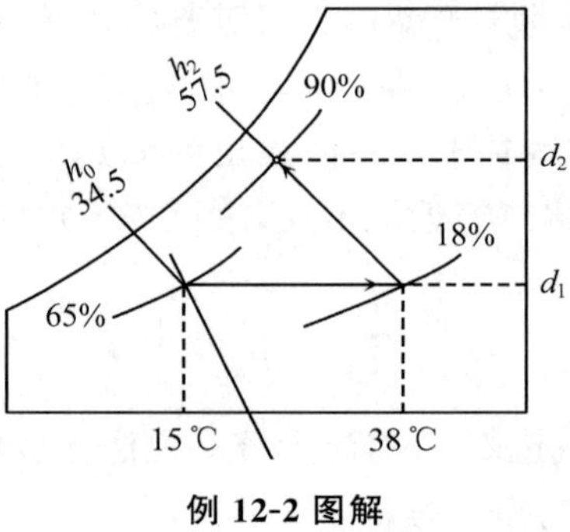

例 12-2 图解

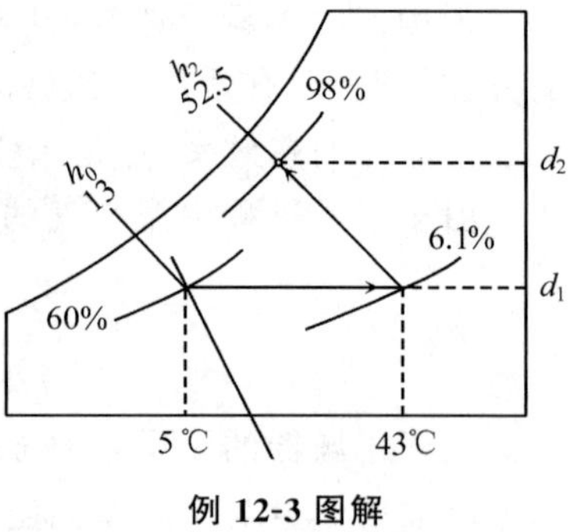

例 12-3 图解

【例 12-4】　某糖厂的回转干燥器的生产能力为 4 030 kg/h，湿糖水分 1.27%，于 31℃下进入干燥器。离开干燥器时水分为 0.18%，温度为 36℃，环境空气温度为 20℃，湿球温度 17℃，空气经预热至 97℃后进入干燥器。自干燥器排出的废气温度 40℃，其湿球温度为 32℃，已知产品的比热容为 1.26 kJ/(kg·K)，试求：(1)干燥器的散热损失；(2)干燥器的热效率和干燥效率。

二维码 12-8　应用举例答案

12.5　对流干燥理论

12.5.1　物料干燥机理

1. 物料干燥过程的推动力和阻力

当湿物料受热进行干燥时，虽然开始时水分均匀分布于物料中，但由于物料水分汽化是在表面进行，故逐渐形成从物料内部到表面的水分梯度。从而物料内部的水分就以此梯度为推动力，逐渐向表面转移。设物料从内部到表面的水分梯度为 $\mathrm{d}M_w/\mathrm{d}x$，则这种单纯由于水分梯度而引起的内部水分扩散速率 $\mathrm{d}m_w/\mathrm{d}t$ 可表示为：

$$\frac{\mathrm{d}m_w}{\mathrm{d}t}=-k_w A\frac{\mathrm{d}M_w}{\mathrm{d}x} \tag{12-33}$$

式中：A 为干燥物料的表面积；k_w 为物料内部水分扩散系数。

但是，物料内部水分的扩散推动力不只是水分梯度，温度梯度也可以使物料内部水分发生迁移，称为热湿导。水分分布均匀的物料，由于温度分布不均，水分将从温度高处向温度低处转移。所以热湿导的方向是由高温向低温进行。设物料内部到表面的温度梯度为 $\mathrm{d}T/\mathrm{d}x$，则物料内部热湿导的速率 $\mathrm{d}m_T/\mathrm{d}t$ 可表示为

$$\frac{\mathrm{d}m_T}{\mathrm{d}t}=-k_T A\frac{\mathrm{d}T}{\mathrm{d}x} \tag{12-34}$$

式中：k_T 为由温度梯度引起的水分扩散系数。

对任何一种干燥方法，上述两种梯度均存在于物料内部，故水分传递应是两种传递水分的代数和，即

$$m_s=m_w+m_T \tag{12 35}$$

对于热风干燥和一般辐射干燥，物料内部的温度梯度与水分梯度方向相反，此时，$m_w>0$，而 $m_T<0$；对于接触干燥和采用微波加热的干燥，两种梯度方向一致，即 $m_w>0$，$m_T>0$。

水分由物料内部扩散至表面后，便在表面汽化，并向气相中传递。可以认为在表面附近存在一层气膜，此层内的水蒸气分压等于物料中水分的蒸汽压。显然，此蒸汽压的大小主要取决于物料中水分的结合方式。水分在外部气相中传递的推动力即为此膜内的蒸汽分压与气相主体中蒸汽分压之差。造成这种蒸汽分压差(推动力)的原因，对热风干燥来说是干燥介质的流动不断带走汽化的蒸汽，对真空干燥来说是真空泵的抽吸带走汽化的蒸汽。

2. 表面汽化控制和内部扩散控制

水分的内部扩散和外部扩散是同时进行的。虽然如此，但在不同干燥过程的不同时期，控制干燥速率的机理不一定相同。这是由于物料的结构、性质、温度以及气相情况的影响所致。因此，干燥机理是非常复杂的。水分的内部扩散速率与表面汽化速率近于相等的场合是少见的。实际上，在干燥过程中，某些物料水分表面汽化的速率小于内部扩散速率，而另一些物料，则水分表面汽化速率大于内部扩散速率。显然，速率较慢的是控制过程的关键。前一种情形称为表面汽化控制，后一种称为内部扩散控制。

12.5.2 干燥速率和干燥特性曲线

干燥速率是单位时间内被干燥物料所能汽化的水分，其表达式为：

$$U=\frac{\mathrm{d}m_{\mathrm{s}}}{\mathrm{d}t}=-\frac{\mathrm{d}m}{\mathrm{d}t}$$

$$=-m_{\mathrm{d}}\frac{\mathrm{d}M_{\mathrm{d}}}{\mathrm{d}t}(\mathrm{kg}\ 水/\mathrm{h}) \tag{12-36}$$

干燥特性曲线包括水分随干燥时间而变化的曲线 $M_{\mathrm{d}}=f(t)$，温度随时间而变化的曲线 $T=f(t)$ 及干燥速率随时间而变化的曲线 $\frac{\mathrm{d}M_{\mathrm{d}}}{\mathrm{d}t}=f(t)$。这些曲线是在薄层干燥条件下实验测定的。现以典型干燥过程为例(图 12-12)介绍上述曲线特点。

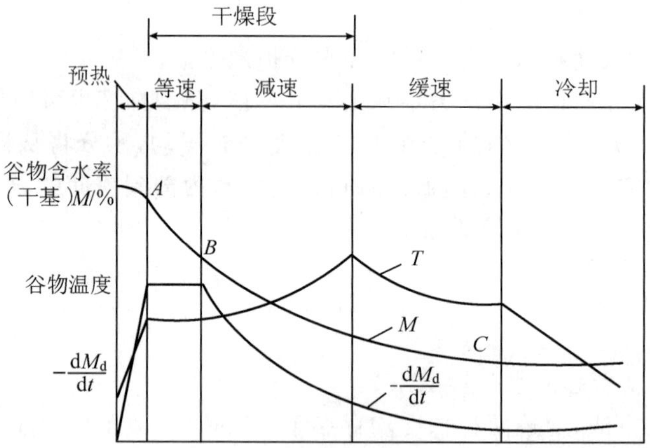

图 12-12 干燥特性曲线

典型干燥工艺过程包括预热、等速干燥、减速干燥、缓速及冷却五个阶段。各阶段的过程如下。

①预热阶段。此阶段物料受热而升温，水分变化很小，但干燥速率$\frac{\mathrm{d}M_{\mathrm{d}}}{\mathrm{d}t}$却由零迅速增加。

②等速干燥阶段。此阶段的物料温度达到了干燥空气的湿球温度，由于物料表层水分初始较充分，且由于由里向外扩散的距离较小，因此，能够及时补充表面汽化掉的水分，维持稳定的干燥速率，物料水分直线下降。该阶段相当于自由水的蒸发，物料温度恒定在空气的湿球温度上。

③减速干燥阶段。此阶段的水分较等速干燥阶段的水分显著地减少，其内部扩散速率小于表面汽化速率，因而干燥速率逐渐下降，物料温度逐渐上升，物料水分曲线趋于平缓。

④缓速阶段。此阶段的物料为保温堆放状态，使物料颗粒内、外层的热量和水分相互传递，逐渐达到表里均衡，缓速后物料表面温度有所下降，水分也少许降低，干燥速率变化很小。

⑤冷却阶段。此阶段的物料温度要求下降到不高于环境温度 5℃左右，冷却过程中物料水分基本保持不变。

12.6　喷雾干燥技术简介

喷雾干燥技术特别适合于干燥初始水分高的物料。20 世纪初，该技术在快速干燥牛奶上获得成功，随后在 20 世纪 30 年代，又在干燥蛋粉和咖啡方面获得成功。经过 1 个世纪的发展，该技术在食品工业中正发挥着越来越广泛的作用。

喷雾干燥是利用喷雾器的作用，将溶液、乳浊液、悬浮液或膏糊状物料喷洒成极细的雾状液滴，在干燥介质中液滴迅速汽化，形成粉状或颗粒状干制品的一种干燥方法。

喷雾干燥具有如下优点：

①干燥速度快、时间短：由于料液被雾化成几十微米大小的液滴，所以液体的比表面积很大。例如，若平均直径以 50 μm 计，则每升牛奶可分散成 1.5×10^{10} 个微小雾滴，其总表面积近 120 m^2，有这样大的表面积与高温热介质接触，故所进行的热交换和质交换非常迅速，一般只需几秒到几十秒就可蒸发 95%～98%的水分，具有瞬间干燥的特点。

②干燥温度低：虽然采用较高温度的干燥介质，但液滴有大量水分存在时，它的干燥温度一般不超过热空气的湿球温度。对奶粉干燥，为 50～60℃。因此，非常适宜于热敏性物料的干燥，能保持产品的营养、色泽和香味。

③制品有良好的分散性和溶解性：根据工艺要求选择适当的喷雾器，可使产品制成粉末或空心球。因此，制品的疏松性、分散性好，不粉碎也能在水中迅速溶解。

④生产过程简单、操作控制方便：即使含水量达到 90%的料液，不经浓缩同样也能一次获得均匀的干燥产品。大部分产品干燥后不需粉碎和筛分，简化了生产工艺流程。而且，对于产品粒度和含水量等质量指标，可通过改变操作条件进行调整，且控制管理都很方便。

⑤适宜于连续化生产：干燥后的产品经连续排料，在后处理上结合冷却器和气力输送，组成连续生产作业线，有利于实现自动化大规模生产。

喷雾干燥的主要缺点是单位产品的热耗量大，介质消耗量大，设备的热效率低，一般热效率为 30%～40%。另一个缺点是体积干燥强度小，它的体积传热系数为 25～100 $W/(m^3\cdot K)$，所以干燥器的体积庞大，基建费用大。此外，如果生产微小颗粒的食品，废气中夹带有 20%左右的微粉，使分离回收设备复杂化。

12.6.1　喷雾干燥流程

如图 12-13 所示，空气经过滤后进入翅片加热器，加热后的空气被送入喷雾塔内。料液从塔顶进入干燥室，干燥后的产品分别从塔底、旋风分离器和袋滤器下面获得。干燥后的潮湿空气由通风设备排入大气。

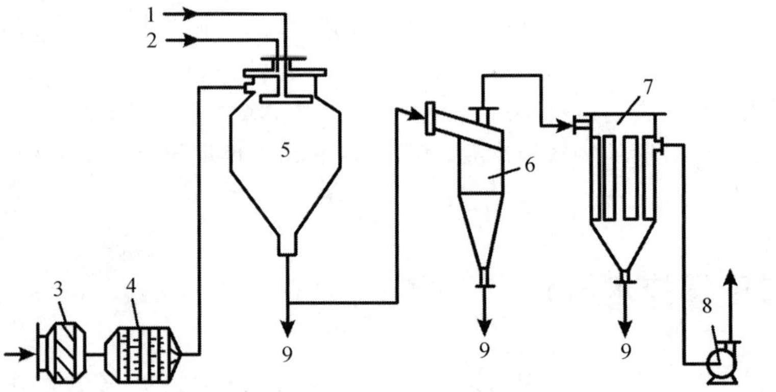

1. 料液 2. 压缩空气 3. 空气过滤器 4. 翅片加热器 5. 喷雾塔 6. 旋风分离器 7. 袋滤器 8. 风机 9. 干燥后产品

图 12-13 喷雾干燥流程图

12.6.2 雾化原理

喷雾干燥中两个关键过程是雾化和干燥。雾化是使液态物料高度分散，呈具有较大表面积的雾状液滴。一般要求液滴的平均直径在 20～60 μm 范围内。液滴过大，干燥不彻底，产品容易结块；液滴过小，产品容易过热，而且分离回收困难。

雾化器有三种类型：压力式雾化器、离心式雾化器和气流式雾化器，其中前两种用于食品工业中，而第三种主要用于实验设备上。

(1)压力式雾化器。压力式雾化器的雾化原理是，具有较高压力的料液(3～20 MPa)通过一定形状的通道或孔口时，在摩擦力(料液之间、料液与孔口之间、料液与空气之间)作用下，料液被分散成雾滴。按液体旋转速度和分配方式不同，料液离开雾化器后可形成空心雾锥和实心雾锥。由于高压料液通过狭小的孔隙或孔口，要求料液的黏度不能过高，且大颗粒固形物含量要少，否则喷孔易被堵塞。

(2)离心式雾化器。此种雾化器的雾化原理是，料液从高速旋转(5 000～20 000 r/min)的转盘中心送入，在盘面上料液受离心力和摩擦力作用，液膜沿半径越来越薄，至转盘边缘时被细齿或气流破碎成液滴。离心式雾化器适用于高黏度或带有固体颗粒的料液，且转盘雾化操作弹性较宽，可在设计生产能力的±25%范围内调节产量，而不大影响产品颗粒的大小。其缺点是机械加工要求高，制造费用大，雾滴较粗。

(3)气流式雾化器。此种雾化器的雾化原理是，利用高速气流对低速料液的撞击力而破碎和雾化。气流式雾化器的动力消耗最大，每千克料液需 0.4～0.8 kg 的压缩空气，但其结构简单，容易制造，适用于任何黏度或稍带固体的液体。

习　题

1. 湿空气在压力101.33 kPa、温度20℃下，湿含量为0.01 kg/kg干空气，试求：

(1)空气的相对湿度φ_1；

(2)压力不变，将空气温度升高至50℃时的相对湿度φ_2；

(3)若温度仍为20℃，将压力升高至125 kPa时的相对湿度φ_3；

(4)若温度仍为20℃，压力升高至250 kPa，问100 m^3原湿空气所冷凝的水分量。

2. 将常压下温度为30℃、相对湿度为20%的新鲜空气，通过第一加热器加热到某一温度后，再通过一喷水室进行绝热冷却增湿至饱和状态，最后通过第二加热器加热得到温度为45℃、相对湿度为40%的湿空气。求：

(1)在焓湿图上绘出空气状态的变化过程；

(2)离开第二加热器时空气的湿含量；

(3)喷水室中水的温度(设离开喷水室的空气与水的温度相同)；

(4)离开第一加热器时空气的温度。

3. 常压下温度为30℃、湿含量为0.024 kg/kg干空气的湿空气，在预热器内被加热至90℃，试在焓湿图上绘出空气状态的变化过程；又若湿空气的流量为0.028 kg/s，求加热湿空气所需要的热量Q。

4. 在连续式逆流干燥器中，用热空气干燥某种固体湿物料，已知空气状态为：进入干燥器时空气的湿含量为0.01 kg/kg干空气、焓为120 kJ/kg干空气。离开干燥器时空气的温度为38℃。物料状况为：进、出干燥器时物料的含水量分别为0.04和0.002 kg/kg干物质，进、出口温度分别为27和63℃。处理干物质量为450 kg/h。干物质比热容为1.465 kJ/(kg·℃)。假设干燥器的热损失为5 kW，试求空气流量。

5. 在常压连续理想干燥器中，用通风机将空气送至预热器，经120℃饱和蒸汽加热后进入干燥器。已知空气状态为：进预热器前湿空气中水蒸气分压为1.175 kPa、温度为15℃，进入干燥器时的温度为90℃，离开干燥器时的温度为50℃。物料状况为：进、出干燥器时物料的干基水分分别为0.15和0.01 kg/kg干物质。干燥器生产干燥产品的能力为250 kg/h，预热器的总传热系数为50 W/(m^2·℃)，试求通风机的送风量和预热器的传热面积。

6. 在逆流连续干燥器中，将某种物料由初始湿基含水量3.5%干燥至0.2%。物料进入干燥器时的温度为24℃，离开干燥器时的温度为40℃，干燥产品量为0.278 kg/s。干物质的比热容为1.507 kJ/(kg·℃)。空气的初始温度为25℃、湿含量为0.009 5 kg/kg干空气，经预热器预热到90℃后送入干燥器，离开干燥器时的温度为35℃。试求空气消耗量、预热器的热功率和干燥器的热效率。假设热损失可以忽略不计。

7. 如果习题6的干燥过程为非理想过程，其热损失为5.25 kW。求此时的空气消耗量、预热器的热功率和干燥器的热效率。

8. 在一常压连续干燥器中，湿物料处理量为0.8 kg/s，物料含水量由湿基5%干燥至1%。空气初始温度为20℃、湿含量为0.05 kg/kg干空气，空气离开干燥器时的温度为55℃。为了保证干燥产品的质量，要求进入干燥器的空气温度不得高于90℃。试求以下两种情况下所需的空气量(kg干空气/s)和热耗量(kW)，设干燥过程为理想过程：①将新鲜空气预热到

90℃进入干燥器中进行干燥；②采用废气循环，循环气中干空气量为干燥器出口废气中干空气量的 2/3，混合气温度为 90℃，进入干燥器干燥。

思考题

1. 热风干燥时，对湿空气预热的目的是什么？

2. 在湿空气的焓湿图上确定湿球温度时，可以采用沿等焓线来确定的近似方法，试分析其中近似的原因。

3. 某种物料的临界含水量与哪些因素有关？改变临界含水量对干燥过程有何影响？

4. 平衡含水量是如何测定的？平衡时物料中水分的蒸汽压如何测得？

5. 废气循环有哪些优缺点？

参考文献

[1] 无锡轻工业学院，天津轻工业学院．食品工程原理．北京：中国轻工业出版社，1985.

[2] 姚玉英．化工原理例题与习题．北京：化学工业出版社，1998.

[3] 陈敏恒，丛德滋，方图南，等．化工原理．北京：化学工业出版社，1999.

[4] 蒋维钧，雷良恒，刘茂林．化工原理．北京：清华大学出版社，1992.

[5] Pedro Fito. Food Engineering. New York：International Thomson Publishing，1997.

[6] 张也影．流体力学．北京：高等教育出版社，1986.

[7] 柴诚敬，张国亮．化工流体流动与传热学．北京：化学工业出版社，2000.

[8] 俞佐平，等．传热学．北京：高等教育出版社，1995.

[9] Frank P Incropero，David P Dewitt. 传热的基本原理．葛新石，等译．合肥：安徽教育出版社，1985.

[10] C J Geankoplis. Transport Processes and Unit Operations. London：Allynand Bac-con，1978.

[11] 邱信立，廉乐明，李力能，等．工程热力学．2版．北京：中国建筑工业出版社，1985.

[12] 寥明义，杜永杰．制冷原理与设备．哈尔滨：黑龙江科学技术出版社，1990.

[13] 张祉佑．制冷原理与设备．北京：机械工业出版社，1987.

[14] 黑龙江商学院食品工程系．食品冷冻理论及应用．哈尔滨：黑龙江科学技术出版社，1989.

[15] Stanley E Charm. The Fundamentals of Food Engineering. AVI Publishing Company，1978.

[16] R L Earle. Unit Operations in Food Processing. Pergamon Press，1983.

[17] Dennis R Heldman，R Paul Singh. Food Process Engineering. AVI Publishing Company，1981.

[18] Christie J Geankoplis. Transport Processes and Unit Operations. Allyn and Bacon，1978.

[19] W E L Spiess，H Schubert. Engineering and Food vol. 3 Advanced Processes. Elsevier Applied Science，1990.

[20] 高福成．食品工程原理．北京：中国轻工业出版社，1998.

[21] 上海师范大学，福建师范大学．化工基础（上册）．3版．北京：高等教育出版社，2000.

[22] 陈振扬．单元操作（上）．2版．台湾：三民书局印行，1982.

[23] 陈世醒，张克铮，郭大光．化工原理学习辅导．北京：中国石化出版社，1998.

[24] 谭天恩，等．化工原理．2版．北京：化学工业出版社，1992.

［25］孙君社．现代食品加工学．北京:中国农业出版社,2001.

［26］金德仁．化工原理．北京:化学工业出版社,1993.

［27］张裕中．食品加工技术装备．北京:中国轻工业出版社,2000.

［28］高孔荣．发酵设备．北京:中国轻工业出版社,1991.

［29］杨同舟．食品工程原理．北京:轻工业出版社,2001.

［30］张国旺．超细粉碎设备及其应用．北京:冶金工业出版社,2005.

［31］赵跃民．干法筛分理论及应用．北京:科学出版社,1999.

［32］严峰．筛分机械．北京:煤炭工业出版社,1995.

［33］张恩广．筛分破碎及脱水设备．北京:煤炭工业出版社,1991.

［34］黄亚东．食品工程原理．北京:高等教育出版社,2003.

［35］刘振春．食品工程原理．长春:吉林科学技术出版社,2000.

［36］Warren L McCabe. Unit Operation of Chemical Engineering. 北京:化学工业出版社,2003.

［37］McCabe W L,Smith J C,Peter Harriott. Unit Operations of Chemical Engineering. 4th ed. ,McGraw-Hill Book Co. ,1985.

［38］王志魁．化工原理．北京:化学工业出版社,1998.

［39］冯武文,杨村,于宏奇．一种新型分离技术——分子蒸馏技术．化工生产与技术,2000,7(4):6-9.

［40］何潮洪,窦梅,钱栋英．化工原理操作型问题的分析．北京:化学工业出版社,1998.

［41］王彩云．食品工程原理．北京:中国农业科学出版社,1995.

［42］段长青．园艺产品加工学．西安:世界图书出版公司,1997.

［43］Z. Zhang,J. Pawliszyn. Hedspace Solid Phase Microextraction. Anal. Chem. 65,1993.

［44］J Bery. Practical Use of Automated Solid Phase Microextraction. Amer,Lab,11,18,1993.

［45］T Kaneko, M Nakada. Forensic application of the solid-phase microextraction method to the analysis of gasoline and kerosine. Kagaku keisatsu kenkyusho ltokokn, Hokagaku-hen,1995,48:107.

［46］丁明,等．现代分离技术与方法．北京:化学工业出版社,2006.

［47］张德权,等．食品超临界 CO_2 流体加工技术．北京:化学工业出版社,2005.

［48］今村,等．超临界碳酸抽出かス技术の食品への应用．New Food Industry,1992,34(2).

［49］高福成．食品分离重组工程技术．北京．中国轻工出版社,1998.

［50］张国宏,等．高新技术在现代食品工业中的应用——超临界流体萃取技术．食品科学,1999(1):4-6.

［51］贾绍义,等．化工传质与分离过程．北京．化学工业出版社,2001.

［52］邓修,等．化工分离过程．北京．科学出版社,2000.

［53］大矢晴彦．分离的科学与技术．张瑾,译．北京:中国轻工出版社,1999.

［54］孙朝栋．食品工程学．台湾:艺轩图书出版社,1994.

［55］木村,等．食品加工の新技术．东京:株式会社シーエムシー,2000.

[56] 张镜澄．超临界流体萃取．北京：化学工业出版社，2000.
[57] 时钧，袁权，高从楷．膜技术手册．北京：化学工业出版社，2001.
[58] 王湛．膜分离技术基础．北京：化学工业出版社，2000.
[59] 严希康．生化分离工程．北京：化学工业出版社，2001.
[60] 孙彦．生物分离工程．北京：化学工业出版社，1998.
[61] 冯骉．食品工程原理．北京：中国轻工业出版社，2006.
[62] 王海．食品工程原理及应用．北京：机械工业出版社，1995.
[63] 李云飞，葛克山，等．食品工程原理．北京：中国农业大学出版社，2002.

附录 1　常用材料物理性质

1. 干空气的物理性质($p=1.013\times10^5$ Pa)

温度 t/℃	密度 ρ/(kg/m^3)	比热容 c_p/[kJ/(kg·K)]	热导率 λ/[W/(m·K)]	热扩散率 α/(m^2/s)	黏度 μ/(Pa·s)	运动黏度 ν/(m^2/s)	普兰特数 Pr
−50	1.584	1.013	0.020 34	1.27×10^{-5}	1.46×10^{-5}	9.23×10^{-6}	0.727
−40	1.515	1.013	0.021 15	1.38×10^{-5}	1.52×10^{-5}	10.04×10^{-6}	0.723
−30	1.453	1.013	0.021 96	1.49×10^{-5}	1.57×10^{-5}	10.80×10^{-6}	0.724
−20	1.395	1.009	0.022 78	1.62×10^{-5}	1.62×10^{-5}	11.60×10^{-6}	0.717
−10	1.342	1.009	0.023 59	1.74×10^{-5}	1.67×10^{-5}	12.43×10^{-6}	0.714
0	1.293	1.005	0.024 40	1.88×10^{-5}	1.72×10^{-5}	13.28×10^{-6}	0.708
10	1.247	1.005	0.025 10	2.01×10^{-5}	1.77×10^{-5}	14.16×10^{-6}	0.708
20	1.205	1.005	0.025 91	2.14×10^{-5}	1.81×10^{-5}	15.06×10^{-6}	0.686
30	1.165	1.005	0.026 73	2.29×10^{-5}	1.86×10^{-5}	16.00×10^{-6}	0.701
40	1.128	1.005	0.027 54	2.43×10^{-5}	1.91×10^{-5}	16.96×10^{-6}	0.696
50	1.093	1.005	0.028 24	2.57×10^{-5}	1.96×10^{-5}	17.95×10^{-6}	0.697
60	1.060	1.005	0.028 93	2.72×10^{-5}	2.01×10^{-5}	18.97×10^{-6}	0.698
70	1.029	1.009	0.029 63	2.86×10^{-5}	2.06×10^{-5}	20.02×10^{-6}	0.699
80	1.000	1.009	0.030 44	3.02×10^{-5}	2.11×10^{-5}	21.09×10^{-6}	0.699
90	0.972	1.009	0.031 26	3.19×10^{-5}	2.15×10^{-5}	22.10×10^{-6}	0.693
100	0.946	1.009	0.032 07	3.36×10^{-5}	2.19×10^{-5}	23.13×10^{-6}	0.695
120	0.898	1.009	0.033 35	3.68×10^{-5}	2.29×10^{-5}	25.45×10^{-6}	0.692
140	0.854	1.013	0.034 86	4.03×10^{-5}	2.37×10^{-5}	27.80×10^{-6}	0.688
160	0.815	1.017	0.036 37	4.39×10^{-5}	2.45×10^{-5}	30.09×10^{-6}	0.685
180	0.779	1.022	0.037 77	4.75×10^{-5}	2.53×10^{-5}	32.49×10^{-6}	0.684
200	0.746	1.026	0.039 28	5.14×10^{-5}	2.60×10^{-5}	34.85×10^{-6}	0.679
300	0.615	1.048	0.046 1	7.15×10^{-5}	2.97×10^{-5}	48.29×10^{-6}	0.674
400	0.524	1.068	0.052 1	9.31×10^{-5}	3.30×10^{-5}	62.98×10^{-6}	0.678
500	0.456	1.093	0.057 5	11.54×10^{-5}	3.62×10^{-5}	79.39×10^{-6}	0.687
600	0.404	1.114	0.062 2	13.82×10^{-5}	3.91×10^{-5}	96.78×10^{-6}	0.699
700	0.362	1.135	0.067 1	16.33×10^{-5}	4.18×10^{-5}	115.5×10^{-6}	0.706

2. 饱和水蒸气表

温度 t/℃	压强 p/kPa	蒸汽密度 ρ/(kg/m^3)	焓 H/(kJ/kg)		汽化热 r/(kJ/kg)
			液体	蒸汽	
0	0.608 2	0.004 84	0	2 491.1	2 491.1
5	0.873 0	0.006 80	20.94	2 500.8	2 479.86
10	1.226 3	0.009 40	41.87	2 510.4	2 468.53
15	1.706 8	0.012 83	62.80	2 520.5	2 457.7
20	2.334 6	0.017 19	83.74	2 530.1	2 446.3
25	3.168 4	0.023 04	104.67	2 539.7	2 435.0
30	4.247 4	0.030 36	125.60	2 549.3	2 423.7

续表

温度 t/℃	压强 p/kPa	蒸汽密度 ρ/(kg/m³)	焓 H/(kJ/kg)		汽化热 r/(kJ/kg)
			液体	蒸汽	
35	5.620 7	0.039 60	146.54	2 559.0	2 412.4
40	7.376 6	0.051 14	167.47	2 568.6	2 401.1
45	9.583 7	0.065 43	188.41	2 577.8	2 389.4
50	12.340	0.083 0	209.34	2 587.4	2 378.1
55	15.743	0.104 3	230.27	2 596.7	2 366.4
60	19.923	0.130 1	251.21	2 606.3	2 355.1
65	25.014	0.161 1	272.14	2 615.5	2 343.4
70	31.164	0.197 9	293.08	2 624.3	2 331.2
75	38.551	0.241 6	314.01	2 633.5	2 319.5
80	47.379	0.292 9	334.94	2 642.3	2 307.8
85	57.875	0.353 1	355.88	2 651.1	2 295.2
90	70.136	0.422 9	376.81	2 659.9	2 283.1
95	84.556	0.503 9	397.75	2 668.7	2 270.9
100	101.33	0.597 0	418.68	2 677.0	2 258.4
105	120.85	0.703 6	440.03	2 685.0	2 245.4
110	143.31	0.825 4	460.97	2 693.4	2 232.0
115	169.11	0.963 5	482.32	2 701.3	2 219.0
120	198.64	1.119	503.67	2 708.9	2 205.2
125	232.19	1.296	525.02	2 716.4	2 191.8
130	270.25	1.494	546.38	2 723.9	2 177.6
135	313.11	1.715	567.73	2 731.0	2 163.3
140	361.47	1.962	589.08	2 737.7	2 148.7
145	415.72	2.238	610.85	2 744.4	2 134.0
150	476.24	2.543	632.21	2 750.7	2 118.5
160	618.28	3.252	675.75	2 762.9	2 087.1
170	792.59	4.113	719.29	2 773.3	2 054.0
180	1 003.5	5.145	763.25	2 782.5	2 019.3
190	1 255.6	6.378	807.64	2 790.1	1 982.4
200	1 554.77	7.840	852.01	2 795.5	1 943.5
210	1 917.72	9.567	897.23	2 799.3	1 902.5
220	2 320.88	11.60	942.45	2 801.0	1 858.5
230	2 798.59	13.98	988.50	2 800.1	1 811.6
240	3 347.91	16.76	1 034.56	2 796.8	1 761.8
250	3 977.67	20.01	1 081.45	2 790.1	1 708.6
260	4 693.75	23.82	1 128.76	2 780.9	1 651.7
270	5 503.99	28.27	1 176.91	2 768.3	1 591.4
280	6 714.24	33.47	1 225.48	2 752.0	1 526.5
290	7 443.29	39.60	1 274.46	2 732.3	1 457.4
300	8 592.94	46.93	1 025.54	2 708.0	1 382.5
310	9 877.96	55.59	1 378.71	2 680.0	1 301.3
320	11 300.3	65.95	1 436.07	2 648.2	1 212.1

续表

温度 t/℃	压强 p/kPa	蒸汽密度 ρ/(kg/m³)	焓 H/(kJ/kg)		汽化热 r/(kJ/kg)
			液体	蒸汽	
330	12 879.6	78.53	1 446.78	2 610.5	1 116.2
340	14 615.8	93.98	1 562.93	2 568.6	1 005.7
350	16 538.5	113.2	1 636.20	2 516.7	880.5
360	18 667.1	139.6	1 729.15	2 442.6	713.0
370	21 040.9	171.0	1 888.25	2 301.9	411.1
374	22 070.9	322.6	2 098.0	2 098.0	0

3. 水的物理性质

温度 t/℃	饱和蒸汽压 p/kPa	密度 ρ/(kg/m³)	焓 H/(kJ/kg)	比定压热容 c_p/[kJ/(kg·K)]	热导率 λ/[10^{-2}W/(m·K)]	黏度 η/(10^{-5} Pa·s)	体积膨胀系数 d_V/(1/10^4 K)	表面张力 γ/(10^{-3} N/m)
0	0.603 2	999.9	0	4.212	55.08	178.78	−0.63	75.61
10	1.226 2	999.7	42.04	4.191	57.41	130.63	+0.73	74.14
20	2.334 6	998.2	83.90	4.183	59.85	100.42	1.82	72.67
30	4.747 4	995.7	125.69	4.174	61.71	80.12	3.21	71.20
40	7.376 6	992.2	165.71	4.174	63.33	65.32	3.87	69.63
50	12.34	988.1	209.30	4.174	64.73	54.92	4.49	67.67
60	19.923	983.2	211.12	4.178	65.89	46.98	5.11	66.20
70	31.164	977.8	292.99	4.167	66.70	40.60	5.70	64.33
80	47.379	971.8	334.94	4.195	67.40	35.50	6.32	62.57
90	70.136	965.3	376.98	4.208	67.98	31.48	6.95	60.71
100	101.33	958.4	419.19	4.220	68.21	28.24	7.52	58.84
110	143.31	951.0	461.34	4.233	68.44	25.89	8.08	56.88
120	198.64	943.1	503.67	4.250	68.56	23.73	8.64	54.82
130	270.25	934.8	546.38	4.266	68.56	21.77	9.17	52.86
140	361.47	926.1	589.08	4.287	68.44	20.10	9.72	50.70
150	476.24	917.0	632.20	4.312	68.38	18.63	10.3	48.64
160	618.28	907.4	675.33	4.346	68.27	17.36	10.7	46.6
170	792.59	897.3	719.29	4.379	67.92	16.28	11.3	45.3
180	1 003.5	886.9	763.25	4.417	67.45	15.30	11.9	42.3
190	1 255.6	876.0	807.63	4.460	66.99	14.42	12.6	40.0
200	1 554.77	863.0	852.43	4.505	66.29	13.63	13.3	37.7
250	3 977.67	799.0	1 085.64	4.844	61.76	10.98	18.1	26.2
300	8 592.94	712.5	1 344.80	5.736	53.96	9.12	29.2	14.4
350	16 538.5	574.4	1 671.37	9.504	43.03	7.26	66.8	3.81

4. 常用溶剂的性质

名称	分子式	相对分子质量	蒸汽压 p/Pa			沸点 t/℃	相对密度
			0℃	25℃	100℃		
甲醇	CH_3OH	32.04	3 995	16 313	356 044	64.72	0.791 3
乙醇	C_2H_5OH	46.07	1 697	7 865	225 544	78.3	0.789 2
叔丁醇	$(CH_3)_3COH$	74.12	160	926	49 321	117.7	0.810 9
三氯甲烷	$CHCl_3$	119.39	7 998	24 459	328 718	61.2	1.498(15℃)
四氯化碳	CCl_4	153.84	4 506	15 263	195 764	76.7	1.585(25℃)
二氯乙烯	CH_2CCl_2	96.95	13 330	41 323	466 017	83.5	1.255
三氯乙烯	C_2HCl_3	131.40	7 598	27 993	153 295	86.7	1.470(15℃)
丙酮	$(CH_3)_2CO$	58.08	8 798	30 526	370 841	56.2	0.789 8
乙醚	$(C_2H_5)_2O$	74.12	24 647	71 382	647 172	34.6	0.719 3(15℃)
苯	C_6H_6	78.11	3 532	12 626	179 155	80.1	0.879 1
甲苯	$C_6H_5CH_3$	92.13	693	2 967	63 331	115.6	0.871 6(15℃)
二硫化碳	CS_2	76.14	17 062	48 401	443 223	46.5	1.226 1

5. 一些食品材料热导率的实验数据

食品名称	温度/℃	含水量(wt)/%	热导率 λ/[W/(m·K)](实验者)
苹果汁	20	87	0.599(Ricdel)
	80		0.631
	20	70	0.504
	80		0.564
	20	36	0.389
	80		0.435
苹果	8		0.418(Gane)
干苹果	23	41.6	0.219(Sweat)
干杏	23	43.6	0.375(Sweat)
草莓酱	20	41.0	0.338(Sweat)
牛肉脂肪	35	0	0.190(Poppendick)
	35	20	0.230
瘦牛肉=	3	75	0.506(Lcntz)
	−15		1.42
瘦牛肉=	20	79	0.430(Hill)
	−15		1.43
瘦牛肉⊥	20	79	0.408(Hill)
	−15		
瘦牛肉⊥	3	74	0.471(Lentz)
	−15		1.12

续表

食品名称	温度/℃	含水量(wt)/%	热导率 λ/[W/(m·K)](实验者)
猪肉脂肪	3 −15	6	0.215(Lentz) 0.218
瘦猪肉= (6.1%脂肪)	4 −15	72	0.478(Lentz) 1.49
瘦猪肉= (6.7%脂肪)	20 −13	76	0.453(Hill) 1.42
瘦猪肉⊥ (6.1%脂肪)	4 −15	72	0.456(Lentz) 1.29
瘦猪肉⊥ (6.7%脂肪)	20 −14	76	0.505(Hill) 1.30
蛋黄(32.7%脂肪, 16.75%蛋白质)	31	50.6	0.420(Poppendick)
鳕鱼⊥ (0.1%脂肪)	3 −15	83	0.534 1.46
鲑鱼⊥ (12%脂肪)	3 −5	67	0.531(Lentz) 1.24
全奶(3%脂肪)	28	90	0.580(Leidenfrost)
巧克力蛋糕	23	31.9	0.106(Sweat)

注:表中符号=和⊥分别表示平行和垂直纤维方向。

6. 一些食品组分的热物理性质

组分	密度/(kg/m³)	比热容 c_p/(kJ/kg)	热导率 λ/[W/(m·K)]
水	1 000	4.182	0.60
碳水化合物	1 550	1.42	0.58
蛋白质	1 380	1.55	0.20
脂肪	930	1.67*	0.18
空气	1.24	1.00	0.025
冰	917	2.11	2.24
矿物质	2 400	0.84	

注:* 固体脂肪的比热容为 1.67;而液态脂肪的比热容为 2.094。

7. 一些食品容器材料的热物理性质

材料	热导率/[W/(m·K)]	比热容/[kJ/(kg·K)]	有效密度/(kg/m³)	热扩散系数/(m²/s)
不锈钢	16	0.50	7 900	4.0
硼硅玻璃	1.10	0.84	2 200	0.60
尼龙	0.24	1.7	1 100	0.13
聚乙烯(高密底)	0.84	2.3	960	0.22
聚乙烯(低密度)	0.33	2.3	930	0.15
聚丙烯	0.12	1.9	910	0.069
聚四氟乙烯	0.26	1.0	2 100	0.12

8. 几种常用包装材料的热阻

材料	厚度 δ/mm	热阻 δ/λ
蜡纸板	0.625	0.009 6
带玻璃纸的蜡纸板	0.568	0.010 9
铝箔	0.509	0.007 0
	0.599	0.009 5
	0.568	0.007 5
双层蜡防水纸	0.212	0.003 5

9. 壁面污垢的热阻

$m^2 \cdot K/W$

冷却水				
加热液体的温度/℃	115 以下		115～205	
水的温度/℃	25 以下	25 以上		
水的流速/(m/s)	1 以下	1 以上	1 以下	1 以上
海水	$0.859\ 8\times10^{-4}$	$0.859\ 8\times10^{-4}$	$1.719\ 7\times10^{-4}$	$1.719\ 7\times10^{-4}$
自来水、井水、软化锅炉水	$1.719\ 7\times10^{-4}$	$1.719\ 7\times10^{-4}$	$3.439\ 4\times10^{-4}$	$3.439\ 4\times10^{-4}$
蒸馏水	$0.859\ 8\times10^{-4}$	$0.859\ 8\times10^{-4}$	$0.859\ 8\times10^{-4}$	$0.859\ 8\times10^{-4}$
硬水	$5.159\ 0\times10^{-4}$	$5.159\ 0\times10^{-4}$	8.598×10^{-4}	8.598×10^{-4}
河水	$5.159\ 0\times10^{-4}$	$3.439\ 4\times10^{-4}$	$6.878\ 8\times10^{-4}$	$5.159\ 0\times10^{-4}$

工业用气体		工业用液体		油分馏出物	
气体名称	热阻	液体名称	热阻	馏出物名称	热阻
有机化合物	$0.859\ 8\times10^{-4}$	有机化合物	$1.719\ 7\times10^{-4}$	原油	$3.439\ 4\times10^{-4}$～12.898×10^{-4}
水蒸气	$0.859\ 8\times10^{-4}$	盐水	$1.719\ 7\times10^{-4}$		
空气	$3.439\ 4\times10^{-4}$	熔盐	$0.859\ 8\times10^{-4}$	汽油	$1.719\ 7\times10^{-4}$
溶剂蒸气	$1.719\ 7\times10^{-4}$	植物油	$5.159\ 0\times10^{-4}$	石脑油	$1.719\ 7\times10^{-4}$
天然气	$1.719\ 7\times10^{-4}$			煤油	$1.719\ 7\times10^{-4}$
焦炉气	$1.719\ 7\times10^{-4}$			柴油	$3.439\ 4\times10^{-4}$～$5.159\ 0\times10^{-4}$
				重油	8.598×10^{-4}
				沥青油	17.197×10^{-4}

10. 某些与食品有关的组分在固体中的扩散系数 D

扩散组分	固体材料	温度/℃	扩散系数 $D/(10^{-11}\ m^2/s)$
O_2	橡胶	25	21
CO_2	橡胶	25	11
N_2	橡胶	25	15
水	醋酸纤维素（12%含水量）	25	0.32
	（5%含水量）	25	0.20
NaCl	离子交换树脂（Dowex50）	50	9.5
蔗糖	琼脂凝胶（冻粉）	5	25

11. 一些食品材料的含水量、冻前比热容、冻后比热容和融化热数据

食品材料	含水量(wt)/%	初始冻结温度/℃	冻前比热容/[kJ/(kg·K)]	冻后比热容/[kJ/(kg·K)]	融化热/(kJ/kg)
1. 蔬菜					
芦笋	93	−0.6	4.00	2.01	312
干菜豆	41	—	1.95	0.98	37
甜菜根	88	−1.1	3.88	1.95	295
胡萝卜	88	−1.4	3.88	1.95	295
花椰菜	92	−0.8	3.98	2.00	308
芹菜	94	−0.5	4.03	2.02	315
甜玉米	74	−0.6	3.53	1.77	248
黄瓜	96	−0.5	4.08	2.05	322
茄子	93	−0.8	4.00	2.01	312
大蒜	61	−0.8	3.20	1.61	204
姜	87	—	3.85	1.94	291
韭菜	85	−0.7	3.80	1.91	285
莴苣	95	−0.2	4.06	2.04	318
蘑菇	91	−0.9	3.95	1.99	305
青葱	89	−0.9	3.90	1.96	298
干洋葱	88	−0.8	3.88	1.95	295
青豌豆	74	−0.6	3.53	1.77	248
四季萝卜	95	−0.7	4.06	2.04	318
菠菜	93	−0.3	4.00	2.01	312
番茄	94	−0.5	4.03	2.02	315
青萝卜	90	−0.2	3.93	1.97	302
萝卜	92	−1.1	3.98	2.00	308
水芹菜	93	−0.3	4.00	2.01	312
2. 水果					
鲜苹果	84	−1.1	3.78	1.90	281
杏	85	−1.1	3.80	1.91	285
香蕉	75	−0.8	3.55	1.79	251
樱桃(酸)	84	−1.7	3.78	1.90	281
樱桃(甜)	80	−1.8	3.68	1.85	268
葡萄柚	89	−1.1	3.90	1.96	298
柠檬	89	−1.4	3.90	1.96	298
西瓜	93	−0.4	4.00	2.01	312
橙	87	−0.8	3.85	1.94	292
鲜桃	89	−0.9	3.90	1.96	298
梨	83	−1.6	3.75	1.89	278
菠萝	85	−1.0	3.80	1.91	285
草莓	90	−0.8	3.93	1.97	302
3. 鱼					
大麻哈鱼	64	−2.2	3.28	1.65	214
金枪鱼	70	−2.2	3.43	1.72	235
青鱼片	57	−2.2	3.10	1.56	191
4. 贝类					
扇贝肉	80	−2.2	3.68	1.85	268
小虾	83	−2.2	3.75	1.89	278
美洲大龙虾	79	−2.2	3.65	1.84	265

续表

食品材料	含水量(wt)/%	初始冻结温度/℃	冻前比热容/[kJ/(kg·K)]	冻后比热容/[kJ/(kg·K)]	融化热/(kJ/kg)
5. 牛肉					
胴体(60%瘦肉)	49	−1.7	2.90	1.46	164
胴体(54%瘦肉)	45	−2.2	2.80	1.41	151
大腿肉	67		3.35	1.68	224
小牛胴体(81%瘦肉)	66	—	3.33	1.67	221
6. 猪肉					
腌熏肉	19	—	2.15	1.08	64
胴体(47%瘦肉)	37	—	2.60	1.31	124
胴体(33%瘦肉)	30	—	2.42	1.22	101
后腿(轻度腌制)	57	—	3.10	1.56	191
后腿(74%瘦肉)	56	−1.7	3.08	1.55	188
7. 羊羔肉					
腿肉(83%瘦肉)	65	—	3.30	1.66	218
8. 乳制品					
奶油	16	—	2.07	1.04	54
干酪(瑞士)	39	−10.0	2.65	1.33	131
冰激凌(10%脂肪)	63	−5.6	3.25	1.63	211
罐装炼乳(加糖)	27	−15.0	2.35	1.18	90
浓缩乳(不加糖)	74	−1.4	3.53	1.77	248
全脂乳粉	2	—	1.72	0.87	7
脱脂乳粉	3	—	1.75	0.88	10
鲜乳(3.7%脂肪)	87	−0.6	3.85	1.94	291
脱脂鲜乳	91	—	3.95	1.99	305
9. 禽肉制品					
鲜蛋	74	−0.6	3.53	1.77	247
蛋白	88	−0.6	3.88	1.95	295
蛋黄	51	−0.6	2.95	1.48	171
加糖蛋黄	51	−3.9	2.95	1.48	171
全蛋粉	4	—	1.77	0.89	13
蛋白粉	9	—	1.90	0.95	30
鸡	74	−2.8	3.53	1.77	248
火鸡	64	—	3.28	1.65	214
鸭	69	—	3.40	1.71	231
10. 杂项					
蜂蜜	17	—	2.10	1.68	57
奶油巧克力	1	—	1.70	0.85	3
花生酥	2	—	1.72	0.87	7
带皮花生	6	—	1.82	0.92	20
带皮花生(烤熟)	2	—	1.72	0.87	7
杏仁	5	—	1.80	0.9	17

附录 2　常用产品规格与性能

1. 低压流体输送用焊接钢管(外径不大于 219.1 mm)(摘自 GB/T 3091—2015)

mm

公称口径 (*DN*)	外径(*D*)			最小公称壁厚 *t*	不圆度不大于
	系列 1	系列 2	系列 3		
6	10.2	10.0		2.0	0.20
8	13.5	12.7		2.0	0.20
10	17.2	16.0		2.2	0.20
15	21.3	20.8		2.2	0.30
20	26.9	26.0		2.2	0.35
25	33.7	33.0	32.5	2.5	0.40
32	42.4	42.0	41.5	2.5	0.40
40	48.3	48.0	47.5	2.75	0.50
50	60.3	59.5	59.0	3.0	0.60
65	76.1	75.5	75.0	3.0	0.60
80	88.9	88.5	88.0	3.25	0.70
100	114.3	114.0	—	3.25	0.80
125	139.7	141.3	140.0	3.5	1.00
150	165.1	168.3	159.0	3.5	1.20
200	219.1	219.0	—	4.0	1.60

注 1:表中的公称口径系近似内径的名义尺寸,不表示外径减去两倍壁厚所得的内径。

注 2:系列 1 是通用系列,属推荐选用系列;系列 2 是非通用系列;系列 3 是少数特殊、专用系列。

2. 不锈钢管的外径与壁厚(GB/T 17395—2008 部分摘录)

外径/mm			壁厚/mm														
系列 1	系列 2	系列 3	1.0	1.2	1.4	1.5	1.6	2.0	2.2 (2.3)	2.5 (2.6)	2.8 (2.9)	3.0	3.2	3.5 (3.6)	4.0	4.5	5.0
34(33.7)			•	•	•	•	•	•	•	•	•	•	•	•	•	•	•
		35	•	•	•	•	•	•	•	•	•	•	•	•	•	•	•
	38		•	•	•	•	•	•	•	•	•	•	•	•	•	•	•
	40		•	•	•	•	•	•	•	•	•	•	•	•	•	•	•
42(42.4)			•	•	•	•	•	•	•	•	•	•	•	•	•	•	•
		45(44.5)	•	•	•	•	•	•	•	•	•	•	•	•	•	•	•
48(48.3)			•	•	•	•	•	•	•	•	•	•	•	•	•	•	•
	51		•	•	•	•	•	•	•	•	•	•	•	•	•	•	•
		54					•	•	•	•	•	•	•	•	•	•	•
	57						•	•	•	•	•	•	•	•	•	•	•
60(60.3)							•	•	•	•	•	•	•	•	•	•	•
	64(63.5)						•	•	•	•	•	•	•	•	•	•	•
	68						•	•	•	•	•	•	•	•	•	•	•
	70						•	•	•	•	•	•	•	•	•	•	•

续表

外径/mm			壁厚/mm														
	73						•	•	•	•	•	•	•	•	•	•	•
76(76.1)							•	•	•	•	•	•	•	•	•	•	•
		83(82.5)					•	•	•	•	•	•	•	•	•	•	•
89(88.9)							•	•	•	•	•	•	•	•	•	•	•
	95						•	•	•	•	•	•	•	•	•	•	•
	102(101.6)						•	•	•	•	•	•	•	•	•	•	•
	108						•	•	•	•	•	•	•	•	•	•	•
114(114.3)							•	•	•	•	•	•	•	•	•	•	•

注 1:括号内尺寸为相应的英制单位。

注 2:"•"表示常用规格。

3. 国内常用筛筛目

目数	筛孔尺寸/mm	目数	筛孔尺寸/mm	目数	筛孔尺寸/mm	目数	筛孔尺寸/mm
8	2.5	32	0.56	75	0.200	190	0.080
10	2.00	35	0.50	80	0.180	200	0.071
12	1.60	40	0.45	90	0.160	240	0.063
16	1.25	45	0.40	100	0.154	260	0.056
18	1.00	50	0.355	110	0.140	300	0.050
20	0.900	55	0.315	120	0.125	320	0.045
24	0.800	60	0.28	130	0.112	360	0.040
26	0.700	65	0.25	150	0.100		
28	0.63	70	0.224	160	0.090		

4. 4-72-11 型离心通风机性能表(部分摘录)

机号	转数/(r/min)	全压系数 H	全压/Pa	流量系数 Q	流量/(m^3/h)	效率 η	所需功率/kW
6C	2 240	0.411	2 433	0.220	15 800	91	14.1
	2 000	0.411	1 942	0.220	14 100	91	10.0
	1 800	0.411	1 569	0.220	12 700	91	7.3
	1 250	0.411	755	0.220	8 800	91	2.53
	1 000	0.411	677	0.220	7 030	91	1.39
	800	0.411	294	0.220	5 610	91	0.73
8C	1 800	0.411	2 796	0.220	29 900	91	30.8
	1 250	0.411	1 344	0.220	20 800	91	10.3
	1 000	0.411	863	0.220	16 600	91	5.52
	6 300	0.411	343	0.220	10 480	91	1.51
10C	1 250	0.434	2 227	0.221 8	41 300	94.3	32.7
	1 000	0.434	1 422	0.221 8	32 700	94.3	16.5
	800	0.434	912	0.221 8	26 130	94.3	8.5
	500	0.434	353	0.221 8	16 390	94.3	2.3
6D	1 450	0.411	1 020	0.220	10 200	91	4
	960	0.411	441	0.220	6 720	91	1.32
8D	1 450	0.444	1 962	0.184	20 130	89.5	14.2
	730	0.444	491	0.184	10 150	89.5	2.06
16B	900	0.434	2 943	0.221 8	121 000	94.3	127
20B	710	0.434	2 845	0.221 8	186 300	94.3	190

5. 空气压缩机技术规格一览表

型号	型式	冷却方式	排气量/(m^3/h)	压强/10^5 Pa	转速/(r/min)	活塞行程/mm	电动机功率/kW
3L-20/35	L 型	水	1 200	3.4	480	200	100
V0.6/7	移动	风	36	6.9	1 450	55	5.5
A0.6/7	固定立式	水	36	6.9	450	100	5.5
A0.9/8	固定立式	水	54	7.8	650	100	7.5
3W1.6/10	移动式	风	96	9.8	1 460	70	13
1V-3/8	固定式	风	180	7.8	960	110	22
1V-3/8-1	V 型	水	180	7.8	980	110	22
1W-3/7A	固定 YV 型	风	180	6.9	980	110	20
VY-6/7	固定 V 型	风	360	6.9	1 500	112	40

6. W 型往复式真空泵的技术性能

性能	型号				
	W5	W1	W2	W3	W4
抽气速率/(m^3/h)	60	125	200	370	770
极限真空/Pa	1 333	1 333	1 333	1 333	1 333
转速/(r/min)	300	300	300	200	200
配用电机/kW	2.2	4	5.5	10	22
缸径×行程/mm	170×102	220×130	250×150	350×200	455×250

7. SZ 型水环式真空泵的技术性能

型号	抽气量/(m^3/h)					极限真空度/Pa	配带动力/kW	转速/(r/min)
	1.013×10^5 Pa	6.078×10^4 Pa	4.052×10^4 Pa	2.026×10^4 Pa	9.33×10^3 Pa			
SZ-1	90	38.4	24	7.2		1.626×10^4	4	1 450
SZ-2	204	99	57	15		1.306×10^4	10	1 450
SZ-3	690	408	216	90	30	7.998×10^3	30	975
SZ-4	1 620	1 056	660	180	60	7.065×10^3	70	730

8. 2X 型旋片式真空泵的型式和基本参数

型号	抽气速率/(L/s)	极限压强 p/Pa		配电机功率/kW(不大于)	进气口内径 d_i/mm
		关气镇阀	开气镇阀		
2X-0.5	0.5	0.066 65	0.666 5	0.18	10
2X-1	1	0.066 65	0.666 5	0.25	15
2X-2	2	0.066 65	0.666 5	0.4	20
2X-4	4	0.066 65	0.666 5	0.6	25
2X-8	8	0.066 65	0.666 5	1.1	32
2X-15	15	0.066 65	0.666 5	2.2	50
2X-30	30	0.066 65	1.333	4.0	65
2X-70	70	0.066 65	1.333	7.5	80
2X-150	150	0.066 65	1.333	14	125

9. ZJ 型罗茨真空泵的基本参数

型号	抽气速率 /(L/s)	极限压强 p/Pa	允许入口压强 p_i/Pa	进口直径 d_i/mm	出口直径 d_o/mm	推荐配用前级泵型号
ZJ-15	15	0.066 65	1 999.5	40	32	2X-2
ZJ-30	30	0.066 65	1 999.5	50	40	2X-4
ZJ-70	70	0.066 65	1 999.5	80	50	2X-8
ZJ-150	150	0.066 65	1 333	100	80	2X-15
ZJ-300	300	0.066 65	1 333	150	100	2X-30
ZJ-600	600	0.066 65	1 333	200	150	2X-70
ZJ-1200	1 200	0.266 6	666.5	300	200	H-150
ZJ-2500	2 500	0.266 6	666.5	300	200	H-300
ZJ-5000	5 000	0.266 6	666.5	400	300	2XH-300
ZJ-10000	10 000	0.066 65	266.6	400	300	ZJ-2500、2XH-300
ZJ-20000	20 000	0.066 65	266.6	600	400	ZJ-5000、3XH-300
ZJ-40000	40 000	0.066 65	133.3	800	600	ZJ-10000、ZJ-2500、3XH-300

10. 吊顶冷风机

型号		FDL-4	FDL-8	FDL-10	$D_1$39D		L78		D63D		$D_1$48D	D75D	L96
制冷量/(MJ/h)		6.3	12.6	15.1	16.3		32.6		26.4		20.1	31.4	40.2
蒸发面积/m^2		4	8	10	13		26		21		16	25	32
外形规格	长×宽	600×420	1 115×420	1 281×420	1 270×470			1 270×490			1 330×545		
	高度	130	130	130	470			470			530		
除霜蒸发器加热器	型号				RQ1			RQ2			RQ3		
	数量	1	1	1	2			2			2		
	功率/W	400	1 000	1 000	1 000			1 200			1 200		
	电压/V	220	220	220	220			220			220		
底盘加热器	型号				RQ1			RQ2			RQ3		
	数量				1			1			1		
	功率/W				1 000			1 200			1 200		
	电压/V				220			220			220		
总功率/W		400	1 000	1 000	3 000			3 600			3 600		
风机	电压/V	220	220	220	380			380			380		
	功率/W	55	2×55	3×55	2×90			2×120			2×180		
	数量×直径	ϕ200	2×ϕ200	3×ϕ200	2×ϕ330			2×ϕ350			×ϕ400		
	风压/mm H_2O(Pa)	6~8 (58.5~76.0)	6~8 (58.8~76.0)	6~8 (58.8~76.0)	10 98			12 (117.6)			13 (127.4)		
	风量/(m^3/h)	800~1 200	800~1 200	800~1 200	2×2 000			2×2 500			2×2 400		
噪声/dB		50	50	50									
质量/kg		12	21	25	60		70		65		60	75	80

11. 标准规格装配式冷藏库主要数据

型号	库容积/m^3	库房占地面积/m^2	标准制冷量/kW/h(MJ/h)	冷藏量(库温-18℃)/kg	冻结量/(kg/d)	电机功率/kW	冷库外形尺寸(长×宽×高)/m
ZL-10	10	4.86	4.03 (14.5)	2 000	200	2.2	2.7×1.8×2.6
ZL-15	15	7.29		3 000	300		2.7×2.7×2.6
ZL-20	20	9.72	8.06 (30.0)	4 000	400	4.4	3.6×2.7×2.6
ZL-26	26	12.15		5 200	520		4.5×2.7×2.6
ZL-28	28	12.96		5 600	560		3.6×3.6×2.6
ZL-31	31	14.58		6 200	620		5.4×2.7×2.6
ZL-35	35	16.20	12.10 (43.5)	7 000	700	6.6	4.5×3.6×2.6
ZL-37	37	17.01		7 400	740		6.3×2.7×2.6
ZL-42	42	19.44		8 400	840		7.2×2.7×2.6
ZL-42	42	19.44		8 400	840		5.4×3.6×2.6
ZL-48	48	21.78		9 600	960		8.1×2.7×2.6
ZL-50	50	22.68		10 000	1 000		6.3×3.6×2.6
ZL-51	57	25.92		11 400	1 140	8.8	7.2×3.6×2.6
ZL-65	65	29.16		13 000	1 300		8.1×3.6×2.6
ZL-72	72	32.40		14 400	1 440		9.0×3.6×2.6
ZL-80	80	35.64		16 000	1 600		9.9×3.6×2.6

注:库内净高均为2.4 m,库内尺寸均为1 800 mm×800 mm,库温范围均为+5～-23℃。

12. 开启式制冷压缩机基本参数(氨压缩机部分)

类别	缸径/mm	行程/mm	缸数	气缸布置型式	蒸发温度/℃	冷凝温度/℃	标准工况制冷量/(kJ/h)	转速/(r/min)	理论排气量/(m^3/h)	标准轴功率/kW
Ⅰ	70	55	2	V	+5～-30	≤40	753 083 141	1 440	36.6	4.52
			3	W	+5～-30	≤40	824 644 705	1 440	54.9	6.75
			4	S	+5～-30	≤40	11 000 926 281	1 440	73.2	8.88
			6	W	+5～-30	≤40	1 649 289 410	1 440	109.8	13.40
			8	S	+5～-30	≤40	22 018 412 562	1 440	146.4	17.80
Ⅱ	100	70	2	V或Z	+5～-30	≤40	975 345 565	960	63.4	8.12
			4	V	+5～-30	≤40	19 506 811 129	960	126.8	16.00
			6	W	+5～-30	≤40	29 260 116 694	960	190.2	23.80
			8	S	+5～-30	≤40	39 013 522 260	960	253.6	31.60
Ⅳ	125	100	2	V或Z	+5～-30	≤40	21 976 512 539	960	141.5	18.30
			4	V	+5～-30	≤40	43 953 025 078	960	283.0	36.10
			6	W	+5～-30	≤40	66 138 837 617	960	424.5	53.90
			8	S	+5～-30	≤40	87 906 050 156	960	566.0	71.20
Ⅴ	170	140	2	V	+5～-30	≤40	46 046 026 272	720	275.0	36.10
			4	V	+5～-30	≤40	92 092 052 544	720	550.0	71.90
			6	W	+5～-30	≤40	138 138 078 815	720	820.0	107.10
			8	S	+5～-30	≤40	1 841 840 105 087	720	1 100.0	142.00

13. 旋风分离器的生产能力(m^3/h)

(1)CLT/A 型旋风分离器

型号	圆筒直径 D/mm	入口气速 u_i/(m/s)		
		12	15	18
		压强降 Δp/Pa		
		755	1 187	1 707
CLT/A-1.5	150	170	210	200
CLT/A-2.0	200	300	370	440
CLT/A-2.5	250	400	580	690
CLT/A-3.0	300	670	830	1 000
CLT/A-3.5	350	910	1 140	1 360
CLT/A-4.0	400	1 180	1 480	1 780
CLT/A-4.5	450	1 500	1 870	2 250
CLT/A-5.0	500	1 860	2 320	2 780
CLT/A-5.5	550	2 240	2 800	3 360
CLT/A-6.0	600	2 670	3 340	4 000
CLT/A-6.5	650	3 130	3 920	4 700
CLT/A-7.0	700	3 630	4 540	5 440
CLT/A-7.5	750	4 170	5 210	6 250
CLT/A-8.0	800	4 750	5 940	7 130

(2)CLP/B 型旋风分离器

型号	圆筒直径 D/mm	入口气速 u_i/(m/s)		
		12	16	20
		压强降 Δp/Pa		
		412	687	1 128
CLP/B-3.0	300	700	930	1 160
CLP/B-4.2	420	1 350	1 800	2 250
CLP/B-5.4	540	2 200	2 950	3 700
CLP/B-7.0	700	3 800	5 100	6 350
CLP/B-8.2	820	5 200	6 900	8 650
CLP/B-9.4	940	6 800	9 000	11 300
CLP/B-10.6	1 060	8 550	11 400	14 300

(3)扩散式旋风分离器

型号	圆筒直径 D/mm	入口气速 u_i/(m/s)			
		14	16	18	20
		压强降 Δp/Pa			
		785	1 030	1 324	1 570
1	250	820	920	1 050	1 170
2	300	1 170	1 330	1 500	1 670
3	370	1 790	2 000	2 210	2 500
4	455	2 620	3 000	3 380	3 760
5	525	3 500	4 000	4 500	5 000
6	585	4 380	5 000	5 630	6 250
7	645	5 250	6 000	6 750	7 500
8	695	6 130	7 000	7 870	8 740

14. 泵规格(摘录)

型号	流量/(m^3/h)	扬程/m	转速/(r/min)	汽蚀余量/m	效率/%	功率/kW		重量/kg	外形尺寸(长×宽×高)/mm
						轴功率	配带功率		
IS50-32-125	7.5 12.5 15	20	2 900	2.0	6.0	1.13	2.2	33	465×190×252
	3.75 6.3 7.5	5	1 450	2.0	54	0.16	0.55	55	465×195×252
IS50-32-160	7.5 12.5 15	32	2 900	2.0	54	2.02	3	42	465×240×292
	3.75 6.3 7.5	8	1 450	2.0	48	0.28	0.55	42	465×240×292
IS50-32-200	7.5 12.5 15	525 50 48	2 900	2.0 2.0 2.5	38 48 51	2.62 3.54 3.84	5.5	49	465×240×340
	3.75 6.3 7.5	13.1 12.5 12	1 450	2.0 2.0 2.5	33 42 44	0.41 0.51 0.56	0.75	49	465×240×340
IS50-32-250	7.5 12.5 15	82 80 78.5	2 900	2.0 2.0 2.5	28.5 38 41	5.67 7.16 7.83	11	78	600×320×405
	3.75 6.3 7.5	20.5 20 19.5	1 450	2.0 2.0 2.5	23 32 35	0.91 1.07 1.14	15	78	600×320×405
IS65-50-125	15 25 30	20	2 900	2.0	69	1.97	3	33	465×210×252
	7.5 12.5 15	5	1 450	2.0	64	0.27	0.55	33	465×210×252
IS65-50-160	15 25 30	35 32 30	2 900	2.0 2.0 2.5	54 65 66	2.65 3.35 3.71	5.5	42	465×240×292
	7.5 12.5 15	8.8 8.0 7.2	1 450	2.0 2.0 2.5	50 60 60	0.36 0.45 0.49	0.75	42	465×240×292
IS65-40-200	15 25 30	53 50 47	2 900	2.0 2.0 2.5	49 60 61	4.42 5.67 6.29	7.5	50	485×265×340
	7.5 12.5 15	13.2 12.5 11.8	1 450	2.0 2.0 2.5	43 55 57	0.63 0.77 0.85	1.1	50	485×265×340
IS65-40-250	15 25 30	80	2 900	2.0	53	10.3	15	88	600×320×405
	7.5 12.5 15	20	1 450	2.0	48	1.42	2.2	88	600×320×405

续表

型号	流量/(m³/h)	扬程/m	转速/(r/min)	汽蚀余量/m	效率/%	功率/kW 轴功率	功率/kW 配带功率	重量/kg	外形尺寸(长×宽×高)/mm
IS65-40-315	15	127	2 900	2.5	28	18.5	30	105	625×345×450
	25	125		2.5	40	21.3			
	30	123		3.0	44	22.8			
	7.5	32	1 450	2.5	25	2.63	4	105	625×345×450
	12.5	32		2.5	37	2.94			
	15	31.7		3.0	41	3.16			
IS80-65-125	30	22.5	2 900	3.0	64	2.87	5.5	37	485×240×292
	50	20		3.0	75	2.63			
	60	18		3.5	74	3.93			
	15	5.6	1 450	2.5	55	0.42	0.75	37	485×240×292
	25	5		2.5	71	0.48			
	30	4.6		3.0	72	0.51			
IS80-65-160	30	36	2 900	2.5	61	4.82	7.5	45	485×265×340
	50	32		2.5	73	5.97			
	60	29		3.0	72	6.59			
	15	9	1 450	2.5	55	0.67	1.5	45	485×265×340
	25	8		2.5	69	0.75			
	30	7.2		3.0	68	0.86			
IS80-50-200	30	53	2 900	2.5	55	7.87	15	52	485×265×340
	50	50		2.5	69	9.87			
	60	47		3.0	71	10.8			
	15	13.2	1 450	2.5	51	1.06	2.25	52	485×265×340
	25	12.5		2.5	65	1.31			
	30	11.8		3.0	67	1.44			
IS80-50-250	30	84	2 900	2.5	52	13.2	22	93	625×320×405
	50	80		2.5	63	17.3			
	60	75		3.0	64	19.2			
	15	21	1 450	2.5	49	1.75	3	93	625×320×405
	25	20		2.5	60	2.27			
	30	18.8		3.0	61	2.52			
IS80-50-315	30	128	2 900	2.5	41	25.5	37	110	625×320×505
	50	125		2.5	54	31.5			
	60	123		3.0	57	35.3			
	15	32.5	1 450	2.5	39	3.4	5.5	110	625×320×505
	25	32		2.5	52	4.19			
	30	31.5		3.0	56	4.6			
IS100-50-125	60	24	2 900	4.0	67	5.86	11	42	485×280×340
	100	20		4.5	78	7.00			
	120	16.5		5.0	74	7.28			
	30	6	1 450	2.5	64	0.77	1.5	42	485×280×340
	50	5		2.5	75	0.91			
	60	4		3.0	71	0.92			
IS100-80-160	60	36	2 900	3.5	70	8.42	15	67	600×280×360
	100	32		4.0	78	11.2			
	120	28		5.0	75	12.2			
	30	9.2	1 450	2.0	67	1.12	2.2	67	600×280×360
	50	8.0		2.5	75	1.45			
	60	6.8		3.5	71	1.57			

15. 食品工业中离心沉降机运转实例

项目		精制鱼油	植物油中的油渣	奶油分离(3)相	玉米谷蛋白的浓缩	菠萝汁的澄清	蛋白质浓缩	柑橘汁的澄清
操作		分离	分离	分离	液循环	澄清	澄清	澄清
固形物排出法		间歇、手动	间歇、手动	连续、喷嘴	连续、喷嘴	间歇、自动	间歇、自动	间歇、自动
转筒直径/in(cm)		21(53.34)	24(60.96)	13(33.02)	32(81.28)	19(48.26)	19(48.26)	25(63.50)
流量/(m^3/h)	供给量	45.4	3.0～9.0	2.5	1 000	9.9～11.3	7.5	11.3
	轻液排出量	4.3～4.4	7.3～8.4	0.9～1.0	930	8.0～10.2	7.0～7.3	10.4
	重液排出量	0.09～0.14	0.45～0.68	0.79～0.91	0	0	0	0
	固形物排出量	0	0	0.45～0.63	6.8＋循环	1.1	0.34～0.45	0.91
	循环量	0	0	0	11	0	0	0
	供给液中杂质	水	油渣	水固形物	无	粗纤维	无	粗纤维
杂质浓度	供给液	2.3%(Vol)	8%(wt)	水58%(Vol)固2%	1.1%(wt)	30%～40%(Vol)	2.6%(Vol)	12%(Vol)
	轻排出液	0.2%～0.3%(Vol)	0.05%(wt)	水5%(Vol)	0.08%(wt)	20%(Vol)	0.5%(Vol)	7%(Vol)
	重排出液	油1.5%～2%	无游离油分	—	—	—	—	—
	固形物排出液	—	—	固5%～6%	13%～15%(wt)	18%(wt)	12%(wt)	15%(wt)
	分离温度/℃	82	60	—	41	室温	—	室温

16. 有机玻璃离子交换柱规格表

mm

序号	直径	有效高度	壁厚	序号	直径	有效高度	壁厚
1	500	2 500	12	15	250	1 500	8
2	500	2 000	14	16	235	2 000	12
3	500	2 000	12	17	220	1 500	10
4	430	2 000	14	18	200	1 800	10
5	385	2 000	14	19	200	1 500	5
6	325	1 700	12	20	200	1 500	6
7	325	1 500	10	21	200	1 100	10
8	320	1 700	10	22	170	1 500	5
9	307	1 500	10	23	164	1 000	5
10	300	2 000	8	24	150	1 500	6
11	300	1 500	10	25	120	930	10
12	300	1 500	8	26	100	1 000	4
13	280	1 700	10	27	100	1 000	5
14	262	2 000	6	28	75	800	7

17.管壳式热交换器系列标准(摘录)

(1)固定管板式

外壳直径/mm	159			273					400				600		800			
公称压强/(kgf/cm²)(kPa)	25(2 450)			25(2 450)					16(1 568),25(2 450)				10(980),16(1 568),25(2 450)		6(588),10(980),16(1 568),25(2 450)			
公称面积/m²	1	2	3	3	4		5	7	10		20	40	60	120	100		200	230
管子排列方法	△	△	△	△	△		△	△	△		△	△	△	△	△		△	△
管长/m	1.5	2	3	1.5	1.5	2	2	3	1.5		3	6	3	6	3		6	6
管子外径/mm	25	25	25	25	25	25	25	25	25		25	25	25	25	25		25	25
管子总数	13	13	13	32	28	32	38	32	102	86	86	86	269	254	456	444	444	501
管程数	1	1	1	2	1	2	1	2	2	4	4	4	1	2	4	6	6	1
壳程数	1	1	1	1	1	1	1	1	1	1	1	1	1	1	1	1	1	1
管程流通截面积/m²	0.004 08	0.004 08	0.004 08	0.005 03	0.011 96	0.005 03	0.011 96	0.005 03	0.016 0	0.006 92	0.006 92	0.006 92	0.084 5	0.039 9	0.035 8	0.023 25	0.023 25	0.157 4
壳程流通截面积/m² 折流板间距/mm 150 a型	—	—	—	0.015 6	0.014 35	0.017	0.014 4	0.017 05	0.021 4	0.023 1	0.020 8	0.019 6	—	—	—	—	—	—
150 b型	—	—	—	0.016 5	0.016 1	0.018 1	0.017 6	0.018 1	0.028 6	0.029 6	0.026 7	0.013 7	—	—	—	—	—	—
300 a型	—	—	—	—	—	—	—	—	—	—	—	—	0.037 7	0.037 8	0.066 2	0.080 6	0.072 4	0.059 4
300 b型	—	—	—	—	—	—	—	—	—	—	—	—	0.05 3	0.053 4	0.097	0.097 7	0.089 8	0.083 64
600 a型	0.010 24	0.012 95	0.012 23	0.027 3	0.023 2	0.031 2	0.026 60	0.019 7	0.030 8	0.033 2	0.036 3	0.036	0.050 4	0.055 3	0.071 8	0.087 5	0.094	0.077 4
600 b型	0.013 25	0.015	0.014 3	0.029	0.028 2	0.033 2	0.032 3	0.031 6	0.013	0.042 7	0.046 6	0.05	0.070 7	0.078 2	0.105	0.034 4	0.14	0.010 92
折流板切去的弓形缺口高度/mm a型	50.5	50.5	50.5	85.5	80.5	85.5	80.5	85.5	93.5	104.5	104.5	104.5	132.5	138.5	166	188	188	177
b型	46.5	46.5	46.5	71.5	71.5	71.5	71.5	71.5	86.5	86.5	86.5	86.5	122.5	122.5	158	152	152	158

注:△表示管子正三角形排列。a 型为折流板缺口上、下排列;b 型为折流板缺口左、右排列。

(2)浮头式

外壳直径/mm	325			400			500			600					
公称压强/(kgf/cm²)(kPa)	40(3 920)			40(3 920)		25 (2 450)	16(1 568),25(2 450),40(3 920)	16(1 568),25(2 450),40(3 920)		16(1 568),25(2 450)		16(1 568),25(2 450),40(3 920)		16(1 568),25(2 450),40(3 920)	
公称面积/m²	10	10	20	15	25	32	32	65		50		95		130	
管子排列方法	△	◇	◇	◇	△	◇	◇	◇		◇		◇		△	
管长/m	3	3	6	3	3	6	3	6		3		6		6	
管子外径/mm	19	25	25	25	19	25	25	25		25		25		19	
管子总数	76	34	44	72	138	72	140	124	120	208		208	192	372	368
管程数	2	2	2	2	2	4	2	2	4	2	4	2	4	2	4
壳程数	1	1	1	1	1	1	1	1	1	1	1	1	1	1	1
管程流通截面积/m²	0.006 7		0.006 91		0.012 16		0.022		0.009 42		0.016 34		0.015 1		0 016 2
		0.005 66		0.011 3		0.005 66		0.019 48		0.032 65		0.032 65		0.032 9	
壳程流通截面积/m² 折流板间距/mm 150	0.015 5		0.015 84		0.018 43		0.035 9	0.031 5			0.045 5		0.039 8	0.030 15	
		0.018 9		0.026 9		0.025 75				0.045 2		0.040 2			
200	0.017 7		0.017 4		0.020 7		0.038 0	0.035 8			0.048 4		0.043 8	0.034 2	
		0.020 1		0.028 4		0.028 3				0.048 7		0.044			
300	0.022 4		0.020 1		0.024 6		0.042 0	0.043 7			0.053 4		0.005 1	0.041 4	
		0.022 25	0.031 5		0.032 7					0.053 8		0.051 0			
450	—	—	—	0.035 2	—	—	0.047 5	—		0.060 3	0.059 9	—	—	—	
480	0.027	—	0.024 2	—	—	0.039 4	—	0.054 3		—	—	0.061 4	0.06 14	0.051 8	
折流板切去的弓形缺口高度/mm	79	—	61	70	79	79	99	113.5		118	119	119		117.5	

注：△表示管子正三角形排列；◇表示管子为正方表排列。